普通高等学校计算机类规划教材

大学计算机基础
（第七版）

主编　何振林　罗奕

副主编　胡绿慧　孟丽　钱前　杨霖

中国水利水电出版社
www.waterpub.com.cn
·北京·

内 容 提 要

本书根据教育部高等学校大学计算机课程教学指导委员会制订的大学计算机基础课程教学基本要求，由具有丰富教学经验的一线教师合作编写而成。

本书内容丰富、系统、完整，全书分为 9 章，包括计算机基础知识、Windows 10 操作系统、计算机网络与应用、信息的编码与存储、数据库技术基础、算法与程序设计基础、文字处理软件 Word 2016、电子表格软件 Excel 2016、演示文稿软件 PowerPoint 2016 等内容，涵盖了高等院校非计算机各专业计算机公共基础课程的基本教学内容。

本书可用作高等院校非计算机各专业计算机公共课的教材，还可作为全国计算机等级考试一级 MS Office 和二级 MS Office 高级应用的重要参考用书。

为更好地配合任课教师在实验环节上的教学，帮助学生解决在学习过程中的困惑，编者还编写了本书的配套教材《大学计算机基础上机实践教程》（第七版）供参考使用。

本书配有电子教案，读者可以从中国水利水电出版社网站（www.waterpub.com.cn）或万水书苑网站（www.wsbookshow.com）免费下载。

图书在版编目（CIP）数据

大学计算机基础 / 何振林，罗奕主编. -- 7版. -- 北京 : 中国水利水电出版社，2022.12
普通高等学校计算机类规划教材
ISBN 978-7-5226-1113-6

Ⅰ. ①大… Ⅱ. ①何… ②罗… Ⅲ. ①电子计算机－高等学校－教材 Ⅳ. ①TP3

中国版本图书馆CIP数据核字(2022)第215984号

策划编辑：寇文杰　　责任编辑：魏渊源　　封面设计：梁　燕

书　　名	普通高等学校计算机类规划教材 **大学计算机基础（第七版）**
作　　者	主　编　何振林　罗奕 副主编　胡绿慧　孟丽　钱前　杨霖
出版发行	中国水利水电出版社 （北京市海淀区玉渊潭南路 1 号 D 座　100038） 网址：www.waterpub.com.cn E-mail：mchannel@263.net（答疑） sales@mwr.gov.cn 电话：（010）68545888（营销中心）、82562819（组稿）
经　　售	北京科水图书销售有限公司 电话：（010）68545874、63202643 全国各地新华书店和相关出版物销售网点
排　　版	北京万水电子信息有限公司
印　　刷	三河市德贤弘印务有限公司
规　　格	184mm×260mm　16 开本　28.5 印张　728 千字
版　　次	2010 年 6 月第 1 版　2010 年 6 月第 1 次印刷 2022 年 12 月第 7 版　2022 年 12 月第 1 次印刷
印　　数	0001—6000 册
定　　价	76.00 元

第七版前言

为了适应计算机发展的新形势，根据教育部对大学计算机基础课程设置情况和教学要求，以及全国计算机等级考试大纲（2021 版）并吸收各高校正在开展的课程体系与教学内容的改革经验和成果，本书在上一版的基础上精心规划编写而成，包括计算机基础知识、Windows 10 操作系统、计算机网络与应用、信息的编码与存储、数据库技术基础、算法与程序设计基础、文字处理软件 Word 2016、电子表格软件 Excel 2016、演示文稿软件 PowerPoint 2016 等 9 个方面的内容。

本书的特点如下。

（1）内容全面。相对于第六版，本书进行了较大的修改和补充，既讲解计算机的基础知识，又突出了计算机的实际应用和操作，涵盖了高等院校各专业计算机公共基础课的基本教学内容和应用实例，可以满足高等院校非计算机专业基础课教学的基本需要。

（2）案例实用。以实例完整详细地介绍了 Word、Excel、PowerPoint 的基础操作和应用。

（3）适应面广。可供高等院校非计算机专业的计算机基础课程教学使用，还可作为计算机等级考试培训教材，也可供不同层次的从事办公自动化的文字工作者学习、参考。

（4）难易适中。比较上一版，本书整合了部分内容，也减少了操作的难度。编者认为本书的内容比较适合非双一流院校和专业以下的高等院校本科、专科学生的计算机的实际应用水平。

为更好地配合任课教师在实验环节上的教学，本书还配有配套教材《大学计算机基础上机实践教程》（第七版）供参考使用。

本书源于大学计算机基础教育的教学实践，凝聚了第一线任课教师的教学经验与科研成果。本书由何振林、罗奕任主编，由胡绿慧、孟丽、钱前、杨霖任副主编，何剑蓉、张勇、王俊杰、刘剑波、何力、张晓彤、卢敏、程小恩、程爱景、何若熙、陶瑞卿、彭安杰任编委。

本书在编写过程中参考了大量的资料，在此对这些资料的作者表示感谢，同时在这里也特别感谢编者的同事，他们为本书的编写提供了无私的建议。本书的编写还得到了中国水利水电出版社全方位的帮助，以及有关兄弟院校的大力支持，在此一并表示感谢。

由于时间仓促及编者水平有限，书中难免存在错误和不妥之处，恳请广大读者批评指正。

编　者

2022 年 8 月

第一版前言

计算机信息技术是当今世界上发展最快和应用最广的科学技术之一。许多高校都把大学计算机基础课程作为重点课程进行建设和管理。大学计算机基础教学的任务，就是使学生掌握计算机硬件、软件、网络、多媒体和信息系统中最基本和最重要的概念与知识，了解最普遍和最重要的计算机应用，以便为后续课程利用计算机解决本专业及相关领域中的问题打下坚实的基础。

随着科学技术的发展，大学计算机基础教学的内容与方法也在更新，所以需要不断丰富和完善教学内容。我们根据教育部提出的改革计算机基础教学的精神，为适应计算机发展的新形势带来的对教学内容的新需求，吸收各高校正在开展的课程体系与教学内容的改革经验，以及计算机基础教学的成果，规划出版了本书。

本书的特点如下。

（1）内容全面。教材覆盖了大学生必须掌握的计算机信息技术基础，既有基本概念、方法与规范，又有计算机应用开发的工具、环境和实例。

（2）信息量大。适当地引入信息技术的最新成果，注重培养学生的科学思维和创新能力。全书由 Windows XP、Office 2003、多媒体、计算机网络应用和一些常见软件组成。主要内容包括：计算机基础知识、计算机系统、操作系统概论、Windows XP 操作系统的使用、文字处理软件 Word 2003、电子表格软件 Excel 2003、演示文稿软件 PowerPoint 2003、多媒体技术简介、网络技术基础、常用工具软件的使用等组成，系统地介绍了大学计算机基础知识。本书既精辟地讲解了计算机的基础知识，又突出了计算机的实际应用和操作。涵盖了高等院校各专业计算机公共基础课的基本教学内容和应用实例，可以满足高等院校非计算机专业基础课教学的基本需要。

（3）适应面广。可供高等院校非计算机专业的计算机基础课程教学使用，还可作为计算机等级考试培训教材，也可供不同层次的从事办公自动化的文字工作者学习、参考。

本书可以满足两个层次的教学需要，第一层次为 48 学时（其中上机实验不少于一半学时），以掌握计算机软硬件基础知识、操作系统使用、办公软件应用（Word 2003、Excel 2003 和 PowerPoint 2003）等基本内容；第二层次为 96 学时，除第一层次规定的内容外，还应熟练掌握多媒体初步使用，计算机网络的基本应用（包括网页制作和常用工具软件等知识）。如何安排需从本专业学生对计算机的基本要求出发，还要考虑到软、硬件和师资等方面的其他条件，以决定在教学过程中对教学内容的取舍。

为更好地配合任课教师在实验环节上的教学，帮助学生解决在学习过程中的困惑，作者还编写了本书的配套教材《大学计算机应用基础实验指导》供参考用。

本书源于大学计算机基础教育的教学实践，凝聚了第一线任课教师的教学经验与科研成果。本书由何振林、罗奕任主编，由胡绿慧、孟丽、信伟华、杜磊任副主编。参加本书初稿编写的还有赵亮、张勇、孟丽、杜磊、肖丽、王俊杰、杨霖、张庆荣等。

本书稿虽经多次修改，但不足或错误之处难免存在，敬请同行和读者批评指正。

编　者

2010 年 1 月 10 日于成都·米兰香洲

目　　录

第1篇　计算机基础

第 2 篇 数据表示和存储

第 3 篇　算法与程序设计基本概念

第 4 篇　电子文档的制作与处理

第 1 篇　计算机基础

第 1 章　计算机基础知识

计算机的发明是人类文明史的一件具有划时代意义的大事，计算机的应用如今已渗透到人类生活的各个方面，人类生活与计算机息息相关。

本章将向读者介绍计算机的产生、发展、特点与应用，以及微型计算机的软硬件组成及评价计算机性能的主要技术指标。

1.1　计算机的产生与发展趋势

计算机的应用已经渗透到各个领域，成为人们工作、生活、学习中不可或缺的重要组成部分，并由此形成了独特的计算机文化和计算机思维。计算机文化和计算思维作为当今最具活力的一种崭新的文化形态和思维过程，加快了人类社会前进的步伐，其所产生的思想观念、所带来的物质基础以及计算机文化和计算思维教育的普及推动了人类社会的进步和发展。

1.1.1　计算机的产生

1946 年 2 月 14 日是一个值得纪念的日子，世界上第一台通用电子数字计算机 ENIAC（Electronic Numerical Integrator and Computer，埃尼阿克，见图 1-1）在美国的宾夕法尼亚大学研制成功。ENIAC 的研制成功是计算机发展史上的一座里程碑。

图 1-1　ENIAC

在 ENIAC 内部，总共安装了 17468 个电子管、7200 个二极管、7 万多个电阻器、10000 多个电容器和 6000 个继电器，电路的焊接点多达 50 万个；在机器表面，则布满电表、电线和指示灯。机器被安装在一排 2.75 米高的金属柜里，占地面积为 170 平方米左右，总质量达到 30 吨。

但是这台机器还不够完善，例如，它的耗电量超过 174 千瓦、电子管平均每隔 7 分钟就要烧坏一个，因此 ENIAC 必须不停更换电子管。尽管如此，ENIAC 的运算速度仍达到每秒钟 5000 次加法，可以在 3/1000 秒时间内做完两个 10 位数乘法，20 秒算完一条炮弹的轨迹，比炮弹本身的飞行速度还快。ENIAC 标志着电子计算机的问世，人类社会从此大步迈进了计算机时代的大门。

1.1.2　计算机的发展

从世界上第一台电子计算机问世到现在，计算机技术获得了突飞猛进的发展，在人类科技史上还没有一门技术的发展速度可以与计算机技术的发展速度相提并论。根据组成计算机的电子逻辑器件，可以将计算机的发展分成以下 5 个阶段。

（1）电子管计算机（1946－1958 年）。其主要特点是采用电子管作为基本电子元器件，体积大、耗电量大、寿命短、可靠性低、成本高，存储器采用水银延迟线。在这个时期，没有系统软件，用机器语言和汇编语言编程，计算机只能在少数尖端领域中得到应用，一般用于科学、军事和财务等方面的计算。

（2）晶体管计算机（1958－1964年）。其主要特点是采用晶体管（晶体管和它的发明人如图1-2所示）制作基本逻辑部件，体积小、质量减轻、能量消耗降低、成本下降，计算机的可靠性和运算速度均得到提高；存储器采用磁芯和磁鼓（1951年开始使用磁带）；出现了系统软件（监控程序），提出了操作系统概念，并且出现了高级语言，如FORTRAN语言（1954年由美国人John W.Backus提出）等，其应用扩大到数据和事务处理。

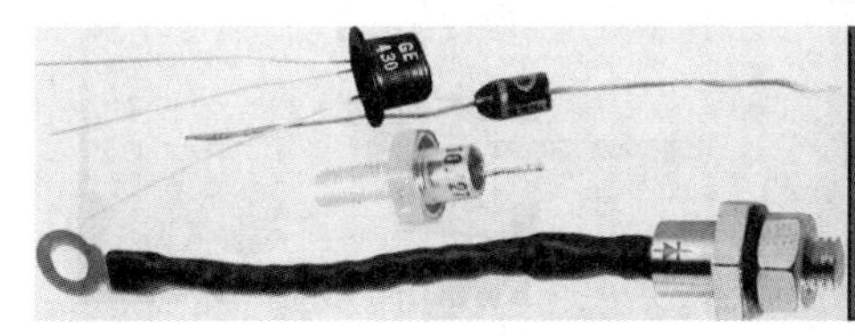

图 1-2　晶体管与肖克利

（3）集成电路计算机（1964－1970 年）。其主要特点是采用中、小规模集成电路制作各种逻辑部件，从而使计算机体积更小、质量更轻、耗电更省、寿命更长、成本更低、运算速度更快。第一次采用半导体存储器作为主存，取代了原来的磁芯存储器，使存储容量和存取速度有了革命性的突破，提高了系统的处理能力，系统软件有了很大发展，并且出现了多种高级语言，如 BASIC、Pascal、C 等。

（4）大规模、超大规模集成电路计算机（1970 年至今）。其主要特点是基于基本逻辑部件，采用大规模、超大规模集成电路，使计算机体积、质量、成本均大幅度降低，计算机的性能空前提高，操作系统和高级语言的功能越来越强，并且出现了微型计算机。其主要应用领域有科学计算、数据处理、过程控制，并进入以计算机网络为特征的应用时代。

原始的 IC 及电路图和大规模、超大规模集成电路如图 1-3 所示。

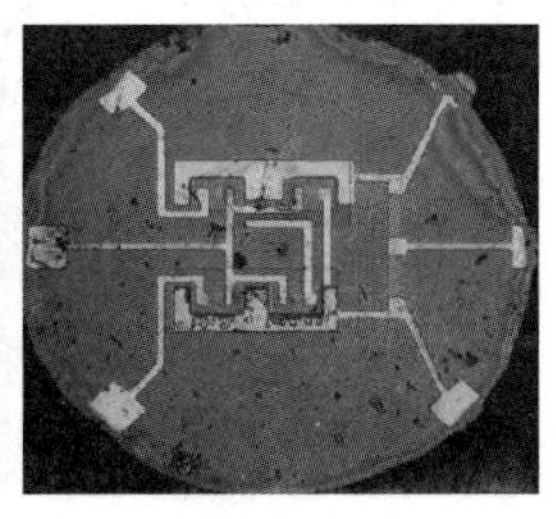

（a）原始的 IC 及电路图

（b）大规模、超大规模集成电路

图 1-3　原始的 IC 及电路图和大规模、超大规模集成电路

大规模、超大规模集成电路计算机也称为第四代计算机，是指从 1970 年以后采用大规模集成电路（LSI）和超大规模集成电路（VLSI）为主要电子器件制成的计算机。例如 Intel Pentium Dual 在核心面积只有 206 平方米的单个芯片上集成了大约 2.3 亿个晶体管。

（5）第五代计算机（20 世纪 80 年代到将来）。第五代计算机将把信息采集、存储、处理、通信和人工智能结合在一起，具有形式推理、联想、学习和解释能力。它的系统结构将突破传统的冯·诺依曼机器的理念，实现高度的并行处理。第五代计算机又称为人工智能计算机，它具有以下几个方面的功能。

1）处理各种信息的能力，除目前计算机能处理离散数据外，第五代计算机可对声音、文字、图像等形式的信息进行识别处理。

2）学习、联想、推理和解释问题的能力。

3）对人的自然语言的理解处理能力，用自然语言编写程序的能力，即只需把要处理或计算的问题用自然语言写出要求和说明，计算机就能理解其意，按要求进行处理或计算。而不像现在要使用专门的计算机算法语言把处理过程与数据描述出来。对第五代计算机来说，只需告诉它“要做什么”，而不必告诉它“如何做”。

从理论上和工艺技术上看，第五代计算机的体系结构与前四代计算机有根本的不同，当它问世以后，提供的先进功能以及摆脱掉传统计算机的技术限制，必将为人类进入信息化社会提供一种强有力的工具。

随着计算机技术的发展以及社会对计算机不同层次的需求，当前计算机正在向巨型化、微型化、网络化和智能化方向发展。

1. 巨型化

巨型化是指计算机的运算速度更高、存储容量更大、功能更强。目前正在研制的巨型计算机运算速度可达每秒千万亿次。

2. 微型化

微型计算机已进入仪器、仪表、家用电器等小型仪器设备中，同时也作为工业控制的心脏，使仪器设备实现“智能化”。随着微电子技术的进一步发展，笔记本型、掌上型等微型计算机必将以更优的性价比受到人们的欢迎。

3. 网络化

随着计算机应用的深入，特别是家用计算机越来越普及，一方面希望众多用户能共享信息资源，另一方面也希望各计算机之间能相互传递信息进行通信。

计算机网络是现代通信技术与计算机技术相结合的产物。计算机网络已在现代企业的管理中发挥着越来越重要的作用，如银行系统、商业系统、教育系统、交通运输系统等。人们通过网络能更好地传送数据、文本资料、声音、图形和图像，可随时随地在全世界范围拨打可视电话或收看任意国家的电视和电影。

4. 智能化

计算机人工智能的研究是建立在现代科学基础之上的。智能化是计算机发展的一个重要方向，新一代计算机将可以模拟人的感觉行为和思维过程的机理，进行“看”“听”“说”“想”“做”，具有逻辑推理、学习与证明的能力。

5. 未来计算机

基于集成电路的计算机短期内还不会退出历史舞台，但一些新型计算机正在跃跃欲试地加紧研究，如超导计算机、激光计算机、分子计算机、生物晶体（DNA）计算机、量子计算机、神经元计算机、生物计算机等。但有一点可以肯定，在未来社会中，计算机、网络、通信技术将会三位一体化，将把人从重复、枯燥的信息处理中解脱出来，从而改变人们的工作、生活和学习方式，给人类和社会拓展更大的生存和发展空间。

1.1.3　计算机的分类

电子计算机通常按其结构原理、用途、规模、功能和字长 5 种方式分类。

1. 按结构原理分类

（1）数字电子计算机。数字电子计算机是以电脉冲的数量或电位的阶变形式来实现计算机内部的数值计算和逻辑判断，输出量仍是数值。目前广泛应用的都是数字电子计算机，简称计算机。

（2）模拟电子计算机。模拟电子计算机是对电压、电流等连续的物理量进行处理的计算机。输出量仍是连续的物理量。它的精确度较低，应用范围有限。

2. 按用途分类

（1）通用计算机。通用计算机是目前广泛应用的计算机，其结构复杂，但用途广泛，可用于解决各种类型的问题，它是计算机技术的先导，是现代社会中具有战略性意义的重要工具。通用计算机广泛应用于科学和工程计算、信息的加工处理、企事业单位的事务处理等方面。目前通用计算机已由千万次运算向数亿次发展，并且还在不断地扩充功能。

（2）专用电子计算机。专用电子计算机是为某种特定目的所设计制造的计算机，其适用范围窄，但结构简单、价格便宜、工作效率高。

3. 按规模分类

（1）巨型计算机。巨型机运算速度高、存储量大、外部设备多、功能完善，能处理大量复杂的数据信息，它是当代运算速度最高、存储容量最大、通道速率最快、处理能力最强、工艺技术性能最先进的通用超级计算机。

巨型计算机主要用于复杂的科学和工程计算，如天气预报、飞行器的设计以及科学研究等特殊领域。目前巨型计算机的处理速度已达到每秒数万万亿次。巨型计算机代表了一个国家的科学技术发展水平，图 1-4 所示是“天河二号”亿亿次巨型计算机，它以峰值计算速度每秒 5.49 亿亿次、持续计算速度每秒 3.39 亿亿次双精度浮点运算的优异性能位居榜首，成为全球最快的超级计算机。

图 1-4　“天河二号”亿亿次巨型计算机

我国新一代百亿亿级超级计算机“天河三号”已经研制成功。

衡量计算机运行速度的一个主要指标是每秒处理的百万级的机器语言指令数，简称 MIPS。

（2）大中型计算机。大中型计算机体积庞大、速度快且非常昂贵，一般用于为企业或政府的大量数据提供集中的存储、处理和管理。

大中型计算机的规模次于巨型计算机，有比较完善的指令和丰富的外部设备，主要用于计算机网络和大型计算中心。大中型计算机一般用于大型企业、大专院校和科研机构。但随着微机与网络的迅速发展，大中型计算机正在走下坡路，许多计算中心的大中型计算机正在被高档微机群取代。

（3）微型计算机。微型计算机具有体积小、价格低、功能较全、可靠性高、操作方便等突出优点，现已进入社会生活的各个领域。

微型计算机是指每秒运算速度在 100 亿次以下的计算机，微型计算机的普及程度代表了一个国家的计算机应用水平。微型计算机分为台式个人计算机（PC）和便携式计算机（笔记本），如图 1-5 所示。

未来的便携式计算机将会逐步取代台式个人计算机。

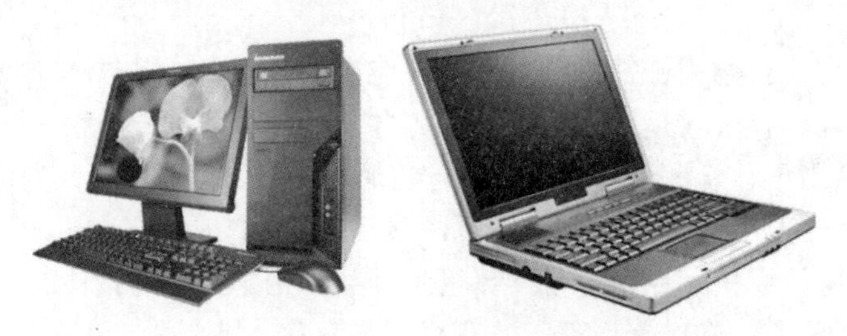

图 1-5　台式个人计算机（PC）和便携式计算机（笔记本）

4. 按功能分类

（1）单片计算机（Single Chip Computer）。把微处理器、一定容量的存储器以及输入/输出接口电路等集成在一个芯片上，就构成了单片计算机。

单片计算机的特点是体积小、功耗低、使用方便、便于维护和修理；缺点是存储器容量较小，一般用来做专用机或智能化的一个部件，例如用来控制高级仪表、家用电器等。

（2）单板计算机（Single Board Computer）。把微处理器、存储器、输入/输出接口电路安装在一块印刷电路板上，就成为单板计算机。一般在这块板上还有简易键盘、液晶或数码管显示器、盒式磁带机接口，只要再外加上电源便可直接使用，极为方便。

（3）工作站。工作站与PC机的技术特点是有共同点的，常被看作高档的微型计算机。工作站采用高分辨图形显示器以显示复杂资料，并有一个窗口驱动的用户环境，它的另一个特点是便于应用的联网技术。与网络相连的资源被认为是计算机中的部分资源，用户可以随时采用。

典型工作站的特点包括：用户透明的联网；高分辨率图形显示；可利用网络资源；多窗口图形用户接口等。例如有名的 Sun 工作站就有非常强的图形处理能力，如图 1-6 左图所示。

（4）服务器。随着计算机网络的日益推广和普及，一种可供网络用户共享的、商业性能的计算机应运而生，这就是服务器。服务器一般具有大容量的存储设备和丰富的外部设备，其上运行网络操作系统，要求具有较高的运行速度，为此很多服务器都配置了双 CPU。服务器上的资源可供网络用户共享。图 1-6 右图所示是一般的服务器。

图 1-6　Sun 工作站和一般的服务器

5. 按字长分类

在计算机中，字长的位数是衡量计算机性能的主要指标之一。一般巨型计算机的字长在 64 位以上，微型计算机的字长在 16～64 位之间，可分为 8 位机、16 位机、32 位机、64 位机。

1.1.4　计算思维

思维通常是指人类大脑对客观事物间接和概括的反映，是反映对象和规律的认识过程。

近年来，计算思维（Computational Thinking）的培养成为国际和国内的热点。计算思维又称构造思维，是指从具体的算法设计规范入手，通过算法过程的构造与实施来解决给定问题的一种思维方法。它以设计和构造为特征，以计算机学科为代表。计算思维是运用计算机科学的基础概念去求解问题、设计系统和理解人类行为的一系列思维活动，就像阅读、写字、做算术一样，成为人们最基础、最普遍、最适用和不可缺少的基础思维方式，其目的是培养学生像拥有阅读、写作和算术基本技能一样拥有计算思维能力，并能自觉地将其应用于日常的学习、研究与将来的工作中。

计算思维吸取了问题解决所采用的一般数学思维方法，现实世界中巨大复杂系统的设计与评估的一般工程思维方法，以及复杂性、智能、心理、人类行为的理解等的一般科学思维方法。计算思维建立在计算过程的能力和限制之上，由人或机器执行。计算方法和模型使我们敢于处理原本无法由个人独立完成的问题求解和系统设计。计算思维最根本的内容，即其本质（Essence）是抽象（Abstraction）和自动化（Automation）。

1. 问题求解

在日常生活中，人们会碰到很多问题，面对不同的问题，需要不断地思考和选择。解决问题的方法和步骤也多种多样，不同的方法也许都能达到相同的目的，但过程和效率却可以大相径庭，最终如何解决问题，取决于对问题的分析和对所选方案的周密考虑。问题求解的一般过程是：确定问题→分析问题→提出方案→确定方案→实施步骤。

2. 系统设计

任何自然系统和社会系统都可视为一个动态的演化系统。演化伴随着物质、能量和信息的交换，这种演化变换可以映射为符号变换，使之能用计算机实现离散的符号处理。当动态的演化系统抽象为离散的符号系统后，就可以采用形式化的规范来描述，通过建立模型、设计算法和开发软件来提示演化的规律，实时控制系统的演化并自动执行。这种思维方式不仅可以应用于计算科学领域，也可以推广到其他任何系统的设计领域。

3. 人类行为

计算思维是基于可计算的手段并以定量的方式进行的思维过程。计算思维在研究人类的行为时，可通过各种信息技术手段，设计、实施和评估人与环境的交互，如研究社会群体的形态及其演化规律、生命的起源与繁衍、理解人类的认知能力等。

1.1.5 人工智能

人工智能（Artificial Intelligence，AI）的传说可以追溯到古埃及，但随着1941年以来电子计算机的发展，该技术已最终可以创造出机器智能。

“人工智能”一词最初是在1956年达特茅斯会议（Dartmouth Conference）上提出的。从那以后，研究者们发展了众多理论和原理，人工智能的概念也随之扩展。现在已经出现了许多AI程序，并且影响了其他技术的发展。

人工智能是研究、开发用于模拟、延伸和扩展人的智能的理论、方法、技术及应用系统的一门新的技术科学。人工智能是计算机科学的一个分支，它试图了解智能的实质，并生产出一种新的能以人类智能相似的方式做出反应的智能机器，该领域的研究包括机器人、语言识别、图像识别、自然语言处理和专家系统等。人工智能从诞生以来，理论和技术日益成熟，应用领域也不断扩大，可以设想，未来人工智能带来的科技产品将是人类智慧的“容器”。

人工智能就其本质而言，是对人的思维的信息过程的模拟。

近几年人工智能获得了迅速的发展，在很多学科领域都获得了广泛应用，并取得了丰硕的成果。人工智能已逐步成为一个独立的分支，无论在理论和实践上都已自成一个系统。

人工智能技术应用的细分领域有：深度学习、计算机视觉、智能机器人、虚拟个人助理、自然语言处理—语音识别、自然语言处理—通用、实时语音翻译、情境感知计算、手势控制、视觉内容自动识别、推荐引擎等。

1. 深度学习

深度学习作为人工智能领域的一个应用分支，无论是从市面上公司的数量还是投资人投资喜好的角度来说，都是一个重要应用领域。说到深度学习，大家第一个想到的肯定是AlphaGo，通过一次又一次的学习、更新算法，最终在人机大战中打败围棋选手。百度的机器人“小度”多次参加最强大脑的“人机大战”并取得胜利，也是深度学习的结果。

深度学习的技术原理如下。

（1）构建一个网络并随机初始化所有连接的权重。

（2）将大量的数据情况输出到这个网络中。

（3）网络处理这些动作并进行学习。

（4）如果这个动作符合指定的动作，将增强权重；如果不符合，将降低权重。

（5）系统通过以上过程调整权重。

（6）在成千上万次的学习之后，超过人类的表现。

2. 计算机视觉

计算机视觉有着广泛的细分应用，其中包括医疗成像分析被用来提高疾病的预测、诊断和治疗，人脸识别被支付宝或者网上一些自助服务用来自动识别照片里的人物，同时在安防及监控领域有很多的应用。

计算机视觉技术运用由图像处理操作及其他技术所组成的序列来将图像分析任务分解为便于管理的小块任务。例如，一些技术能够从图像中检测到物体的边缘及纹理，分类技术可被用作确定识别到的特征是否能够代表系统已知的一类物体。

3. 语音识别

语音识别最通俗易懂的说法就是将语音转化为文字，并对其进行识别认知和处理。语音识别的主要应用包括医疗听写、语音书写、计算机系统声控、电话客服等。

语音识别的原理如下。

（1）对声音进行处理，使用移动窗函数对声音进行分帧。

（2）声音被分帧后，变为很多波形，需要对波形做声学体征提取，变为状态。

（3）特征提起之后，声音就变成了一个 N 行、N 列的矩阵。然后通过音素组合成单词。

4. 虚拟个人助理

说到虚拟个人助理，可能大家还没有具体的概念，但是说到 Siri，你肯定就能立刻明白什么是虚拟个人助理。除了 Siri 之外，Windows 10 的 Cortana 也是典型代表。

下面以 Siri 为例，简要介绍虚拟个人助理的原理。

（1）用户对着 Siri 说话后，语音将立即被编码，并转换成一个压缩数字文件，该文件包含了用户语音的相关信息。

（2）由于用户手机处于开机状态，语音信号将被转入用户所使用移动运营商的基站中，然后通过一系列固定电线发送至用户的互联网服务供应商（ISP），该 ISP 拥有云计算服务器。

（3）该服务器中的内置系列模块将通过技术手段来识别用户刚才说过的内容。

实际上，Siri 等虚拟个人助理软件的工作原理就是“本地语音识别+云计算服务”。

5. 语言处理

自然语言处理（NPL）与计算机视觉技术相同，融合了各种有助于实现目标的多种技术，实现人机间自然语言通信。语言处理的原理是：文字编码词法分析，句法分析，语义分析，文本生成，语音识别。

6. 智能机器人

智能机器人在生活中随处可见，如扫地机器人、陪伴机器人等，这些机器人无论是与人语音聊天，还是自主定位导航行走、安防监控等，都离不开人工智能技术的支持。

人工智能技术把机器视觉、自动规划等认知技术及各种传感器整合到机器人身上，使得机器人拥有判断、决策的能力，能在各种环境中处理不同的任务。

智能穿戴设备、智能家电、智能出行、无人机设备的原理类似。

7. 引擎推荐

大家现在上网都有这样的体验，网站会根据用户之前浏览过的页面、搜索过的关键字推送一些相关的网站内容，这其实就是引擎推荐技术的一种表现。

Google 的免费搜索引擎，目的就是搜集大量的自然搜索数据，丰富其大数据数据库，为后面的人工智能数据库做准备。

引擎推荐的原理是：引擎推荐是基于用户的行为、属性（用户浏览网站产生的数据），通过算法分析和处理，主动发现用户当前或潜在需求，并主动推送信息给用户的信息网络。引擎推荐可以快速推荐给用户信息，提高浏览效率和转化率。

除了上面的应用之外，人工智能技术肯定会朝着越来越多的分支领域发展，在医疗、教育、金融、衣食住行等涉及人类生活的各个方面都会有所渗透。

当然，人工智能的迅速发展必然会带来一些问题。例如有人鼓吹人工智能万能，也有人说人工智能会对人类造成威胁，或者受市场利益和趋势的驱动，涌现大量与人工智能沾边的公司，但没有实际应用场景，过分吹嘘概念。

此外，现代计算机的应用新技术还有物联网、大数据处理以及云计算等，本书不再展开介绍，感兴趣的读者可参考有关文献和书籍。

1.2 计算机的特点和应用

计算机最初主要用于复杂的数值计算，“计算机”也因此得名，但随着计算机技术的迅猛发展，它的应用范围不断扩大，不再局限于数值计算，而是广泛地应用于自动控制、信息处理、智能模拟等各个领域。

1.2.1 计算机的特点

计算机凭借传统信息处理工具所不具备的特征，深入社会生活的各个方面，而且它的应用领域正在变得越来越广泛。计算机主要具备以下几个方面的特点。

1. 记忆能力强

在计算机中有容量很大的存储装置，它不仅可以长久性地存储大量的文字、图形、图像、声音等信息资料，还可以存储指挥计算机工作的程序。

2. 计算精度高与逻辑判断准确

计算机具有人类望尘莫及的高精度控制或高速操作任务，也具有可靠的判断能力，以实现计算机工作的自动化，从而保证计算机控制的判断可靠、反应迅速、控制灵敏。

3. 高速的处理能力

计算机具有神奇的运算速度，其速度已达到每秒几十亿次甚至上百万亿次。例如，为了将圆周率 π 的近似值计算到 707 位，一位数学家曾为此花费十几年的时间，而如果用现代的计算机来计算，可以瞬间就能完成，同时还可达到小数点后 200 万位。

4. 能自动完成各种操作

计算机是由内部控制和操作的，只要将事先编制好的应用程序输入计算机，计算机就能自动按照程序规定的步骤完成预定的处理任务。

5. 具有一定的智能化

目前第四代计算机正向第五代计算机发展，具有一定的人工智能能力。随着深度机器学习与算法的发展，具有调试人工智能的计算机一定会展现在人们的面前。

1.2.2 计算机的应用

目前，计算机的应用可概括为以下几个方面。

1. 科学计算（或称为数值计算）

科学计算也称数值计算。目前，科学计算仍然是计算机应用的一个重要领域，如高能物理、工程设计、地震预测、气象预报、航天技术等。由于计算机具有高运算速度和精度以及逻辑判断能力，因此出现了计算力学、计算物理、计算化学、生物控制论等新的学科。

2. 过程检测与控制

利用计算机对工业生产过程中的某些信号自动进行检测，并把检测到的数据存入计算机，再根据需要对这些数据进行处理，这种系统称为计算机检测系统。特别是仪器仪表引进计算机技术后所构成的智能化仪器仪表，将工业自动化推向了一个更高的水平。

3. 信息管理（数据处理）

信息管理是目前计算机应用最广泛的一个领域，利用计算机来加工、管理与操作任何形式的数据资料，如企业管理、物资管理、报表统计、账目计算、信息情报检索等。近年来，国内许多机构纷纷建设自己的管理信息系统（MIS），生产企业也开始采用制造资源规划软件（MRP），商业流通领域则逐步使用电子信息交换系统（EDI），即所谓的无纸贸易。

4. 计算机辅助系统

（1）计算机辅助设计（CAD）。CAD 是指利用计算机来帮助设计人员进行工程设计，以提高设计工作的自动化程度，节省人力和物力。目前，此技术已经在电路、机械、土木建筑、服装等设计中得到了广泛的应用。

（2）计算机辅助制造（CAM）。CAM 是指利用计算机进行生产设备的管理、控制与操作，从而提高产品质量、降低生产成本、缩短生产周期，并且还大大改善了制造人员的工作条件。

（3）计算机辅助测试（CAT）。CAT 是指利用计算机进行复杂而大量的测试工作。

（4）计算机辅助教学（CAI）。CAI 是指利用计算机帮助教师讲授课程和帮助学生学习的自动化系统，使学生能够轻松自如地从中学到所需的知识。

（5）其他计算机辅助系统。其他计算机辅助系统，如利用计算机作为工具对学生的教学、训练和对教学事务进行管理的计算机辅助教育系统（CAE），利用计算机对文字、图像等信息进行处理、编辑、排版的计算机辅助出版系统（CAP），计算机辅助医疗诊断系统（CAMPS），计算机辅助翻译（CAT），计算机集成制造（CIMS）等。

5. 通信与网络

随着信息社会的发展，特别是计算机网络的迅速发展，计算机在通信领域的作用越来越大，目前遍布全球的因特网（Internet）已把不同地域、不同行业、不同组织的人们联系在一起，缩短了人们之间的距离，也改变了人们的生活和工作方式。例如远程教学，就是人们利用计算机辅助教学和计算机网络在家里学习来代替学校课堂这种传统教学方式。

通过网络，人们坐在家中通过计算机便可以预订飞机票、购物，从而改变了传统服务业、商业单一的经营方式。利用网络，人们还可以与远在异国他乡的亲人、朋友实时地传递信息。

除此以外，计算机在计算机模拟、多媒体、嵌入式系统、电子商务、电子政务等领域的应用也得到了快速的发展。

1.3 计算机系统的组成

一个完整的计算机系统包括硬件系统和软件系统两大部分，这两部分相辅相成、缺一不可。计算机系统的组成如图 1-7 所示。

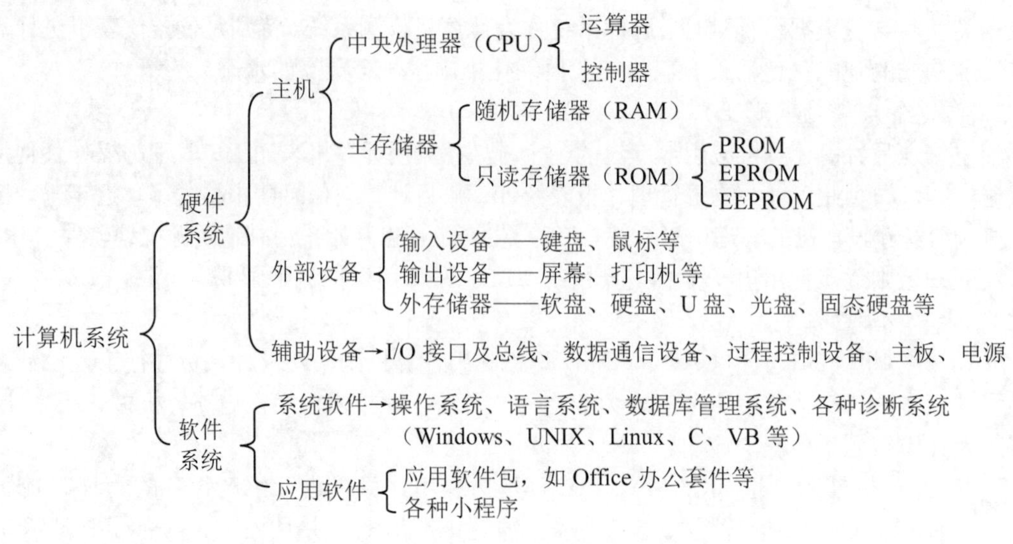

图 1-7　计算机系统的组成

1.3.1　冯·诺依曼型计算机

现代计算机虽然在结构上有多种类别，但就其本质而言，多数都是基于冯·诺依曼 1946 年提出的计算机体系结构理念，因此，现代计算机被称为冯·诺依曼型计算机。

冯·诺依曼型计算机的基本思想如下。

（1）计算机应包括运算器、存储器、控制器、输入设备和输出设备 5 大基本部件。

（2）计算机内部应采用二进制来表示指令的数据。其每条指令一般具有一个操作码和一个地址码。其中操作码表示运算性质，地址码指出操作数在存储器的位置。

（3）将编好的程序和原始数据送入内存储器中，然后启动计算机工作，计算机应在不需要操作人员干预的情况下自动逐条取出指令和执行任务。

基于上述工作原理制作的计算机才能称为真正意义上的计算机。该计算机具有“存储程序”的特点，这种计算机叫作离散变量自动电子计算机（Electronic Discrete Variable Automatic Computer，EDVAC），可实现自动化的连续工作。

1.3.2　计算机硬件系统

冯·诺依曼提出的计算机“存储程序”工作原理决定了计算机硬件系统由存储器、运算器、控制器、输入设备和输出设备 5 大部分组成，如图 1-8 所示。

1. 存储器

存储器是用来存储数据和程序的部件。计算机中的信息都是以二进制代码形式表示的，必须使用具有两种稳定状态的物理器件来存储信息。

2. 运算器

运算器是整个计算机系统的计算中心，主要由执行算术运算和逻辑运算的算术逻辑单元（Arithmetic Logic Unit，ALU）、存放操作数和中间结果的寄存器及连接各部件的数据通路组成，以完成各种算术运算和逻辑运算。

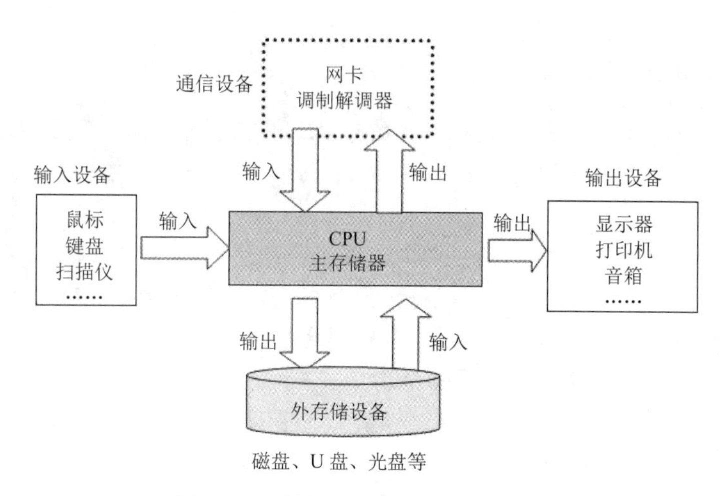

图 1-8　计算机的组成结构及相互关系

3. 控制器

控制器是整个计算机系统的指挥中心，主要由程序计数器（PC）、指令寄存器（IR）、指令译码器（ID）、时序控制电路和微操作控制电路等组成，在系统运行过程中，不断地生成指令地址、取出指令、分析指令、向计算机的各个部件发出操作控制信号，指挥各个部件高速协调地工作。

运算器和控制器合称为中央处理器（Central Processing Unit，CPU），是计算机的核心部件。CPU 和主存储器是信息加工处理的主要部件，通常将这两个部分合称为主机。

CPU 对数据以算术运算及逻辑运算等方式进行加工处理，数据加工处理的结果为人们所利用。所以，对数据的加工处理是 CPU 最根本的任务。

4. 输入/输出设备

输入/输出设备（I/O 设备）又称外部设备，它是与计算机主机进行信息交换，实现人机交互的硬件环境。

输入设备用于输入人们要求计算机处理的数据、字符、文字、图形、图像、声音等信息，以及处理这些信息所必需的程序，并将它们转换成计算机能接受的形式（二进制代码）。输入设备有键盘、鼠标、扫描仪、光笔、手写板、麦克风（输入语音）等。

输出设备用于将计算机处理结果或中间结果以人们可识别的形式（如显示、打印、绘图等）表达出来。常见的输出设备有显示器、打印机、绘图仪、音响设备等。

辅（外）存储器可以将存储的信息输入主机，主机处理后的数据也可以存储到辅（外）存储器中，因此，辅（外）存储设备既可以作为输入设备，也可以作为输出设备。

5. 系统总线

总线是将计算机各个部件联系起来的一组公共信号线。在计算机的系统结构中，连接各个部件之间的总线称为系统总线。系统总线根据传送的信号类型可分为数据总线（Data Bus，DB，用于传送数据信息）、地址总线（Address Bus，AB，用来传送地址）和控制总线（Control Bus，CB，用来传送控制信号和时序信号）3 部分。

总线上的信号必须与连接到总线上的各个部件所产生的信号相协调。用于在总线与某个部件或设备之间建立连接的局部电路称为接口，例如用于实现存储器与总线连接的电路称为存储器接口，而用于实现外围设备与总线连接的电路称为输入/输出接口。

1.3.3 计算机软件系统

软件包括在计算机上运行的相关程序、数据及其有关文档。通常把计算机软件系统分为系统软件和应用软件两大类。

1. 系统软件

系统软件也称系统程序，是完成对整个计算机系统进行调试、管理、监控及服务等功能的软件。系统软件能够合理地调试计算机系统的各种资源，使之得到高效率的使用，能监控和维护系统的运行状态，帮助用户调试程序，查找程序中的错误等，大大减轻了用户管理计算机的负担。系统软件一般包括操作系统（如 Windows）、语言处理程序（如 C++ Builder）、数据库系统（如 SQL Server）、系统服务（如诊断系统程序 EVEREST 就是一款强大测试软硬件系统信息的工具）等。

2. 应用软件

应用软件也称应用程序，是专业软件公司针对应用领域的需求，为解决某些实际问题而研制开发的程序，或由用户根据需要编制的各种实用程序，如文字处理软件、电子表格软件、作图软件、网页制作软件、财务管理软件等。

1.4 微型计算机的组成

微型计算机简称微机（有的称为 PC 机、MC 机），属于第四代计算机。其特点是利用大规模集成电路和超大规模集成电路技术，将运算器和控制器制作在一个集成电路芯片上（微处理器）。微机具有体积小、质量轻、功耗小、可靠性高、对使用环境要求低、价格低、易于批量生产的特点，从而得以迅速普及，深入到当今社会的各个领域。

1.4.1 微型计算机的硬件组成

从外观上看，一套基本的微机硬件由主机箱、显示器、键盘、鼠标组成，还可增加一些外部设备，如打印机、扫描仪、音视频设备等，如图 1-9 所示。

图 1-9 微型计算机

在主机箱内部有主板、CPU、内存、硬盘、光盘驱动器、各种接口卡（适配卡）、电源等。其中 CPU 和内存是计算机结构的“主机”部分，其他部件与显示器、键盘、鼠标、音视频设备等都属于“外设”。

1.4.2　微型计算机的软件配置

应用较普遍的微机通用类的软件版本不断更新，功能不断完善，交互界面更加友好，同时也要求具有较苛刻的硬件环境。为适应不同的需要或更好地解决某些应用问题，新软件层出不穷。一台微型计算机应根据实际需要来确定所需配备的软件。

对于一般微型计算机用户，有以下软件可供参考。

1. 操作系统

操作系统是微型计算机必须配置的软件。目前非计算机专业用户使用的是微软公司的 Windows 操作系统，普遍且有利于整机性能的充分发挥。

2. 工具软件

配置必要的工具软件有利于系统管理、保障系统安全、方便传输交互。

（1）反病毒软件用于减少计算机病毒对资源的破坏，保障系统正常运行。常用的有瑞星、金山毒霸、卡巴斯基等。

（2）压缩工具软件用于存储或备份大量的数据资源，便于交换传输，缓解资源空间危机，有利于数据安全。常用的有 ZIP、WinRAR、Ghost 等。

（3）网络应用软件用于网络信息浏览、资源交流、实时通信等。常用的有 Firefox（浏览器）、迅雷（下载软件）、FlashFXP（下载与文件上传）、QQ（实时通信软件）、Foxmail（邮件处理软件）等。

（4）办公软件是应用最广泛的应用软件，具有编辑文字、管理数据、编辑演示多媒体、网络应用等多项功能。常用的有微软 Office 系列、金山 WPS Office 系列等。

（5）程序开发软件。程序开发软件主要是指计算机程序设计语言，用于开发各种程序，目前较常用的有 VB、C/C++、C#、Java 以及时下火热的 Python 等。

（6）数据库管理软件。常用的关系型数据库管理系统有 MySQL、SQL Server、Oracle、Sybase、Informix（现已被 IBM 收购）。除此之外，还有微软的 Access 数据库、FoxPro 数据库（现在用户很少，但优点是原理简单、通用，便于开发）等。

（7）多媒体编辑软件。主要用于音频、图像、动画、视频的创作和加工。常用的有 Cool Edit Pro（现名为 Audition 的音频处理软件）、Photoshop（图像处理软件）、Animate CC（动画处理软件，之前称为 Flash）、Premiere（视频处理软件）以及 Authorware 或 Director（多媒体制作工具）等。

（8）工程设计软件。主要用于机械设计、建筑设计、电路设计等多行业的设计工作，常用的有 AutoCAD、Protel 和 Visio 等。

（9）教育与娱乐软件。主要用于各方面教学的多媒体应用软件，如“轻松学电脑”系列。娱乐软件主要是指用于图片、音频、视频播放的软件，以及电脑游戏等，如 ACDSee（图片浏览软件）、RealPlayer（在线播放软件）、魔兽争霸（游戏软件）等。

（10）其他专用软件。基于不同工作的需要，还有大量的行业专用软件，如“用友”系列财务软件、“北大方正”印刷出版系统等。

在具体配置微机软件系统时，操作系统是必须安装的，工具软件和办公软件一般也应安装，其他软件应根据需要选择安装，也可以事先准备好可能需要的安装软件，在使用时即用即装。不建议将尽可能全的软件都安装到同一台计算机中，一方面影响整机的运行速度，以

Windows 操作系统平台为例，软件安装得越多，注册表越庞大，资源管理工作量越大，则微机搜索速度下降；另一方面软件间可能发生冲突，如反病毒软件在系统工作时，进行实时监控，不断搜集分析可疑数据和代码，若同时安装两套反病毒软件，将会造成互相侦测、怀疑，如此反复循环，最终导致系统瘫痪。此外，安装不常用的程序还将对计算机宝贵的存储空间造成不必要的浪费。

1.5 计算机的主要技术指标

计算机的性能涉及体系结构、软硬件配置、指令系统等多种因素，一般来说主要有下列技术指标。

（1）字长。字长是指计算机运算一次能同时处理的二进制数据的位数。字长越长，作为存储数据，计算机的运算精度就越高；作为存储指令，计算机的处理能力就越强。通常，字长总是 8 位的整倍数，如 8 位、16 位、32 位、64 位等。例如 Intel 486 机均属于 32 位机。

（2）主频。主频是指微型计算机中 CPU 的时钟频率（CPU Clock Speed），也就是 CPU 运算时的工作频率。一般来说，主频越高，一个时钟周期里完成的指令越多，CPU 的速度就越快。由于微处理器发展迅速，微型计算机的主频也在不断提高，“奔腾”处理器的主频目前已达到 1～3GHz。

（3）运算速度。计算机的运算速度通常是指每秒所能执行加法的指令数目，常用百万次/秒（MIPS）来表示。这个指标能更直观地反映机器的速度。

（4）存储容量。存储容量是衡量微型计算机中存储能力的一个指标，它包括内存容量和外存容量。这里主要指内存容量。内存容量越大，机器所能运行的程序就越大，处理能力就越强。尤其是当前多媒体 PC 机的应用多涉及图像信息处理，要求存储容量越来越大，甚至没有足够大的内存容量就无法运行某些软件。目前微型计算机的内存容量一般为 2GB 以上。

（5）存取周期。内存储器的存取周期也是影响整个计算机系统性能的主要指标之一。简单说，存取周期就是 CPU 从内存储器中存取数据所需的时间。目前，内存的存取周期在 7～70ns 之间。

（6）外设扩展能力和兼容性。一台微型计算机可配置外部设备的数量以及配置外部设备的类型，对整个系统的性能有重大影响。如显示器的分辨率、多媒体接口功能和打印机型号等，都是选择外部设备时要考虑的问题。

所谓兼容性（Compatibility）是指一个系统的硬件或软件与另一个系统或多种系统的硬件或软件的兼容能力，是指系统间某些方面具有的并存性，即两个系统之间存在一定程度的通用性。兼容的程序可使机器承前启后，便于推广，也可减少工作量，因此这也是用户通常要考虑的特性之一。

（7）RASIS 特性。可靠性（Reliability）、可用性（Availability）、可维护性（Serviceability）、完整性（Integrality）和安全性（Security）统称 RASIS 特性，它们是衡量计算机系统性能的 5 大功能特性。

可靠性表示计算机系统在规定的工作条件下和预定的工作时间内持续正确运行的概率。可靠性一般用平均无故障时间或平均故障间隔时间（Mean Time Between Failure，MTBF）来衡量，MTBF 越大，系统可靠性越高。

可维护性表示系统发生故障后尽可能修复的能力，一般用平均修复时间（Mean Time to Repair，MTTR）表示。MTTR 越小，表明系统的可维护性越好。

一个运行的系统不可能完全避免故障的发生，但希望修复的时间短，这样可供利用的时间就长，系统可靠性越高，可用性越好。

（8）软件配置情况。软件配置情况直接影响微型计算机的使用和性能的发挥。通常应配置的软件有操作系统、计算机语言以及工具软件等，另外还可配置数据库管理系统和各种应用软件。

（9）性能价格比。性能是指机器的综合性能，包括硬件、软件的各种性能。价格不但指主机的价格，也包括整个系统的价格。显然，性能价格比越大越好，它是客户对经济效益的选择依据之一。

习题 1

一、单选题

1．计算机科学的奠基人是（　　）。

A．查尔斯·巴贝奇　　B．图灵

C．阿塔诺索夫　　D．冯·诺依曼

2．当今计算机的基本结构和工作原理是由冯·诺依曼提出的，其主要思想是（　　）。

A．存储程序　　B．二进制数　　C．CPU 控制原理　　D．开关电路

3．计算机最早的应用领域是（　　）。

A．科学计算　　B．数据处理　　C．过程控制　　D．CAD/CAM

4．计算机辅助制造的简称是（　　）。

A．CAD　　B．CAM　　C．CAE　　D．UNIVAC

5．下列软件中，不属于应用软件类型的是（　　）。

A．AutoCAD　　B．MSN

C．Oracle　　D．Windows Media Player

6．计算机的硬件系统包括（　　）。

A．内存储器和外部设备　　B．显示器和主机

C．主机和打印机　　D．主机和外部设备

7．负责计算机内部之间的各种算术运算和逻辑运算的功能，主要是通过（　　）来实现的。

A．CPU　　B．主板　　C．内存　　D．显卡

8．下列关于现代 CPU 结构的说法，错误的是（　　）。

A．控制器是用来解释指令含义、控制运算器操作、记录内部状态的部件

B．运算器用来对数据进行各种算术运算和逻辑运算

C．CPU 中仅包含运算器和控制器两部分

D．运算器由多个部件构成，如整数 ALU 和浮点运算器等

9．（　　）是将各种图像或文字输入计算机的外部设备。

A．打印机　　B．扫描仪　　C．数码相机　　D．刻录机

10．在下面关于计算机系统硬件的说法中，不正确的是（　　）。

A．CPU 主要由运算器、控制器和寄存器组成

B．当关闭计算机电源后，RAM 中的程序和数据就消失了

C．软盘和硬盘上的数据均可由 CPU 直接存取

D．软盘和硬盘驱动器既属于输入设备，又属于输出设备

11．AGP 总线主要用于（　　）与系统的通信。

A．硬盘驱动器　　B．声卡

C．图形/视频卡　　D．以上都可以

12．光盘驱动器的速度常用多少倍速来衡量，如 40 倍速的光驱表示成 40x。其中的 x 表示（　　），它是以最早的 CD 播放的速度为基准的。

A．150KB/s　　B．153.6KB/s　　C．300KB/s　　D．385KB/s

13．下面关于显示器的叙述中，错误的是（　　）。

A．显示器的分辨率与微处理器的型号有关

B．分辨率为 1024×768，表示屏幕水平方向每行有 1024 个点，垂直方向每列有 768 个点

C．显示卡是驱动和控制计算机显示器以显示文本、图形、图像信息的硬件装置

D．像素是显示屏上能独立赋予颜色和亮度的最小单位

14．下面关于内存储器的叙述中，错误的是（　　）。

A．内存储器和外存储器是统一编址的，字节是存储器的基本编址单位

B．CPU 当前正在执行的指令与数据都必须存放在内存储器中，否则就不能进行处理

C．内存速度快而容量相对较小，外存则速度较慢而容量相对很大

D．Cache 存储器也是内存储器的一部分

15．衡量微型计算机价值的主要依据是（　　）。

A．功能　　B．性能价格比

C．运算速度　　D．操作次数

16．Cache 是一种高速度、容量相对较小的存储器。在计算机中，它处于（　　）。

A．内存和外存之间　　B．CPU 和主存之间

C．RAM 和 ROM 之间　　D．硬盘和光驱之间

17．下列叙述中，属于 RAM 特点的是（　　）。

A．可随机读写数据，且断电后数据不会丢失

B．可随机读写数据，断电后数据将全部丢失

C．只能顺序读写数据，断电后数据将部分丢失

D．只能顺序读写数据，且断电后数据将全部丢失

18．下列叙述中，错误的是（　　）。

A．以科学技术领域中的问题为主的数值计算称为科学计算

B．计算机应用可分为数值应用和非数值应用两类

C．计算机各部件之间有两股信息流，即数据流和控制流

D．对信息进行收集、存储、加工与传输等一系列活动的总称为实时控制

19．CPU 不能直接访问的存储器是（　　）。

A．ROM　　B．RAM　　C．Cache　　D．CD-ROM

20．下列叙述中，正确的是（　　）。

A．任何存储器中的信息，断电后都不会丢失

B．操作系统是只对硬盘进行管理的程序

C．硬盘装在主机箱内，因此硬盘属于主存储器

D．磁盘驱动器属于外部设备

21．连接计算机各个部件的一组公共通信线称为总线，它由（　　）组成。

A．地址总线和数据总线　　B．地址总线和控制总线

C．控制总线和数据总线　　D．控制总线、地址总线和数据总线

22．冯·诺依曼“存储程序”的原理是，程序可以像数据那样存放在存储器中，由计算机自动控制执行。该原理的提出不但影响了计算机的发展，同时引起了机械、电器设备的革新。此后，用程序进行控制的技术得到了广泛应用。以下叙述不合理的是（　　）。

A．采用程序控制可以进一步提高机械、电器设备的效能

B．大量家用电器中自动功能的实现依赖其中的专用程序

C．采用程序控制可让路口红绿灯按车流量调整亮灯时间

D．在汽车中采用程序控制将降低行驶的安全性

23．CPU 包括（　　）。

A．运算器和 Cache　　B．控制器和运算器

C．ROM 和 RAM　　D．控制器和 Cache

24．主要决定微型计算机性能的是（　　）。

A．CPU　　B．耗电量　　C．质量　　D．价格

25．所谓微处理器的位数，就是计算机的（　　）。

A．字长　　B．字　　C．字节　　D．二进制位

二、填空题

1．第一代电子计算机采用的物理器件是________。

2．大规模集成电路的英文简称是________。

3．未来计算机将朝着微型化、巨型化、________和智能化方向发展。

4．根据用途及其使用的范围，计算机可以分为________和专用机。

5．________是现代电子信息技术的直接基础。

6．计算机硬件和计算机软件既相互依存，又互为补充。可以这样说，________是计算机系统的躯体，软件是计算机的头脑和灵魂。

7．计算机系统的内部硬件最少由________、运算器、控制器、输入设备、输出设备 5 个单元结构组成。

8．计算机的外部设备很多，主要分成两大类，一类是输入设备，另一类是输出设备，其中键盘、鼠标、扫描仪属于________设备，显示器、音箱属于输出设备。

9．内存是一个广义的概念，它包括 RAM 和________（使用英文缩写，大写字母）。

10．对于移动臂磁盘，磁头在移动臂的带动下，移动到指定柱面的时间称为寻找时间，而指定扇区旋转到磁头位置的时间称为________时间。

11．光盘的信息传送速度比硬盘________。

12．通常计算机的存储器是由一个 Cache 存储器、主存储器和辅存储器构成的三级存储体系。Cache 存储器一般采用________半导体芯片。

13．能把计算机处理好的结果转换为文本、图形、图像或声音等形式并输送出来的设备称为________设备。

14．通常用屏幕水平方向上显示的点数乘以垂直方向上显示的点数来表示显示器的清晰程度，该指标称为________。

15．微型计算机的发展以________技术为特征标志。

三、判断题

1．电子计算机的计算速度很快，但计算精度不高。（ ）

2．CAD 是指利用计算机来帮助设计人员进行设计工作的系统。（ ）

3．计算机不但有记忆功能，还有逻辑判断功能。（ ）

4．计算机的运算速度（MIPS）是指每秒能执行几百万条高级语言的语句。（ ）

5．在选购主板时，一定要注意与 CPU 对应，否则是无法使用的。（ ）

6．硬盘的平均寻道时间（average time）是指硬盘的磁头从初始位置移动到盘面指定磁道所需的时间，单位是毫秒（ms），它是影响硬盘内部数据传输率的重要技术指标。许多硬盘的这项指标都在 9～10ms 之间。那么硬盘的平均寻道时间越长，硬盘的性能就越好。（ ）

7．计算机中的时钟主要用于系统计时。（ ）

8．SRAM 存储器是动态随机存储器。（ ）

9．存储器中的信息既可以是指令，也可以是数据。（ ）

10．可以通过设置显示器的分辨率来增大计算机输出的面积。（ ）

参考答案

一、单选题

1～5 BAABC　　6～10 DACBC　　11～15 CAAAB

15～20 BBDDD　　21～25 DDBAA

二、填空题

1．电子管　2．VLSI　3．网络化　4．通用机　5．微电子技术

6．硬件　7．存储器　8．输入　9．ROM　10．延迟

11．慢　12．ROM　13．输出　14．分辨率　15．微处理器

三、判断题

1．×　2．√　3．√　4．×　5．√　6．×　7．×　8．×　9．√　10．×

第 2 章　Windows 10 操作系统

Windows 10 操作系统集安全技术、可靠性、管理功能、即插即用功能、简易用户界面和创新支持服务等各种先进功能于一身，是一款非常优秀的操作系统。其特性是系统运行快捷、更具个性化的桌面、个性化的任务栏设计、智能化的窗口绽放、无处不在的搜索框、无缝的多媒体体验、超强的硬件兼容性。因此，Windows 10 使得用户在工作中能进行有效的交流，从而提高了效率并富于创造性。

本章将首先向读者介绍操作系统的基本知识，随后介绍 Windows 10 常用操作。

2.1　计算机工作原理

按照冯·诺依曼型计算机体系结构，数据和程序存放在存储器中，控制器根据程序中的指令序列进行工作。简单地说，计算机的工作过程就是运行程序指令的过程。

2.1.1　计算机指令系统与计算机语言

1. 指令

指令是能被计算机识别并执行的二进制代码，它规定了计算机能完成的某种操作。例如加、减、乘、除、取数等都是一个基本操作，分别用一条指令来完成。一台计算机所能执行的全部指令的集合称为该计算机的指令系统。

指令系统体现了计算机的基本功能。指令系统是依赖于计算机的，即不同类型的计算机的指令系统各不相同。

计算机硬件只能识别并执行机器指令，用高级语言编写的源程序必须由程序语言翻译系统把它们翻译为机器指令后，计算机才能执行。

计算机指令系统中的命令都有规定的编码格式。一般一条指令可分为操作码和地址码两部分。其中操作码规定了该指令进行的操作种类，如加、减、存数、取数等，地址码给出了操作数地址、结果存放地址以及下一条指令的地址。

2. 程序

程序是为完成一项特定任务而用某种语言编写的一组指令序列。下面分别是使用 C 语言和 Python 语言编写的 1～100 的求和程序。

```
//用 C 语言编程求“1+2+…+100”之和
main()
{   int i,sum;
    sum=0;
    for (i=1;i<=100;i++)
        sum=sum+i;
printf("d%", sum);
}
```

```
#用 Python 语言编程求“1+2+…+100”之和
sum=0;
for i in range(1,101):
    sum=sum+i
print("sum=",sum)
```

3. 计算机语言

语言是人们描述现实世界，表达自己思想观念的工具。而计算机语言是人与计算机交流的工具。

计算机程序设计语言或计算机语言，通常简称为编程语言，是一组用来定义计算机程序的专用符号、英文单词、语法规则和语句结构（书写格式）。它与自然语言（英语）更接近，而与硬件功能分离（彻底脱离了具体的指令系统），便于广大用户掌握和使用。高级语言的通用性强、兼容性好，便于移植。

计算机语言是一种被标准化，用来向计算机发出指令，能让程序员准确地定义计算机所需使用的数据，并精确地定义在不同情况下所应采取的行动（程序）。

计算机语言主要分为 3 类：低级语言、高级语言和专用语言。

（1）低级语言。机器语言和汇编语言一般都称为低级语言。

1）机器语言（machine language)。机器语言是计算机系统唯一能识别的、不需要翻译直接供机器使用的程序设计语言。机器语言中的每个语句（称为指令）都是二进制形式的指令代码，包括操作码和地址码两部分。

例如，计算 s=6+12 的机器语言（8 位）程序如下。

```
10110000  00000110    ；把 6 放入累加器 A 中 10110110
00101100  00001100    ；将 12 与累加器 A 中的值相加，结果仍放入 A 中
11110100              ；结束
```

用机器语言编写程序难度大、直观性差、容易出错，修改、调试也不方便，但由于机器语言是计算机能够直接识别的、直接执行的计算机语言，因此程序运行速度最快。

2）汇编语言（assembly language)。由于用机器语言编写程序有很多困难和缺点，为便于使用计算机，人们发明了汇编语言。

例如，上面的机器指令用汇编语言可写成如下形式。

```
MOV A,6     ；把 6 放入累加器 A 中
ADD A,12    ；将 12 与累加器 A 中的值相加，结果仍放入 A 中
HLT         ；结束
```

可见，汇编语言在一定程度上克服了机器语言难读、难改的缺点，又保持了编程质量高、占用存储空间小、执行速度快的优点。因此在对实时性要求较高的地方，如过程控制，仍常采用汇编语言。汇编语言是将机器语言“符号化”的程序设计语言。汇编语言与机器语言相同，也是面向机器的程序设计语言，通用性差，使用仍不方便。

（2）高级语言（high-level language)。高级语言的书写方式更接近人们的思维习惯，或者说高级语言与自然语言和数学表达式相当接近，这样的程序更便于阅读和理解，不依赖于计算机型号，通用性较好，出错时也容易检查和修改，给程序的调试带来很大的方便。

例如，Visual Basic .NET 是一种面向对象的程序设计语言，它将 s=6+12 的求和过程表达如下。

```
x = 6             '通过键盘将值 6 赋予变量 x
y = 12            '通过键盘将值 6 赋予变量 y
s = x + y         '两数累加后再赋予变量 s
Debug.Print(s)    '在即时窗口中输出两数的和值为 18
```

常用的程序设计语言有 FORTRAN（常用于数值计算）、Visual Basic .NET、C/C++、Java

（最佳的网络应用开发语言）、C#、PROLOG（一款优秀的智能性语言）等。

（3）专用语言（special-purpose language）。例如 CAD 系统中的 Auto Lisp 绘图语言和 DBMS 的数据库查询语言 SQL（Structured Query Language，结构化查询语言），Animate 中的 Actionscript 脚本的语言。

4. 语言处理程序的有关概念

（1）源程序（source program）。用汇编语言或高级语言各自规定的符号和语法规则编写的程序。

（2）目标程序（object program）。将计算机不能直接读懂的源程序翻译成相应的机器语言程序。

（3）可执行程序（executable program）。一种可在操作系统存储空间中浮动定位的可执行程序，以完成源程序要处理的运算并取得结果。常见的可执行文件扩展名为.com 和.exe。

（4）程序的执行方式。计算机并不能直接地接受和执行用高级语言编写的源程序，将源程序输入计算机时，通过“翻译程序”翻译成机器语言形式的目标程序，计算机才能识别和执行。这种“翻译”通常有两种方式，即编译方式和解释方式。

1）编译方式。事先编好一个称为编译程序的机器语言程序，作为系统软件存放在计算机内，当用户由高级语言编写的源程序输入计算机后，编译程序便把源程序整体翻译成用机器语言表示的与之等价的目标程序。然后计算机执行该目标程序（* .OBJ），完成源程序要处理的运算并取得结果并最终生成一个可执行文件（.exe）。现在大多数的编程语言都是编译型的，如 C 语言等。

2）解释方式。源程序进入计算机时，解释程序边扫描边解释作逐句输入逐句翻译，计算机一句一句地执行，并不产生目标程序。

Visual Basic .NET 等语言既可执行解释方式，又可执行编译方式。

编译后的程序执行的是编译好的二进制文件，因此速度比较快，保密性也较好，而解释方式执行的程序执行速度较慢。

最后，我们给出计算机软件的定义。

计算机软件（Computer Software，简称软件）是指计算机系统中的程序及其文档，程序是计算任务的处理对象和处理规则的描述，文档是为了便于了解程序所需的阐明性资料。程序必须装入机器内部才能工作，文档一般是给人看的，不一定装入机器。

一般来说，软件被划分为系统软件、编程语言、应用软件。其中系统软件为计算机使用提供最基本的功能，但是并不针对某个特定应用领域。而应用软件恰好相反，不同的应用软件根据用户和所服务的领域提供不同的功能。

2.1.2 计算机基本工作原理

计算机在工作过程中，主要有两种信息流：数据信息和指令控制信息。数据信息指的是原始数据、中间结果、结果数据等，这些信息从存储器进入运算器进行运算，所得的运算结果再存入存储器或传递到输出设备。指令控制信息是由控制器对指令进行分析、解释后向各部件发出的控制命令，指挥各部件协调工作。

指令的执行过程如图 2-1 所示，其中左半部是控制器，包括指令寄存器、指令计数器、指令译码器等；右上部是运算器（包括累加器、算术与逻辑运算部件等）；右下部是内存储器，其中存放程序和数据。

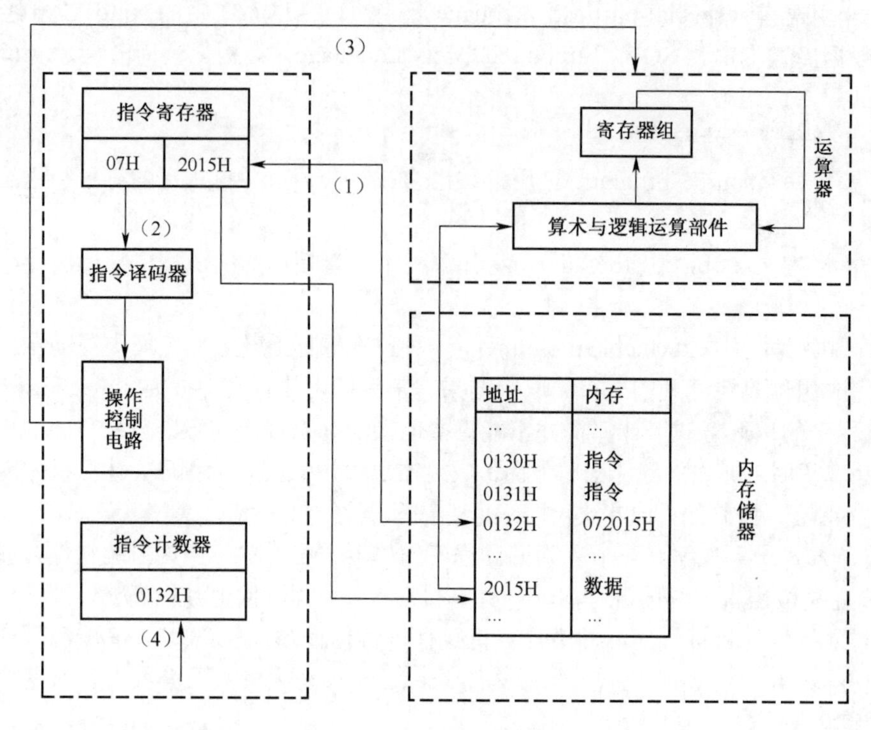

图 2-1　指令的执行过程

下面以指令的执行过程为例，简单说明计算机的基本工作原理。指令的执行过程可分为以下步骤。

（1）取指令。按照指令计数器中的地址（图 2-1 中为 0132H），从内存储器中取出指令（图 2-1 中的指令为 072015H），并送往指令寄存器。

（2）分析指令。对指令寄存器中存放的指令（图 2-1 中的指令为 072015H）进行分析，由操作码（07H）确定执行什么操作，由地址码（2015H）确定操作数的地址。

（3）执行指令。根据分析的结果，由控制器发出完成该操作所需的一系列控制信息，去完成该指令所要求的操作。

（4）执行指令的同时，指令计数器加 1，为执行下一条指令做好准备。如果遇到转移指令，则将转移地址送入指令计数器。

2.2　操作系统的基本概述

操作系统（Operating System，OS）是管理和控制所有在计算机上运行的程序和整个计算机的资源，合理组织计算机的工作流程以便有效地利用这些资源为用户提供功能强大、使用方便和可扩展的工作环境，为用户使用计算机提供接口的程序集合，最大限度地发挥计算机系统各部分的作用。

在计算机系统中，操作系统位于硬件与用户之间。正是因为有了操作系统，用户才有可能在不了解计算机内部结构及原理的情况下，仍能自如地使用计算机。

微软的 Windows 7/Windows 10、美国 AT&T 的 UNIX、芬兰人 Linus Torvalds 开发的 Linux 以及美国苹果公司的 Mac OS 操作系统都是常见的操作系统。移动平台的操作系统主要有 Android（安卓）、iOS（苹果）、Windows Phone（微软）等。

2.2.1　操作系统的功能

从资源管理的角度来看，操作系统是一组资源管理模块的集合，每个模块完成一种特定的功能。操作系统具有下述管理功能。

1. 处理器管理

操作系统的 CPU 管理也是操作系统中最重要的管理。处理器管理的目的是让 CPU 有条不紊地工作。由于系统内一般都存在多道程序，这些程序都要在 CPU 上执行，而在同一时刻，CPU 只能执行其中一个程序，因此需要把 CPU 的时间合理地、动态地分配给各道程序，使 CPU 得到充分利用，同时使得各道程序的需求得到满足。

为了实现处理器管理的功能，操作系统引入了进程（Process）的概念，处理器的分配和执行都是以进程为基本单位。随着并行处理技术的发展，为了进一步提高系统并行性，使并发执行单位的力度变强，操作系统又引入了线程（Thread）的概念。对处理器的管理最终归结为对进程和线程的管理。

（1）程序、进程和线程。程序是由程序员编写的一组稳定的指令，存储在磁盘上；进程是执行的程序；线程是利用 CPU 的一个基本单位，也称轻量级进程。

程序是被动的，进程是主动的，多个进程可能与同一个程序相关联，例如多个用户运行邮件程序的不同复制，或者某个用户同时开启了文本编辑器程序的多个复制。一个进程可能只包含一个控制线程，现代操作系统的一个进程一般包含多个控制线程，属于同一个进程的所有线程共享该进程的代码段、数据段以及其他操作系统资源，如打开的文件和信号量。

（2）进程的查看。例如我们打开了两次记事本程序（NotePad），然后按 Ctrl+Alt+Delete 组合键，再单击“任务管理器”按钮，可打开“任务管理器”窗口，如图 2-2 所示。

图 2-2　“任务管理器”窗口

在“任务管理器”窗口中单击“详细信息”选项卡，再单击“名称”标题名，此时系统已有的进程按字母顺序从A～Z排序。此时可以看到进程列表框中有两个notepad.exe，表明计算机内存中已运行了两个“记事本”程序。

操作系统对处理器的管理策略不同，其提供的作业处理方式也就不同，例如批处理方式、分时处理方式、实时处理方式等，从而呈现在用户面前，成为具有不同性质和不同功能的操作系统。

2. 存储器管理

存储器管理是指操作系统对计算机系统内存的管理，目的是使用户合理地使用内存。主要功能如下。

（1）存储分配。存储管理将根据用户程序的需要给它分配存储器资源。

（2）存储共享。存储管理能让主存中的多个用户程序实现存储资源的共享，以提高存储器的利用率。

（3）存储保护。存储管理要把各个用户程序相互隔离起来，互不干扰，更不允许用户程序访问操作系统的程序和数据，从而保护用户程序存放在存储器中的信息不被破坏。

（4）存储扩充。由于物理内存容量有限，难以满足用户程序的需求，因此存储管理还应该能从逻辑上来扩充内存储器，为用户提供一个比内存实际容量大得多的编程空间，方便用户的编程和使用。

操作系统按照单道程序和多道程序可以分为两种类型的存储管理。

3. 设备管理

设备管理的主要任务是对计算机系统内的所有设备实施有效的管理，使用户方便、灵活地使用设备。设备管理的目标如下。

（1）设备分配。根据一定的设备分配原则对设备进行分配。

（2）设备传输控制。实现物理的输入输出操作，即启动设备、中断处理、结束处理等。

（3）设备独立性。用户程序中的设备与实际使用物理设备无关。

4. 文件管理

文件管理是对系统的信息资源的管理。在现代计算机中，通常把程序和数据以文件形式存储在外存储器上供用户使用。这样，外存储器保存了大量文件，如不能对这些文件采取良好的管理方式，就会导致混乱或损坏，造成严重后果。为此，在操作系统中配置了文件管理，它的主要任务是对用户文件和系统文件进行有效管理，实现按名存取；实现文件的共享、保护和保密，保证文件的安全性；提供给用户一套能方便使用文件的操作和命令。

（1）文件存储空间的管理。负责对存储空间的分配和回收等。

（2）目录管理。是为方便文件管理而设置的数据结构，能提供按名存取的功能。

（3）文件的操作和使用。实现文件的操作，负责完成数据的读写。

（4）文件保护。提供文件保护功能，防止文件遭到破坏。

5. 作业管理

作业是反映用户在一次计算或数据处理中要求计算机所做的工作集合。作业管理的主要任务是作业调度和作业控制。

6. 网络与通信管理

当前计算机网络的应用已十分广泛，网络操作系统至少应具有以下管理功能。

（1）网上资源管理功能。计算机网络的主要目的之一是共享资源，网络操作系统应实现网上资源的共享，管理用户应用程序对资源的访问，保证信息资源的安全性和一致性。

（2）数据通信管理功能。计算机联网后，站点之间可以相互传送数据、进行通信，通过通信软件，按照通信协议的规定，完成网络上计算机之间的信息传送。

（3）网络管理功能。网络管理功能包括故障管理、安全管理、性能管理、记账管理和配置管理。

7. 用户接口

用户接口提供方便、友好的用户界面，使用户无须了解过多的软硬件细节就能方便灵活地使用计算机。通常，操作系统以下述两种接口方式提供给用户使用。

（1）命令接口。提供一组命令供用户方便地使用计算机，近年来出现的图形接口（也称图形界面）是命令接口的图形化。

（2）程序接口。提供一组系统调用供用户程序和其他系统程序使用。

2.2.2 操作系统的分类

不同的硬件结构，尤其是不同的应用环境，应有不同类型的操作系统，以实现不同的目标。通常把操作系统分为下述几类。

1. 按结构和功能分类

按结构和功能，操作系统一般分为批处理操作系统、分时操作系统、实时操作系统、网络操作系统、分布式操作系统。

（1）批处理操作系统。批处理是指用户将一批作业提交给操作系统后就不再干预，由操作系统控制它们自动运行。这种采用批量处理作业技术的操作系统称为批处理操作系统。批处理操作系统分为单道批处理系统和多道批处理系统。批处理操作系统不具有交互性，它是为了提高CPU的利用率而提出的一种操作系统。

（2）分时操作系统。分时操作系统往往用于连接几十甚至上百个终端的系统，每个用户在其自己的终端上控制其作业的运行，而处理机按固定时间片轮流地为各个终端服务。这种系统的特点就是对连接终端的轮流快速响应。在这种系统中，各终端用户可以独立地工作而互不干扰，宏观上每个终端好像独占处理机资源，而微观上则是各终端对处理机的分时共享。分时操作系统侧重于及时性和交互性，典型的分时操作系统有UNIX、XENIX、VAX VMS等。

（3）实时操作系统。实时操作系统大多具有专用性，种类多，而且用途各异。实时操作系统是很少需要人工干预的控制系统，它的一个基本特征是事件驱动设计，即当接受了某些外部信息后，由系统选择某个程序去执行，完成相应的实时任务。其目标是及时响应外部设备的请求，并在规定时间内完成有关处理，时间性强、响应快是这种系统的特点。其多用于生产过程控制和事务处理。

（4）网络操作系统。所谓网络操作系统，就是在计算机网络系统中，管理一台或多台主机的软硬件资源，支持网络通信，提供网络服务的软件集合。

（5）分布式操作系统。分布式操作系统是由多台计算机连接起来组成的计算机网络，系统中若干台计算机可以相互协作来完成一个共同任务。系统中的计算机无主次之分，系统中的资源被提供给所有用户共享，一个程序可分布在几台计算机上并行地运行，相互协调完成一个共同的任务。分布式操作系统的引入主要是为了提高系统的处理能力、节省投资、提高系统的可靠性。

把一个计算问题分成若干个子计算，每个子计算可以分布在网络中的各台计算机上执行，并且使这些子计算利用网络中特定的计算机的优势。这种用于管理分布式计算机系统中资源的操作系统称为分布式操作系统。

2. 按用户数量分类

按用户数量，操作系统一般分为单用户操作系统和多用户操作系统。其中单用户操作系统又可分为单用户单任务操作系统和单用户多任务操作系统两类。

（1）单用户操作系统。单用户操作系统的基本特征是：在一个计算机系统内，一次只支持一个用户程序的运行，系统的全部资源都提供给该用户使用，用户对整个系统有绝对的控制权。它是针对一台机器、一个用户设计的操作系统。2000年以前大多数微型计算机上运行的大多数操作系统都属于单用户操作系统，如MS-DOS、Windows 95/98等。

（2）多用户操作系统。多用户操作系统允许多个用户通过各自的终端使用同一台主机，共享主机中各类资源。常见的多用户多任务操作系统有Windows 2000 Server、Windows 10、Windows Server 2008、UNIX等。

3. 按操作系统提供的操作界面分类

按操作系统提供的操作界面分类，可把操作系统分为字符类操作系统和图形类操作系统。字符类操作系统有 MS-DOS、PC-DOS、UNIX 等，图形类操作系统有 Windows 系列、OS/2、MAC、Linux 等。

4. 多媒体操作系统

近年来，计算机已不仅能处理文字信息，还能处理图形、声音、图像等其他媒体信息。为了能够对这类信息和资源进行处理和管理，出现了一种多媒体操作系统。多媒体操作系统是以上各种操作系统的结合体。

2.2.3 操作系统的主要特性

1. 并发性

并发性（Concurrence）是指两个或两个以上的运行程序在同一时间间隔段内同时执行。操作系统是一个并发系统，并发性是它的重要特征，它应该具有处理多个同时执行程序的能力。多个 I/O 设备同时输入/输出；设备输入/输出和 CPU 计算同时进行；内存中同时有多个程序被启动交替、穿插地执行，这些都是并发性的例子。发挥并发性能够消除计算机系统中部件与部件之间的相互等待，有效地改善系统资源的利用率，改进系统的吞吐率，提高系统效率。例如，一个程序等待 I/O 时，就让出 CPU，而调度另一个运行程序占有 CPU 执行。这样，在程序等待 I/O 时，CPU 便不会空闲，这就是并发技术。

采用了并发技术的系统又称多任务系统（Multitasking System）。

2. 共享性

共享性（Shareability）是操作系统的另一个重要特征。共享是指操作系统中的资源（包括硬件资源和信息资源）可被多个并发执行的进程使用。出于经济上的考虑，一次性向每个用户程序分别提供它所需的全部资源不但是浪费的，有时也是不可能的。现实的方法是让多个用户程序共用一套计算机系统的所有资源，因而必然会产生共享资源的需要。资源共享的方式可以分成互斥共享（如打印机、磁带机的使用）和同时访问（如磁盘访问）。

并发性和共享性是操作系统的两个最基本的特征，它们互为依存。一方面，资源的共享是因运行程序的并发执行引起的，若系统不允许运行程序并发执行，自然也就不存在资源共享问题；另一方面，若系统不能对资源共享实施有效的管理，势必会影响到运行程序的并发执行，甚至运行程序无法并发执行，操作系统也就失去了并发性，导致整个系统效率低下。

3. 异步性

操作系统的第 3 个特点是异步性（Asynchronism），或称随机性。在多道程序环境中，允许多个进程并发执行，由于资源有限而进程众多，多数情况下进程的执行不是一贯到底，而是“走走停停”。例如，一个进程在 CPU 上运行一段时间后，由于等待资源满足或事件发生，它被暂停执行，CPU 转让给另一个进程执行。系统中的进程何时执行？何时暂停？以什么样的速度向前推进？进程总共要多长时间才能完成执行？这些都是不可预知的，或者说该进程是以异步方式运行的，异步性给系统带来了潜在的危险，可能导致与时间有关的错误，但只要运行环境相同，操作系统必须保证多次运行作业都会获得完全相同的结果。

2.3　Windows 10 操作系统特点

Windows 10 是美国微软公司新一代的操作系统，可供家庭及商业工作环境、笔记本电脑、平板电脑、多媒体中心等使用。Windows 10 保留了 Windows 7 和 Windows 8 中为大家所熟悉的特点和兼容性（如 Aero 特效），并吸收了在可靠性和响应速度方面的最新技术进步，为用户提供了更高层次的安全性、稳定性和易用性，更符合用户的操作体验。

与 Windows 7 相比，Windows 10 增加了如下功能。

（1）进化的“开始”菜单。在 Windows 10 中，用户可以任意调节“开始”菜单的尺寸，甚至让它占满整个屏幕，同时保留了磁贴界面。图 2-3 所示为 Windows 10 的“开始”菜单。

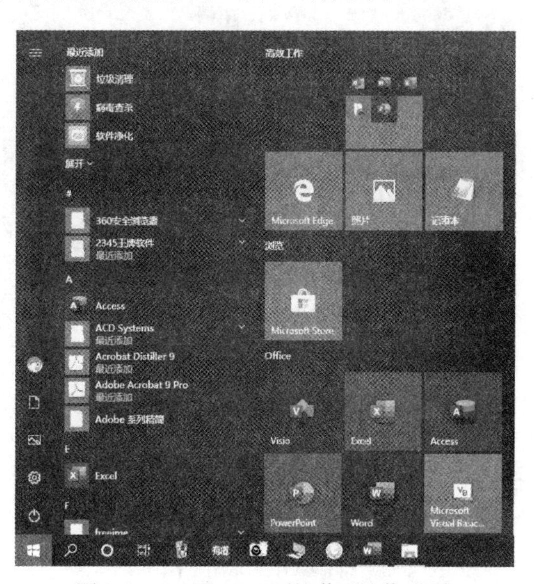

图 2-3　Windows 10 的“开始”菜单

（2）微软“小娜”（Cortana）。Windows 10 与以前的操作系统相比，新增了炫酷的语音系统，其中文名为“小娜”。它无处不在，通过“小娜”，用户可以看照片、放音乐、发邮件、用浏览器搜索等。

“小娜”是微软发布的全球第一款个人智能助理，可以说是Windows 10操作系统的私人助理，其主要应用于平板电脑环境中。在“任务栏”中，用户只要单击“开始”菜单右侧的第二个按钮，就可使用“小娜”了。

（3）任务视图。Windows 10操作系统的任务视图（Task View）是其新增的虚拟桌面软件。该软件的按钮位于任务栏上，单击该按钮可查看当前运行的多任务程序。图2-4为Task View的视图界面。

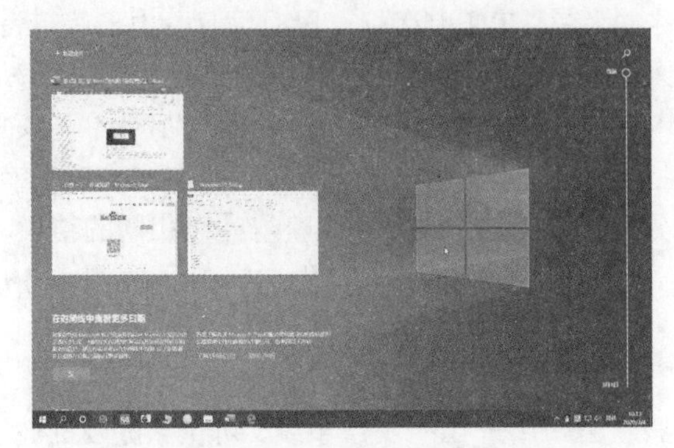

图2-4　Task View的视图界面

（4）全新的通知中心。通过Windows 10操作系统中的通知中心，用户可以自由开启或关闭通知。除此之外，通知中心还有各种开关和快捷功能，例如切换平板模式、打开便签等。单击任务栏右下角的“通知”按钮，可以打开通知面板，在面板上方会显示来自不同应用的通知信息。图2-5所示为Windows 10操作系统的通知中心面板。

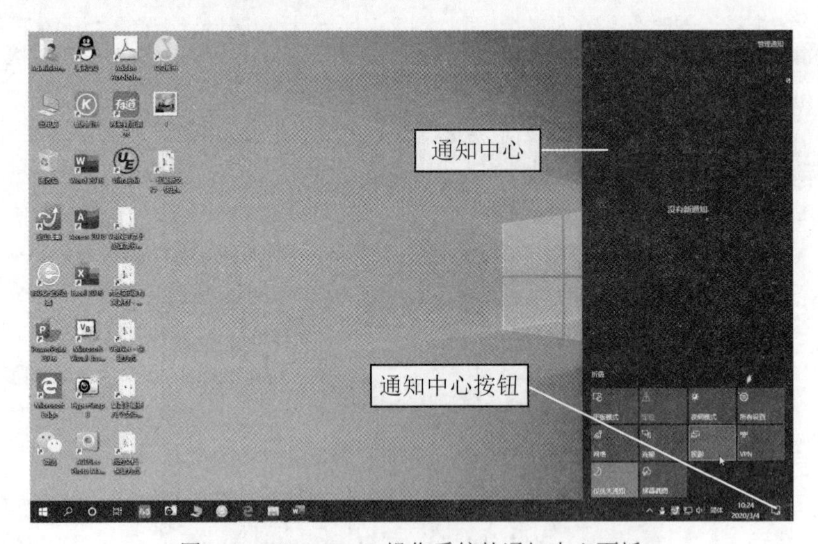

图2-5　Windows 10操作系统的通知中心面板

（5）全新的Microsoft Edge浏览器。Microsoft Edge浏览器是Windows 10操作系统的内置浏览器，Edge浏览器的一些功能细节包括：支持内置“小娜”语音功能，内置了阅读器、笔记和分享功能，设计注重实用和极简主义。图2-6所示为Microsoft Edge浏览器的工作界面。

（6）多桌面功能。Windows 10具有比较有特色的多桌面功能，可以把程序放在不同的桌面上，让用户的工作更加有条理，例如将桌面分为办公桌面和娱乐桌面，对于办公室人员来说比较实用。图 2-7 所示为多桌面效果。

图 2-6　Microsoft Edge 浏览器的工作界面

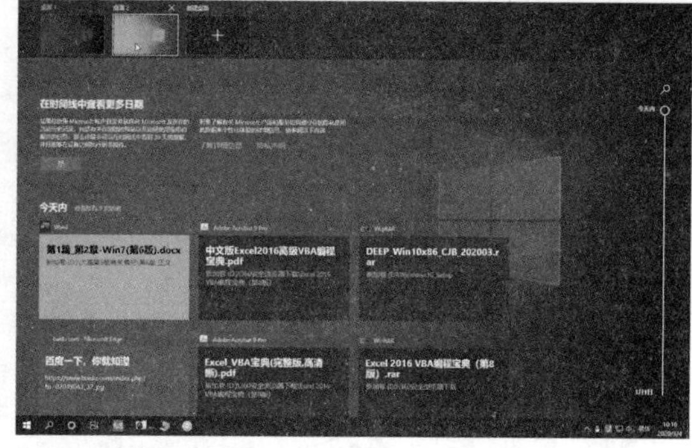

图 2-7　多桌面效果

2.4　Windows 10 的启动与退出

2.4.1　Windows 10 的启动

Windows 10 操作系统的运行界面如图 2-8 所示。

图 2-8　Windows 10 操作系统的运行界面

说明：若安装 Windows 10 的过程中设置了多个用户使用同一台计算机，启动过程将出现用户登录界面。

2.4.2　Windows 10 的退出

Windows 10 系统的退出包括关机、重启、注销等操作。

（1）正常关机。使用完计算机后，都需要退出 Windows 10 操作系统并关闭计算机，正确的关机操作方法及步骤如下。

1）关闭所有打开的程序和文档窗口。如果用户忘了关闭，则系统将会询问是否要结束有关程序的运行。

2）单击“开始菜单”按钮，弹出“开始”菜单，将鼠标指针移到“电源”按钮处，在弹出的电源选项中单击“关机”按钮，可关闭 Windows 10，如图 2-9 所示。

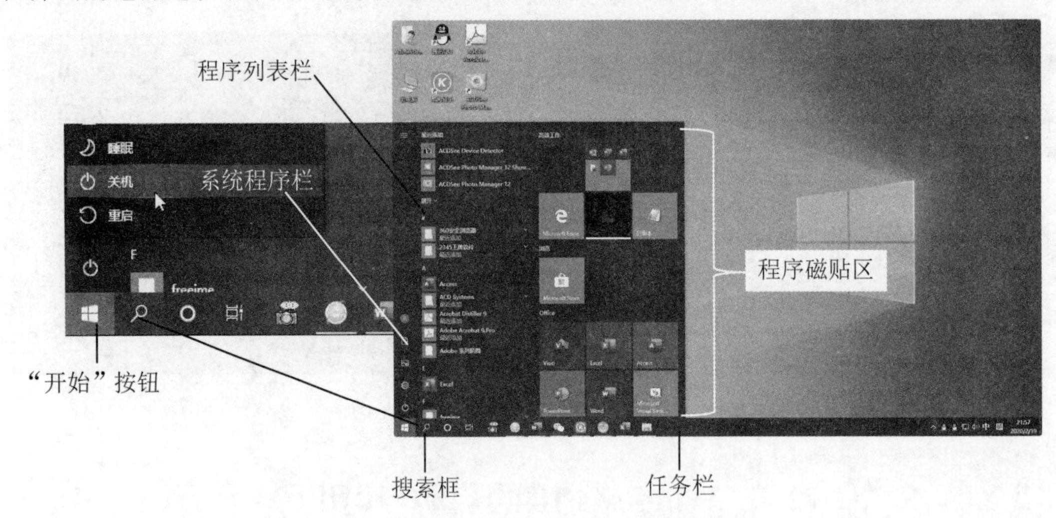

图 2-9 “开始”菜单与“电源”按钮

（2）非正常关机。用户在使用计算机的过程中，由于各种原因突然出现了死机、花屏、黑屏等情况，无法通过“开始”菜单正常关闭计算机，此时用户需要按下主机箱电源开关按钮，并一直持续到断电，然后将显示器的电源关闭就可以了。

2.5 Windows 10 的基本操作

2.5.1 Windows 10 桌面的组成

启动 Windows 10 后，首先出现的是 Windows 10 桌面。Windows 10 桌面是今后一切工作的平台，系统称为 Desktop。默认情况下，Windows 10 的桌面最简洁，用户也可以在桌面上设置一些程序的快捷图标，如图 2-10 所示。

图 2-10 用户定制的桌面窗口界面

下面详述 Windows 10 桌面界面的主要组成部分。

1. 桌面图标

图标是以一个小图形的形式来代表不同的程序、文件或文件夹、磁盘驱动器、打印机甚至是网络中的计算机等。图标由图形符号和名字两部分组成。

【例 2-1】在 Windows 10 桌面上显示或隐藏“此电脑”“用户的文件”“网络”“回收站”等图标，同时修改桌面的背景。

【操作步骤】

（1）将鼠标指向桌面中的空白处并右击，在弹出的快捷菜单中选择“个性化”选项，打开“设置”窗口，如图 2-11 所示。

（2）单击“设置”窗口左侧导航栏中的“主题”，此时“设置”窗口右侧显示主题内容。拖动窗口右侧的垂直滚动条，直到显示出“桌面图标设置”链接项，如图 2-12 所示。

图 2-11　“设置”窗口

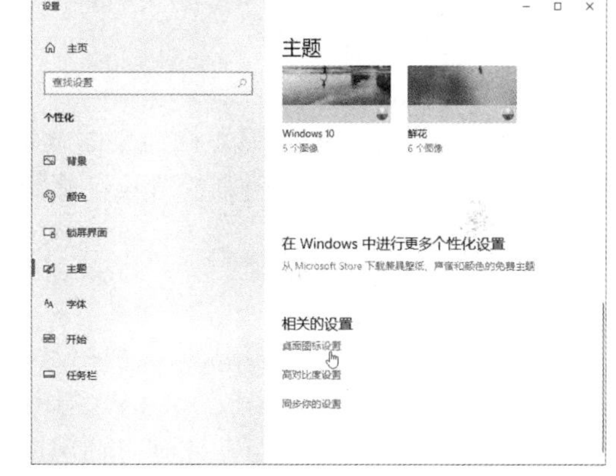

图 2-12　显示“主题”相关选项

（3）单击“桌面图标设置”链接项，打开图 2-13 所示的“桌面图标设置”对话框。

图 2-13　“桌面图标设置”对话框

在“桌面图标”选项卡下，勾选“计算机”“用户的文件”“网络”“回收站”等复选框。不勾选上述复选框，则表示隐藏这些图标。

（4）单击“确定”按钮，回到图 2-11 所示的“设置”窗口。单击“设置”窗口左侧导航栏中的“背景”，“设置”窗口右侧显示与背景设置相关的内容选项，浏览或选择一幅图片作为桌面背景图片。

（5）单击“设置”窗口右上角的“关闭”按钮 ×，回到 Windows 10 桌面，观察桌面图标和背景的变化。

2. 任务栏

初始的任务栏在屏幕的底部，是一个长方条。

任务栏的最左边是带微软窗口标志的“开始”按钮，从左向右依次为搜索、小娜、任务视图、快速启动应用程序图标；任务栏的右边为系统通知区，有输入法、显示隐藏的图标、显示的图标（如 QQ、网络、声音、当前日期与时间 11:13 2020/3/4 等）；任务栏最右边的长方条是显示桌面按钮。

3. 桌面背景

屏幕上主体部分显示的图像称为桌面背景，它的作用是使屏幕美观，用户可以根据自己的喜好选择不同图案、不同色彩的背景来修饰桌面。

2.5.2 鼠标的基本操作

操作 Windows 10 系统时，人们常使用鼠标来操作 Windows 10。普通鼠标是一种带有两键或三键的输入设备。当把鼠标放在清洁光滑的平面上移动时，一个指针式的光标（箭头）将随之在屏幕上按相应的方向和距离移动。使用鼠标最基本的操作方式有以下几种。

（1）移动。握住鼠标在清洁光滑的平面上移动时，计算机屏幕上的鼠标指针就随之移动，通常情况下，鼠标指针的形状是一个小箭头。

（2）指向。移动鼠标，将鼠标指针移动到屏幕上一个特定的位置或某个对象上。

（3）单击。单击又称点击或左击，是指快速按下并松开鼠标左键。单击一般用于完成选中某个选项、命令或按钮，选中的对象呈高亮显示。

（4）双击。双击是指快速地连续按两下鼠标左键。一般地，双击表示选中并执行。例如，在桌面上双击“回收站”图标，则可直接打开回收站程序窗口。

（5）右击。右击是指将鼠标的右键按下并松开。右击通常用于一些快捷操作，在 Windows 10 中，右击将会打开一个菜单，从中可以快速执行菜单中的命令，这种菜单称为快捷菜单。在不同的位置右击，所打开的快捷菜单也不同。图 2-14 所示的是在“回收站”图标上右击后打开的快捷菜单。

（6）拖放。拖放是指选中某个或多个对象后，按下鼠标左键并移动鼠标，此时被选中的对象也随之移动，一直到目标位置时才释放按键。拖放一般用于移动或复制选中的对象。

（7）右拖。在 Windows 10 中，按下鼠标右键也可以实现拖放，操作方法是：选中一个或多个对象后，按下鼠标右键并将鼠标指针移至目标位置并释放，此时弹出一个快捷菜单，选择相应的命令即可。选中的对象不同，所出现的菜单也不同。

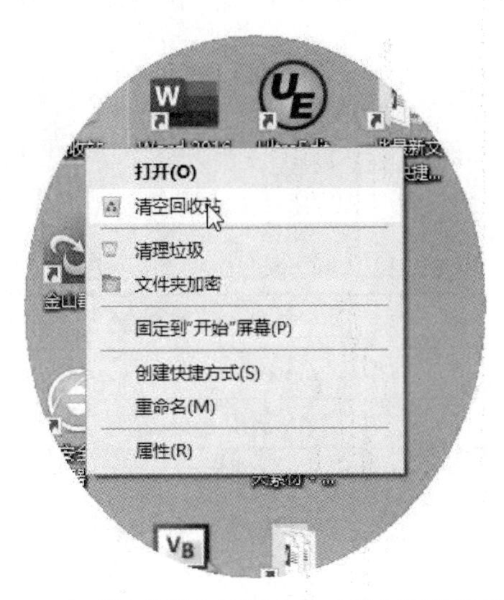

图 2-14　在“回收站”图标上右击后打开的快捷菜单

2.5.3　鼠标的指针形状

通常情况下，鼠标指针的形状是一个小箭头，它会随着所在位置的不同而发生变化，并且与当前所要执行的任务相对应。例如当它移动到超链接处，就会变成一个小手状。常见的鼠标指针形状和用途见表 2-1。

表 2-1　常见的鼠标指针形状和用途

指针名称	指针图标	用途
箭头指针		标准指针，用于选择命令、激活程序、移动窗口等
帮助指针		代表选中帮助的对象
后台运行		程序正在后台运行
转动圆圈		系统正在执行操作，要求用户等待
十字形和 I 字指针		精确定位和编辑文字
手写指针		表示可以手写
禁用指针		表示当前操作不可用
窗口调节指针		用于调节窗口尺寸
对象移动指针		此时可用键盘的方向键移动对象或窗口
手形指针		链接选择，此时单击，将出现进一步的信息

在 Windows 10 中，鼠标指针的形状很多，用户应在操作过程中注意观察鼠标形状的变化，以便更好地指导自己的操作。

2.5.4 键盘的基本操作

利用键盘同样可以实现 Windows 10 提供的一切操作功能，利用其快捷键还可以大大提高工作效率。表 2-2 中列出了 Windows 10 的常用快捷键。

表 2-2 Windows 10 的常用快捷键

快捷键	功能	快捷键	功能
F1	打开帮助	Ctrl+A	选定全部内容
F2	重命名文件（夹）	Ctrl+Esc	打开开始菜单
F3	搜索文件或文件夹	Alt+Tab	在打开的窗口之间选择切换
F5	刷新当前窗口	Alt+Esc	以项目打开的顺序循环切换项目
（Shift）+Delete	（永久）删除	+D	显示桌面
Alt+F4	关闭或退出当前窗口	+Tab	任务视图
Ctrl+Alt+Delete	打开 Windows 任务管理菜单	+SpaceBar	切换输入语言和键盘布局
Ctrl+C	复制	+（Shift）+M	（还原）最小化所有窗口
Ctrl+X	剪切	+R	打开“运行”对话框
Ctrl+V	粘贴	+↑（←、→、↓）	最大化、最大化屏幕到左侧、最大化屏幕到左侧和最小化窗口
Ctrl+Z	撤消	+T	切换任务栏上的程序

2.5.5 Windows 10 桌面的基本操作

Windows 10 桌面的图标操作主要有以下几种。

1. 创建新图标（对象）

创建新图标是指在桌面上建立新图标对象，该对象可以是一个文件（夹）、程序或磁盘等的快捷方式图标。添加新对象的方法有下述两种。

（1）从其他地方通过鼠标拖动的方法拖来一个新对象。

（2）通过在桌面上右击，在弹出的快捷菜单中选择“新建”命令，然后在子菜单中选择所需对象来创建新对象，如图 2-15 所示。

2. 排列桌面上的图标

在桌面空白处右击，在弹出的快捷菜单中选择“排序方式”命令，用户即可调整图标的排列方式，如图 2-16 所示。

3. 删除桌面上的图标

右击桌面上的某个对象，然后从弹出的快捷菜单中选择“删除”命令（或直接按 Delete 键）即可；也可将该对象图标直接拖动到“回收站”。

选中某个图标后，按 Shift+Delete 组合键，删除对象后不可恢复。

图 2-15　在桌面上创建一个新对象

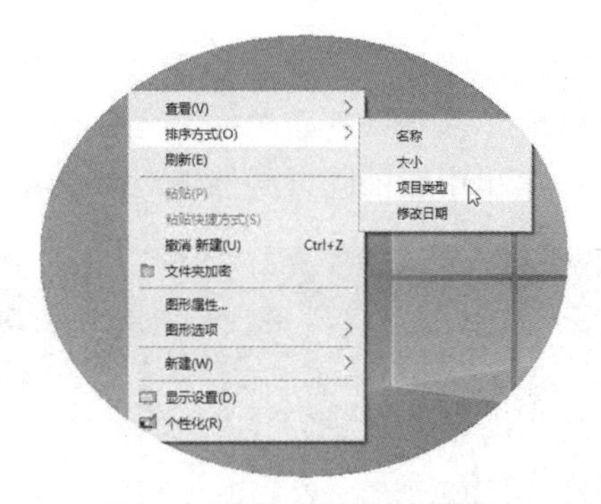

图 2-16　排列桌面上的图标

4. 启动程序或打开窗口

只需双击桌面上的相应图标对象即可启动程序或打开窗口。可以将一些重要而常用的应用程序、文件（夹）或磁盘在桌面上建立快捷方式，以方便操作。

5. 桌面属性的设置

桌面属性是指桌面的主题、背景、屏幕保护程序、外观和显示分辨率等设置。其操作方法是：在桌面的空白处右击，在弹出的快捷菜单中选择“个性化”命令，如图 2-11 所示，用户可根据需要进行相关的调整。

2.5.6　“开始”菜单简介

任务栏的最左端就是按钮，单击此按钮将弹出“开始”菜单，如图 2-3 所示。“开始”菜单是使用和管理计算机的起点，同时是 Windows 10 中最重要的操作菜单，通过它，用户几乎可以完成任何系统的使用、管理和维护工作。

Windows 10 的开始菜单默认分为 3 列，超出 3 列的部分会自动分成多栏。“开始”菜单主要集中了用户能用到的各种操作，如系统（固定）命令、程序的快捷方式和磁贴区等，使用时只需单击即可。

1. “系统命令”列表区

“系统命令”栏显示在“开始”菜单的最左侧，有电源、设置、图片、文档和账户 5 个命令。如单击“电源”命令，在弹出的快捷菜单中用户可执行关机、重启和睡眠等操作。

2. “所有应用”列表区

“所有应用”列表区位于“开始”菜单的中间，默认按最近安装及英文字母的顺序排列，例如 Microsoft Edge、Excel、Windows 附件等。

如果用户要将某程序从列表区删除或锁定到任务栏，可右击，在弹出的快捷菜单中执行相应的命令即可。

3. “磁贴”列表区

“磁贴”列表区，又称“开始屏幕”列表区，在此处，用户可以将一些常用的程序固定下来。用户执行这些程序时，可在“磁贴”列表区找到该程序并单击，即可执行，打开该程序的操作界面。

如果要将某程序固定在“磁贴”列表区，可以在“所有应用”列表区或使用“搜索”功能，找到所需的程序并右击，在弹出的快捷菜单中执行“固定到‘开始’屏幕”命令即可，如

图 2-17 所示。反之，如果要删除一个“磁贴”列表区的某个程序（或“磁贴”片），可右击该程序“磁贴”，执行快捷菜单命令“从‘开始’屏幕取消固定”（如果是一个文件夹，则执行“从‘开始’菜单中取消固定文件夹”命令），如图 2-18 所示。

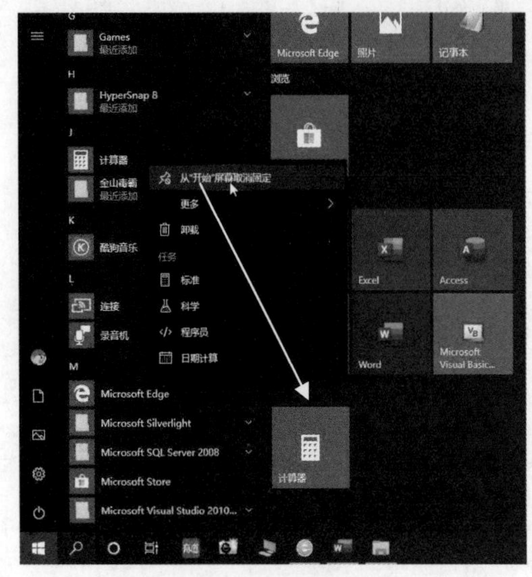

图 2-17　创建磁贴图标　　　　图 2-18　删除磁贴图标

右击“开始”按钮或按⊞+X 组合键时，将弹出“开始”按钮的快捷菜单，可执行相关的系统命令。

2.5.7　“任务栏”的基本操作

如图 2-9 所示，在 Windows 10 中，任务栏（Taskbar）就是指位于桌面最下方的小长条，主要由开始菜单、搜索、小娜、任务视图、应用程序按钮区、输入法按钮、通知区和显示桌面按钮。

1. “搜索”按钮

如果想使用某个文件，但又忘记其存放位置，使用“搜索”按钮是最便捷的方法之一，用户只需要提供文件的名称或类型，然后搜索即可。“搜索”框将默认搜索用户的程序以及个人文件夹的所有文件夹，因此提供项目的确切位置并不重要。搜索功能还可搜索用户的电子邮件、已保存的即时消息、约会、联系人、天气和新闻等。

【例 2-2】假设“开始”菜单的“所有应用”中没有“计算器”程序，搜索并运行计算器程序。

【操作步骤】

（1）在“任务栏”中单击“搜索”按钮，在弹出的“搜索”界面的“搜索”文本框中输入“计算器”或“Calc”，“搜索”文本框上方随即出现搜索结果，如图 2-19 所示。

（2）在搜索结果中单击“最佳匹配”栏下的“计算器”，打开“计算器”程序窗口。

2. 任务栏的预览功能

将鼠标指针移动到任务栏上的活动任务（正在运行的程序）按钮上稍微停留一会儿，用户将会预览各个打开窗口的内容，并在桌面的“预览窗口”中显示正在浏览的窗口信息，如图 2-20 所示。

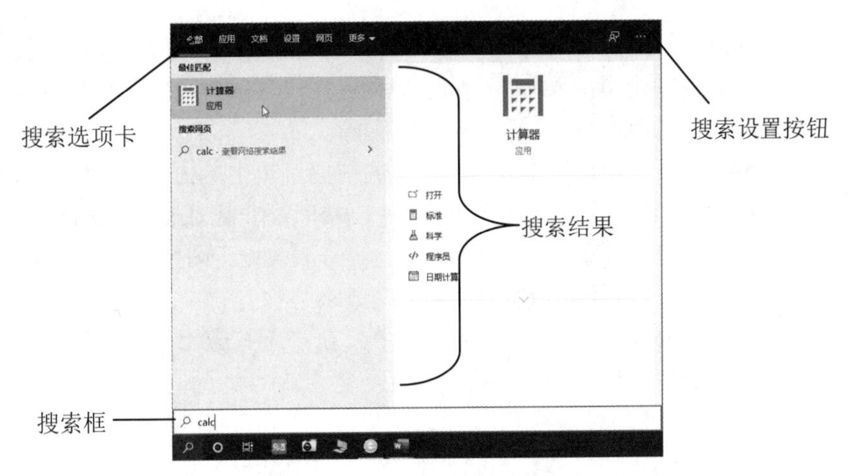

图 2-19　“搜索”框及搜索结果

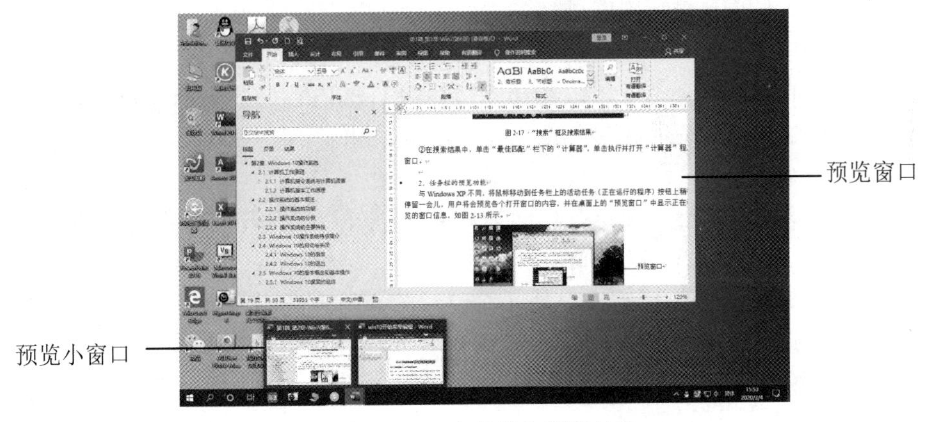

图 2-20　“任务栏”预览效果

在任务栏按钮区中，用户可以轻易地分辨出已打开的程序窗口按钮和未打开的程序按钮图标。图标下方有一条蓝色横线的为已打开的程序按钮。当同时打开多个相同程序窗口时，任务栏按钮区的该程序图标按钮右侧会出现层叠的边框进行标识。

3. 将快捷方式锁定到任务栏

默认情况下，任务栏只有“搜索”按钮、“小娜（与 Cortana 交流）”按钮和“任务视图”按钮 3 个程序按钮图标。如果需要，用户可以将经常使用的程序添加到任务栏程序按钮区，也可以将使用频率低的程序从任务栏程序按钮区中删除。

【例 2-3】在“任务栏”中完成下面的设置。

（1）将桌面上的图标添加到任务栏程序按钮区，然后删除。

（2）将“开始”菜单中的 Excel 添加任务栏程序按钮区。

（3）在桌面创建一个“学生管理.xlsx”空文件，然后将此文件添加到任务栏 Microsoft Excel 2016 按钮中的跳转列表中。

【操作步骤】

（1）单击任务栏最右侧的“显示桌面”按钮，显示出整个桌面。

（2）将鼠标指针移动到“迅雷 7”图标上，按住鼠标将“迅雷”图标拖动到任务栏，此时出现“固定到任务栏”图标和字样，松开鼠标，任务栏中添加“迅雷”按钮。

（3）将鼠标指针移动到上面添加的“迅雷”按钮上，右击并执行快捷菜单中的“从任务栏取消固定”命令，可将添加到任务栏中的图标删除。

（4）在 Windows 桌面上空白处右击，在弹出的快捷菜单中单击“新建”→“Microsoft Excel 工作表”命令，新建一个名称为“新建 Microsoft Excel 工作表.xlsx”的文件。

（5）将鼠标指针指向“新建 Microsoft Excel 工作表.xlsx”图标并右击，执行快捷菜单中的“重命名”命令，将此工作簿命名为“学生管理.xlsx”。

（6）单击“开始”按钮，打开“开始”菜单。在“所有应用”列表区找到“Excel”并右击，执行快捷菜单中的“更多”→“固定到任务栏”命令。此时，任务栏中添加 Excel 程序按钮。

（7）在 Windows 10 桌面上找到“学生管理.xlsx”图标并单击，将此程序拖动到任务栏中的打开 Excel 程序按钮。当出现“固定到 Excel 2016”字样时，松开鼠标，将“学生管理.xlsx”添加到 Microsoft Excel 2016 按钮中的跳转列表中。

（8）在任务栏中右击 Excel 按钮，会发现上面添加的跳转列表项目“学生管理.xlsx”，单击此项目，可快速打开 Microsoft Excel 2016 并将此文件的内容显示出来。如果要将项目从跳转列表中删除，右击并执行快捷菜单中的“从此列表中删除”命令即可。

4. 调整任务栏的大小和位置

默认情况下，任务栏显示并锁定在桌面的底部，刚好可以列出一行图标。也可以将任务栏显示在桌面的左、右、上部边缘，操作方法如下。

（1）将鼠标指针移到任务栏的空白处并右击，在弹出的快捷菜单中单击“锁定任务栏”命令将任务栏解除锁定。

（2）将鼠标指针移动到任务的边框处，鼠标指针变为⇕，按住鼠标向上拖动，可调整任务栏的高度。

（3）将鼠标指针移动到任务的空白处，在边框处按住鼠标向左、向右或向上拖动至桌面的边缘，松开鼠标，任务的位置被移动。

5. 在“任务栏”中添加工具栏

在任务栏中，除了任务按钮区外，系统还定义了 3 个工具栏：地址、链接和桌面工具栏。如果希望在任务栏中显示工具栏，右击任务栏中的空白处，弹出“任务栏”快捷菜单，选择“工具栏”菜单项，在展开的“工具栏”子菜单中选择相应的选项，如图 2-21 所示。

用户也可以在任务栏内建立个人的工具栏，方法如下。

（1）右击任务栏的空白处，弹出快捷菜单。单击“工具栏”→“新建工具栏”命令，打开“新工具栏-选择文件夹”对话框，如图 2-22 所示。

（2）在列表框中选择新建工具栏的文件夹，单击“选择文件夹”按钮，即可在任务栏上创建个人的工具栏。

创建新的工具栏后，打开“任务栏”快捷菜单，执行“工具栏”命令，可以发现新建工具栏名称出现在其子菜单中，且在工具栏的名称前有一个“✓”符号。

6. 锁定和自动隐藏任务栏

（1）锁定任务栏就是使任务栏不可调整大小和位置，操作方法是：在任务栏空白处右击，单击快捷菜单中的“锁定任务栏”命令，该命令的前面有“✓”符号。

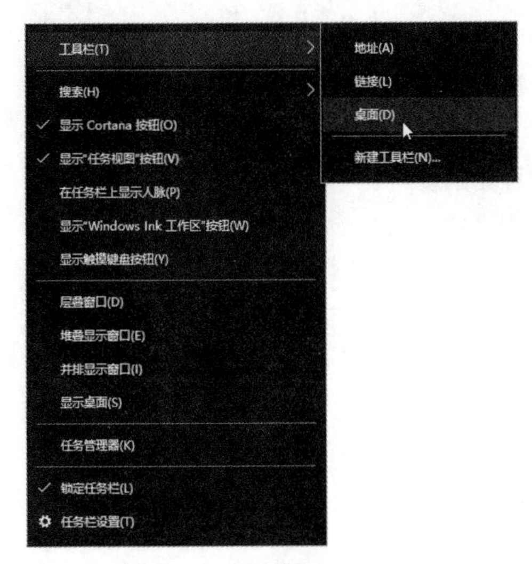

图 2-21　“任务栏”快捷菜单

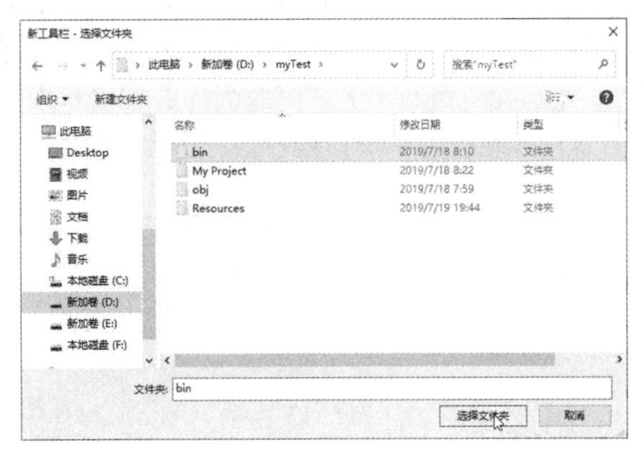

图 2-22　“新工具栏 - 选择文件夹”对话框

如果要解除对任务栏的锁定，可以在快捷菜单中再次单击“锁定任务栏”命令。

（2）不使用任务时，可以将其设置为自动隐藏，增大桌面的显示范围，操作方法如下。

1）在任务栏空白处右击，执行快捷菜单中的“任务栏设置”命令，打开图 2-23 所示的“设置”窗口。

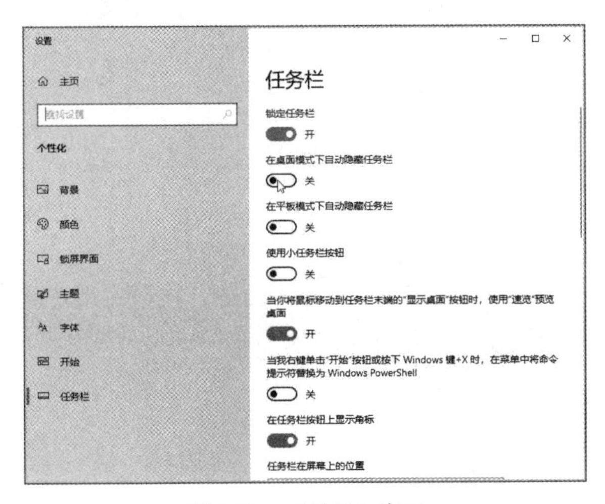

图 2-23　“设置”窗口

2）在“设置”窗口右侧的“任务栏”列表中找到“在桌面模式下自动隐藏任务栏”项，单击或拖动开关为“开” 开。

3）单击“确定”按钮或“应用”按钮，此时“任务栏”被隐藏。

4）仔细观察任务栏，将会看到原来任务栏所在边缘处出现一条细白色光线，将鼠标移到该处，任务栏自动弹出。

7. 控制通知区域的程序

“通知区域”位于任务栏中的右侧，通知区域中可以显示系统时钟以及应用程序的图标，如 QQ 图标。将鼠标指针指向通知区域的图标后，会出现屏幕提示，列出有关该程序的状态信息。要控制该区域的应用程序，可以右击应用程序，然后就能看到显示了可用选项的弹出菜单。每个应用程序的菜单选项各不相同，其中大部分都可用于执行最常见的任务。

要对通知区域进行优化，可以设置属性、控制是否显示或隐藏系统图标，如时钟、声音以及网络，另外还可以选择是否显示或隐藏应用程序的图标。

显示或隐藏通知区域内的图标的方法和步骤如下。

（1）在任务栏空白处右击，执行快捷菜单中的“任务栏设置”命令，打开图 2-23 所示的“设置”窗口。

（2）拖动“设置”窗口右侧垂直滚动条，直到右侧列表中显示出“通知区域”项目栏，如图 2-24 所示。

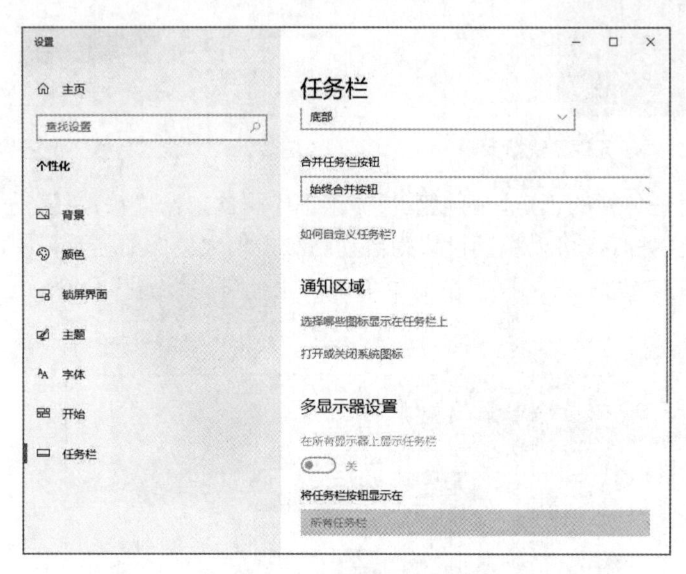

图 2-24　“通知区域”项目栏

（3）单击“选择哪些图标显示在任务栏上”命令，可以将系统或安装的应用程序显示在通知区域；如果单击“打开或关闭系统图标”命令，则可以将系统固定的程序显示在通知区域。

（4）退出“设置”窗口后，单击“任务栏”右側的“显示隐藏的图标”按钮^，可以查看通知区域的图标。

8. 自定义“开始”菜单选项

在 Windows 10 中，系统提供了大量有关“开始”菜单的选项。为使用方便，用户可以更改“开始”菜单的显示方式，从而实现个性化的显示菜单。

【例 2-4】针对“开始”菜单，完成下面的设置。

（1）在开始菜单中不显示“所有应用”程序列表区。

（2）显示最常用的应用程序列表。

【操作步骤】

（1）将鼠标移到任务栏的空白处并右击，执行快捷菜单中的“任务栏设置”命令，打开图 2-23 所示的“设置”窗口。

（2）单击“设置”窗口左侧导航条中的“开始”项，“设置”窗口右侧显示“开始”选项的内容列表，如图 2-25 所示。

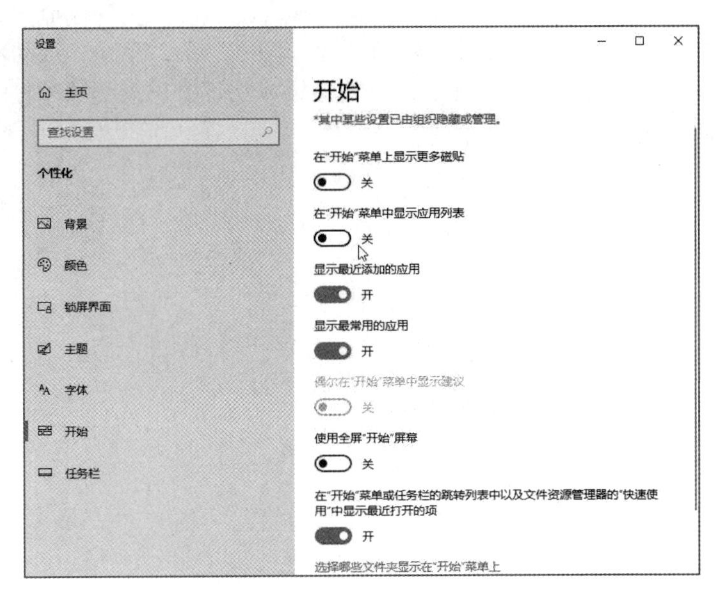

图 2-25 “开始”选项的内容列表

（3）单击“在‘开始’菜单中显示应用列表”项目下的开关按钮，将其设置为“关”。

（4）将“显示最常用的应用”项目下的开关按钮设置为“开”。

（5）关闭“设置”窗口，按 Win 键，观察“开始”菜单中的项目变化。

9. 指示器

（1）输入法指示器。单击“输入法指示器”按钮，打开输入法选择菜单供用户选择需要的输入法（也可按 Ctrl+Shift 组合键来切换输入法），如图 2-26（a）所示。

如果不再需要某种输入法，可以从输入法指示器中删除，其操作如下。

1）单击某种输入法指示器，执行快捷菜单中的“语言首选项”命令，如图2-26（b）所示。打开“设置”的“语言”窗口，如图2-26（c）所示。

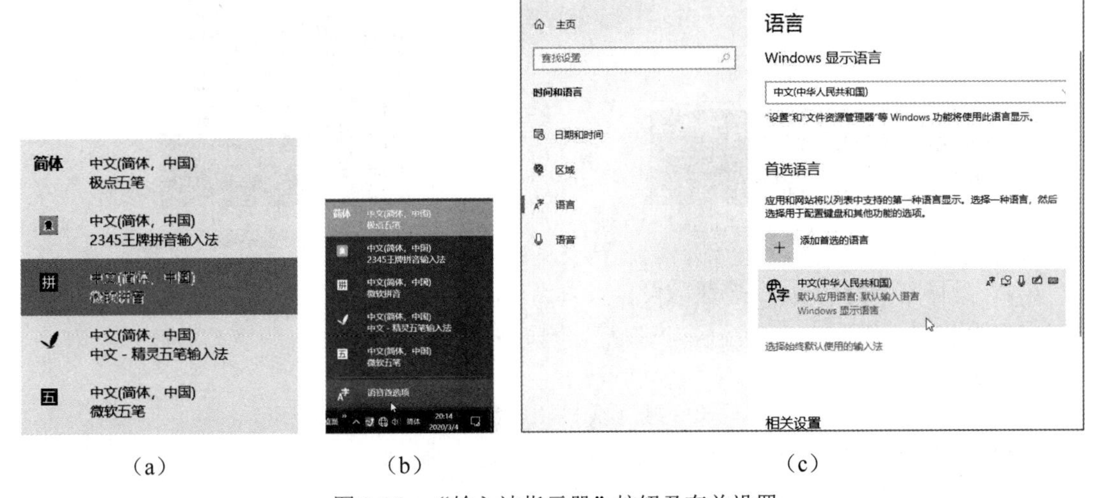

（a） （b） （c）

图 2-26 “输入法指示器”按钮及有关设置

2）在“中文（中华人民共和国）”选项上单击，出现命令列表。单击“选项”按钮，打开“设置”的“语言选项：中文（简体，中国）”窗口，如图2-27所示。滚动右侧垂直滚动条，显示出“键盘”项目，单击要删除的输入法，在该输入法下方出现的选项按钮中单击“删除”按钮，可删除该输入法。

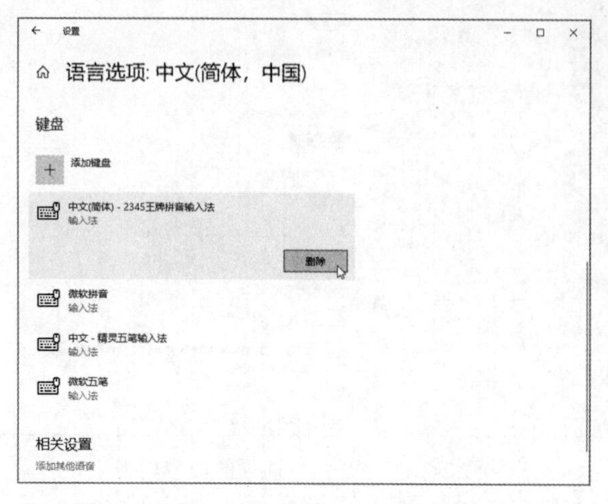

图 2-27 “语言选项：中文（简体，中国）”窗口

（2）音量指示器。单击“音量指示器”按钮，打开“显示扬声器的应用程序音量控件”对话框。在“音量”调节棒（图 2-28）处拖动滑块可以增大或降低音量（或按“↑”“→”键增大音量、按“↓”“←”键减小音量）。

（3）时间指示器。在任务栏通知区域有一个电子时钟显示器 15:06 2020/3/5，鼠标指向该指示器时将显示当前日期。单击该指示器，将打开图 2-29 所示的“时间指示器”显示界面。

图 2-28 “音量”调节棒

图 2-29 “时间指示器”的显示

单击“日期和时间设置”按钮，可以设置当前的日期和时间、更改时区、设置与 Internet 时间同步等有关操作。

10. “显示桌面”按钮

任务栏最右侧的一块半透明的区域（或按钮）的作用有两个。

（1）单击此按钮，可显示桌面，最小化所有窗口。

（2）当把鼠标指针移动到该按钮上面后，用户即可透视桌面上的所有对象，查看桌面的情况，如图 2-30 所示，当鼠标指针离开此按钮后恢复原状。

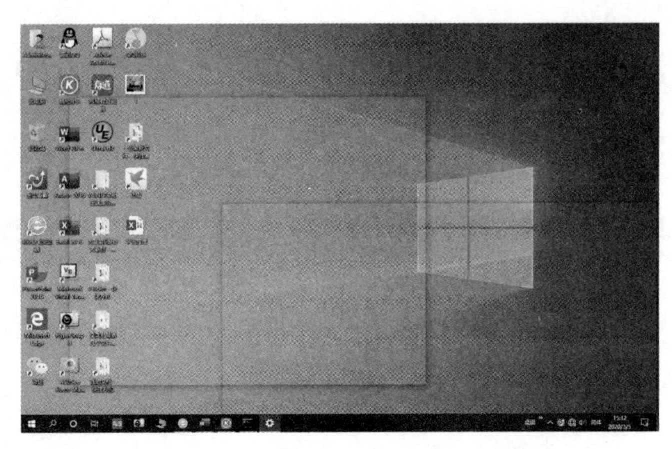

图 2-30　应用 Aero 效果“透视”桌面

此外，一般情况下，任务栏中还有一个“通知助手”图标，无通知信息时呈现图标，有通知信息时呈现图标。单击“通知助手”图标，可打开“通知助手”面板，查看有关通知信息。

2.6　Windows 10 的窗口及操作

2.6.1　窗口的类型和组成

所谓窗口是指当用户启动应用程序或打开文档时，桌面上出现的已定义的一个矩形工作区，用于查看应用程序或文档的信息。

在 Windows 10 中，窗口的外形基本一致，可以分为 3 类：应用程序窗口、文档窗口和对话框。

1. 应用程序窗口

应用程序窗口简称窗口，是一个应用程序运行时的人机交互界面。该程序的数据输入、处理的数据结果都在此窗口。图 2-31 所示是一个典型的 Windows 10 应用程序窗口。

图 2-31　典型的 Windows 10 应用程序窗口

2. 文档窗口

文档窗口是指在应用程序运行时，显示文档文件内容的窗口，如图 2-32 所示虚线框内显示的窗口。文档窗口是出现在应用程序窗口之内的窗口，文档窗口不含菜单栏，与应用程序窗口共享菜单。

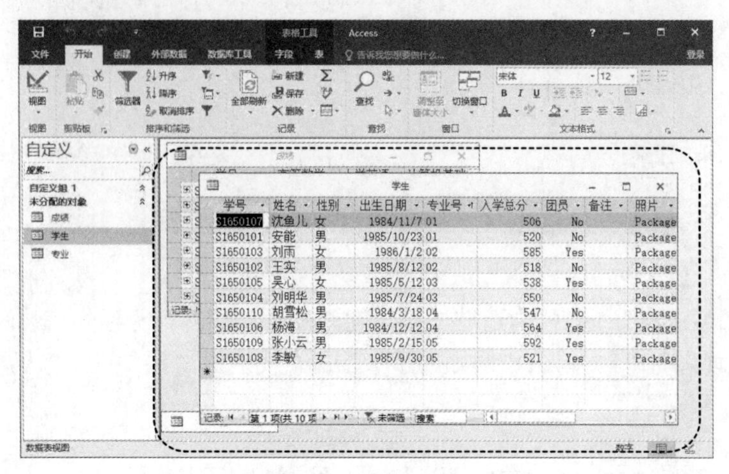

图 2-32 文档窗口

3. 对话框

对话框是 Windows 10 提供的特殊窗口，它的作用有以下两个。

（1）当用户选择执行某个命令时，系统有时还要知道执行该命令所需的更详细的信息，因此 Windows 10 会在屏幕上显示一个询问的画面，以获得用户的应答。

（2）当系统发生错误或者用户选择不能执行的操作功能时，将会显示警告信息框。

对话框中包含选项卡、命令按钮、单选按钮、复选框、文本框、下拉列表框、列表框、微调器、滑块等多种对话元素，如图 2-33 所示。

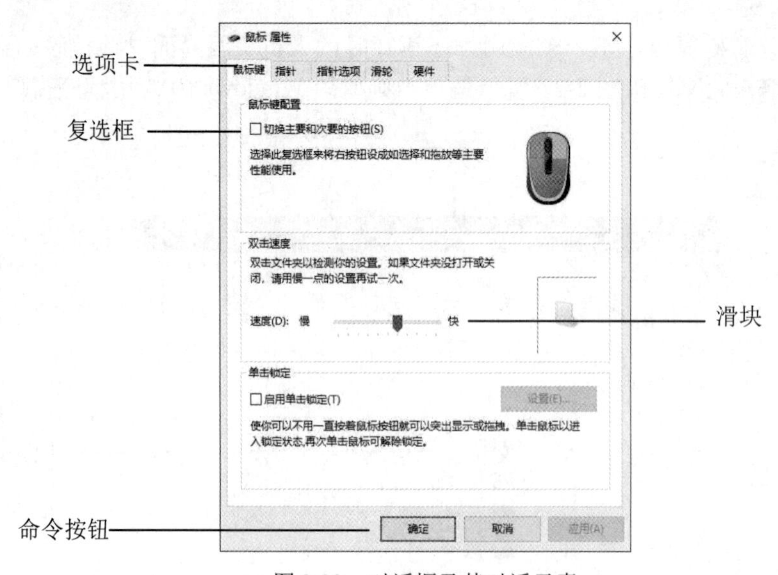

图 2-33 对话框及其对话元素

不同的对话框中有不同的元素，对话框与窗口的最根本的区别是不能改变尺寸。

2.6.2 窗口的操作

1. 窗口的打开与关闭

要使用窗口，就需要打开一个窗口。打开一个窗口有多种形式，如果程序在桌面上或在桌面上建立了程序的快捷方式，则双击该程序图标或快捷方式图标；如果程序在“开始”菜单中，则单击“开始”菜单，在“所有应用”列表区中找到要执行的程序并单击；对于没有安排在桌面或者“开始”菜单的程序，则可右击“开始”按钮，执行快捷菜单中的“运行”命令（或按⊞+R 组合键）。图 2-34 所示是使用“运行”对话框打开“记事本”的方法。

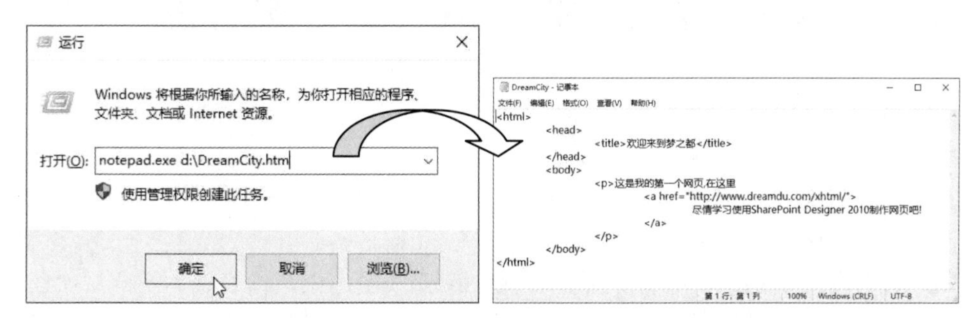

图 2-34 使用“运行”对话框打开“记事本”的方法

窗口使用完毕后，就可以“关闭”退出。

要关闭一个窗口，常用的方法如下。

（1）单击窗口右上角的“关闭”按钮 × 。

（2）双击该程序窗口左上角的控制图标。

（3）单击该程序窗口左上角的控制图标，或按 Alt+Space 组合键，打开控制菜单，选择“关闭”命令。

（4）按 Alt+F4 组合键。

（5）大多数窗口的菜单栏都有一个“文件”菜单，单击此菜单，选择该菜单中的“关闭/退出”命令。

（6）将鼠标指针指向任务栏中的窗口图标按钮并右击，在快捷菜单中选择“关闭窗口”命令。

2. 多个窗口的打开

Windows 10 是一个多任务操作系统，允许同时打开多个窗口，打开窗口数量一般不限，但要视所使用计算机的内存而定。图 2-35 所示为打开多个窗口的桌面。

3. 选择当前窗口

用户可以在 Windows 10 中同时运行多个窗口，并随时在窗口间进行切换，但在启动的多个窗口中只有一个窗口是处于活动状态的，活动窗口称为当前窗口。当前窗口有以下特征。

- 窗口的标题深色显示。
- 窗口在其他所有窗口之上。

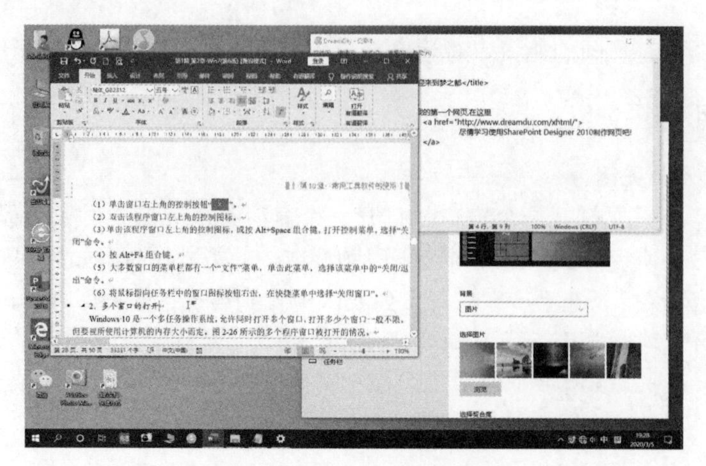

图 2-35 打开多个窗口的桌面

选择或切换一个窗口的方法如下。

（1）单击非活动窗口能看到的部分，该窗口即切换为当前活动窗口。

（2）对于打开的不同程序的窗口，在任务栏中都有一个代表该程序窗口的图标按钮，若要切换窗口，单击任务栏上的对应图标即可。

当同一程序多次启动时，会分组显示在同一图标按钮，该图标表现为不同层次的重叠。若要切换同一程序的不同窗口，则将鼠标指针移动到代表程序的图标上，系统将出现预览窗口，单击预览窗口中的某个窗口，即切换到所需的内容窗口。

（3）切换窗口的快捷键是 Alt+Tab、Alt+Shift+Tab 和 Alt+Esc 组合键（此方法在切换窗口时，只能切换非最小化窗口，最小化窗口只能激活）。

还可以按 Ctrl+Alt+Tab 组合键使对话框保持打开状态，然后可以按 Tab 键循环切换窗口，如图 2-36 所示。按 Enter 键将打开所选窗口，按 Esc 键将关闭对话框。

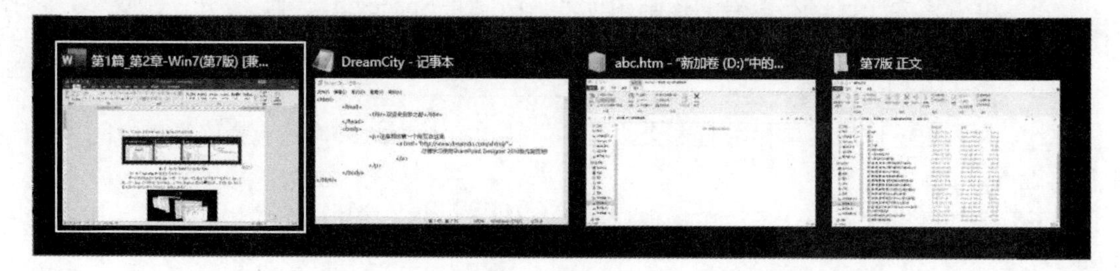

图 2-36 使用 Alt+Tab 组合键和 Ctrl+Alt+Tab 组合键的显示效果

4. 操作窗口

窗口的基本操作有移动窗口、改变窗口的尺寸、滚动窗口内容、最大（小）化窗口、还原窗口、关闭窗口、排列窗口以及窗口的截取等。

（1）移动窗口。将鼠标指针指向“标题栏”，按下左键不放，移动鼠标到所需的位置，松开鼠标，窗口被移动。

也可使用键盘进行窗口的移动，方法是：按Alt+Space组合键，在弹出的快捷菜单中选择“移动”命令，此时鼠标指针变为，然后按“→”“←”“↑”和“↓”键中的一个移动窗口，到所需位置后，再按Enter键。

（2）改变窗口的尺寸。将鼠标指针指向窗口的边框或角，鼠标指针变为⇕、⇔、⤢和⤡，按住鼠标左键不放，拖动到所需尺寸。

改变窗口的尺寸也可与键盘结合控制菜单进行操作。

还可以使用 Areo Snap 功能自动调整打开窗口的尺寸，并有效利用桌面上的部分或全部可用空间。其步骤如下。

1）指向打开窗口的上边缘或下边缘，直到指针变为双头箭头⇕。

2）将窗口的边缘拖动到屏幕的顶部或底部，使窗口扩展至整个桌面的高度。窗口的宽度保持不变（或拖动窗口标题栏到左右侧，窗口可变为桌面尺寸的一半）。

若要将窗口还原为原始尺寸，可将标题栏拖离桌面的顶部，或将窗口的下边缘拖离桌面的底部。

（3）滚动窗口内容。如果一个窗口的尺寸不能完整显示该窗口中的对象，可将鼠标指针指向窗口的水平或垂直滚动条，拖动滚动条上的滑块到合适位置即可查看窗口的其他内容。如果单击水平滚动条两端箭头符号 ‹ 和 › 或垂直滚动条上下两端箭头符号 ˄ 和 ˅ 之一，则可左右或上下滚动一列或一行对象内容。

（4）最大（小）化和还原窗口。每个窗口右上角都有一组控制按钮 – □ × 或 – ⧉ × ，依次为：最小化、最大化（还原）和关闭按钮。

- 最小化按钮：单击最小化按钮，窗口在桌面上消失，在任务栏中显示一个图标按钮；要对窗口最小化，也可使用控制菜单中的命令。若要使用键盘最小化所有打开的窗口，可按⊞+M 组合键。若要还原最小化的窗口，可按⊞+Shift+M 组合键。
- 最大化按钮：单击“最大化”按钮，窗口扩大至整个桌面，此时该按钮变成“还原”按钮；或将窗口的标题栏拖动到屏幕的顶部，该窗口的边框即扩展为全屏显示。
- 还原按钮：当窗口最大化时才有此按钮，单击此按钮可使窗口恢复到最后一次窗口的尺寸和位置。

若要在不关闭打开窗口的情况下查看桌面，则单击任务栏末端通知区域旁的“显示桌面”按钮，可立即最小化所有打开的窗口以显示桌面。

（5）排列窗口。打开多个窗口时，窗口需按一定方法组织才使桌面整洁，这时就需要进行窗口的排列。窗口的排列方式有层叠、堆叠、并排 3 种。

排列窗口的方法是：右击“任务栏”空白处，弹出图 2-37 所示的快捷菜单，从中选择一个命令即可。

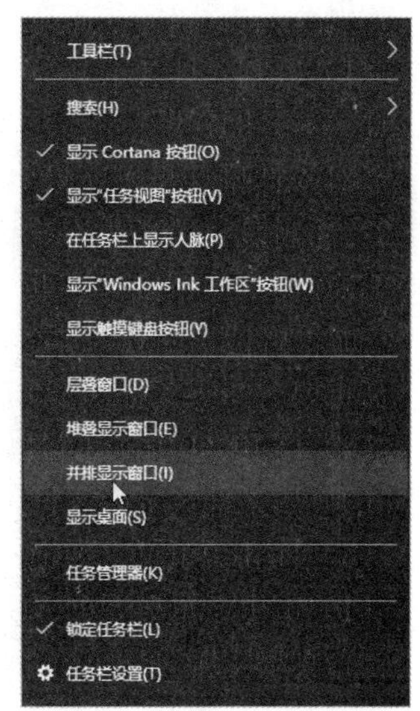

图 2-37　排列窗口命令

（6）窗口的截取。如果希望将某个窗口画面复制到其他文档或图像中，可以按 Alt+PrintScreen 组合键（如只按 PrintScreen 键，则把整个屏幕复制到剪贴板），把当前窗口画面复制到剪贴板中，然后再粘贴到需要处理的文档或图像中即可。

2.7 “此电脑”与“文件资源管理器”

在 Windows 10 中，“此电脑”与“文件资源管理器”两个程序的功能完全相同。“此电脑”与“文件资源管理器”窗口将显示快速访问、硬盘、CD-ROM 驱动器和网络驱动器中的内容。

使用“此电脑”和“文件资源管理器”，用户可以复制、移动、重新命名、搜索、打开文件和文件夹。例如，可以打开要复制或者移动其中文件的文件夹，然后将文件拖动到另一个文件夹或驱动器中。也可利用“快速访问”对分散在计算机不同位置的文件（夹）进行统一管理，而不必知道该文件（夹）具体在什么位置。

使用“此电脑”和“文件资源管理器”，用户可以访问控制面板中的选项以修改计算机设置，同时显示映射到计算机上驱动器号的所有网络驱动器名称。

说明：“此电脑”可以看作是“文件资源管理器”的别名，只不过操作更便捷。

1. “此电脑”和“文件资源管理器”窗口的组成元素

打开“文件资源管理器”窗口的方法如下。

- 单击“开始”按钮弹出“开始”菜单，在“所有应用”列表区的“Windows 系统”文件夹中单击“文件资源管理器”命令。
- 右击“开始”按钮，在弹出的快捷菜单中选择“文件资源管理器”命令。
- 右击“开始”按钮并执行“运行”命令，在弹出的“运行”对话框中输入 explorer.exe，按 Enter 键，或单击“确定”按钮。
- 按⊞+E 组合键。

使用以上 4 种方法中的任何一种，均可打开“文件资源管理器”窗口，如图 2-38 所示。

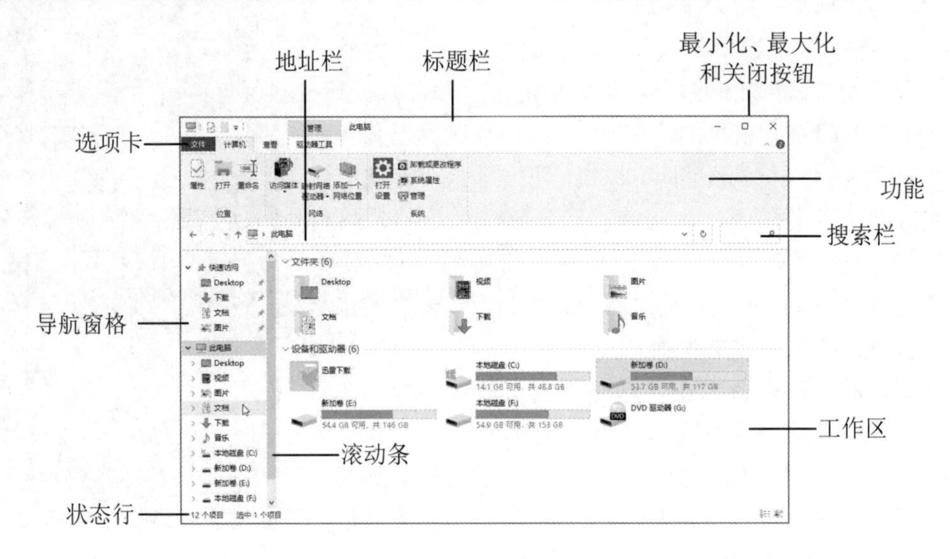

图 2-38 “文件资源管理器”窗口

组成“文件资源管理器”窗口的元素与图 2-31 所示的应用程序窗口的元素基本相同，但有如下几个特有的元素。

（1）地址栏。显示当前窗口的位置，左侧是“返回”按钮←、“前进”按钮→、“最近浏览的位置”按钮∨和“上移一层”按钮↑，通过它快速查看指定位置的文件（夹），如输入“E:”，可显示磁盘 E 中的全部内容。

在地址栏中输入某个网络地址，可打开相应的网站。

（2）搜索栏。在地址栏的右侧是“搜索”栏。将要查找的目标名称输入到“搜索”框中，系统随即在当前地址范围内进行搜索，并将搜索结果显示出来。

如果在“搜索栏”中单击，或单击右侧的🔍按钮，可弹出搜索条件列表，同时窗口界面出现“搜索工具 | 搜索”选项卡及功能带区。如图 2-39 所示，用户可在列表中选择已存在的条件，还可添加按日期、类型、大小等搜索的条件。

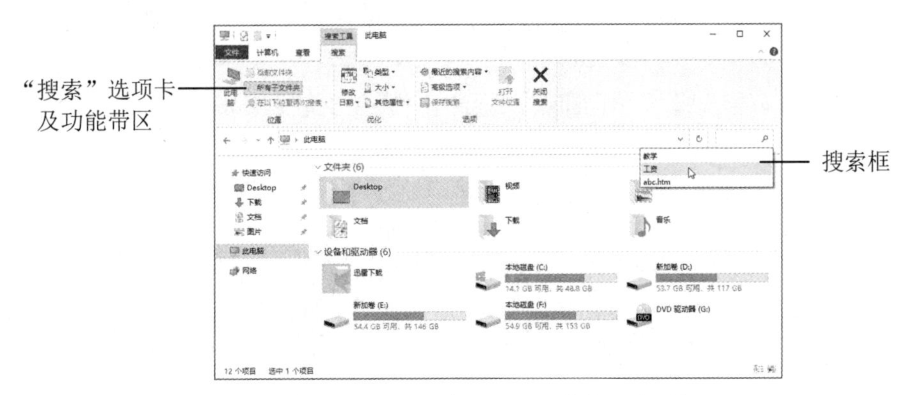

图 2-39　“搜索栏”及“搜索”选项卡

（3）功能带区。在选项卡的下方就是功能带区，功能带区列出了与该选项卡有关的所有命令按钮，让用户更加方便地使用这些形象化的工具。

（4）导航窗格。导航窗格位于工作区的左侧区域，包括 > 快速访问 、 > 此电脑 和 > 网络 3 个部分。

单击每个部分前面的“折叠”按钮 >，可以打开相应的列表，同时本项目前的 > 变为 ∨，表示“展开”。选择该项即可以打开列表，也可以在列表中选择需要打开的项目，选择完成后即可在工作区中显示出选择的内容对象。

导航窗格与工作区之间有一个分隔条，拖动分隔条左右移动，可以调整左右窗格框架的尺寸以显示内容。

（5）状态行。状态行位于窗口的底部，用于显示与窗口有关的状态信息，如在“文件资源管理器”窗口中显示选择对象的数量、所用磁盘空间等。

2. 使用“此电脑”和“文件资源管理器”

通常可以利用“文件资源管理器”窗口完成如下基本操作。

（1）打开一个文件夹。打开一个文件夹是指在工作区窗格中显示该文件夹包含的文件、文件夹名称等对象。打开的文件夹将变为当前文件夹。

使用下面的方法可以在当前文件夹和其他文件夹中进行切换。

- 单击一个“导航窗格”中的某个文件夹图标。
- 直接在地址栏中单击某个路径，或在地址栏中输入文件夹路径，如 C:\mysite，然后按 Enter 键确认。

- 单击地址栏左侧的“返回”按钮←和“前进”按钮→。其中单击“返回”按钮，切换到浏览当前文件夹之前的文件夹；单击“前进”按钮，切换到浏览当前文件夹之后的文件夹。

（2）查看对象和打开一个文件。工作区窗格为对象显示区域，显示视图方式可以是超大图标、大图标、中等图标、小图标、列表、详细信息、平铺和内容 8 种方式。单击“查看”选项卡中的相应命令即可对对象显示方式进行更改。

在工作区窗格中，当单击某个文件时，“状态行”中还将显示选中的对象及大小。打开“查看”选项卡，单击“窗格”组中的“详细信息窗格”命令，则系统将在工作区窗格的右侧出现“详细信息窗格”，显示和选定的文件对象有关文件名、修改日期、作者等信息。

打开“查看”选项卡，单击“窗格”组中的“预览窗格”命令，对图像文件来说，还可在工作区右侧显示预览图。

要关闭“详细信息窗格”或“预览窗格”，可再次单击“详细信息窗格”或“预览窗格”按钮。

在“此电脑”或“文件资源管理器”窗口中浏览文件或对象时，按层次关系逐页打开各个文件夹或对象。双击文件时，如果文件类型已经在系统中注册，将会使用与之关联的程序打开这些文件；如果文件没有在系统中注册，则会弹出图 2-40 所示的提示对话框，提示用户不能打开这种类型的文件，需要指定打开文件的方式。

图 2-40 提示对话框

选择列表中的一个程序，然后单击“确定”按钮。如果列表没有相关的程序，则可单击“更多应用”，此时对话框列出更多程序选项；如果再没有，则可单击列表最下方的“在这台电脑上查找其他应用”，直到找到打开程序的合适方式，从而打开此文件的程序为止。

（3）选择文件（夹）或对象。在 Windows 10 中，往往在操作一个对象前需做选定操作，如删除一个文件，在做删除命令 Delete 之前通知操作系统删除哪个文件。“选定”操作是指被选定的文件（夹）或对象的颜色高亮显示。选定文件（夹）或对象的方法有以下几种。

- 选定一个对象。单击即可选定所需的对象；也可反复按 Tab 键，将光标定位在对象显示区，然后按光标移动键，移动到所需对象上即可。
- 选定多个连续对象。先单击要选定的第一个对象，再按住 Shift 键，然后单击要选定的最后一个对象，释放 Shift 键，此时可选定首尾及其之间的所有对象；也可按 Tab 键，将光标定位在对象显示区，然后按光标移动键，移动到所需的第一个对象上，按住 Shift 键，移动光标移动键到最后一个对象。要选定多个连续对象，也可将鼠标指向显示对象窗格中的空白处，按下鼠标左键并拖动到某个位置，此时鼠标指针拖出一个矩形框，矩形框交叉和包围的对象将全部选中。
- 选定多个不连续对象。先单击要选定的第一个对象，再按住 Ctrl 键，然后依次单击要选定的对象，释放 Ctrl 键，此时可选定多个不连续对象。

- 选定所有对象。单击“主页”选项卡，在“选择”组中单击“全部选择”命令，或按 Ctrl+A 组合键，可将当前文件夹下的全部对象选中。
- 反向选择对象。单击“主页”选项卡，在“选择”组中单击“反向选择”命令，可以选中先前没有被选中的对象，同时取消已被选中的对象。

如果要取消当前选定的对象，只要单击窗口中任意空白处，或按任一个光标移动键即可。

（4）文件夹选项的设置。在 Windows 10 中，文件夹“选项”命令位于“控制面板”之中，但在“文件资源管理器选项”窗口中也可进行相关的设置。

【例 2-5】对“文件资源管理器”窗口，要求完成如下设置。

（1）在“文件资源管理器”窗口中，以打开新窗口的方式浏览文件夹。

（2）显示隐藏的文件（夹）。

【操作步骤】

（1）按+E 组合键打开“文件资源管理器”窗口。

（2）单击“查看”选项卡中的“选项”命令，弹出图 2-41（a）所示的“文件夹选项”对话框，系统默认显示的是“常规”选项卡。

（3）在“浏览文件夹”栏中选中“在同一窗口中打开每个文件夹”单选按钮。

（4）单击“查看”选项卡，如图 2-41（b）所示，移动“高级设置”框中的垂直滚动条到“隐藏文件和文件夹”处，选中“不显示隐藏的文件、文件夹或驱动器”或“显示隐藏的文件、文件夹和驱动器”单选按钮，分别用于不显示或显示隐藏文件（夹）。

（5）单击“确定”按钮，完成上面的设置并回到“文件资源管理器”窗口。双击打开一个文件夹，此时会发现该文件夹的内容将在另一个窗口中显示。

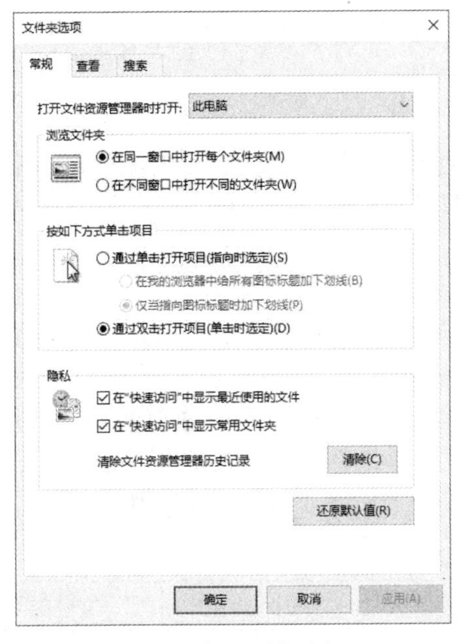

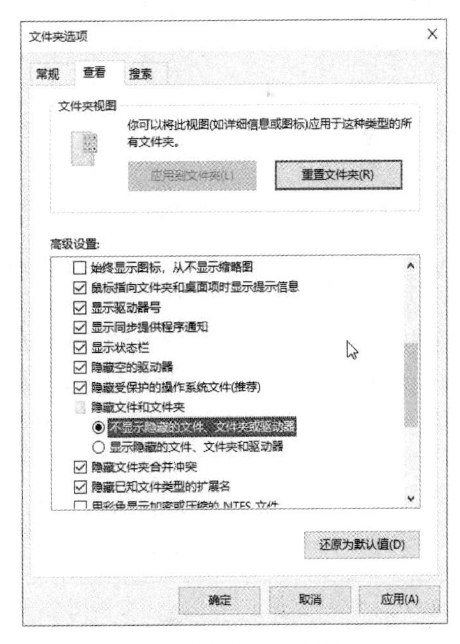

（a）“常规”选项卡　　　（b）“查看”选项卡

图 2-41　“文件夹选项”对话框

2.8 Windows 10 的文件管理

2.8.1 文件（夹）和路径

文件是计算机系统中数据组织的最小单位，文件中可以存放文本图像、数据等信息，计算机中可以存放很多文件，为便于管理文件，我们把文件进行分类组织，并把有内在联系的一组文件存放在磁盘中的一个文件项目下，这个项目称为文件夹或目录。一个文件夹可以存放文件和其项目下的子文件夹，子文件夹中还可以存放子子文件夹，这样一级一级地下去，整个文件夹呈现一种树状的组织结构。

1. 文件的命名

在计算机中，每个文件都有一个名字并存放在磁盘中的一个位置上，其名字称为文件名，对一个文件所有的操作都是通过文件名进行的。

文件名一般由主文件名和扩展名两部分组成。扩展名可有可无，它用于说明文件的类型。主文件名和扩展名之间用符号“.”隔开。

在 Windows 10 中，文件名可以由最长不超过 255 个合法的可见 ASCII 字符组成（文件名中也可使用中文），如 My Documents。为一个文件取名时不能使用：<、>、/、\、?、*、:、”、| 等字符。

如果文件名中有英文字母，在 Windows 10 的文件名系统中不区分大小写。

为了方便用户理解一个文件名的含义，Windows 10 中的长文件名可用符号“.”适当地把文件名分成几个部分，如 disquisition.computer.language.Java.DOCX。

系统规定在同一个地方不能有相同的两个名字，但在不同的地方可以重名。

2. 路径

所谓路径是指从此文件夹到彼文件夹之间所经过的各种文件夹的名称，比如我们经常在文件资源管理器的地址栏中输入要查询文件（夹）或对象所在的地址，如 C:\Users\Administrator\Documents\My Web sites，按 Enter 键后，系统即可显示该文件夹的内容；如果输入一个具体文件名，如 C:\mysite\earth.htm，则可在相应的应用程序中打开一个文件。

3. 文件的类型和图标

文件中包含的内容可以是多种多样的，可以是程序、文本、声音、图像等，与之对应，文件被划分为不同的类型，如程序文件（扩展名为.com、.exe）、文本文件（扩展名为.txt）、声音文件（.wav、.mp3）、图像文件（.bmp、.jpg）、字体文件（.fon）、Word 文档（.docx）等。

不同类型的文件具有不同的功能。在 Windows 10 中，每个文件都有一个图标，不同类型的文件在屏幕上将显示不同的图标，表 2-3 所示是常见文件类型的扩展名及其对应的图标。

表 2-3 常见文件类型的扩展名及其对应的图标

扩展名	图标按钮	文件类型	扩展名	图标按钮	文件类型
.com 或 exe		命令文件或应用程序文件	.accdb		Access 数据库文件
.txt		文本文件	.hlp		帮助文件

续表

扩展名	图标按钮	文件类型	扩展名	图标按钮	文件类型
.docx		Word 文档文件	.htm		Web 网页文件
.xlsx		Excel 电子表格文件	.mp3		音乐文件
.pptx		PowerPoint 演示文稿	、、		代表一个文件夹、硬盘、光盘

4. 一个特殊的文件夹“用户的文件”

“用户的文件”是一个特殊的文件夹，它是在安装系统时建立的，它的名称与系统用户一致，如 Administrator。它用于存放用户的文件，一些程序常将此文件夹作为存放文件的默认文件夹。要打开“用户的文件”，可以在桌面上双击图标，即打开“用户的文件”窗口。

2.8.2　文件管理

文件（夹）或对象的管理是 Windows 10 的一项重要功能，包括新建文件（夹）、重命名文件（夹）、复制与移动文件（夹）、删除文件（夹）、查看文件（夹）的属性等操作。

1. 新建文件（夹）

文件或文件夹通常是由相应的程序创建的，在“此电脑”或“文件资源管理器”中可以创建空文档文件，也可创建空文件夹，等以后再打开添加内容。新建文件（夹）的操作步骤如下。

（1）打开“此电脑”或“文件资源管理器”。

（2）在“导航窗格”中选中一个文件夹，双击打开该文件夹窗口。

（3）单击“主页”→“新建”→“新建文件夹”命令（或右击，在弹出的快捷菜单中选择“新建”→“文件夹”命令），此时出现一个名为“新建文件夹”的文件夹，如图 2-42 所示。

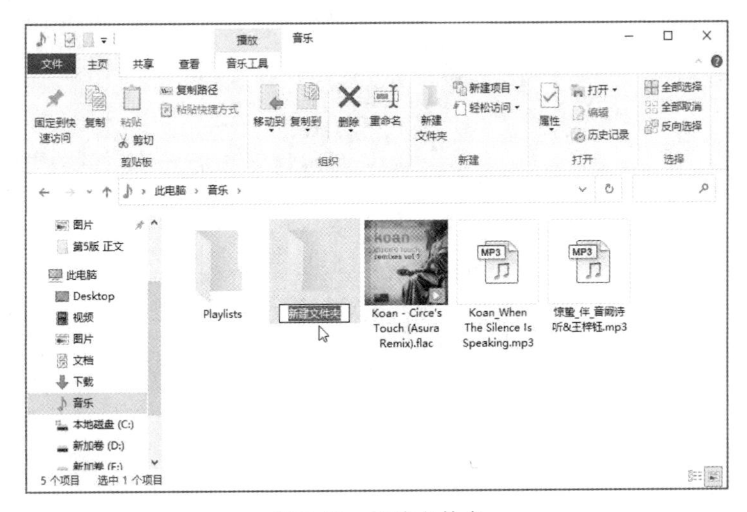

图 2-42　新建文件夹

只有当一级文件夹建立之后，才可以在该文件夹中新建文件或文件夹。

2. 重命名文件（夹）

系统会自动为新建的文件或文件夹取一个名字，系统默认的文件名为新建文件夹、新建文件夹(2)等。如果是一个新建文本文档，则其文件名为新建文本文档、新建文本文档(2)等。如果用户觉得不满意，可以重新给文件或文件夹改一个名称，重命名的操作步骤如下。

（1）单击要重命名的文件（夹）。

（2）打开“主页”选项卡，单击“组织”→“重命名”命令。

（3）在文件（夹）名称框处有一不断闪动的竖线“插入点”，直接输入名称。

（4）按 Enter 键或在其他空白处单击即可。

要重命名一个文件（夹），也可在文件名称处右击，在弹出的快捷菜单中选择“重命名”命令；或将鼠标指向某文件（夹）名称处并单击，稍等一会儿再单击，也可进行重命名；或直接按 F2 功能键，也可进行重命名。

3. 复制与移动文件（夹）

要对文件进行备份或将文件（夹）从一个地方移动到另一个地方，就需要用到复制与移动文件（夹）的功能。

（1）复制文件（夹）。复制文件或文件夹的方法有以下几种。

1）选择要复制的文件或文件夹，按住Ctrl键并拖动到目标位置，如图2-43所示。

2）选择要复制的文件或文件夹，按住鼠标右键并拖动到目标位置，松开鼠标，在弹出的快捷菜单中单击“复制到当前位置”命令。

3）选择要复制的文件或文件夹，打开“主页”选项卡，在“剪贴板”组中选择“复制”命令（或右击，在弹出的快捷菜单中选择“复制”命令；也可按Ctrl+C组合键）；然后定位到目标位置，单击“主页”→“剪贴板”→“粘贴”命令（或右击，在弹出的快捷菜单中选择“粘贴”命令，或直接按Ctrl+V组合键）。

4）打开“主页”选项卡，执行“组织”→“复制到”命令，在展开的命令列表（图2-44）中选择要复制到的目标文件夹位置。

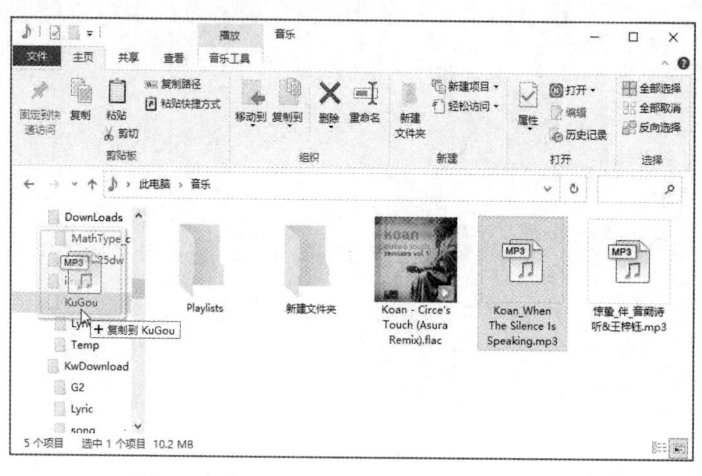

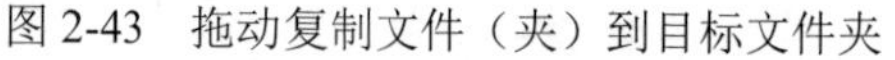
图 2-43 拖动复制文件（夹）到目标文件夹

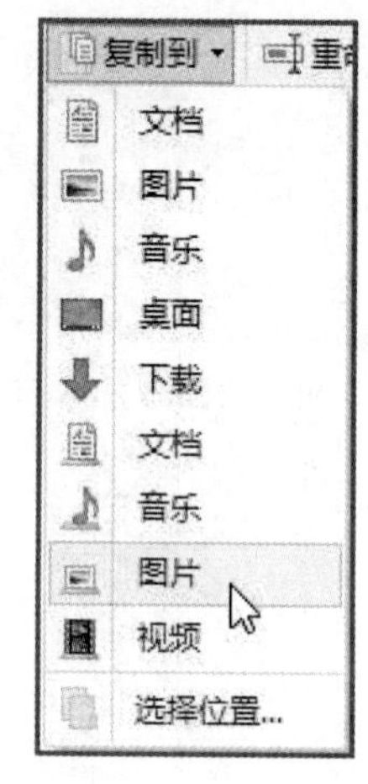

图 2-44 “复制到”命令列表

（2）移动文件（夹）。移动文件或文件夹的操作步骤如下。

1）选择要复制的文件或文件夹。

2）单击“主页”选项卡，然后执行“组织”→“剪切”命令（或右击，在弹出的快捷菜单中选择“剪切”命令；也可按 Ctrl+X 组合键）。

3）单击“主页”选项卡，然后执行“组织”→“移动到”命令，在展开的命令列表中选择要复制到的目标文件夹位置（或右击，在弹出的快捷菜单中选择“粘贴”命令，或直接按 Ctrl+V 组合键）。

如果拖动一个文件（夹）到同一张磁盘，则是移动操作；如果按 Ctrl 键拖动一个文件（夹）到同一张磁盘，则是复制操作。

4. 删除文件（夹）

如果不再使用文件（夹），则可删除该文件（夹）。删除文件（夹）的方法如下。

（1）选择要删除的文件（夹），直接按 Delete（Del）键即可。

（2）选择要删除的文件（夹）并右击，在弹出的快捷菜单中单击“删除”命令。

（3）选择要删除的文件（夹），单击“主页”选项卡“组织”组中的“删除”命令按钮，执行其下拉列表中的“回收”命令。

上述方法在执行时，均弹出图 2-45 所示的“删除文件”对话框，单击“是”按钮。可将选定的文件（夹）删除并放入回收站。

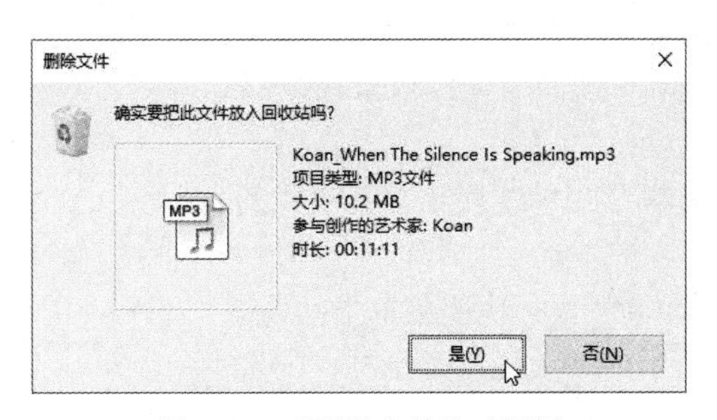

图 2-45　“删除文件”对话框

在使用上述 3 种删除方法时，按住 Shift 键不放，则不将删除的文件（夹）送到回收站而直接从磁盘中删除。

5. 查看文件（夹）的属性

每个文件（夹）都有一定的属性，并且对不同的文件类型，其“属性”对话框中的信息各不相同，如文件夹的类型、文件路径、占用的磁盘、修改和创建时间等。

选定要查看属性的文件（夹），单击“文件”→“属性”命令，弹出文件（夹）的属性对话框。一般一个文件（夹）包含只读、隐藏、存档等属性。图 2-46 所示是文件夹和一个具体文件的属性对话框。

在“常规”选项卡中，各项基本含义如下。

- 文件类型。显示所选文件（夹）的类型，如果类型为快捷方式，则显示项目快捷方式的属性，而非原始项目文件的属性。
- 打开方式。确定文件打开的程序方式。
- 位置。显示文件（夹）在计算机中的位置。
- 大小。显示文件（夹）的大小，以数字（字节）的形式占用空间的大小。
- 占用空间。存储在磁盘中的实际大小。

- 创建时间/修改时间/访问时间：显示文件（夹）的创建时间等信息。
- 属性：如果文件（夹）设置为只读，则表示文件不能进行删除；如果文件（夹）设置为隐藏，则表示为不可见；如果文件（夹）设置为存档，则表示该文件可进行备份。

【例 2-6】在“用户的文件”文件夹中，按要求完成如下设置。

（1）新建一个文件夹，并命名为 My Picture，然后在新建文件中创建一个名为“我的图像.bmp”的文件。

（2）将“我的图像.bmp”设置为隐藏属性后隐藏。

【操作步骤】

（1）在 Windows 10 桌面上双击图标，打开“用户的文件夹”窗口。

（2）执行“主页”选项卡“新建”组中的“新建文件夹”命令，新建一个文件夹并命名为 My Picture。

（3）双击打开 My Picture 文件夹，在该文件夹空白处右击，执行快捷菜单中的“新建”菜单中的任何一个文件类型命令，如文本文档。系统随即创建了名为“新建文本文档.txt”的文本文件。

（4）打开“查看”选项卡，在“显示/隐藏”组中单击勾选“文件扩展名”命令，此时在 My Picture 文件夹中可以看到各文件的扩展名。

（5）将文档“新建文本文档.txt”重命名为“我的图像.bmp”。

（6）右击“我的图像.bmp”，执行快捷菜单中的“属性”命令，打开图 2-46 所示的“属性”对话框，勾选“属性”栏中的“隐藏”复选框。

（7）单击“确定”按钮，回到“用户的文件夹”窗口，观察屏幕的效果。

图 2-46 文件“属性”对话框

2.8.3 “回收站”的管理

“回收站”的使用目的是：如果用户不小心误删了文件（夹），一般情况下可以从“回收站”中还原文件（夹）。

“回收站”是占用硬盘中的一部分空间。删除文件（夹）时，如果“回收站”空间不够，则最先删除的文件就先移出“回收站”；如果要删除的文件（夹）比整个“回收站”空间还要大，则该文件夹不再放入“回收站”而直接删除。

桌面上的“回收站”图标露出纸张，表明“回收站”有被删除的对象，否则为空。双击桌面上的“回收站”图标，Windows 10 系统弹出“回收站”窗口。

1. 从回收站中还原或删除文件（夹）

如果用户要将已删除的某个文件（夹）还原，在“回收站”窗口中，选中要还原的文件（夹），再单击“回收站工具”选项卡“还原”组下的“还原选项的项目”命令（或右击，在弹出的快捷菜单中选择“还原”命令），选中的文件（夹）即恢复到原来的位置，如图 2-47 所示。

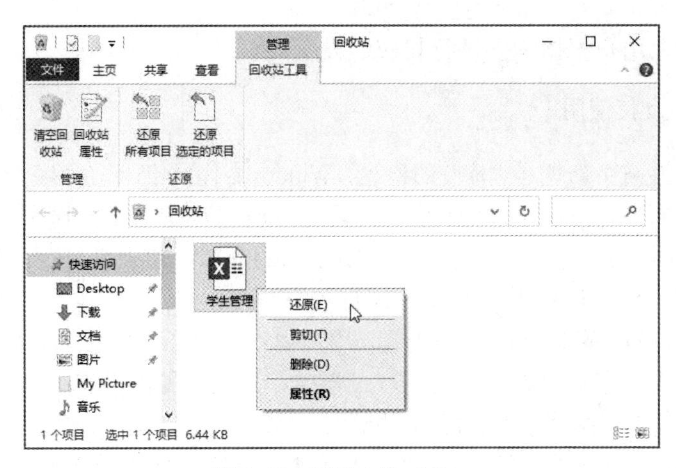

图 2-47　还原文件（夹）

如果要真正删除一个文件（夹），可选中一个或多个文件（夹），在右击弹出的快捷菜单中选择“删除”命令（也可选择“主页”选项卡“组织”组下的“删除”命令）。

2. 清空“回收站”

“回收站”中的文件并不表示已被真正删除，而是暂时被删除。它们仍然占据了硬盘的空间，所以应及时清理。

清空“回收站”的操作方法有以下 3 种。

（1）在 Windows 10 桌面上，右击“回收站”图标，执行快捷菜单中的“清空回收站”命令。

（2）打开“回收站”窗口，单击“回收站工具”选项卡“管理”组下的“清空回收站”命令。

（3）在“回收站”窗口的空白处右击，在弹出的快捷菜单中执行“清空回收站”命令。

3. “回收站”属性的设置

要改变“回收站”中的一些设置，如回收站的空间大小、执行删除操作是否出现“确认”对话框等，可以通过改变“回收站”的属性进行修改。具体的操作方法是：右击桌面上的“回收站”图标，执行快捷菜单中的“属性”命令，打开“回收站 属性”对话框，如图 2-48 所示。

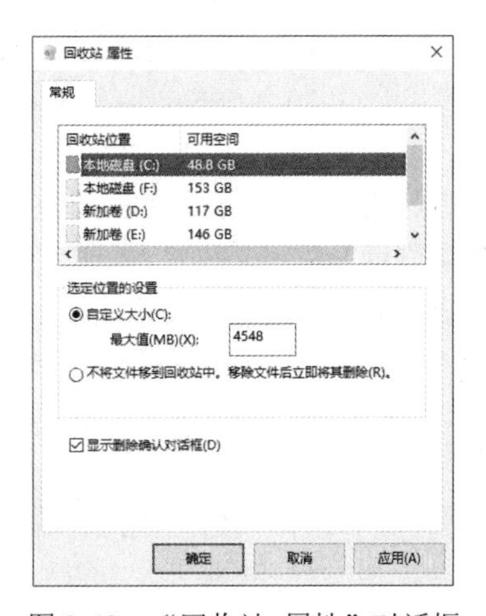

图 2-48　“回收站 属性”对话框

在该对话框中，用户根据需要进行相应的设置即可。

2.8.4 “库”及其使用

在 Windows 7 系统中新增了“库”的概念，Windows 10 中仍保留“库”的使用。那么“库”到底是什么呢？“库”有点像大型的文件夹，不过与文件夹又有一点区别，它的功能更强大。简单地说，“库”就是为了方便用户查找计算机里面的文件，给文件分类而已。

“库”可以把存放在计算机中不同位置的文件夹关联到一起。关联以后便无须记住存放这些文件夹的详细位置，可以随时轻松查看。用户也不必担心文件夹关联到“库”中会占用额外的存储空间，因为它们就像桌面的快捷方式一样，为用户提供了一个方便查找的路径而已。

删除库及其内容时，并不会影响到那些真实的文件。

在默认“库”中，有视频、图片、文档、音乐 4 个分类，如图 2-49 所示。

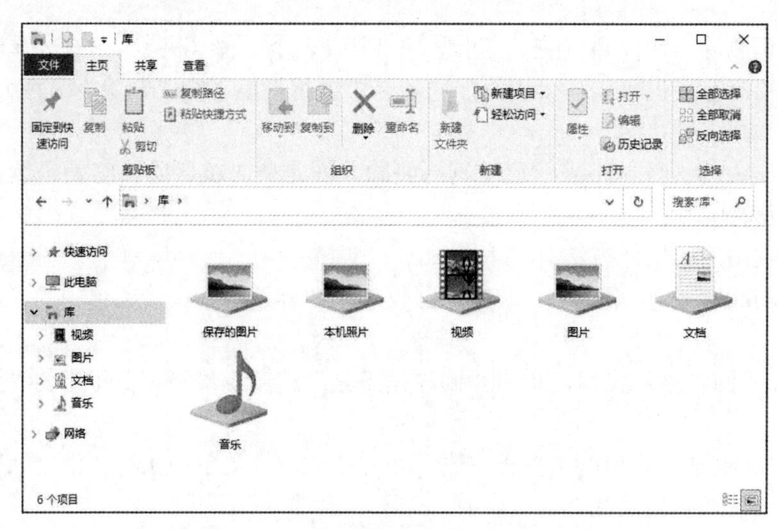

图 2-49 “文件资源管理器”窗口中的“库”

提示：“文件资源管理器”窗口中的“库”的显示方法如下。

（1）可执行“查看”选项卡中的“选项”命令，打开“文件夹选项”对话框。

（2）单击“查看”选项卡，在“高级设置”列表框中勾选“导航窗格”下的“显示库”复选框。

1. 新建“库”

在图 2-49 中，用户也可以建立自己的库，方法是在导航窗格中单击选择“库”。单击“主页”选项卡“新建”组中的“新建项目”按钮，在打开的命令列表中选择“库”命令，系统随即创建一个新库，然后重新命名就可以使用了。

2. 向“库”中添加文件夹

如果用户需要的文件（夹）没有放在“库”的某个分类中，可以将它们都添加到库中，有以下 4 种方法可以添加到库。

（1）右击想要添加到库的文件夹，选择“包含到库”命令，再选择包含到“库”一个分类中。文件（夹）虽然包含到库中，但文件还是存储在原始的位置，不会改变。

（2）在图 2-49 所示的“库”中，右击某个分类图标，例如“文档”，执行快捷菜单中的“属性”命令，打开图 2-50 所示的“Mypic 属性”对话框。

单击“添加”按钮，弹出“将文件夹加入到‘文档’中”对话框，找到要包含到“文档”库的文件夹，单击“加入文件夹”按钮即可。

（3）打开“文件资源管理器”窗口，选择要包含到库的文件夹，单击“主页”选项卡“新建”组中的“轻松访问”按钮，在命令列表中执行“包含到库中”命令。

（4）如果选择的某个库为空库，双击该库，此时在“文件资源管理器”工作区窗格中将显示一个“包括一个文件夹”按钮。单击此按钮，可将用户选择的文件夹包含到此库。

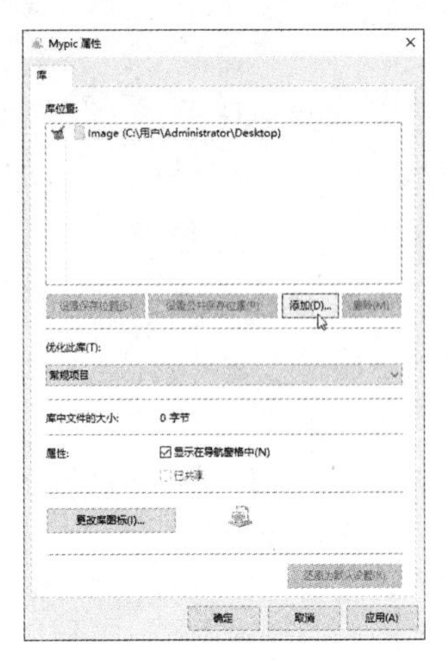

图 2-50　“Mypic 属性”对话框

【例 2-7】在磁盘(D:)中新建一个文件夹 Image，然后新建一个名为“我的图片”的库，库中包含 Image 文件夹。

【操作步骤】

（1）在 Windows 10 桌面上双击打开“此电脑”窗口。

（2）找到并双击磁盘(D:)，打开磁盘(D:)窗口。右击窗口的空白处，执行快捷菜单“新建”项下的“文件夹”命令，创建一个名称为 Image 的文件夹。

（3）单击“导航窗格”中的“库”，打开“库”窗口。右击“库”窗口中的空白处，执行快捷菜单“新建”菜单中的“库”命令，创建一个名称为“我的图片”的空库。

（4）双击“我的图片”库，如图 2-51 所示。由于此库为空，单击“包括一个文件夹”按钮，弹出图 2-52 所示的“将文件夹加入到‘我的图片’中”对话框。

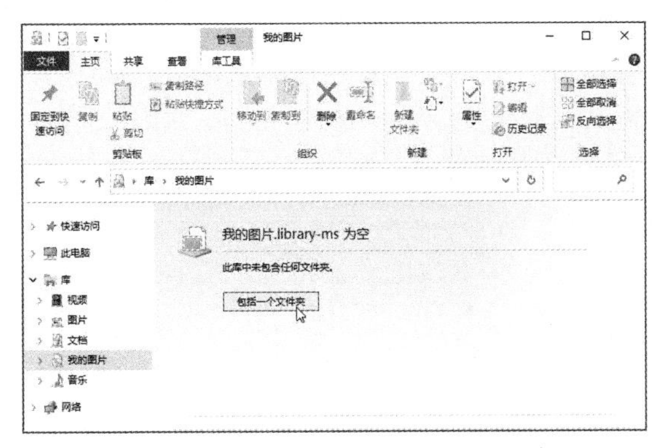

图 2-51　创建的“我的图片”库窗口

图 2-52　“将文件夹加入到‘我的图片’中”对话框

（5）选择文件夹 Image，单击“加入文件夹”按钮，回到“我的图片”库，此时可以看到“我的图片”库中包含了 Image 文件夹。

3. 从“库”中删除文件夹

在图 2-50 所示的“Mypic 属性”对话框“库位置”列表框中选中一个文件夹，再单击“删除”按钮，选中的文件夹将从库中被删除。

2.9 Windows 10 的磁盘管理

Windows 10 系统为用户提供了多种管理磁盘的工具，目的是使用户的磁盘工作得更好。磁盘管理主要包括以下几方面的内容。

2.9.1 格式化磁盘

一般来说，一张新的磁盘在第一次使用之前一定要进行格式化。所谓格式化就是指在磁盘上正确建立文件的读写信息结构。对磁盘进行格式化的过程，就是对磁盘进行划分磁面、磁道和扇区等相关的操作。

【例 2-8】利用 Windows 10 系统对 U 盘进行格式化。

【操作步骤】

（1）打开“此电脑”或“文件资源管理器”窗口，选择将要进行格式化的磁盘符号，这里选择可移动磁盘(H:)。

（2）单击“管理 | 驱动器工具”选项卡，执行“管理”组中的“格式化”命令（或右击，在弹出的快捷菜单中选择“格式化”命令），打开“格式化”对话框，如图 2-53 所示。

在“格式化”对话框中确定磁盘的容量、设置磁盘卷标名（最多使用 11 个合法字符）、确定格式化选项（如快速格式化），格式化设置完毕后，单击“开始”按钮，开始格式化所选定的磁盘。

2.9.2 查看磁盘的属性

一个磁盘的属性包括磁盘的类型、卷标、容量、已用和可用的空间、共享设置等。用户可以利用下面的步骤查看任何一张磁盘的属性。

（1）打开“此电脑”或“文件资源管理器”窗口，选择要查看属性磁盘符号，如(H:)。

（2）执行“计算机”选项卡“位置”组中的“属性”命令（或右击，在弹出的快捷菜单中选择“属性”命令），打开图 2-54 所示的“属性”对话框。

图 2-53 “格式化”对话框

图 2-54 “属性”对话框

（3）在弹出的磁盘“属性”对话框中，用户可以详细地查看该磁盘的使用信息，如查看该磁盘的已用空间、可用空间以及文件系统的类型，进行一些必要的设置，如更改卷标名、设置磁盘共享等。

2.9.3　磁盘清理程序

在计算机的使用过程中，由于多种原因，系统将会产生许多“垃圾文件”，如“回收站”中的删除文件、系统使用的临时文件、Internet 缓存文件以及一些可安全删除的不需要的文件等。这些垃圾文件越来越多，它们占据了大量的磁盘空间并影响计算机的正常运行，因此必须定期清除。磁盘清理程序就是为了清理这些垃圾文件而特殊编写的一个程序。

磁盘清理程序的使用方法如下。

（1）依次单击“开始”→“所有应用”→“附件”→“Windows 管理工具”→“磁盘清理”命令，系统弹出图 2-55 所示的“磁盘清理：驱动器选择”对话框。

（2）在“驱动器”下拉列表框中选择一个要清理的驱动器符号，如(C:)，单击“确定”按钮。

（3）在弹出的图 2-56 所示的“(C:)的磁盘清理”对话框中，选择要清理的文件（夹），如果单击“查看文件”选项，用户可以查看文件中的详细信息。

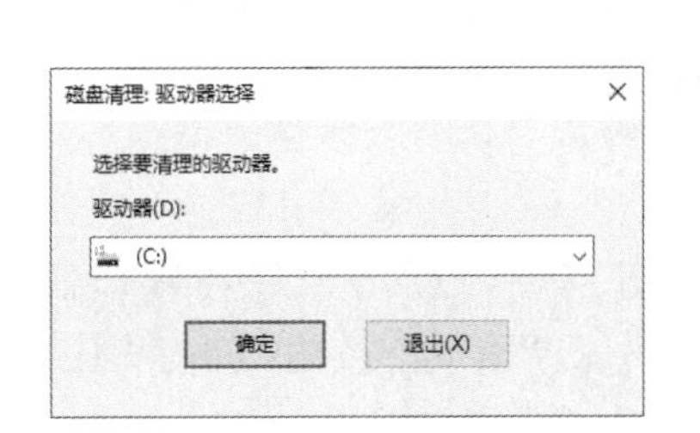

图 2-55　“磁盘清理：驱动器选择”对话框

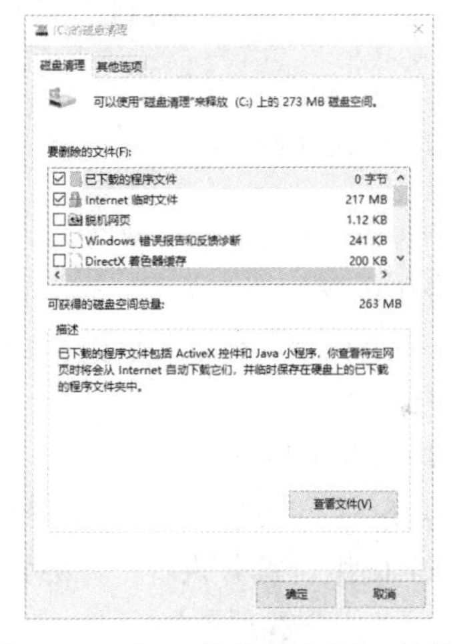

图 2-56　“(C:)的磁盘清理”对话框

（4）单击“确定”按钮，系统弹出“磁盘清理”确认对话框，单击“确定”按钮，系统开始清理并删除不需要的垃圾文件（夹）。

2.9.4　碎片整理和优化驱动器

通常情况下，一个文件的容量会超过一个扇区的容量，所以一个文件在磁盘上存储时会分散在不同的扇区里，而这些扇区在磁盘物理位置上可以是连续的，也可以是不连续的。一个文件的存放无论是连续的还是不连续的，计算机系统都能找到并读取，但速度不同。

“磁盘碎片整理程序”的作用是把这些碎片收集在一起，并把它们作为一个连续的整体存放在硬盘上，以便程序运行得更快、文件打开和读取得更快。

进行碎片整理的操作步骤如下。

（1）依次单击“开始”→“所有应用”→“附件”→“Windows 管理工具”→“碎片整

理和优化驱动器”命令，弹出图 2-57 所示的“优化驱动器”对话框。

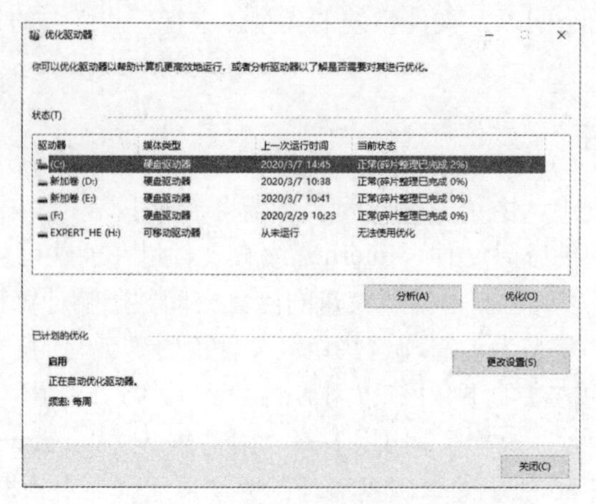

图 2-57 “优化驱动器”对话框

（2）选中要分析或整理的磁盘，如选择(D:)盘，单击“分析”按钮，系统开始整理磁盘。

2.10 任务管理器和控制面板

2.10.1 任务管理器

Windows 10 中的任务管理器为用户提供了有关计算机性能的信息，并显示了计算机上所运行的程序和进程的详细信息。如果计算机已经与网络连接，则还可以使用任务管理器查看网络状态、网络是如何工作的。这里介绍应用程序的管理功能，如结束一个程序或启动一个程序等功能。

1. *启动任务管理器*

右击任务栏上的空白区域，然后在弹出的快捷菜单中单击“任务管理器”（或按 Ctrl+Alt+Delete 组合键并执行“任务管理器”命令；或右击“开始”按钮，执行“任务管理器”命令），打开“任务管理器”窗口，如图 2-58 所示。

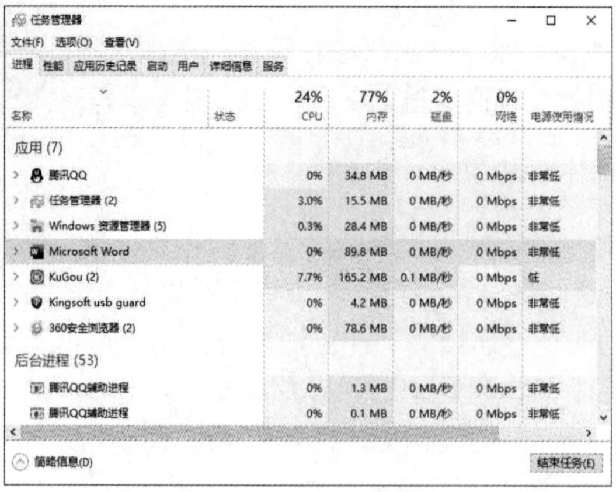

图 2-58 “任务管理器”窗口

提示：按 Ctrl+Shift+Esc 组合键最方便，直接就可以调出任务管理器。

2. 管理应用程序

在“任务管理器”窗口中单击“进程”选项卡，用户可看到系统中已启动的应用程序及当前状态。在该窗口中，用户可以关闭正在运行的应用程序或切换到其他应用程序及启动新的应用程序。

- 结束任务。单击选中一个任务，再单击界面右下角的“结束任务”按钮，可关闭一个应用程序。
- 切换任务。单击“用户”选项卡，选中“用户”列中的一个任务，如 Windows Media Player，右击并执行快捷菜单中的“切换到”命令，系统将切换到 Windows Media Player 窗口。
- 启动任务。单击“新任务”选项卡，在其命令列表中执行“运行新任务”命令，打开“新建任务”对话框，如图 2-59 所示。

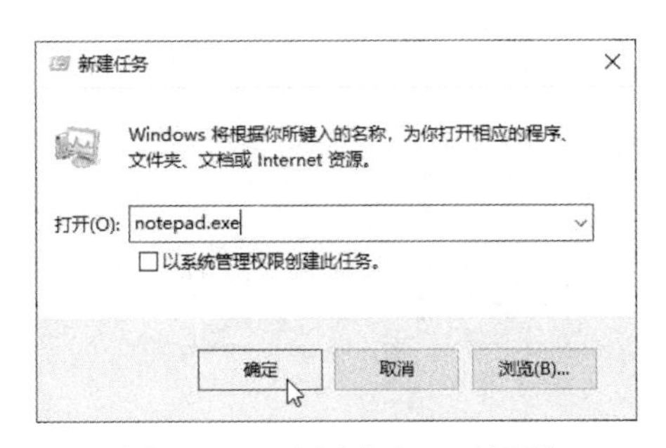

图 2-59　“新建任务”对话框

在“新建任务”对话框中的“打开”文本框中输入要运行的程序，如 notepad.exe。单击“确定”按钮后，系统打开“记事本”应用程序。

2.10.2　控制面板

控制面板提供了丰富的专门用于更改 Windows 10 的外观和行为方式的工具。在控制面板中，有些工具可用来调整计算机设置，从而使得操作计算机更加有趣。例如，可以通过“鼠标”选项将标准鼠标指针替换为可以在屏幕上移动的动画图标。可以通过“轻松访问中心”选项设置通过键盘的几个键，例如小键盘上的 2、4、6、8 键分别表示将鼠标指针分别向下、左、右、上移动，而按 5 键则表示选定某个对象。

打开控制面板的方法是：右击“开始”按钮，执行快捷菜单中的“运行”命令，在弹出“运行”对话框的“打开”文本框中输入 control，单击“确定”按钮，出现图 2-60 所示的“所有控制面板项”窗口。

【例 2-9】控制面板中的“程序和功能”工具的优点是保持 Windows 10 对更新、删除和安装过程的控制，不会因为误操作而对系统造成破坏。利用“程序和功能”工具可删除一个已安装的程序。

【操作步骤】

（1）如图 2-60 所示，在“所有控制面板项”窗口中单击“程序和功能”图标，弹出图 2-61 所示的“程序和功能”窗口，系统默认显示“卸载或更改程序”界面。

图 2-60 “所有控制面板项”窗口

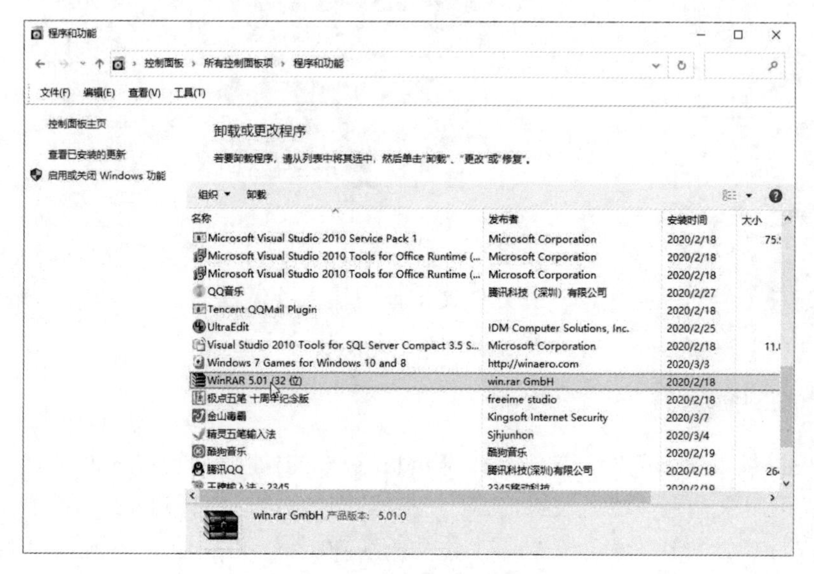

图 2-61 “程序和功能”窗口

（2）在“卸载或更改程序”列表框中选择要删除的程序名，单击工具栏中的“卸载”按钮 卸载 即可。

说明：在使用 Windows 10 时，经常需要安装、更新和删除已有的应用程序。安装应用程序可以简单地在 CD-ROM 中运行安装程序（通常是 Setup.exe 或 Install.exe）；但删除一个应用程序就不是找到安装文件夹，直接按 Delete 键删除那么简单了。在控制面板中，系统提供了上述介绍的“程序和功能”工具，用于添加和删除应用程序。

“所有控制面板项”中还有其他很多选项，其功能和操作方法，读者可参考有关资料和书籍。

此外，Windows 10 系统还自带了许多可以在日常工作中使用的小程序，如 Windows Media Player（媒体播放器）、计算器、记事本、写字板、画图、远程桌面连接和专用字符编辑器程序，其使用方法请参考有关书籍或资料，本书不再进行介绍。

习题 2

一、单选题

1．在计算机系统中，操作系统是（　　）。

A．一般应用软件　B．核心系统软件　C．用户应用软件　D．系统支撑软件

2．（　　）不是操作系统关心的主要问题。

A．管理计算机裸机

B．设计、提供用户程序与计算机硬件系统的界面

C．管理计算机系统资源

D．高级程序设计语言的编译器

3．实时操作系统追求的目标是（　　）。

A．高吞吐率　B．充分利用内存　C．快速响应　D．减少系统开销

4．从用户的观点看，操作系统是（　　）。

A．用户与计算机之间的接口

B．由若干层次的程序按一定的结构组成的有机体

C．合理地组织工作流程的软件

D．控制和管理计算机资源的软件

5．（　　）是应用程序之间信息交流的区域。

A．剪贴板　B．回收站　C．对话框　D．控制面板

6．Windows 10 中，在同一对话框的不同选项之间进行切换，不能采用的操作是（　　）。

A．单击标签　B．按 Alt+Tab 组合键

C．按 Shift+Tab 组合键　D．按 Ctrl+Esc 组合键

7．在 Windows 10 中，下面文件的命名不正确的是（　　）。

A．QWER.ASD.ZXC.DAT　B．QWERASDZXCDAT

C．QWERASDZXC.DAT　D．QWER.ASD\ZXC.DAT

8．在 Windows 10 中，操作具有（　　）的特点。

A．先选择操作命令，再选择操作对象

B．先选择操作对象，再选择操作命令

C．需同时选择操作对象和操作命令

D．允许用户任意选择

9．在 Windows 10 的“文件资源管理器”窗口中，为了将选定硬盘上的文件或文件夹复制到 U 盘，应进行的操作是（　　）。

A．先将它们删除并放入“回收站”，再从“回收站”中恢复

B．按鼠标左键将它们从硬盘拖动到软盘

C．先执行“编辑”菜单下的“剪切”命令，再执行“编辑”菜单下的“粘贴”命令

D．按鼠标右键将它们从硬盘拖动到软盘，并从弹出的快捷菜单中选择“移动到当前位置”命令

10．当执行一个应用程序时，其窗口被最小化，该应用程序将（　　）。

A．被暂停执行　　B．被终止执行

C．被转入后台执行　　D．继续在前台执行

11．在 Windows 10 的“文件资源管理器”中，选定多个连续文件的方法是（　　）。

A．单击第一个文件，然后单击最后一个文件

B．双击第一个文件，然后双击最后一个文件

C．单击第一个文件，然后按住 Shift 键并单击最后一个文件

D．单击第一个文件，然后按住 Ctrl 键并单击最后一个文件

12．在 Windows 10 中，下列说法错误的是（　　）。

A．单击任务栏上的按钮不能切换活动窗口

B．窗口被最小化后，可以通过单击它在任务栏上的按钮使它恢复原状

C．启动的应用程序一般在任务栏上显示一个代表该应用程序的图标按钮

D．任务按钮可用于显示当前运行程序的名称和图标信息

13．在同一个目录（文件夹）中已有一个“新建文件夹”，再新建一个文件夹，则此文件夹的名称为（　　）。

A．新建文件夹　　B．新建文件夹(1)

C．新建文件夹(2)　　D．新建文件夹(3)

14．以下有关 Windows 删除操作的说法，不正确的是（　　）。

A．网络位置上的项目不能恢复

B．从 U 盘上删除的项目不能恢复

C．超过回收站存储容量的项目不能恢复

D．直接用鼠标拖入回收站的项目不能恢复

15．在应用程序窗口中，当鼠标指针为一个一直旋转的小圈，则表示应用程序正在运行，请用户（　　）。

A．移动窗口　　B．改变窗口位置

C．输入文本　　D．等待

16．用户在磁盘上频繁写入和删除数据，使得文件在磁盘上留下许多小段，在读取和写入时，磁盘的磁头必须不断地移动来寻找文件的一个一个小段，最终导致操作时间延长，降低了系统的性能。此时用户应使用操作系统中的（　　）功能来提高系统性能。

A．磁盘清理　　B．磁盘扫描

C．碎片整理和优化驱动器　　D．使用文件的高级搜索

17．下列关于回收站的叙述正确的是（　　）。

A．回收站中的文件不能恢复

B．回收站中的文件可以被打开

C．回收站中的文件不占用硬盘空间

D．回收站用来存放被删除的文件或文件夹

18．下列关于“此电脑”窗口中移动文件的说法不正确的是（　　）。

A．可通过“主页”选项卡中的“剪切”和“粘贴”命令来实现

B．不能移动只读和隐藏文件

C．可同时移动多个文件

D．可用鼠标拖放的方式完成

19．关于 Windows 10 窗口的概念，以下说法正确的是（　　）。

A．屏幕上只能出现一个窗口

B．屏幕上可出现多个窗口，但只有一个窗口是活动的

C．屏幕上可以出现多个窗口，且可以有多个窗口处于活动状态

D．屏幕上可出现多个活动窗口

20．在 Windows 10 中，窗口的排列方式不包括（　　）。

A．层叠　　B．堆叠　　C．并排显示　　D．斜向平铺

21．把当前活动窗口作为图形复制到剪贴板上，可使用（　　）组合键。

A．Alt+PrintScreen　　B．PrintScreen

C．Shift+PrintScreen　　D．Ctrl+PrintScreen

22．在 Windows 10 中查找文件时，如果输入“*.doc”，表明要查找所有子文件夹下的（　　）。

A．文件名为*.doc 的文件　　B．文件名中有一个*的 doc 文件

C．所有的 doc 文件　　D．文件名长度为一个字符的 doc 文件

23．在 Windows 10 中，排列桌面上的图标，下列操作正确的是（　　）。

A．可以用鼠标的拖动及打开快捷菜单的方法调整它们的位置

B．只能用鼠标对它们拖动来调整位置

C．只能通过某个菜单来调整位置

D．只需用鼠标在桌面上从屏幕左上角向右下角拖动一次，它们就会重新排列

24．在资源管理器窗口的左窗格中，文件夹图标含有>时，表示该文件夹（　　）。

A．含有子文件夹，并已被展开　　B．未含子文件夹，并已被展开

C．含有子文件夹，还未被展开　　D．未含子文件夹，还未被展开

25．在 Windows 10 的“文件资源管理器”中选定一个文件后，在地址栏中显示的是该文件的（　　）。

A．共享属性　　B．文件类型　　C．文件大小　　D．存储位置

26．下列说法正确的是（　　）

A．回收站中的文件全部可以被还原

B．文件资源管理器不能管理隐藏的文件

C．回收站的作用是保存重要的文档

D．文件资源管理器是一种附加的硬件设备

27．在 Windows 10 中，最小化窗口是指（　　）。

A．窗口只占屏幕的最小区域　　B．窗口尽可能小

C．窗口缩小为任务栏上的一个图标　　D．关闭窗口

28．以下说法中正确的是（　　）。

A．计算机语言有机器语言、汇编语言、高级语言

B．计算机语言只有 3 种，即 Basic 语言、Pascal 语言、C 语言

C．只有机器是低级语言

D．高级语言接近自然语言，能被计算机直接识别和接受

29．计算机能直接识别的语言是（　　）。

A．高级程序语言 B．机器语言 C．汇编语言 D．C++语言

30．组成计算机指令的两部分是（　　）。

A．数据和字符 B．操作码和地址码

C．运算符和运算数 D．运算符和运算结果

二、填空题

1. Windows 10 的任务栏默认是锁定的，若取消，则拖动边框可改变任务栏的________和位置。

2．窗口之间进行切换的组合键为 Alt+Tab 或________。

3．在“文件资源管理器”中，选择全部文件的组合键为________。

4．在 Windows 10 中，将一个文件进行物理删除的组合键为________。

5．在 Windows 10 管理计算机文件时，用________可以标识文件的类型。

6．任务栏上显示的是________以外的所有窗口。

7．当用户打开多个窗口时，只有一个窗口处于________状态，称为当前窗口，并且这个窗口覆盖在其他窗口之上。

8．窗口在非最大化、最小化情况下，可用鼠标左键拖曳________完成窗口位置的调整。

9．对话框与非最大化、最小化的窗口非常相似，不同之处之一是________不能调整大小。

10．查找所有第一个字母为 A 且含有 wav 扩展名的文件，那么在“搜索”文本框中输入________。

三、判断题

1．在采用树型目录结构的文件系统中，各用户的文件名必须互不相同。（　　）

2．Windows 10 的注销就是删除操作。（　　）

3．要删除 Windows 10 应用程序，只需找到应用程序所安装的文件夹并将其删除。（　　）

4．打印文件时，任务栏上“通知区”中将出现一个打印机图标。（　　）

5．在 Windows 10 中删除桌面上的应用程序的快捷方式图标，意味着连同对应的应用程序文件也一起删除了。（　　）

6．使用键盘操作打开“开始”菜单应按 Ctrl + Esc 组合键。（　　）

7．Windows 10 打开的多个窗口既可以并排，也可以层叠排列。（　　）

8．在 Windows 10 环境中，键盘只能在窗口操作中使用，不能在菜单操作中使用。（　　）

9．在 Windows 10 环境中，当运行一个应用程序时，就打开该程序自己的窗口，把运行程序的窗口最小化，就是暂时中断该程序的运行，但用户可以随时恢复。（　　）

10．在 Windows 10 环境中，用户可以同时打开多个窗口，此时只有一个窗口处于激活状态，并且标题栏的颜色与众不同。（　　）

11．在 Windows 10 中拖动标题栏可移动窗口位置，双击标题栏可最大化或还原窗口。（　　）

12．凡是有“剪切”和“复制”命令的地方，都可以把选取的信息发送到剪贴板中。（　　）

13．在 Windows 10 中打开在桌面上的多个窗口的排列方式只能由系统自动决定。（　　）

14．将回收站清空或在“回收站”窗口内删除文件，被删除的文件还可以恢复。（　　）

15．Windows 10 中的文件名不能有空格，但可以有汉字。（　　）

16．拖动文件时，如原文件夹和目标文件夹在同一驱动器上，则所做的操作是复制操作。（　）

17．Windows 10 可对所有的文件、文件夹实现改名的操作。（　）

18．在 Windows 10 中，默认库被删除了就无法恢复。（　）

19．计算机在进行系统软件安装时可以先安装其他软件，然后再安装操作系统。（　）

20．操作系统具有处理器管理、存储器管理、设备管理、文件管理和用户接口 5 大功能。（　）

参考答案

一、单选题

1～5　BDCAA　6～10　CDBCC　11～15　CACDD　16～20　CDBBD

21～25　ACACD　26～30　ACABB

二、填空题

1．大小　2．Alt+Esc

3．Ctrl+A　4．Shift+Delete

5．扩展名　6．对话框

7．活动　8．标题栏

9．对话框　10．A*.WAV

三、判断题

1．×　2．×　3．×　4．√　5．×　6．√　7．√　8．×　9．×　10．√

11．√　12．√　13．×　14．×　15．×　16．×　17．×　18．√　19．×　20．√

第 3 章　计算机网络与应用

目前，计算机网络技术尤其是以 Internet 为核心的信息高速公路已经成为人们交流信息的重要途径，它已成为衡量一个国家现代化程度的重要标志之一。网络的应用已经渗透到社会的各个领域，有人预言未来通信和网络的目标是实现 5W 的通信，即任何人（Whoever）在任何时间（Whenever）、任何地点（Wherever）都可以与任何人（Whomever）通过网络进行通信，传送任何东西（Whatever）。因此，掌握网络知识与 Internet 的应用是对新世纪人才最基本的要求。

计算机网络就是将分布在不同地理位置上的具有独立工作能力的多台计算机、终端及其附属设备用通信设备和通信线路连接起来，由网络操作系统管理，能相互通信和资源共享的系统。它由通信子网和资源子网构成，通信子网负责计算机间的数据通信，也就是数据传输；资源子网是通过通信子网连接在一起的计算机，向网络用户提供共享的硬件、软件和信息资源。

3.1　计算机网络基础

3.1.1　计算机网络的功能

信息交换、资源共享、协同工作是计算机网络的基本功能，从计算机网络应用角度来看，计算机网络的功能因网络规模和设计目的不同，往往有一定的差异。归纳起来有如下几方面。

1. 资源共享

计算机资源主要指计算机的硬件、软件和数据资源。共享资源是组建计算机网络的主要目的之一。网络用户可以共享分散在不同地理位置的计算机上的各种硬件、软件和数据资源，为用户提供了极大的方便。

2. 平衡负荷及分布处理

当计算机负担过重或正在处理某项工作时，网络可将新任务转交给空闲的计算机来完成，这样处理能均衡各计算机的负载，提高处理问题的实时性；对于大型综合性问题，可将问题各部分交给不同的计算机分别处理，充分利用网络资源，提高计算机的处理能力，即增强实用性。对解决复杂问题来讲，多台计算机联合使用并构成高性能的计算机体系，这种协同工作、并行处理要比单独购置高性能的大型计算机便宜得多。

3. 提高可靠性

一个较大的系统中，个别部件或计算机出现故障是不可避免的。计算机网络中的各台计算机可以通过网络相互设置为后备机，这样一旦某台计算机出现故障，网络中的后备机即可代替它并继续执行，保证任务正常完成，避免系统瘫痪，从而提高了计算机的可靠性。

4. 信息快速传输与集中处理

国家宏观经济决策系统、企业办公自动化的信息管理系统、银行管理系统等一些大型信息管理系统，都是信息传输与集中处理系统，都要靠计算机网络来支持。

5. 综合信息服务

正在发展的综合信息服务可提供文字、数字、图形、图像、语音等多种信息传输，实现电子邮件、电子数据交换、电子公告、电子会议、IP 电话和传真等业务。计算机网络为政治、军事、文化、教育、卫生、新闻、金融、图书、办公自动化等领域提供全方位的服务，成为信息化社会中传送与处理信息的不可缺少的强有力的工具。

（1）电子邮件。电子邮件应该是大家都得心应手的网络交流方式之一。发邮件时收件人不一定要在网上，但他只要在以后任意时候打开邮箱，都能看到属于自己的来信。

（2）网上交易。网上交易就是通过网络做生意。其中一些要通过网络直接结算，这就要求网络的安全性要比较高。

（3）视频点播。视频点播是一项新兴的娱乐或学习项目，在智能小区、酒店或学校应用较多。它的形式与电视选台有些相似，不同的是节目内容是通过网络传递的。

（4）联机会议。联机会议也称视频会议，顾名思义就是通过网络开会。它与视频点播的不同在于所有参与者都需要主动向外发送图像，为实现数据、图像、声音实时同传，它对网络的处理速度提出了最高的要求。

3.1.2　计算机网络的分类

计算机网络分类的标准很多，一般按覆盖的地理范围分类，分为局域网、城域网和广域网 3 类。

（1）局域网（Local Area Network，LAN）。局域网的地理范围一般是几百米到 10 公里之内，属于小范围内的联网，如一个建筑物内、一个学校内、一个工厂的厂区内等。局域网的组建简单、灵活，使用方便。

（2）城域网（Metropolitan Area Network，MAN）。城域网的地理范围可从几十公里到上百公里，覆盖一个城市或地区，是一种中等规模的网络。

（3）广域网（Wide Area Network，WAN）。广域网的地理范围一般在几千公里左右，属于大范围联网，如几个城市、一个或几个国家，是网络系统中最大型的网络，能实现大范围的资源共享，如 Internet 网络。

其他常用的网络分类方法如下。

- 按传输速率分类。网络的传输速率的单位是 b/s（每秒比特数）。一般将传输速率在 kb/s～Mb/s 范围的网络称为低速网，在 Mb/s～Gb/s 范围的网络称为高速网；也可以将 kb/s 网称为低速网，将 Mb/s 网称为中速网，将 Gb/s 网称为高速网。
- 按传输介质分类。可分为有线网和无线网。
- 按服务方式分类。可分为客户机/服务器网络（C/S）和对等网。
- 按逻辑形式分类。可分为通信子网和资源子网。
- 按用途进行分类。可分为公用网络和专用网络。

3.1.3　网络通信协议

协议（Protocol）是计算机网络中的一个重要概念，计算机之间进行通信时，必须用一种双方都能理解的语言，这种语言被称为“协议”，就像寄信与邮局的关系，必须正确书写收信人、寄信人的地址和姓名，并粘贴邮票。也就是说，只有能够传达并且理解这些“语言”的计算机才能在计算机网络上与其他计算机进行通信。

1. 网络通信协议的概念

协议是指计算机之间通信时对传输信息内容的理解、信息表示形式以及各种情况下的应答信号都必须遵守一个共同的约定。目前，最常用的网络协议是TCP/IP（传输控制协议/网际协议），此外还有IPX/SPX协议、NetBEUI协议等。

在TCP/IP协议中，我们在上网浏览信息时还经常遇到FTP（File Transfer Protocol，文件传输协议）、TELNET（用户远程登录服务协议）、DNS（Domain Name Service，域名解析服务）、SMTP（Simple Mail Transfer Protocol，简单邮件传输协议）、NFS（Network File System，网络文件系统）、HTTP（Hypertext Transfer Protocol，超文本传输协议）等应用层协议。

在网络协议的控制下，网络上大小不同、结构不同、处理能力不同、厂商不同的产品才能连接起来，实现相互通信、资源共享。从这个意义上来说，协议是计算机网络的本质特征之一。

2. 网络通信协议的3要素

一般来说，通过协议可以解决3方面的问题，即协议的3要素。

（1）语法（Syntax）。语法涉及数据、控制信息格式、编码及信号电平等，即解决如何进行通信的问题，如报文中内容的顺序和形式。

（2）语义（Semantics）。语义涉及用于协调和差错处理的控制信息，即解决在哪个层次上定义的通信及其内容，例如报文由哪些部分组成、哪些部分用于控制数据、哪些部分是通信内容。

（3）定时（Timing）。定时涉及速度匹配和排序等，即解决何时进行通信、通信的内容先后及通信速度等。

协议必须解决语法（如何讲）、语义（讲什么）和定时（讲话次序）这3部分问题，才算比较完整地完成了数据通信的功能。

3.2 局域网基本技术

局域网是目前应用最广泛的计算机网络系统。组建一个局域网，需要从网络的拓扑结构、网络的硬件系统和网络的软件系统等方面进行综合考虑。

3.2.1 网络的拓扑结构

计算机网络的拓扑结构采用从图论演变而来的“拓扑”（Topology）的方法，即抛开网络中的具体设备，将服务器、工作站、打印机以及大容量的外存等网络单元抽象为一个点（节点），将网络中的连接线路抽象为“线”，这样一个计算机网络系统就形成了点和线的几何图形，从而抽象出计算机网络系统的具体结构。

计算机网络中的常用拓扑结构有总线型、星型、树型、环型、网状和全互联型等，如图3-1所示。

1. 总线型（Bus）拓扑结构

总线型拓扑结构是一种共享通路的物理结构。这种结构中总线具有信息的双向传输功能，普遍用于局域网的连接，总线一般采用同轴电缆或双绞线。总线型拓扑结构网络采用广播方式进行通信（网上所有节点都可以接收同一信息），无需路由选择功能。

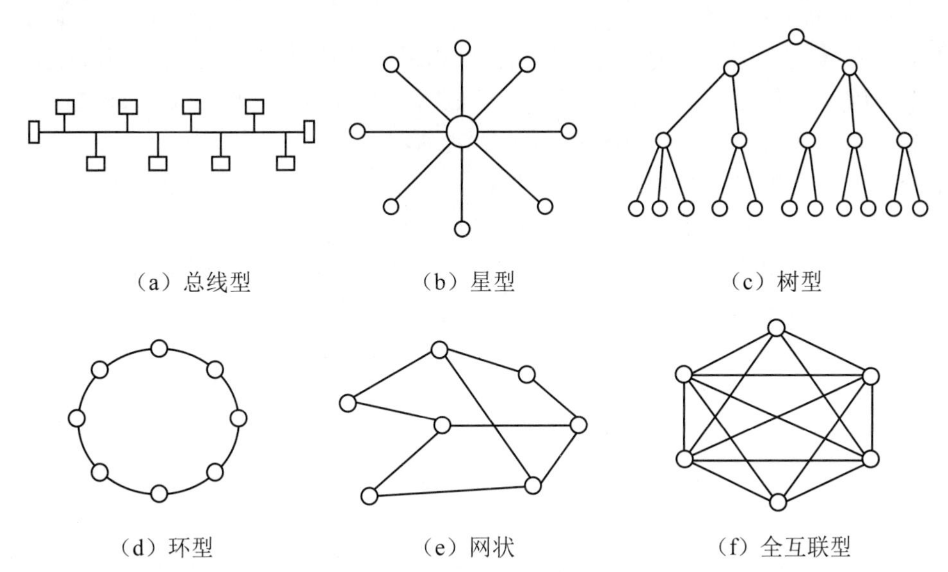

图 3-1　局域网的各种拓扑结构

总线型拓扑结构的特点是安装简单，所需通信器材、线缆的成本低，扩展方便（即在网络工作时增减站点）。由于各个节点共用一个总线作为数据通路，因此信道的利用率高。由于采用竞争方式传送信息，因此在重负荷下效率明显降低。另外，总线的某个接头接触不良时，会影响网络的通信，使整个网络瘫痪。

小型局域网或中大型局域网的主干网常采用总线型拓扑结构。

2. 星型（Star）拓扑结构

星型拓扑结构是一种以中央节点为中心，把若干外围节点连接起来的辐射式互联结构。这种结构适用于局域网，特别是近年来连接的局域网大多采用这种连接方式。这种连接方式以双绞线或同轴电缆做连接线路。

星型拓扑结构的特点是安装容易、结构简单、费用低，通常以集线器（Hub）作为中央节点，便于维护和管理。

星型拓扑结构虽有许多优点，但也有以下缺点。

（1）扩展困难、安装费用高。增加网络新节点时，无论有多远，都需要与中央节点直接连接，布线困难且费用高。

（2）对中央节点的依赖性强。星型拓扑结构网络中的外围节点对中央节点的依赖性强，如果中央节点出现故障，则全部网络不能正常工作。

星型拓扑结构是小型局域网常采用的一种拓扑结构。

3. 树型（Tree）拓扑结构

树型拓扑结构就像一棵“根”朝上的树，具有根节点和各分支节点。与总线型拓扑结构相比，主要区别在于总线型拓扑结构中没有“根”。这种拓扑结构的网络一般采用同轴电缆，用于军事单位、政府部门等上下界限相当严格和层次分明的部门。一些局域网络利用集线器（HUB）或交换机（Switch）将网络配置成级联的树型拓扑结构。

树型拓扑结构的优点是容易扩展，故障也容易分离处理。但与星型拓扑结构相似，当根节点出现故障时，一旦网络的“根”发生故障，整个系统就不能正常工作。

4. 环型（Ring）拓扑结构

环型拓扑结构为一个封闭的环。这种拓扑结构采用非集中控制方式，各节点之间无主从关系。环中的信息单方向地绕环传送，途经环中的所有节点并回到始发节点。仅当信息中所含的接收方地址与途经节点的地址相同时，该信息才被接收，否则不予理睬。环型拓扑结构的网络上任意节点发出的信息，其他节点都可以收到，因此它采用的传输信道也称广播式信道。

环型拓扑结构的优点在于结构比较简单、安装方便，传输率较高。但单环结构的可靠性较差，当某个节点出现故障时，会引起通信中断。有些网络系统为了提高通信效率和可靠性，采用了双环结构，即在原有的单环上再套一个环，使每个节点都具有两个接收通道。

大型、高速局域网的主干网（如光纤主干环网）常采用环型拓扑结构组建。

5. 网状（Mesh）拓扑结构

网状拓扑结构实际上是不规则结构，它主要用于广域网。网状拓扑结构中任意两个节点之间的通信线路不是唯一的，若某条通路出现故障或拥挤阻塞，可绕道其他通路传输信息，因此它的可靠性较高，但成本也较高。

网状拓扑结构常用于广域网的主干网中，如中国教育和科研计算机网（CERNET）、中国公用计算机互联网（CHINANET）等。

6. 全互联型（Fully Interconnected Topology）拓扑结构

全互联型拓扑结构的特点是每个节点都有一条链路与其他节点相连，所以它的可靠性非常高，但成本太高，除了特殊场合，一般较少使用。实际上复杂网络拓扑结构往往是星型、总线型和环型 3 种基本结构的组合。

3.2.2 局域网的组成

局域网通常可划分为网络硬件系统和软件系统两大部分，所涉及的网络组件主要有服务器、工作站、通信设备、网络传输介质和计算机网络软件系统等。

1. 服务器

服务器是网络中为各类用户提供服务，并实现网络的各种管理的中心单元，也称为主机（Host）。网络中可共享的资源大部分都集中在服务器中，同时服务器还要负责管理资源，管理多个用户的并发访问。根据在网络中所起的作用不同，服务器可分为文件服务器、数据库服务器、通信服务器及打印服务器等。在一个计算机网络中，至少要有一个文件服务器。服务器可以是专用的，也可以是非专用的，一般使用高性能的服务器，特别是内存和外存容量较大、运算速度较快的计算机，在基于 PC 的局域网中也可以使用高档微型计算机。

2. 工作站

工作站是可以共享网络资源的用户计算机，也可以称为网络终端设备，通常是一台微型计算机。一般情况下，一个工作站在退出网络后，可作为一台普通微型计算机使用，用来处理本地事务。工作站一旦联网就可以使用网络服务器提供的各种共享资源。

3. 通信设备

（1）网络适配器。网络适配器简称网卡（Network Card），它是计算机与网络之间的物理链路，其作用是在计算机与网络之间提供数据传输功能。要使计算机连接到网络中，就必须在计算机中安装网卡。

（2）中继器（Repeater）。中继器又称转发器，它是用来扩展局域网覆盖范围的硬件设备。当一个网络之间已超出规定的最大距离，就要用中继器来延伸。中继器的功能就是接收从一个网段传来的所有信号，放大后发送到另一个网段（网络中两个中继器之间或终端与中继器之间的一段完整的、无连接点的数据传输段称为网段）。中继器有信号放大和再生功能，但不需要智能和算法的支持，只是将信号从一端传送到另一端。

中继器的外观如图 3-2 左图所示，而图 3-2 右图则是一个普通网络连接器。

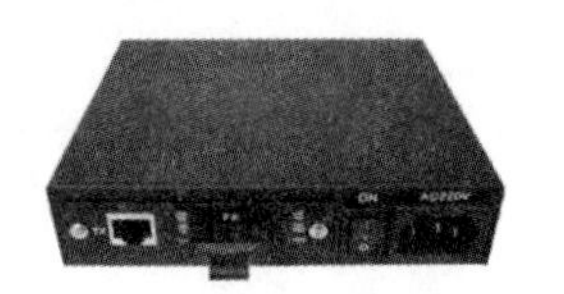

图 3-2　中继器和普通网络连接器

（3）集线器（HUB）。集线器是一种集中连接缆线的网络组件，有时认为集线器是一个多端口的中继器，二者的区别在于集线器能够提供多端口服务，也称多口中继器。它使一个端口接收的所有信号向所有端口分发出去，每个输出端口相互独立，当某个输出端口出现故障时，其他输出端口不受其影响。网络用户可通过集线器的端口用双绞线将其与网络服务器连接在一起。

多口集线器和光纤集线器的外观如图 3-3 所示。

图 3-3　多口集线器和光纤集线器

（4）交换机（Switch）。交换机可以称作智能型集线器，采用交换技术，为连接的设备同时建立多条专用线路，当两个终端相互通信时并不影响其他终端的工作，使网络的性能大大提高。

交换机的外观如图 3-4 所示。

图 3-4　交换机

集线器和交换机都是数据传输的枢纽。集线器将信号收集放大后传送给所有其他端口，即传输线路是共享的。而交换机能够选择目标端口，在很大程度上减少冲突（Collision）的发生，为通信双方提供了一条独占的线路。

另外，现在的交换机大多还具有网络层的路由功能。所以说，使用交换机能大大改善网络的传输性能。

（5）路由器（Router）。路由器是一种可以在不同的网络之间进行信号转换，根据信道的情况自动选择和设定路由，以最佳路径按前后顺序发送信号的设备。路由器是互联网络的枢纽、交通警察。网络与网络之间连接时，必须用路由器不定期完成，它的主要功能包括过滤、存储转发、路径选择、流量管理、介质转换等，即在不同的多个网络之间存储和转发分组，实现网络层上的协议转换，将在网络中传输的数据正确传送到下一网段。

路由器的外观如图 3-5 所示。

图 3-5 路由器

（6）网关（Gateway）。网关又称网间连接器、协议转换器。网关在传输层内实现网络互联，用于两个高层协议不同的网络互联。网关可以用于广域网互联，也可用于局域网互联。

网关的外观如图 3-6 所示。

图 3-6 网关

4. 网络传输介质

网络传输介质包括双绞线、同轴电缆、光纤等有线传输介质和红外线、激光、卫星通信等无线传输介质，如图 3-7 所示。

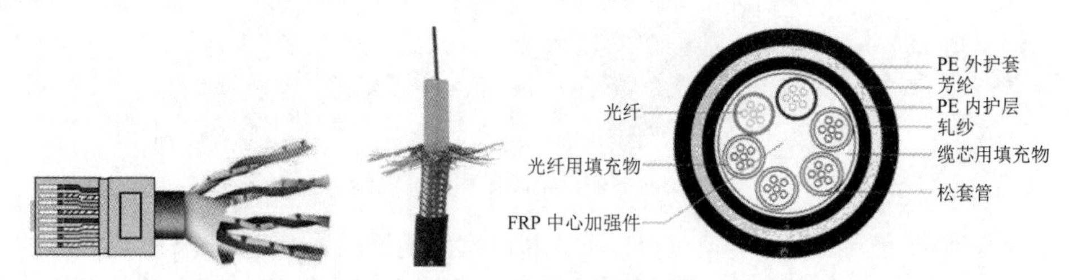

图 3-7 双绞线与 RJ-45 接头、同轴电缆实物与光纤剖面

5. 计算机网络软件系统

计算机系统是在计算机软件的控制和管理下进行工作的，同样，计算机网络系统也要在网络软件的控制和管理下才能工作。计算机网络软件主要指网络操作系统和网络应用软件。

（1）网络操作系统。网络操作系统的主要功能是控制和管理网络的运行、资源管理、文件管理、通信管理、用户管理和系统管理等。网络服务器必须安装网络操作系统，以便对网络资源进行管理，并为用户机提供各种网络服务。

常用的网络操作系统有 UNIX、Linux、Windows Server 2008 和 Novell NetWare 等。

（2）网络应用软件。网络应用软件随着计算机网络的发展和普及也越来越丰富，如浏览器软件、传输软件、电子邮件管理软件、游戏软件、聊天软件等。

3.3 Internet 基础

Internet 意为“互联网”，中文翻译为“因特网”，是世界最大的全球性的计算机网络，20 世纪 80 年代起源于美国并得到飞速发展。Internet 将遍布全球的计算机连接起来，人们可以通过它共享全球信息，它的出现标志着网络时代的到来。

从信息资源的角度来看，Internet 是一个集各个部门、各个领域的各种信息资源为一体，供网上用户共享的信息资源网。它将全球数万个计算机网络、数千万台主机连接起来，包含了海量的信息资源，向全世界提供信息服务。

从网络通信的角度来看，Internet 是一个基于 TCP/IP 的连接各个国家、各个地区、各个机构计算机网络的数据通信网。今天的 Internet 已经远远超过了一个网络的涵义，它是一个信息社会的缩影。

3.3.1 Internet 的产生与发展

Internet 起源于美国。1969 年，美国国防部高级计划研究署建立了一个名为 ARPAnet 的计算机网络，将美国重要的军事基地与研究单位用通信线路连接起来。首批联网的计算机只有 4 台，1977 年扩充到 100 余台。为了在不同的计算机之间实现正常的通信，ARPA 制定了一个名为 TCP/IP 的通信协议，供联网用户共同遵守。

1981 年从 ARPA 网中分裂出一个供军用的 MILNET 网。1986 年，美国国家科学基金会组成了 NSFNET 网，之后它又与美国当时最大的另外 5 个主干网连接，从而取代了 ARPA 网。1989 年，与 NSFNET 相连的网络已达 500 个。除美国国内的网络外，加拿大、英国、法国、德国等的网络也相继加入，并继续共同遵守 TCP/IP 协议，于是形成了一个覆盖全球的网络——Internet。Internet 于 20 世纪 80 年代后期开始向商务开放，从而吸引了一批又一批的商业用户，联网计算机数量迅速增长。

中国早在 1987 年就由中国科学院高能物理研究所首先通过 X.25 租用线实现了国际远程联网。1994 年 5 月，高能物理研究所的计算机正式接入 Internet，与此同时，以清华大学为网络中心的中国教育与科研网也于 1994 年 6 月正式接入 Internet。1996 年 6 月，中国最大的 Internet 互联子网 CHINANET 也正式开通并投入运营。

3.3.2 Internet 的特点

1. 开放性

Internet 不属于任何一个国家、部门、单位、个人，并没有一个专门的管理机构对整个网络进行维护。任何用户或计算机只要遵守 TCP/IP 协议都可以进入 Internet。

2. 共享性

Internet 用户在网络上可以随时查阅共享的信息和资料。若网络上的主机提供共享型数据库，则可供查询的信息更多。

3. 资源的丰富性

Internet 中有数以万计的计算机，形成了巨大的计算机资源，可以为全球用户提供极其丰富的信息资源，包括自然、社会、科技、政治、历史、商业、金融、卫生、娱乐、天气预报、政府决策等。

4. 平等性

Internet 是“不分等级”的。个人、企业、政府组织之间可以是平等的、无等级的。

5. 交互性

Internet 是平等自由的信息沟通平台，信息的流动和交互是双向的，信息沟通双方可以平等地与另一方进行交互，及时获得所需信息。另外，还有许多免费的 FTP 服务器和 Telent 服务器。

6. 灵活多样的入网方式

灵活多样的入网方式是 Internet 获得高速发展的重要因素。TCP/IP 协议成功解决了不同硬件平台、网络产品、操作系统的兼容性问题，成为计算机通信方面实际上的国际标准。任何计算机只要采用 TCP/IP 协议与 Internet 上任何一个节点相连，就可以成为 Internet 的一部分。

7. 入网方便，收费合理

Internet 服务收费是很低的，低收费策略可以吸引更多的用户使用 Internet，从而形成良性循环。另外，Internet 入网方便，在任何地方只要通过电话线就可以将普通计算机接入 Internet。

8. 服务功能完善，简便易用

Internet 具有丰富的信息搜索功能和友好的用户界面，操作简便，无须用户掌握更多的计算机专业知识就可以方便地使用 Internet 的各项服务功能。

另外，Internet 还具有技术的先进性、合作性、虚拟性、个性化和全球化的特点。这些特点增加了人类交流的途径，加快了交流速度，缩短了全世界范围内人与人之间的距离。

3.3.3 TCP/IP 协议

Internet 与其他网络相同，为使网络、网络之间的计算机都在各自的环境能够实现相互通信，必须有一套通信协议，这就是 TCP/IP 协议。因此 Internet 成功地解决了不同网络之间的互联问题，实现了异网互联通信。

1. 传输控制协议（TCP）

TCP 对应于开放系统互连模型 OSI/RM 七层中的传输层协议，它是面向“连接”的。在进行数据通信之前，通信双方必须建立连接，连接后才能进行通信，而在通信结束后，要终止它们的连接。

TCP 的主要功能是对网络中的计算机和通信设备进行管理，它规定了信息包应该如何分层、分组，如何在收到信息包后重新组合数据，以及以何种方式在线路上传输信号。

2. 网际协议 IP

IP 对应于开放系统互连模型 OSI/RM 七层中的网络层协议，它制定了所有在网上流通的数据包标准，提供跨越多个网络的单一数据包传送服务。IP 的主要功能有无连接数据报传送、数据报路由选择及差错处理控制等。

Internet 的核心协议是 IP 协议，目的是将数据从原节点传送到目的节点。为了正确地传送数据，每个网络设备（如主机、路由器）都有一个唯一的标识，即 IP 地址。

3.3.4 Internet 的地址和域名

1. IP 地址

就像通信地址一样，任何连入 Internet 的计算机都要有一个地址，以方便快捷地实现计算机之间的相互通信。Internet 是根据网络地址识别计算机的，这个地址称为 IP 地址。

在计算机网络中，一个 IP 地址由 32 位二进制数字组成，共占 4 个字节，每个字节之间用“.”作为分隔符，值是 0～255。如某校园网中一台计算机的 IP 地址为 11001010.00100111.01000000.00000001，则该地址可表示成图 3-8 所示的样式。

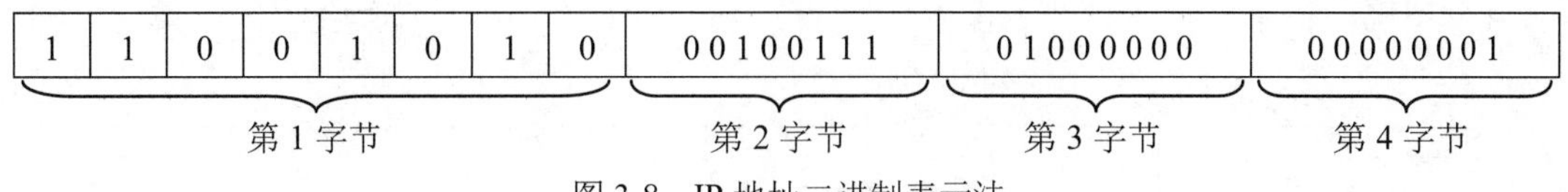

图 3-8　IP 地址二进制表示法

通信时，要用 IP 地址指定目的地的计算机地址。

为了方便记忆和书写，一个 IP 地址通常可用 4 组十进制数表示，每组十进制数用“.”隔开，上面的 IP 地址用十进制数表示为 202.39.64.1。

IP 地址不能任意使用，在需要使用 IP 地址时，需向管理本地区的网络中心申请。

IP 地址包括网络部分和主机部分，即该计算机属于哪个网络组织，它在该网络中的地址是什么。网络部分指出 IP 地址所属的网络，主机部分指出这台计算机在网络中的位置。这种 IP 地址结构在 Internet 上很容易进行寻址，先按 IP 地址中的网络号找到网络，然后在该网络中按主机号找到主机。

IP 地址可分为以下 5 类。

（1）A 类地址。A 类地址被分配给主要的服务提供商。IP 地址的前 8 位二进制代表网络部分，取值 00000000～01111111（十进制数 0～127），后 24 位代表主机部分，A 类地址的格式如图 3-9 所示。

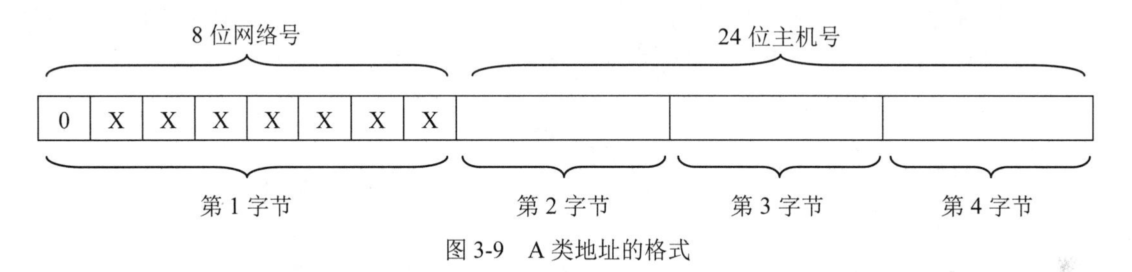

图 3-9　A 类地址的格式

A 类地址网络号的最高位必须为 0，其余任取，如 121.110.10.8 属于 A 类地址。

（2）B 类地址。B 类地址分配给拥有大型网络的机构，IP 地址的前 16 位二进制代表网络部分，其中前 8 位的二进制取值范围是 10000000～10111111（十进制数是 128～191）；后 16 位代表主机部分的地址。如某台计算机的 IP 地址是 138.131.21.56，属于 B 类地址。B 类地址的格式如图 3-10 所示。

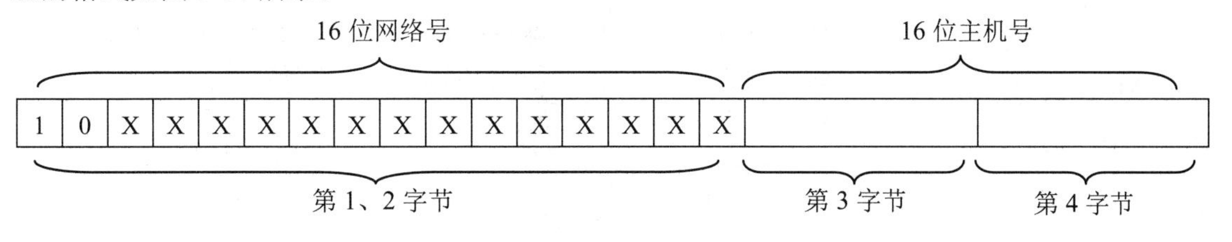

图 3-10　B 类地址的格式

（3）C 类地址。C 类地址分配给小型网络的机构，IP 地址的前 24 位二进制代表网络部分，其中前 8 位的二进制取值范围是 11000000～11011111（十进制数是 192～223）；后 8 位代表主机部分的地址，主机数最多为 254 台。如某台计算机的 IP 地址是 198.112.10.1，属于 C 类地址。C 类地址的格式如图 3-11 所示。

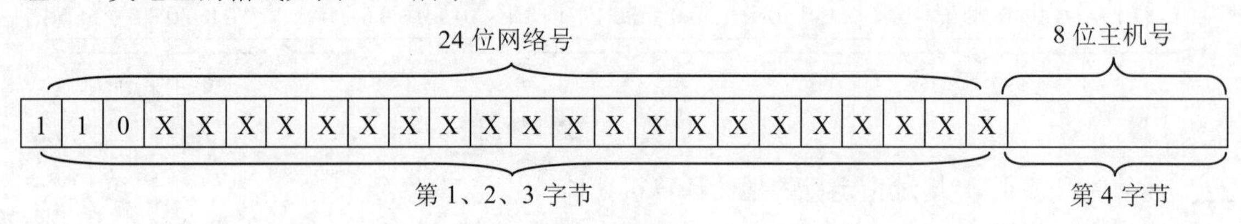

图 3-11　C 类地址的格式

（4）D 类地址。D 类地址是为多路广播保留的 IP 地址，前 8 位的二进制取值范围是 11100000～11101111（十进制数是 224～239）。

（5）E 类地址。E 类地址是实验性地址，保留未用。IP 地址的前 8 位的二进制取值范围是 11110000～11110111（十进制数是 240～247）。

目前 IP 地址的版本简称为 IPv4 版，随着 Internet 的快速增长，32 位 IP 地址空间越来越紧张，网络号会很快用完，迫切需要新版本的 IP 协议，于是产生了 IPv6 协议。IPv6 协议使用 128 位地址，它支持的地址数是 IPv4 协议的 2^{96} 倍，这个地址空间足够大，以至于号称地球上的每粒沙子都有一个 IP 地址。在设计 IPv6 协议时，保留了 IPv4 协议的一些基本特征，使得采用新老技术的各种网络系统在 Internet 上都能够互联。

2. 子网掩码

在给网络分配 IP 地址时，有时为了便于管理和维护，可以将网络分成几个部分，称为子网，即在网络内部分成多个部分，但对外像任何一个单独网络一样动作。

一个被子网化的 IP 地址包含 3 个部分：网络号、子网号、主机号，如图 3-12 所示。

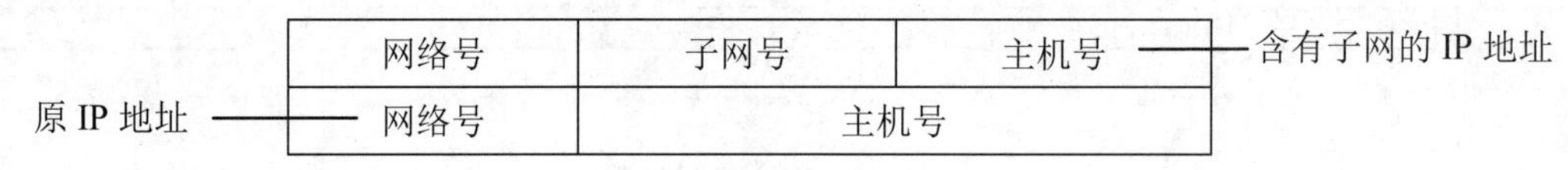

图 3-12　子网化的 IP 地址

划分子网的方法是用主机号的最高位来标识子网号，其余表示主机号，如一个 B 类网址 168.166.0.0，如果选取第 3 个字节的最高两位用于标识子网号，则有 4 个子网，这 4 个子网分别为 168.166.0.0、168.166.64.0、168.166.128.0 和 168.166.192.0。由于子网的划分无统一的算法，单从 IP 地址无法判断一台计算机处于哪个子网，因此引入了子网掩码。

子网掩码也是一个 32 位的数字，其构成规则是：所有标识网络号和子网号的部分用 1 表示，主机地址用 0 表示，那么上面分成 4 个子网的 168.166.0.0 网络的子网掩码为 255.255.192.0。将子网掩码与 IP 地址进行“与”运算，得到的结果表明该 IP 地址所属的子网。若两个 IP 地址分别与同一个子网掩码进行“与”运算，结果相同则表明处于同一个子网，否则处于不同的子网。

如果一个网络没有划分子网，子网掩码的网络号各位全为 1，主机号各位全为 0，这样得到的子网掩码为默认子网掩码。A 类地址的默认子网掩码为 255.0.0.0；B 类地址的默认子网掩码为 255.255.0.0；C 类地址的默认子网掩码为 255.255.255.0。

Windows 10 的网络对话框可对网络上的主机设置子网掩码，如图 3-13 所示。通常情况下，指定静态 IP 地址的主机需要设置子网掩码。

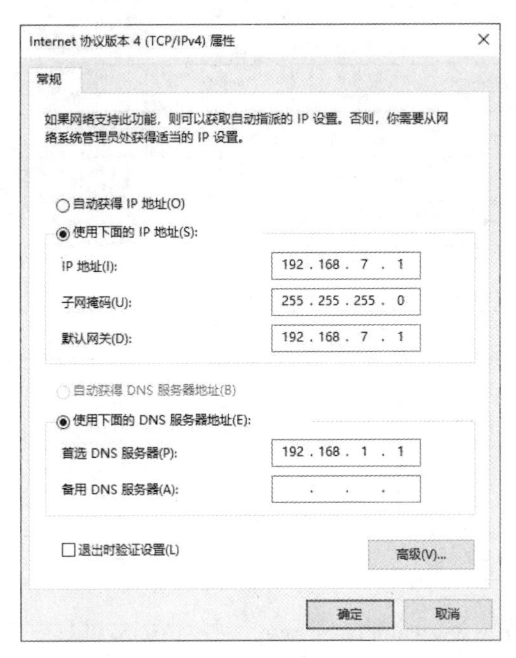

图 3-13　配置 IP 地址和子网掩码

一般拨号上网的计算机采用动态 IP 地址，作为供其他人访问的计算机需要指定静态 IP 地址。在局域网上网的计算机通常也分配静态 IP 地址，便于网络管理。

3. 域名（Domain Name）

由于 IP 地址是由一串数字组成的，因此记住一组无任何特征的 IP 地址编码是非常困难的，为易于维护和管理，Internet 上建立了所谓的域名（主机）管理系统（Domain Name System，DNS），即可以对网络上的计算机赋予一个直观的唯一标识名（英文或中文名），即域名。DNS 主要提供了一种层次型命名方案，如家庭住址用城市、街道、门牌号表示的一种层次型地址。主机或机构有层次结构的名字在 Internet 中称为域名。DNS 提供主机域名与 IP 地址之间的转换服务，如 www.163.com 是网易的域名地址。

凡是能使用域名的地方，都可使用 IP 地址。

域名命名的一般格式是：计算机名.组织机构名.网络名.最高层域名。

域名的各部分之间用“.”隔开，按从右到左的顺序，依次表示顶级域名、网络机构域名、组织单位域名和一般机器的主机名。域名不超过 255 个字符，由字母、数字或下划线组成，以字母开头，以字母或数字结尾，域名中的英文字母不区分大小写。常见的顶级域名见表 3-1 和表 3-2。

表 3-1　常用机构顶级域名

域名	机构类型	域名	机构类型
com	商业系统	firm	商业或公司
edu	教育系统	store	提供购买商品的业务部门
gov	政府机关	web	主要活动与 WWW 有关的实体
mil	军队系统	arts	以文化活动为主的实体

续表

域名	机构类型	域名	机构类型
net	网络管理系统	rec	以消遣性娱乐活动为主的实体
org	非营利性组织	info	提供信息服务的实体
nom	有针对性的人员或个人的命令	int	国际组织

表 3-2 常用国家或地区顶级域名

域名	国家	域名	国家	域名	国家
cn	中国	jp	日本	es	西班牙
au	澳大利亚	uk	英国	ru	俄罗斯
de	德国	ca	加拿大	nz	新西兰
fr	法国	ch	瑞士	kr	韩国
it	意大利	dk	丹麦	us	美国

如某台计算机的域名是 www.tsinghua.edu.cn，表明该计算机对应的网络主机属于中国（cn）、教育机构（edu），“tsinghua”为组织名计算机，“www”说明是一个服务网站，表示一般是基于 HTTP 的 Web 服务器，为一个机器名称。

Internet 主机的 IP 地址和域名具有相同地位，通信时，通常使用的是域名，计算机经由 DNS 自动将域名翻译成 IP 地址。

4. 中文域名

中文域名，顾名思义，就是以中文表现的域名。中文域名属于互联网上的基础服务，注册后可以对外提供 WWW、E-mail、FTP 等应用服务。中文域名是用汉字表现的域名，例如：“.世界”“.公司”等。其中，“.中国”“.公司”“.网络”为中文顶级域名。现在，中文域名推广的域名后缀已经多达几十种。

在使用中文域名时，以 Edge、Firefox、Opera、Google Chrome、Safari 等为代表的全球主流浏览器，已经实现直接支持。用户可以直接在地址栏输入域名，即可直达相应网站，如“仿真教学.中国”。并且在中文域名的分隔符中，英文字符“.”的半角形式、全角形式和中文句号“。”完全等效，均可到达相同网站。

同样地，简体、繁体等效。中文域名无须设置 www 前缀，而可以直接自定义中文子域名，例如“微博.公司”。

3.3.5 Internet 接入技术

Internet 为公众提供了各种接入方式，以满足用户的不同需要，包括电话拨号上网（PSTN）、利用调制解调器接入、ISDN、DDN、ADSL、VDSL、Cable Modem、无线接入、高速局域网接入等。

在接入 Internet 之前，用户首先要选择一个 Internet 网络服务商（ISP）和一种适合自己的接入方式。国内大多选择 ISP 为 ChinaNet 或 ChinaGBN。

1. ADSL 接入技术

非对称数字用户线路（Asymmetric Digital Subscriber Line，ADSL）是基于公众电话网提

供宽带数据业务的技术，也是目前极具发展前景的一种接入技术，有“网络快车”的美称。ADSL是在铜线上分别传输数据和语音信号，数据信号并不通过电话交换机设备，减轻了电话交换机的负载。ADSL属于一种专线上网方式，其支持的上行速率为640kb/s～1Mb/s，下行速率为1Mb/s～8Mb/s，具有下行速率高、频带宽、性能好、安装方便、不需要缴纳电话费等特点，所以受到广大用户的欢迎，成为继Modem、ISDN之后的又一种全新的、更快捷、更高效的接入方式。

接入Internet时，用户需要配置一个网卡及专用的Modem，可采用专线上网方式（即拥有固定的静态IP）或虚拟拨号方式（不是真正的电话拨号，而是用户输入账号、密码，通过身份验证，获得一个动态的IP地址）。

2. 局域网接入

如果用户所在的单位或者社区已经架构了局域网并与Internet连接，并且在用户的位置布置了接口，则建议使用局域网接入Internet。

使用局域网接入Internet，可以避免传统的拨号上网后无法接听电话，可以节省大量的电话费用，还可以利用局域网更好地与自己的同事或邻居共享数据和资源。随着网络的普及和发展，各小局域网和Internet接口带宽的扩充，速度快正在成为使用局域网的最大优势。

不像电话普及到人们生活的各个角落，局域网接入Internet是受到用户所在单位或社区规划的制约的。如果用户所在的地方没有架构局域网，或者架构的局域网没有与Internet相联而仅仅是一个内部网络，那就没办法采取局域网联网。

采用局域网接入非常简单，只要有一台计算机、一块网卡和一根双绞线，然后找网络管理员申请一个IP地址即可。

3. 光纤直接到户

目前，网络服务商采用光纤直接到户（FTTH）的方式，将网络连接到各个家庭，使用户体验更快的网络。

4. 无线接入

用户不仅可以通过有线设备接入Internet，还可以通过无线设备接入Internet。采用无线接入方式一般适合接入距离较近、布线难度大、布线成本较高的地区。目前常见的接入技术有蓝牙技术、GSM（Global System for Mobile Communication，全球移动通信系统）、GPRS（General Packet Radio Service，通用分组无线业务）、CDMA（Code Division Multiple Access，码分多址）、3G（3rd Generation，第三代数字通信）、4G、5G等。其中，蓝牙技术适用于范围一般在10m以内的多设备之间的信息交换，如手机与计算机相连，实现Internet接入。

此外，Internet接入技术还有ISDN（Integrator Services Digital Network，综合业务数字网）、DDN（Digital Data Network，数字数据网）、VDSL、Cable Modem（线缆调制解调器）、高速局域网接入技术、LMDS（社区宽带无线接入技术）等。

3.4 Internet服务与应用技术

人们使用Internet的目的是利用Internet为人们提供服务，如万维网WWW（World Wide Web）、电子邮件（E-mail）、远程登录（Telnet）、文件传输（File Transfer Protocol，FTP）、专题讨论（UseNet）、电子公告板服务（Bulletin Board System，BBS）、信息浏览服务

（Gopher）、广域信息服务（Wide Area Information Service，WAIS），为生产、生活、工作和交流提供帮助。

Internet 改变了人们传统的信息交流方式。

3.4.1 WWW 服务

WWW 也称环球信息网，简称 Web，中文翻译为“万维网”。万维网将世界各地的信息资源以特有的含有“链接”的超文本形式组织成一个巨大的信息网络。用户只需单击相关单词、图形或图标，即可从一个网站进入另一个网站，浏览或获取所需的文本、声音、视频及图像内容。

WWW 基于超文本传输协议（Hyper Text Transfer Protocol，HTTP），采用超文本、超媒体的方式进行信息的存储和传递，并能将各种信息资源有机地结合起来，具有图文并茂的信息集成能力及超文本链接能力。这种信息检索服务程序起源于 1992 年欧洲粒子研究中心（CERN）推出的一个超文本方式的信息查询工具。超文本含有许多相关文件的接口，称为超链接（Hyperlink）。用户只需单击文件中的超链接词汇、图片等，即可即时链接到该词汇或图片等相关的文件上，无论该文件存放在何地的何种网络主机上。

WWW 以非常友好的图形界面、简单方便的操作方法以及图文并茂的显示方式，使用户可以轻松地在 Internet 各站点之间漫游，浏览从文本、图像到声音，乃至动画等不同形式的信息。

WWW 的规模以每年上百倍的速度在增长，大大超过了其他的 Internet 服务，每天都有新出现的提供 WWW 商业或非商业服务的站点，WWW 的普及已开始改变各企事业单位的经营和工作方式。

3.4.2 Web 浏览器及 Edge 的使用方法

Web 浏览器是目前从网上获取信息的方便和直观的渠道，也是大多数人上网的首要选择。Edge 浏览器是由微软出品的全新浏览器，已经在最新的 Windows 10 系统上实现支持，兼容现有 Chrome 与 Firefox 两大浏览器的扩展程序。这款浏览器在外观上十分简洁，并且在功能上不输给任何一种浏览器。此外，Edge 浏览器内置微软 Cortana 语音、阅读器、笔记和分享功能；新版 Edge 浏览器还具有垂直标签、收藏夹固定右侧、网页捕获截图并支持涂鸦、网页内搜索等新特性，部分版本的 Edge 浏览器还具有“将页面发送到你的设备”、侧边搜索等功能，设计注重实用和极简主义；渲染引擎被称为 EdgeHTML。新版 Edge 浏览器还具有垂直标签、收藏夹固定右侧、网页捕获截图并支持涂鸦、网页内搜索等新特性，部分版本的 Edge 浏览器还具有“将页面发送到你的设备”、侧边搜索等功能，可以为用户带来更多人性化的服务。在与 Internet 连接之后，用户就可以使用 Web 浏览器 Edge 浏览网页了。下面简单介绍 Edge 的使用方法。

1. 主窗口介绍

双击桌面上的 Edge 浏览器图标 ，可打开 Edge 浏览器应用程序。Edge 窗口由标签栏、命令按钮、地址栏、工具命令按钮、浏览器主窗口、功能按钮等组成，如图 3-14 所示。

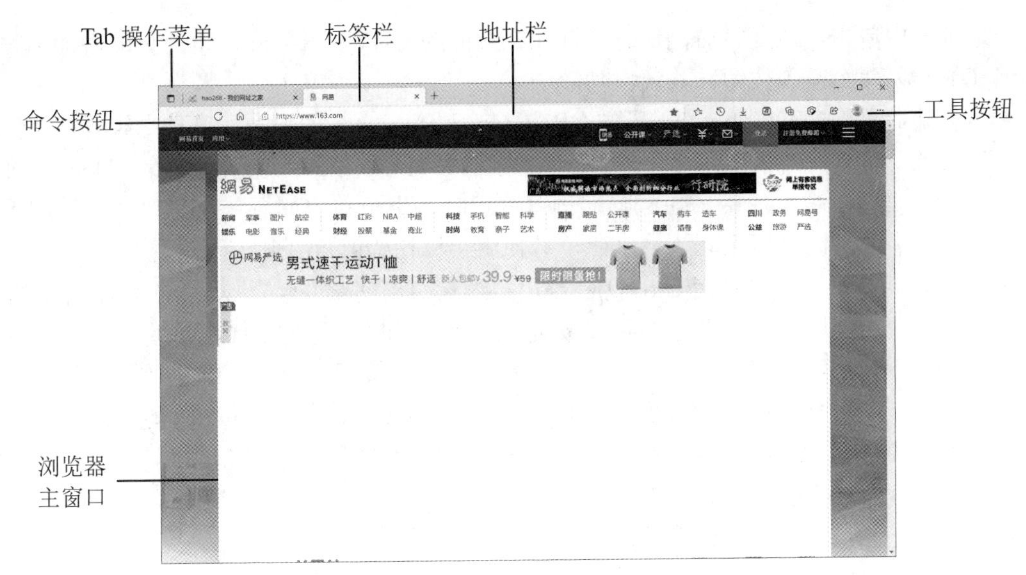

图 3-14 Edge 窗口

（1）标签栏。当打开一个网站或一个网页时，标签栏自动增加一个标签选项卡。标签选项卡左侧有“Tab 操作菜单”按钮，用于调整标签页的显示方式，显示最近关闭的网页和将所有标签页添加到新集锦中。

（2）命令按钮。命令按钮包括“后退”按钮、“前进”按钮、“刷新”按钮、“主页”按钮，各命令按钮的功能如下。

- 后退：显示当前页面之前浏览的页面。
- 前进：显示当前页面之后浏览的页面。
- 刷新：或按 F5 功能键，重新下载当前页面的内容，重新显示当前网站或网页的内容。
- 主页：打开 Edge 浏览器默认的起始主页。

（3）地址栏。地址栏显示当前打开的 Web 页面的地址，用户也可以在地址栏中重新输入要打开的 Web 页面地址。地址是以 URL（Uniform Resource Locator，统一资源定位器）形式给出的，URL 是用来定位网上信息资源的位置和方式，其基本语法格式如下。

通信协议://主机:端口/路径/文件名

其中：

- 通信协议是指提供该文件的服务器所使用的通信协议，如 HTTP、FTP 等协议。
- 主机是指上述服务器所在主机的域名。
- 端口是指进入一个服务器的端口号，它是用数字来表示的，一般可采用默认端口。
- 路径是指文件在主机上的路径。
- 文件名是指文件的名称，在默认情况下，首先会调出称为“主页”的文件。

例如，http://www.163.com/ty/index.asp 中的 http 为数据传输的通信协议，www.163.com 为主机域名，/ty/为路径，index.asp 为文件名。

又如，ftp://ftp.cdzyydx.org:8001/pub/jsjjc.rar，表示 FTP 客户程序将从站点 ftp.cdzyydx.org 的 8001 端口连入。

说明： 目前 Edge 浏览器已不再支持 ftp 协议。

在地址栏中单击，地址栏右侧还有“创建此页面的 QR 码”和“将此页面添加到收藏夹(Ctrl+D)”两个命令按钮。其各自功能如下。

- 创建此页面的 QR 码：QR 码的 QR 是 Quick Response 的缩写。这种二维码能够快速读取，与之前的条形码相比，QR 码能存储更丰富的信息，包括对文字、URL 地址和其他类型的数据加密。在电脑端浏览网页时，由于兼容问题，有时候需要转到手机上查看，这时把网页转为二维码，并使用手机扫描就可打开该网页。
- 将此页面添加到收藏夹(Ctrl+D)：当用户遇到某篇文章并想在以后阅读时，单击此按钮，可将此网站或网页添加到收藏夹，以后阅读时可无须访问该页面。

（4）工具命令按钮。地址栏的右侧是一组工具命令按钮，有“收藏夹”、“历史记录”“共享此页面”和“设置及其他”等命令按钮，各命令按钮的功能如下。

- 收藏夹：显示收藏夹和阅读列表的内容。在收藏夹中，用户还可以查看网页浏览的历史记录及下载的内容和进度。
- 历史记录：用于显示曾经浏览过的网页或网站。
- 共享此页面：与朋友分享自己感兴趣的网站或网页内容。
- 设置及其他：利用此按钮，用户可对浏览方式、显示收藏夹栏、查看历史记录、下载、打印、网页捕获、设置以及关闭 Edge 浏览器等内容进行重新设置，以更加方便使用 Edge 浏览器。

2. Web 浏览

Edge 浏览器最基本的功能是在 Internet 上浏览 Web 页。浏览功能是借助于超链接实现的，超链接将多个相关的 Web 页连接在一起，方便用户查看信息。

打开 Edge 浏览器后，屏幕最先出现的主页是起始主页，在页面中出现的彩色文字、图标、图像或带下划线的文字等对象都可以是超链接，单击这些对象可进入超链接所指向的 Web 页。

可使用下面几种常用方法查找指定的 Web 页。

- 直接将光标定位在地址栏，输入 URL 地址。
- 在“历史记录”列表框中单击要访问的 Web 地址。
- 在“收藏夹”列表框中选择要找的 Web 页地址。

3. 收藏 Web 页

在浏览 Web 页时，会遇到一些经常访问的站点。为了方便再次访问，可以将这些 Web 页收藏起来，单击地址栏右侧的“将此页面添加到收藏夹”按钮（或按 Ctrl+D 组合键），将打开的网页收藏到“收藏夹”列表框中。

4. 查看历史记录

Edge 中的历史记录是指自动存储了已经打开的 Web 页的详细资料，借助历史记录，在网上可以快速返回以前打开过的网页。方法是：单击 Edge 右上角的“查看收藏夹”按钮、“历史记录按钮”或“设置与其他”按钮，在弹出的任务窗格框中单击“收藏夹”或 历史记录 命令项。在图 3-15 所示的“历史记录”列表面板中单击要访问的网页标题的超链接，就可以快速打开这个网页。

如果不需要这些历史记录，用户可以将其清除。单击“历史记录”列表面板右上方的“更多选项”按钮，并执行列表面板中的“清除浏览数据”命令，然后根据需要可清除一定时间内或所有时间内的浏览记录。如果只清除一条记录，右击该记录，在弹出的快捷菜单中执行“删除”命令即可。

图 3-15　“历史记录”列表面板

5. 保存 Web 页

用户在网上浏览时，可以保存 Web 页信息，操作步骤如下。

保存当前页。右击当前网页，执行其快捷菜单中的“另存为”命令，打开“保存网页”对话框，如图 3-16 所示。

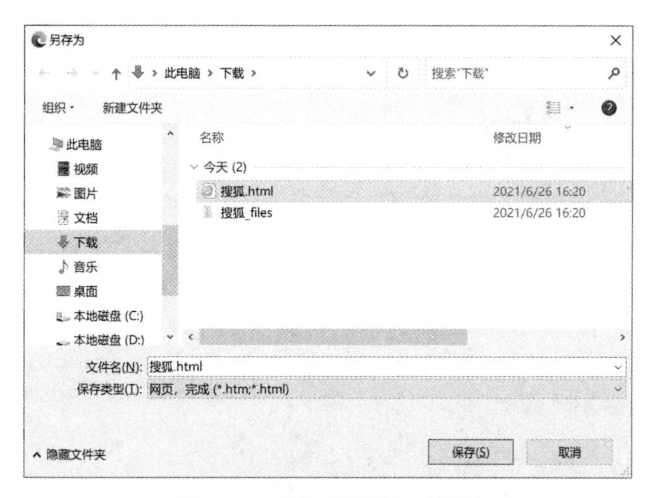

图 3-16　“保存网页”对话框

在“导航”窗格中选择保存网页的文件夹，在“文件名”文本框处输入要保存的文件名，在“保存类型”框中选择保存文件的类型，单击“保存”按钮，即可将网页保存成功。

6. 打印 Web 页

用户可以选择打印 Web 页中的一部分或全部内容。方法是：打开需要打印的网页或在网页中选择部分内容，右击（也可执行 Edge 浏览器右上角的“设置与其他”按钮），执行快捷菜单中的“打印”命令，然后在弹出的“打印”对话框中设置相关选项，再单击“打印”按钮，即可进行打印，如图 3-17 所示。

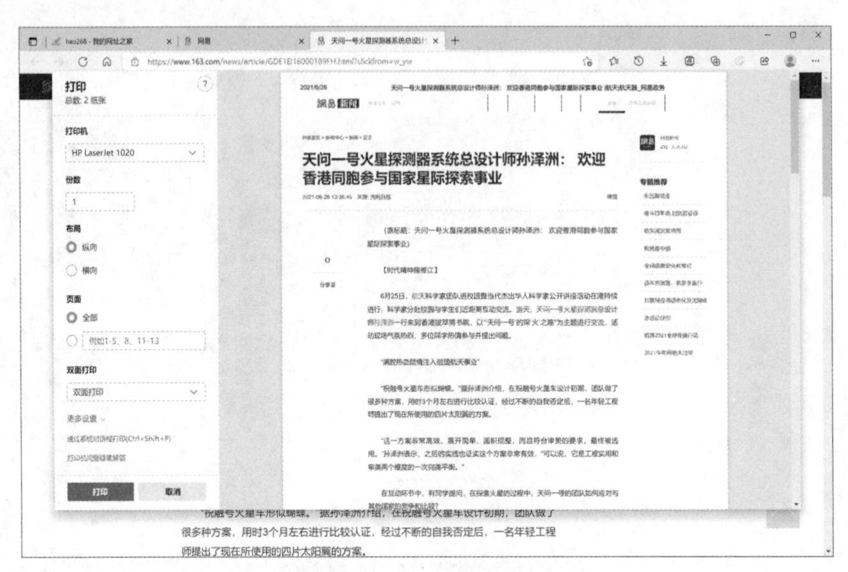

图 3-17 “打印”设置界面

3.4.3 资源检索与下载

1. WWW 网上信息资源检索

在 WWW 网上进行信息资源检索的方法有：在 Edge 浏览器的 URL 地址栏中直接输入要搜索的关键词；使用百度等搜索工具，并在搜索框中输入要搜索的关键词。

2. 使用搜索引擎检索

搜索引擎是指以网络的各种信息资源为对象、以信息检索的方式提供用户所需信息的数据库服务系统。搜索引擎网站可以将查询结果以统一的清单形式返回。

由于各搜索引擎界面略有差异，使用方法大致相同。因此，本书只简单介绍百度（Baidu）搜索引擎的使用方法。

百度是常用的商业化全文搜索引擎，每天处理来自上百个国家超过数亿次的搜索请求，每天有上万个用户将其设为首页。目前，百度收录中文网页已超过 20 亿，收录超过 4 亿学术文献并建设 400 万学者主页，包含超过 7500 种的中英文期刊，并且每天都在增加几十万个新网页，对重要中文网页实现每天更新。

百度主要提供中文（简/繁体）网页搜索服务。百度支持“-”“.”“|”“link:”“《》”等特殊搜索命令。在搜索结果页面，百度还设置了“关联搜索”功能，方便访问者查询与输入关键词有关的其他方面的信息。

在打开 Edge 浏览器窗口的地址栏中输入百度搜索引擎网址 https://www.baidu.com，进入百度搜索引擎主页，如图 3-18 所示。

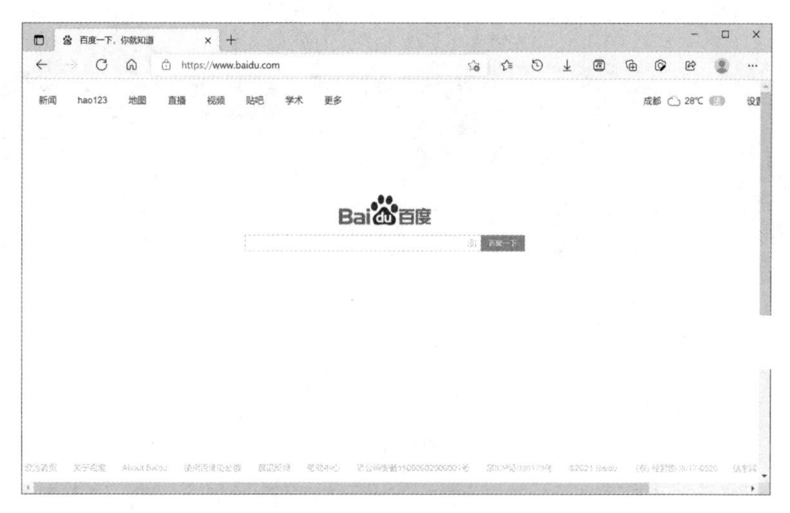

图 3-18　百度搜索引擎主页

（1）基本搜索。

1）只要在百度主页的搜索框中输入关键词，并单击“百度一下”按钮，或者按 Enter 键，百度就会自动搜索出相关的网站和资料。例如，在搜索框内输入不带引号的“计算思维”，单击“百度一下”按钮，搜索引擎开始搜索与“计算思维”有关网站的信息。当搜索完成后，窗口中将显示出搜索的网站列表，找到的相关网页约为 13,600,000 个，如图 3-19 所示。

图 3-19　基本搜索结果

2）单击结果列表中的超级链接，进入相应的网页，获得所需的查询结果。

（2）百度中的“更多”选项。在百度主页搜索框的右侧，将鼠标指针指向“更多”选项，然后在弹出的产品列表中单击“查看全部百度产品”链接，百度将打开“百度产品大全”窗口。在此窗口中，百度提供了百度软件中心、百度医生、音乐、地图、视频、百度财富、百度旅游等大量搜索和查找服务。

（3）百度快照。每个被收录的网页，在百度上都存有一个纯文本的备份，称为“百度快照”，如图 3-20 所示。在百度快照中，用户的关键词均已用不同颜色在网页中标明，一目了然。百度速度较快，用户可以通过“快照”快速浏览页面内容。但百度只保留文本内容，所以对于图片、音乐等非文本信息，快照页面还是直接从原网页调用。

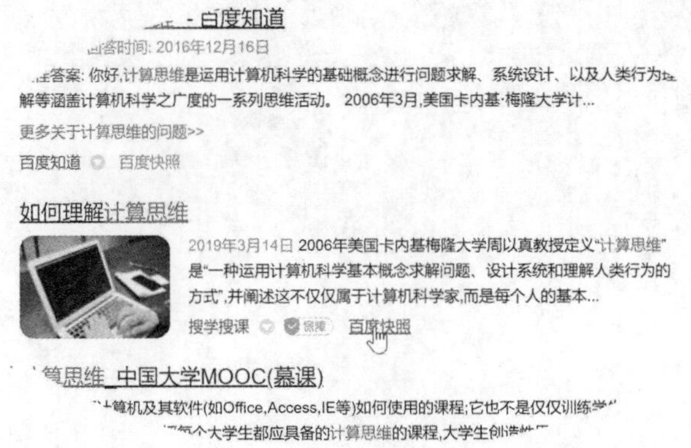

图 3-20　百度快照

打开百度快照后，单击快照中的关键词，还可以直接跳转到它在文中首次出现的位置，使用户浏览网页更方便。

（4）百度搜索语法。

1）搜索范围限定在网页标题中：网页标题通常是对网页内容提纲挈领式的归纳。把查询内容范围限定在网页标题中，有时能获得良好的效果。这时在搜索关键字前加“intitle：”即可。例如，查找“人参的成分”的信息，可输入“成分 intitle:人参”。

注意：“intitle:”与后面的关键词之间不要有空格。

2）搜索范围限定在特定站点中。如果用户知道某个站点中有自己需要找的东西，就可以把搜索范围限定在这个站点中，以提高查询效率。方法是在查询内容的后面加上“site:站点域名”。

注意：“site:”后面的站点域名不要带“http://”。“site:”与站点名之间不要有空格。

3）搜索范围限定在 URL 链接中。网页 URL 中的某些信息常常有某种有价值的含义。如果对搜索结果的 URL 做某种限定，可以获得良好的效果。方法是在“inurl:”后面加入需要在 URL 中出现的关键字。例如输入“PS 视频教程 inurl:video”进行查询，关键字“PS 视频教程”可以出现在网页的任何位置，而“video”必须出现在网页 URL 中。

4）精确匹配。当某个关键词被括在一对双引号（“”）或书名号（《》）中时，要求搜索结果与关键词严格匹配，不能拆分关键词。例如，输入带引号的关键词“计算思维”进行搜索，则只有严格含有“计算思维”连续 4 个字的网页才能被找出来。

查询词加上双引号（“”）表示查询词不能被拆分，在搜索结果中必须完整出现，可以对查询词精确匹配。如果不加双引号（“”），经过百度分析后可能会被拆分。

查询词加上书名号（《》）有两层特殊功能，一是书名号会出现在搜索结果中；二是被书名号括起来的内容不会被拆分。书名号在某些情况下特别有效果，比如查询词为手机，如果不加书名号，在很多情况下出来的是通信工具手机；而加上书名号后，搜索《手机》的结果就都是关于电影方面的了。

5）使用加减号限定查找。百度支持在搜索关键字前冠以加号“+”限定搜索结果中必须包含的词汇，用减号“-”限定搜索结果不能包含的词汇。例如，“计算思维-ppt”的搜索结果为无 ppt 形式的计算思维内容。

6）搜索范围限定在指定文档格式中。查询词用 Filetype 语法可以限定查询词出现在指定的文档中，支持的文档格式有 pdf、doc、xls、ppt、rtf、all（所有上面的文档格式），对寻找文档资料相当有帮助。例如“photoshop 实用技巧 filetype:doc”。

7）百度高级搜索。在图 3-18 中，单击右上角“设置”中的“高级搜索”超链接，系统出现图 3-21 所示的“高级搜索”设置界面。在此界面上，百度高级搜索将上面的所有高级语法集成，用户不需要记忆语法，只需要填写查询词和选择相关选项就能完成复杂的语法搜索。

图 3-21　“高级搜索”设置界面

3. WWW 网上信息资源下载

当用户在网上浏览到有价值的信息时，可以将其保存到本地计算机中，这种从网上获得信息资料的方法就是下载。

（1）文本内容的下载。打开所需的网页，找到要保存下载文本内容的起始处，用鼠标拖动到保存文本的结尾处，然后右击，在弹出的快捷菜单中选择“复制”命令（或使用“编辑”菜单中的“复制”命令，或直接按 Ctrl+C 组合键），将已选定的文本复制到计算机的“剪贴板”中，再打开 Word 等文字处理软件，将“剪贴板”中的内容粘贴到 Word 文档中。

如果此方法不行，网站不允许直接复制，也可打开 Edge 右上角的“设置和其他”按钮，依次单击“更多工具”→“开发人员工具”，在“开发人员工具”视图界面单击“源”代码选项卡，打开该网页源代码文件窗口，再找到所需的文本内容，选定后复制即可。

提示：在 Edge 浏览器中，要在网页中复制已选定的内容，可直接按 Ctrl+C 组合键。

（2）保存网页中的图片。将鼠标指针指向网页上的图片并右击，选择快捷菜单中的“图片另存为”命令，打开“另存为”对话框。

在“导航窗格”中选择保存文件的位置，然后选择相应的保存类型，再在“文件名”文本框中输入文件名，单击“保存”按钮即可。

不打开网页或图片直接保存：右击所需项目（网页或图片）的链接，选择快捷菜单中的“目标另存为”命令，在弹出的“另存为”对话框中完成保存。

（3）软件的下载。软件的下载可以直接通过 Web 页或采用专门的下载工具，如迅雷等。如果下载的信息资源是网页形式，则可利用上述的“保存 Web 页信息”的方法实现。如果用户下载的内容是共享软件、软件工具、程序、电子图书、电影等内容，则可通过专门的下载中心或下载网站完成。

1）通过下载中心（或网站）下载。一般下载中心页面提供“下载”的超链接，用户只需根据下载提示，单击所要下载信息的超链接即可，操作非常简单。

2）如果要下载文件、音乐文件或视频文件，可使用专门的下载工具，如迅雷等。

3.4.4 电子邮件

1. 电子邮件的基本概念及协议

电子邮件（E-mail）是 Internet 上最受欢迎的一种通信方式，不但能传送文字，还能传送图像、声音等。

与普通信件相同，要发送电子邮件，必须知道发送者的地址和接收者的地址，电子邮件的格式是：用户名@主机域名。其中，符号“@”读作英文“at”，“@”左侧的字符串是用户的信箱名，右侧是邮件服务器的主机名，如用户在网易网站上申请的电子邮箱地址为zyydxcd@163.com。用户打开信箱时，所有收到的邮件都会出现在邮件列表中，并且列表中只显示邮件主题，邮件主题是邮件发送者对邮件主要内容的概括。

电子邮件有两个基本的组成部分：信头和信体。信头相当于信封，信体相当于信件内容。

（1）信头。信头中通常包括如下几项。

1）收件人的 E-mail 地址：多个收件人地址之间用半角分号“;”隔开。

2）抄送：表示同时可以接收到此信的其他人的 E-mail 地址。

3）主题：和一本书的章节标题类似，概述邮件的关键字，可以是一句话或一个词。

（2）信体。信体是收件人所看到的正文内容，有时还包含附件，如图形、音频文件、文档等都可以作为邮件的附件进行发送。

在电子邮件系统中有两种服务器，一个是发信服务器，将电子邮件发送出去；另一个是收信服务器，接收来信并保存，即简单邮件传输协议（Simple Mail Transfer Protocol，SMTP）服务器和邮局协议（Post Office Protocol，POP）服务器。SMTP 服务器是邮件发送服务器，采用 SMTP 协议传递；POP 服务器是邮件接收服务器，从邮件服务器到个人计算机使用 POP3 协议传递，其上有用户的信箱。若用户数量较小，则 SMTP 服务器和 POP 服务器可由一台计算机担任。

2. 收发电子邮件

要收发电子邮件，用户首先需向 ISP 申请一个邮箱，由 ISP 在邮件服务器上为用户开辟一块磁盘空间，作为分配给该用户的邮箱，并给邮箱取名，所有发向该用户的邮件都存储在此邮箱中。一般情况下，用户向 ISP 服务商申请上网得到上网的账号时，会得到一个邮箱。另外，还有网站为用户提供免费或收费的电子邮箱。

下面以网易为例，介绍申请免费邮箱的方法。

（1）首先进入网易的主页（http://www.163.com），在该网站右上角单击“注册免费邮箱”超链接，出现图 3-22 所示的页面。

（2）输入账户名称、登录邮箱的密码及手机号（通过手机号可找回密码），勾选同意相关的服务条款、政策等，然后单击“立即注册”按钮，系统在手机号框的下方出现“手机扫描二维码，快速发送短信进行验证”窗格，要求进行短信验证。

扫描二维码，发送短信进行验证后，再次单击“立即注册”按钮，出现注册成功界面。

（3）注册邮箱成功后，用户就可以使用自己的电子邮箱了。

互联网中的很多网站都提供了免费邮箱，如新浪、搜狐、腾讯，用户可仿照上述操作，练习上网申请邮箱。

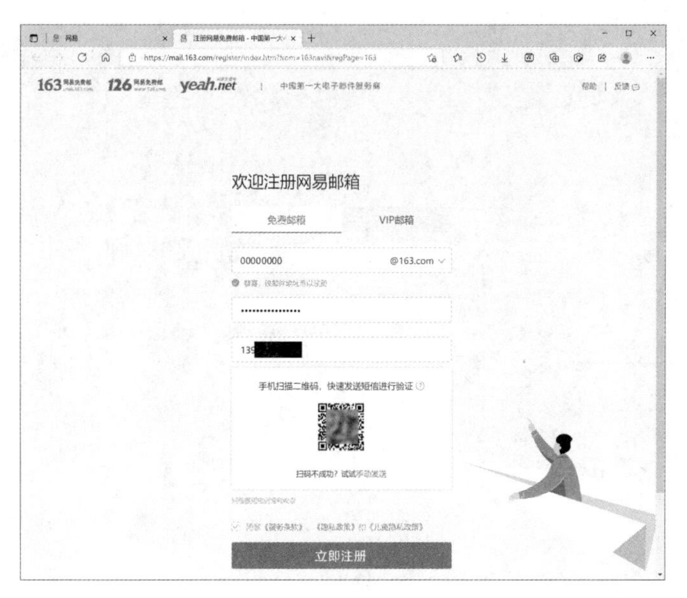

图 3-22 “163 免费邮箱”登录界面

用户拥有了自己的 E-mail（电子邮件）账号，即拥有了自己的电子邮箱，就可以收发电子邮件了。收发电子邮件有两种方式，一种是直接到提供邮件服务的网站，在该网站“登录”页面的“用户名”和“密码”文本框中分别输入用户名和密码，然后单击“登录”按钮，即可进入收发电子邮件的页面收发邮件。163 邮箱管理窗口如图 3-23 所示。另一种方法是使用专门的邮件管理软件，如 Outlook 2016、Foxmail 等来管理电子邮件。

图 3-23 163 邮箱管理窗口

3. Outlook 2016 的使用

Outlook 2016 就是一种专门的邮件管理工具，是 Edge 的一个组件，它功能强大、操作简单、容易掌握。

启动 Outlook 以后，将看到图 3-24 所示的 Outlook 主窗口，一般都在这个界面上进行操作。

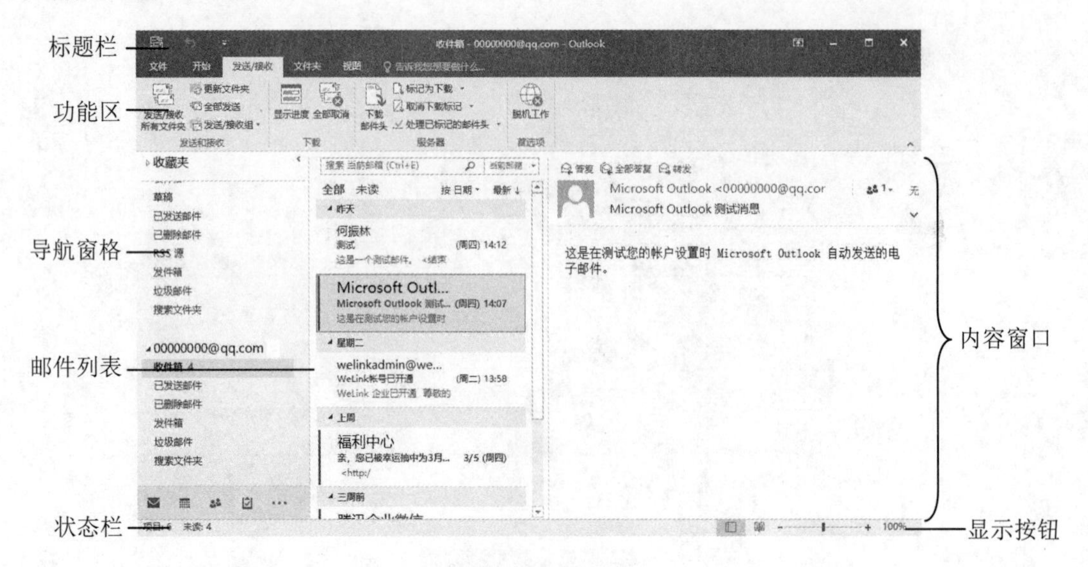

图 3-24　Outlook 主窗口

Outlook 主窗口主要由标题栏、功能区、导航窗格、邮件列表、状态栏和内容窗口等部分组成。

在使用 Outlook 之前，首先要完成的工作是在 Outlook 中建立自己的邮件账号，即 Outlook 与已有的邮件建立关联。如果读者拥有不同的 Internet 服务提供商的多个邮件的多个账号，就应该用一种有效的方法来管理这些账号。

3.4.5　其他常见服务

除了上述网络信息服务外，Internet 还为用户提供以下几方面的服务。

1. 远程登录概述

用户将计算机连接到远程计算机的操作方式叫作“登录”。远程登录（Remote Login）是用户通过使用 Telnet 等有关软件使自己的计算机暂时成为远程计算机的终端的过程。一旦用户成功地实现了远程登录，用户使用的计算机就好像一台与对方计算机直接连接的本地计算机终端那样进行工作，使用远程计算机上的信息资源，享受远程计算机与本地终端相同的权力。Telnet 是 Internet 的远程登录协议。

2. 文件传输概述

基于 FTP 协议的文件传输程序，用户可登录一台远程计算机，把其中的文件传回自己的计算机或反向进行。与远程登录类似的是，文件传输是一种实时的联机服务，在进行工作时，用户首先要登录到双方的计算机中；与远程登录不同的是，用户在登录后仅可以进行与文件搜索和文件传送有关的操作，如改变当前的工作目录、列文件清单、设置传输参数、传送文件等。使用文件传输协议（File Transfer Protocol，FTP）可以传送多种类型的文件，如图像文件、声音文件、数据压缩文件等。

3. 信息浏览服务（Gopher）

Gopher 是基于菜单驱动的 Internet 信息查询工具，用户可以对远程联机信息进行远程登录、信息查询、电话号码查询、多媒体信息查询及格式文件查询等的实时访问。

4. 专题讨论（Usenet）

Internet 遍布众多的专题论坛服务器（通常称为 News Server），通过它可以与世界各地的人共同讨论各种主题。Usenet 是由多个讨论组组成的一个大集合，含有全世界数以百万计的用户，每个讨论组都围绕某个特定的主题，如数学、哲学、计算机、小说、笑话等。任何能够想到的主题都可以作为讨论组的主题。

5. 广域信息服务（WAIS）

WAIS 是查询整个 Internet 信息的另一种方法。查询时，用户输入一个或多个要检索的关键字，WAIS 将在指定的所有数据库中检索包含该关键字的文章。

此外，Internet 提供的服务还包括电子商务、电子政务、IP 电话、收发传真、视频会议、网络聊天与游戏等。

6. 其他信息交流方式

把信息通过适当的方式和渠道传播出去，供他人分享，借此实现人与人之间的交流。

- 即时通信工具。如 QQ、网络会议（NETmeeting）、MSN 等，可以实行一对一、一对多或多对多在线视频或语音交流，也可传递文件。
- 博客（Blog）。即网络日志，是一种表达个人思想，以文字和图片的形式，按照时间顺序排列，并且不断更新的信息发布方式。
- 微博。即微博客（MicroBlog）的简称，是一个基于用户关系的信息分享、传播以及获取平台，用户可以通过 Web、WAP 以及各种客户端组件个人社区，以 140 字内的文字更新信息，并实现即时分享（如新浪微博）。

此外，还有播客（Podcast）、维客（Wiki）、微信（Wechat）等多种信息交流工具。

3.5 计算机病毒与网络安全

计算机的安全包括硬件和软件的安全，只有计算机系统在这两方面都处于安全状态下，计算机才能正常而有效地工作。

国际标准化管理委员会对计算机安全的定义是：为数据处理系统采取的技术的和管理的安全保护，保护计算机硬件、软件、数据不因偶然的或恶意的原因而遭到破坏、更改、暴露。

目前，计算机的安全威胁主要来自网络传播的病毒，使用户系统设备、重要资料、银行财产受到破坏、丢失等。

3.5.1 计算机病毒

随着计算机的应用进一步扩展，影响计算机安全的主要因素是计算机的软件安全，尤其是计算机病毒成为计算机安全的最大隐患。

1. 计算机病毒的定义

计算机病毒是一个程序，一段可执行代码，对计算机的正常使用进行破坏，使得计算机无法正常使用，甚至整个操作系统或者计算机硬盘被损坏。这种程序不是独立存在的，它隐蔽在其他的程序之中，既有破坏性，又有传染性和潜伏性。

2. 计算机病毒的特性

计算机病毒具有破坏性和危害性、传染性、潜伏性和激发性、针对性、寄生性、不可预见性、病毒的衍生等特征。

3. 计算机病毒的症状和表现形式

计算机受到病毒感染后，会表现出不同的症状，主要有机器不能正常启动、运行速度降低、磁盘空间迅速变小、文件内容和长度有所改变、经常出现“死机”现象、外部设备工作异常等现象。还有就是当计算机感染某病毒后，其操作时，系统会直接提示用户要做什么事（如付费），如比特币勒索病毒。

4. 计算机病毒的传播途径

计算机病毒的主要传播途径是通过光盘、硬盘、U 盘以及网络等渠道，而通过网络传播是其最主要的形式。

3.5.2 计算机病毒的分类

按照计算机病毒的特点，计算机病毒的分类方法有许多种，如按照计算机病毒的破坏情况可分为良性计算机病毒和恶性计算机病毒两类。同时，同一种病毒可能有多种分类方法。目前，计算机病毒主要通过网络传播，病毒程序一般利用操作系统中存在的漏洞，通过电子邮件附件和恶意网页浏览等方式进行传播，其破坏和危害性非常大。网络病毒主要分为木马病毒和蠕虫病毒两大类。

1. 木马病毒

特洛伊木马（简称“木马”）表示某些有意骗人犯错误的程序，它由程序开发者制造出一个表面上很有魅力而显得可靠的程序，使用一定时间或一定次数后，便会出现巨大的故障或各种问题。

木马病毒一般通过电子邮件、在线通信工具（如 QQ 等）和恶意网页等方式进行传播，多数都是利用了操作系统中存在的漏洞。

2. 蠕虫病毒

蠕虫病毒是一种通过网络进行传播的恶性病毒，具有一般病毒的传染性、隐蔽性和破坏性等特性。蠕虫病毒能够通过网络连接不断传播自身的复制到其他计算机，不仅消耗大量的本机资源，而且占用了大量的网络带宽，导致网络堵塞而使网络拒绝服务，最终造成整个网络系统瘫痪。

蠕虫病毒主要通过系统漏洞、电子邮件、即时通信工具、局域网文件夹共享等功能进行传播。如 2017 年 4 月爆发的名为 WannaCry 比特币勒索病毒就是一种蠕虫病毒，该病毒会锁定并加密计算机各种文件，用户打开文件会弹出索要比特币的弹窗，勒索金额为 300～600 美元，部分用户支付赎金后也没有解密，人心惶惶，而且勒索病毒又出现了变种升级版本。

3.5.3 计算机病毒的防范

对于个人用户来说，计算机病毒的主要防范措施有以下几方面。

（1）留心邮件或 QQ 等即时通信的附件，不要盲目转发信件或附件。当用户收到陌生人寄来的一些自称是“不可不看”的有趣东西时，千万不要不假思索地打开它，尤其是“.exe”等可执行程序文件，更要慎之又慎。对于邮件附件要尽可能小心，需安装一套杀毒软件，在用户打开邮件之前对附件进行预扫描。

（2）注意文件扩展名。注意不要打开扩展名为 VBS、SHS 和 PIF 的邮件附件，因为一般情况下，这些扩展名的文件几乎不会在正常附件中使用，但它们经常被病毒和蠕虫使用。例如，用户看到的邮件附件名称是 wow.jpg，而它的全名实际是 wow.jpg.vbs，打开这个附件意味着运行一个恶意的 VBScript 病毒，而不是 JPG 图片。对此，我们可以在“文件夹选项”中设置显示文件名的扩展名，这样一些有害文件（如 VBS 文件）就会原形毕露。

（3）不要轻易运行程序。对于一般人寄来的程序，都不要运行，就算是比较熟悉、了解的朋友寄来的信件，如果其信中夹带了程序附件，但没有在信中提及或是说明，也不要轻易运行。因为有些病毒是偷偷地附着上去的，也许他的计算机已经染毒，可他自己却不知道。比如 happy 99 就是这种病毒，它会自我复制，跟着用户的邮件传播。当用户收到邮件广告或者商家主动提供的电子邮件时，尽量不要打开附件以及它提供的链接。

（4）堵住系统漏洞。现在很多网络病毒都是利用了微软的 Internet Explorer 和 Outlook 的漏洞进行传播的，因此大家需要特别注意微软网站提供的补丁，很多网络病毒可以通过下载和安装补丁文件或安装升级版本来阻止它们。

（5）禁止 Windows Scripting Host。对于通过脚本“工作”的病毒，可以采用在浏览器中禁止 Java 或 ActiveX 运行的方法来阻止病毒的发作。禁用 Windows Scripting Host、Windows Scripting Host（WSH）运行各种类型的文本，但基本都是 VBScript 或 JScript。许多病毒/蠕虫（如 Bubbleboy 和 KAK.worm）使用 Windows Scripting Host，无须用户单击附件，即可自动打开一个被感染的附件，此时应该把浏览器的隐私设置设为“高”。

（6）注意共享权限。一般情况下勿将磁盘上的目录设为共享，如果确有必要，将权限设置为只读，写操作需指定口令。

（7）从正规网站下载软件。不要从任何不可靠的渠道下载软件，因为我们无法判断什么是不可靠的渠道，所以比较保险的方法是对安全下载的软件在安装前先做病毒扫描。

（8）使用最新杀毒软件。杀毒软件一定要及时更新病毒库，正确设置杀毒软件的各项功能，充分发挥它的功效。此外，对插入的光盘、U 盘等可插拔介质，以及对电子邮件和互联网文件多做病毒检查。

3.5.4 计算机安全技术

计算机应用系统迅猛发展的同时，面临着各种各样的威胁。对一般用户而言，可以采取如下几方面的措施。

1. 数据备份与恢复

可以使用 Norton PartitionMagic 对计算机中的硬盘进行分区。分区的好处是可以将系统文件与其他的数据文件分区保护，便于以后进行数据恢复。

硬盘分区以后，如果要进行数据备份或恢复，用户可以使用 Ghost 或类似 Ghost 功能的一键还原精灵等免费软件来备份或恢复系统文件或数据文件。

2. 备份注册表

平时操作系统出现的一些问题，如系统无法启动、应用程序无法运行、系统不稳定等，很多是因为注册表出现错误，通过修改相应的数据就能解决这些问题。因此，应将系统使用的注册表信息进行备份。

3. 数据加密

现在网上的活动日益增加，如聊天、网上支付、网上炒股等，这些活动经常与用户的账号、密码相关，如果相关的信息被盗取或公开，则损失不可估量。为此，可以采用数据加密技术来进行保护。常用的数据加密技术如下。

（1）信息隐藏技术和数字水印（Digital Watermarking）。信息隐藏和数字水印技术都是指将特定的信息经过一系列运算处理后，存储在另一种媒介（如文本文件、图像文件或视频文件等）中，只不过两者针对的对象不同。信息隐藏是为了保护特定的信息，而数字水印是为了保护文本文件、图像文件或视频文件的版权，与钞票水印相似的是在数据中藏匿版权信息。数字水印技术是一种横跨信号处理、数字通信、密码学、计算机网络等多学科的新技术，有广阔的市场环境。

（2）数字签名。数字签名在 ISO7498-2 标准中定义为：附加在数据单元上的一些数据，或是对数据单元所作的密码变换，这种数据和变换允许数据单元的接收者用以确认数据单元来源和数据单元的完整性，并保护数据，防止被人（例如接收者）伪造。该技术是实现交易安全的核心技术之一。

4. 使用反病毒软件

常用的反病毒软件有卡巴斯基、360 杀毒等。这些杀毒软件可抵御一些常见病毒的入侵。

5. 防火墙技术

防火墙是在用户与网络之间、网络与网络之间建立起来的一道安全屏障，是提供信息安全服务、实现网络和信息安全的重要基础设施，主要用于限制被保护的对象与外部网络之间进行的信息存取、信息传递等操作。

个人常用的防火墙软件有 360ARP、天网防火墙、卡巴斯基、江民黑客防火墙以及 Windows 自带的防火墙等。

习题 3

一、单选题

1. 关于网络协议，下列说法正确的是（　　）。
   A. 是网民们签订的合同
   B. 协议，简单地说就是网络信息传递时要遵守的约定
   C. TCP/IP 协议只能用于 Internet，不能用于局域网
   D. 拨号网络对应的协议是 IPX/SPX
2. 合法的 IP 地址是（　　）。
   A. 192.202.5　　B. 202.118.192.22
   C. 203.55.298.66　　D. 123;45;82;220
3. 在 Internet 中，主机的 IP 地址与域名的关系是（　　）。
   A. IP 地址是域名中部分信息的表示　　B. 域名是 IP 地址中部分信息的表示
   C. IP 地址和域名是等价的　　D. IP 地址和域名分别表达不同含义
4. 计算机网络最突出的优点是（　　）。
   A. 运算速度快　　B. 联网的计算机能够相互共享资源
   C. 计算精度高　　D. 内存容量大

5. 传输控制协议/网际协议即（ ），是 Internet 采用的主要协议。

A. Telnet　B. TCP/IP　C. HTTP　D. FTP

6. IP 地址能唯一地确定 Internet 上每台计算机与每个用户的（ ）。

A. 距离　B. 费用　C. 位置　D. 时间

7. 网址www.zzu.edu.cn 中，zzu是在 Internet（ ）中注册的。

A. 硬件编码　B. 密码　C. 软件编码　D. 域名

8. 将文件从 FTP 服务器传输到客户机的过程称为（ ）。

A. 上传　B. 下载　C. 浏览　D. 计费

9. 万维网（World Wide Web，简称 W3C 或 WWW 或 Web），又称 W3C 理事会或 3W 或（ ），是 Internet 中应用最广泛的领域之一。

A. Internet　B. 全球信息网　C. 城市网　D. 远程网

10. 以下错误的 E-mail 地址是（ ）。

A. lixiaoming@sina.com　B. lixiaoming@sina.com.cn

C. lixiaoming022@sohu.com　D. lixiaoming@022@sohu.com.cn

11. IP 地址 168.160.233.10 属于（ ）。

A. A 类地址　B. B 类地址　C. C 类地址　D. 无法判定

12. URL 的含义是（ ）。

A. 信息资源在网上什么位置和如何访问的统一描述方法

B. 信息资源在网上什么位置及如何定位寻找的统一描述方法

C. 信息资源在网上的业务类型和如何访问的统一方法

D. 信息资源的网络地址的统一描述方法

13. 用户的电子邮件信箱是（ ）。

A. 通过邮局申请的个人信箱

B. 邮件服务器内存中的一块区域

C. 邮件服务器硬盘上的一块区域

D. 用户计算机硬盘上的一块区域

14. 1965 年科学家提出“超文本”概念，其核心是（ ）。

A. 链接　B. 网络　C. 图像　D. 声音

15. 浏览网页的过程中，当鼠标指针移动到已设置超链接的区域时，鼠标指针形状一般变为（ ）。

A. 小手形状　B. 双向箭头　C. 禁止图案　D. 下拉箭头

16. 用 360 安全浏览器或 IE 11 打开 http://www.sina.com.cn，然后将该网页另存为网页文件，如命名为“长空”，此时在所保存的文件夹中保存了两个文件，以下正确的是（ ）。

A.“长空.txt”和“海天.files”　B.“长空.htm”和“长空.files”

C.“长空.htm”和“长空.txt”　D.“长空.htm”和“长空.bak”

17. 在 Internet 上专门用于传输文件的协议是（ ）。

A. FTP　B. HTTP　C. NEWS　D. Word

18. 用 Edge 浏览器浏览网页，在地址栏中输入网址时，通常可以省略的是（ ）。

A. http://　B. ftp://　C. mailto://　D. news://

19．在地址栏中显示 www.sina.com.cn，则默认采用的协议是（　　）。

A．HTTP　　B．FTP　　C．WWW　　D．电子邮件

20．从网站上下载文件、软件，为了确保系统安全，（　　）的处理措施最正确。

A．直接打开或使用

B．先查杀病毒再使用

C．下载完成自动安装

D．下载之后先做操作系统备份，如有异常则恢复系统

二、填空题

1．万维网采用超文本标记语言（HTML），成为 Internet 上使用普及的________工具。

2．Internet 上所有的服务都使用________机制。

3．IP 地址是主机在 Internet 上的________。

4．在 IP 地址的点分十进制四段表示法中，每段的取值范围是十进制的________。

5．IP 地址采用了分层结构，它由________和主机地址组成。

6．网络服务供应商的英文简写是________。

7．接收到的电子邮件主题前有回形针标记📎，表明该邮件带有________。

8. 电子邮件地址由两部分组成，以“@”隔开，“@”前面部分是由 ISP（Internet Service Provider，互联网服务提供商，是向广大用户综合提供互联网接入业务、信息业务和增值业务的电信运营商）或商业网站提供的用户名，后面部分是________服务器的地址。

9．如果要将一个应用程序发送给收件人，应该以________形式发送。

10．用户要想在网上查询 WWW 信息，必须安装并运行一个称为网络________的软件。

11．在网络中，“统一资源定位符”的英文简写是________。

12．在 Internet 的 DNS 的顶级域中，表示教育部门的域名为________。

13．计算机病毒是指编制或在计算机程序中插入的破坏计算机功能或者毁坏数据，影响计算机使用，并能自我复制的________。

14．________性是计算机病毒最基本的特征，也是计算机病毒与正常程序的本质区别。

15．计算机病毒破坏的主要对象是程序和________。

三、判断题

1．局域网的地理范围一般在几公里之内，具有结构简单、组网灵活的特点。（　　）

2．TCP 协议的主要功能就是控制 Internet 网络的 IP 包正确地传输。（　　）

3．域名和 IP 地址是同一概念的两种不同说法。（　　）

4．Edge 浏览器默认的主页地址可以在“设置 | 常规”中的地址栏中设置。（　　）

5．E-mail 地址的格式是主机名@域名。（　　）

6．Outlook 2016 发送邮件不通过邮件服务器，而是直接传到用户的计算机上。（　　）

7．WWW 的页面文件存放在客户机上。（　　）

8．在局域网网络中可以采用 TCP/IP 通信协议。（　　）

9．WWW 的 Web 浏览器放在服务器上。（　　）

10．只要将几台计算机使用电缆连接在一起，计算机之间就能够通信。（　　）

11．在电子邮箱中只能发送文本而不能发送图片。（　）
12．计算机病毒只要人们不去执行它，它就无法发挥作用。（　）
13．计算机病毒不可能破坏硬件。（　）
14．若一台计算机感染了病毒，只要删除所有带毒文件，就能消除所有病毒。（　）
15．对于病毒，良性+良性=良性，即良性病毒的交叉感染不会对系统造成恶性破坏。（　）

参考答案

一、单择题

1～5　BBCBB　　6～10　CDBBD　　11～15　BDCAB　　16～20　AAACB

二、填空题

1．信息浏览　　2．B/S　　3．唯一标志　　4．0～255　　5．网络地址
6．ISP　　7．附件　　8．邮件接收　　9．附件　　10．浏览器
11．URL　　12．edu　　13．程序文件　　14．传染　　15．数据

三、判断题

1．√　2．√　3．×　4．√　5．×　6．×　7．×　8．√　9．×　10．×
11．×　12．×　13．×　14．×　15．×

第 2 篇　数据表示和存储

第 4 章　信息的编码与存储

现实生活中数据的表现形式是多种多样的，但在计算机内部，它们的形式得到概括和统一。任何信息在计算机中都以二进制的数字形式被存储和处理，还通过各种通信媒体被传输和接收。

本章将为读者介绍数制的概念；不同进制之间的相互转化；数字、字符、汉字、声音和图形图像的二进制编码，同时向读者介绍数据在计算机中存储的方法。

4.1　计算机中信息的表示方法

数据信息是计算机加工处理的对象，可分为数值数据和非数值数据。数值数据有确定的值，并在数轴上有对应的点；非数值数据一般用来表示符号或文字，没有确定的值。

在计算机中，无论是数值数据还是非数值数据都是以二进制的形式存储的，即无论是参与运算的数值数据，还是文字、图形、声音、动画等非数值数据，都是用 0 和 1 组成的二进制代码表示的。

计算机之所以能区分这些不同的信息，是因为它们采用不同的编码规则。

4.1.1　数制的概念

数制是指用一组固定的符号和统一的规则来计数的方法。

1. 进位计数制

计数是数的记写和命名，不同的记写和命名方法构成计数制。按进位的方式计数的数据，称为进位计数制，简称进位制。在日常生活中通常使用十进制数，除此之外，还使用其他进制数。例如，一年有 12 个月，为十二进制；1 小时有 60 分钟，为六十进制。

数据无论采用哪种进位制表示，都涉及两个基本概念：基数和权。例如十进制有 0、1、2……9 共 10 个数码，二进制有 0 和 1 两个数码，通常把数码的数量称为基数。十进制数的基数为 10，进位原则是“逢十进一”；二进制数的基数为 2，进位原则是“逢二进一”。一般进制简称为 R 进制，则进位原则是“逢 R 进一”，其中 R 是基数。在进位计数制中，一个数可以由有限个数码排列在一起构成，数码所在数位不同，代表的数值也不同，这个数码所表示的数值等于该数码本身乘以一个与它所在数位有关的常数，这个常数称为“位权”，简称“权”，权是基数的幂。例如十进制数 345 由 3、4 和 5 这 3 个数码排列而成，3 在百位，代表 300（3×10^2），4 在十位，代表 40（4×10^1），5 在个位，代表 5（5×10^0），它们分别具有不同的位权，3 所在数位的位权为 10^2，4 所在数位的位权为 10^1，5 所在数位的位权为 10^0。

2. 计算机内部采用二进制的原因

（1）易于物理实现。具有两种稳定状态的物理器件容易实现，如电压的高和低、电灯的亮和灭、开关的通和断，两种状态恰好可以表示二进制数中的“0”和“1”。计算机中若采用十进制，则要具有 10 种稳定状态的物理器件，制造出这样的器件是很困难的。

（2）运算规则简单。二进制的加法和乘法运算规则各有 3 条，而十进制的加法和乘法运算规则各有 55 条，从而简化了运算器等物理器件的设计。

（3）工作稳定性高。由于电压的高低、电流的有无两种状态分明，因此采用二进制的数字信号可以提高信号的抗干扰能力，可靠性和稳定性高。

（4）适合逻辑运算。二进制的“0”和“1”两种状态可以表示逻辑值的“真（True）”和“假（False）”，因此采用二进制数进行逻辑运算非常方便。

3．计算机中常用的数制

计算机内部采用二进制，但二进制数在表达一个具体的数字时，倍数可能很长，书写烦琐，不易识别。因此，在书写时经常用到八进制数、十进制数和十六进制数。常见进位计数制的基数和数码见表 4-1。

表 4-1　常见进位计数制的基数和数码表

进位制	基数	数字符号	标识
二进制	2	0，1	B
八进制	8	0，1，2，3，4，5，6，7	O 或 Q
十进制	10	0，1，2，3，4，5，6，7，8，9	D
十六进制	16	0，1，2，3，4，5，6，7，8，9，A，B，C，D，E，F	H

为了区分不同计数制的数，还采用括号外面加数字下标的表示方法，或在数字后面加上相应的英文字母来表示。如十进制数的 321 可表示为$(321)_{10}$或 321D。

任何一种进位数都可以表示成按位权展开的多项式之和的形式。

$$(X)_R = D_{n-1}R^{n-1} + D_{n-2}R^{n-2} + \cdots + D_0R^0 + D_{-1}R^{-1} + D_{-2}R^{-2} + \cdots + D_{-m}R^{-m}$$

式中，X 为 R 进制数，D 为数码，R 为基数，n 是整数倍数，m 是小数倍数，下标表示位置，上标表示幂的次数。

例如，十进制数$(321.45)_{10}$可以表示为

$$(321.45)_{10}=3\times10^2+2\times10^1+1\times10^0+4\times10^{-1}+5\times10^{-2}$$

八进制数$(321.45)_8$可以表示为

$$(321.45)_8=3\times8^2+2\times8^1+1\times8^0+4\times8^{-1}+5\times8^{-2}$$

同理，十六进制数$(C32.45D)_{16}$可以表示为

$$(C32.45D)_{16}=12\times16^2+3\times16^1+2\times16^0+4\times16^{-1}+5\times16^{-2}+13\times16^{-3}$$

4.1.2 数制转换

1．将 R 进制数转换为十进制数

将 R 进制数转换为十进制数的方法是：按权展开，然后按十进制运算法则将数值相加。

【例 4-1】将二进制数$(10110.011)_2$转换为十进制数。

$$\begin{aligned}(10110.011)_2&=1\times2^4+0\times2^3+1\times2^2+1\times2^1+0\times2^0+0\times2^{-1}+1\times2^{-2}+1\times2^{-3}\\&=16+0+4+2+0+0+0.25+0.125\\&=(22.375)_{10}\end{aligned}$$

【例 4-2】将八进制数转换为十进制数。

$(345.67)_8=3\times8^2+4\times8^1+5\times8^0+6\times8^{-1}+7\times8^{-2}$

$=192+32+5+0.75+0.109375$

$=(229.859375)_{10}$

【例 4-3】将十六进制数转换为十进制数。

$(8AB.9C)_{16}=8\times16^2+10\times16^1+11\times16^0+9\times16^{-1}+12\times16^{-2}$

$=2048+160+11+0.5625+0.046875$

$=(2219.609375)_{10}$

2. 将十进制数转换成 R 进制数

将十进制数转换成 R 进制数时，应将整数部分和小数部分分别转换，然后相加起来即可得到结果。整数部分采用“除 R 取余”的方法，即将十进制数除以 R，得到一个商和余数，再将商除以 R，又得到一个商和一个余数，如此继续下去，直到商为 0 为止，将每次得到的余数按照得到的顺序逆序排列（即最后得到的余数写到整数的左侧，最先得到的余数写到整数的右侧），即为 R 进制的整数部分；小数部分采用“乘 R 取整”的方法，即将小数部分连续地乘以 R，保留每次相乘的整数部分，直到小数部分为 0 或达到精度要求的倍数为止，将得到的整数部分按照得到的数排列，即为 R 进制的小数部分。

【例 4-4】将十进制数$(39.625)_{10}$转换为二进制数。

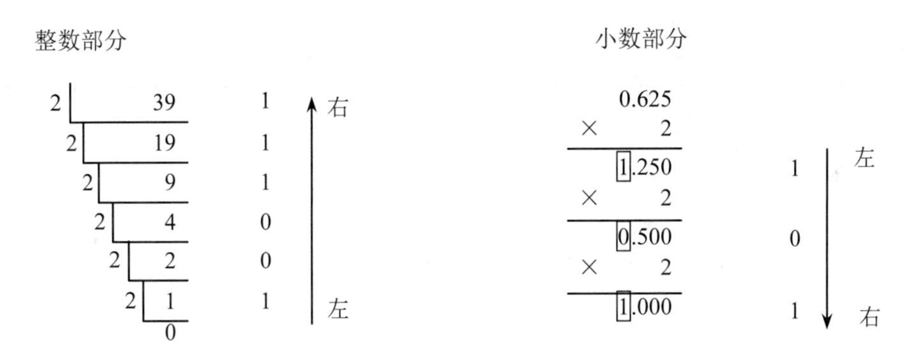

结果为$(39.625)_{10}=(100111.101)_2$

【例 4-5】将十进制数$(678.325)_{10}$转换为八进制数（小数部分保留两位有效数字）。

结果为$(678.325)_{10}=(1246.24)_8$

【例 4-6】将十进制数$(2006.585)_{10}$转换为十六进制数（小数部分保留 3 位有效数字）。

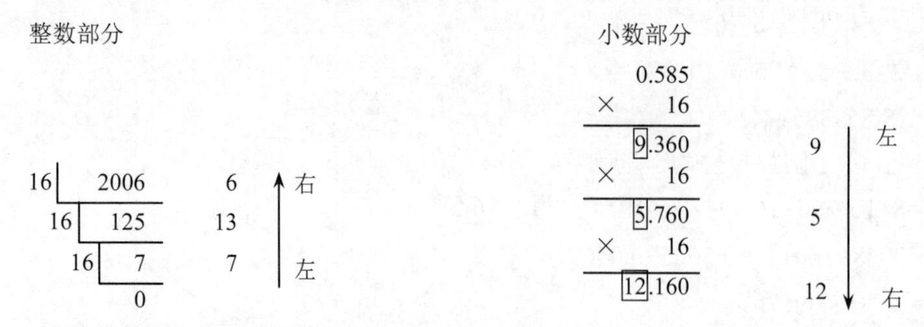

结果为$(2006.585)_{10}=(7D6.95C)_{16}$

3. 二进制数、八进制数与十六进制数的相互转换

（1）二进制数和八进制数的互换。由于 $2^3=8$，因此 3 位二进制数可以对应 1 位八进制，利用这种对应关系，可以方便地实现二进制数和八进制数的相互转换。二进制数与八进制数转换对照表见表 4-2。

表 4-2 二进制数与八进制数转换对照表

二进制数	八进制数	二进制数	八进制数
000	0	100	4
001	1	101	5
010	2	110	6
011	3	111	7

转换方法：以小数点为界，整数部分从右向左每 3 位分为一组，若不够 3 位，则在左面补“0”，补足 3 位；小数部分从左向右每 3 位一组，若不够 3 位，则在右面补“0”，然后将每 3 位二进制用 1 位八进制数表示，即可完成转换。

【例 4-7】将二进制数$(10101101.1101)_2$转换成八进制数。

$(010\ 101\ 101.110\ 100)_2$

↓ ↓ ↓ ↓ ↓

$(020\ 151\ 151.161\ 140)_8$

结果为$(10101101.1101)_2=(255.64)_8$

反过来，将八进制数转换成二进制数的方法是：将每位八进制数用 3 位二进制数替换，按照原有的顺序排列，即可完成转换。

【例 4-8】将八进制数$(7654.321)_8$转换成二进制数。

$(7\quad 6\quad 5\quad 4.\quad 3\quad 2\quad 1)_8$

↓ ↓ ↓ ↓ ↓ ↓ ↓

$(111\ 110\ 101\ 100.011\ 010\ 001)_2$

结果为$(7654.321)_8=(111110101100.011010001)_2$

（2）二进制数和十六进制数的互换。由于 $2^4=16$，因此 4 位二进制数可以对应 1 位十六进制数，利用这种对应关系，可以方便地实现二进制数和十六进制数的相互转换。二进制数和十六进制数转换对照表见表 4-3。

转换方法：以小数点为界，整数部分从右向左每 4 位一组，若不够 4 位，则在左面补“0”，补足 4 位；小数部分从左向右每 4 位一组，若不够 4 位，则在右面补“0”，然后将每 4 位二进制数用 1 位十六进制数表示，即可完成转换。

表 4-3　二进制数与十六进制数转换对照表

二进制数	十六进制数	二进制数	十六进制数
0000	0	1000	8
0001	1	1001	9
0010	2	1010	A
0011	3	1011	B
0100	4	1100	C
0101	5	1101	D
0110	6	1110	E
0111	7	1111	F

【例 4-9】将二进制数$(1101101.101110)_2$转换成十六进制数。

(0110 1101.1011 1000)$_2$

↓　↓　↓　↓

(6　D.　B　8)$_{16}$

结果为$(1101101.101110)_2=(6D.B8)_{16}$

反过来，将十六进制数转换成二进制数的方法是：将每位十六进制数用 4 位二进制数替换，按照原有的顺序排列，即可完成转换。

【例 4-10】将十六进制数$(1E2F.3D)_{16}$转换成二进制数。

(1　E　2　F　.3　D)$_{16}$

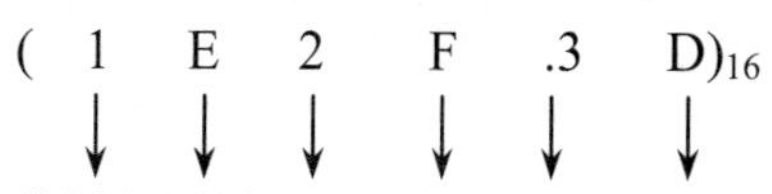

(0001 1110 0010 1111.0011 1101)$_2$

结果为$(1E2F.3D)_{16}=(1111000101111.00111101)_2$

八进制数和十六进制数的转换，一般利用二进制数作为中间媒介进行转换。

4. 二进制数的算术和逻辑运算

二进制数的运算包括算术运算和逻辑运算。算术运算即四则运算，而逻辑运算主要是对逻辑数据进行处理。

（1）二进制数的算术运算。二进制数的算术运算非常简单，它的基本运算是加法。而引入了补码后，加上一些控制逻辑，利用加法就可以实现二进制的减法、乘法和除法运算。

- 二进制数的加法运算规则：0+0=0；0+1=1+0=1；1+1=10（向高位进位）。
- 二进制数的减法运算规则：0−0=1−1=0；1−0=1；0−1=1（向高位借位）。
- 二进制数的乘法运算规则：0×0=0；1×0=0×1=0；1×1=1。
- 二进制数的除法运算规则：0÷1=0（1÷0 无意义）；1÷1=1。

【例 4-11】 设有二进制数 $A=(11001)_2$ 和 $B=(101)_2$，分别求 A+B、A−B、A×B 和 A÷B。

A+B

$$\begin{array}{r} 11001 \\ +\quad 101 \\ \hline 11110 \end{array}$$

A−B

$$\begin{array}{r} 11001 \\ -\quad 101 \\ \hline 10100 \end{array}$$

A×B

$$\begin{array}{r} 11001 \\ \times\quad 101 \\ \hline 11001 \\ 11001 \\ \hline 1111101 \end{array}$$

A÷B

$$\begin{array}{r} 101 \\ 101\overline{)11001} \\ 101 \\ \hline 101 \\ 101 \\ \hline 0 \end{array}$$

（2）二进制数的逻辑运算。现代计算机经常处理逻辑数据，这些逻辑数据之间的运算称为逻辑运算二进制数 1 和 0，在逻辑上可以代表“真（True）”与“假（False）”“是”与“否”。计算机的逻辑运算与算术运算的主要区别是逻辑运算是按位进行的，位与位之间不像加减运算那样有进位或借位的关系。

逻辑运算主要有“或”运算、“与”运算、“非”运算和“异或”运算。

- “或”运算：又称逻辑加，常用∨、+或 Or 等符号表示，两个数进行逻辑或就是按位求它们的或。运算规则是 0∨0=0；0∨1=1∨0=1；1∨1=1。
- “与”运算：又称逻辑乘，常用∧或 And 等符号表示，两个数进行逻辑与就是按位求它们的与。运算规则是 0∧0=0；0∧1=1∧0=0；1∧1=1。
- “非”运算：又称求反，例如数 A 的非记为 $\overline{A}$，或 Not A。对某数进行逻辑非，就是按位求反。
- “异或”运算：常用∞、Xor 或⊕等符号表示，运算规则是 0∞0=0；0∞1=1∞0=1；1∞1=0。从运算规则中可以看出，当两个逻辑量相异时，结果才为 1。

【例 4-12】 设 A=1101，B=1011，求 A∧B、A∨B、A∞B、$\overline{A}$。

A∧B

$$\begin{array}{r} 1101 \\ \wedge\quad 1011 \\ \hline 1001 \end{array}$$

A∨B

$$\begin{array}{r} 1101 \\ \vee\quad 1011 \\ \hline 1111 \end{array}$$

A∞B

$$\begin{array}{r} 1101 \\ \infty\quad 1011 \\ \hline 0110 \end{array}$$

$\overline{A}$

$$\overline{1101}=0010$$

4.1.3 计算机中信息的编码

广义上的数据是指表达现实世界中各种信息的一组可以记录和识别的标记或符号，它是信息的载体，是信息在计算机中的具体表现形式。狭义的数据是指能够被计算机处理的数字、字母和符号等信息的集合。

计算机除了用于数值计算之外，还用于进行大量的非数值数据的处理，但各种信息都是以二进制编码的形式存在的。计算机中的编码主要分为数值型数据编码和非数值型数据编码。

1. 计算机中数据的存储单位

（1）位（bit）。计算机中最小的数据单位是二进制中的一个数位，简称位（比特），1 位二进制数取值为 0 或 1。

（2）字节（Byte）。字节是计算机中存储信息的基本单位，规定将 8 位二进制数称为 1 个字节，单位是 B（1B=8bit）。存储容量的不同单位之间的换算规则如下。

$1KB=1024B=2^{10}B$　　$1MB=1024KB=2^{20}B$

$1GB=1024MB=2^{30}B$　　$1TB=1024GB=2^{40}B$

另外，用于表示存储容量的单位还有 1PB（=1024TB=2^{50}B）、1EB、1ZB、1YB、1DB 和 1NB 等。

（3）字（word）。字是指计算机同时存储、加工和传递时一次性读取信息的长度。字的长度通常是字节的偶数倍，如 2、4、8 倍等。字的长度越长，相应的计算机配套软、硬件越丰富，计算机的性能越高，因此字是反映计算硬件性能的一个指标。

在计算机中通常用“字长”表示数据和信息的长度，如 8 位字长与 16 位字长表示数的范围是不同的。这种机器通常称字长计算机。

2. 计算机中数值型数据的编码

（1）原码。二进制数在计算机中的表示形式称为机器数，也称数的原码表示法。原码是一种直观的二进制机器数表示的形式。机器数具有以下两个特点。

1）机器数的位数固定，能表示的数值范围受到位数限制。例如某8位计算机，能表示的无符号整数的范围为0～255。

2）机器数的正负用0和1表示。机器中通常把最高位作为符号位，其余作为数值位，并规定0表示正数，1表示负数。例如+71D=01000111B-71D=11000111B。

（2）机器数的表示有定点和浮点两种方法。

1）定点数表示法（fixed-point）。

所谓定点格式，即约定机器中所有数据的小数点位置是固定不变的。在计算机中通常采用两种简单的约定：将小数点的位置固定在数据的最高位之前，或者固定在最低位之后。一般常称前者为定点小数，后者为定点整数。

定点小数是纯小数，约定的小数点位置在符号位之后、有效数值部分最高位之前。若数据 x 的形式为 $x = x_0.x_1x_2…x_n$（其中 x_0 为符号位；x_1～x_n 是数值的有效部分，也称尾数；x_1 为最高有效位），则在计算机中的表示形式为

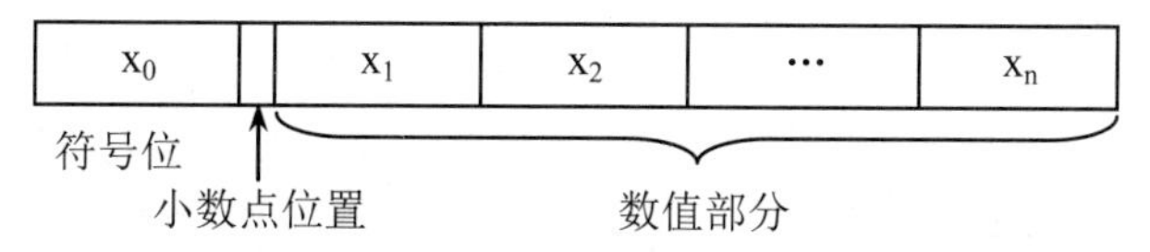

一般说来，如果最末位 $x_n = 1$，前面各位都为 0，则数的绝对值最小，即$|x|_{min} = 2^{-n}$。如果各位均为 1，则数的绝对值最大，即$|x|_{max} =1-2^{-n}$。所以定点小数的表示范围是 $2^{-n}\leqslant|x|\leqslant1-2^{-n}$。

定点整数是纯整数，约定的小数点位置在有效数值部分最低位之后。若数据 x 的形式为 $x=x_0x_1x_2…x_n$（其中 x_0 为符号位；x_1～x_n 是尾数；x_n 为最低有效位），则在计算机中的表示形式为

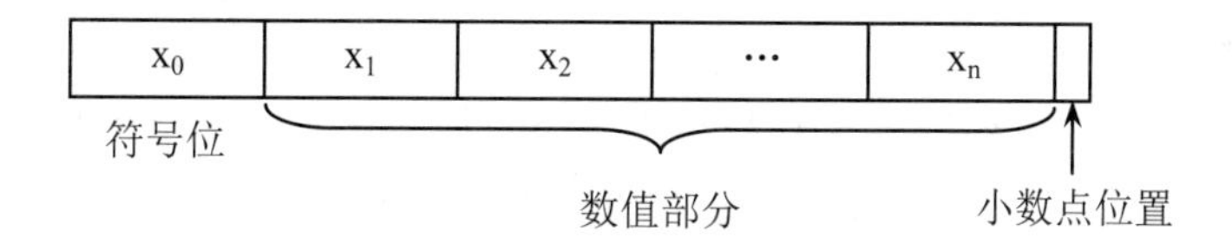

定点整数的表示范围是 $1\leqslant|x|\leqslant2^n-1$。

当数据小于定点数能表示的最小值时，计算机将它们作 0 处理，称为下溢；当数据大于定点数能表示的最大值时，计算机将无法表示，称为上溢。上溢和下溢统称为溢出。

计算机采用定点数表示时，对于既有整数又有小数的原始数据，需要设定一个比例因子，数据缩小成定点小数或扩大成定点整数再参加运算，得到运算结果，再根据比例因子，还原成实际数值。比例因子选择不当，往往会使运算结果产生溢出或降低数据的有效精度。

用定点数进行运算处理的计算机被称为定点机。

2）浮点数表示法（floating-point number）。

与科学计数法相似，任意一个 R 进制数 N 总可以写成 $N = \pm M \times R^{\pm E}$ 形式。式中，M 称为数 N 的尾数（mantissa），是一个纯小数；E 为数 N 的阶码（exponent），是一个整数；R 为比例因子 R^E 的底数；M 和 E 前面的“±”符号表示正负数，取值为 0 时表示正数，取值为 1 时表示负数。这种表示方法相当于数的小数点位置随比例因子的不同而在一定范围内可以自由浮动，所以称为浮点表示法。

底数是事先约定好的（常取 2），在计算机中不出现。在机器中表示一个浮点数时，一是要给出尾数，用定点小数形式表示。尾数部分给出有效数字的位数，因而决定了浮点数的表示精度。二是要给出阶码，用整数形式表示，阶码指明小数点在数据中的位置，因而决定了浮点数的表示范围。浮点数也要有符号位。因此，一个机器浮点数应当由阶码和尾数及其符号位组成。

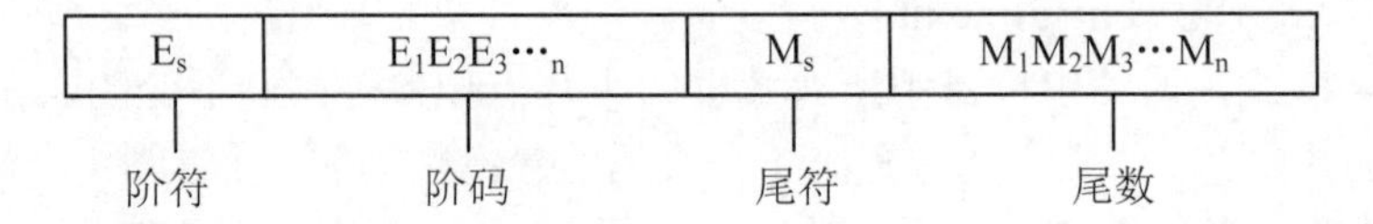

其中，E_S 表示阶码的符号，占一位；E_1～E_n 为阶码值，占 n 位；尾符是数 N 的符号，也要占一位。当底数取 2 时，二进制数 N 的小数点每右移一位，阶码减小 1，相应尾数右移一位；反之，小数点每左移一位，阶码加 1，相应尾数左移一位。

若不对浮点数的表示作出明确规定，同一个浮点数的表示就不是唯一的。例如 11.01 可以表示成 0.01101×2^{-3}、0.1101×2^{-2} 等。为了提高数据的表示精度，当尾数的值不为 0 时，其绝对值应大于或等于 0.5，即尾数域的最高有效位应为 1，否则要以修改阶码同时左右移小数点的方法，使其变成符合该要求的表示形式，称为浮点数的规格化表示。

当一个浮点数的尾数为 0 时，无论其阶码为何值，或者当阶码的值遇到比它能表示的最小值还小时，无论其尾数为何值，计算机都把该浮点数看成 0 值，称为机器零。

浮点数所表示的范围比定点数大。假设机器中的数由 8 位二进制数表示（包括符号位），在定点机中，这 8 位全部用来表示有效数字（包括符号）；在浮点机中，当阶符、阶码占 3 位，尾符、尾数占 5 位时，若只考虑正数值，定点机小数表示的数的范围是 0.0000000～0.1111111，相当于十进制数的 0～127/128；而浮点机所能表示的数的范围则是 $2^{-11}\times0.0001$～$2^{11}\times0.1111$，相当于十进制数的 1/128～7.5。显然，都用 8 位，浮点机能表示的数的范围比定点机大得多。

尽管浮点表示能扩大数据的表示范围，但浮点机在运算过程中仍会出现溢出现象。下面以阶码占 3 位，尾数占 5 位（各包括 1 位符号位）为例来讨论这个问题。图 4-1 给出了相应的规格化浮点数的数值表示范围。

图 4-1 中，“可表示的负数区域”和“可表示的正数区域”及“0”是机器可表示的数据区域；上溢区是数据绝对值太大，机器无法表示的区域；下溢区是数据绝对值太小，机器无法表示的区域。若运算结果落在上溢区，就产生了溢出错误，使得结果不能被正确表示，要停止机

器运行，进行溢出处理；若运算结果落在下溢区，也不能正确表示其结果，机器当 0 处理，称为机器零。

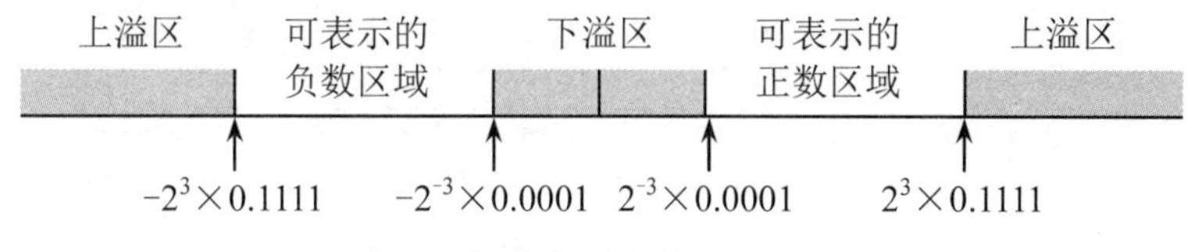

图 4-1　规格化浮点数分布示意图

一般来说，增加尾数的位数，将增大可表示区域数据点的密度，从而提高数据的精度；增加阶码的位数，能增大可表示的数据区域。

【例 4-13】用浮点表示法表示数$(110.011)_2$。

$$(110.011)_2 = 1.10011 \times 2^{+10} = 11001.1 \times 2^{-10} = 0.110011 \times 2^{+11}$$

（3）反码。反码是一种中间过渡的编码，采用它主要是为了计算补码。编码规则是：正数的反码与其原码相同，负数的反码是该数的绝对值对应的二进制数按位求反。例如，设机器的字长为 8 位，则$(+100)_{10}$的二进制反码为$(01100100)_2$，$(-100)_{10}=(10011011)_2$。

（4）补码。在计算机中，机器数的补码规则是：正数的补码是它的原码，而负数的补码为该数的反码再加 1，如$(+100)_{10}$ 的二进制补码为$(01100100)_2$，$(-100)_{10}=(10011011)_2+1=(10011100)_2$。

在计算机中，由于所要处理的数值数据可能带有小数，因此根据小数点的位置是否固定，数值的格式分为定点数和浮点数两种。定点数是指在计算机中小数点的位置不变的数，主要分为定点整数和定点小数两种。应用浮点数的主要目的是扩大实数的表示范围。

3．BCD 码

计算机中使用的是二进制数，而人们习惯使用的是十进制数，因此，输入计算机中的十进制数需要转换成二进制数。输出数据时，应将二进制数转换成十进制数。为了方便，大多数通用性较强的计算机需要能直接处理十进制形式表示的数据。为此，在计算机中还设计了一种中间数字编码形式，它把每位十进制数用 4 位二进制编码表示，称为二进制编码的十进制表示形式，简称 BCD（Binary Coded Decimal）码，又称二一十进制数。

4 位二进制数码可编码组合成 16 种不同的状态，而十进制数只有 0、1……9 这 10 个数码，因此选择其中的 10 种状态做 BCD 码的方案有许多种，如 8421BCD 码、2421BCD 码、5211BCD 码、余 3 码、格雷码等，编码方案见表 4-4。

表 4-4　用 BCD 码表示的十进制数

十进制数	8421BCD 码	2421BCD 码	5211BCD 码	余 3 码	格雷码
0	0000	0000	0000	0011	0000
1	0001	0001	0001	0100	0001
2	0010	0010	0011	0101	0011
3	0011	0011	0101	0110	0010
4	0100	0100	0111	0111	0110

续表

十进制数	8421BCD 码	2421BCD 码	5211BCD 码	余 3 码	格雷码
5	0101	1011	1000	1000	1110
6	0110	1100	1010	1001	1010
7	0111	1101	1100	1010	1000
8	1000	1110	1110	1011	1100
9	1001	1111	1111	1100	0100

最常用的 BCD 码是 8421BCD 码。8421BCD 码选取 4 位二进制数的前 10 个代码分别对应表示十进制数的 10 个数码，1010～1111 这 6 个编码未被使用。从表 4-4 中可以看到，这种编码是有权码。4 个二进制位的位权从高向低分别为 8、4、2 和 1，若按权求和，和数就等于该代码所对应的十进制数。例如，$0110=2^2+2^1=6$。

把一个十进制数变成它的 8421BCD 码数串，仅对十进制数的每位单独进行即可。例如变 1986 为相应的 8421BCD 码表示，结果为 0001 1001 1000 0110。反转换过程也类似，例如变 0101 1001 0011 0111 为十进制数，结果为 5937。

8421BCD 码的编码值与字符 0～9 的 ASCII 码的低 4 位相同，有利于简化输入/输出过程中从字符到 BCD 和从 BCD 到字符的转换操作，是实现人机联系时比较好的中间表示。需要译码时，译码电路也比较简单。

8421BCD 码的主要缺点是实现加减运算的规则比较复杂，在某些情况下，需要对运算结果进行修正。

4. 计算机中非数值型数据的编码

计算机中数据的概念是广义的，计算机内除了有数值的信息之外，还有数字、字母、通用符号、控制符号等字符信息，有逻辑信息、图形、图像、语音等信息，这些信息进入计算机都转变成用 0、1 表示的编码，所以称为非数值型数据。

（1）字符的表示方法。字符主要指数字、字母、通用符号、控制符号等，在计算机内它们都被转换成计算机能够识别的十进制编码形式。这些字符编码方式有很多种，国际上广泛采用的是美国国家信息交换标准代码（American Standard Code for Information Interchange，ASCII）。

ASCII 码诞生于 1963 年，首先由 IBM 公司研制成功，后来被接受为美国国家标准。它是一种比较完整的字符编码，现已成为国际通用的标准编码，已广泛用于计算机与外部设备的通信。每个 ASCII 码以 1 个字节（Byte）存储，0～127 代表不同的常用符号，例如大写 A 的 ASCII 码是十进制数 65，小写 a 则是十进制数 97。标准 ASCII 码使用 7 个二进制位对字符进行编码。标准的 ASCII 码字符集共有 128 个字符，其中 94 个可打印字符，包括常用的字母、数字、标点符号等，又称显示字符。另外还有 34 个控制字符，主要表示一个动作。标准 ASCII 码见表 4-5。

ASCII 码规定每个字符用 7 位二进制编码表示，表 4-5 中横坐标是第 6、5、4 位的二进制编码值，纵坐标是第 3、2、1、0 位的十进制编码值，两坐标交点则是指定的字符。7 位二进制可以给出 128 个编码，表示 128 个常用的字符。其中 94 个编码对应着计算机终端能输入并且可以显示的 94 个字符，打印机设备也能打印这 94 个字符，如大小写各 26 个英文字母，0～9 这 10 个数字符，通用的运算符和标点符号=、-、 *、/、<、>、,、;、:、 ·、？、。、(、)、{、}等。34 个字符不能显示，称为控制字符，表示一个动作。

表 4-5　标准 ASCII 码

L	H							
	000	001	010	011	100	101	110	111
0000	NUL	DEL	SP	0	@	P	‘	p
0001	SOH	DC1	!	1	A	Q	a	q
0010	STX	DC2	"	2	B	R	b	r
0011	ETX	DC3	#	3	C	S	c	s
0100	EOT	DC4	$	4	D	T	d	t
0101	ENQ	NAK	%	5	E	U	e	u
0110	ACK	SYN	&	6	F	V	f	v
0111	DEL	ETB	’	7	G	W	g	w
1000	BS	CAN	(	8	H	X	h	x
1001	HT	EM	)	9	I	Y	i	y
1010	LF	SUB	*	:	J	Z	j	z
1011	VT	ESC	+	;	K	[	k	{
1100	FF	FS	,	<	L	\	l	|
1101	CR	GS	-	=	M	]	m	}
1110	SO	RS	.	>	N	^	n	～
1111	SI	US	/	?	O	_	o	DEL

标准 ASCII 码只用了字符的低七位，最高位并不使用。后来为了扩充 ASCII（Extended ASCII）码，将最高的一位也编入这套编码中，成为八位的 ASCII 码，这套编码加入了许多外文和表格等特殊符号，成为目前的常用编码。对应的标准为 ISO 646，这套编码的最高位如果为 0，则表示出来的字符为标准的 ASCII 码；如果为 1，则表示出来的字符为扩充的 ASCII 码，因此最高位又称校验位。

【例 4-14】查表写出字母 A、数字 1 的 ASCII 码。

查表 4-5 得知字母 A 在第 2 行第 5 列的位置。行指示 ASCII 码第 3、2、1、0 位的状态，列指示第 6、5、4 位的状态，因此字母 A 的 ASCII 码是$(1000001)_2$=41H。同理可以查到数字 1 的 ASCII 码是$(0110001)_2$=31H。

（2）汉字的表示方法。

1）国标码和区位码。为了适应中文信息处理的需要，1981 年国家标准局公布了《信息交换用汉字编码字符集—基本集》（GB 2312－1980），又称国标码。在国标码中共收集了常用汉字 6763 个，并给这些汉字分配了代码。

在 GB 2312—1980 中，规定用两个字节的十六位二进制表示一个汉字，每个字节都使用低 7 位（与 ASCII 码相同），即有 128×128=16384 种状态。由于 ASCII 码的 34 个控制代码在汉字系统中也要使用，为了不至于发生冲突，不能作为汉字编码，因此汉字编码表中共有 94（区）×94（位）=8836 个编码，用以表示国标码规定的 7445 个汉字和图形符号。

每个汉字或图形符号分别用两位的十进制区码（行码）和两位的十进制位码（列码）表示，不足的地方补 0，组合起来就是区位码。将区位码按一定的规则转换成二进制代码叫作信息交换码（简称“国标区位码”）。国标码共有汉字 6763 个（一级汉字是最常用的汉字，按汉语拼音字母顺序排列，共 3755 个；二级汉字属于次常用汉字，按偏旁部首的笔画顺序排列，共 3008 个），数字、字母、符号等 682 个，共 7445 个。汉字区位编码表（部分）见表 4-6。

表 4-6　汉字区位编码表（部分）

							第二字节	b_6	0	0	0	0	0	0	0	0	0	0	0	0
								b_5	1	1	1	1	1	1	1	1	1	1	1	1
								b_4	0	0	0	0	0	0	0	0	0	0	0	0
								b_3	0	0	0	0	0	0	0	1	1	1	1	1
								b_2	0	0	0	1	1	1	1	0	0	0	0	1
								b_1	0	1	1	0	0	1	1	0	0	1	1	0
								b_0	1	0	1	0	1	0	1	0	1	0	1	0
第一字节								位	1	2	3	4	5	6	7	8	9	10	11	12
a_6	a_5	a_4	a_3	a_2	a_1	a_0	区													
0	1	0	0	0	0	1	1		SP	、	。	·	ˉ	ˇ	¨	〃	々	—	～	‖
0	1	0	0	0	1	0	2		i	ii	iii	iv	v	vi	vii	viii	ix	x		
0	1	0	0	0	1	1	3		!	“	#	￥	%	&	′	(	)	*	+	,
…	…						…		…											
0	1	1	0	0	0	0	16		啊	阿	埃	挨	哎	唉	哀	皑	癌	蔼	矮	艾
0	1	1	0	0	0	1	17		薄	雹	保	堡	饱	宝	抱	报	暴	豹	鲍	爆
…	…						…		…											
1	1	1	0	1	1	1	87		鳌	鳍	鳎	鳏	鳐	鳓	鳔	鳕	鳗	鳘	鳙	鳜

用计算机进行汉字信息处理，首先必须将汉字代码化，即对汉字进行编码，称为汉字输入码。汉字输入码送入计算机后还必须转换成汉字内部码，才能进行信息处理。处理完毕之后，再把汉字内部码转换成汉字字形码，才能在显示器或打印机输出。因此汉字的编码有输入码、内码、字形码 3 种。

2）汉字的内码。同一个汉字以不同输入方式进入计算机时，编码长度以及 0、1 组合顺序差别很大，使汉字信息进一步存取、使用、交流十分不方便，必须转换成长度一致且与汉字唯一对应的能在各种计算机系统内通用的编码，满足这种规则的编码叫作汉字内码。

汉字内码是用于汉字信息的存储、交换检索等操作的机内代码，一般用两个字节表示。英文字符的机内代码是七位的 ASCII 码，当用一个字节表示时，最高位为“0”。为了与英文字符区别，汉字机内代码中两个字节的最高位均规定为“1”。

汉字机内码=汉字国标码+8080H

3）汉字字形码。存储在计算机内的汉字在屏幕上显示或在打印机上输出时，需要知道汉字的字形信息，汉字内码并不能直接反映汉字的字形，而要采用专门的字形码。

目前的汉字处理系统中，字形信息的表示大体上有两类形式：一类是用活字或文字版的母体字形形式，另一类是用点阵表示法、矢量表示法等形式。其中最基本的也是大多数字形库采用的，便是以点阵的形式存储汉字字形编码的方法。

点阵字形又称字模，是将字符的字形分解成若干“点”组成的点阵，将此点阵置于一个网状上，每个小方格是点阵中的一个“点”，点阵中的每个点可以有黑、白两种颜色，有字形笔画的点用黑色，反之用白色，这样就能描写出汉字字形了。

图 4-2 是汉字“次”的点阵，用十进制的“1”表示黑色点，用“0”表示没有笔画的白色点，每行 16 个点用两字节表示，则需 32 个字节描述一个汉字的字形，即一个字形码占 32 个字节。

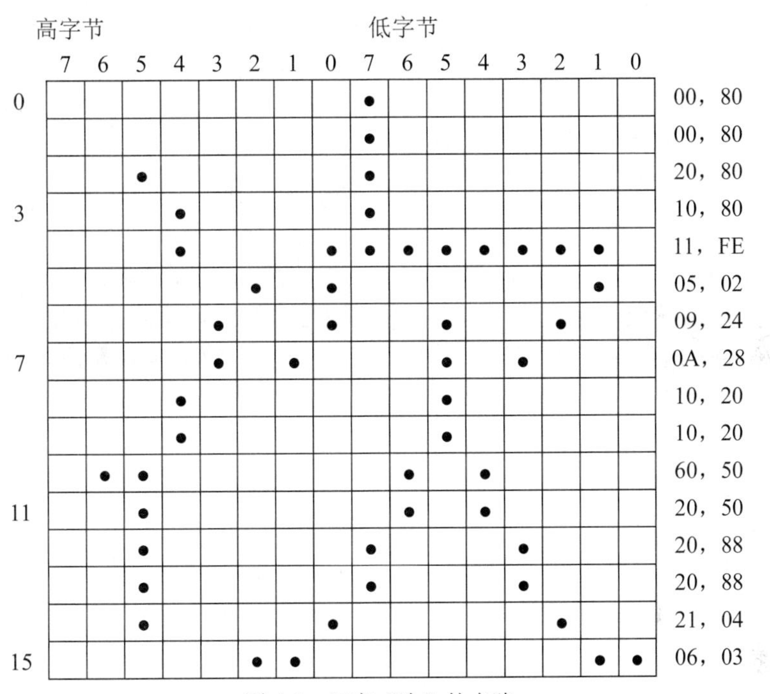

图 4-2　汉字“次”的点阵

一个计算机汉字处理系统常配有宋体、仿宋、黑体、楷体等多种字体。同一个汉字，不同字体的字形编码是不相同的。

汉字输出的要求不同，点阵的数量也不同。一般情况下，西文字符显示用 7×9 点阵，汉字显示用 16×16 点阵，所以汉字占两个西文字符显示的宽度。汉字在打印时可使用 16×16、24×24、32×32 点阵，甚至更高。点阵越大，描述的字形越细致美观，质量越高，所占存储空间也越大。汉字点阵的信息量是很大的，以 16×16 点阵为例，每个汉字要占用 32 个字节，国家标准两级汉字要占用 256K 字节。因此字模点阵只能用来构成汉字库，而不能用于机内存储。

通常，计算机中所有汉字的字形码集合起来组成汉字库（或称为字模库）存放在计算机里，当汉字输出时，由专门的字形检索程序根据这个汉字的内码从汉字库里检索出对应的字形码，由字形码再控制输出设备输出汉字。汉字点阵字形的汉字库结构简单，但是当需要对汉字进行放大、缩小、平移、倾斜、旋转、投影等变换时，汉字的字形效果不好。若使用矢量汉字库、曲线字库的汉字，其字形用直线或曲线表示，能产生高质量的输出字形。

4）汉字的输入码。目前，计算机一般是使用西文标准键盘输入的，为了能直接使用西文标准键盘输入汉字，必须给汉字设计相应的输入编码方法。其编码方案有很多种，主要分为3类：数字编码、拼音码和字形编码。

- 数字编码。常用的是国标区位码，用数字串输入汉字。区位码是将国家标准局公布的6763个两级汉字分为94个区，每个区分94位，实际上把汉字表示成二维数组，每个汉字在数组中的下标就是区位码。区码和位码各两位十进制数字，因此输入一个汉字需按4次键。例如“中”字位于第54区48位，区位码为5448。数字编码输入的优点是无重码，输入码与内部编码的转换比较方便；缺点是代码难以记忆。
- 拼音码。拼音码是以汉语拼音为基础的输入方法。凡掌握汉语拼音的人，不需要训练和记忆即可使用，但汉字同音字太多，输入重码率很高，因此按拼音输入后还必须进行同音字选择，影响了输入速度。常用拼音码有全拼、智能ABC输入法等。
- 字形编码。字形编码是用汉字的形状来进行编码。汉字总数虽多，但是由一笔一画组成，全部汉字的部件和各行其实是有限的。因此，把汉字的笔画部分用字母或数字进行编码，按笔画的顺序依次输入，就能表示一个汉字了。例如五笔字型编码是最有影响力的一种字形编码方法。常用的字型编码有五笔码。

综上所述，汉字从送入计算机到输出显示，汉字信息编码形式不尽相同。汉字的输入编码、汉字内码、字形码是计算机中用于输入、内部处理、输出3种不同用途的编码，不要混为一谈。

4.1.4 声音的数字化表示

1. 声音的定义

空气分子振动形成声波，声波以空气为媒介传入人们的耳朵，于是人们就听到了声音。描述声音特征的物理量有声波的振幅（Amplitude）、周期（Period）和频率（Frequency），一般只用振幅和频率两个参数来描述声音。其中，频率反映声音的高低，振幅反映声音的大小。声音中含有高频成分越多，音调就越高，也就是越尖，反之则越低；声音的振幅越大，声音则越大，反之则越小。现实世界的声音不是由某个频率或某几个频率组成的，而是由许多不同频率不同振幅的正弦波叠加而成的。

2. 声音的分类

声音的分类有多种标准，根据客观需要有以下3种分类标准。

（1）按频率划分。声音可以分为亚音频、音频、超音频和过音频。频率分类的意义主要是区分音频声音和非音频声音。

1）亚音频（Infrasound）：0～20Hz。

2）音频（Audio）：20Hz～20kHz。

3）超音频（Ultrasound）：20kHz～1GHz。

4）过音频（Hypersound）：1GHz～1THz。

（2）按原始声源划分。声音可以分为语音、乐音和声响。按声源发出的声音分类是为了针对不同类型的声音使用不同的采样频率进行数字化处理，以及依据它们产生的方法和特点采取不同的识别、合成和编码方法。

1）语音：人类为表达思想和感情而发出的声音。

2）乐音：弹奏乐器时乐器发出的声音。

3）声响：除语音和乐音之外的所有声音，如风声、雨声和雷声等自然界及物体发出的声音。

（3）按存储形式划分。声音可以分为模拟声音和数字声音。

1）模拟声音：对声源发出的声音采用模拟方式进行存储，如用录音带录制的声音。

2）数字声音：对声源发出的声音采用数字化处理，用 0、1 表示声音的数据流，或者是计算机合成的语音和音乐。

3. 声音质量与数据率

声音的质量与它所占用的频带宽度有关，频带越宽，信号频率的相对变化范围就越大，音响效果也就越好。按照带宽可将声音质量分为 5 级，由低到高依次是电话（Telephone）、调幅广播（Amplitude Modulation，AM）、调频广播（Frequency Modulation，FM）、激光唱盘（CD）和数字录音带（Digital Audio Tape，DAT）的声音。在这 5 个等级中，使用的采样频率、样本精度、通道数和数据率见表 4-7。

表 4-7　声音质量和数据率

质量	采样频率（kHz）	样本精度（b/s）	单道声/立体声	数据率（未压缩）（kB/s）	频率范围（Hz）
电话	8	8	单道声	8	200～3400
AM	11.025	8	单道声	11.0	20～15000
FM	22.050	16	立体声	88.2	50～7000
CD	44.1	16	立体声	176.4	20～20000
DAT	48	16	立体声	192.0	20～20000

由此可见，质量等级越高，声音覆盖的频率范围就越宽。

4. 模拟信号与数字信号

话音信号是典型的连续信号，不仅在时间上是连续的，而且在幅度上也是连续的。在时间上“连续”是指在一个指定的时间范围里声音信号的幅值有无穷多个，在幅度上“连续”是指幅度的数值有无穷多个。我们把在时间和幅度上都是连续的信号称为模拟信号。

在某些特定的时刻对这种模拟信号进行测量叫作采样（sampling），由这些特定时刻采样得到的信号称为离散时间信号。采样得到的幅值是无穷多个实数值中的一个，因此幅度还是连续的。如果把信号幅度取值的数目加以限定，这种由有限个数值组成的信号就称为离散幅度信号。例如，假设输入电压的范围是 0.0～0.7V，并假设它的取值只限定在 0、0.1、0.2……0.7 共 8 个值。如果采样得到的幅度值是 0.123V，它的取值就算作 0.1V；如果采样得到的幅度值是 0.26V，它的取值就算作 0.3，这种数值称为离散数值（discrete numerical）。我们把时间和幅度都用离散的数字表示的信号就称为数字信号。

模拟音频与数字音频特点比较，有以下几个特点。

（1）模拟音频是连续的波动信号，数字音频是离散的数字信号。

（2）模拟音频不便进行编辑修改，数字音频编辑、特效处理容易。

（3）模拟音频用磁带或唱片作记录媒体，容易磨损、发霉和变形，不利长久保存；数字音频主要用光盘存储，不易磨损，适宜长久保存。

（4）模拟音频进入计算机时必须数字化为数字音频，而数字音频最终要转换为模拟音频才能输出。

5. 声音信号数字化

声音进入计算机的第一步就是数字化，数字化实际上就是采样和量化，如图 4-3 所示。

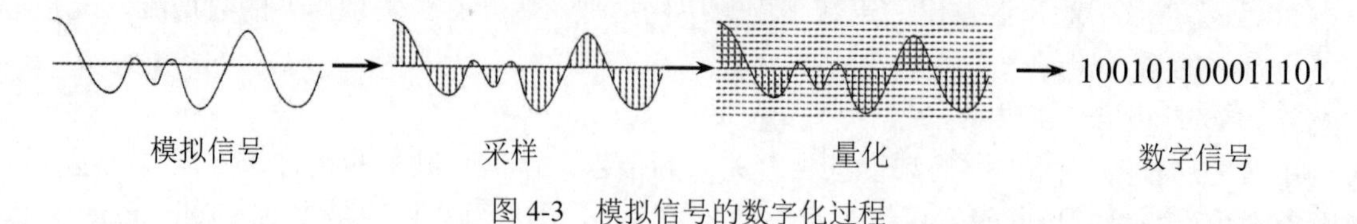

图 4-3　模拟信号的数字化过程

（1）采样和采样频率。采样又称抽样或取样，它是把时间上连续的模拟信号变为时间上断续离散的有限个样本值的信号，如图 4-4 所示。

假定声音波形如图 4-4 左图所示，它是时间的连续函数 $X(t)$，若要对其进行采样，需按一定的时间间隔（T）从波形中取出其幅度值，得到一组 $X(nT)$序列，即 $X(T)$，$X(2T)$，$X(3T)$，$X(4T)$，$X(5T)$，$X(6T)$等，如图 4-4 右图所示。T 称为采样周期，$1/T$ 称为采样频率，$X(nT)$序列是连续波形的离散信号。显然，离散信号 $X(nT)$只是从连续信号 $X(t)$上取出的有限个振幅样本值。

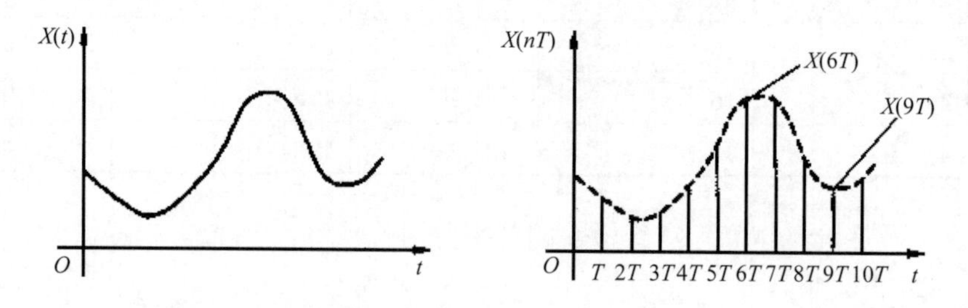

图 4-4　连续波形采样示意图

根据奈奎斯特采样定理（Nyquist sampling theorem，美国电信工程师 H.奈奎斯特在 1928 年提出的，采样定理说明采样频率与信号频谱之间的关系，是连续信号离散化的基本依据），只要采样频率大于或等于音频信号中最高频率成分的两倍，信息量就不会丢失。也就是说，只有采样频率高于声音信号最高频率的两倍时，才能把数字信号表示的声音还原为原来的声音（即原始连续的模拟音频信号），否则就会产生不同程度的失真。采样定律用公式表示为：$f_s \geqslant 2f$ 或者 $T_s \leqslant T/2$。式中，f 为被采样信号的最高频率，f_s 是采样频率，即 f_s 最低要选择 $2f$。

在多媒体技术中通常采用 3 种音频采样频率：11.025kHz、22.05kHz 和 44.1kHz。一般在允许失真条件下，尽可能将采样频率选低些，以减少数据。

常用的音频采样频率和适用情况如下。

1）8kHz：适用于语音采样，能达到电话话音音质标准的要求。

2）11.025kHz：可用于对语音和最高频率不超过 5kHz 的声音采样，能达到电话话音音质标准以上，但不及调幅广播的音质要求。

3）16kHz 和 22.05kHz：适用于对最高频率在 10kHz 以下的声音采样，能达到调幅广播音质标准。

4）37.8kHz：适用于对最高频率在 17.5kHz 以下的声音采样，能达到调频广播音质标准。

5）44.1kHz 和 48kHz：主要用于对音乐采样，可以达到激光唱盘的音质标准；对最高频率在 20kHz 以下的声音，一般采用 44.1kHz 的采样频率，可以减少对数字声音的存储开销。

（2）量化和量化位数。采样只解决了音频波形信号在时间坐标（即横轴）上把一个波形切成若干个等份的数字化问题，但是每等份的长方形的高是多少呢？需要用某种数字化的方法来反映某个瞬间声波幅度的电压值，该值影响音量的高低。我们把声波波形幅度的数字化表示称为量化。

量化的过程是先将采样后的信号按整个声波的幅度划分为有限个区段的集合，把落入某个区段的样值归为一类，并赋予相同的量化值。如何分割采样信号的幅度呢？还是采取二进制的方式，以 8 位（bit）或 16 位的方式来划分纵轴。也就是说，在一个以 8 位为记录模式的音效中，其纵轴将会被划分为 2^8 个量化等级（Quantization Levels），用以记录其幅度；而在一个以 16 位为记录模式的音效中，其纵轴将会被划分为 2^{16} 个量化等级来记录采样的声音幅度。声音的采样与量化如图 4-5 所示，图中是以 4 位二进制来划分纵轴，即将纵轴划分为 2^4 个量化等级。

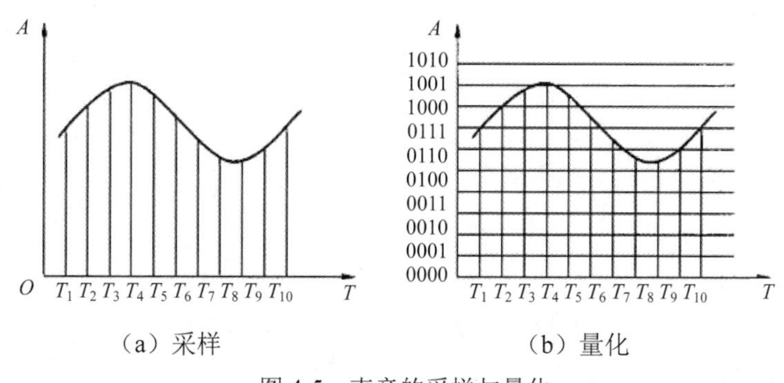

（a）采样　（b）量化

图 4-5　声音的采样与量化

6. 采样精度

样本是用每个声音样本的位数 bit/s（即 bps）表示的，它反映度量声音波形幅度的精度。例如，每个声音样本用 16 位（2 字节）表示，测得的声音样本值在 0～65536 的范围里，它的精度就是输入信号的 1/65536。样本位数影响声音的质量，位数越多，声音的质量越高，而需要的存储空间也越大；位数越少，声音的质量越低，需要的存储空间则越小。

7. 编码

模拟信号经采样和量化后，形成一系列的离散信号——脉冲数字信号，脉冲数字信号可以以一定的方式进行编码，形成计算机内部运行的数据。编码就是将量化结果的二进制数据以一定格式表示的过程；也就是按照一定的格式把经过采样和量化得到的离散数据记录下来，并在有用的数据中加入一些用于纠错、同步和控制的数据。在数据回放时，可以根据所记录的纠错数据判别读出的声音数据是否有错，如果在一定范围内有错，可以加以纠正。

8. 数字音频的容量与压缩

采用数字音频获取声音文件的方法的最突出的问题是信息量大。

可以用 3 个基本参数来衡量声卡对声音的处理质量，即采样频率、采样位数和声道数。

（1）采样频率。采样频率是指单位时间内的采样次数。采样频率越大，采样点之间的间隔就越小，数字化后得到的声音就越逼真，但相应的数据量就越大。声卡一般提供 11.025kHz、22.05kHz 和 44.1kHz 等采样频率。

（2）采样位数。采样位数是记录每次采样值数值的位数。采样位数通常有 8bits 和 16bits 两种，采样位数越大，所能记录声音的变化度就越细腻，相应的数据量就越大。

（3）声道数。声道数是指处理的声音是单声道还是立体声。单声道在声音处理过程中只有单数据流，而立体声需要左、右声道的两个数据流。显然，立体声的效果更好，但相应的数据量会比单声道的数据量加倍。

不经过压缩的声音数据量的计算公式为

数据量（字节/秒）=[（采样频率（Hz）×采样位数（bit）×声道数）]/ 8×时间

式中，单声道的声道数为 1，立体声的声道数为 2。

【例 4-15】对于 5 分钟双声道、16 位采样位数、44.1kHz 采样频率声音的不压缩数据量是多少？

根据公式：数据量=（采样频率×采样位数×声道数×时间）/8

得到，数据量（MB）=[44.1×1000×16×2×(5×60)]/(8×1024×1024)=50.47MB

计算时要注意几个单位的换算细节。

时间单位换算：1min=60s

采样频率单位换算：1kHz=1000Hz

数据量单位换算：1MB=1024×1024=1048576B

【例 4-16】对于双声道立体声、采样频率为 44.1kHz、采样位数为 16 位的激光唱盘，用一个 650MB 的 CD-ROM 可存放多长时间的音乐？

根据上面的公式计算 1 秒内的不压缩数据量：(44.1×1000×16×2)/8=0.168MB/s

那么，一个 650MB 的 CD-ROM 可存放的时间为：(650/0.168)/(60×60)=1.07h。

可见，数字音频的编码必须具有压缩声音信息的能力，最常用的压缩方法为自适应脉冲编码调制（ADPCM）法。ADPCM 压缩编码方案信噪比高，数据压缩倍率可达 2～5 倍而不会明显失真，因此数字化声音信息大多利用此压缩方法。Windows 10 提供的“录音机”程序就可以生成此种编码形式的波形文件。

4.1.5 图形与图像的数字化表示

1. 基本概念

在计算机中，“图”分为图形（Graphics）与图像（Image），这两个概念是有区别的。它们都是一幅图，但图的产生、处理和存储方式不同。

图形一般是指用计算机绘制的画面，如直线、圆、圆弧、任意曲线和图表等图元组成的画面，常以矢量图形（vector diagram）文件形式存储；图像则是指由扫描仪、数字照相机、摄像机等输入设备捕捉的实际场景画面或以数字化形式存储的任意画面，常以位图（bitmap diagram）形式存储。

（1）位图图像。由像素点组合而成；色彩丰富、过渡自然；保存时计算机需记录每个像素点的位置和颜色，所以图像像素点越多（分辨率高），图像越清晰，文件就越大。

缺点：体积一般较大；放大图形不能增加图形的点数，可以看到不光滑边缘和明显颗粒，质量不容易得到保证。

常用的位图软件有 Photoshop、Cool3D、Painter、Firework 等。

（2）矢量图形。矢量图文件中存储的是一组描述各个图元的尺寸、位置、形状、颜色等属性的指令集合。

矢量图形的线条非常光滑流畅，放大图形，其线条依然可以保持良好的光滑性及比例相似性，图形整体不变形；占用空间较小。图形只保存算法和特征点，所以相对于位图（图像）的大量数据来说，它占用的存储空间也较小。但由于每次屏幕显示时都需要重新计算，因此显示速度没有位图快。另外，在打印输出和放大时，图形的质量较高而点阵图（图像）常会发生失真。

工程设计图、图表、插图经常以矢量图形曲线表示，常用的矢量绘图软件有 AutoCAD、CorelDRAW、Illustrator、FreeHand 等。

图 4-6 所示的图形是位图与矢量图的区别。

100%位图

位图放大到 800%的效果

100%矢量图

矢量图放大到 800%的效果

图 4-6　位图与矢量图的区别

2. 像素

像素（Pixel）是由 Picture（图像）和 Element（元素）这两个单词的字母组成的，我们若把影像放大数倍，会发现这些连续色调其实是由许多色彩相近的小方点组成的，这些小方点就是构成影像的最小单位——像素。由像素组成的图像如图 4-7 所示。

图 4-7　由像素组成的图像

像素是用来计算数码影像的一种单位，如同摄影的相片一样，数码影像也具有连续性的浓淡阶调，这种最小的图形的单元能在屏幕上显示单个染色点。越高位的像素，其拥有的色板也就越丰富，越能表达颜色的真实感。

3. 分辨率

像素是指照片的点数（表示照片是由多少点构成的），分辨率是指照片像素点的密度（dpi，是用单位尺寸内的像素点，一般用每英寸多少个点表示）。照片实际尺寸是由像素决定的。一张像素很大的照片，如果将分辨率设置很大，打印出来的照片可能并不大（但是很清晰）；反之，一张像素并不是很大的照片，如果将分辨率设置得很小，那么打印出来的照片可能很大（但是不清晰）。

4. 颜色深度

颜色深度又称色彩值。表示色彩的方式如下。

（1）黑白图。黑白图的颜色只由黑和白两种色彩组成。在计算机中，黑白图的颜色深度为1，即用一个二进制位1和0表示纯黑和纯白两种情况，如图4-8所示。

（2）灰度图。把白色与黑色之间按对数关系分为若干等级，称为灰度。灰度分为256阶（级）。用灰度表示的图像称作灰度图（Gray Scale Image/Grey Scale Image），又称灰阶图。

灰度图类似于中国的水彩画，如图4-9所示。

图4-8　黑白图

图4-9　灰度图和黑白灰度渐变图

在计算机中，灰度图的颜色深度为8，占一个字节，灰度级别为256级，通过调整黑白两色的深浅（称颜色灰度）来有效地显示单色图像。

（3）RGB图。在视觉效果上，所有颜色都可以用不同比例的红（R）、绿（G）、蓝（B）来合成，彩色图像的每个像素都用R、G、B的不同比例来表示，这种图像就是RGB图像。R、G、B这3种色彩的级别分别分成256级（值为0～255），占24位，可构成2^{24}=16777216种颜色的“真彩色”图像。

5. 图像数字化过程

要在计算机中处理图像，必须先把真实的图像（照片、画报、图书、图纸等）通过数字化转变成计算机能够接受的显示和存储格式，然后用计算机进行分析处理。图像的数字化过程主要分为采样、量化与编码3个步骤。

（1）采样。采样的实质就是要用多少点来描述一幅图像，采样结果质量用前面所说的图像分辨率来衡量。简单来讲，对二维空间上连续的图像在水平和垂直方向上等间距地分割成矩形网状结构，所形成的微小方格称为像素点。一幅图像就被采样成有限个像素点构成的集合。例如，一幅640×480分辨率的图像，表示这幅图像是由640×480=307200个像素点组成的。

如图4-10所示，左图是要采样的物体，右图是采样后的图像，每个小格即一个像素点。

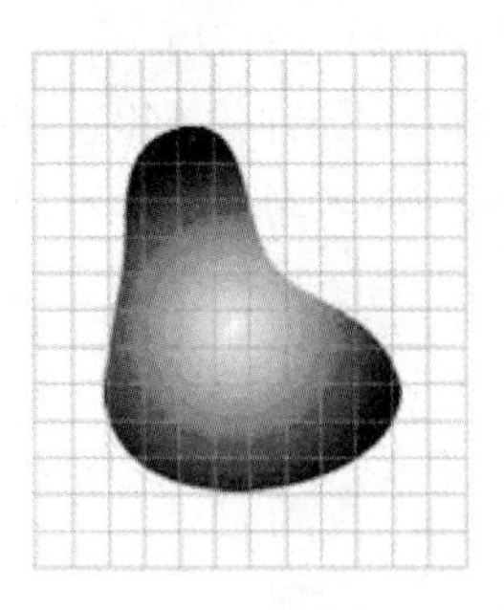

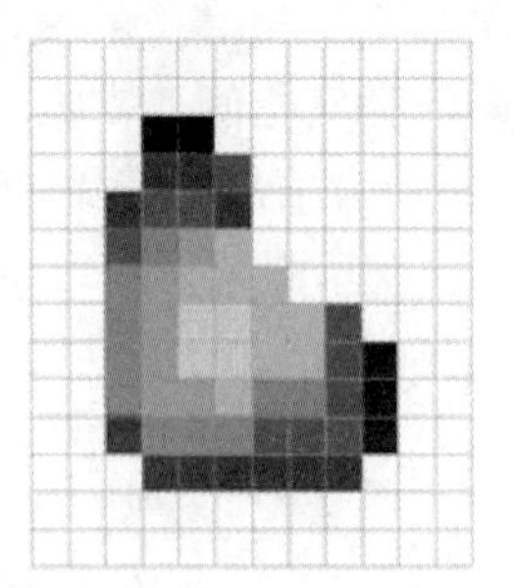

图4-10　图像的采样

采样频率是指1秒内采样的次数，它反映了采样点之间的间隔。采样频率越高，得到的图像样本越逼真，图像的质量越高，但要求的存储量也越大。

在进行采样时，采样点间隔的选取很重要，它决定了采样后的图像能真实地反映原图像的程度。一般来说，原图像中的画面越复杂，色彩越丰富，采样间隔应越小。

（2）量化。量化是指要使用多大范围的数值来表示图像采样之后的每个点。量化的结果是图像能够容纳的颜色总数，它反映了采样的质量。

例如，如果以 4 位存储一个点，则表示图像只能有 16 种颜色；如果以 16 位存储一个点，则有 2^{16}=65536 种颜色。所以，量化位数越来越大，表示图像可以拥有更多的颜色，自然可以产生更为细致的图像效果，但也会占用更大的存储空间。两者的基本问题都是视觉效果和存储空间的取舍。

在量化时确定的离散取值数称为量化级数。为表示量化的色彩值（或亮度值）所需的二进制位数称为量化字长，一般可用 8 位、16 位、24 位或更高的量化字长来表示图像的颜色；量化字长越大，越能真实反映原有的图像的颜色，但得到的数字图像的容量也越大。

（3）编码。图形和图像的编码就是将采样和量化后的数字数据转换成二进制数码 0 和 1 表示的形式。图形和图像的分辨率及像素位的颜色深度决定了图像文件的大小，公式为

$$\text{图形或图像字节}=\text{数列数}\times\text{行数}\times\text{颜色深度}\div 8$$

例如，当前表示一个分辨率为 800×600 的 24 位真彩色图像，则图像大小为 800×600×24÷8≈1.37MB。

6. 视频的数字化

Video（源自拉丁语的“我看见”）通常指各种动态影像的存储格式。视频是多幅静止图像（图像帧）与连续的音频信息在时间轴上同步运动的混合媒体，多帧图像随时间变化而产生运动感，因此视频也被称为运动图像。按照视频的存储与处理方式不同，可分为模拟视频和数字视频两种。

视频画质实际上随着拍摄与撷取的方式以及储存方式的变化而变化。数字电视（DTV）比模拟电视有更高的画质，目前已经成为各国的电视广播新标准。

数字化视频涉及视频信号的扫描、取样、量化和编码。

视频是在时间和空间上对活动场景的离散采样。影像中的一张图片是对某个时刻场景的空间离散采样，称为视频的一帧。每秒约 25 帧的连续帧采样就形成影像，这与人眼的视觉效果有关。通常每秒需要采样 24 帧左右，才能在视觉上感知为连续影像。当每秒采集的影像帧再减少，视觉上会有断续感，效果变差。如果多于 30 帧/秒，视觉基本上没有区别了，因为人眼的分辨能力有限。

未经压缩的视频所需的存储空间非常大。存储 10 分钟的 640×480 的真彩色连续影像，按照每秒 25 帧计算，不包括声音信息，需要（640×480×24/8 byte×25 帧×10 分钟×60 秒）个字节，大约为 14GB（13824M）字节。

与视频相比，动画通常是将矢量图形作为每个帧来存储，数据量要比视频小很多。

4.2　数据存储

4.2.1　存储器的构造

存储器可以看成由一定长度和宽度存储元（Storage Unit，存储元可以由二极管、三极管、

CMOS 晶体管或磁性材料构成，每个存储元只能存储一位二进制代码 0 或 1）组成的存储元方阵。存储器示意图如图 4-11 所示。

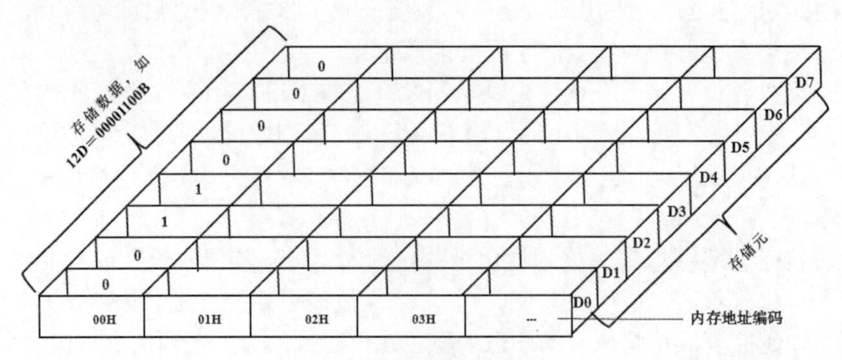

图 4-11 存储器示意图

一个存储器单元就像一个个小抽屉，一个小抽屉里有 8 个小格子（也可以有 16 个、32 个等），每个小格子就是用来存放"电荷"的，电荷通过与它相连的电线传进来或释放掉。存储器中的每个小抽屉就是一个存放数据的地方，可称其为一个"单元"。

一个存储元可以看成二进制中的位（bit，简写为 b），一个存储器单元通常由 8 个存储元组成，可看成一个字节（Byte，简写为 B）。

有了这么一个构造，就可以开始存放数据了。如要放进数据 12，也就是 00001100，只要把第 2 号和第 3 号小格子里存满电荷，而放掉其他小格子里的电荷即可。

存储器就是用来存放数据的地方。它是利用电平的高低来存放数据的，也就是说，它存放的实际上是电平的高、低，而不是我们所习惯认为的 123 这样的数字。

存储器的地址用一个二进制数表示，其地址线的位数 n（可简单理解为存储单元的存储元的数量）与存储单元的数量 N 之间的关系为 $N=2^n$。

思考：图 4-12 所示的图形是如何存储的？

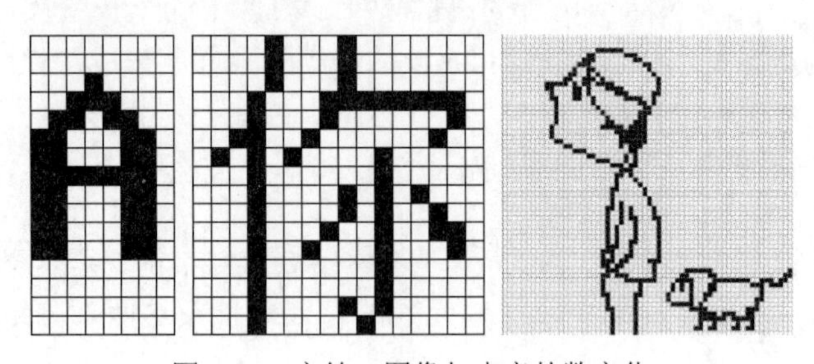

图 4-12 字符、图像与声音的数字化

4.2.2 数据的存储方法

数据在存储器中的存储方法（或存储结构）也称数据的物理结构，是指数据在计算机中存放的方式，是面向计算机的。它包括数据元素的存储方式和关系的存储方式。常用的存储方式有顺序、链式、索引和散列 4 类。

采用不同的存储方法，其数据处理的效果是不同的。

1. 顺序存储方法

顺序存储方法是把逻辑上相邻的数据元素存储在物理位置上相邻的存储单元里，元素间的逻辑关系由存储单元的邻接关系体现，由此得到的存储表示称为顺序存储结构（Sequential Storage Structure）。

现有一个数据列($a_1,a_2,a_3…a_i…a_n$)，顺序存储时的示意图如图 4-13 所示。

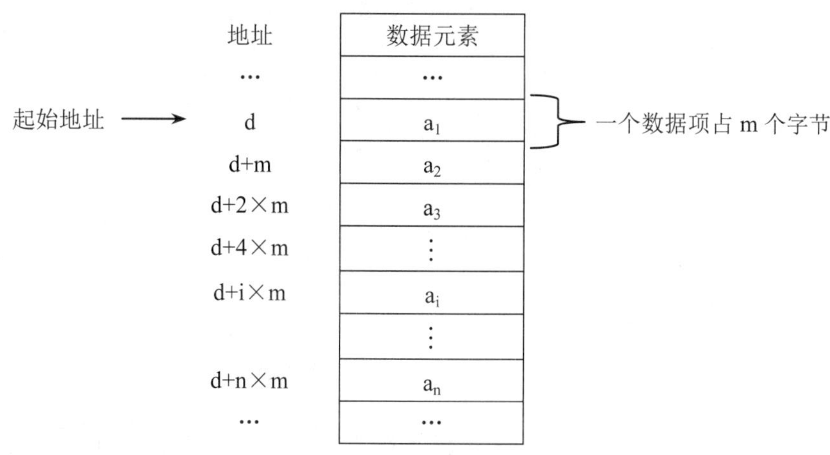

图 4-13　顺序存储时的示意图

顺序存储结构的优缺点如下。

（1）方法简单，各种高级语言中都有数组，容易实现。

（2）不用为表示点间的逻辑关系而增加额外的存储开销，存储密度大。

（3）具有按元素号随机访问的特点，查找速度快。

（4）插入和删除数据元素时，需要移动元素，平均移动大约表中一半的元素，元素较多的顺序数据效率低。

（5）采用静态空间分配，需要预先分配足够大的存储空间，会造成内存浪费和溢出。

2. 链式存储方法

链式存储方法不要求逻辑上相邻的元素其物理位置也相邻，元素间的逻辑关系是由附加的指针（地址）表示的，由此得到的存储表示称为链式存储结构（Chain Storage Structure）。在此存储方法中，每个数据元素所占存储单元分成两部分，一部分为元素本身数据项；另一部分为指针项（地址），指出其后继或前趋元素的存储地址，这两部分组成一个数据节点，如图 4-14 所示。

图 4-14　链式存储中的一个节点

例如，数据列($a_1,a_2,a_3,a_4,a_5,a_6,a_7,a_8$)对应的链式存储结构示意图如图 4-15 所示。

	地址	数据域	指针域
	110	a_5	200
	…		…
	150	a_2	190
起始地址 →	160	a_1	150
	…		…
	190	a_3	210
	200	a_6	260
	210	a_4	110
	…		…
	240	a_8	Null
	…		
	260	a_7	240

图 4-15　链式存储结构示意图

第一个节点的地址 160 放到一个指针变量（如 H）中，最后一个节点没有后继，其指针域必须置空，表明此表到此结束，这样就可以从第一个节点的地址开始“顺藤摸瓜”，找到每个节点。这样，由 n 个元素组成的数列通过每个节点的指针域形成一个链，如图 4-16 所示。其中，Null 表示为空。

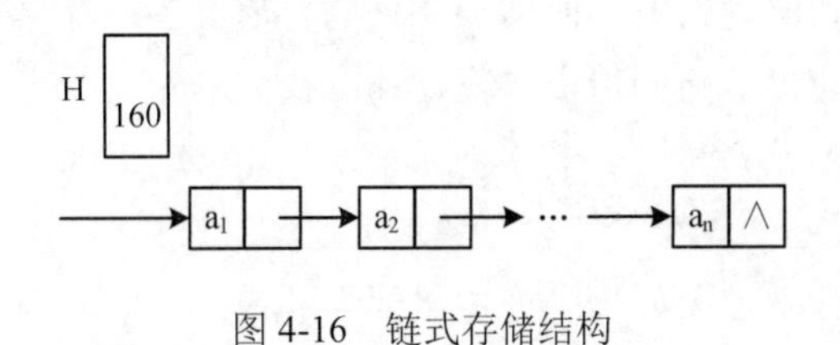

图 4-16　链式存储结构

链式存储结构不要求逻辑上相邻的元素在物理位置上也相邻，因此它不具有顺序存储结构的弱点，但也失去了顺序表可随机存取的优点。

链式存储结构的优缺点如下。

（1）在有些语言中，不支持指针，不容易实现。

（2）占用额外的空间以存储指针（浪费空间），存储密度小。

（3）存取某个元素速度慢，但插入元素和删除元素速度快。

（4）没有空间限制，存储元素的数量无上限，基本只与内存空间有关。

（5）用动态存储分配，不会造成内在浪费和溢出。

（6）单向链式存储结构不能随机访问，查找时从头指针开始遍历。

3. 索引存储方法

例如一个家庭主妇，由于记忆力不好，经常在家里找不到东西，于是她想了一个办法。

她用一个小本子记录了家里所有小东西放置的位置，比如户口本放在右手床头柜下面抽屉中，针线放在电视柜中间的抽屉中，钞票放在衣柜等。总之，她把这些小物品的放置位置都记录在了小本子上，并且每隔一段时间按照小本子整理一遍家中的物品，用完都放回原处，这样她就几乎再没有找不到东西。从这件事情就可以看出，尽管家中的物品是无序的，但是如果有一个小本子记录，寻找起来也是非常容易的，而这小本子就是索引。

索引存储方法或索引存储结构（Index Storage Structure）通常是在存储元素信息的同时，建立附加的索引表，索引表中的每项称为索引项。索引项的一般形式是（关键字、地址）。关键字是能唯一标识一个元素的数据项。若每个元素在索引表中都有一个索引项，则该索引表称为稠密索引（Dense Index）；如果一组元素在索引表中只对应一个索引项，则该索引表称为稀疏索引（Sparse Index）。

稠密索引中索引项的地址指示元素所在的存储位置，而稀疏索引中索引项的地址指示一组元素的起始存储位置。稠密索引存储结构如图 4-17 所示。

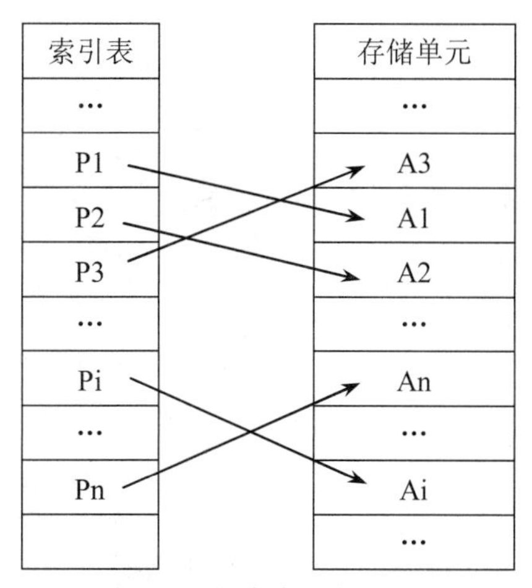

图 4-17　稠密索引存储结构

对于稠密索引来说，索引项一定是按照关键码有序的排列。通过查找索引项，就可以找到相应的结果地址，但是如果数据集非常大，就意味着索引相同的数据规模，可能需要反复查询内存和硬盘，性能可能反而下降了。

稀疏索引是将所有数据记录关键字值分成许多组，每组一个索引项。这类数据记录要求按关键字顺序排列。因此，其特点是索引项少，管理方便，但插入、删除记录代价较大。

稀疏索引可以把所有 n 个对象分为 b 个子块存放，一个索引项对应数据表中一组对象（子块）。在子块中，所有对象可能按关键码有序地存放，也可能无序地存放，它们都存放在数据区中。另外建立一个索引表，索引表中每个表目叫作索引项，它记录了子表中关键码以及该子表在数据区中的起始位置。示例如图 4-18 所示。

思考：图书馆如何藏书和检索？

索引存储方法的优点如下。

（1）创建唯一性索引，保证在数据结构中每个子块数据的唯一性。

（2）加快数据结构中数据的检索速度。

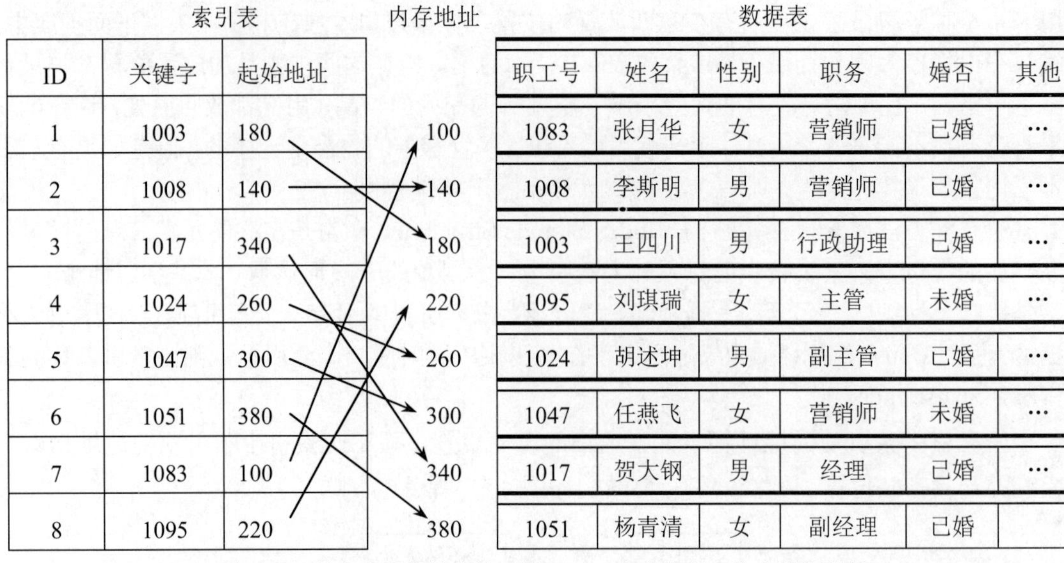

索引表

ID	关键字	起始地址
1	1003	180
2	1008	140
3	1017	340
4	1024	260
5	1047	300
6	1051	380
7	1083	100
8	1095	220

数据表

内存地址	职工号	姓名	性别	职务	婚否	其他
100	1083	张月华	女	营销师	已婚	…
140	1008	李斯明	男	营销师	已婚	…
180	1003	王四川	男	行政助理	已婚	…
220	1095	刘琪瑞	女	主管	未婚	…
260	1024	胡述坤	男	副主管	已婚	…
300	1047	任燕飞	女	营销师	未婚	…
340	1017	贺大钢	男	经理	已婚	…
380	1051	杨青清	女	副经理	已婚	

图 4-18 稀疏索引存储结构示例——一个存放职工信息数据结构

索引存储方法的缺点如下。

（1）除了数据结构中的数据（子块）要占用数据空间之外，每个索引还要占用一定的物理空间。

（2）对于在数据结构中进行 Insert、Update、Delete 操作，索引会降低它们的速度，这是因为不仅要把改动数据写入数据结构中，还要把改动写入索引表。

（3）索引也要动态维护，创建索引和维护索引要消耗时间，该时间随数据量的增加而增加，降低了数据的维护速度。

4. *散列存储方法*

散列存储的基本思想是以所需存储的节点（数据元素）中的关键字（key）作为自变量（或数据元素的字段中有一个或几个字段的值），通过某种确定的函数 H（称作散列函数或者哈希函数）进行计算，把求出的函数值作为该节点的存储地址，并将该节点或节点的关键字存储在这个地址中。

散列存储方法有时又称为关键字—地址转移法。

散列存储中使用的函数 H(key)称为散列函数或哈希函数。

散列函数实现关键字到存储地址的映射（或称转换），H(key)的值称为散列地址或哈希地址。

使用的数组空间或文件空间是数据进行散列存储的地址空间，这种存储结构称为散列表（哈希表）或散列存储结构（Hash Storage Structure）。

哈希表就是让数据元素的关键字与其存放位置之间建立一个确定的对应关系 H(即哈希函数 H)，使得每个关键字与存储结构中一个唯一的存储位置相对应。因而在查找数据元素时，只要根据这个对应关系 H 找到给定值的 key 的“象”（映射）H(key)。若哈希表中存在关键字与 key 相应的数据元素，则必定在 H(key)的存储位置上，由此不需要进行任何比较便可直接取得所查关键字，如图 4-19 所示。

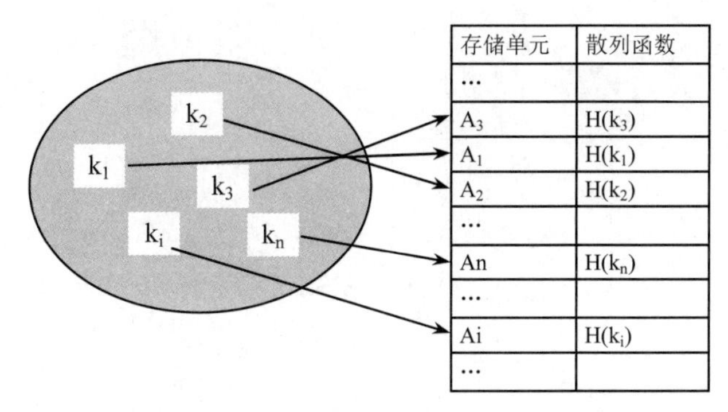

图 4-19　用散列函数 H 将关键字映射到散列表中

【例 4-17】假定一个集合为{6,15,23,36,45,69}，若规定每个元素 key 的存储地址为 H(key) =key，计算其对应散列存储表（哈希表）。

解：根据散列函数 H(key)＝key，可知元素 16 应当存入地址为 16 的单元，元素 23 应当存入地址为 23 的单元等，对应散列存储表（哈希表）如下。

地址	…	6	…	15	…	23	…	36	…	45	…	69	…
内容（key）	…	6	…	15	…	23	…	36	…	45	…	69	…

【例 4-18】11 个元素的关键码分别为 18、27、1、20、22、6、10、13、41、15、25，选取关键码与元素位置间的函数为 f(key)=key mod 11。

（1）通过这个函数对 11 个元素建立查找表如下。

地址	0	1	2	3	4	5	6	7	8	9	10
内容（key）	22	1	13	25	15	27	6	18	41	20	10

（2）查找时，对给定值 key 依然通过这个函数计算出地址，再将 key 与该地址单元中元素的关键码比较，若相等，则查找成功。

在构造哈希表时，不同的关键字可能会映射到同一个面地址，即不同的关键字 key 通过对应关系 H 找到的哈希地址相同，这种现象称为“冲突（collision）”。一般情况下，冲突不能完全避免，但可以选择合适的哈希函数来减少冲突。

散列存储方法的优缺点如下。

（1）散列是顺序存储方式的一种发展，可以依据存储数据的部分内容找到数据在顺序存储结构中的存储位置，进而能够快速实现数据的访问。

（2）数据随机存放，不需要排序；插入、删除方便。

（3）不需要索引区，节省存储空间。

（4）不能进行顺序存取，只能按关键字随机存取，不支持排序。

思考：如图 4-20 所示，A~Z 形成一个首尾相连的闭环，由此我们可以制作一个简单加密过程，显示输入的字符时，顺序前移 4 位（小写字母类似）。即输入字符“A”时，显示字符“E”；输入字符“B”时，显示字符“F”；输入字符“C”时，显示字符“G”，依此类推。请分析显示的字符“Lsa evi csy!”的含义是什么？其哈希函数如何表示？

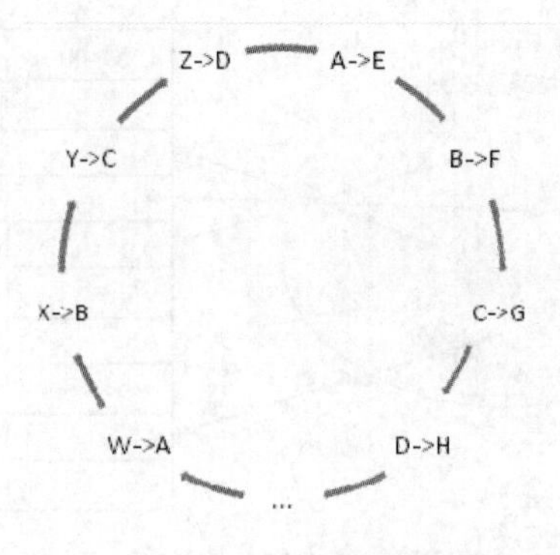

图 4-20　一个简单加密过程

4.2.3　大数据的存储与计算

随着 Web 应用和信息技术的不断发展，一方面，互联网应用环境日趋复杂，大数据、多媒体文件激增；另一方面，手机的普及使得用户对资源的共享需求日益成为常态。为了满足用户按需索取，按需使用存储与计算能力，人们发明了分布式存储、云存储和计算。

1. 大数据

大数据（Big Data，又称巨量资料）还没有一个被普遍接受的学术定义，不同专家和学者给出了各自的见解，下面列出两个常常提及的定义。

（1）2011 年，美国麦肯锡咨询公司在研究报告《大数据的下一个前沿：创新、竞争和生产力》中给出了大数据的定义：大数据是指大小超出典型数据库软件工具收集、存储、管理和分析能力的数据集。

（2）大数据研究机构 Gartner（高德纳）咨询公司分析师道格·兰尼认为：大数据具有量大、变化快和多样性高的特点，是需要新型处理模式才能具有更强的决策力、洞察发现力和流程优化能力来适应海量、高增长率和多样化的信息资产。

2. 大数据的特点

2001 年，Gartner 公司分析师道格·兰尼使用 3V 特性定义大数据，即 Volume（数量）、Velocity（速度）、Variety（种类）。后来有人在 3V 基础上又增加了 Value（价值）。2013 年 3 月，IBM 公司在北京发布的白皮书《分析：大数据在现实世界中的应用》又提出了一个新特性 Veracity（真实性），于是大数据的 4V 特性就变成了 5V 特性，如图 4-21 所示。

（1）数量大（Volume）。数量大是大数据区分于传统数据最显著的特征，传统的数据处理没有处理足量的数据，并不能发现很多数据潜在的价值。大数据时代随着数据量和数据处理能力的提升，从大量数据中挖掘出更多的数据价值变为可能。

（2）多样性（Variety）。多样性主要是大数据的结构属性，数据结构包括结构化、半结构化、“准”结构化和非结构化。

（3）快速率（Velocity）。从数据产生的角度来看，数据产生的速度非常快，很可能刚建立起来的数据模型在下一刻就会改变。从数据处理的角度来看，在保证服务和质量的前提下，大数据应用要讲究时效性，因为很多数据的价值会随着时间而流逝。

（4）价值性（Value）。大数据的价值性可以从两方面进行理解：第一，数据质量低，数据的价值密度低；第二，数据的高价值性，单一的数据记录并不独立地形成概念。

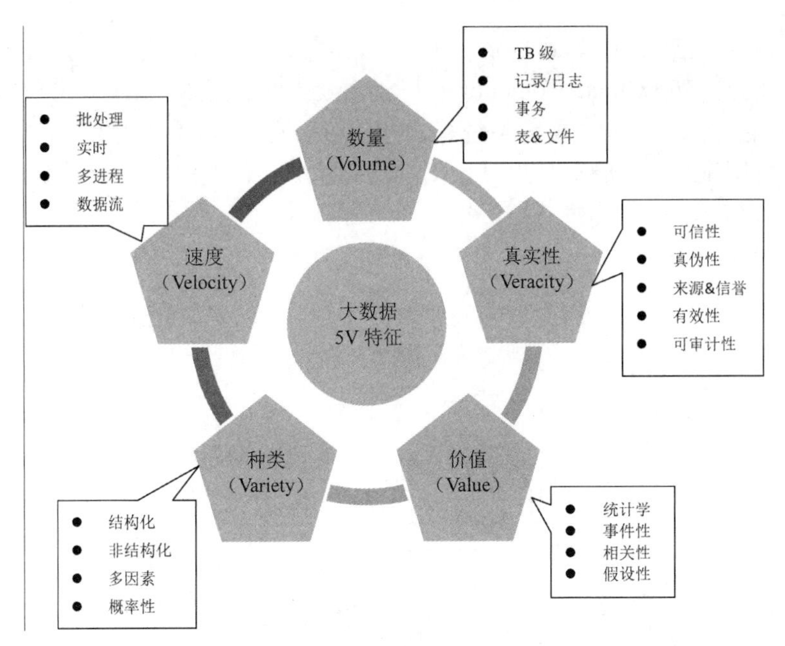

图 4-21　大数据 5V 特性

（5）真实性（Veracity）。也就是数据的质量。大数据来源于不同领域和用户，这些数据的有效性、真实性以及所提供数据的个人或单位的信誉都与原来数据产生的方式有区别，值得研究。

从技术上看，大数据与云计算的关系就像一枚硬币的正反面一样密不可分。大数据必然无法用单台计算机进行处理，它的特色在于对海量数据进行分布式数据挖掘。因此必须依托云计算的分布式处理、分布式数据库和云存储、虚拟化技术。

3. 分布式存储

与目前常见的集中式存储技术不同，分布式存储并不是将数据存储在某个或多个特定的节点上，而是通过网络使用企业中的每台机器上的磁盘空间，并将这些分散的存储资源构成一个虚拟的存储设备，数据分散的存储在企业的各个角落。分布式存储系统如图 4-22 所示。

分布式存储实际上是一种散列存储。

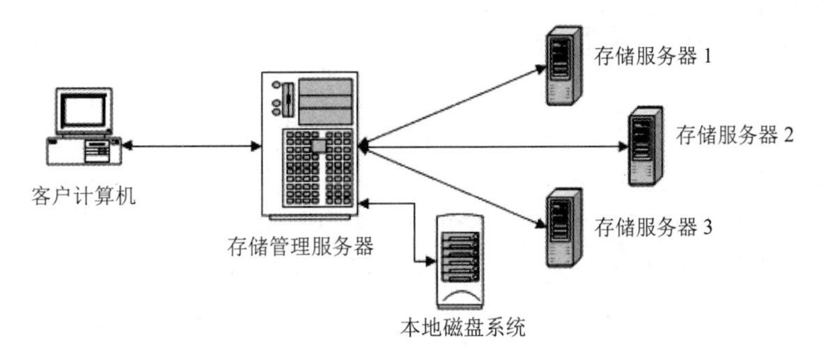

图 4-22　分布式存储系统

4. 云存储

早在 2006 年“云”的概念及理论就被正式提出，随后亚马逊、微软、IBM 等公司宣布了各自的“云计划”，云存储（Cloud Storage）、云安全等相关的云概念相继诞生。

云存储是在云计算（Cloud Computing）概念上延伸和发展出来的一个新的概念，是指通过集群应用、网格技术或分布式文件系统等功能，将网络中大量不同类型的存储设备通过应用软件集合起来协同工作，共同对外提供数据存储和业务访问功能的一个系统。云存储系统如图 4-23 所示。

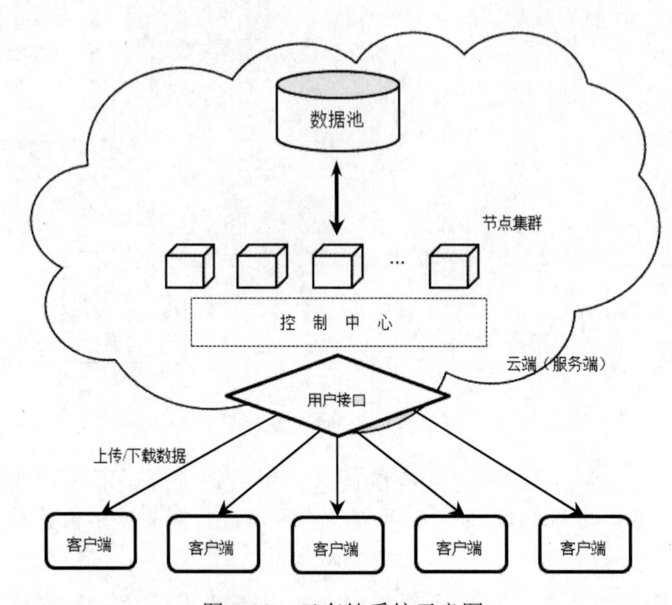

图 4-23 云存储系统示意图

云存储系统的结构模型由存储层、基础管理层、应用接口层和访问层 4 部分组成。

（1）存储层。存储层是云存储最基础的部分。云存储中的存储设备往往数量庞大且分布于不同地域，彼此之间通过广域网、互联网或者光纤通道（Fibre Channel，FC）网络连接在一起。

存储设备之上是一个统一存储设备管理系统，可以实现存储设备的逻辑虚拟化管理、多链路冗余管理，以及硬件设备的状态监控和故障维护。

（2）基础管理层。基础管理层是云存储最核心的部分，也是云存储中最难以实现的部分。基础管理层通过集群、分布式文件系统和网格计算等技术，实现云存储中多个存储设备之间的协同工作，使多个存储设备可以对外提供同一种服务，并提供更大、更强、更好的数据访问性能。

（3）应用接口层。应用接口层是云存储最灵活多变的部分。不同的云存储运营单位可以根据实际业务类型，开发不同的应用服务接口，提供不同的应用服务。比如视频监控应用平台、IPTV 和视频点播应用平台、网络硬盘引用平台、远程数据备份应用平台等。

（4）访问层。任何一个授权用户都可以通过标准的公用应用接口来登录云存储系统，享受云存储服务。云存储运营单位不同，云存储提供的访问类型和访问手段也不同。

5. 云计算

云计算是一种基于互联网的计算方式，共享的软硬件资源和信息可以按需提供给计算机和其他设备。典型的云计算提供商往往提供通用的网络业务应用，可以通过浏览器等软件或者其他 Web 服务来访问，而软件和数据都存储在服务器上。云计算通常提供通用的通过浏览器访问的在线商业应用，软件和数据可存储在数据中心。

云是网络、互联网的一种比喻说法。狭义云计算是指通过网络以按需、易扩展的方式获得所需资源。广义云计算是指服务的交付和使用模式，指通过网络以按需、易扩展的方式获得所需服务，这种服务可以是 IT，和软件、互联网相关，也可是其他服务。它意味着计算能力也可作为一种商品通过互联网进行流通。

云计算的特色在于对海量数据的挖掘，但它必须依托云计算的分布式处理、分布式数据库、云存储和虚拟化技术。用户可以通过已有的网络，将所需的庞大的计算处理程序自动拆分成无数个较小的子程序，再交由多部服务器组成的更庞大的系统，经搜寻、计算、分析之后将处理的结果回传给用户。

云计算和云存储的关系：当云计算系统运算和处理的核心是大量数据的存储和管理时，云计算系统中就需要配置大量存储设备，那么云计算系统就转变成一个云存储系统，所以云存储是一个以数据存储和管理为核心的云计算系统。

云计算的优点如下。

（1）安全。云计算提供了最可靠、最安全的数据存储中心，用户不用再担心数据丢失、病毒入侵等。

（2）方便。它对用户端的设备要求最低，使用起来很方便。

（3）数据共享。它可以轻松实现不同设备间的数据与应用共享。

（4）无限可能。它为我们使用网络提供了几乎无限多的可能。

6. 人工智能和大数据分析

大数据挖掘少不了人工智能技术。大数据分为“结构化数据”与“非结构化数据”。

（1）“结构化数据”是指企业的客户信息、经营数据、销售数据、库存数据等，存储于普通的数据库之中，专指可作为数据库进行管理的数据。

（2）“非结构化数据”是指不存储于数据库之中的，包括电子邮件、文本文件、图像、视频等数据。

目前，非结构化数据激增，企业数据的 80%左右都是非结构化数据。随着社交媒体的兴起，非结构化数据更是迎来了爆发式增长。复杂、海量的数据通常被称为大数据。

但是，这些大数据的分析并不简单。文本挖掘需要“自然语言处理”技术，图像与视频解析需要“图像解析技术”。如今，“语音识别技术”也不可或缺。

人工智能和大数据分析目录主要应用的领域有农业大数据、通信大数据、智能医疗、社会治安大数据、交通领域大数据、服务业大数据、营销与金融行业大数据、工业制造，人工智能的应用领域还囊括了计算机视觉、智能机器人自然语言处理等。

4.3　多媒体技术概述

随着计算机软硬件技术的不断发展，计算机的能力逐渐提高，具备了处理图形图像、声音视频等多媒体信息的能力。计算机多媒体技术已在教育、宣传、训练、仿真等方面得到了广泛的应用。

4.3.1 基本知识

1. 多媒体的概念

所谓媒体（Media）就是信息表示、传输和存储的载体，通常指广播、电视、电影和出版物等。随着计算机技术的不断发展，现在可以把上述各种媒体信息数字化并综合成一种全新的媒体——多媒体。多媒体的实质是将以不同形式存在的各种媒体信息数字化，然后用计算机对它们进行组织、加工，并以友好的形式供用户使用。

多媒体信息的形式包括数字、文本、图形、图像、声音和视频。

2. 媒体的分类

根据媒体的表现，媒体有如下几类。

（1）感觉媒体（Preception Media）。感觉媒体是指能直接作用于人的感官，使人能产生直接感觉的媒体。用于人类感知客观环境，如人的语言、文字、音乐、声音、图形图像、动画、视频等都属于感觉媒体。

（2）表示媒体（Representation Media）。表示媒体是为了加工、处理和传输感觉媒体而人为研究和构造出来的一种媒体，即信息在计算机中的表示。表示媒体表现为信息在计算机中的编码，如ASCII码、图像编码、声音编码等。

（3）表现媒体（Presentation Media）。表现媒体又称显示媒体，是指感觉媒体和利用于通信的电信号之间转换用的一类媒体，是计算机用于输入/输出信息的媒体，如键盘、鼠标、光笔、显示器、扫描仪、打印机、绘图仪等。

（4）存储媒体（Storage Media）。存储媒体用于存放表示媒体，以便保存和加工这些信息，也称介质，常见的存储媒体有硬盘、软盘、磁带和CD-ROM等。

（5）传输媒体（Transmission Media）。传输媒体是指用于将媒体从一处传送到另一处的物理载体，如电话线、双绞线、光纤、同轴电缆、微波等。

3. 常见媒体信息

多媒体技术处理的感觉媒体信息类型有以下几种。

（1）文本信息（Text）。文本信息是由文字编辑软件生成的文本文件，由汉字、英文或其他文字字符构成。文本是人类表达信息的最基本的方式，具有字体、字号、样式、颜色等属性。在计算机中，表示文本信息主要有两种方式：点阵文本和矢量文本。目前计算机中主要采用矢量文本。

（2）图形图像（Graphic or Image）。在计算机中，图形图像分为两类，一类是由点阵构成的位图图像，另一类是用数学描述形成的矢量图形。由于对图形图像信息的表示存在两种不同的方式，因此对它们的处理手段也是不同的。

（3）动画（Animation）。动画是一种通过一系列连续画面来显示运动的技术，通过一定的播放速度来达到运动的效果。利用各种各样的方法制作或产生动画，是依靠人的“视觉暂留”功能来实现的，将一系列变化微小的画面，按照一定的时间间隔显示在屏幕上，就可以得到物体运动的效果。

（4）音频（Audio）。音频即声音信息，声音是人们用于传递信息最方便、最熟悉的方式，主要包括人的语音、音乐、自然界的各种声音、人工合成声音等。

（5）视频（Video）。连续的随时间变化的图像称为视频图像或运动图像。人们依靠视觉获取的信息占依靠感觉器官所获得信息总量的 80%，视频信息具有直观和生动的特点。

4. 多媒体技术及应用

多媒体技术就是指把文字、图形、图像、动画、音频、视频等各种媒体通过计算机进行数字化采集、获取、加工处理、存储和传播而综合为一体的技术。其涉及的技术包括信息数字化处理技术、数据压缩和编码技术、高性能大容量存储技术、多媒体网络通信技术、多媒体系统软硬件核心技术、超媒体技术等。其中信息数字化处理技术是基本技术，数据压缩和编码技术是核心技术。

多媒体技术的应用涉及教育和培训、商业和服务行业、家庭娱乐和休闲、电子出版业、Internet 上的应用以及虚拟现实等。

4.3.2　多媒体的特点

与传统媒体相比，多媒体有如下几个突出特点。

（1）数字化（Digital）。传统媒体信息基本上是模拟信息，而多媒体处理的信息都是数字化信息，这正是多媒体信息能够集成的基础。

（2）集成性（Integration）。集成性是指将多种媒体信息有机地组织在一起，共同表达一个完整的多媒体信息，使文字、图形、声音、图像一体化。如果只是将不同的媒体存储在计算机中，而没有建立媒体间的联系，比如只能实现对单一媒体的查询和显示，则不是媒体的集成，只能称为图形系统或图像系统。

（3）多样性（Diversity）。多样性是多媒体的主要特征之一。多媒体技术的多样性体现在信息采集或生成、传输、存储、处理和显现的过程中要涉及多种感知媒体、表示媒体、传输媒体、存储媒体或呈现媒体或者多个信源或信宿的交互作用。这种多样性不是简单的数量或功能上的增加，而是质的变化。例如，多媒体计算机不但具有文字编辑、图像处理、动画制作以及收发 E-mail 等功能，而且具备处理、存储、随机地读取包括伴音在内的电视图像的功能，能够将多种技术、多种业务集合在一起。类似于人类可以用视觉、听觉、触觉、嗅觉和味觉 5 个感观接收和处理信息。

（4）交互性（Interactive）。传统媒体只能让人们被动接受，而多媒体可以利用计算机的交互功能使人们对系统进行干预。比如，电视观众无法改变节目顺序，而多媒体用户可以随意挑选光盘上的内容播放。

（5）实时性（Real-time）。多媒体是多种媒体的集成，在这些媒体中有些媒体（如声音和图像）是与时间密切相关的，这就要求多媒体必须支持实时处理。

多媒体的众多特点中，集成性和交互性是最重要的，可以说它们是多媒体的精髓。从某种意义上讲，多媒体的目的就是把电视技术所具有的视听合一的信息传播能力与计算机系统的交互能力结合起来，产生全新的信息交流方式。

4.3.3　多媒体计算机系统的构成

现在，人们使用最广泛的是多媒体个人计算机（Multimedia Personal Computer，MPC）。MPC 是指在个人计算机（PC）的基础上，融合了图形图像、音频、视频等多媒体信息处理技术，包括软件技术和硬件技术，构成的多媒体计算机系统。

可以将多媒体计算机系统看作一个分层结构，如图 4-24 所示。

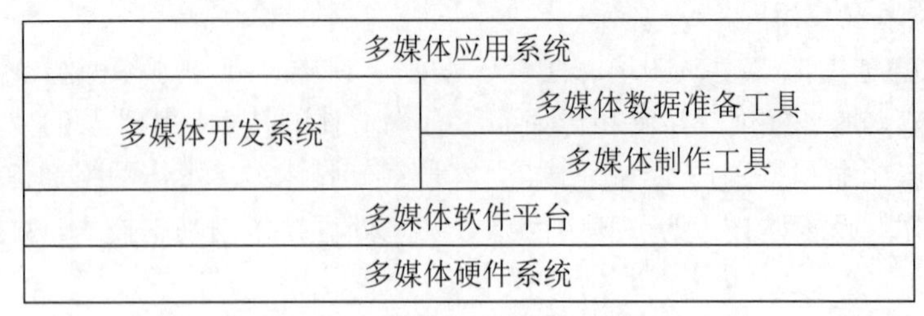

图 4-24　多媒体计算机的分层结构

1. 多媒体硬件系统

计算机的硬件系统在整个系统的最底层，包括多媒体计算机中的所有硬件设备和由这些设备构成的一个多媒体硬件环境，具体包括计算机最基本的硬件设备、CD-ROM、音频输入/输出和处理设备。

2. 多媒体软件平台

多媒体软件平台是多媒体软件核心系统，其主要任务是提供基本的多媒体软件开发的环境，它应具有图形和音视频功能的用户接口，以及实时任务调度、多媒体数据转换和同步算法等功能，能完成对多媒体设备的驱动和控制，对图形用户界面、动态画面的控制。多媒体软件平台依赖于特定的主机和外围设备构成的硬件环境，一般是专门为多媒体系统设计或在已有的操作系统的基础上扩充和改造而成的。

多媒体操作系统有 Intel 和 IBM 公司为数字视频交互系统（Digital Video Interactive，DVI）系统开发的 AVSS 和 AVK 操作系统，Apple 公司在 Macintosh 上的 Mac OS 系统中提供的 QuickTime 操作平台。在个人计算机上运行的多媒体软件平台，应用最广泛的是微软公司的 Windows 7/Windows 10/Windows 11 操作系统。

除上述多媒体操作系统外，根据需求还须配置一些多媒体开发工具和压缩、解压缩软件等。

3. 多媒体开发系统

多媒体开发系统主要包括多媒体数据准备系统（工具）和制作系统（工具）。多媒体数据准备系统的功能是收集多媒体的素材；多媒体制作系统的功能是将多媒体素材组织成一个结构完整的多媒体应用系统。

（1）多媒体数据准备工具。多媒体数据准备工具用于多媒体素材的收集、整理和制作。通常按照多媒体素材的类型对多媒体数据准备工具进行分类，如声音录制编辑、图形图像处理、扫描、视频采集编辑、动画制作软件等。

（2）多媒体制作工具。多媒体制作工具为多媒体开发人员提供组织编排多媒体数据和连接形成多媒体应用系统的软件工具，具有编辑、写作等信息控制能力，还具有将各种多媒体信息编入程序、时间控制、调试能力以及动态文件输入或输出的能力。

常用的多媒体制作软件主要有 Authorware、Director、Microsoft SharePoint Designer（以前称 FrontPage）、PowerPoint、Macromedia Dreamweaver 等。

近年流行一种云端的演示文稿制作软件 Prezi，主要通过缩放动作和快捷动作让想法更加生动有趣。它打破了传统 PowerPoint 的单线条时序，采用系统性与结构性一体化的方式进行演示，以路线的呈现方式，从一个物件忽然拉到另一个物件，配合旋转等动作则更有视觉冲击力。通过多终端（Web 网页端、Windows 和 Mac 桌面端、iPad 和 iPhone 移动端）创建、编辑文稿，从而帮助用户开拓思路，并使想法之间的联系更加明确清晰。

除上述专业的多媒体开发软件外，用户还可使用 Microsoft 的 Visual Basic、Borland 公司的 JBuilder 等程序设计语言作为多媒体制作工具。

在多媒体开发系统中，除了多媒体准备工具和制作工具以外，还有媒体播放工具和其他媒体处理工具，如多媒体数据库管理系统、VCD 制作工具等。

4. 多媒体应用系统

多媒体应用系统是由多媒体开发人员利用多媒体开发系统制作的多媒体产品，它面向多媒体的最终用户。多媒体应用系统的功能和表现是多媒体技术的直接体现。

4.3.4　多媒体计算机硬件系统构成

20 世纪 80 年代末、90 年代初，几家主要 PC 厂商联合组成的 MPC 委员会制定过 MPC 的 3 个标准，按当时的标准，多媒体计算机除应配置高性能的计算机外，还需配置的多媒体硬件有 CD-ROM 驱动器、声卡、视频卡和音箱（或耳机）。显然，对于当前的 PC 机来说，这些都已经是常规配置了。

对于从事多媒体应用开发的行业来说，除较高的计算机配置外，还要配备一些必需的插件，如视频捕获卡、语音卡等。此外，还要有采集和播放软件和音频信息的专用外部设置，如数码相机、数字摄像机、扫描仪和触摸屏等。

也就是说，MPC 硬件系统是在 PC 硬件设备的基础上，附加了多媒体附属硬件。多媒体附属硬件主要有两类：多媒体适配卡和多媒体外围设备。

1. 多媒体适配卡

多媒体适配卡的种类和型号很多，主要有声卡、视频卡、电话语言卡、传真卡、图形图像加速卡、电视卡、CD-I 仿真卡、Modem 卡等。

（1）声卡。声卡能完成的主要功能有录制和播放音频、音乐合成等。

（2）视频卡。MPC 上用于多媒体视频信号的是视频卡。视频卡的外观如图 4-25 所示。

图 4-25　视频卡的外观

视频卡按功能大致可分为视频采集卡（Video Capture Card）、视频转换卡（Video Conversion Card）、视频播放卡（又称解压缩卡，用于把压缩视频文件）等。

2. 多媒体外围设备

以外围设备连接到计算机上的多媒体硬件设备有光盘驱动器、扫描仪、打印机、数码照相机、触摸屏、数码摄像机、投影仪、传真机、麦克风、多媒体音响等。

（1）扫描仪。扫描仪（Scanistor）是一种图形输入设备，用于将黑白或彩色图片资料、文字资料等平面素材扫描形成图像文件或文字。扫描仪的外观如图 4-26 所示。

图 4-26　扫描仪的外观

（2）数码照相机。数码照相机（Digital Still Camera，DSC，简称 Digital Camera，DC）的关键技术是 CCD（电荷耦合器件，用于实现光电转换）。进入照相机镜头的光线聚集在 CCD 上，CCD 将照在各个光敏单元上的光线按照强度转换成模拟电信号，再转换成数字信号，存储在相机的存储卡中，再转存到计算机中进行处理。

（3）数码摄像机。数码摄像机（Digital Video，DV）是一种使用数字视频格式记录音频、视频数据的摄像机。DV 可以获得很高的图像分辨率，色彩的亮度和频宽也远比普通摄像机的高，音视频信息以数字方式存储，便于加工处理，可以直接在 DV 上完成视频的编辑处理。另外，DV 可以像数码照相机一样拍摄静态图像。

数码照相机和数码摄像机的外观如图 4-27 所示。

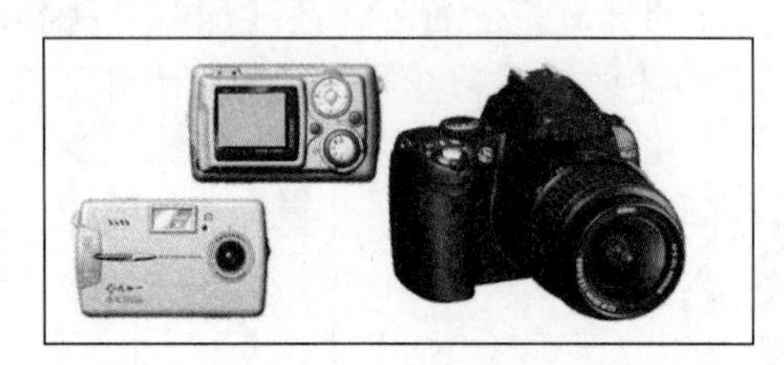

图 4-27　数码照相机（左）和数码摄像机（右）的外观

（4）投影仪。投影仪（Projector）是一种用来放大显示图像的投影装置，广泛应用于教学、会议室演示，可通过连接 DVD 影碟机等设备在大屏幕上观看电影等。投影仪的外观如图 4-28 所示。

图 4-28　投影仪的外观

3．通信设备

（1）调制解调器（Modem）。Modem 是指当两台计算机要通过电话线进行数据传输时，可以将数字信号转换成模拟信号（反过来，将模拟信号转换成数字信号）的一种设备，从而实现两台计算机之间的远程通信。

根据形态和安装方式，Modem 大致可以分为外置式 Modem、内置式 Modem、PCMCIA 插卡式 Modem 和机架式 Modem。

除以上 4 种常见的 Modem 外，现在还有 ISDN 调制解调器、Cable 调制解调器和 ADSL 调制解调器。

（2）网络接口卡。网络接口卡（Network Interface Card，NIC）简称网卡，是计算机局域网中最重要的连接设备之一，用于实现联网计算机和网络电缆之间的物理连接，为计算机之间相互通信提供一条物理通道，并通过这条通道进行高速数据传输。

习题 4

一、单选题

1．在计算机内部，信息用（　　）表示。

A．模拟数字　　B．十进制数　　C．二进制数　　D．抽象数字

2．字节是计算机中存储容量的单位，1 个字节由（　　）位二进制序列组成。

A．4　　B．8　　C．10　　D．16

3．存储在计算机内部的一个西文字符占 1 个字节，1 个汉字占（　　）个字节。

A．1　　B．2　　C．4　　D．8

4．二进制数 101101 转换为十进制是（　　）。

A．46　　B．65　　C．77　　D．45

5．二进制数 1110111.11 转换为十六进制数是（　　）。

A．77.C　　B．77.3　　C．E7.C　　D．E7.3

6．十六进制数 2B4 转换为二进制数是（　　）。

A．10101100　　B．1010110100　　C．10001011100　　D．1010111000

7．将 389 转化为四进制数的末位是（　　）。

A．0　　B．1　　C．2　　D．3

8．下列不同进制的 4 个数中，最小的数是（　　）。

A．$(11011001)_2$　　B．$(37)_8$　　C．$(75)_{10}$　　D．$(2A)_{16}$

9．在下面关于字符之间大小关系的说法中，正确的是（　　）。

A．空格符>a>A　　B．空格符>A>a　　C．a>A>空格符　　D．A>a>空格符

10．汉字系统中的汉字字库中存放的是汉字的（　　）。

A．机内码　　B．输入码　　C．字形码　　D．国际码

11．汉字的国标码由两个字节组成，每个字节的取值范围均在十进制（　　）的范围内。

A．33～126　　B．0～127　　C．161～254　　D．32～127

提示：每个字节的取值是区码或位码加上 32。因此得结果 33～126。

12．用某种软件（如 UltraEdit）观察字符内码，结果如下。

```
           0  1  2  3  4  5  6  7  8  9  a  b  c  d  e  f
00000000h: 49 54 BC BC CA F5                                ; IT技术
```

则字符“PPt”的十六进制内码值为（　　）。

A．56 56 54　　B．56 56 74　　C．50 50 54　　D．50 50 74

13．某计算机的内存是 16MB，则它的容量为（　）个字节。

A．16×1024×1024　B．16×1000×1000　C．16×1024　D．16×1000

14．下面关于比特的叙述中，错误的是（　）。

A．比特是组成数字信息的最小单位

B．比特只有“0”和“1”两个符号

C．比特可以表示数值、文字、图像和声音

D．比特“1”总是大于比特“0”

15．算式$(1010)_2$+$(B2)_{16}$的结果为（　）。

A．$(273)_8$　B．$(274)_8$　C．$(314)_8$　D．$(313)_8$

16．设有一段文本由基本 ASCII 字符和 GB 2312－1980 字符集中的汉字组成，其代码为 B0 A1 57 69 6E D6 D0 CE C4 B0 E6，则这段文本含有（　）。

A．1 个汉字和 9 个西文字符　B．2 个汉字和 7 个西文字符

C．3 个汉字和 5 个西文字符　D．4 个汉字和 3 个西文字符

提示：GB 2312－1980 编码规则中，一个汉字字符由两个字符构成，特征是高位大于 127（即 16 进制的 7F），低位不计。第一个字符 B0 明显大于 7F，所以这是一个汉字的高位，与下一个字符组成一个汉字。那么这里就去掉了两个字符 B0、A1。第三个字符是 57，很明显小于 7F，这是一个西文字符。依此类推，必须从第一个字符开始，一个字符一个字符地计算。

17．若计算机内存中连续 2 个字节的内容的十六进制形式为 34 和 64，则它们不可能是（　）。

A．2 个西文字符的 ASCII 码　B．1 个汉字的机内码

C．1 个 16 位整数　D．图像中一个像素或两个像素的编码

18．将十进制数 25 转换成对应的二进制数，正确的结果是（　）。

A．11001　B．11010　C．11011　D．11110

19．八进制数 672345 除以 8 的余数用二进制表示为（　）。

A．5　B．45　C．101　D．100101

20．从十六进制数表示的无符号整数尾部删除一个零，则得到的数是原数的（　）倍。

A．4　B．16　C．1/16　D．1/4

21．十进制算术表达式 3×512+7×64+4×8+5 的运算结果，用二进制表示为（　）。

A．10111100101　B．1111100101　C．11110100101　D.11111101101

22．在密码学中，直接可以看到的内容为明码，对明码进行某种处理后得到的内容为密码。有一种密码，将英文 26 个字母 a，b，c……z（无论大小写）依次对应 1，2，3……26 这 26 个自然数。当明码字母对应的序号 x 为奇数时，密码字母对应的序号是$\frac{x+3}{2}$；当明码字母对应的序号 x 为偶数时，密码字母对应的序号是$\frac{x}{2}+14$。按上述规定，将明码“hope”译成密码是（　）。

字母	a	b	c	d	e	f	g	h	i	j	k	l	m
序号	1	2	3	4	5	6	7	8	9	10	11	12	13
字母	n	o	p	q	r	s	t	u	v	w	x	y	z
序号	14	15	16	17	18	19	20	21	22	23	24	25	26

A．rivd　　B．gawq　　C．gihe　　D．hope

23．关于数字化声音正确的说法是（　　）。

A．声音是以数字的形式存储在计算机中

B．数字化声音就是以数字的形式把声音转化成计算机文件

C．把连续变化的波形信号转化成数字信号存储到计算机中就是数字化声音

D．以上都不对

24．要将 10000 张分辨率为 1024×768 的真彩（32 位）的珍贵历史图片刻录到光盘上，假设每张光盘可以存放 600MB 的信息，则需要（　　）张光盘。

A．100　　B．50　　C．200　　D．75

25．下列说法正确的是（　　）。

①图像都是由像素组成的，通常称为位图或点阵图。

②图形是用计算机绘制的画面，也称矢量图。

③图像的最大优点是容易进行移动、缩放、旋转和扭曲等变换。

④图形文件中是以指令集合的形式来描述的，数据量较小。

A．①②③　　B．①②④　　C．①②　　D．③④

26．图像分辨率是指（　　）。

A．屏幕上能够显示的图像数目　　B．用像素表示的数字化图像的实际尺寸

C．用厘米表示的图像的实际尺寸　　D．图像包含的颜色数

27．某图像的尺寸为 800×600，其单位是（　　）。

A．位　　B．字节　　C．颜色　　D．像素

28．对相同一段音乐，分别用 44kHz 和 11kHz 的采样频率进行采样后存储，那么采样频率越小，则（　　）。

A．存储容量越大　　B．存储容量越小

C．声音越真实　　D．存储容量及声音效果均无变化

29．（　　）不是多媒体技术的特点。

A．集成性　　B．交互性

C．实时性　　D．兼容性

30．下列资料中，（　　）不是多媒体素材。

A．波形、声音　　B．文本、数据

C．图形、图像、视频、动画　　D．光盘

二、填空题

1．计算机处理各种信息时所用的是________数。

2．八进制数一般可用的数字包括 0，1，2，3，4，5，6，7，且最后用字符________来标识。

3．数 A3.1H 转换为二进制数是________。

4．已知 A=11010110，B=01011011，则 A XOR B=________。

5．十六进制数 A5E.B8H 转换为八进制数为________。

6．二进制数 10111101101 除以十进制数 16 的余数用十六进制表示为________。

7．假设 5×7 的结果在某进制下可表示为 50，则 8×6 在相应的情况下应表示为________。

8．两个无符号整数 10100B 和 100B，两者算术相减的结果为________（使用二进制）。

9．将一个二进制数右移两位，形成的新数是原数的________倍。

10．数 A3.1H 转换成二进制数是________。

11．逻辑运算 1001 Or 1011=________。

12．设二进制数 A 是 00101101，若想通过异或运算 A∞B 使 A 的高 4 位取反，低 4 位不变，则二进制数 B 应是________。

13．N 为 m 位二进制无符号数，其数值表示范围为________。

14．假定某台计算机的字长为 8 位，则$[-67]_{补}$=________。

15．用一个字节表示非负整数，最小值为________，最大值为________。

16．内存地址从 5000H～53FFH，共有________个内存单元。若该内存每个存储单元可存储 16 位二进制数，并用 4 片存储芯片构成，则芯片的容量是________bit。

17．字符“A”的 ASCII 码的值为 65，则可推算出字符“G”的 ASCII 码的值为________。

18．24×24 点阵的一个汉字，其字形码占________字节。

19．已知“中”的区位码为 5448，它的国际码为________（使用十进制表示），机内码为________（使用十六进制表示）。

20．有一串十六制数“48 6F 77 20 61 72 65 20 79 6F 75”表示的文本，其含义是________。

21．采样频率为 44.1kHz，分辨率为 16 位，2 立体声，录音时间为 10 秒，则未经压缩的声音文件大小约为________。

22．人耳能听见的最高声频大约可设定为 22kHz，所以，在音频处理中对音频的最高标准样频率可取为 22kHz 的________倍。

23．色彩位数用 8 位二进制数来表示每个像素的颜色时，能表示________种颜色。

24．一般来说，要求声音的质量越高，则量化级数越高，采样频率越________。

25．表示图像分辨率的单位“dpi”的含义是________。

三、判断题

1．二进制数 11010011 是一个奇整数。（ ）

2．表示 56 种不同的状态至少需要 5 位二进制数。（ ）

3．二进制数 0.1 对应的八进制数是 0.1。（ ）

4．计算机中的数据可以精确地表示每个小数和整数。（ ）

5．任一十进制的小数均可采用乘 2 取整的方法转换成与之完全等值的二进制数。（ ）

6．对于一个 R 进制数来说，能使用的最大数码是 R-1。（ ）

7．十进制数的 11 在十六进制中仍表示成 11。（ ）

8．计算机的原码和反码相同。（ ）

9．计算机中数值型数据和非数值型数据均以二进制数据形式存储。（ ）

10．ASCII 码是一种字符编码，而汉字的各种输入方法也是一种字符编码。（ ）

11．在声音媒体数字化中，决定数字化波形质量的重要因素是采样频率。（ ）

12．在音频数字处理技术中，要考虑采样频率、量化级数的编码问题。（ ）

13．对音频数字化来说，在相同条件下，立体声比单声道占的空间大，量化级数越高，占的空间越小；采样频率越高，占的空间越大。（　）

14．图像分辨率是指数字化图像的尺寸，以水平和垂直的像素表示。（　）

15．文字不是多媒体数据。（　）

参考答案

一、单选题

1～5　CBBDA　6～10　BBBCC　11～15　ADADB　16～20　DBACC

21～25　BACBB　26～30　ADBDD

二、填空题

1．二进制　2．Q（或 O）　3．10100011.0001

4．10001101　5．101001011110.10111　6．D

7．66　8．10000　9．1/4

10．10100011.0001　11．1100　12．11110000

13．$0 \leqslant N \leqslant 2^m - 1$　14．10111101　15．0、255

16．1024、256×16　17．71　18．72

19．8680、D6D0　20．How are you　21．1723KB

22．2　23．256　24．高

25．像素点/英寸

三、判断题

1．√　2．×　3．√　4．×　5．×　6．√　7．×　8．×　9．√　10．√

11．×　12．√　13．×　14．√　15．×

第 5 章　数据库技术基础

现代社会是一个知识爆炸式发展的时代，每时每刻都会产生大量的数据。要对大量的数据进行统一、集中和独立的管理，就要采用数据库管理。数据库中可存放大量的数据，要将大量数据组织成易于读取的格式，则要通过数据库管理系统（Data Base Management System，DBMS）来实现。

5.1　数据管理技术的发展

随着计算机硬件技术和软件技术的发展，计算机数据管理的水平不断提高，管理方式也发生了很大的变化。数据管理技术的发展主要经历了人工管理、文件管理和数据库系统管理 3 个阶段。

1. 人工管理阶段

人工管理阶段始于 20 世纪 50 年代，由于当时没有磁盘作为计算机的存储设备，数据只能存放于卡片、纸带、磁带上。在软件方面，既没有操作系统，也没有专门管理数据的软件，数据由计算或处理它的程序自行携带。

人工管理阶段程序与数据之间的关系如图 5-1 所示。

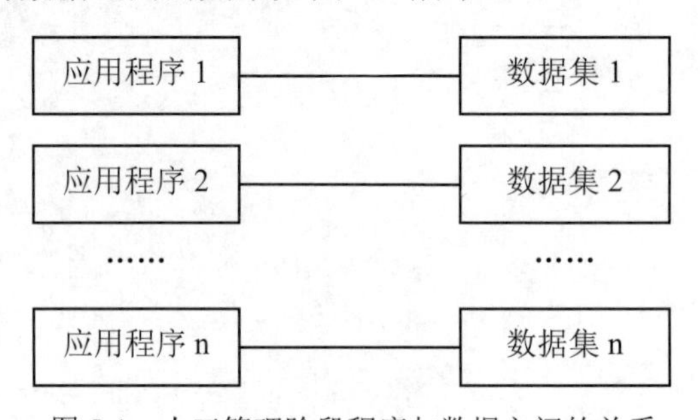

图 5-1　人工管理阶段程序与数据之间的关系

在人工管理阶段，数据管理存在的主要问题如下。

（1）数据不能独立，编写的程序要针对程序中的数据。当修改数据时，程序也需修改，而程序修改后，数据的格式、类型也需变化以适应处理它的程序。

（2）数据不能长期保存。数据被包含在程序中，程序运行结束后，数据和程序一起从内存中释放。

（3）没有专门进行数据管理的软件。人工管理阶段不仅要设计数据的处理方法，而且要说明数据在存储器中的存储地址。应用程序与数据是相互结合且不可分割的，各程序之间的数据不能相互传递，数据不能被重复使用。这种方式既不灵活也不安全，编程效率低下。

（4）一组数据对应于一个程序，一个程序中的数据不能被其他程序利用，数据无法共享，从而导致程序和程序之间有大量重复的数据存在。

2. 文件管理阶段

20 世纪 60 年代，计算机软、硬件技术得到快速发展，硬件方面有了磁盘、磁鼓等大容量且能长期保存数据的存储设备，软件方面有了操作系统。操作系统中有专门的文件系统用于管理外部存储器上的数据文件，数据与程序分开，数据能长期保存。

在文件管理阶段，把有关的数据组织成一个文件，这种数据文件能够脱离程序而独立存储在外存储器上，由一个专门的文件管理系统对其进行管理。在这种管理方式下，应用程序通过文件管理系统对数据文件中的数据进行加工处理。应用程序与数据文件之间具有一定的独立性。与早期人工管理阶段相比，使用文件系统管理数据的效率和数量都有很大提高。

文件管理阶段程序与数据之间的关系如图 5-2 所示。

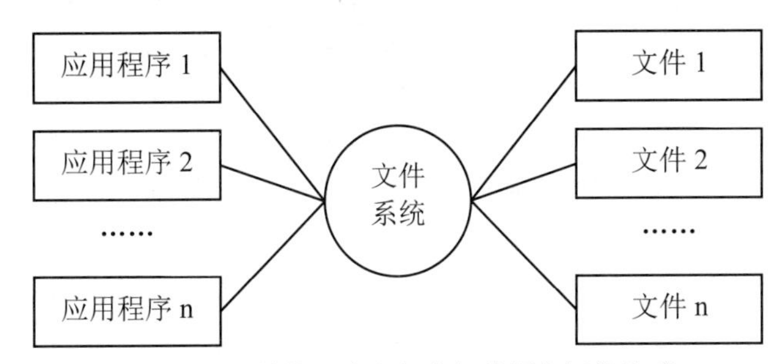

图 5-2　文件管理阶段程序与数据之间的关系

3. 数据库系统管理阶段

数据库系统管理阶段是将所有的数据集中到一个数据库中，形成一个数据中心，实行统一规划、集中管理，用户通过数据库管理系统来使用数据库中的数据。

与文件系统比较，数据库系统有以下特点。

（1）数据的结构化。在文件系统中，各文件不存在相互联系，因此从单个文件来看，数据是有结构的，但从整个系统来看，数据又是没有结构的。而数据库中的数据存储是按同一结构进行的。

（2）数据共享。在文件系统中，数据一般是由特定的用户专用的。数据库系统中，数据库共享是它的主要目的，数据库系统提供一套有效的管理手段，保持数据的完整性、一致性和安全性，使数据具有充分的共享性。

（3）数据独立性。在文件系统中，数据结构和应用程序相互依赖，一方的改变总会影响另一方的改变。数据库系统则力求减少相互依赖，实现数据的独立性。

（4）可控冗余度。数据专用时，每个用户拥有并使用自己的数据，难免有许多数据相互重复，即冗余。数据实现共享后，不必要的重复将全部消除，但为了提高查询效率，也可保留少量冗余，其冗余度由设计人员控制。

（5）实现了数据统一控制。数据库系统提供了各种控制功能，保证了数据的并发控制、安全性和完整性。数据库作为多个用户和应用程序的共享资源，允许多个用户同时访问。并发控制可以防止多用户并发访问数据时产生数据不一致性；安全性可以防止非法用户存取数据；完整性可以保证数据的正确性和有效性。

数据库系统管理阶段程序与数据之间的关系如图 5-3 所示。

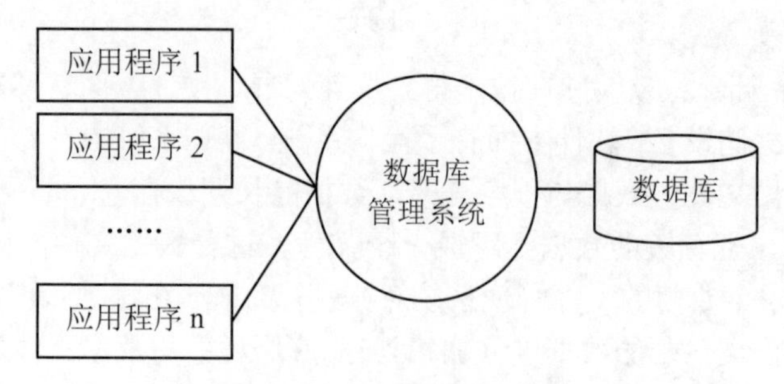

图 5-3 数据库系统管理阶段程序与数据之间的关系

5.2 数据模型

数据模型是指数据库中数据与数据之间的关系，数据模型不同，相应的数据库系统完全不同。任何一个数据库系统都是基于某种数据模型的。不同的数据模型提供了模型化数据和信息的不同工具，根据模型应用的不同目的，可以将模型分为两类或两个层次：一是概念模型，二是数据模型。前者是按用户的观点对数据和信息建模，后者是按计算机系统的观点对数据建模。

5.2.1 概念模型

概念模型是对客观事物及其联系的抽象，用于信息世界的建模，它强调其语义表达能力，以及能够较方便、直接地表达应用中各种语义知识。这类模型概念简单、清晰、易于被用户理解，是用户与数据库设计人员之间进行交流的语言。概念模型的表示方法很多，其中最著名的是 E-R 方法（实体-联系方法），它用 E-R 图来描述现实世界的概念模型。E-R 图的主要组成部分是实体、联系和属性。在概念模型中主要有如下概念。

- 实体。客观存在并可相互区分的事物称为实体。它是信息世界的基本单位。实体既可以是人，也可以是物；既可以是实际对象，也可以是抽象对象；既可以是事物本身，也可以是事物与事物之间的联系。例如一个学生、一个教师、一门课程、一支铅笔、一部电影、一个部门等都是实体。
- 属性。描述实体的特性称为属性。一个实体可由若干个属性来刻画。属性的组合表征了实体。例如铅笔有商标、软硬度、颜色、价格、生产厂家等属性；学生有学号、姓名、性别、出生日期、籍贯、专业、是否是团员等属性。
- 码（关键字）。唯一标识实体的一个属性或属性集称为码。例如学号是学生实体的码。
- 域。属性的取值范围称为域。例如学生性别的域为（男，女）。
- 实体型。用实体名及其属性名集合来抽象和刻画同类实体称为实体型。例如：学生以及学生的属性名集合构成学生实体型，可以简记为“学生（学号，姓名，性别，出生日期，籍贯，专业，是否是团员）”；铅笔（商标，软硬度，颜色，价格，生产厂家）表示铅笔实体型。
- 实体集。同类型的实体的集合称为实体集。例如全体学生就是一个实体集。

5.2.2　实体间的联系及联系的种类

两个实体间的联系可以分为下述 3 类。

1. 一对一联系（1∶1）

如果对于实体集 A 中的每个实体，实体集 B 中最多有一个实体与之联系，反之亦然，则称实体集 A 与实体集 B 具有一对一联系。

例如：在学校里，一个班级只有一个正班长，而一个班长只在一个班中任职，则班级与班长之间具有一对一联系。又如职工和工号的联系是一对一的，每个职工只对应于一个工号，不能出现一个职工对应于多个工号或一个工号对应于多名职工的情况。

2. 一对多联系（1∶n）

如果对于实体集 A 中的每个实体，实体集 B 中有 n 个实体（n≥0）与之联系，反之，对于实体集 B 中的每个实体，实体集 A 中最多只有一个实体与之联系，则称实体集 A 与实体 B 有一对多联系。

考查系（学院）和学生两个实体集，一个学生只能在一个系（学院）里注册，而一个系有很多学生。所以系和学生是一对多联系。又如单位的部门和职工的联系是一对多的，一个部门对应于多名职工，多名职工对应于同一个部门。

3. 多对多联系（m∶n）

如果对于实体集 A 中的每个实体，实体集 B 中有 n 个实体（n≥0）与之联系，反之，对于实体集 B 中的每个实体，实体集 A 中也有 m 个实体（m≥0）与之联系，则称实体集 A 与实体 B 具有多对多联系。

例如：一门课程同时有若干个学生选修，而一个学生可以同时选修多门课程，则课程与学生之间具有多对多联系。又如在单位中，一个职工可以参加若干个项目的工作，一个项目可有多个职工参加，则职工与项目之间具有多对多联系。

实体型之间的一对一、一对多、多对多联系不仅存在于两个实体型之间，也存在于两个以上的实体型之间。同一个实体集内的各实体之间也可以存在一对一、一对多、多对多联系，称为自联系。

5.2.3　常见的数据模型

不同的数据库管理系统所形成的数据库结构也不一定相同，目前数据库管理系统常用的数据模型主要有 4 种，即层次模型（Hierarchical Model）、网状模型（Network Model）、关系模型（Relation Model）和面向对象数据模型（Object Oriented Data Model）。

1. 层次模型

层次模型是数据库系统最早使用的一种模型。层次模型只能直接表示一对多（包括一对一）联系，不能表示多对多联系。例如学校行政机构的层次模型，如图 5-4 所示。

层次模型的主要特征如下。

（1）层次模型像一棵倒立的树，仅有一个无双亲的根节点。

（2）根节点以外的子节点，向上仅有一个父节点，向下有若干子节点。

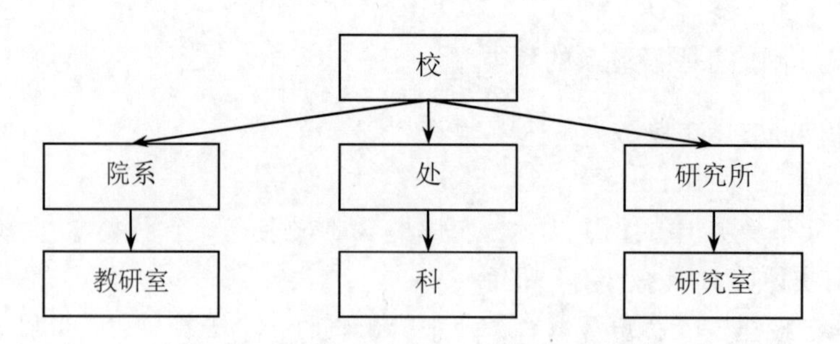

图 5-4　学校行政机构的层次模型

2. 网状模型

网状模型以网状结构表示实体与实体之间联系的模型，可以表示多个从属关系的层次结构，也可以表示数据间的交叉关系，是层次模型的扩展。

网状模型的主要特征如下。

（1）有一个以上的节点无双亲。

（2）至少有一个节点有多个双亲。

网状数据模型的结构比层次模型更具普遍性，它突破了层次模型的两个限制，允许多个节点没有双亲节点，允许节点有多个双亲节点。此外，它还允许两个节点之间有多种联系。因此网状数据模型可以更直接地描述现实世界。

图 5-5 给出了一个简单的网状模型示例。

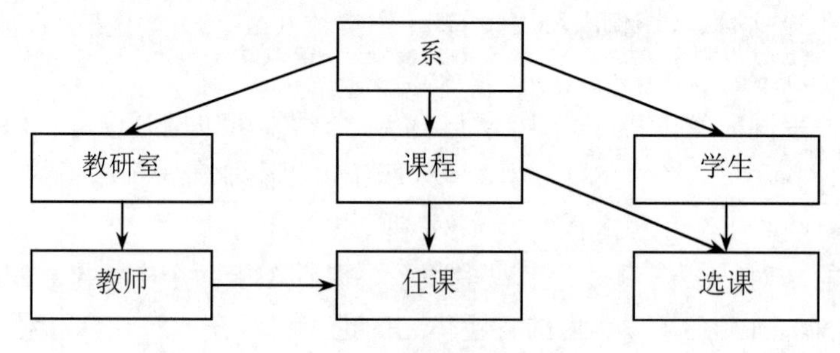

图 5-5　网状模型示例

3. 关系模型

关系模型是 20 世纪 70 年代发展起来的，是一种以关系（二维表）的形式表示实体与实体之间联系的数据模型。

1970 年，IBM 的研究员埃德加・弗兰克・科德（Edgar Frank Codd）首次提出了数据库的关系模型的概念，奠定了关系模型的理论基础。由于关系模型简单明了、具有坚实的数学理论基础，因此一经推出就受到了学术界和产业界的高度重视和广泛响应，并很快成为数据库市场的主流。

在一张二维表中，每行称为一个记录，用于表示一组数据项；每列称为一个字段或属性，用于表示每列中的数据项。表中的第一行称为字段名，用于表示每个字段的名称。

关系模型的主要特征如下。

（1）关系中的每个分量不可再分，是最基本的数据单位。

（2）关系中每列的分量是同属性的，列数根据需要而设，且各列的顺序是任意的。

（3）关系中每行由一个个体事物的诸多属性构成，且各行的顺序可以是任意的。

（4）一个关系是一张二维表，不允许有相同的列（属性），也不允许有相同的行（元组）。

关系模型是目前最流行的数据库模型。Access 采用的数据模型是关系模型，是一个关系数据库管理系统。

4. 面向对象数据模型

20 世纪 80 年代中期以后，人们提出了一个新的数据模型——面向对象数据模型。该模型用面向对象观点来描述现实世界实体（对象）的逻辑组织、对象间限制、联系等，一系列面向对象核心概念构成了面向对象数据模型的基础。其特点如下。

（1）面向对象数据模型也可以用二维表来表示，称为对象表。但该对象是用一个类（对象类型）来定义的。一个对象表用来存储这个类的一组对象。对象表的每行存储该类的一个对象（对象的一个实例），对象表的列则与对象的各个属性相对应。因此，在面向对象数据库中，表分为关系表和对象表，虽然都是二维表的结构，但却是基于两种不同的数据模型。

（2）扩充了关系数据模型的数据类型，支持用户自定义数据类型。

5.3 数据库的基本概念

1. 数据库

数据库通俗地讲就是存储数据的仓库。准确地说，数据库是以一定的组织方式存储的相互有关的数据集合。

数据库具有数据的共享性、数据的独立性、数据的完整性、数据冗余少等特点。

2. 数据处理

存储在数据库的数据可以进行相关处理，目的是把所获得的资料和有用的数据作为决策的依据。数据处理是指对原始数据进行收集、整理、存储、分类、排序、加工、统计和传输等一系列活动的总称。

3. 数据库管理系统

一个完整的数据库系统是由硬件系统、数据库集合、数据库管理系统及相关软件、数据库管理员 DBA 和用户 5 个部分组成。在这 5 个部分中，数据库管理系统是为数据库建立、使用和维护而配置的软件，是数据库系统的核心组成部分。

数据库管理系统具有如下几方面的功能。

（1）数据库的定义功能。提供了数据定义语言或者操作命令，以便对各级数据模式进行精确的描述以及完整性约束和保密限制等约束。

（2）数据操作。提供了数据操作语言，供用户实现对数据的操作。

（3）数据库运行控制功能。数据库中的数据能够提供给多个用户共享使用，用户对数据进行并发的存取，多个用户同时使用同一个数据库。

（4）数据字典。数据字典是对数据库结构的描述和管理手段，对数据库使用的操作都要通过查阅数据字典进行。它是在系统设计、实现、运行和扩充各个阶段管理和控制数据库的工具。

另外，一个完整的数据库管理系统还需具备对数据库的保护、维护和通信等功能。

常见的数据库管理系统有 Oracle、Microsoft SQL Server、MySQL 和 Microsoft Access 等。

其中 MySQL 是中小型数据库管理系统，而 Microsoft Access 主要用于程序调试用的数据库管理系统。

4. 数据库应用系统

数据库应用系统（Data Base Application System，DBAS）是在 DBMS 支持下根据实际问题，利用某种程序设计开发平台（如 Visual Basic .NET）开发出来的数据库应用软件。DBAS 通常由数据库和应用程序两部分组成，它们都需要在 DBMS 支持下开发。

数据库应用程序的体系结构由用户界面、数据库引擎（接口）和数据库 3 部分组成，如图 5-6 所示。其中，数据库引擎位于应用程序与数据库文件之间，是一种管理数据如何被存储和检索的软件系统。

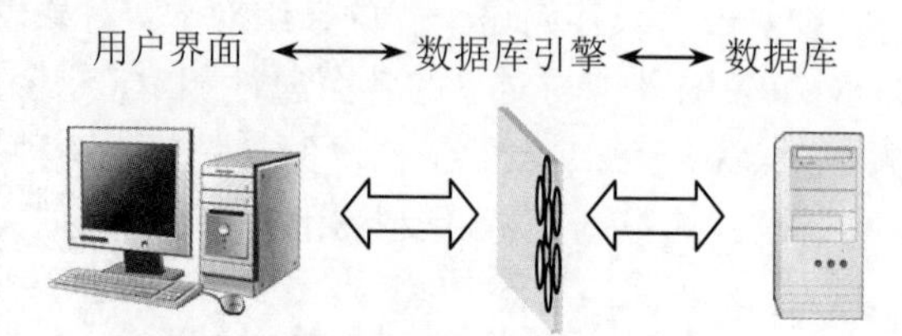

图 5-6　数据库应用程序的体系结构

5. 数据库系统的分类

数据库系统的分类有多种方式，按照数据的存放地点的不同，数据库系统可分为集中式数据库系统和分布式数据库系统。

（1）集中式数据库系统。集中式数据库系统是将数据集中在一个数据库中。数据在逻辑上和物理上都是集中存放的。所有的用户在存取和访问数据时，都要访问这个数据库。例如一个银行储蓄系统，如果系统的数据存放在一个集中式数据库中，那么所有储户在存款和取款时都要访问这个数据库。这种方式访问方便，但通信量大、速度慢。

（2）分布式数据库系统。分布式数据库系统是将多个集中式的数据库通过网络连接起来，使各个节点的计算机可以利用网络通信功能访问其他节点上的数据库资源，使各个数据库系统的数据实现高度共享。分布式数据库系统特别适合地理位置分散的部门和组织机构，如铁路民航订票系统、银行业务系统等。分布式数据库系统的主要特点是：系统具有更高的透明度，可靠性与效率更高，局部与集中控制相结合，系统易于扩展。

6. 数据库应用系统开发工具

常用的数据库应用系统开发工具有 Visual Basic .NET、C#、Visual C++、Java、Python 等。图 5-7 所示是常见的一种支持数据库查询的 Web 服务器应用程序。Web 服务器上的网页由 HTML 和 ASP/JSP 文件组成，用户通过浏览器访问网页，ASP/JSP 文件通过 SQL 命令对数据库进行查询。在这种数据库系统中，开发技术有 ASP.NET、PHP、JSP 等。

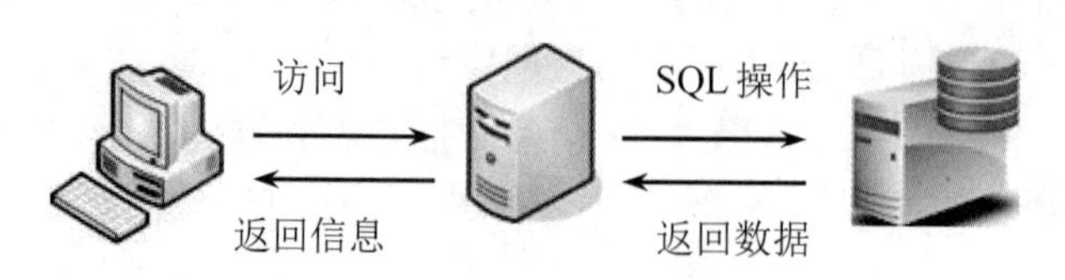

图 5-7　Web 服务器应用程序

5.4　关系数据库

关系数据库（Relational Database）是创建在关系模型基础上的数据库，借助于集合代数等数学概念和方法来处理数据库中的数据。现实世界中的各种实体以及实体之间的各种联系均用关系模型来表示。关系模型是由美国 IBM 的埃德加 • 弗兰克 • 科德于 1970 年首先提出的，并配合“科德十二定律”，用数学理论奠定了关系数据库的基础，是数据存储的传统标准。标准数据查询语言 SQL 就是一种基于关系数据库的语言，该语言执行对关系数据库中数据的检索和操作。

关系模型由关系数据结构、关系操作集合、关系完整性约束 3 部分组成。

关系数据库是依照关系模型设计的若干二维数据表（Table）文件的集合。关系数据库中每张二维表之间可以通过关系（Relation）联系在一起。

数据表是由行和列组成的数据集合，每行数据称为一个（条）记录（Record）。每条记录又包含若干个数据项，每个数据项称为一个字段（Field），每个字段具有不同或相同的数据类型。如图 5-8 所示的“学生”表。

为了保证数据表中唯一标识一条记录，可为数据表设置一个主键。主键是数据表某个字段或某些字段的组合。

表中的记录按一定的顺序排列，如“学生”表中的数据以学号排序。为了提高数据的访问效率，如查询入学总分字段中的一个数据，显然，事先数据表的顺序不是按学号而是按入学总分的顺序重新排序的，查询速度可得到提高。为此，数据表中可设置一个或多个排序的依据（或关键字），这种关键字称为索引标识。以索引标识名建立的排序称为索引。

一个字段（Field）
索引
主键
一条记录（Record）
记录指针
当前记录

学生

学号	姓名	性别	出生日期	专业号	入学总分	团员	备注	照片
S1650107	沈鱼儿	女	1984/11/7	01	506	No		Package
S1650101	安能	男	1985/10/23	01	520	No		Package
S1650103	刘雨	女	1986/1/2	02	585	Yes		Package
S1650102	王实	男	1985/8/12	02	518	No		Package
S1650105	吴心	女	1985/5/12	03	538	Yes		Package
S1650104	刘明华	男	1985/7/24	03	550	No		Package
S1650110	胡雪松	男	1984/3/18	04	547	No		Package
S1650106	杨海	男	1984/12/12	04	564	Yes		Package
S1650109	张小云	男	1985/2/15	05	592	Yes		Package
S1650108	李敏	女	1985/9/30	05	521	Yes		Package

记录: 第 7 项(共 10 项　未筛选　搜索

图 5-8　“学生”表

多个相互关联的数据表组成一个数据库。例如，一个学生管理数据库（xsgl.accdb）由“学生”表、“成绩”表和“专业”表组成。

“成绩”表和“专业”表的结构和部分数据如图 5-9 所示。

表与表之间可以用不同的方式相互关联。若第一张表中的一条记录内容与第二张表中多条记录的数据相符，但第二张表中的一条记录只能与第一张表的一条记录的数据相符，则这种表间关系类型叫作“一对多”关系。若第一张表的一条记录的数据内容可与第二张表的多条记录的数据相符，反之亦然，则这种表间关系类型叫作“多对多”关系。若第一张表的一条记录的数据内容只能与第二张表的一条记录的数据相符，则这种表间关系类型叫作“一对一”关系。

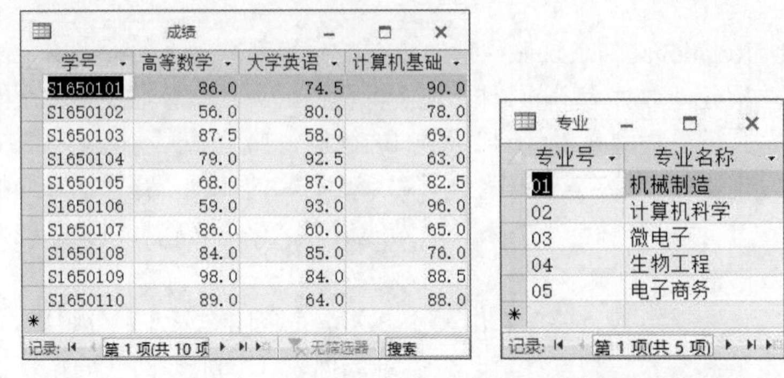

成绩

学号	高等数学	大学英语	计算机基础
S1650101	86.0	74.5	90.0
S1650102	56.0	80.0	78.0
S1650103	87.5	58.0	69.0
S1650104	79.0	92.5	63.0
S1650105	68.0	87.0	82.5
S1650106	59.0	93.0	96.0
S1650107	86.0	60.0	65.0
S1650108	84.0	85.0	76.0
S1650109	98.0	84.0	88.5
S1650110	89.0	64.0	88.0

记录：第1项(共10项 无筛选器 搜索

专业

专业号	专业名称
01	机械制造
02	计算机科学
03	微电子
04	生物工程
05	电子商务

记录：第1项(共5项)

图 5-9 “成绩”表（左）和“专业”表（右）的结构和部分数据

5.4.1 关系术语

关系是建立在数学集合概念基础之上的，是由行和列表示的二维表。

1. 关系（Relation）

一个关系就是一张二维表，每个关系有一个关系名。在 Access 中，一个关系就称为一张数据表。

2. 元组（Tuple）

二维表中水平方向的行称为元组，每行是一个元组。在 Access 中，一行称为一个记录（Record）。

3. 属性（Attribute）

二维表中垂直方向的列称为属性，每列有一个属性名。在 Access 中，一列称为一个字段（Field），用来表示关系模型中全部数据项（即属性）的类型。每个字段由若干个按照某种界域划分的相同类型的数据项组成。表的第一行给出了各个不同字段的名称，称为字段名；而字段名下面的数据称为字段的值。显然，对于同一个字段来说，不同的记录字段值可能不同。

4. 域（Domain）

域是指表中属性的取值范围。在 Access 中，一个字段的取值称为一个字段的宽度。

5. 索引（Index）

索引是指为了加快数据库的访问速度，所建立的一个独立的文件或表格。

6. 主键（Primary key）

表中的某个属性或属性组合，其值可以唯一确定一个元组，称为主码（或关键字，Key Word）。在 Access 中，具有唯一性取值的字段称为关键字段，即主键。

7. 外关键字（Foreign key）

关系中的属性或属性组，并非该关系的关键字，但它们是另一个关系的关键字，称为该关系的外关键字。

8. 关系模式（Relational model）

关系模式是指对关系的描述。一个关系模式对应一个关系的结构。其格式如下。

关系名（属性名 1，属性名 2，属性名 3……属性名 n）

例如，学生情况表的关系模式描述如下。

学生情况表（学号，姓名，性别，出生日期，系别，总分，团员，备注，照片）

从集合论的观点来定义关系，可以将关系定义为元组的集合；关系模式是命名的属性集合；元组是属性值的集合。一个具体的关系模型是若干各有联系的关系模式的集合。

不是所有的二维表都能称为关系型数据库。要称为关系型数据库，还应具备以下特点。

（1）关系中的每个数据项都是最基本的数据单位，不可再分。

（2）每竖列数据项（即字段）的属性相同。列数可根据需要而设，各列的次序可左右交换而不影响结果。

（3）每条记录由一个个体事物的各个字段组成。记录彼此独立，可根据需要而录入或删除，各条记录的次序可前后交换而不影响结果。

（4）一张二维表表示一个关系，一张二维表中不允许有相同的字段名，也不允许有两条记录完全相同。

5.4.2　关系运算

1. 传统的集合运算

进行并、差、交、广义笛卡儿积、除集合运算的两个关系必须具有相同的关系模式，即结构相同。

（1）并（Union）。两个相同结构的关系 R 和 S 的“并”记为 $R \cup S$，其结果是由 R 和 S 的所有元组组成的集合。

（2）差（Difference）。两个相同结构的关系 R 和 S 的“差”记为 $R-S$，其结果是由属于 R 但不属于 S 的元组组成的集合。差运算的结果是从 R 中去掉 S 中也有的元组。

（3）交（Intersection）。两个相同结构的关系 R 和 S 的“交”记为 $R \cap S$，它们的交是由既属于 R 又属于 S 的元组组成的集合。交运算的结果是 R 和 S 的共同元组。

（4）广义笛卡儿积（Cartesian Product）。两个分别为 n 目和 m 目的关系 R 和 S 的广义笛卡儿积是一个（n+m）列的元组的集合。元组的前 n 列是关系 R 的一个元组，后 m 列是关系 S 的一个元组。若 R 有 k_1 个元组，S 有 k_2 个元组，则关系 R 和关系 S 的广义笛卡儿积有 $k_1 \times k_2$ 个元组，记为 $R \times S$。

（5）除（Division）。设关系 R 除以关系 S 的结果为关系 T，则 T 包含所有在 R 中但不在 S 中的属性及其值，且 T 的元组与 S 的元组的所有组合都在 R 中，记为 $R \div S$。

2. 专门的关系运算

在关系数据库中，经常需要对关系进行特定的关系运算操作。关系运算包括选择、投影、并、差、笛卡儿积和连接等。本书只对常用关系运算（即选择、投影和连接）进行介绍，更多内容请参考相关资料。

选择。从一个关系中选出满足给定条件的记录的操作称为选择。选择是从行的角度进行的运算，选出满足条件的那些记录构成原关系的一个子集。

投影。从一个关系中选出若干指定字段的值的操作称为投影。投影是从列的角度进行的运算，所得到的字段数通常比原关系的少，或字段的排列顺序不同。

连接。把两个关系中的记录按一定条件横向结合，生成一个新的关系。最常用的连接运算是自然连接，它是利用两个关系中共用的字段，把该字段值相等的记录连接起来。

（1）选择运算。选择运算是从关系中找出满足条件的记录。选择运算是一种横向的操作，它可以根据用户的要求从关系中筛选出满足一定条件的记录，这种运算可以改变关系表中的记录数，但不影响关系的结构。

在 Access 的 SQL 语句中，可以通过条件子句 WHERE<条件>等实现选择运算。例如，通过 Access 的命令可以从图 5-8 所示的“学生”表中找出“入学总分”大于等于 550 分的学生，结果如图 5-10 所示。

（2）投影运算。投影运算是从关系中选取若干个字段组成一个新的关系。投影运算是一种纵向的操作，它可以根据用户的要求从关系中选出若干字段组成新的关系。其关系模式所包含的字段数往往比原有关系的少，或者字段的排列顺序不同。因此投影运算可以改变关系中的结构。

在 Access 的 SQL 语句中，可以通过输出字段子句实现投影运算。

例如，在“学生”表（学号，姓名，性别，出生日期，专业号，入学总分，团员，简历，照片）关系中只显示“学号”“姓名”“性别”“专业号”4 个字段的内容，如图 5-11 所示。

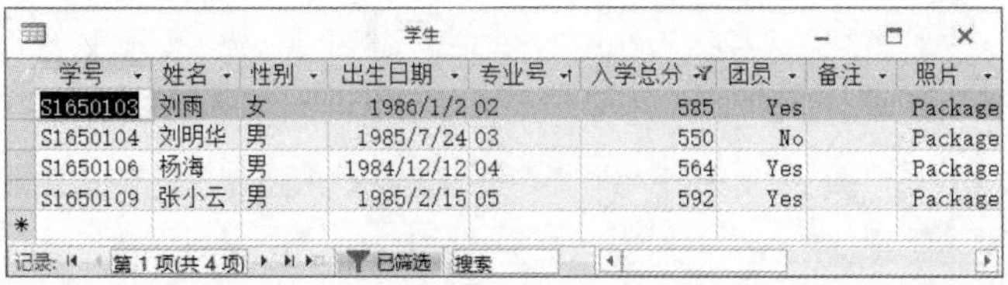

学生

学号	姓名	性别	出生日期	专业号	入学总分	团员	备注	照片
S1650103	刘雨	女	1986/1/2	02	585	Yes		Package
S1650104	刘明华	男	1985/7/24	03	550	No		Package
S1650106	杨海	男	1984/12/12	04	564	Yes		Package
S1650109	张小云	男	1985/2/15	05	592	Yes		Package
*								

记录：第 1 项(共 4 项) 已筛选 搜索

图 5-10　入学总分大于等于 550 分的学生

学号	姓名	性别	专业号
S1650101	安能	男	01
S1650102	王实	男	02
S1650103	刘雨	女	02
S1650104	刘明华	男	03
S1650105	吴心	女	03
S1650106	杨海	男	04
S1650107	沈鱼儿	女	01
S1650108	李敏	女	05
S1650109	张小云	男	05
S1650110	胡雪松	男	04
*			

图 5-11　投影效果

（3）连接运算。连接运算是将两个关系通过共同的属性名（字段名）连接成一个新的关系。连接运算可以实现两个关系的横向合并，在新的关系中反映出原来两个关系之间的联系。

选择运算和投影运算都属于单目运算，对一个关系进行操作；连接运算属于双目运算，对两个关系进行操作。

5.4.3　关系的完整性

数据库系统在运行的过程中，由于数据输入错误、程序错误、使用者的误操作、非法访问等各方面原因，容易产生数据错误和混乱。为了保证关系中数据的正确和有效，需建立数据完整性的约束机制来加以控制。

关系的完整性是指关系中的数据及具有关联关系的数据间必须遵循的制约条件和依存关系，以保证数据的正确性、有效性和相容性。关系的完整性主要包括实体完整性、域完整性和参照完整性。

（1）实体完整性（Entity Integrity）。实体是关系描述的对象，一行记录是一个实体属性的集合。在关系中用关键字来唯一地标识实体，关键字也就是关系模式中的主属性。实体完整性是指关系中的主属性值不能取空值（NULL）且不能有相同值，保证关系中的记录的唯一性，是对主属性的约束。若主属性取空值，则不可区分现实世界中存在的实体。例如，学生的学号、职工的职工号一定都是唯一的，这些属性都不能取空值。

（2）域完整性（Domain Integrity）。域完整性约束也称用户自定义完整性约束。它是针对某个应用环境的完整性约束条件，主要反映了某个具体应用涉及的数据应满足的要求。

域是关系中属性值的取值范围。域完整性是对数据表中字段属性的约束，它包括字段的值域、字段的类型及字段的有效规则等约束，它是由确定关系结构时定义的字段的属性决定的。在设计关系模式时，定义属性的类型、宽度是基本的完整性约束。进一步的约束可保证输入数据合理有效，如性别属性只允许输入“男”或“女”，其他字符的输入则被认为是无效输入，拒绝接受。

（3）参照完整性（Referential Integrity）。参照完整性是对关系数据库中建立关联关系的数据表之间数据参照引用的约束，也就是对外关键字的约束。准确地说，参照完整性是指关系中的外关键字必须是另一个关系的主关键字有效值，或者是 Null（什么都没有）。

在实际的应用系统中，为减少数据冗余，常设计几个关系来描述相同的实体，这就存在关系之间的引用参照。也就是说，一个关系属性的取值要参照其他关系。例如对学生信息的描述常用以下 3 个关系。

学生（学号，姓名，性别，班级）

课程（课程号，课程名）

成绩（学号，课程号，成绩）

上述关系中，“课程号”不是成绩关系的主关键字，但它是被参照关系（课程关系）的主关键字，称为成绩关系的外关键字。参照完整性规则规定外关键字可取空值或取被参照关系中主关键字的值。虽然这里规定外关键字课程号可以取空值，但按照实体完整性规则，课程关系中“课程号”不能取空值，所以成绩关系中的“课程号”实际上是不能取空值的，只能取课程关系中已存在课程号的值。若取空值，关系之间就失去了参照完整性。

5.4.4　数据库设计

数据库设计是指对于一个给定的应用环境，构造最优的数据库模式，建立数据库及其应用系统，使之能够有效地存储数据，满足各种应用需求。数据库设计分为以下 6 个步骤。

（1）需求分析。准确了解和分析用户需求，包括数据和处理等。

（2）概念结构设计。对用户需求进行综合、归纳与抽象，形成一个独立于具体 DBMS 的概念模型。

（3）逻辑结构设计。将概念结构转换为某个 DBMS 支持的数据模型。

（4）物理结构设计。为逻辑数据模型选取一个最适合应用环境的物理结构，包括存储结构和存取方法等。

（5）数据库实施。建立数据库，编制与调试应用程序，组织数据入库，并进行调试运行。

（6）数据库运行和维护。对数据库系统进行评价、调整和修改。

5.5　建立 Access 数据库

要使用 Access 数据库，首先要建立数据库，同时还要创建数据库中的多个数据表。可以使用 Microsoft Office Access 2016 软件创建所需的数据库 xsgl.accdb 以及数据库中的 3 张表，即“学生”表、“成绩”表和“专业”表。

1. Access 数据库管理器

若已安装 Access 2016，则只要依次单击执行“开始”→“所有应用”→“Access 2016”命令即可启动 Access 2016。

启动 Access 2016 后，通常自动打开“文件”选项卡，提示用户新建或打开一个数据库进行设计，在进行数据库设计过程中，Access 2016 工作窗口一般如图 5-12 所示，包括标题栏、菜单栏、工具栏、工作区和状态栏等。

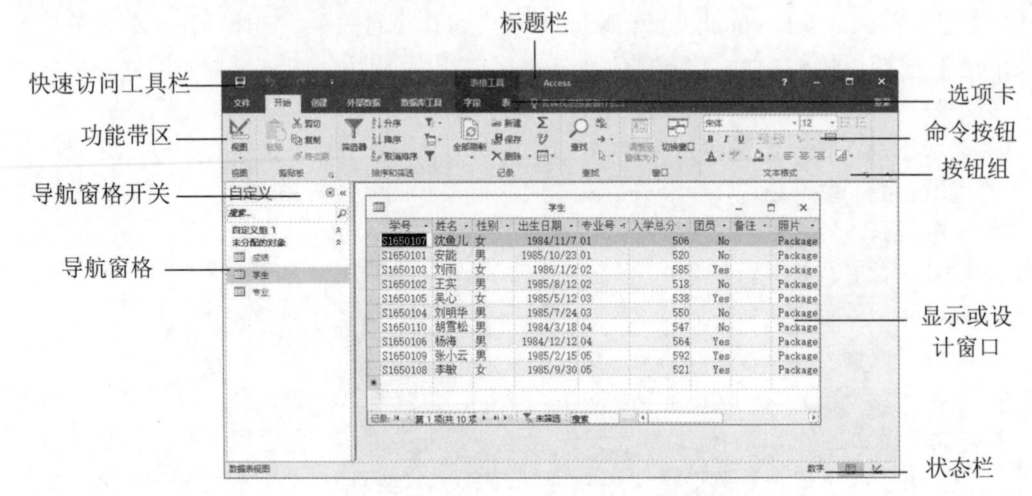

图 5-12 Access 2016 工作窗口

退出 Access 2016 的方法很简单，选择“文件”选项卡中的“关闭”命令或者使用 Alt+F4 组合键，也可以直接单击窗口右上角的“关闭”按钮 × 。无论何时退出，Access 2016 都将自动保存对数据的更改。

2. 新建或打开一个数据库

Access 提供两种创建数据库的一般方法：第一种是先创建一个空数据库，然后添加表、查询、窗体和报表等对象，这种方法比较灵活，但必须逐一定义每个数据库对象；第二种是利用 Access 提供的模板，通过简单操作创建数据库。

创建空数据库的方法是单击“文件”选项卡（或按 Ctrl+N 组合键），在弹出的下拉列表框中单击“新建”命令。如果使用已存在的数据库，则单击“打开”按钮。

【例 5-1】 创建一个空的“学生管理”数据库（xsgl.accdb）。

【操作步骤】

（1）打开“文件”选项卡，单击“新建”命令，如图 5-13 左图所示。

（2）单击“空数据库”命令按钮之后，出现“空白桌面数据库”对话框，如图 5-13 右图所示。

（3）单击“浏览”按钮，显示“文件新建数据库”对话框，如图 5-14 所示。

在“导航窗格”选定路径，并在“文件名”文本框中输入“xsgl”；单击“确定”按钮后，回到图 5-13 右图所示的界面，单击“创建”按钮，即产生数据库文件“xsgl.accdb”并显示标题为“xsgl:数据库…”的数据库窗口。

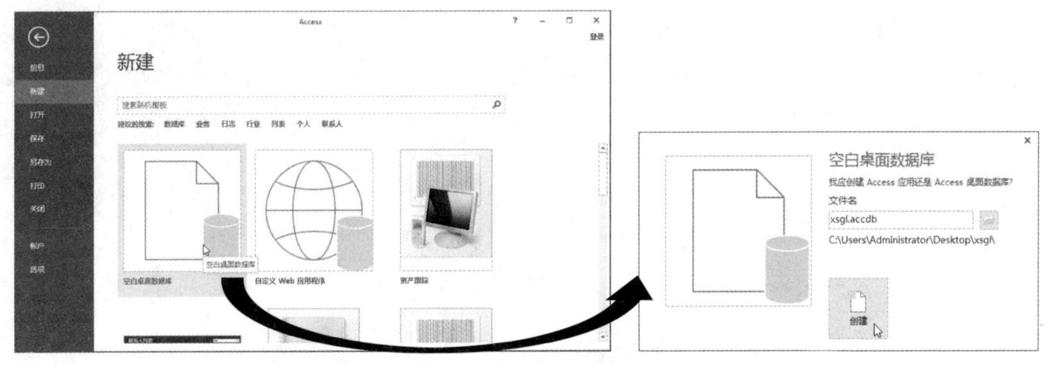

图 5-13　“文件”选项卡中的“新建”命令列表

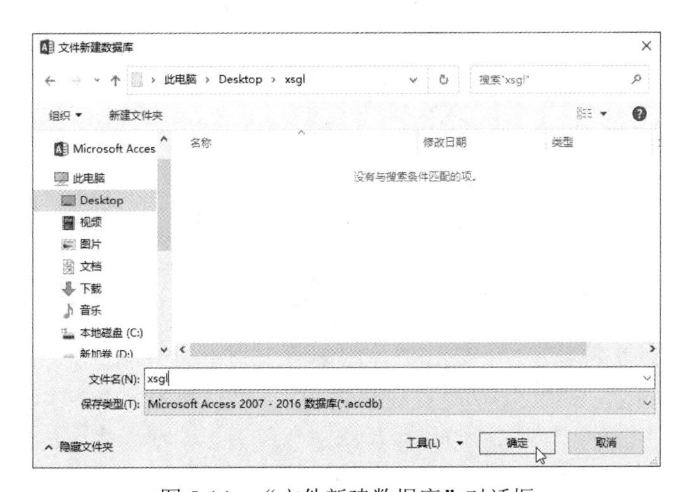

图 5-14　“文件新建数据库”对话框

3. 建立数据表

表是 Access 数据库中最重要的对象，是存储数据的基本单位。表中的字段数据通常使用常数，也可能用到函数和表达式，而输入数据的有效性需要通过正确定义字段的属性来保证。

【例 5-2】利用 Access 数据库程序建立“学生”表的结构。“学生”表的结构见表 5-1。

表 5-1　“学生”表的结构

字段名	字段类型	字段长度	是否索引
学号	文本	8	主键，索引：有（无重复）
姓名	文本	8	
性别	文本	1	
出生日期	日期/时间	短日期	
专业号	文本	2	索引：有（有重复）
入学总分	数字	整型，小数为 0	
团员	是/否		
备注	备注		
照片	OLE 对象		

【操作步骤】

（1）打开“创建”选项卡，单击“表格”组中的“表设计”按钮（如果为已存在的表，可右击该表，在弹出的快捷菜单中执行“设计视图”命令），就会显示默认标题为“表 1”的设计视图窗口，如图 5-15 所示。

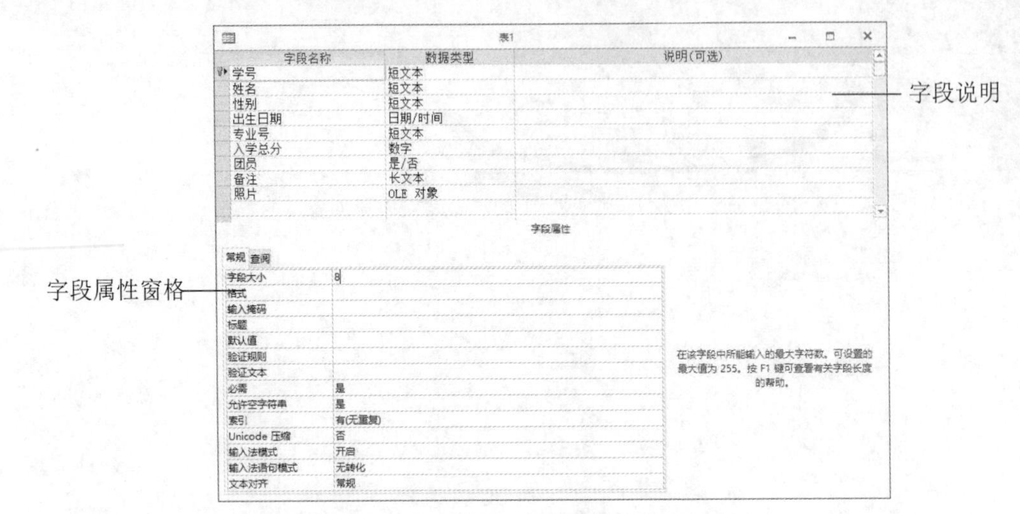

图 5-15 “表设计视图”窗口

（2）在图 5-15 的上部窗格中，单击“字段名称”列中的一行，输入字段名，如“学号”；在“数据类型”列中选择一种数据类型；在“说明（可选）”列给出该字段的说明。

（3）在图 5-15 的下部字段属性窗格中，确定字段大小、默认值、是否必需字段、是否允许空字符串、有无索引（重复索引还是不重复索引）等属性。单击“表格工具 | 设计”选项卡“工具”组中的“主键”按钮，可将字段“学号”设置为主键。

（4）依次添加表 5-1 中的所有字段和设置所需属性。按 Ctrl+W 组合键（或单击“表设计器”窗口右上角的“关闭”按钮 ×），此时弹出一个信息提示框，如图 5-16 所示。单击“是”按钮，出现“另存为”对话框，如图 5-17 所示，在“表名称”文本框中输入要保存的数据表名称，如“学生”。

（5）单击“确定”按钮，完成数据表“学生”的表结构设计。

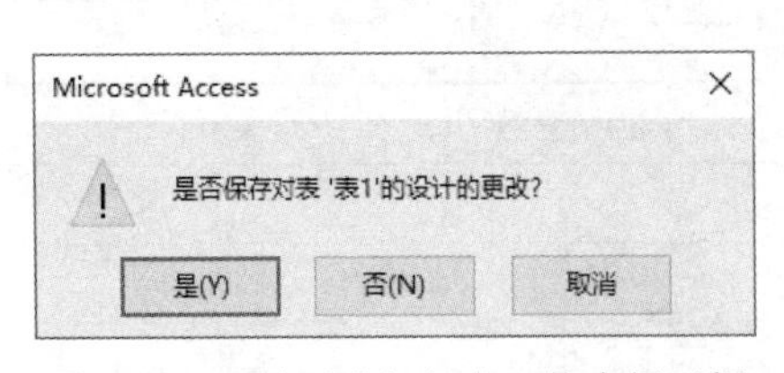

图 5-16 “是否进行保存”信息提示框

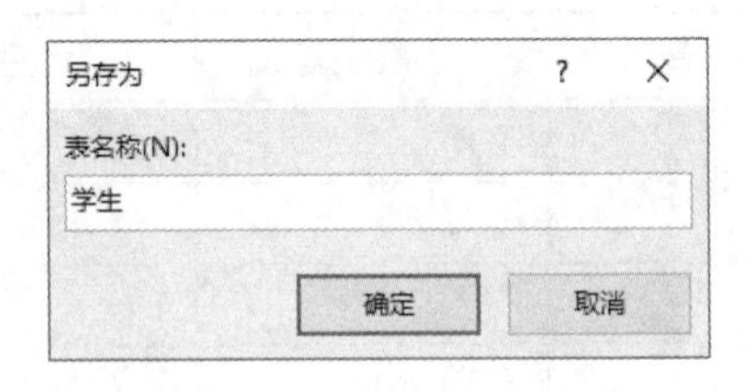

图 5-17 “另存为”对话框

（6）输入和维护记录。建立好数据表的结构以后，就可以输入和维护记录了。在“导航窗格”中，找到要输入和维护数据的表名，如“学生”。双击该表名（或右击该表名，执行弹出的快捷菜单中的“打开”菜单命令），打开图 5-12 所示的“学生”编辑窗口。

在该窗口中，用户可以将需要的数据输入到数据表中，也可以进行修改、添加、删除等操作。

数据修改后，按 Ctrl+W 组合键（或单击“表设计器”窗口右上角的“关闭”按钮 ×），对数据进行保存。

用相同方法和步骤，创建图 5-9 所示的“成绩”表和“专业”表，这两个表的结构见表 5-2 所示。

表 5-2　“成绩”表和“专业”表的结构

表名	字段名	字段类型	字段长度	有无索引
成绩	学号	文本	8	索引：有（无重复）
	高等数学	数字	单精度型，小数位数 1 位	
	大学英语	数字	单精度型，小数位数 1 位	
	计算机基础	数字	单精度型，小数位数 1 位	
专业	专业号	文本	2	索引：有（无重复）
	专业名称	文本	16	

5.6　数据的排序与索引

排序（Sort）和索引（Index）的目的是让数据表在某个字段上有序地排列，使查询能更有效地进行。而筛选是按指定的条件将筛选出来的数据显示为新的数据表。

1. 排序

表的记录通常按记录输入的先后顺序排列，若要换一种排列方式，可对表进行排序。排序必须先确定字段（排序依据），然后以升序或降序方式来重排记录。

注意：备注型字段的排序只针对前 255 个字符，“OLE 对象”字段不能作为排序字段。

如果排序的依据是单个字段，称为单字段排序；反之称为多字段排序。

不同的字段类型，排序有所不同，具体规则如下。

（1）英文按字母顺序排序，大、小写视为相同，升序时按 A～Z 排序，降序时按 Z～A 排序。

（2）中文按拼音字母的顺序排序，升序时按 A～Z 排序，降序时按 Z～A 排序。

（3）数字按数字的大小排序，升序时从小到大排序，降序时从大到小排序。

（4）日期和时间字段按日期的先后顺序排序，升序时按从前到后的顺序排序，降序时按从后向前的顺序排序。

在 Access 中，还可以根据相邻的多个字段来排列记录的顺序，在使用多个字段进行排序时，Access 先将第一个字段按照指定的顺序进行排序。当第一个字段中有相同值时，再根据第二个字段中的内容进行排序，直到数据表中的数据全部排列好为止。

单字段排序操作的方法是：打开某张表的“数据表视图”，此时“开始”选项卡“排序和筛选”组中含有“升序”按钮 升序 和“降序”按钮 降序 ，只要在数据表中单击要排序的字段名，然后单击排序按钮之一，排序就会立刻完成，排序字段名右侧出现“↑”或“↓”标志。

多个字段排序的方法与单字段的类似，只是要在排序之前选择相邻的多个字段。当改变了数据表记录的排列顺序时，Access 将记住这个顺序，并且在关闭表时询问用户是否保存对表的布局的更改，如果选择“是”，则在下次打开该表时，数据的排列顺序同关闭时相同，此时只要单击“开始”选项卡“排序和筛选”组中的“取消排序”按钮 取消排序，数据表中记录的顺序就恢复原样。

保存数据表时，Access 将保存该排序次序，并在重新打开该表时，自动重新应用排序。

【例 5-3】按“出生日期”升序排列“学生”表。

【操作步骤】

（1）打开“xsgl.accdb”数据库，在“导航窗格”的“表”列表框中双击“学生”表，进入该表“数据表视图”窗口。

（2）在“出生日期”字段中任意处单击，然后单击“开始”选项卡“排序和筛选”组中的“升序”按钮 升序，排序后的情况如图 5-18 所示。

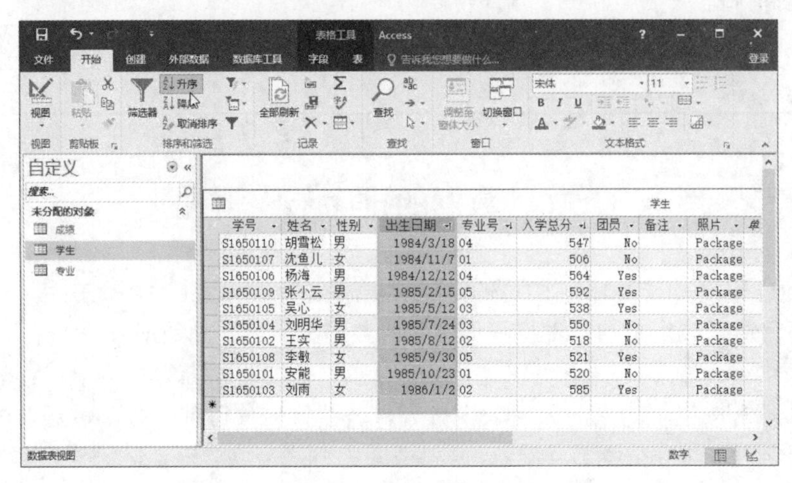

图 5-18 按“出生日期”升序排序的结果

2. 索引

与排序不同，记录在索引时不对表中的记录进行位置调整，如同书本中的目录一样，记录了索引关键字中的内容和所在记录的记录号。当表的记录较多时，利用索引可帮助用户更有效地查询数据，但创建索引需要额外的存储空间。

（1）索引的种类。

按功能分类，索引可分为以下几种。

- 唯一索引。每个记录的索引字段值都是唯一的，不允许相同。
- 普通索引。索引字段允许有相同的值。
- 主索引。同一表中允许创建多达 32 个索引，但只可以创建一个主索引，Access 将主索引字段作为当前排序字段。主索引必须是唯一索引，并且索引字段不允许出现 Null 值。

按字段数分类，索引可分为单字段索引和多字段索引两类。多字段索引指为多个字段联合创建的索引，其中允许包含的字段可多至 10 个。若要在索引查找时区分表中字段值相同的记录，则必须创建包含多个字段的索引。

（2）创建索引。创建索引即为字段设置索引属性，可以在表“设计视图”和“索引”窗口中创建索引，其中降序排序仅能在“索引”窗口中设置。表 5-3 列出了各种索引的创建方法。

表 5-3　在表的设计视图和索引窗口创建索引的对照表

创建索引	表的设计视图	索引窗口	说明
无索引	字段“索引”属性为无	不为字段填写索引行	默认值
普通索引	字段“索引”属性选“有（有重复）”	为字段填写索引行，且“唯一索引”选“否”	
唯一索引	字段“索引”属性选“有（无重复）	为字段填写索引行，且“唯一索引”选“是”	
主索引	在表格工具“设计”｜“工具”组中单击“主键”按钮	为字段填写索引行，且“主索引”选“是”	

【例 5-4】在【例 5-3】的基础上，创建一个“出生日期”普通索引并重新排列“学生”表。

【操作步骤】

1）打开“xsgl”数据库后，双击“导航窗格”下“表”对象列表中的“学生”表，在“开始”选项卡下单击“视图”组的“视图”按钮，在弹出的列表框中单击“设计视图”选项。

2）在表“设计视图”上方的字段窗格中单击“出生日期”行，在下面字段属性窗格中单击“索引”属性列表框的右端下拉列表框按钮，并在列表中选定“有（有重复）”选项，如图 5-19 所示。

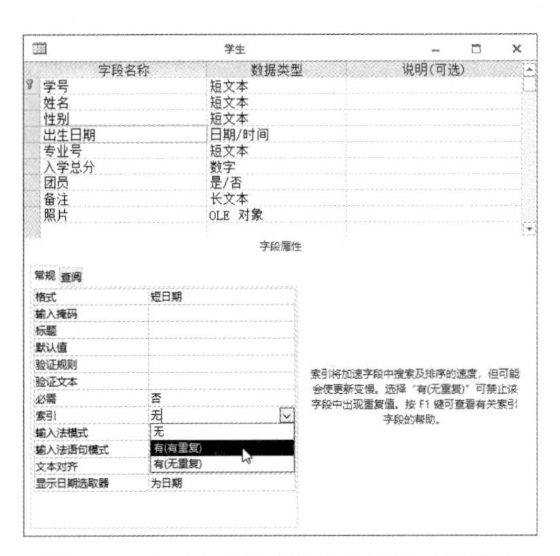

图 5-19　为“出生日期”字段设置索引属性

3）关闭表“设计视图”并保存对表的设计，重新打开表即可显示与图 5-18 所示相同的效果。

注意：为显示与图 5-18 所示的排序有相同效果，需要取消已设置的其他索引，如设置的“学号”索引。

（3）删除索引。

1）在表格工具“设计”｜“显示/隐藏”级中单击“索引”按钮，打开“索引”对话框，选定一行或多行索引并右击，执行“删除”命令，如图5-20所示。

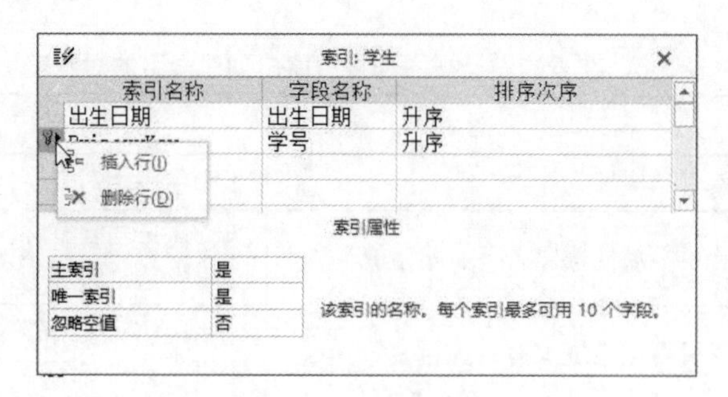

图 5-20　删除索引

2）在表“设计视图”窗口中的字段的索引属性列表框中选择“无”选项。

3）取消主索引，在表“设计视图”窗口中选定主索引行，单击“主键”按钮。

5.7　创建数据表关联

数据表关联是指在两个数据表中的相同域上的字段之间建立一对一、一对多或多对多的联系。数据表关联建立后，子表的记录指针与父表的记录指针保持联动。建立表间关系主要是为了方便连接两个表或多个表，以便一次能查找到多个相关数据。数据表关联建立后，它将自动出现在 Access 查询、窗体及报表等的设计视图中。

Access 为用户提供了一个“关系”窗口，方便用户创建、修改查看表间关系。

1. 建立关系

要确定表之间的关系，具体操作步骤如下。

（1）打开要建立关系的数据库。

（2）打开“数据库工具”选项卡，单击“关系”组中的“关系”按钮，打开图 5-21 所示的“关系”窗口。

（3）单击表格工具“设计”|“关系”组中的“显示表”按钮（或右击“关系”窗口空白处，执行快捷菜单中的“显示表”命令）。双击要添加的表的名称，然后关闭“显示表”对话框，如图 5-22 所示。

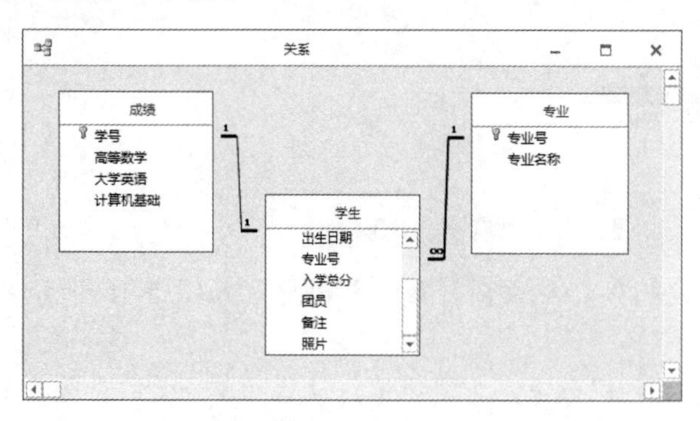

图 5-21　“关系”窗口

图 5-22　“显示表”对话框

（4）选中某个数据表中要建立关联的字段（一般是主关键字），将其拖动到另一个相关表中的相关字段上（设置了“索引”属性的字段）。系统显示图 5-23 所示的“编辑关系”对话框，使用对话框对关系进行必要的设置。

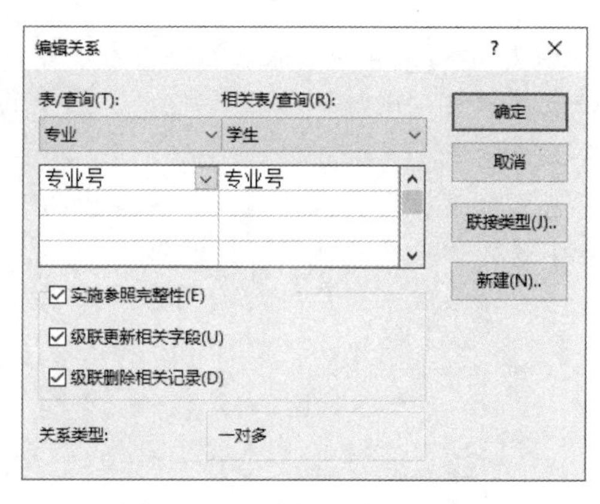

图 5-23 “编辑关系”对话框

其中：

- 实施参照完整性。默认实施表之间的参照完整性。在数据库表中创建关系时，已实施的关系确保每个在外键列中输入的值与相关主键列中的现有值相匹配。如果只选择此项，则有以下规则：更新时，在父表中不允许更改与子表相关记录的关联字段值；删除时，不允许在父表中删除与子表相关的记录；插入时，不允许在子中表插入父表不存在的记录，但允许输入 Null 值。
- 级联更新相关字段。若选中此项，则更改主表的主键值时，会自动更改子表中的对应数据。
- 级联删除相关记录。若选中此项，则删除主表中的记录时，会自动删除子表中的对应记录。

（5）单击“创建”按钮，完成表间关系的定义。例如，在“xsgl.accdb”数据库中，将“学生”表中的“学号”字段拖到“成绩”表的“学号”字段上，设置参照完整性，单击“确定”按钮后出现图 5-21 所示的关系连线。关系线上对应的“一”方的位置有一个“1”标记，对应“多”方位置有一个“∞”标记。如果没有选择“实施参照完整性”选项，则关系线上就不会出现这两个标记。

（6）关闭“关系”窗口，系统提示是否保存该布局。无论是否保存，所创建的关系都已保存在此数据库中了。再打开“学生”表时，每行记录的前面出现一个“+”号，单击该“+”号，出现一个显示该学生所有成绩的窗口，如图 5-24 所示，体现了两个表的关系。

学生

学号	姓名	性别	出生日期	专业号	入学总分	团员	备注	照片
S1650110	胡雪松	男	1984/3/18	04	547	No		Package

高等数学	大学英语	计算机基础	单击以添加
89.0	64.0	88.0	
*			

学号	姓名	性别	出生日期	专业号	入学总分	团员	备注	照片
S1650107	沈鱼儿	女	1984/11/7	01	506	No		Package
S1650106	杨海	男	1984/12/12	04	564	Yes		Package
S1650109	张小云	男	1985/2/15	05	592	Yes		Package
S1650105	吴心	女	1985/5/12	03	538	Yes		Package
S1650104	刘明华	男	1985/7/24	03	550	No		Package
S1650102	王实	男	1985/8/12	02	518	No		Package
S1650108	李敏	女	1985/9/30	05	521	Yes		Package
S1650101	安能	男	1985/10/23	01	520	No		Package
S1650103	刘雨	女	1986/1/2	02	585	Yes		Package
*								

记录: 第 1 项(共 1 项) 未筛选 搜索

图 5-24 “学生”表和“成绩”表的关系

注意：如果未出现图 5-24 所示的主表与子表的连接关系，可打开主表（如“学生”表）的“设计视图”窗口，单击表格工具“设计”|“显示/隐藏”组中的“属性表”按钮，打开“属性表”对话框，如图 5-25 所示。

单击“子数据表名称”行右侧下拉列表框按钮，从弹出的下拉列表中选择“表.成绩”选项。单击“设计视图”右下角的“数据表视图”按钮，就可看到图 5-24 所示的结果。

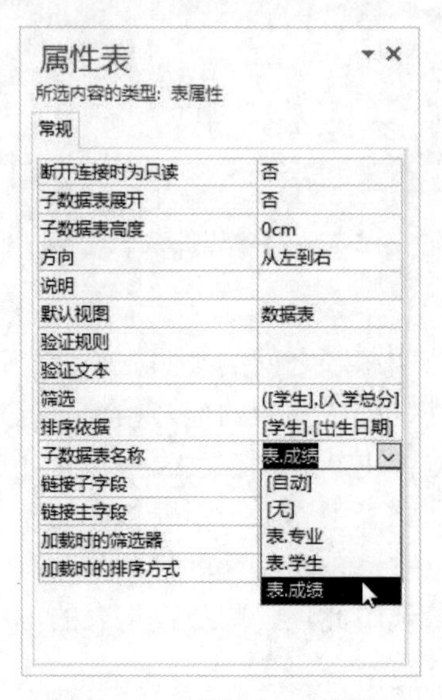

图 5-25 “属性表”对话框

2. 设置参照完整性

Access 使用参照完整性来确保相关表中记录之间关系的有效性，防止意外删除或更改相关数据。实施参照完整性后，必须遵守下列规则。

（1）在相关表的外部关键字段中，除空值外，不能有在主表的关键中不存在的数据。

（2）如果在相关表中存在匹配的记录，不能只删除主表中的这个记录。

（3）如果某个记录有相关的记录，不能在主表中更改主关键字。

（4）如果需要 Access 为某个关系实施这些规则，在创建关系时应选中“实施参照完整性”复选框。如果出现了破坏参照完整性规则的操作，则系统将自动出现禁止提示。

3. 联接类型

在创建关系或编辑关系时，可以设置联接类型。在“编辑关系”对话框中单击“联接类型”按钮，打开“联接属性”对话框，如图 5-26 所示。该对话框中有 3 个单选项，分别对应关系运算中的 3 种联接。

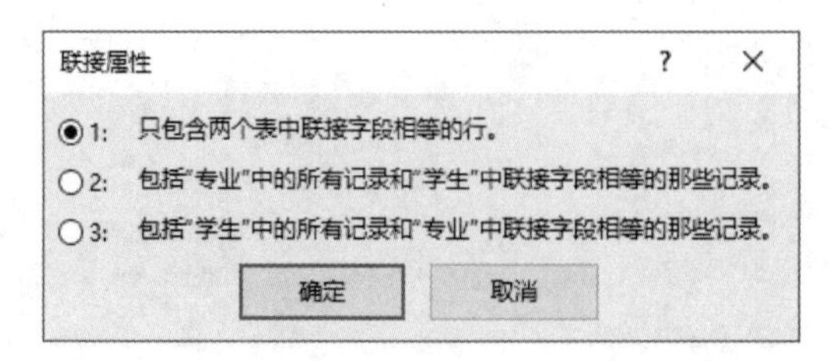

图 5-26 “联接属性”对话框

（1）第 1 个选项："只包含两个表中联接字段相等的行"，即对应于关系运算里的"自然联接"。

（2）第 2 个选项："包括'专业'中的所有记录和'学生'中联接字段相等的那些记录"，即对应于关系运算里的"左联接"。

（3）第 3 个选项："包括'学生'中的所有记录和'专业'中联接字段相等的那些记录"，即对应于关系运算里的"右联接"。

4. 删除关系

删除建立的关系的操作步骤如下。

（1）关闭所有打开的表。

（2）打开"数据库工具"选项卡，单击"关系"组中的"关系"按钮，打开图 5-21 所示的"关系"窗口。

（3）单击选中需要删除的关系连线，该联系变成粗实线，按 Delete 键，系统确认后即将选中的关系永久删除。

5.8　SQL 查询

有了数据库和其中的各表以后，就可以对数据进行查询。所谓查询（Query），就是按照一定的条件或要求对数据库中的数据进行检索或操作，查询的数据来源是表或其他查询。Access 查询时，都是根据查询规则从数据源中最新相关信息生成一个动态的记录集（Recordset）。

在 Access 中，除了使用可视化界面设计查询外，还经常使用 SQL 查询。

SQL（Structure Query Language，结构化查询语言）是一种用于数据库查询和编程的语言。SQL 功能丰富、使用方法灵活、语言简洁易学，现已成为关系数据库语言的国际标准，广泛用于各种数据查询，包括 Access、FoxPro、Oracle、Microsoft SQL Server 等。使用 SQL 可以完成定义关系模式，录入数据，建立数据库，查询、更新、维护数据库，数据库重构，数据库安全控制等操作。

SQL 的主要语句见表 5-4。

表 5-4　SQL 的主要语句

语句	分类	功能
SELECT	数据查询	在数据库查询满足指定条件的记录
DELETE	数据操作	删除记录
INSERT…INTO	数据操作	向表中插入一条记录
UPDATE	数据操作	更新记录

下面主要介绍 SQL 的 SELECT 查询语句的各种用法，读者可借用 Access 数据库 SQL 视图来验证。SQL 视图是用于显示 SQL 语句或编辑 SQL 查询的窗口。在 Access 中，可视化界面设计查询都可以通过 SQL 视图查看与之对应的 SQL 语句。SQL 视图的打开方法如下。

（1）打开"xsgl.accdb"数据库（任一个数据库均可）。

（2）单击"创建"选项卡"查询"组中的"查询设计"按钮，打开查询"设计视图"

窗口，并关闭出现的“显示表”对话框。

（3）单击“结果”组中的“视图”按钮（或在查询“设计视图”窗口上部窗格中右击，执行快捷菜单中的“SQL 视图”命令，也可单击此时的 Access 窗口右下角的“SQL 视图”按钮 SQL），在下拉列表框中单击“SQL 视图”命令，即可进入“SQL 视图”窗口，如图 5-27 所示。

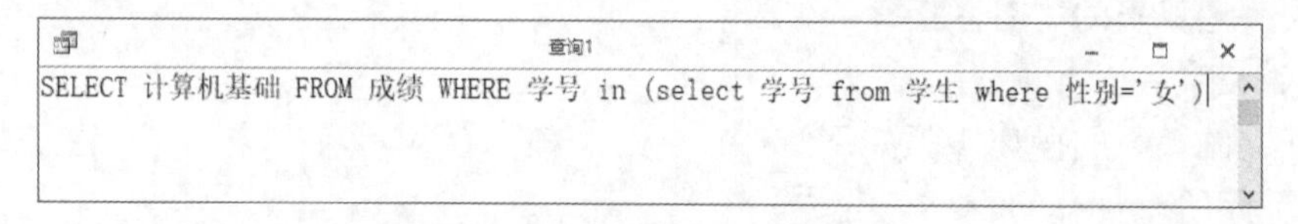

图 5-27 “SQL 视图”窗口

（4）在 SQL 视图窗口中输入用户所需的 SQL 语句，然后单击“结果”组中的“运行”按钮，执行此 SQL 命令。

注意：要进入 SQL 视图，也可打开已存在的任意一个查询，在打开的“开始”选项卡中单击“视图”组中的“SQL 视图”命令，在弹出的命令列表中执行“SQL SQL 视图”命令。SQL 命令运行后，如果要返回 SQL 视图，可右击并执行快捷菜单中的“SQL 视图”命令。

（5）根据需要，可以将 SQL 语句保存为一个查询对象，也可以直接关闭“SQL 视图”窗口；也可切换到查询设计视图等其他视图中。

5.8.1 SELECT 语句

SELECT 语句的语法格式如下。

```
SELECT [ALL|DISTINCT|TOP <数值表达式>[PERCENT]]
    { * | 表名.* | [表名.]表达式 1 [AS 别名 1] [, [表名.]|表达式 2 [AS 别名 2] [, …]]}
[INTO <表名>]
FROM 表名 1 [,表名 2[, …]] [IN 外部数据库名]
[[INNER|LEFT|RIGHT JOIN] <表名> [ON <联接条件>]…],…
[WHERE <搜索条件> ]
[GROUP BY <组表达式 1>[,<组表达式 2>…]] [HAVING <搜索条件>]
[UNION [ALL] <SELECT 语句>
[ORDER BY <关键字表达式 1>[ASC|DESC][, <关键字表达式 2>[ASC|DESC]…]][;]
```

语句说明如下。

（1）FROM 子句：用于指定查询的表与联接类型。其中，<表名>指出要打开的表；JOIN 关键字用于联接左右两个<表名>所指的表；INNER|LEFT|RIGHT JOIN 选项指定两表的联接类型，分别表示内部联接、左外部联接和右外部联接；ON 子句用于指定联接条件。

（2）SELECT 子句：用于指定输出表达式和记录范围。<表达式>既可以是字段名，也可以包含聚合函数；<别名>用于指定输出结果中的列标题。

当<表达式>中包含聚合函数时，输出行数不一定与表的记录相同。

在 SELECT 语句中，主要使用的聚合函数见表 5-5。

若用一个“*”号表示 SELECT 子句所有的<表达式>，则指所有的字段。

表 5-5　主要使用的聚合函数

函数	功能	说明
Sum	求字段值的总和	用于对数字、日期/时间、货币等
Avg	求字段的平均值	
Min/Max	求字段的最小值和最大值	
Count	求记录数	
First/Last（列名）	分组查询时，选择同一组中第一条（或最后一条）记录在指定列上的值作为查询结果中相应记录在该列的值	

ALL 选出的记录中包括重复记录，这是默认值，可以不写；DISTINCT 表示选出的记录不包括重复记录。

TOP 子句中的<数值表达式>表示在符合条件的记录中选取的开始记录数，含 PERCENT 选项时的<数值表达式>百分比，如子句“TOP 30 PERCENT”。TOP 子句通常与 ORDER BY 子句同时使用。

（3）INTO 子句：用于查询生成新表，<表名>为新表的名称。例如下面的语句。

```
SELECT 学号,姓名,性别,入学总分 INTO 学生1 FROM 学生
```

（4）WHERE 子句：若已用 JOIN…ON 子句指定了联接，WHERE 子句中只需指定搜索条件，表示在已有联接条件产生的记录中搜索记录。也可省略 JOIN…ON 子句，一次性地在 WHERE 子句中指定联接条件和搜索条件，此时的“联接条件”通常为内部联接。

在 WHERE 子句中也可以使用关系运算符和逻辑运算符，见表 5-6。

表 5-6　WHERE 子句中的关系运算符和逻辑运算符

运算符类型	符号	含义
关系运算符	<	小于
	<=	小于或等于
	>	大于
	>=	大于或等于
	=	等于
	<>	不等于
	BETWEEN…AND	指定值的范围
	LIKE	在模式匹配中使用，其中：*表示多个字符，?表示一个字符，#表示任何数字，[...]表示一个集合，[^...]表示补集
	IN	指定可选项
	IS	比较两个对象或引用，如 IS NULL
逻辑运算符	NOT	逻辑非
	AND	逻辑与
	OR	逻辑或

例如，以下语句可查询女生的计算机基础成绩。

```
SELECT 计算机基础 FROM 成绩 WHERE 学号 IN (SELECT 学号 FROM 学生 WHERE 性别='女')
```

注意： 条件 WHERE 性别='女'也可写成 WHERE 性别="女"，建议使用一对单引号。

（5）GROUP BY 子句：对记录按<组表达式>值分组，常用于分组统计。

（6）HAVING 子句：含有 GROUP BY 子句时，HAVING 子句用作记录查询的限制条件。

（7）UNION 子句：用于在一个 SELECT 语句中嵌入另一个 SELECT 语句，使两个 SELECT 语句的查询结果合并输出。例如，以下查询语句显示所有计算机基础成绩和男生的学号。

```
SELECT 计算机基础 FROM 成绩 UNION SELECT 学号 FROM 学生 WHERE 性别="男"
```

UNION 子句默认从组合的结果中排除重复行，若使用 ALL 选项则允许包含重复行。

（8）ORDER BY 子句：指定查询结果中记录按<关键字表达式>排序，默认为升序。<关键字表达式>只可以是字段名，或表示查询结果中列的位置的数字。选项 ASC 表示升序，DESC 表示降序。

5.8.2 SELECT 语句应用举例

1. 简单查询

【例 5-5】从“学生”表中查询学生的所有信息。

```
SELECT * FROM 学生
```

【例 5-6】从“学生”表中查询全体学生的学号、姓名、性别、出生日期、总分。其中“入校总分”在输出时的标题字改为“总分”。

```
SELECT 学号,姓名,性别,出生日期,入学总分 AS 总分 FROM 学生
```

【例 5-7】从“学生”表中查看前 3 个学生的学号。

```
SELECT TOP 3 学号 FROM 学生
```

【例 5-8】从“学生”表中查看不同专业的信息。

```
SELECT DISTINCT 专业号 FROM 学生
```

2. 条件查询

【例 5-9】从“学生”表中查询专业号为“01”的学生记录。

```
SELECT * FROM 学生 WHERE 专业号='01'
```

【例 5-10】从“学生”表中查询入学总分大于等于 550 分的学生信息。

```
SELECT 学号,姓名,性别,出生日期,入学总分 FROM 学生 WHERE 入学总分>=550
```

【例 5-11】从“学生”表中查询男团员的学号、姓名、性别和入学总分。

```
SELECT 学号,姓名,性别,入学总分 FROM 学生 WHERE 性别='男' AND 团员
```

【例 5-12】从“学生”表中查询专业号为“02”或“04”且入学总分小于 550 分的记录。

```
SELECT * FROM 学生 WHERE (专业号='02' OR 专业号='04') AND 入学总分<550
```

3. 排序查询

【例 5-13】从“学生”表中查询入学总分最高的前 5 名的学生记录，按分数从高到低进行排序，同时指定部分表中的字段在查询结果中的显示标题。

```
SELECT TOP 5 学号 AS 学生的学号,姓名 AS 学生的名字,性别,入学总分 FROM 学生 ORDER BY
入学总分 DESC
```

4. 计算查询

【例 5-14】从“学生”“成绩”“专业”表中查询学号、姓名、性别、专业名称和课程平均分。

```
SELECT 学生.学号,学生.姓名,学生.性别,专业.专业名称,(成绩.高等数学+成绩.大学英语+成绩.计算机基
```

```
础)/3 AS 平均分 FROM 专业,学生,成绩
    WHERE 专业.专业号 = 学生.专业号 AND 学生.学号 = 成绩.学号
```

或使用下面的别名方式进行简写。

```
    SELECT xs.学号,xs.姓名,xs.性别,zy.专业名称,(cj.高等数学+cj.大学英语+cj.计算机基础)/3 AS 平均分
FROM 专业 AS zy,学生 AS xs,成绩 AS cj
    WHERE zy.专业号 = xs.专业号 AND xs.学号 = cj.学号
```

或采用内部连接的方式进行查询。

```
    SELECT 学生.学号,学生.姓名,学生.性别,专业.专业名称, (成绩.高等数学+成绩.大学英语+成绩.计算机基
础)/3 AS 平均分
    FROM 专业 INNER JOIN (学生 INNER JOIN 成绩 ON 学生.学号 = 成绩.学号) ON 专业.专业号 =
学生.专业号
```

【例 5-15】查询学号为“S1650105”的姓名、性别、出生日期、专业号、专业名称，以及该学生的高等数学、大学英语和计算机基础 3 门课程的成绩。

```
    SELECT 学生.姓名,学生.性别,学生.出生日期,学生.专业号,
    专业.专业名称 AS 所学专业的具体名称,
    成绩.高等数学,成绩.大学英语,成绩.计算机基础
    FROM 学生,专业,成绩
    WHERE 学生.学号=成绩.学号 AND 学生.专业号=专业.专业号
    AND 学生.学号='S1650105'
```

【例 5-16】假设当前日期为 2002 年 1 月 1 日，统计“学生”表中大于 18 岁的人数。

```
    SELECT COUNT(*) AS 大于或等于 20 岁以上的人数 FROM 学生 WHERE YEAR("2002/1/1")-
YEAR(出生日期)>=18
```

5. 分组查询

【例 5-17】从“学生”表中查询各专业的人数。

```
    SELECT 专业号, COUNT(*) AS 记录个数 FROM 学生 GROUP BY 专业号
```

【例 5-18】从“学生”表中查询男生和女生的人数。

```
    SELECT 性别, COUNT(*) AS 记录个数 FROM 学生 GROUP BY 性别
```

【例 5-19】从“学生”表中查询人数大于 4 的性别及人数。

```
    SELECT 性别,COUNT(*) AS 人数 FROM 学生 GROUP BY 性别 HAVING COUNT(*)>4
```

6. 去向查询

【例 5-20】查询总分最高的前 3 位学生的信息，将查询结果写入“zfsm”表中。

```
    SELECT TOP 3 学号,姓名,性别,入学总分 INTO zfsm FROM 学生 ORDER BY 入学总分 DESC
```

7. LIKEI 模糊查询

【例 5-21】假设显示姓名中不含有“刘”字的学生信息。

```
    SELECT * FROM 学生 WHERE 姓名 NOT LIKE '刘*'
```

在该例中，如果知道姓名中含有“刘”字，并且姓名只有两个字，那么可以进一步缩小查找范围，具体代码如下。

```
    SELECT * FROM 学生 WHERE 姓名 LIKE '刘?'
```

【例 5-22】查询姓名中含有“刘”和“王”字的学生信息。

```
    SELECT * FROM 学生 WHERE LEFT(姓名,1) LIKE "[刘,王]"
```

【例 5-23】查询学号中末位数含有“7”的学生信息。

```
    SELECT * FROM 学生 WHERE 学号 LIKE "S######7"
```

8. BETWEEN…AND…范围查询

【例 5-24】从“学生”表中查询入学总分不在 530～580 分之间的记录。

```
SELECT * FROM 学生 WHERE 入学总分 NOT BETWEEN 530 AND 580
```

9. IN 或 NOT IN 集合查询

【例 5-25】从“学生”表中查询专业号不是“02”，也不是“05”，并且入学总分在 550～580 分之间的记录。

```
SELECT * FROM 学生 WHERE 专业号 NOT IN('02', '05')
AND 入学总分 BETWEEN 550 AND 580
```

【例 5-26】在“学生”表中，查询专业号为“01”“03”和“05”的学号、姓名、性别、出生日期、专业号和入学总分，查询结果按专业号升序排列，专业号相同再按入学总分降序排列。

```
SELECT 学号,姓名,性别,出生日期,专业号,入学总分 FROM 学生
WHERE 专业号 IN ('01','03','05') ORDER BY 专业号,入学总分 DESC
```

10. 量词和谓词查询

在 Access 中，SQL 查询还可使用 ANY、ALL、SOME 等量词进行查询。其中 ANY 和 SOME 是同义词，在进行比较运算时只要子查询中有一条记录为真，则结果为真；而 ALL 则要求子查询中的所有记录都为真，结果才为真。

SQL 查询还可使用谓词 Exists 与 NOT Exists 进行查询，这两个谓词实现的功能是相同的，只是写法不同。EXISTS 与 NOT EXISTS 多用于判断 SELECT 语句是否返回查询结果。

【例 5-27】查询比男生总分最低分高的女生姓名和总分。

先执行子查询，找到所有男生的总分集合(520,518,550、547、564、592)；再使用量词>ANY，查询所有总分高于男生总分集合中任一个值的女生姓名和总分。

```
SELECT 学号,姓名,入学总分,性别 FROM 学生
WHERE 入学总分>ANY (SELECT 入学总分 FROM 学生 WHERE 性别='男')
AND 性别<>'男'
```

【例 5-28】查询高于女生总分最高分的男生姓名和总分。

女生的总分集合(506,518,538,521)，总分最高分 538，因此查询比 538 高的总分可使用量词>ALL。

```
SELECT TOP 2 姓名,性别,入学总分 FROM 学生
WHERE 入学总分>ALL (SELECT 入学总分 FROM 学生 WHERE 性别='女')
AND 性别= '男' ORDER BY 入学总分 DESC
```

【例 5-29】查询学生生日大于 1985 年 12 月 31 日的学生成绩。

```
SELECT * FROM 成绩 WHERE EXISTS (SELECT 学号 FROM 学生 WHERE 出生日期 > DATESERIAL(1985,12,31) AND 成绩.学号=学号)
```

11. 合并查询

【例 5-30】查询学号为 S1650102 与 S1650106 的所修课程成绩。

```
SELECT * FROM 成绩 WHERE 学号="S1650102"
UNION
SELECT * FROM 成绩 WHERE 学号="S1650106"
```

5.8.3 其他 SQL 语句

1. DELETE 语句

DELETE 语句的语法格式如下。

```
DELETE [表名.*] FROM <表名> WHERE <条件表达式>
```

功能：用于从 FROM 子句中列出的一个或多个表中删除满足 WHERE 子句的记录。

例如，在“学生 1”表中删除姓名是“张小云”所在的记录。

```
DELETE 学生 1.姓名 FROM 学生 1 WHERE 姓名='张小云'
```

或

```
DELETE FROM 学生 1 WHERE 姓名="张小云"
```

2. INSERT…INTO 语句

INSERT 语句的语法格式如下。

```
INSERT INTO 表名 [(字段名 1[,字段名 2[,…]])] VALUES (值 1[,值 2[,…]]
```

功能：将一个记录添加到指定表的末尾。

例如，在“学生 1”表中追加一条记录。

```
INSERT INTO 学生 1(学号,姓名,性别,入学总分) VALUES ("S1650333","郑亦可","女",600)
```

3. UPDATE 语句

UPDATE 语句的语法格式如下。

```
UPDATE 表名 SET 字段名=新值 WHERE <条件表达式>
```

功能：按照指定的条件去更改指定表的字段值。

例如，将“学生”表中团员的学生的入学总增加 10 分。

```
UPDATE 学生 SET 入学总分=入学总分+10 WHERE 团员
```

5.9 数据的导入与导出

Access 支持与其他数据库系统之间的数据交换，Access 提供菜单命令来实施数据的导入、链接和导出等功能。数据的导入和导出是指当前数据库与其他数据库或外部数据源之间的数据复制。本节以“xsgl”数据库为例讲述数据的导入与导出。

1. Access 与 Excel 的数据交换

Access 提供了把数据库对象（数据表、查询、窗体、报表等）导出到 Excel 的功能。

【例 5-31】将“xsgl.accdb”数据库中的“学生”表导出到 Excel 文件。

【操作步骤】

（1）打开“xsgl.accdb”数据库，在“导航窗格”中选中“学生”数据表。

（2）打开“外部数据”选项卡，单击“导出”组中的“导出到 Excel 电子表格”按钮，打开“导出-Excel 电子表格”对话框，如图 5-28 所示。

（3）在“文件格式”下拉列表框中选择一个电子表格的格式“Excel 工作簿（*.xlsx）”；在“文件名”处，选择好导出的 Excel 文件保存的位置，保持默认文件名“学生”，单击“确定”按钮，则创建了文件“学生.xlsx”。

2. 将 Excel 数据导入到数据库

Excel 工作簿可能包含多个工作表，但 Access 数据库一次仅能导入一个工作表的数据。在导入之前，要确保工作中的数据满足数据清单要求，导入后即产生一个数据表对象。

【例 5-32】将 Excel 工作表“成绩.xlsx”（假定有图 5-9 左图所示的数据）导入“xsgl 导入.accdb”空数据库中。

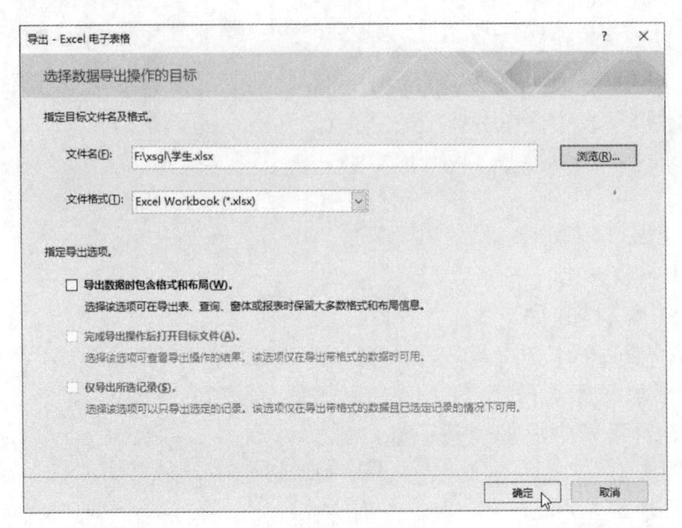

图 5-28　“导出-Excel 电子表格”对话框

【操作步骤】

（1）在 Access 中，新建一个名为“xsgl 导入.accdb”的空数据库，打开“外部数据”选项卡，单击“导入并链接”组中的“导入 Excel 电子表格”按钮，打开“获取外部数据-Excel 电子表格”对话框，如图 5-29 所示。

在“获取外部数据-Excel 电子表格”对话框中单击“浏览”按钮，弹出“打开”对话框。查找并打开文件“成绩.xlsx”，单击“确定”按钮，打开“导入数据表向导”对话框 1，如图 5-30 所示。

（2）在“导入数据表向导”对话框 1 中单击选择“显示工作表”右侧要导入数据的工作表，本例为“成绩”，单击“下一步”按钮，打开“导入数据表向导”对话框 2，如图 5-31 所示。

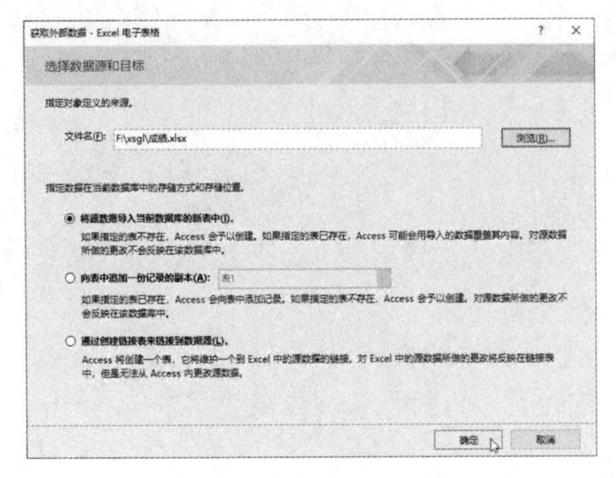

图 5-29　“获取外部数据-Excel 电子表格”对话框

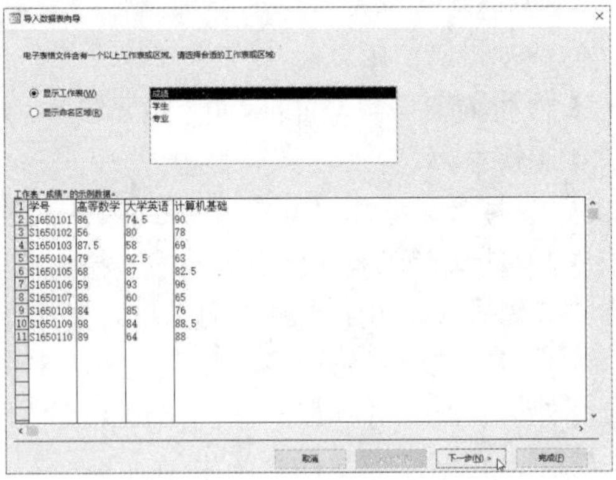

图 5-30　“导入数据表向导”对话框 1

（3）在“导入数据表向导”对话框 2 中勾选“第一行包含列标题”复选框，单击“下一步”按钮，弹出“导入数据表向导”对话框 3，如图 5-32 所示。

（4）在“导入数据表向导”对话框 3 中可修改有关字段的信息，如不做修改，则单击“下一步”按钮，弹出“导入数据表向导”对话框 4，如图 5-33 所示。

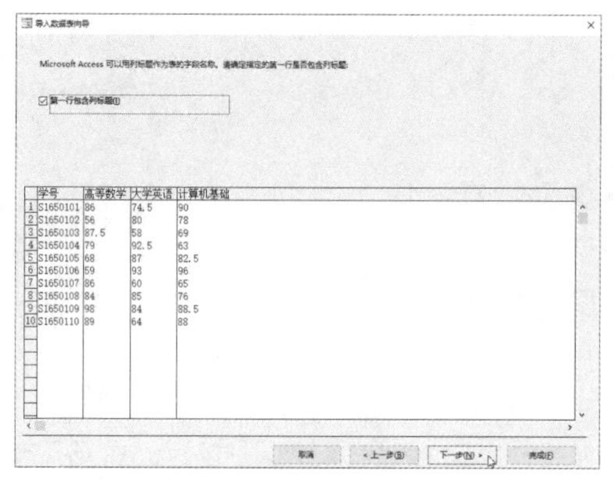

图 5-31　“导入数据表向导”对话框 2

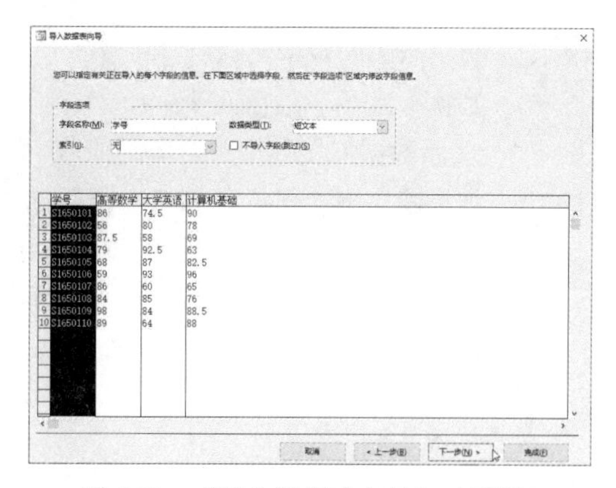

图 5-32　“导入数据表向导”对话框 3

（5）在“导入数据表向导”对话框 4 中可为新表设置“主键”，主键设置完成后单击“下一步”按钮，弹出“导入数据表向导”对话框 5，如图 5-34 所示。

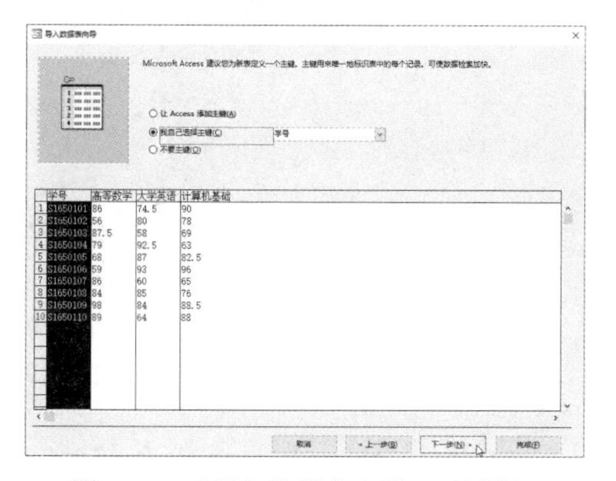

图 5-33　“导入数据表向导”对话框 4

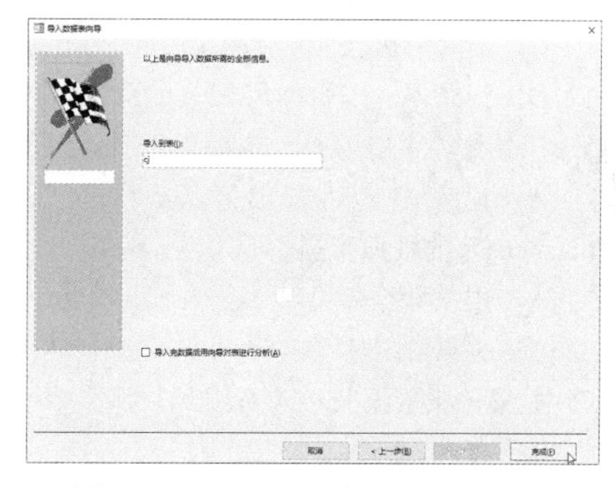

图 5-34　“导入数据表向导”对话框 5

（6）在“导入数据表向导”对话框 5 中可为导入的表进行命名，本例为 cj。单击“完成”按钮，导入数据操作完成。

（7）成功导入数据后，在“导航窗格”的“cj”表中可查看导入的效果。

3. Access 与文本文件的数据交换

Access 支持从表、查询、窗体或报表对象导出数据到文本文件中，也支持将特定格式的文本文件导入生成数据表。其操作步骤与 Excel 文件的导入导出基本相似，具体操作请根据向导提示，参照 Excel 文件的导入导出步骤进行。

习题 5

一、单选题

1．在数据库中，下列说法不正确的是（　　）。

A．数据库避免了一切数据和重复

B．若系统是完全可以控制的，则系统可确保更新时的一致性

C．数据库中的数据可以共享

D．数据库减少了数据冗余

2．一个关系数据库文件中的各条记录（　　）。

A．前后顺序不能任意颠倒，一定要按照输入的顺序排列

B．前后顺序可以任意颠倒，不影响库的数据关系

C．前后顺序可以任意颠倒，但排列顺序不同，统计处理的结果就可能不同

D．前后顺序不能任意颠倒，一定要按照关键字段值的顺序排列

3．关系数据库系统中管理的关系是（　　）。

A．一个 accdb 文件　　B．若干个 accdb 文件

C．一张二维表　　D．若干张二维表

4．数据模型反映的是（　　）。

A．事物本身的数据和相关事物之间的联系

B．事物本身包含的数据

C．记录中包含的全部数据

D．记录本身的数据和相关关系

5．在数据库中能够唯一地标识一个元组的属性或属性的组合称为（　　）。

A．记录　　B．字段　　C．域　　D．关键字

6．Access 的数据库类型是（　　）。

A．层次数据库　　B．网状数据库

C．关系数据库　　D．面向对象数据库

7．如果一张数据表中含有照片，那么“照片”字段的数据类型通常为（　　）。

A．备注　　B．超级链接　　C．OLE 对象　　D．文本

8．Access 中表与数据库的关系是（　　）。

A．一个数据库可以包含多张表　　B．一张表只能包含两个数据库

C．一张表可以包含多个数据库　　D．一个数据库只能包含一张表

9．假设数据库中表 A 与表 B 建立了“一对多”关系，表 B 为“多”的一方，则下述说法中正确的是（　　）。

A．表 A 中的一个记录能与表 B 中的多个记录匹配

B．表 B 中的一个记录能与表 A 中的多个记录匹配

C．表 A 中的一个字段能与表 B 中的多个字段匹配

D．表 B 中的一个字段能与表 A 中的多个字段匹配

10．数据表中的“行”称为（　　）。

A．字段　　B．数据　　C．记录　　D．数据视图

11．在 Access 数据库的表设计视图中，不能进行的操作是（　　）。

A．修改字段类型　　B．设置索引

C．增加字段　　D．添加记录

12．“学生”表的“简历”字段需要存储大量的文本，则使用（　　）数据类型比较合适。

A．超级链接　　B．备注　　C．图像　　D．数值

13．Access 数据库中，为了保持表之间的关系，要求在子表中添加记录时，如果主表中没有

与之相关的记录，则不能在子表中添加该记录，为此需要定义的关系是（　　）。

A．输入掩码　　B．有效性规则
C．默认值　　D．参照完整性

14．设置字段默认值的意义是（　　）。

A．使字段值不为空
B．在未输入字段值之前，系统将默认值赋予该字段
C．不允许字段值超出某个范围
D．保证字段值符合范式要求

15．如果关系表中某字段需要存储音频，则该字段的数据类型应定义为（　　）。

A．备注　　B．文本　　C．OLE 对象　　D．超级链接

16．某字段由 2 位英文字母和 3 位数字组成，控制该字段输入的正确掩码是（　　）。

A．LL000　　B．00LLL　　C．00999　　D．99000

17. 为了限制“成绩”字段只能输入成绩值在 0～100 之间的数（包括 0 和 100），在该字段“有效性规则”设置中错误的表达式为（　　）。

A．IN(0,100)　　B．BETWEEN 0 AND 100
C．成绩>=0 AND 成绩<=100　　D．>=0 AND <=100

18．有以下两个关系。

学生（学号，姓名，性别，出生日期，专业号）
专业（专业号，专业名称，专业负责人）

在这两个关系中，学号和专业号分别是“学生”关系和“专业”关系的主键，则外键是（　　）。

A．专业关系的“专业号”　　B．专业关系的“专业名称”
C．学生关系的“学号”　　D．学生关系的“专业号”

19．在 SELECT 语句中，用于设置记录分组的是（　　）。

A．GROUP BY　　B．FROM
C．WHERE　　D．ORDER BY

20．设“学生”表中有“学号”等字段，删除学号为 S01002 的学生的记录，正确的 SQL 语句是（　　）。

A．DELETE 学号="S01002"
B．DELETE FROM 学号="S01002"
C．DELETE 学号="S01002" FROM 学生
D．DELETE FROM 学生 WHERE 学号="S01002"

21．设“学生”表中有“学号”“生源”等字段，将学号为 S01002 的学生的生源改为“广州”，正确的 SQL 语句是（　　）。

A．UPDATE 学号="S01002"SET 生源="广州"
B．UPDATE 生源="广州" FROM 学生
C．UPDATE 学生 SET 生源=*广州" WHERE 学号="S01002"
D．UPDATE FROM 学生 WHERE 学号="S01002" SET 生源="广州"

22．假设“成绩”表中有“学号”“课程编号”“成绩”3 个字段，若向“成绩”表中插入新的记录，错误的语句是（　　）。

A．INSERT INTO 成绩 VALUES("S07001","C0701",87)

B．INSERT INTO 成绩(学号,课程编号) VALUES("S07001","C0701")

C．INSERT INTO 成绩(学号,课程编号,成绩) VALUES("S07001","C0701")

D．INSERT INTO 成绩(学号,课程编号,成绩) VALUES("S07001","C0701",87)

23.“成绩”表中有“成绩”（数字型）等字段，若要查询成绩表中的 0 分和满分记录，正确的 SQL 语句是（　）。

A．SELECT*FROM 成绩 WHERE 成绩=0 AND 成绩=100

B．SELECT*FROM 成绩 WHERE 成绩 BETWEEN 0 AND 100

C．SELECT*FROM 成绩 WHERE 成绩 BETWEEN 0,100

D．SELECT*FROM 成绩 WHERE 成绩=0 OR 成绩=100

24.“雇员”表中有“员工编号”（字符型）和“部门”（字符型）等字段，若要同时列出各个部门的员工人数，正确的 SQL 语句是（　）。

A．SELECT COUNT(员工编码)FROM 雇员 ORDER BY 部门

B．SELECT 部门,COUNT (员工编码) FROM 雇员

C．SELECT 部门,COUNT (员工编码) FROM 雇员 ORDER BY 部门

D．SELECT 部门,COUNT (员工编码) FROM 雇员 GROUP BY 部门

25.“工资”表中有“职工号”（字符型）、“基本工资”（数字型）和“奖金”（数字型）等字段，若要查询职工的收入，正确的 SQL 语句是（　）。

A．SELECT 收入=基本工资+奖金 FROM 工资

B．SELECT 职工号,(基本工资+奖金) AS 收入 FROM 工资

C．SELECT*FROM 工资 WHERE 收入=基本工资+奖金

D．SELECT*FROM 工资 WHERE 基本工资+奖金 AS 收入

26. 在表设计视图中设计“学生信息”表时，其“姓名”字段设计为文本型，字段大小为 10，则在输入学生信息时“姓名”字段可输入汉字数和字符数为（　）。

A．5，5　　B．5，10　　C．10，10　　D．10，20

27. 在 SQL 查询中使用 WHERE 子句指出的是（　）。

A．查询目标　　B．查询结果　　C．查询视图　　D．查询条件

28. 下图是使用查询设计器完成的查询，与该查询等价的 SQL 语句是（　）。

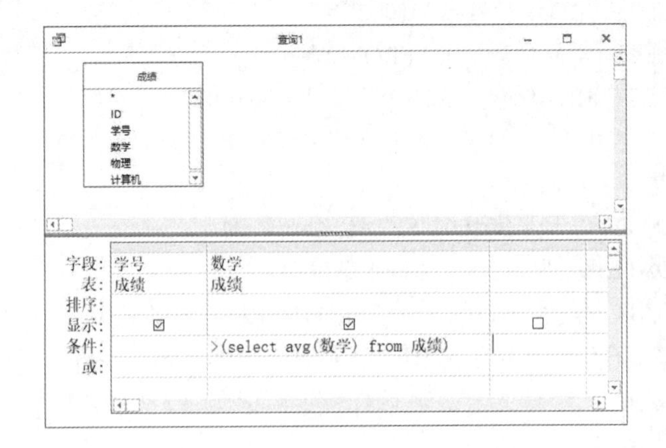

A．SELECT 学号,数学 FROM 成绩 WHERE 数学>(SELECT AVG(数学) FROM 成绩)

B．SELECT 学号 WHERE 数学>(SELECT AVG(数学) FROM 成绩)

C．SELECT 数学 AVG(数学) FROM 成绩

D．SELECT 数学>(SELECT AVG(数学) FROM 成绩)

29．在 Access 中已建立了“学生”表，表中有学号、姓名、性别、入学成绩等字段。执行 SQL 语句“SELECT 性别,AVG(入学成绩) FROM 学生 GROUP BY 性别”后，其结果是（　　）。

A．计算并显示所有学生的性别和入学成绩的平均值

B．按性别分组计算并显示性别和入学成绩的平均值

C．计算并显示所有学生的入学成绩的平均值

D．按性别分组计算并显示所有学生的入学成绩的平均值

30．数据类型是（　　）。

A．字段的另一种说法

B．决定字段能包含哪类数据的设置

C．一类数据库应用程序

D．一类用来描述 Access 表向导允许从中选择的字段名称

二、填空题

1．数据管理技术大致经历了人工管理、文件管理、________3 个阶段。

2．当前常用的数据模型有网状模型、层次模型和________模型。

3．在 Access 中可以定义 3 种主关键字：自动编号、单字段及________。

4．Access 提供了 2 种字段数据类型用于保存字符文本和数字等数据，这 2 种类型是文本和________。

5．在关系数据库模型中，二维表的列称为属性，二维表的行称为________。

三、判断题

1．在一个关系中不可能出现两个完全相同的元组是通过实体完整性规则实现的。（　　）

2．一对一的关系可以合并，多对多的关系可拆成两个一对多的关系，因此，表间关系可以都定义为一对多的关系。（　　）

3．在数据库表中建立关系时，若是选择了“实施参照完整性”，则改变主表的主键内容时，关系表中的相关连接字段的值会随之改变。（　　）

4．创建表时，将年龄字段值限制在 18～25 岁之间。这种约束属于参照完整性约束。（　　）

5．在 Access 中，通过“数据表视图”方式建立的表结构既可说明表中字段的名称，也可说明每个字段的数据类型和字段属性。（　　）

6．Access 中修改表结构是在设计视图中完成，编辑表记录只能在数据表视图中完成。（　　）

7．“SQL 视图”用来显示与“设计视图”等效的 SQL 语句。（　　）

8．可以将查询结果送入一个新表中。（　　）

9．“自动编号”类型数据由系统自动生成，不能由用户手动输入。（　　）

10．在 Access 中，不仅可以按一个字段排序记录，也可以按多个字段排序记录。（　　）

参考答案

一、单择题

1～5　ABDAD　　6～10　CCAAC　　11～15　DBDBC　　16～20　AADAD
21～25　CCDDB　　26～30　CDABB

二、填空题

1．数据库系统管理　2．关系　3．多字段　4．备注或备注型　5．元组或记录

三、判断题

1．×　2．√　3．√　4．×　5．√　6．√　7．×　8．×　9．×　10．√

第 3 篇　算法与程序设计基本概念

第 6 章　算法与程序设计基础

算法（Algorithm）是指对解题方案准确而完整的描述，是一系列解决问题的清晰指令。算法代表着用系统的方法描述解决问题的策略机制。也就是说，能够对一定规范的输入，在有限时间内获得所要求的输出。如果一个算法有缺陷，或不适合某个问题，则执行这个算法将不会解决这个问题。不同的算法可能用不同的时间、空间或效率来完成相同的任务。一个算法的优劣可以用空间复杂度与时间复杂度来衡量。

本章将学习算法和程序设计的一些基本概念。

6.1　算法

算法是对程序中操作的描述，即操作步骤。数据是操作的对象，操作的目的是对数据进行加工处理，以得到期望的结果。算法是整个程序设计的灵魂。

6.1.1　算法的基本概念

算法是对解决某个特定问题的操作步骤的具体描述，简单地说，就是解决一个问题而采取的方法和步骤。例如上网探索信息，应首先选择一家 ISP 运营商，缴纳一定的上网费，领取一个“猫”（Modem），接下来工作人员会建立一个上网连接方式（需要账户和密码），再单击 IE 浏览器图标就可以上网了。这些步骤按一定的次序，缺一不可，次序错了也不行。

算法是描述计算机解决给定问题的有明确意义操作步骤（指令）的有限集合。计算机算法一般可分为数值计算算法和非数值计算算法。数值计算算法就是对所给的问题求数值解，如求函数的极限、求方程的根等；非数值计算算法主要是指对数据的处理，如对数据的排序、分类、查找及文字处理、图形图像处理等。

算法不等于程序，也不等于计算机方法，程序的编制不可能优于算法的设计。

6.1.2　算法的基本特征

算法的基本特征是一组严谨地定义运算顺序的规则，每个规则都是有效的、明确的，此顺序将在有限的次数下终止。一个算法应该具有以下 5 个重要的特征。

（1）有穷性。一个算法必须保证执行有限步之后结束。在执行有限步之后，计算必须终止，并得到解答。也就是说，一个算法的实现应该在有限的时间内完成。

（2）确定性。算法的每个步骤必须有确定的定义。算法中对每个步骤的解释是唯一的。

（3）零个或多个输入。输入指在执行算法时需要从外界取得的必要的信息。一个算法有零个或多个输入，以刻画运算对象的初始情况。一个算法也可以没有输入。

（4）一个或多个输出。输出是算法的执行结果。一个算法有一个或多个输出，以反映对输入数据加工后的结果。没有输出的算法是毫无意义的。

（5）可行性。算法中的每个步骤能够精确地运行，并得到确定的结果。而且人们用笔和纸做有限次运算后即可完成。

6.1.3　算法的表示

算法的描述应直观、清晰、易懂、便于维护和修改。描述算法的方法有多种，常用的表示方法有自然语言、传统流程图、N-S 图、PAD 图、伪代码和计算机语言等。其中最常用的是传统流程图和 N-S 图。

1. 自然语言

自然语言就是人们日常使用的语言，用自然语言表示一个算法便于人们理解。

【例 6-1】用自然语言描述业主应交物业费。

住房面积 90 平方米以内（含 90 平方米）的部分，每平方米收费 1.8 元；住房面积超 90 平方米的部分，每平方米收费 2 元。输入住房面积，输出应付的物业费。

用 S 表示住房面积，用 M 表示应交的物业费，其算法如下。

（1）输入 S 的值。

（2）如果 $S \leqslant 90$，则 $M \leftarrow S\times1.8$；否则，$M \leftarrow S\times1.8+(S-90)\times2$。

（3）输出 M 的值。

虽然用自然语言表示算法容易表达，也易于理解，但文字冗长且模糊，在表示复杂算法时也不直观，且往往不严格。对于同一段文字，不同的人会有不同的理解，容易产生“二义性”，叙述也不直观。因此，除了很简单的问题以外，一般不用自然语言表示算法。

2. 传统流程图

传统流程图是用一些图形符号、箭头和简要的文字说明来表示算法的框图，它能清晰、明确地表示程序的运行过程。用传统流程图表示算法的优点是直观形象、易于理解，能将设计者的思路清楚地表达出来，便于以后检查修改和编程。程序流程图表示程序中的操作顺序。

传统流程图包括以下部分。

（1）指明实际处理操作的处理符号，它包括根据逻辑条件确定要执行的路径的符号。

（2）指明控制流的流线符号。

（3）便于读、写程序流程图的特殊符号。

传统流程图常用符号见表 6-1。

表 6-1　传统流程图常用符号

名称	传统流程图符号	含义
起止符号	（圆角矩形）	开始/结束框，用于表示算法的开始与结束
流程符号	→↓	流程线，表示流程的路径和方向
输入/输出符号	（平行四边形）	数据输入/输出框，用于表示数据的输入和输出
处理符号	（矩形）	处理框，描述基本操作功能，如“赋值”操作、运算等

续表

名称	传统流程图符号	含义
条件判断符号	◇	两分支判断框，根据框中给定的条件是否满足，选择执行两条路径中的一条
连接符号	○	连接符，用于连接流程图中不同地方的流程线
多分支判断符号	条件 1 2 … n	多分支判断框，根据框中的“条件值”，选择执行多条路径中的一条
循环符号	For K=1 To 10 K	表示循环及控制变量初始值
子程序符号		表示一组子程序可流程的组合
注释符号		注释框，框中内容是对某部分流程图做的解释说明

用传统流程图描述算法时，流程图的描述可粗可细，总的原则是根据实际问题的复杂性，流程图达到的最终效果应该是可以依据此图就能用某种程序设计语言实现相应的算法（即完成编程）。

通常在各种符号中加入简要的文字说明，以进一步表明该步骤所要完成的操作。

【例 6-2】求一元二次方程ax^2+bx+c的根。

算法分析：首先定义 3 个变量 a、b、c，将 3 个数依次输入 a、b、c 中，然后准备一个 delta 表示要求出的差别式，r 和 s 分别表示-b/2a 和 sqrt(abs(delta))/2a 的值。算法分析的传统流程图如图 6-1 所示。

（1）开始，并输入系数 a 的值。

（2）判断系数 a 的值是否为 0，是则重新输入。

（3）输入系数 b 和 c 的值。

（4）求判别式ax^2+bx+c。

（5）判断 delta 是否大于或等于 0。如果 delta≥0，则执行步骤（6），否则执行步骤（7）。

（6）如果 delta≥0，求出 r=-b/2a，s=sqrt(delta)/2a，输出 r+s 和 r-s。

（7）如果 delta＜0，求出 r=-b/2a，s=sqrt(-delta)/2a，输出 r+si 和 r-si。

（8）结束。

3．N-S 图

传统流程图虽然形象直观，但对流程线的使用没有限制，使流程转来转去，破坏了程序结构，也给阅读和维护带来困难。在使用过程中，人们发现流程线不一定是必需的，随着结构化程序设计方法的出现，美国学者 I.Nassi 和 B.Shneiderman 于 1973 年提出了一种新的流程图，其主要特点是不含流程线，算法的每一步都用一个矩形框来描述，把一个个矩形框按执行的次序连接起来就是一个完整的算法描述。这种流程图以两位学者名字的第一个字母来命名，称为 N-S 流程图。

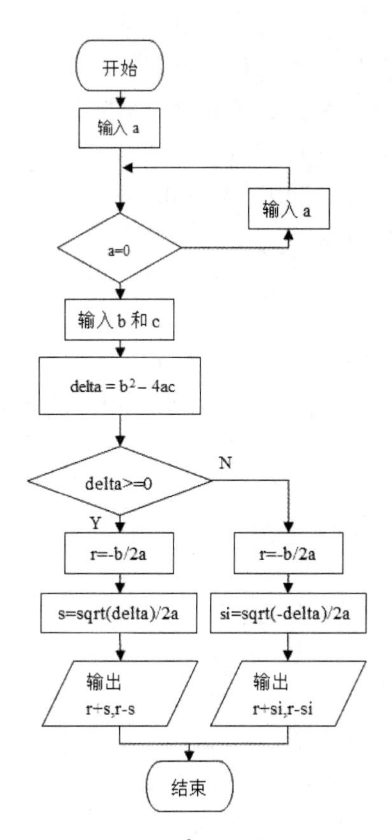

图 6-1　求一元二次方程 $ax^2 + bx + c$ 的根的传统流程图

N-S 图特别适合结构化程序设计。N-S 图只有 3 种语句：顺序语句、分支语句和循环语句（分为当型循环和直到型循环），如图 6-2 所示。

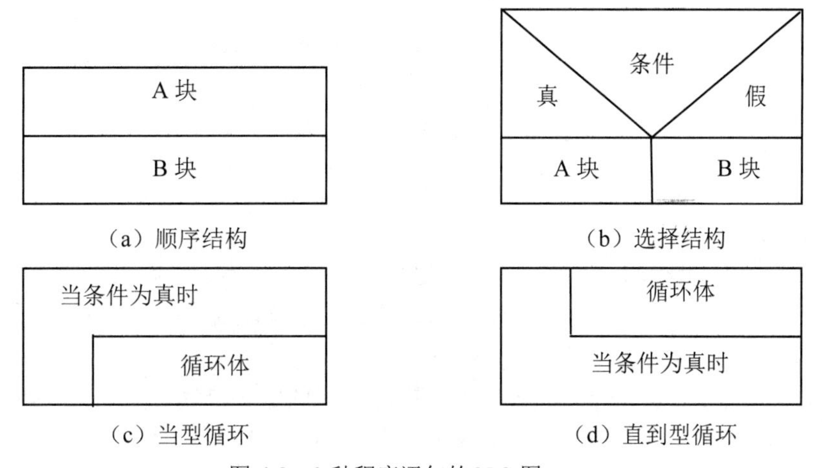

图 6-2　3 种程序语句的 N-S 图

N-S 图的优点如下。

（1）强制设计人员按 SP 方法（即结构化程序设计方法）进行思考并描述设计方案，因为除了表示几种标准结构的符号之处，它不再提供其他描述手段，有效地保证了设计的质量，从而也保证了程序的质量。

（2）形象直观，具有良好的可见度。例如循环的范围、条件语句的范围都是一目了然的，所以容易理解设计意图，为编程、复查、选择测试用例、维护都带来了方便。

（3）简单、易学易用，可用于软件教育和其他方面。

N-S 图的缺点是：手工修改比较麻烦，这是有些人不用它的主要原因。

【例 6-3】 输入 3 个数，然后输出其中最大的数。

首先，定义 3 个变量 a、b、c，将 3 个数依次输入到 a、b、c 中，另外，再准备一个 max 表示要求出的最大数。

由于计算机一次只能比较两个数，我们首先比较 a 与 b，大的数放入 max 中，再比较 max 与 c，把大的数放入 max 中。最后，输出 max，此时 max 中装的就是 a、b、c 这 3 个数中的最大数。算法可以表示如下。

（1）输入 a、b、c。

（2）若 a>b，则 max←a；否则 max←b。

（3）若 c>max，则 max←c。

（4）输出 max，max 即为最大数。

求解 3 个数中最大数的 N-S 图如图 6-3 所示。

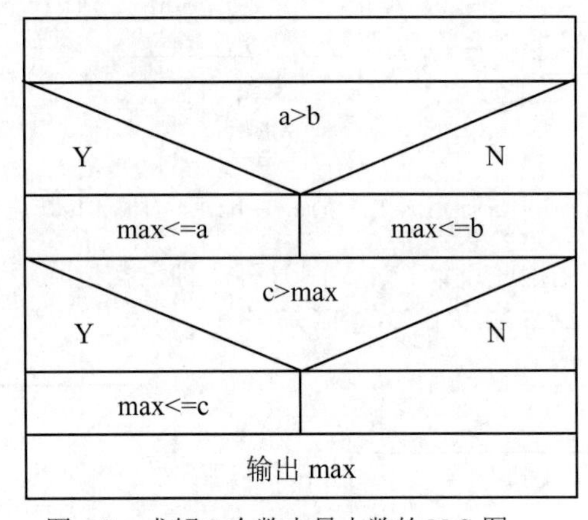

图 6-3　求解 3 个数中最大数的 N-S 图

思考： 画出求一元二次方程 ax^2+bx+c 根的 N-S 图。

4. PAD 图

PAD 图（Problem Analysis Diagram）是自 1974 年由日本的二村良彦等人提出的又一种由程序流程图演化来的，用结构化程序设计思想表现程序逻辑结构的图形工具，是近年来在软件开发中被广泛使用的一种算法的图形表示法。

PAD 图的优点是：流程图、N-S 图都是自上而下的顺序描述，而 PAD 图除了自上而下以外，还有自左向右的展开。所以，如果说流程图、N-S 图是一维的算法描述，那么 PAD 图就是二维的，它能展现算法的层次结构，更直观易懂。

下面是 PAD 的几种基本形态。

（1）顺序结构。如图 6-4 所示。

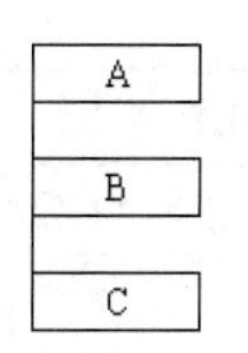

图 6-4　顺序结构

（2）选择结构。选择结构有下面 3 种形式。

- 单分支选择。条件为真执行 A，如图 6-5（a）所示。
- 双分支选择。条件为真执行 A，为假执行 B，如图 6-5（b）所示。
- 多分支选择。条件为 K=1 时执行 A，为 K=2 时执行 B，为 K=3 时执行 C，为 K=4 时执行 D，如图 6-5（c）所示。

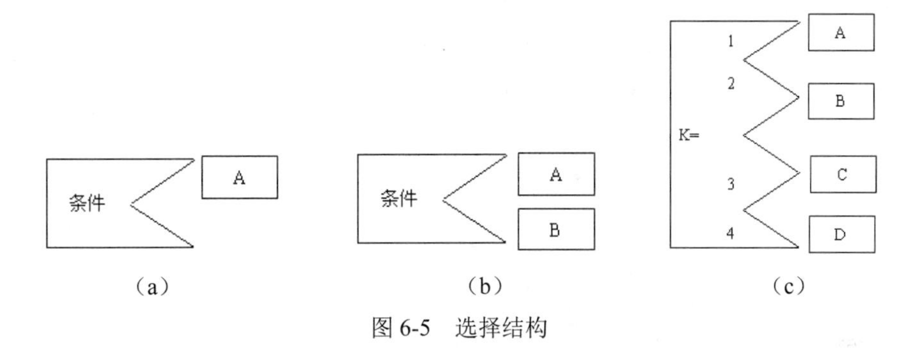

（a）　（b）　（c）

图 6-5　选择结构

（3）循环结构。循环结构的 PAD 有图 6-6 所示的两种形式，图 6-6（a）为 While 型循环 PAD 图（当型），图 6-6（b）为 Until 型循环（直到型）。

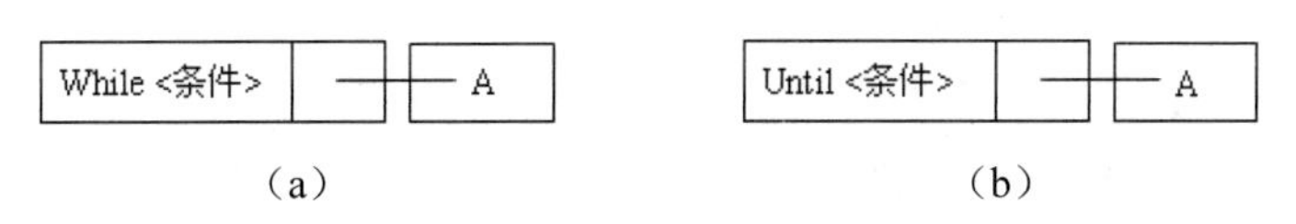

（a）　（b）

图 6-6　循环结构

PAD 图的图形元素见表 6-2。

表 6-2　PAD 图的图形元素

图形元素	功能	说明
	开始/结束标记	用于表示算法的开始与结束
	输入框	框内标明待输入变量名
	输出框	框内标明待输出变量名
	处理框	框内标明操作、处理或功能名
	重复框	先判断后执行循环操作，框内为循环条件
	重复框	先执行循环操作如果判断，框内为循环条件
	选择框	框内为选择条件，可多路选择
	子算法（函数）定义框	框内为子算法名
	定义框	当图大于一张纸面时，将图的一部分定义为子图，框内为定义名

续表

图形元素	功能	说明
═══	定义	连接定义框、函数定义框及它们的具体定义
○	语句标号	圈中书写标号名称

【例 6-4】画出【例 6-3】的 PAD 图。

【例 6-3】的 PAD 图如图 6-7 所示。

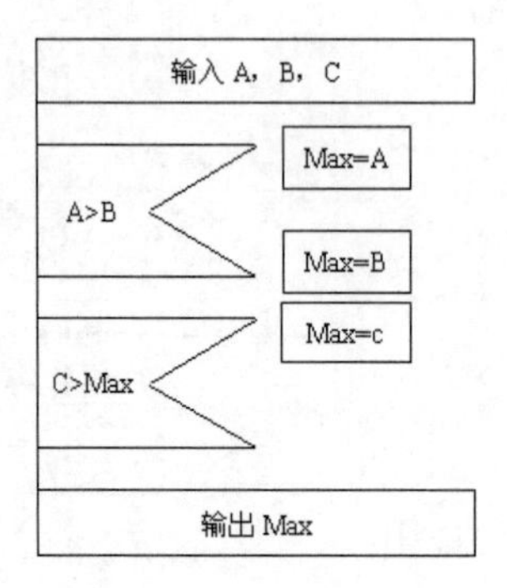

图 6-7　例 6-3 的 PAD 图

【例 6-5】某序列的第 1 项为 0，第 2 项为 1，以后的奇数项为其前 2 项之和，偶数项为其前 2 项之差。画出求解该序列的前 50 项的 PAD 图。

算法分析：设序列的第 1 项用 S_1 表示，且 $S_1=0$；第 2 项用 S_2 表示，且 $S_2=1$。然后生成序列的第 3 项 S_3、第 4 项 S_4 等，生成一项输出一项。在生成序列一项时要考虑该项是偶数项还是奇数项。该序列项（用 W 表示）生成的规律如下。

$$S_n=\begin{cases}S_1=0\\S_2=1\\S_n=S_{n-1}+S_{n-2} & \text{n为奇数时}\\S_n=S_{n-1}-S_{n-2} & \text{n为偶数时}\end{cases}$$

【例 6-5】求解过程的 PAD 图如图 6-8 所示。

5. 伪代码

伪代码（Pseudocode）是一种算法描述语言。使用伪代码的目的是使被描述的算法可以容易地以任何一种编程语言实现，如 Pascal、C、Java 等。因此，伪代码必须结构清晰、代码简单、可读性好，并且类似于自然语言，介于自然语言与编程语言之间。

伪代码通常采用自然语言、数学公式和符号来描述算法的操作步骤，同时采用计算机高级语言（如 C、Pascal、VB、C++、Java 等）的控制结构来描述算法步骤的执行顺序。伪代码书写格式比较自由，容易表达出设计者的思想，写出的算法很容易修改。但是用伪代码写的算法不如流程图直观，可能会出现逻辑上的错误。

在伪代码中，每条指令占一行（ElseIf 例外）。指令后不跟任何符号（Pascal 和 C 中语句要以分号结尾）。书写上的“缩进”表示程序中的分支程序结构。这种缩进风格也适用于 if-then-else 语句。同一模块的语句有相同的缩进量，次一级模块的语句相对于其父级模块的语句缩进。用缩进来表示程序的块结构，这样可以大大提高代码的清晰性。

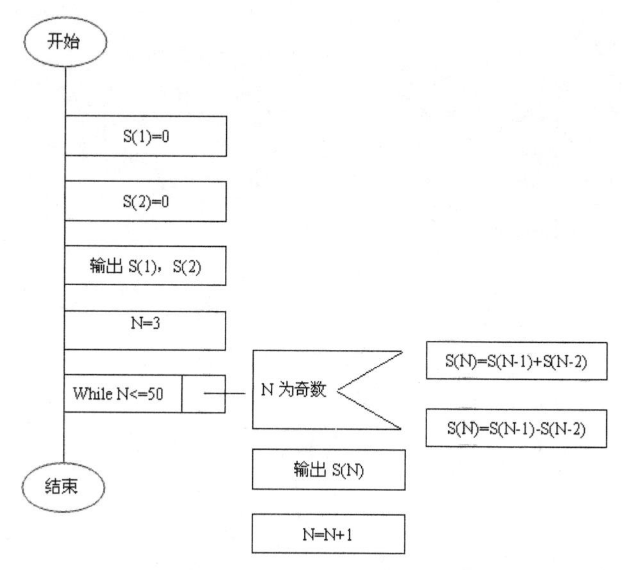

图 6-8　例 6-5 求解过程的 PAD 图

伪代码只是像流程图一样用在程序设计的初期，帮助编写出程序流程。简单的程序一般都不用写流程、写思路，但是复杂的代码最好还是把流程写下来，从总体考虑整个功能如何实现。写完以后不仅可以用来作为以后测试、维护的基础，还可用来与他人交流。但是，把全部的东西写下来又会浪费很多时间，那么此时可以采用伪代码方式。示例如下。

```
If 九点以前 then
    Do 私人事务;
ElseIf 9 点到 17 点 then
   工作;
Else
   下班;
EndIf
```

这样不但可以达到文档的效果，同时可以节约时间，更重要的是使结构比较清晰，表达方式更加直观。用伪代码编写算法并没有固定的、严格的语法规则，只要把意思表达清楚，并且书写的格式写成清晰易读的形式即可。

【例 6-6】使用伪代码描述 n！的算法。

使用伪代码描述 n！的算法过程如下。

```
序号    步骤描述
 1      算法开始
 2      输入 n 的值;
 3      置 i 的初值为 1;
 4      置 f 的初值为 1;
 5      当 i<=n 时,执行下面的操作
 6      使 f =f* i;
 7      使 i = i + 1;
 8      （循环体到此结束）
```

9　　输出 sum 的值;

10　　算法结束

也可以写成如下形式。

```
BEGIN                 /*算法开始*/
   输入 n 的值；
    i ← 1；           /* 为变量 i 赋初值*/
    f ← 1；           /*为变量 f 赋初值*/
    while  i<=n       /*当变量 i<=n 时，执行下面的循环体语句*/
    { f ← f* i;
    i ← i + 1；}
   输出 sum 的值；
END                   /*算法结束*/
```

6. 计算机语言

可以利用某种计算机语言描述算法，计算机程序就是算法的一种表示方式。

【例 6-7】用 Python 语言描述【例 6-5】的求解过程。

```
s=[0,1]
print("s[" +str(0) + "]=" + str(s[0]))
print("s[" + str(1) + "]=" + str(s[1]))
n = 2
while n <= 50:
    if n % 2 != 0:
        s.append(s[n-1] + s[n - 2])
    else:
        s.append(s[n-1] - s[n - 2])
    print("s[" + str(n) + "]=" + str(s[n-1]))
    n = n + 1
```

6.1.4 算法设计中的基本方法

常用的算法设计基本方法如下。

1. 列举法

列举法（Enumeration method）也称穷举法，其基本思想是根据要解决的问题，逐一列举各种可能的情况，并判断每种情况是否满足题设条件。这种方法的好处是最大限度考虑了各种情况，从而为求出最优解创造了条件。因此，列举法常用于解决“是否存在”或“有多少种可能”等类型的问题，如求解不定方程等。

列举法的特点是算法比较简单，但当列举的可能情况较多时，列举算法的工作量将会很大。因此，用列举法设计算法时，应该重点注意优化方案，尽量减小运算工作量。

【例 6-8】现把一元以上的钞票换成一角、两角、五角的零线（每种至少一张），求每种换法各种零线的张数。

算法分析：这是一个有关组合的问题，可以首先考虑五角的取法。设 S 元的钞票，为保证每种零线都有一张，五角的零线可以取 1～S*10//5-1 张，若五角已取定为 W（W≥1）张，则两角（L）可取 1～(L*10-5*M)//2 张，剩余的为一角的张数 Y。

根据题目的意思可以得到 Python 程序代码如下。

```
#W、L 和 Y 分别表示五角、两角和一角
print("请输入要兑换的金额")
S = float(input())
for W in range(1,int(S * 10//5) ):
    for L in range(1,int((S * 10 - 5 * W)// 2)):
        Y = int(10 * S - 5 * W - 2 * L)
        if Y >= 1:
            print( str(S) + "元=" + str(Y) + "个一角"\
                + str(L) + "个两角+" + str(W) + "个五角")
```

通过这个例子可以看到，首先要建立数学模型，这是能够正确处理问题的基础，然后要确定合理的穷举范围，如果穷举的范围过大，则运行效率会比较低；如果穷举的范围太小了，则可能丢失正确的结果。

2. 归纳法

归纳法（Induction method）是一种由个别到一般的论证方法。它通过归纳许多个别的事例或分论点共有的特性，从而得出一个一般性的结论。

通过观察一些简单而特殊的情况，最后总结出一般性的结论，需要证明。

例如，求前 n 个奇数的和。

算法分析：如用 S(n)表示前 n 个奇数的和，则

$S(1)=1=1^2$

$S(2)=1+3=4=2^2$

$S(3)=1+3+5=9=3^2$

$S(4)=1+3+5+7=16=4^2$

$S(5)=1+3+5+7+9=25=5^2$

可以看出，当 n 取 1，2，3，4，5 时，$S(n)= n^2$。因此可以归纳出求前 n 个奇数的和的一般规律，即 $S(n)= n^2$。上面的归纳法是不完全归纳法，因为由它得到的结论不一定对任意的 n 都成立，如果结论对任意的 n 都成立，则需要证明。

证明过程如下。

（1）n=1，$S(1)=1=1^2$ 成立。

（2）假设 n=k 时成立，即 $S(k)=1+3+5+\ldots+(2\times k-1)=k^2$ 成立。

（3）当 n=k+1 时，$S(k+1)= 1+3+5+\ldots+(2\times k-1)+[2\times(k+1)-1] =k^2+2k+1 =(k+1)^2$

由此得出结论：求前 n 个奇数的和为 $S(n)= n^2$ 成立。

现在根据这个公式，可以构造一个用 Python 编写的函数。

```
def oddSum(N):
    if N == 1:
      return 1
    else:
      return (2 * N-1) + oddSum (N-1)
```

3. 递推法

递推法（Recursive method）是指从已知的初始条件出发，逐次推出所要求的各种中间结果和最后结果，其中初始条件或问题本身已经给定，或是通过对问题的分析与化简而确定。递推法本质上也是归纳法，工程上许多递推关系式实际上是通过对实际问题的分析与归纳而得到

的，因此，递推关系式往往是归纳的结果。

【例 6-9】斐波那契（Fibonacci）数列{1,1,2,3,5,8,13,21…}就是采用递推法解决问题的。假设用 F(n)表示斐波那契数列的第 n 项，则该数列有如下规律。

$$F(n)=\begin{cases}F(1)=1 & n=1\\ F(2)=1 & n=2\\ F(n)=F(n-1)+F(n-2) & n>2\end{cases}$$

即知道了数列的第 1 项和第 2 项数值后，利用公式$F(n)=F(n-1)+F(n-2)$即可计算出第 3 项等后面的各项值。下面的 Python 程序可显示出斐波那契数列前 50 项各数值。

```
f=[0,1,1]   #定义一个列表
print(f[1])
print(f[2])
for n in range(3,50+1):
    f.append(f[n-1] + f[n-2])
    print(str(n) + ":" + str(f[n]))
```

递推分为倒推法和顺推法两种形式。一般分析思路如下。

（1）倒推法。所谓倒推法，就是在不知初始值的情况下，经某种递推关系而获知问题的解或目标，再倒过来推知它的初始条件。因为这类问题的运算过程是一一映射的，所以可分析得其递推公式。然后从这个解或目标出发，采用倒推手段，一步步地倒推到这个问题的初始陈述。

（2）顺推法。顺推法是倒推法的逆过程，即由边界条件出发，通过递推关系式推出后项值，再由后项值按递推关系式推出再后项值，依此递推，直至从问题初始陈述向前推进到这个问题的解为止。

4. 迭代法

迭代法（Iteration method）也称辗转法，是一种不断用变量的旧值去递推新值的过程。迭代法是用计算机解决问题的一种基本方法。它利用计算机运算速度快、适合做重复性操作的特点，让计算机重复执行一组指令（或一定步骤），在每次执行这组指令（或这些步骤）时，都从变量的原值推出它的一个新值。

【例 6-10】用 Python 语言编写一个函数 jsValue()，它的功能是求斐波那契数列中大于一个指定的数 t 的最小的一个数（项），结果由函数返回。例如，当 t=1000 时，函数值为 1597。

```
def jsValue(t):
    a = 1 #斐波那契数列第 1 项
    b = 1 #斐波那契数列第 2 项
    while (b < t):
        m = a
        a = b
        b = b + m #求斐波那契数列各项
    return b
print(jsValue(1000))
```

5. 递归法

递归法（Recursive method）是一种调用自己本身进行解决问题的一种算法。人们在解决一些复杂问题时，为了降低问题的复杂程度（如问题的规模等），总是将问题逐层分解，最后归纳为一些最简单的问题，这种将问题逐层分解的过程实际上并没有对问题进行求解，而只是当解决了最后那些最简单的问题后，再沿着分解的过程逐步进行综合，这就是递归的基本思想。由此可以看出，递归的基础也是归纳。

递归法分为直接递归法与间接递归法两种。如果算法 P 直接调用自己则称为直接递归法；如果算法 P 调用另一个算法 Q，而算法 Q 又调用算法 P，则称为间接递归法。

递归法实际上是一种递推法。

【例 6-11】某同学在上楼梯时，有时一步一级楼梯，有时一步两级。如果楼梯有 n 级，他上完这 n 级楼梯有多少种方法？用 Python 语言编写该程序。

算法分析：假设楼梯级数为 n 时的方法数是 F(n)，那么第 1 步可选择 1 或 2 级楼梯。当第 1 步为 1 级时剩下楼梯的级数为 n-1，故方法数为 F(n-1)；当第 1 步为 2 级时，剩下楼梯的级数为 n-2，故方法数为 F(n-2)。于是可以得到如下式子。

F(n)=1　　当 n=1 时；

F(n)=2　　当 n=2 时；

F(n)=F(n-1)+F(n-2)　　当 n≥3 时

这是一个典型的递归算法，Python 程序代码如下。

```
def F(n):
    if n <= 2:
        return n
    else:
        return F(n-1) + F(n-2)
if __name__ == '__main__':
    print("请输入楼梯级数 n：")
    n = int(input())
    print("当楼梯级数" + str(n) + "时，")
    print("可以有" + str(F(n)) + "种不同的上楼梯方法。")
```

6. *回溯法*

回溯法（Back method）是一种试探求解的方法：通过对问题的归纳分析，找出求解问题的一个线索，沿着该线索往前试探，若成功，则得到解；若失败，则逐步回退，换其他路线再往前试探。可以形象地概括为“往前走，碰壁则回头”。简言之，回溯算法的基本思想是从一条路往前走，能进则进，不能进则退回来，换一条路再试。

【例 6-12】1～X 这 X 个数字中选出 N 个，排成一列，相邻两数不能相同，求所有可能的排法。每个数可以选用零次、一次或多次。例如，当 N=3、X=3 时，排法有 12 种：121、123、131、132、212、213、231、232、312、313、321、323。

算法分析：以 N=3、X=3 为例，这个问题的每个解可分为 3 个部分：第 1 位、第 2 位、第 3 位。先写第 1 位，第 1 位可选 1、2 或 3，根据从小到大的顺序，这里选 1；那么，为了保证相邻两数不同，第 2 位就只能选 2 或 3 了，选 2；最后，第 3 位可以选 1 或 3，我们选 1；这样就得到了第 1 个解 121。然后，将第 3 位变为 3，就得到了第 2 个解 123。此时，第 3 位已经不能再取其他值了，于是返回第 2 位，看第 2 位还能变为什么值。第 2 位可以变为 3，于是可以在 13 的基础上给第 3 位赋予不同的值 1 和 2，得到第 3 个解 131 和 132。此时第 2 位也已经不能再取其他值了，于是返回第 1 位，将它变为下一个可取的值 2，然后按顺序变换第 2 位和第 3 位，得到 212、213、231、232，直到第 1 位已经取过了所有可能的值，并且将每种情况下的第 2 位和第 3 位都按上述思路取过一遍，此时就得到了该问题的全部解。

由以上过程可以看出，回溯法的思路是问题的每个解都包含 N 部分，先给出第一部分，再给出第二部分等，直到给出第 N 部分，这样就得到了一个解。若尝试到某一步时发现已经无法继续，则返回到前一步，修改已经求出的上一部分，然后继续向后求解。直到回溯到第一步，并且已经将第一步的所有可能情况都尝试过之后，即可得出问题的全部解。

7. 使用逐步求精的思想设计算法

我们知道，对于复杂的问题，不可能立即得到程序，正确的可行方法是先将问题中简单的部分明确出来，再逐步对复杂部分进行细化，然后一步一步推出完整程序。这样逐步向前推进的思想就是逐步求精法。

下面我们通过典型输出简单图形的例题，来体会一下使用逐步求精法的思维过程。

【例 6-13】从键盘输入 n 值，输出 n 行用“*”号组成等腰三角形。例如，输入 n=4，输出的图形是

```
   *
  ***
 *****
*******
```

。

（1）算法分析：根据图形的要求，可以分析出下列结论。

1）图形按行输出，共输出 n 行。

2）整个图形的每行中，前面先输出空格，后面再输出“*”。所以程序的关键是要找出每行（第 k 行）中，输出的空格的数量和“*”的数量。

3）对于图形中的第 k 行（1≤k≤n），则要输出 n-k 个空格和 2k-1 个“*”。

（2）算法设计。

1）输入 n。

2）重复打印 n 行。

```
for k in range(1,n+1)
  #打印 k 行的内容，重复打印 n 行
  #换行
```

3）对于第 k 行，每行 n-k 个空格和 2k-1 个“*”。对步骤 2）进行加细，可以得到进一步的过程。

```
for j in range(1n-k+1)     #重复打印 n-k 个空格
     print(" ")
for j in range(1,2 * k)      #重复打印 2k-1 个
               Print "*";
```

这样，就可以非常容易地推出最后的程序。

（3）程序（用Python编写）。

```
def PrtStar(n):
     for k in range(1, n+1):              #打印 n 行
          for j in range(1,n - k+1):      #打印空格
               print(" ",end='')
          for j in range(1,2 * k):        #打印“*”号
               print("*",end='')
          print("\n") #换行
if __name__ == '__main__':
PrtStar(4)
```

除上述算法外，还有治法算法、贪心（贪婪）算法、动态规则算法、分支限界法等，本书就不一一介绍了，感兴趣的读者请参考其他书籍。

6.1.5　算法复杂度

算法复杂度包括时间复杂度和空间复杂度。

1. 时间复杂度

所谓时间复杂度（Time Complexity）是指执行算法所需的计算工作量。算法所执行的基本运算次数与计算机硬件、软件因素无关，而与问题的规模有关。对于一个固定的规模，算法所执行的基本运算次数还可能与特定的输入有关。

（1）时间频度。一个算法执行所耗费的时间，从理论上是不能算出来的，必须上机运行测试才能知道。但我们不可能也没有必要对每个算法都上机测试，只需知道哪个算法花费的时间多，哪个算法花费的时间少就可以了。并且一个算法花费的时间与算法中语句的执行次数成正比，哪个算法中语句执行次数多，则其花费时间就多。一个算法中的语句执行次数称为语句频度或时间频度，记为 T(n)。

（2）时间复杂度。在时间频度中，n 称为问题的规模，当 n 不断变化时，时间频度 T(n)也会不断变化。但有时我们想知道它变化时呈现什么规律。为此，引入时间复杂度概念。一般情况下，算法中基本操作重复执行的次数是问题规模 n 的某个函数，用 T(n)表示，若有某个辅助函数 f(n)，使得当 n 趋近于无穷大时，T(n)/f(n)的极限值为不等于零的常数，则称 f(n)是 T(n)的同数量级函数。记作 T(n)=O(f(n))，称 O(f(n))为算法的渐进时间复杂度，简称时间复杂度。

在不同算法中，若算法中语句执行次数为一个常数，则时间复杂度为 O(1)。另外，在时间频度不相同时，时间复杂度有可能相同，如 $T(n)=n^2+3n+4$ 与 $T(n)=4n^2+2n+1$ 的频度不同，但时间复杂度相同，都为 $O(n^2)$。

下面举例来说明计算算法时间复杂度的方法。

【例 6-14】分析以下程序的时间复杂度。

```
x = 100
y = 0
while y < x:
    y = y + 1   #①
print(y)
```

算法分析：这是一重循环的程序，while 循环的循环次数为 n，所以该程序段中语句①的频度是 n，则程序段的时间复杂度是 T(n)=O(n)。

【例 6-15】分析以下程序的时间复杂度。

```
n = 100
for i in range(1,n+1):
    for j in range(1,n+1):
        t = i * j   #②
print(t)
```

算法分析：这是二重循环的程序，外层 for 循环的循环次数是 n，内层 for 循环的循环次数为 n，所以该程序段中语句②的频度为 n×n，则程序段的时间复杂度为 $T(n)=O(n^2)$。

注意：二分查找的基本思想是将 n 个元素分成大致相等的两部分，取 a[n/2]与 x 做比较，如果 x=a[n/2]，则找到 x，算法中止；如果 x<a[n/2]，则只要在数组 a 的左半部分继续搜索 x，如果 x>a[n/2]，则只要在数组 a 的右半部搜索 x。

时间复杂度大致就是 while 循环的次数。

总共有 n 个元素，渐渐查找的次数就是 $n,n/2,n/4,...,n/2^k$，其中 k 就是循环的次数。由于 $n/2^k$ 取整后≥1，令 $n/2^k=1$，可得 k=log2n（是以 2 为底，n 的对数）。所以时间复杂度可以表示为 O(logn)。

在有些情况下，算法中的基本操作重复执行的次数还依据问题的输入数据集的不同而不同。例如在选择升序排序的算法中，当要排序的一组数初始序列为自小至大有序时，基本操作的执行次数为 0；当初始序列为自大至小有序时，基本操作的执行次数为 n(n−1)/2。对这类算法的分析，可以采用以下两种方法来分析。

（1）平均性态（Average Behavior）。所谓平均性态是指在各种特定输入下，用基本运算次数的加权平均值来度量算法的工作量。

设 x 是所有可能输入中的某个特定输入，p(x)是 x 出现的概率（即输入为 x 的概率），t(x)是算法在输入为 x 时所执行的基本运算次数，则算法的平均性态定义为

$$A(n)=\sum_{x\in Dn}P(x)t(x)$$

式中，Dn 表示当规模为 n 时，算法执行的所有可能输入的集合。

（2）最坏情况复杂性（Worst-case Complexity）。所谓最坏情况分析是指在规模为 n 时，算法所执行的基本运算的最大次数。

$$W(n)=\max_{x\in Dn}\{t(x)\}$$

显然，W(n)比 A(n)计算容易，W(n)更有实际意义。

2. 空间复杂度

算法的空间复杂度（Space Complexity）一般是指执行这个算法所需的内存空间。

算法所占用的存储空间包括算法程序所占用的空间、输入的初始数据所占用的存储空间以及算法执行过程中所需的额外空间。其中额外空间包括算法程序执行过程中的工作单元以及某种数据结构所需要的附加存储空间（例如，在链式结构中，除了要存储数据本身外，还需要存储链接信息）。如果额外空间量相对于问题规模来说是常数，则称该算法是原地（in place）工作的。在许多实际问题中，为了减少算法所占的存储空间，通常采用压缩存储技术，以便尽量减少不必要的额外空间。

类似于时间复杂度的讨论，一个算法的空间复杂度作为算法所需存储空间的量度，记作：

S(n)=O(f(n))

式中，n 为问题的规模（或大小），空间复杂度也是问题规模 n 的函数。

如当一个算法的空间复杂度为一个常量，即不随被处理数据量 n 而改变时，可表示为 O(1)；当一个算法的空间复杂度与以 2 为底的 n 的对数成正比时，可表示为 O(log2n)；当一个算法的空间复杂度与 n 成线性比例关系时，可表示为 O(n)。

6.1.6　算法的评价

算法的好坏关系到整个问题解决得好坏，一般可从以下几个方面对一个算法进行评价。

1. 正确性

算法的正确性是最起码的，也是最重要的。一个正确的算法（或程序）应当对所有合法的输入数据都能得到应该得到的结果。

对于那些简单的算法（或程序），可以通过上机调试验证其正确与否。要精心挑选具有“代表性”的调试用数据，甚至有点“刁钻性”的，以保证算法对“所有的”数据都是正确的。

但是，一般来说，调试并不能保证算法对所有数据都正确，只能保证算法对部分数据正确。调试只能验证算法有错，不能证明算法无错。也就是说，只要找出一组数据使算法失败（即计算结果错误），就能否定整个算法的正确性。但调试往往不能穷尽所有可能的情况，所以即使算法有错，也不一定能通过调试在短时间内发现。很多大型软件在使用多年后，仍能发现其中的错误就是这个原因。

要保证算法的正确性，通常要用数学归纳法证明。

2. 运行时间

运行时间是指将一个算法转换成程序并在计算机上运行所花费的时间，采用“时间复杂度”来衡量，一般不必精确计算出算法的时间复杂度，只需大致计算出相应的数量级，算法运行所花费的时间主要从 4 个方面来考虑，即硬件的速度、用来编写程序的语言、编译程序所生成的目标代码质量、问题的规模。

显然，在各种因素都不确定的情况下，很难比较算法的执行时间，也就是说，使用执行算法的绝对时间来选择算法的效率是不合适的。为此，可以将上述各种与计算机相关的软硬件因素（如硬件速度、所用语言、编译程序所生成的目标代码质量）都确定下来，这样一个特定算法的运行工作量就只依赖于问题的规模。

3. 占用空间

占用空间是指执行算法所需的内存空间，一般以数量级形式给出，一个算法所占用的存储空间包括程序所占用的空间、输入的初始数据所占的存储空间以及算法执行过程中所需要的额外空间。

4. 可理解性

一个算法应该思路清晰、层次分明、简单明了、易读易懂。

6.1.7　查找

下面介绍基于线性表的数据的几种常用的查找和排序方法。查找是根据给定的条件，在线性表中确定一个与给定条件相匹配的数据元素。若找到相应的数据元素，则称查找成功，否则称查找失败。查找是数据处理领域中的一个重要内容，查找的效率将直接影响数据处理的效率。

1. 顺序查找

顺序查找（Sequential search）又称顺序搜索。顺序查找一般是指在线性表中查找指定的元素，其基本方法是：从线性表的第一个元素开始，依次将线性表中的元素与被查元素进行比较，若相等则表示找到（即查找成功）；若线性表中的所有元素都与被查元素进行了比较且都不相等，则表示线性表中没有要找的元素（即查找失败）。

【例 6-16】 在线性表(32,12,76,83,41,27,31,46,64,19,52,96)中查找元素 31 和 68。

查找 31 时，逐个将表中的元素与 31 进行比较，第 7 次比较时，两数相等查找成功；查找 68 时，逐个将表中的元素与 68 进行比较，表中所有元素与 68 都进行了比较且都不相等，即查找失败，共比较 12 次。

顺序查找的效率很低，在平均情况下，利用顺序查找法在长度为 n 的线性表查找一个元素，大约要与线性表中一半的元素进行比较，即平均查找次数为 n/2。

以下两种情况只能采用顺序查找。

（1）如果线性表是无序表（即表中元素的排列是无序的），则无论是顺序存储结构还是链式存储结构都只能用顺序查找。

（2）即使是有序线性表，如果采用链式存储结构，也只能用顺序查找。

在最坏情况下，顺序查找的时间复杂度为 O(n)。

2. *二分法查找*

二分法查找（Dichotomy search）又称折半查找，只适用于存储的有序表。所谓有序表是指线性表的中元素按值非递减排列（即从小到大，但允许相邻元素值相等）。

设有序线性表的长度为 n，被查元素为 x，则对分查找的方法如下。

（1）将 x 与线性表的中间项进行比较，若中间项的值等于 x，则说明查到，查找结束。

（2）若 x 小于中间项的值，则在线性表的前半部分（即中间项以前的部分）以相同的方法进行查找。

（3）若 x 大于中间项的值，则在线性表的后半部分（即中间项以后的部分）以相同的方法进行查找。

这个过程一直进行到查找成功或子表长度为 0（说明线性表中没有这个元素）为止。

【例 6-17】 在线性表(23,31,35,38,45,50,56,68,79,85,96)中查找元素 33 和 85，查找过程如图 6-9 所示。

（a）查找 33 的过程（3 次比较后查找失败）	（b）查找 85 的过程（3 次比较后查找成功）
[23 31 35 38 45 50 56 68 79 85 96]	[23 31 35 38 45 50 56 68 79 85 96]
↑	↑
[23 31 35 38 45 50 56 68 79 85 96]	[23 31 35 38 45 50 56 68 79 85 96]
↑	↑
[23 31 35 38 45 50 56 68 79 85 96]	[23 31 35 38 45 50 56 68 79 85 96]
↑	↑

图 6-9　二分法查找过程示意图

显然，在有序表的二分法查找中，无论查找的是什么数，也无论要查找的数在表中有没有，都不需要与表中的所有元素进行比较，只需与表中很少的元素进行比较即可。

当有序线性表为顺序存储时才能采用二分查找，并且，二分查找的效率要比顺序查找的高得多。对于长度为 n 的有序线性表，在最坏情况下，二分查找只需要比较 $\log_2 n$ 次。

3. 分块查找

分块查找（Block search）又称索引顺序查找，是介于顺序查找与二分查找之间的一种查找方法。它的基本方法如下。

（1）将所有数据元素分成若干块，块内元素按关键字是无序的，但块间按关键字是有序的，即第 1 块中所有元素大于（或小于）第 2 块中所有元素，第 2 块中所有元素均大于（或小于）第 3 块中所有元素，依此类推。

（2）建立一个块的最大（或最小）索引关键字表，该表是有序的。索引表中的一项对应线性表中的一块，索引项由存放相应块的最大关键字，并指向本块第 1 个节点的指针。索引表按关键字值递增顺序排列。

（3）查找时分两步进行。

1）用待查的关键字对索引字表进行二分查找或顺序查找，确定待查数据元素可能在哪一块。

2）在已确定的那一块中进行顺序查找。

【例 6-18】在数据 11、9、30、14、35、50、65、55、86、70、78、67 中查找 50。

算法分析：如图 6-10 所示，按分块查找的思想如下。

（1）将数据分成 3 块。

（2）建立一个最大顺序的索引关键字表。

（3）根据待查的关键字进行查找。

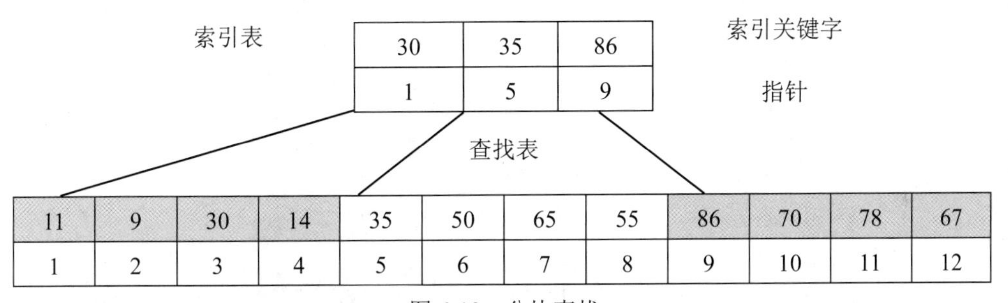

图 6-10　分块查找

由于待查的关键字为 50，因此从索引关键字表中查找到该 50 应在第 2 块中，30<50<65。再在第 2 块内用顺序查找到关键字为 50 的元素。

分块查找的时间复杂度分别为 O($\sqrt{n}$)。

分块查找（索引顺序查找）的优点和缺点如下。

优点：①提高数据查找的速度；②插入、删除时，只需移动索引表中对应节点的存储地址，而不必移动节点中节点的数据。

缺点：因为增加了索引表，所以降低了存储空间的利用率。

6.1.8　排序

排序（Sort）就是把一组无序的记录按关键字的某种次序排列起来，使其具有一定的顺序，便于进行数据查找。排序的方法很多，根据待排序序列的规律的规模以及对数据处理的要求，可以采用不同的排序方法。

常用的排序方法有选择排序法（Selection Sort）、堆排序法（Heap Sort）、冒泡排序法（Bubble Sort）、快速排序法（Quick Sort）、插入排序法（Insertion Sort）、希尔排序法（Shell Sort）、归并排序法（Merge Sort）、桶排序（Bucket Sort）等。

数据的排序方法如下。

（1）若待排序的一组记录数目 n 较小（如 n≤50）时，可采用插入排序或选择排序。

（2）若 n 较大，则应采用快速排序、堆排序或归并排序。

（3）若待排序记录按关键字基本有序（正序或叫升序），则适宜选用直接插入排序、冒泡排序、快速排序和希尔排序法。

（4）当 n 很大，且关键字位数较少时，采用桶排序较好。

（5）关键字比较次数与记录的初始排列顺序无关的排序方法是选择排序。

下面介绍选择排序法、插入排序法、冒泡排序法 3 种常用的排序法。

1. 选择排序法

选择排序法的基本思想是：扫描整个线性表，从中选出最小的元素，将它交换到表的最前面；然后对剩下的子表采用相同的方法，直到子表空为止。

简单选择排序法在最坏情况下需要比较 n(n-1)/2/次（即(n-1)+(n-2)+…+2+1），因此时间复杂度为 $O(n^2)$。

【例 6-19】 利用简单选择排序法对线性表(96,53,46,19,83,15,21,49)进行排序，如图 6-11 所示，图中有方框的元素是被选出来的最小数。

原序列	96	53	46	19	83	15	21	49
第 1 遍选择	15	53	46	19	83	96	21	49
第 2 遍选择	19	46	53	83	96	21	49	
第 3 遍选择	21	53	83	96	46	49		
第 4 遍选择	46	83	96	53	49			
第 5 遍选择	49	96	53	83				
第 6 遍选择	53	96	83					
第 7 遍选择	83	96						

图 6-11 选择排序法的示意图

算法分析如下。

（1）设数列$\{R_1,R_2,R_3,\ldots,R_{10}\}$表示上述未排序的数字。从 R_1 开始的整个数列中逐个检查，看哪个数最小就记下该数所在的位置 p，等扫描一遍完毕，再把 R_p 与 R_1 对调，此时 R_1～R_{10} 中的最小数据就换到了最前面的位置。

（2）重复上述算法，但每重复一次，进行比较的数列范围就向后移动一个位置，即第 2 遍比较时范围就从第 2 个数一直到第 n 个数，在此范围内找最小的数的位置 p，然后把 R_p 与 R_2 对调，这样从第 2 个数开始到第 n 个数中最小数就在 R_2 中了，第 3 遍就从第 3 个数到第 n 个数中找最小的数，再把 R_p 与 R_3 对调……此过程重复 n-1 次后，就把$\{R_1,R_2,R_3,\ldots,R_{10}\}$数列中 10 个数按从小到大的顺序排好了。

2. 插入排序法

简单插入排序法的基本思想是把 n 个数据元素的序列分为两部分，$\{R_1,\ldots,R_{i-1}\}$为已排好序的有序部分，$\{R_i,R_{i+1},\ldots,R_n\}$为未排序部分。此时，把未排序部分的第 1 个元素 R_i 依次与 $R_1,\ldots,R_{i-1}$ 比较，并插入到有序部分的合适位置上，使得$\{R_1,\ldots,R_i\}$变为新的有序部分。

初始时，令 i=2，因为一个元素自然有序，所以$\{R_1\}$自然成为一个有序部分，未排序部分是$\{R_2,\ldots,R_n\}$，然后依次将 $R_2,R_3,\ldots,R_n$ 插入有序部分中，即可得整个有序序列。

【例 6-20】待排序数据序列是(18,12,10,12,31,15)，写出每次执行插入排序后的序列状态。

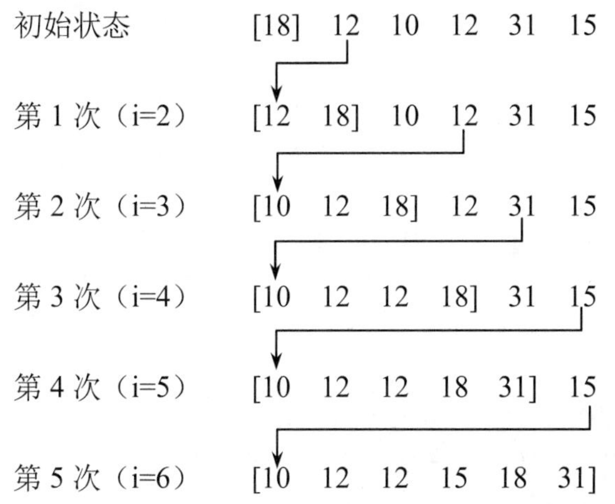

假设线性表或数列中的元素数为 n，则在最坏的情况下，插入排序法需要比较 n(n-1)/2 次，因此时间复杂度为 $O(n^2)$。

3. 冒泡排序法

冒泡排序是一种常用的方法，它的基本思想是从 R_1 开始，两两比较 R_i 与 R_{i+1}（i=1,2,…,n-1）的排序码的大小，若 $R_i>R_{i+1}$，则交换 R_i 和 R_{i+1} 的位置。第 1 次全部比较完毕后，R_n 是序列最大的数据元素。

再从 R_1 开始两两比较 R_i 和 R_{i+1}（i=1,2,…,n-2）的排序码的大小，若 $R_i>R_{i+1}$，则交换 R_i 和 R_{i+1} 的位置。第 2 次全部比较完毕后，R_{n-1} 是序列最大的数据元素。

如此反复，进行 n-1 次冒泡排序后所有待排序的 n 个元素序列按排序码有序。

【例 6-21】待排序数据序列是（63，95，73，12，31，46，52），写出每次执行冒泡排序后的序列状态（升序）。

初始状态	[63	95	73	12	31	46	52]
第 1 次（i=1～6）	[63	73	12	31	46	52]	95
第 2 次（i=1～5）	[63	12	31	46	52]	73	95
第 3 次（i=1～4）	[12	31	46	52]	63	73	95
第 4 次（i=1～3）	[12	31	46]	52	63	73	95
第 5 次（i=1～2）	[12	31]	46	52	63	73	95
第 6 次（i=1）	[12]	31	46	52	63	73	95

若线性表的长度为 n，冒泡排序排序需要经过 n-1 次排序，需要比较次数为 n(n-1)/2，因此时间复杂度为 $O(n^2)$。

6.2　程序设计概述

程序（Program）是人们事先使用某种程序设计语言编制好的语句序列。程序以文件的形式保存在指定的磁盘中称为程序文件。未编译的程序文件按照一定的程序设计语言规范书写的文本文件称为源代码（也称源程序）。

计算机按照一定顺序执行这些语句，逐步完成整个工作。

6.2.1　程序设计的基本过程

程序设计（Program Design）的基本过程一般由分析求解的问题、抽象数据模型、选择合适算法、编写程序、调试通过直到得到正确结果等几个阶段所组成，如图 6-12 所示。

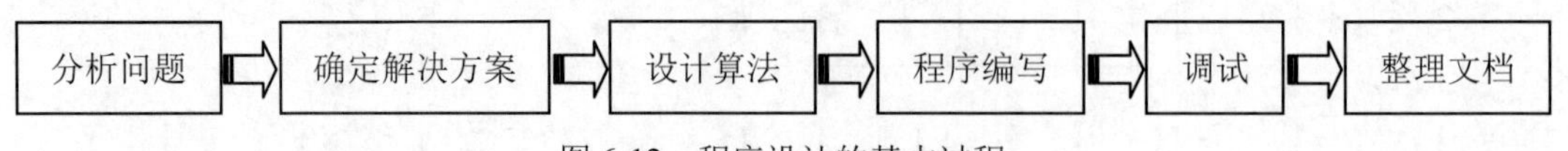

图 6-12　程序设计的基本过程

程序设计步骤如下。

（1）确定要解决的问题，对任务进行调查分析，明确要实现的功能。

（2）对要解决的问题进行分析，找出它们的运算和变化规律，建立数学模型。当一个问题有多个解决方案时，选择适合计算机解决问题的最佳方案。

（3）依据解决问题的方案确定数据结构和算法，绘制流程图。

（4）依据流程图描述算法，选择一种用合适的计算机语言编写程序。

（5）通过反复执行编写的程序，找出程序中的错误，直到程序的执行效果达到预期的目标为止。

（6）对解决问题整个过程的有关资料进行整理，编写程序使用说明书。

6.2.2　程序设计方法与风格

良好的程序设计可以使程序结构清晰合理，使程序代码便于测试和维护。强调“清晰第一、效率第二”的论点已成为当今程序设计的主导风格。

要形成良好的程序设计风格，应注重考虑下列因素。

1. 源程序文档化

源程序文档化主要包括选择标识符的名称、程序注释和程序的视觉组织。

（1）符号名的命名。符号名的命名应具有一定的实际含义，以便理解程序功能。

（2）程序注释。正确的注释能够帮助读者理解程序。注释分为序言性注释和功能性注释。序言性注释通常位于每个程序的开头部分，它给出程序的整体说明，主要描述内容可以包括程序标题、程序功能说明、主要算法、接口说明、开发简历等。功能性注释嵌在源程序体之中，主要描述其后的语句或程序做什么。

（3）视觉组织。为了使程序的结构一目了然，在程序中利用空格、空行、缩进等技巧可使程序逻辑结构清晰、层次分明。

2. 数据说明

在编写程序时，需要注意数据说明的风格，以便程序中的数据说明更易于理解和维护。应注意如下几点。

（1）数据说明的次序规范化。鉴于理解、阅读和维护的需要，数据说明先后次序固定，可以使数据的属性查找容易，也有利于程序的测试、调试和维护。

（2）说明语句中变量安排有序化。使用一个说明语句说明多个变量时，变量最好按照字母顺序排列。

（3）使用注释，说明复杂数据的结构。

3. 语句的结构

语句构造力求简单直接，不应该为提高效率而使语句复杂化。一般应注意以下几点。

（1）在一行内只写一条语句，并采用适当的缩进格式，使程序的逻辑和功能变得明确。

（2）程序编写应优先考虑清晰性。

（3）除非对效率有特殊要求，否则程序编写要做到“清晰第一，效率第二”。

（4）首先要保证程序正确，然后才要求提高速度。

（5）数据结构要有利于程序的简化，程序设计要模块化，使模块功能尽量单一。

（6）尽可能使用库函数。

（7）避免使用临时变量而使程序的可读性降低。

（8）避免使用无条件转移语句和采用复杂的条件语句。

（9）避免过多的循环嵌套和条件嵌套。

（10）利用信息隐藏，确保每个模块的独立性。

4. 输入和输出

输入、输出方式和格式往往是用户对应用程序是否满意的一个因素，应尽可能方便用户的使用，在设计和编程时都应考虑如下原则。

（1）要检验所有输入数据的合法性。

（2）检查输入项的各种重要组合的合理性。

（3）输入格式要简单，输入的步骤和操作尽可能简洁。

（4）输入数据时，应允许使用自由格式。

（5）应允许默认值。

（6）输入一批数据时，最好使用输入结束标志。

（7）在以交互输入/输出方式进行输入时，要在屏幕上使用提示符明确提示输入的请求，同时在数据输入过程中和输入结束时，在屏幕上给出状态信息。

（8）当程序设计语言对输入格式有严格要求时，应保持输入格式与输入语句的一致性。

（9）给所有的输出加注释，并设计输出报表格式。

6.2.3　程序设计的一般步骤

人们希望计算机求解的问题是千差万别的，所设计的求解算法也千差万别，一般来说，算法设计没有什么固定的方法可循。但是通过大量的实践，人们也总结出某些共性的规律，如在 6.1.4 节中介绍的常用方法。

我们在遇到问题之后，不可能立即动手编程解决问题，要经历一个思考、编程的过程。

对于一般的小问题，可以进行简单处理，按照下面给出的 5 步进行求解。

（1）明确问题的性质，分析题意。可以将问题简单地分为数值型问题和非数值型问题。不同类型的问题可以有针对性地采用不同的方法进行处理。

（2）建立问题的描述模型。对于数值型问题，可以建立数学模型，通过数学模型来描述问题。对于非数值型问题，一般可以建立一个过程模型，通过过程模型来描述问题。

（3）设计或确定算法。对于数值型的问题，可以采用数值分析的方法进行处理。在数值分析中，有许多现成的固定算法，可以直接使用，当然也可以根据问题的实际情况设计算法。对于非数值型问题，可以通过数据结构或算法分析与设计进行处理；也可以选择一些成熟的方法进行处理，例如列举法、递推法、递归法、回溯法等。在确定算法之后，使用 6.1 节中介绍的算法描述方法对算法进行描述。

（4）调试编程。根据算法，采用一种编程语言实现编程，然后上机调试，得到程序的运行结果。

（5）分析运行结果。要对运行结果进行分析，看运行结果是否符合预先的期望，如果不符合，要判断问题出在什么地方，找出原因后对算法或程序进行修正，直到得到正确的结果为止。

6.3 结构化程序设计

20 世纪 60 年代末，著名学者 E.W.迪克斯特拉（E.W.Dijkstra）首先提出了“结构化程序设计”（Structured Programming）的方法，方法中引入了工程思想和结构化思想，使大型软件的开发和编程都得到了极大的改善。

6.3.1 结构化程序设计的基本结构

程序类似于作文，有一定的结构，即有“起、承、转、合”等部分。每个部分由一个或多个自然段组成，我们说程序是有结构的，且结构的顺序可以不同。为了描述语句的执行过程，高级语言均提供了一套控制机制，它的作用是控制语句的执行过程，这种机制称为“控制结构”。“控制结构”所用的语句或命令称为结构控制语句。

1966 年，Boehm 和 Jacopini 证明了任何单入口单出口且没有“死循环”的程序都能利用顺序、选择和循环 3 种基本的控制结构构造出来。

顺序、选择和循环 3 种控制结构（流程图）如图 6-13 所示。

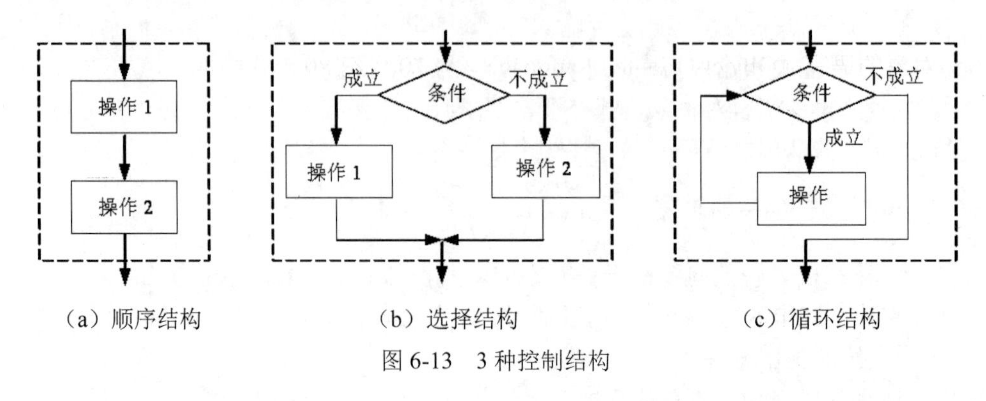

（a）顺序结构　（b）选择结构　（c）循环结构

图 6-13　3 种控制结构

1. 顺序结构

顺序结构是最基本、最常用的结构，是按照程序语句行的自然顺序依次执行程序，如图 6-13（a）所示。

2. 选择结构

选择结构又称分支结构，这种结构可以根据设定的条件，判断应该选择哪条分支来执行相应的语句序列，如图 6-13（b）所示。

3. 循环结构

循环结构是根据给定的条件，判断是否需要重复执行某个程序段，如图 6-13（c）所示。

结构化程序设计方法是程序设计的先进方法和工具。采用结构化程序设计方法编写程序，可使程序结构清晰、易读、易理解、易维护。

6.3.2 结构化程序设计的基本思想

结构化程序设计方法的基本思想可以概括为自顶向下、逐步求精、模块化和限制使用 goto 语句。

（1）在程序设计中，采用自顶向下、逐步求精的设计方法。应用程序设计过程应自顶向下分成若干个层次，逐步加以解决：每个层次是在前一层的基础上，对前一层设计的细化，这个过程形成一个树结构。这样，一个较复杂的大问题就被层层分解为多个相对独立的、易于解决的小模块，有利于程序设计工作的分工和组织，也比较容易进行调试工作。

在程序设计中，编写程序的控制结构仅由 3 种基本的控制结构（顺序结构、选择结构和循环结构）组成。

（2）一个入口，一个出口。将一个复杂问题分解为若干个简单的模块或程序结构。程序结构只有一个入口，最终只有一个出口。结构内的每个部分都有机会被执行到，也就是说，对每个部分结构来说，都应该有一条从入口到出口的路径通过。结构内没有死循环。

（3）使用图形、表格和语言详细描述处理过程。在详细描述处理过程的方法中，图形有程序流程图、N-S 图、PAD 图。

（4）限制使用 goto 语句。因为使用 goto 语句会破坏程序的结构化，降低了程序的可读性，因而不提倡使用 goto 语句。

6.4 面向对象程序设计

面向对象的语言（Object-Oriented Language）是 20 世纪 80 年代中期提出的新思想，是一种以对象作为基本程序结构单位的程序设计语言，指用于描述的设计是以对象为核心，而对象是程序运行时刻的基本成分。程序设计语言中提供了类、继承、封闭和多态等成分，如 Visual Basic、C++、Java、C#、Python 等。

面向对象程序设计（Object Oriented Programming，OOP）是一种模仿人们建立世界模型的程序设计方式，是对程序设计的一种全新的认识。

面向对象语言刻画客观系统较自然，便于软件扩充与复用。有以下 4 个主要特点。

（1）识认性。系统中的基本构件是一组可识别的离散对象。

（2）类别性。系统具有相同数据结构与行为的所有对象可组成一类。

（3）多态性。对象具有唯一的静态类型和多个可能的动态类型。

（4）继承性。在基本层次关系的不同类中共享数据和操作。

其中，前三者为基础，继承性是特色。四者结合使用，体现出面向对象语言的表达能力。

6.4.1 面向对象程序设计的基本概念

1. 对象（Object）

所谓对象就是现实生活中客观存在的一个实体，如一个人、一台计算机等都可看作一个对象。对象是具有某些特征的具体事物的抽象。每个对象都具有能描述其特征的属性。一个人有性别、年龄、体重等属性，又有脾气、习惯等行为。在自然界中，对象是以类（Class）划分的，如人类、家畜、汽车、电视等。

在程序设计语言（如Visual Basic、C#等）中，对象有表面的特征，如颜色、大小、位置等；也有行为特征，如用鼠标单击某个对象显示了信息。然而对计算机内部而言，对象既包含数据又包含对数据操作的方法和能响应的事件。对象是将数据、方法和事件封装起来的一个逻辑实体。

一个对象的数据是按特定结构存储的数据，方法是规定好的操作，事件是对象能够识别的事情。因此可以说对象是一些属性、方法和事件的集合。

对象有如下基本特点。

（1）标识唯一性。对象是可区分的，并且由对象的内在本质来区分，而不是通过描述来区分。

（2）分类性。可以将具有相同属性和操作的对象抽象成类。

（3）多态性。同一个操作可以是不同对象的行为。

（4）封装性。从外界看只能看到对象的外部特性。

2. 属性（Properties）

任何一个对象都具某些外观或内在的特征、性质和状态，我们说对象具有属性（数据）。比如一匹马，它有一些能看见的外貌特征，如大小、颜色等；也有一些看不见的内在特征，如产地、年龄等。一匹马和一头牛有共同的特征也有不同的特征。

在程序设计语言中，每个对象都有一些外观和行为，它们是描述对象的数据。这些外观和行为称为属性。属性描述了对象应具有的特征、性质和状态，不同的对象有不同的属性。有些属性是大部分对象都具备的，如标题、名称、大小、位置等；有些属性则是某一个对象所特有的。不同的属性使对象有不同的外观和行为。

3. 事件（Event）

在现实生活中，常有事情发生，发生的事情和对象又有联系。例如马是一个对象，骑士鞭打跑动的马是一个事件。同样在程序设计语言（如Visual Basic、C#等）中，也有许多对象的事件，如单击（Click）事件、加载（Load）表单事件等。事件就是对象上发生的事情。事件只能发生在程序运行时，而不会发生在设计阶段。对于不同的对象，可以触发许多不同的事件。

4. 方法（Method）

方法就是对象所具有的能力、可执行的动作，如人的吃饭、思维、走、跑等。在程序设计语言（如Visual Basic、C#等）中，方法与事件过程类似，是一种特殊的过程和函数。它用于完成某种特定功能而不能响应某个事件，如 Print（打印对象）、Show（显示窗体）、Move（移动）方法等。每个方法完成某项功能，用户无法看到其实现的步骤和细节，更不能修改，用户能做的工作只是按照约定直接调用它们。

方法与事件过程有相同之处，即它们都要完成一定的操作，都与对象发生联系，如果对象不同，允许使用的方法也不同。

综上所述，可以把属性看成对象的特征，把事件看成对象的响应，把方法看成对象的行为，属性、事件和方法构成了对象的三要素。

5. 类（Class）

类与对象（Object）的关系密切，但并不相同。类定义了对象特征以及对象外观和行为的模板，它刻画了一组具有共同特性的对象，或者说，类是一组具有共同特征对象的集合或抽象。对象是类的一个实例，包括数据和过程（操作）。例如“汽车”就是一个类，它抽取了各种汽车的共同特性，而每辆具体的汽车就是一个对象，是“汽车”类的一个实例。

在采用面向对象的程序设计方法设计的程序中，程序由一个或多个类组成，在程序运行时视需要创建该类的各个对象（实例）。因此类是静态的，而对象是动态的。对象是基于某种类创建的实例，包括数据和过程。

类具有继承性（Inheritance）、封装性（Encapsulation）和多态性（Polymorphism）3 大特征。

（1）继承性。子类具有延用父类的能力。如果父类特征发生改变，则子类将继承这些新特征。

（2）封装性。指明包含和隐藏对象信息的能力。封装性将操作对象的内部复杂性与应用程序的其他部分隔离开来。例如对一个命令按钮设计标题属性时，用户不必了解标题字符串是如何存储的。

（3）多态性。主要是指一些关联的类包含同名的方法程序，但方法程序的内容可以不同。具体调用哪种方法程序，在运行时根据对象的类确定。例如冬天可以使用不同方法取暖，有电暖气、烧柴、集中供暖等。多态性使得相同的操作可以作用于多种类型的对象并获得不同的结果，从而增强了系统的灵活性、维护性和扩充性。

6.4.2 面向对象程序设计的思想

面向对象程序设计的基本思想有如下几点。

（1）从现实世界中客观存在的事物（即对象）出发，尽可能运用人类自然的思维方式去构造软件系统，也就是直接以客观世界的事务为中心来思考问题、认识问题、分析问题和解决问题。

（2）将事物的本质特征抽象后表示为软件系统的对象，作为系统构造的基本单位。

（3）面向对象方法强调按照人类思维方式中的抽象、分类、继承、组合、封装等原则去解决问题。其基本单元是对象，不仅包括属性（数据），而且包括与属性有关的功能（或方法，如增加、修改、移动、放大、缩小、删除、选择、计算、查找、排序、打开、关闭、存盘、显示和打印等），它不仅将属性与功能融为一个整体，而且对象之间可以继承、派生以及通信。

这样，软件开发人员便能更有效地思考问题，从而更容易与客户沟通。开发的软件系统能直接映射问题，并保持问题中事物及其相互关系的本来面貌。

6.5 用 Python 实现排序过程

Python 是一种面向对象的解释型计算机程序设计语言，由荷兰人 Guido van Rossum（吉多·范·罗苏姆）于 1989 年发明，第一个公开发行版发行于 1991 年。

近几年，Python 越来越热，全国高校开设此课程的院校越来越多，本节就为读者介绍 Python 程序设计在排序算法的实现过程。当然，Python 在数据分析、机器学习、大数据、云计算等领域都有应用，并且影响力越来越大。

Python 的特点如下。

（1）简单易学。简单到没有学过任何编程语言的人稍微看下资料，再看几个示例就可以编写出可用的程序。

（2）是一门解释型的编程语言。用 Python 语言编写的程序可直接执行，无须编译，发现错误（Bug）后立即修改，节省了无数的编译时间。

（3）代码重用性高。可以把包含某个功能的程序当成模块代入其他程序中使用，因而 Python 的模块库非常庞大，几乎是无所不含。

（4）跨平台性。几乎所有的 Python 程序都可以不加修改地运行在不同的操作平台，并能得到同样的结果。

6.5.1 Python 的安装与使用

学习 Python 语言编写程序的第一步就是学会安装 Python 的方法，IDLE 是 Python 自带的简洁的集成开发库环境（Integrated Develop Library Environment）编辑器。同时 IDLE 也是 Python 语言的调试和执行工具。

1. 下载 Python 程序安装包。

本节讲的是 Windows 下的 IDLE，Linux 环境下 IDLE 是没有的，可以直接使用相应的 Python 解释器。先打开 Python 的官网网站，如图 6-14 所示。

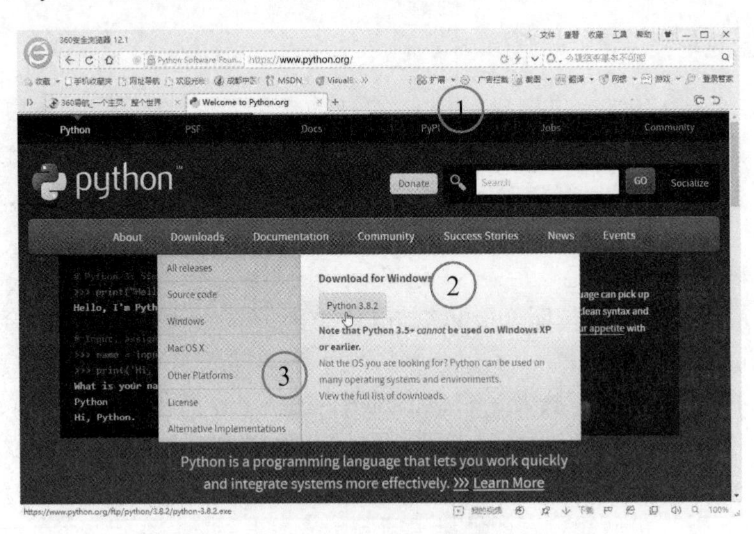

图 6-14 Python 的官网网站

单击 Downloads 区，找到适合自己系统的版本安装包，本书使用 Windows 下的 Python 3.8.2 版本，如图 6-15 所示。

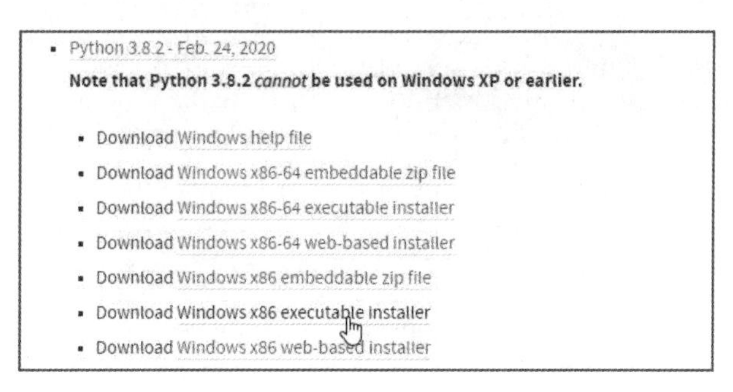

图 6-15　下载 Python 合适的版本

由于编者的操作系统是 32 位的 Windows 10，因此选择 Windows x86 executable installer 进行下载。如果系统是 64 位的，则应选择 Windows x86-64 executable installer 进行下载。

2. 安装 Python

如图 6-16 所示，找到刚下载的 Python 程序安装包并双击打开，运行安装程序。一般无需过多设置，直接单击“下一步”按钮，直至安装成功即可。

图 6-16　下载的 Python 程序安装包

安装过程如图 6-17 至图 6-19 所示。

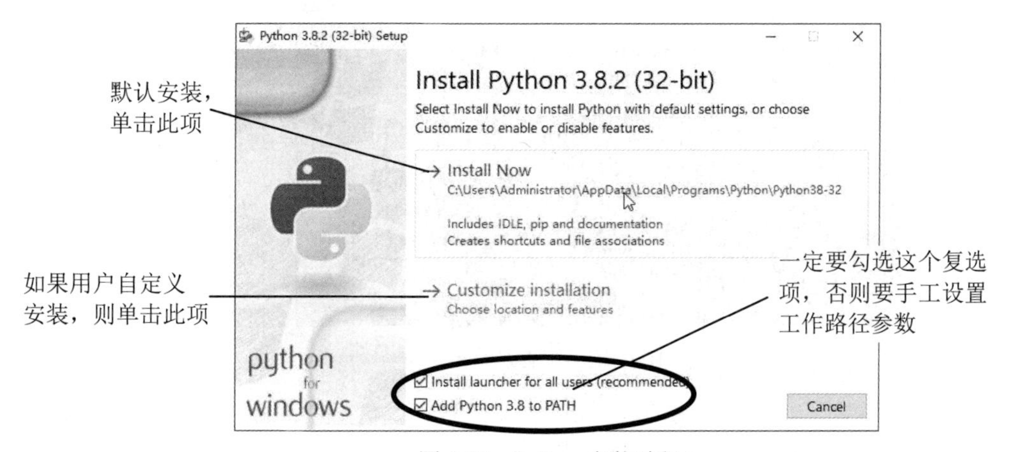

图 6-17　Python 安装过程 1

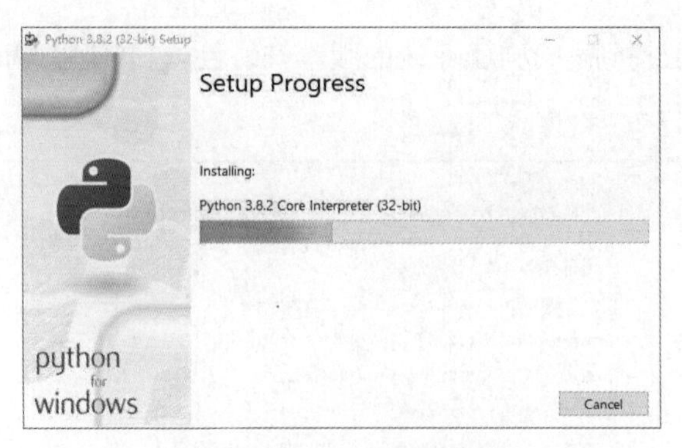

图 6-18 Python 安装过程 2

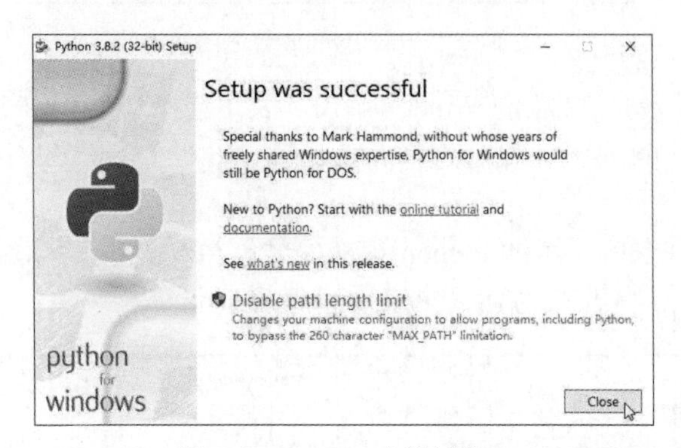

图 6-19 Python 安装过程 3

注意：在图 6-17 中，Python 的安装路径默认为 C:\Users\Administrator\AppData\Local\Programs\Python\Python38-32。如果需要更改安装路径，可选择“Customize Installation”自定义安装模式，该模式下可更改安装目录。

3. 测试 Python

安装 Python 后，可通过下面的方法查看是否能够正确运行。

右击“开始”按钮，执行快捷菜单中的“运行”命令，打开“运行”对话框。在“打开”文本框中输入命令“cmd.exe”后按 Enter 键，打开 Windows 系统命令行程序，如图 6-20 所示。

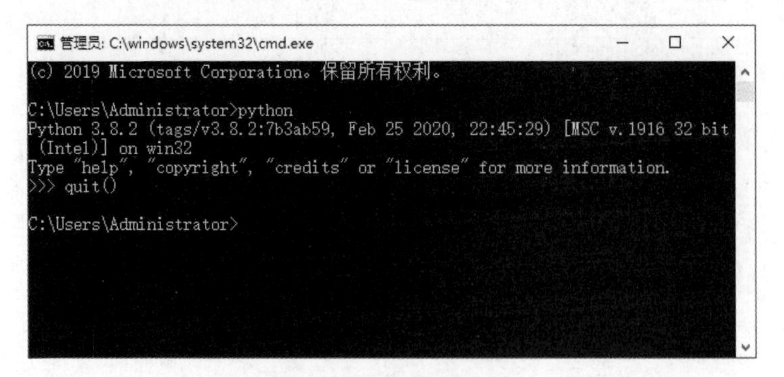

图 6-20 验证 Python

如果出现图 6-20 所示的界面，说明 Python 已安装成功，并已将路径添加到环境变量中。打开“开始”菜单，在“所有应用”列表中即可找到最近添加的“IDLE (Python 3.8 32-bit)”

菜单项，单击此菜单项即可启动 Python 系统，如图 6-21 所示。

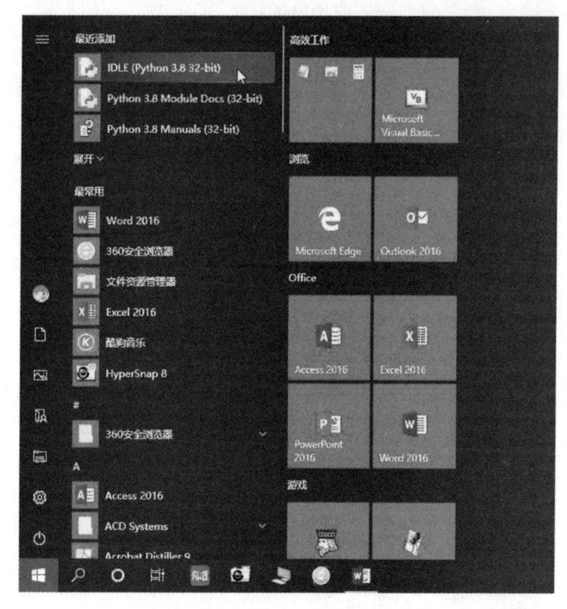

图 6-21　Python 菜单

至此，Python 已在 Windows 10 中安装成功，读者可以开始使用 Python 了。

4. *启动* Python IDLE

安装完成 Python 之后，打开“开始”菜单，依次单击“所有应用”→“最近添加”→“IDLE(Python 3.8 32-bit)”命令，就可以在 Python IDLE 中调试的 Python 代码了。Python 的 IDLE 界面如图 6-22 所示。

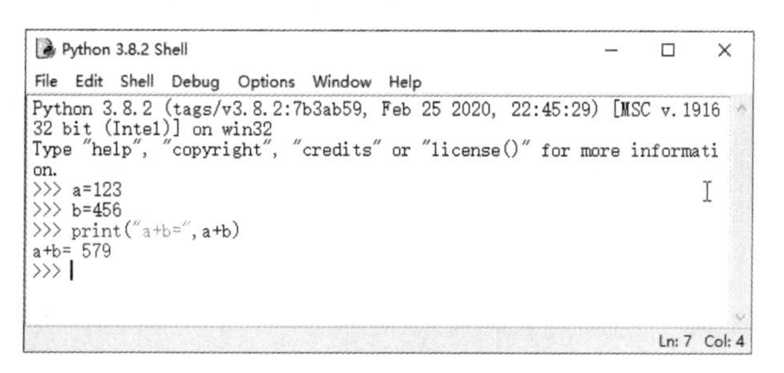

图 6-22　Python 的 IDLE 界面

下面输出一条 Python 字符串语句，计算两个变量相加的值，输出在屏幕上。依次在 IDLE 命令提示符“>>>”右侧输入以下内容。

```
>>> a=123
>>> b=456
>>> print("a+b=",a+b)
a+b= 579
```

将上述命令以文件的方式保存并运行，方法如下。

（1）在 IDLE 界面中单击 File 菜单，执行 New File 命令，打开图 6-23 所示的 IDLE 文本编辑器。

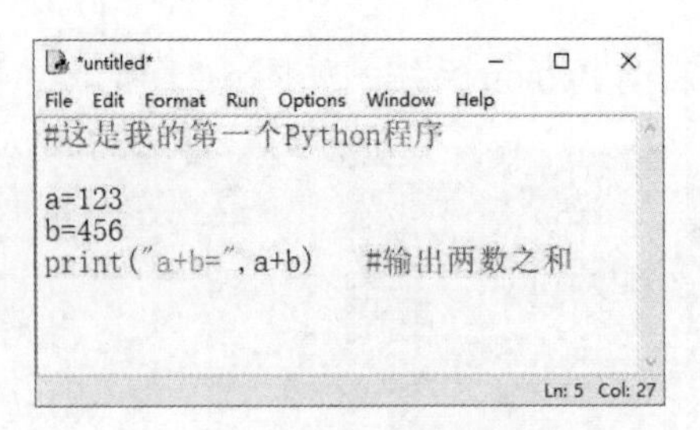

图 6-23 IDLE 文本编辑器

（2）单击 File 菜单，执行 Save 命令（或按 Ctrl+S 组合键），弹出图 6-24 所示的“另存为”对话框。

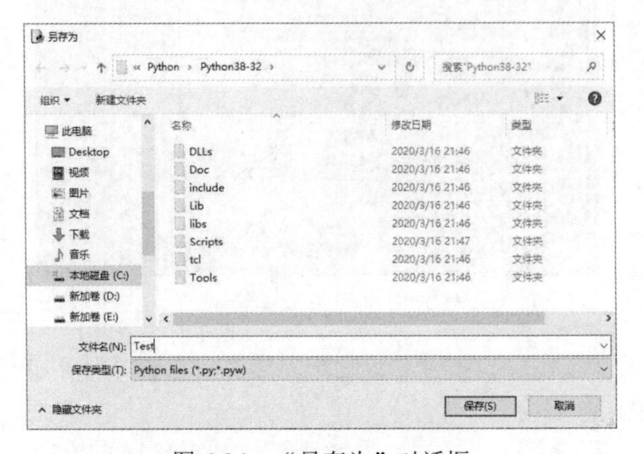

图 6-24 “另存为”对话框

（3）在图 6-24 所示的对话框中选择要保存的路径（文件夹），给出要保存文件的文件名（扩展名为.py），并单击“保存”按钮，Python 源程序被保存。

（4）单击 Run 菜单，执行 Run Module 命令（或按 F5 功能键），运行该程序，运行结果如图 6-25 所示。

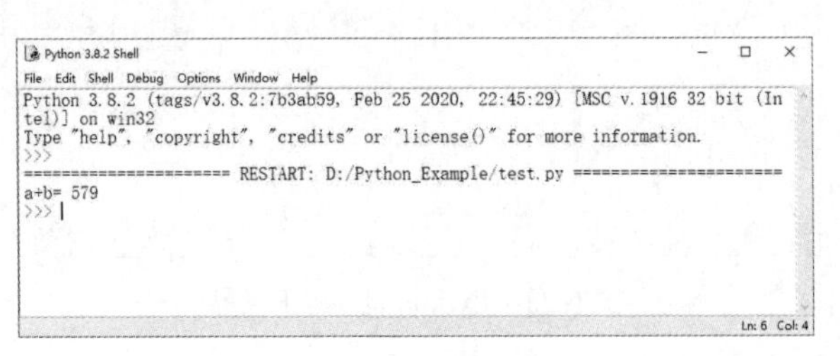

图 6-25 运行结果

如果在执行该程序时出现错误，程序编写者可根据错误提示随时返回 IDLE 文本编辑器修改程序，直到程序运行结果正确为止。

Python 编程的一切都从 IDLE 文本编辑器中开始。在 Python 入门后，用户可以选择更多自己喜欢的 Python 编辑器，如 PyCharm 编辑器、Spyder 编辑器等。

6.5.2 Python 实现查找和排序

由于本节只为读者介绍 Python 程序设计在排序算法的实现过程，限于篇幅，本书不再介绍 Python 的语法、数据类型、结构控制命令、函数与模块、文件等内容，感兴趣的读者可自行参考相关资料。

【例 6-22】用 Python 代码实现【例 6-17】中的二分法查找。在线性表(23,31,35,38,45,50,56,68,79,85,96)中查找元素 33 和 85。

【操作步骤】

（1）在 IDLE 环境中单击 File 菜单，执行 New File 命令，打开图 6-23 所示的 IDIE 文本编辑器。

（2）输入以下代码。

```
#二分法查找
def binary_chop(alist, data):
    n = len(alist)
    first = 0
    last = n-1
    while first <= last:
        mid = (last + first) // 2
        if alist[mid] > data:
            last = mid-1
        elif alist[mid] < data:
            first = mid+1
        else:
            return True
    return False

if __name__ == '__main__':
    lis = [12,24, 35, 16, 20, 31]
    if binary_chop(lis, 20):
        print('找到！ ')
    else:
        print('未找到！ ')
```

（3）单击菜单 Run 中的 Run Module（或按 F5 键），如果该程序未保存，此时系统提示用户先保存文件，如图 6-24 所示。

（4）单击对话框中的“确定”按钮，将该程序以文件名“例 6-22.py”进行保存。程序保存后，如果程序没有任何错误，则出现正确的运行界面。

同样可以使用以下代码实现【例 6-17】的分块查找。

```
#分块查找
def block_search(list, count, key):
    length = len(list)
    block_length = length//count
    if count * block_length != length:
        block_length += 1
    print("block_length:", block_length)    #块的多少
    for block_i in range(block_length):
        block_list = []
        for i in range(count):
```

```
                if block_i*count + i >= length:
                    break
                block_list.append(list[block_i*count + i])
            result = binary_search(block_list, key)
            if result != False:
                return block_i*count + result
    return False
if __name__ == '__main__':
    list = [12, 15, 17, 28, 32, 54, 99, 126, 201, 227, 389]
    result = block_search(list, 5, 99) # 第 2 个参数是块的长度，最后一个参数是要查找的元素
    print("查找元素的位置是：", result+1)
```

如果要实现【例 6-18】、【例 6-19】和【例 6-20】的排序过程，其各自的 Python 程序代码如下。

（1）利用简单选择排序法实现对线性表(96,53,46,19,83,15,21,49)的排序。

```
#选择排序法
numList = [96,53,46,19,83,15,21,49]
for n in range(len(numList)-1):
    for i in range(n,len(numList)):
        if numList[i] < numList[n]:
            tmp = numList[n]
            numList[n] = numList[i]
            numList[i] = tmp
print(numList)
```

（2）待排序数据序列是(18,12,10,12,31,15)，写出简单插入排序每一次执行后的序列状态，其代码如下。

```
#插入排序
numList = [18,12,10,12,31,15]
for i in range(1,len(numList)):
    if numList[i] < numList[i-1]:
        t = numList[i]
        j = i-1
        while j >= 0 :
            if numList[j] > t:
                numList[j+1] = numList[j]
                numList[j] = t
                print(numList)
            j -= 1
print(numList)
```

（3）待排序数据序列是(63,95,73,12,31,46,52)，写出冒泡排序每一次执行后的序列状态，程序代码如下。

```
#冒泡排序法
numList = [63,95,73,12,31,46,52]
for n in range(len(numList)-1):
    for i in range(len(numList)-n-1):
        if numList[i] > numList[i+1]:
            numList[i],numList[i+1] = numList[i+1],numList[i]
print(numList)
```

习题 6

一、单选题

1. 下列叙述中正确的是（　　）。

A. 一个算法的空间复杂度大，则其时间复杂度也必定大

B. 一个算法的空间复杂度大，则其时间复杂度必定小

C. 一个算法的时间复杂度大，则其空间可复杂度必定小

D. 上述 3 种说法都不对

2.（　　）不属于结构化程序设计方法。

A. 自顶向下　　B. 逐步求精　　C. 模块化　　D. 可复用

3. 结构化程序所要求的基本结构不包括（　　）。

A. 顺序结构　　B. goto 跳转　　C. 选择结构　　D. 循环结构

4. 下列叙述中正确的是（　　）。

A. 设计算法时只需要考虑数据结构的设计

B. 算法就是程序

C. 设计算法时只需要考虑结果的可靠性

D. 以上 3 种说法都不对

5. 从面向对象的视角来分析，当沉重的杠铃被举起了，则“沉重的”“杠铃”“举”“杠铃被举起”可分别代表（　　）。

A. 对象、属性、事件、方法　　B. 对象、属性、方法、事件

C. 属性、对象、方法、事件　　D. 属性、对象、事件、方法

6. 下列图形中，不是 N-S 图的构件是（　　）。

A. A B　　B. A B　　C. WHILE X B　　D. C UNTIL Y

7. 下列叙述正确的是（　　）。

A. 算法的执行效率与数据的存储结构无关

B. 算法的空间复杂度是指算法程序中的指令（或语句）数

C. 算法的有穷性是指算法必须能在执行有限个步骤之后终止

D. 以上 3 种描述都不对

8. 下面描述中，符合结构化程序设计风格的是（　　）。

A. 使用顺序、选择和重复（循环）3 种基本控制结构

B. 模块只有一个入口，可以有多个出口

C. 注重提高程序的执行效率

D. 不使用 goto 语句

9. 下列不属于面向对象方法的是（　　）。

A. 对象　　B. 继承　　C. 类　　D. 过程调用

10．算法的时间复杂度是指（　　）。

A．执行算法程序所需要的时间

B．算法程序的长度

C．算法执行过程中所需要的基本运算次数

D．算法程序中的指令数

11．结构化程序设计主要强调（　　）。

A．程序的规模　　B．程序的易读性

C．程序的执行效率　　D．程序的可移植性

12．算法的空间复杂度是指（　　）。

A．算法程序的长度　　B．算法程序中的指令数

C．算法程序所占的存储空间　　D．算法执行过程中所需要的存储空间

13．排序正确的是（　　）。

①在唐五代时。一般称为“曲”“曲子词”。

②词是在唐五代兴起的一种配合音乐歌唱的新诗体。

③中唐以后逐渐由许多文人从事创作，晚唐五代趋于繁荣，而极盛于宋代。

④在隋唐之际已经产生。

⑤后来才称为“词”，又称“乐府”“近体乐府”“诗余”“长短句”等。

A．①②⑤④③　　B．②④③①⑤　　C．①②④③⑤　　D．②①⑤③④

14．一个有序表为{1,3,9,12,32,41,45,62,75,77,82,95,100}，当二分查找值为 82 的节点时，则查找成功需要的次数是（　　）。

A．1　　B．2　　C．4　　D．8

15．对线性表进行二分查找时，要求线性表必须（　　）。

A．以顺序方式存储　　B．以顺序方式存储，且元素按关键字排序

C．以链接方式存储　　D．以链接方式存储，且元素按关键字排序

16．有一个长度为 12 的有序表，按二分查找对该表进行查找，在表内各元素等概率情况下，查找成功所需的平均比较次数为（　　）。

A．35/12　　B．37/12　　C．39/12　　D．43/12

17．有长度为 100 的已排好序的表，用二分查找，若查找不成功，则至少比较（　　）次。

A．9　　B．8　　C．7　　D．6

18．在结构化程序设计时，程序结构可以是（　　）。

A．循环、分支、递归　　B．顺序、循环、嵌套

C．循环、递归、选择　　D．顺序、选择、循环

19．（　　）不是算法一般应该具有的基本特征。

A．确定性　　B．可行性　　C．无穷性　　D．拥有足够的情报

20．在面向对象方法中，信息隐蔽的实现是通过对象的（　　）。

A．分类性　　B．继承性　　C．封装性　　D．共享性

21．结构化程序设计主要强调（　　）。

A．程序的规模　　B．程序的易读性

C．程序的执行效率　　D．程序的可移植性

22．下面对对象概念描述错误的是（　　）。

A．任何对象都必须有继承性　　B．对象是属性和方法的封装体

C．对象间的通信靠消息传递　　D．操作是对象的动态性属性

23．流程图结构如图 6-26 所示，其算法结构属于（　　）。

A．顺序结构　　B．选择结构

C．分支结构　　D．循环结构

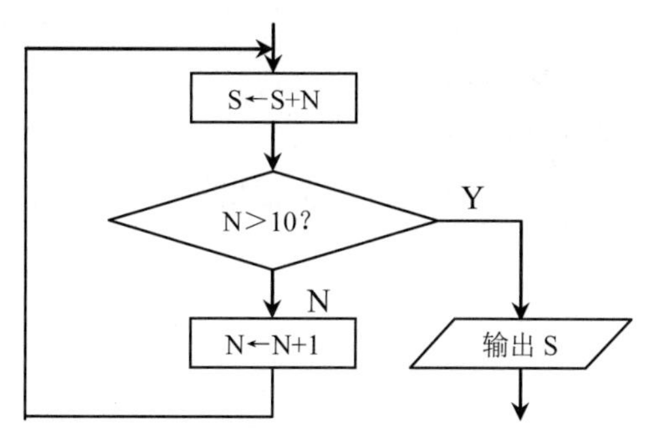

图 6-26　单选第 23 题图

24．求矩形面积 s 的部分流程图如图 6-27 所示，矩形的长、宽分别用变量 a、b 表示，对于框①和框②的作用，下列说法正确的是（　　）。

A．框①用于输入 a 和 b 的值，框②用于输出 s 的值

B．框①用于输出 a 和 b 的值，框②用于输出 s 的值

C．框①用于输入 a 和 b 的值，框②用于输入 s 的值

D．框①用于输出 a 和 b 的值，框②用于输入 s 的值

25．流程图如图 6-28 所示，该算法的输出结果为（　　）。

A．3　　B．5　　C．8　　D．9

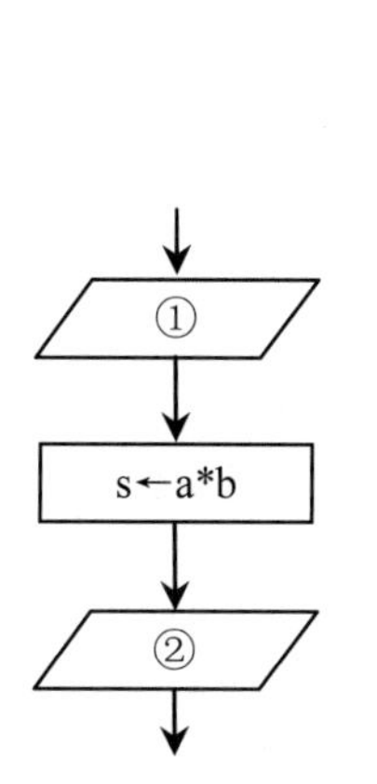

图 6-27　单选第 24 题图

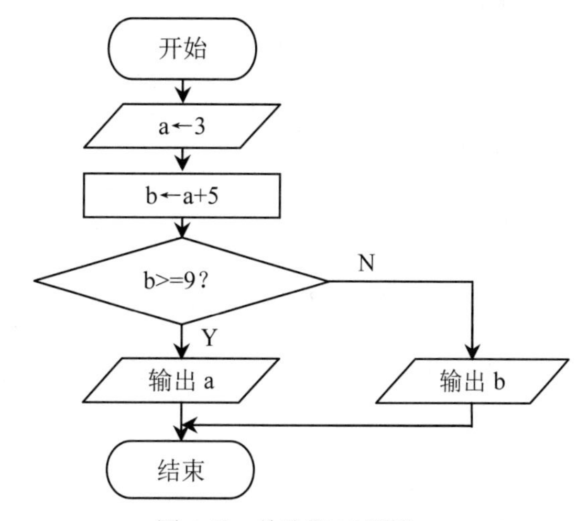

图 6-28　单选第 25 题图

二、填空题

1．对长度为 10 的线性表进行冒泡排序，最坏情况下需要比较的次数为________。

2．在面向对象方法中，________描述的是具有相似属性与操作的一组对象。

3．算法的复杂度主要包括________复杂度和空间复杂度。

4. 结构化程序设计方法的主要原则可以概括为自顶向下、逐步求精、________和限制使用 goto 语句。

5．与结构化需求分析方法相对应的是________方法。

6．在面向对象方法中，信息隐蔽是通过对象的________性来实现的。

7．算法的基本特征是可行性、确定性、________和拥有足够的情报。

8．下面伪代码运行后输出的结果是________。

```
a←1
b←2
c←3
c←b
b←a
a←c
Print a,b,c
```

9．下面伪代码运行后输出的结果是________。

```
S←0
For I from 1 to 11 step 2
    S←2S+3
    If S>20 then   S←S-20
End For
Print S
```

10．下面伪代码运行后输出的结果是________。

```
j←1
S←0
While S≤45
    S←S+2j
    j←j+1
End While
Print j
```

11．下面是一个算法的伪代码，如果输出的 y 的值是 20，则输入的 x 的值是________。

```
Read x
If x≤5 Then
    y←10x
Else
    y←2.5x+5
End If
Print y
```

12．如图 6-29 所示，当输入的值为 3 时，输出的结果为________。

13．如图 6-30 所示，程序框图能判断任意输入的正整数 x 是奇数或偶数。其中判断框内的条件是________。

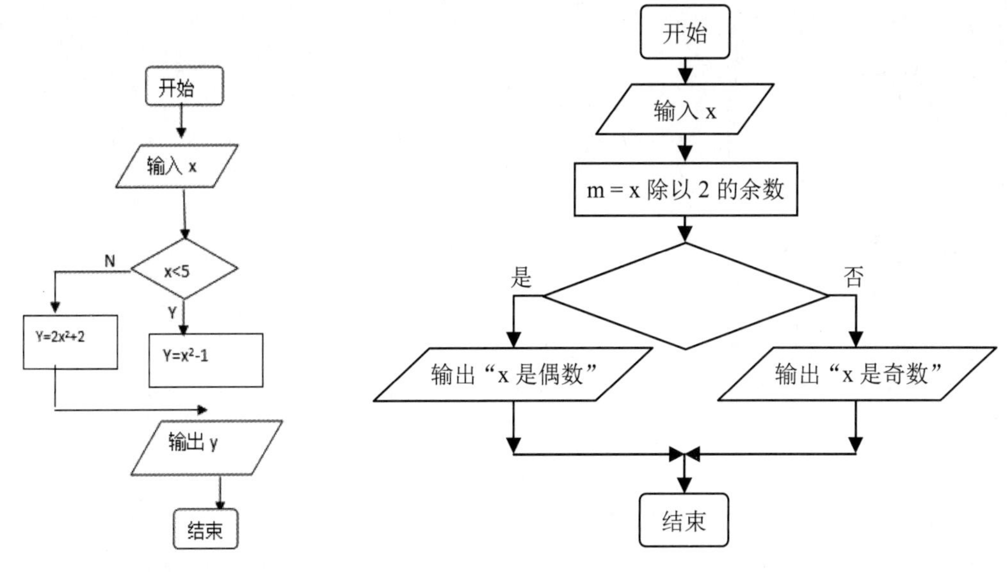

图 6-29　填空第 12 题图　　图 6-30　填空第 13 题图

14．程序执行的________与数据存储结构密切相关。

15．对象间的通信靠________传递。

三、判断题

1．算法是对解题方法和步骤的描述。（　）

2．列举法的适合范围是求解的个数有限，并且可以一一列举。（　）

3．一笔交易、一个动作甚至操作人员按一个按钮都可以看作一个事物（对象）。（　）

4．类是对具有共同特征的对象的进一步抽象。（　）

5．程序设计语言中应绝对禁止使用 goto 语句。（　）

6．流程图也称程序框图，是最常用的一种表示法。（　）

7．面向对象程序设计与结构化程序设计没有任何联系。（　）

8．算法是程序设计的核心，是程序设计的灵魂。（　）

9．算法可以不输出任何结果。（　）

10．程序设计好后，只要能够顺利运行，就表明程序设计已经完成了。（　）

11．一个算法可以被认为是用来解决一个计算问题的工具。（　）

12．任何一个算法包含的计算步骤都是有限的。（　）

13．一个算法至少有一个输入。（　）

14．一个算法可以用多种程序设计语言来实现。（　）

15．算法是对解题方法和步骤的描述。（　）

参考答案

一、单选题

1～5　DDBDD　6～10　BCADC　11～15　BDBCB　16～20　BCDCC
21～25　BADAC

二、填空题

1．45	2．类	3．时间	4．模块化	5．结构化设计
6．封装	7．有穷性	8．2，1，2	9．9	10．8
11．2或6	12．8	13．m=0	14．效率	15．消息

三、判断题

1．√　2．√　3．√　4．√　5．×　6．√　7．×　8．√　9．×　10．×
11．×　12．√　13．×　14．√　15．√

第 4 篇　电子文档的制作与处理

第 7 章　文字处理软件 Word 2016

微软公司的 Microsoft Office 2016 办公产品将用户、信息和信息处理结合在一起，使用户可以更方便地对信息进行有效的处理与管理，通过对图片艺术效果的处理、随心截取当前屏幕画面、音乐的简单处理功能、将演示文稿直接创建为视频等功能，让用户在处理文字、表格、数据、图形或制作多媒体演示文稿的大型系列软件时感觉更简单、更方便，从而轻松提高工作效率并获得更好的效果。

本章精选了 Word 2016 软件中最基础、最常用的功能进行说明，以便读者能尽快掌握 Word 的核心内容并能开始独立工作。在第 8 章和第 9 章还将详细介绍 Excel 2016 和 PowerPoint 2016 的使用。

7.1　认识 Office 2016 的常用组件

Office 2016 主要包括 Word 2016、Excel 2016、PowerPoint 2016、Access 2016、Outlook 2016、InfoPath 2016、OneNote 2016、Project 2016、Publisher 2016、Visio 2016 等组件，包括传统的 32 位和 64 位两种版本。

启动应用程序后，即可对软件进行操作。下面主要以 Word 2016 为例（其他组件的操作基本相同），在操作软件之前，首先认识一下 Office 2016 常用的 Word、Excel、PowerPoint 这 3 大组件的工作界面，以便在后面的学习中能更快地掌握它们以及其他 Office 2016 组件的操作方法。

7.1.1　Office 2016 中的常用组件

1. 文字处理软件 Word 2016

在 Office 2016 中用于处理文字的软件是 Word 2016（简称 Word），其功能非常强大，可进行文字处理、表格制作、图表生成、图形绘制、图片处理和版式设置等操作，使办公变得更加简单快捷。用户还可以通过使用 Word 制作出精美的办公文档与专业的信函文件，这些功能大大方便了用户的使用，如图 7-1 所示，就是运用 Word 制作的精美文档。

图 7-1　制作精美的 Word 文档

2. 电子表格处理软件 Excel 2016

Excel 2016（简称 Excel）是一款常用的电子表格处理软件，用于数据的处理与分析，运用公式与函数求解数据，同时也具有图形绘制、图表制作的功能。利用超链接功能，用户可以快速打开局域网或 Internet 上的文件，与世界上任何位置的互联网用户共享工作簿文件。

如图 7-2 所示，就是运用 Excel 制作的某公司员工的工资明细表。

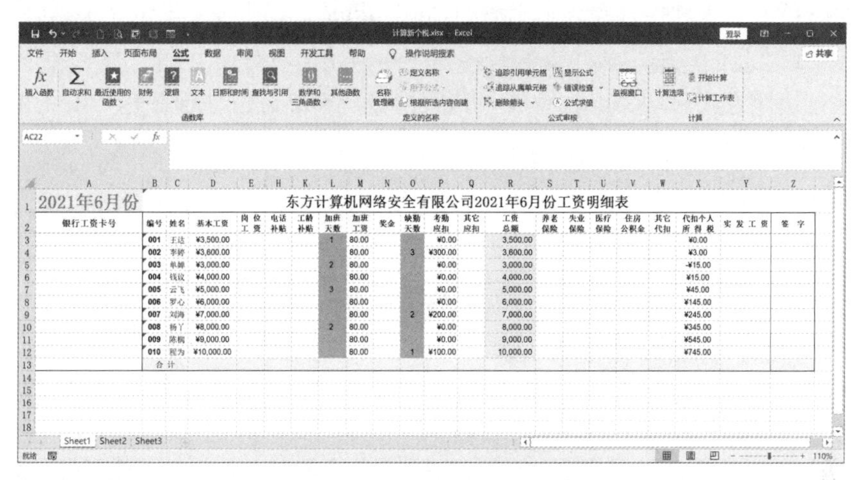

图 7-2　利用 Excel 制作的表格

3. 演示文稿处理软件 PowerPoint 2016

PowerPoint 2016（简称 PowerPoint）是用于处理和制作精美演示文稿的软件，它常用于产品演示、广告宣传、会议流程、销售简报、业绩报告、电子教学等方面电子演示文稿的制作，并以幻灯片的形式播放，使其达到更好的效果。在处理办公事务中合理运用 PowerPoint 制作演示文稿，可以大大简化事务的说明过程，以简单清晰的幻灯片形式来讲解需要表达的内容。如图 7-3 所示，就是用 PowerPoint 制作的幻灯片效果。

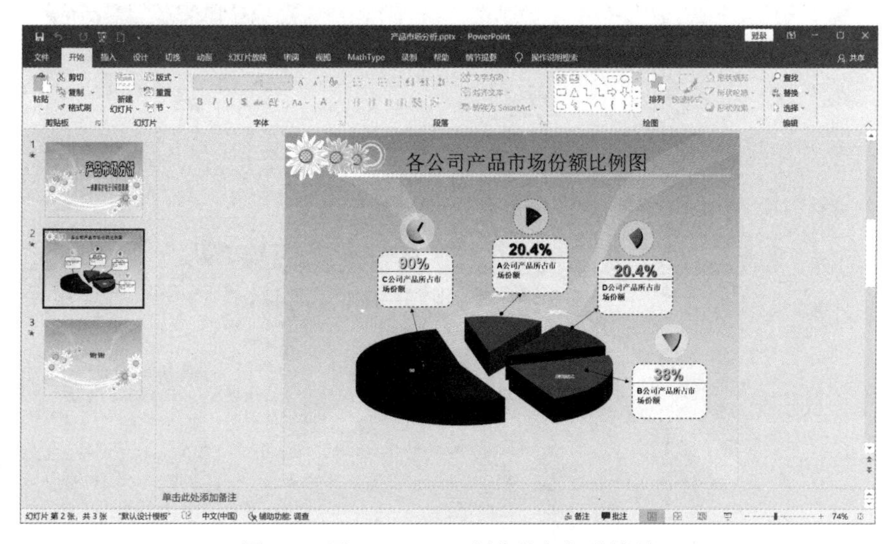

图 7-3　用 PowerPoint 制作的幻灯片效果

7.1.2 Word 的启动

启动 Word 有以下几种常用方法。

（1）使用“程序”项启动 Word。单击 Windows“开始”按钮（或按 键），在弹出的“开始”菜单中执行“Word”命令。

（2）通过已有的文档启动 Word。可以通过已有的 Word 文档来启动 Word，其操作方法是在 Windows 的“我的电脑”或“资源管理器”中双击要打开的文档。

（3）通过快捷方式启动 Word。可以在桌面上为 Word 建立快捷图标，双击 Word 快捷图标即可启动 Word。

7.1.3 Word 的退出

退出 Word 有以下几种方法。

（1）单击标题栏右上角的“关闭”按钮 ×，或双击 Word 窗口标题栏最左侧区域（快速访问工具栏“保存”图标左侧区域）。

（2）按 Alt+F4 组合键。

（3）执行“文件”选项卡的“关闭”命令。

在退出 Word 操作环境时，如果输入或修改后的文档尚未保存，则 Word 将弹出一个对话框，询问是否要保存未保存的文档，用户应做出相应选择。

7.1.4 Word 2016 的界面介绍

Word 启动后，即可看到 Word 应用程序窗口，系统会自动建立一个名为“文档 1”的空白文档，如图 7-4 所示。

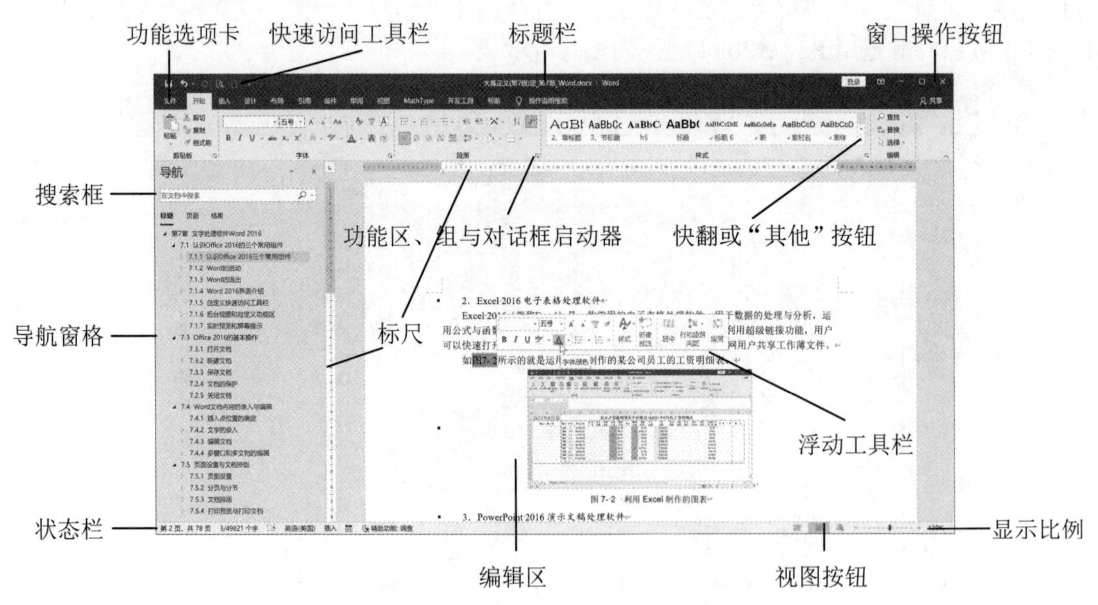

图 7-4 Word 2016 工作区主窗口

Word 工作窗口与普通 Windows 窗口不同，它附加了许多与文档编辑相联系的信息，例如快速访问工具栏、标题栏、选项卡、功能区、组和对话框启动器（或称“对话框打开”按钮）、功能区最小化（折叠）按钮 、“操作说明搜索”框 操作说明搜索、浮动工具栏、滚动条、状态栏、视图按钮 、显示比例 130%。

Word 支持多文档操作，在 Word 中创建或打开文档时，文档将显示在一个独立的窗口中。单击任务栏上的文档按钮，可以由一篇文档快速切换到另一篇文档。还可以使用“视图”选项卡“窗口”组中的“全部重排”按钮 全部重排，同时查看多篇打开的 Word 文档。

要快速地从一个文档切换到另一个文档，可以使用“窗口”组中的“切换窗口”按钮 切换窗口，在弹出的列表中选择要打开的 Word 文档。

为了充分利用屏幕的有效面积，通常将 Word 窗口最大化。熟悉 Word 窗口和文档窗口的主要组成部分和它们的功能可以快速掌握 Word 的操作，下面简单介绍 Word 窗口的各个组成部分。

1. 标题栏

标题栏位于 Word 主窗口的顶端，用于显示当前所使用的程序名称和文档名等信息。标题栏的最左端是控制菜单按钮（“快速访问工具栏”的左侧），单击它可打开一个下拉菜单，菜单中有一组用于控制 Word 窗口变化的命令。

标题栏右端的按钮 可以最小化、最大化/还原和关闭窗口。

2. 快速访问工具栏

在快速访问工具栏 中集成了多个常用的按钮，默认状态下包括“保存”“撤销”“重做”按钮，用户也可以根据需要进行添加或更改。

3. “文件”选项卡

包含与文件有关的操作命令选项，如“保存”“另存为”“打开”“关闭”“新建”“打印”以及进行 Word 相关设置的“选项”命令。

4. 功能标签

单击相应的功能标签，可以切换至相应的功能选项卡，不同的功能选项卡中提供了多种不同的操作设置选项。

5. 功能区

在每个标签对应的选项卡下，其功能区收集了相应的命令，如图 7-5 所示的是 Word“开始”选项卡。在“开始”选项卡的功能区中收集了有关剪贴板、字体、段落、样式、编辑各组操作按钮。

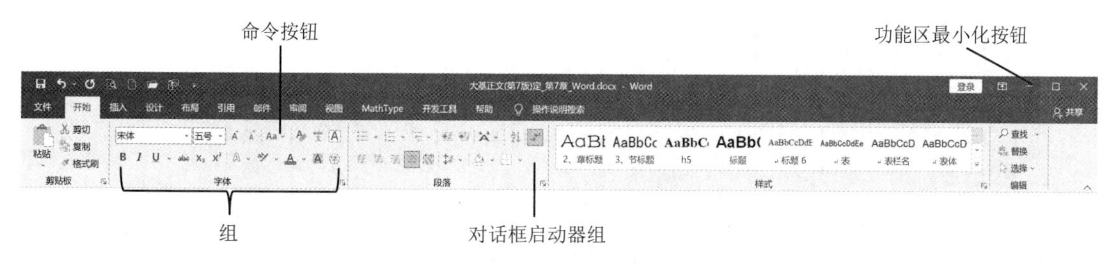

图 7-5　Word 2016 的“开始”选项卡

功能区的命令按钮在使用时，只要将鼠标指针指向某一图标上稍停片刻，系统就会显示出该图标功能的简明屏幕提示。

6. 浮动工具栏

浮动工具栏是Office 2016中的一个实用功能。只要选中了要修饰的文本，浮动工具栏就会以淡入形式出现，用鼠标指向浮动工具栏，它的颜色会加深，单击其中一个格式选项，如“加粗”按钮，即可执行相应的操作。

7.“视图”按钮

“视图”就是查看文档的方式，Office 2016中不同的组件有不同功能。Word提供了页面视图、阅读视图、Web版式视图、大纲视图和草稿视图等多种视图，可以根据对文档的实际操作采用不同的视图方式。视图之间的切换可以利用“视图”选项卡“视图”组中的相关命令，但更简便快捷的方法是使用水平滚动条右下方的视图切换按钮。

下面介绍Word视图按钮及其相关含义。

（1）“页面视图”按钮。页面视图主要用于版面设计，页面视图显示的文档的每一页都与打印所得的页面相同，即“所见即所得”。在页面视图下可以像普通视图一样输入、编辑和排版文档，也可以处理页边距、图文框、分栏、页眉和页脚、图形等。但在页面视图方式下占用计算机资源相对较多，会使计算机处理速度变得较慢。

（2）“阅读版式”按钮。使用阅读版式视图可以对整篇文档分屏显示，没有页的概念，不会显示页眉和页脚。

（3）“Web版式视图”按钮。Web版式视图主要用于编辑Web页，当选择该视图时，其显示效果与使用浏览器打开该文档时一样。

（4）“大纲视图”按钮 大纲。用于编辑文档的大纲（所谓“大纲”就是系统排列的内容要点），利用“大纲”工具栏可以全面查看、调整文档的结构。

在“大纲”视图中，可折叠文档以便于只查看某一级的标题或子标题，也可展开查看整个文档的内容。在“大纲”视图下，使用“大纲显示”选项卡“大纲工具”组中的相关命令可以容易地“折叠”或“展开”文档，对大纲标题进行“上移”“下移”“升级”“降级”等调整操作。

（5）“草稿”按钮 草稿。草稿即普通视图，是用户第一次使用Word时的设置，多用于文档处理工作，如输入、编辑、格式的编排和插入图片。在普通视图下，页眉、页脚、分栏显示、首字下沉以及绘制图形的结果不能显示出来。这种视图下占用计算机资源少，反应速度快，可以提高工作速度。

其中，“大纲视图”按钮和“草稿”按钮显示在“视图”选项卡的“视图”组中，另外Word还有页眉与页脚视图、打印预览视图。

8. 显示比例

用于设置文档编辑区域的显示比例，可以通过拖动滑块来进行方便快捷的调整。

9. 状态栏

位于Word窗口的最下方，显示当前的状态信息，如页数、字数及输入法等信息。在状态栏右击可弹出有关在状态栏显示的命令菜单（多数是命令开关），如在编辑时可切换“插入”模式和“改写”模式等。

10. 文档窗口

文档窗口由标尺、滚动条、文档编辑区等组成。

（1）标尺。标尺分为水平标尺和垂直标尺。普通视图下只能显示水平标尺，只有在页面视图下才能显示水平和页面标尺。

（2）滚动条。滚动条分为水平滚动条和垂直滚动条。拖动垂直滚动条的滑块可以在工作区内快速滑动，并同时显示当前页号。单击滚动条中带有▲、▼、◀、▶的按钮，工作区中的文档向上（左）移一行（列），反之则工作区中的文档向下（右）移一行（列），单击垂直滚动条中滑块的上、下方区域可使文档向上、下滚动一屏，拖动水平滚动条上的滑块可水平移动。

注意： *利用滚动条显示文档时，其插入点的位置并没有改变。*

（3）文档编辑区。占据文档窗口的空白区是文档编辑区，在此可以建立、输入、编辑、排版和查看文档。

（4）插入点和文档结束点标记。当 Word 启动后就自动创建一个名为“文档 1”的文档，其工作区是空白的，只是在第 1 行第 1 列有一个闪烁着的竖条“|”（或称光标），称其为插入点。在“草稿”视图下还会出现一小段水平横条“—”，称为文档结束标记。

7.1.5　自定义快速访问工具栏

在 Office 2016 中，用户可以根据工作习惯调整功能区中的命令，还可以将常用的命令或按钮添加到“快速访问工具栏”中，使用时只需单击“快速访问工具栏”中的按钮即可。

“快速访问工具栏”位于 Office 2016 各应用程序标题栏的左侧，默认的“快速访问工具栏”中包含“保存”、“撤消”、“重做”这 3 个基本的常用命令按钮，还可以根据实际需要把一些常用命令添加到其中，以方便使用。

要在 Word 2016 的“快速访问工具栏”中添加“打开”“新建文件”“打印预览和打印”“打印”“另存为”“关闭”等命令按钮，其操作步骤如下。

（1）单击 Word 2016“快速访问工具栏”右侧的下拉列表按钮，在弹出的菜单中包含了一些常用命令，如果希望添加的命令恰好位于其中，选择相应的命令即可，例如直接单击“打开”“新建文件”“打印预览和打印”可以将这 3 个命令添加到“快速访问工具栏”中。

（2）由于“打印”“另存为”和“关闭”命令不在“快速访问工具栏”下拉列表中，这时需要执行“快速访问工具栏”下拉列表中的“其他命令”选项，弹出如图 7-6 所示的“Word 选项”对话框，并自动定位在“快速访问工具栏”选项组中。

（3）在该对话框的“从下列位置选择命令”列表中选择添加的命令出现的位置，如“打开”可能在“文件”选项卡中，就选择“文件”选项卡，如果不清楚需要的命令在什么位置，则选择“所有命令”。在下面的命令列表中选中所要添加的命令，如“另存为”，并单击“添加”按钮 添加(A) >> ，将其添加到右侧的“自定义快速访问工具栏”命令列表中。设置完成后单击“确定”按钮，“快速访问工具栏”变为。

如果勾选“在功能区下方显示快速访问工具栏”复选框，则“快速访问工具栏”出现在功能区的下方。

练习： *在 Excel 中，将“记录单”命令和“数据透视表和数据透视图向导”命令，添加到“快速访问工具栏”。*

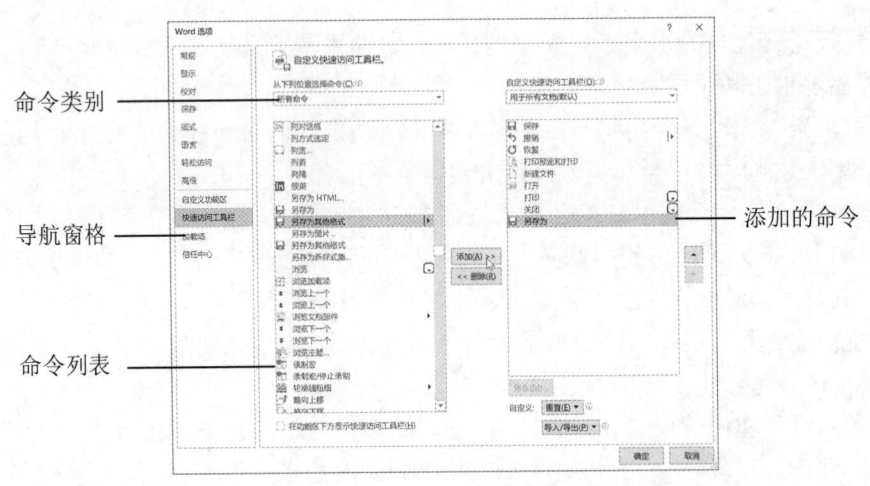

图 7-6 “Word 选项”对话框

7.1.6 后台视图和自定义功能区

1. 后台视图

Office 2016 的“后台视图（BackStage View）”是指用于对文档或应用程序执行操作的命令集。在 Office 2016 中，单击各应用程序中的“文件”选项卡，即可查看 Office 后台视图。在后台视图中可以管理文档和有关文档的相关数据，例如创建、保存和发送文档，检查文档中是否包含元数据或个人信息，文档安全控件选项，应用程序自定义选项等，如图 7-7 所示。

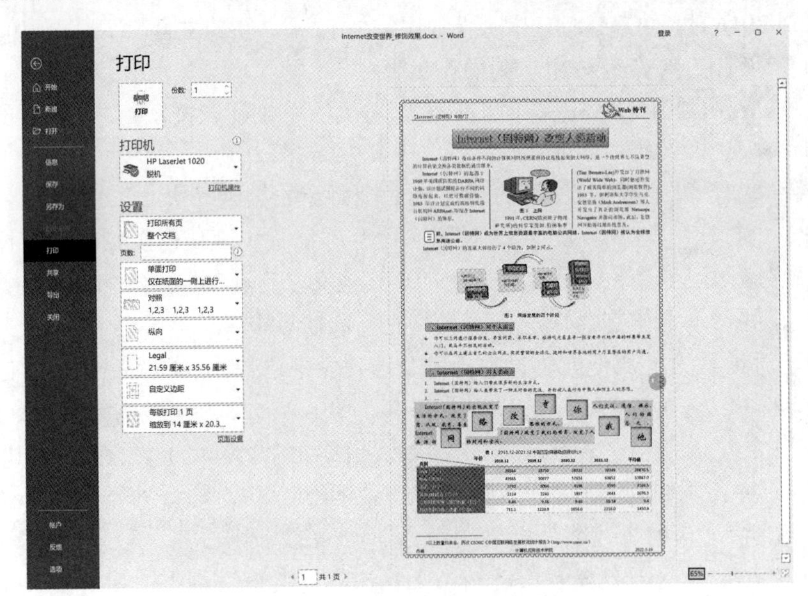

图 7-7 Office 2016 的后台视图

2. 自定义 Office 功能区

Office 2016 根据多数用户的操作习惯来确定功能区中选项卡以及命令的分布，也允许用户根据自己的使用习惯自定义 Office 2016 应用程序的功能区。

下面以 Word 2016 为例，创建一个名为“常用”的选项卡，并将“开始”选项卡的“字体”

和“段落”组以及“插入”选项卡“文本”组中的命令移至该选项卡。其方法如下。

（1）单击“文件”选项卡，并执行“Word 选项”命令，弹出如图 7-6 所示的“Word 选项”对话框。

（2）在“Word 选项”对话框左侧“导航窗格”中单击“自定义功能区”选项，然后在右侧的“自定义功能区”列表框中选择“主选项卡”，并单击下方的“新建选项卡”按钮，如图 7-8 所示。

图 7-8　新建“常用”选项卡并添加组或命令

（3）选中“新建选项卡”，单击“重命名”按钮，将该选项卡更名为“常用”。

（4）移动现有命令组。在“从下列位置选择命令”列表框中选择“主选项卡”，分别选中“开始”选项卡中的“字体”和“段落”组、“插入”选项卡中的“表格”和“插图”组，然后单击“添加”按钮，将其添加到“常用”选项卡中。

（5）选中“常用”选项卡中的“新建组”，并重命名为“我的组”。参考步骤（4）的方法，将常用的命令添加到“我的组”中，如添加“保存”“打开”“新建”和“关闭文件”。

如果对“常用”选项卡中添加的组或命令的位置不满意，可通过“上移”按钮或“下移”按钮进行调整，也可删除“常用”选项卡中的命令。

（6）显示自定义选项卡信息。设置完成后，单击“确定”按钮返回文档，可以看到在功能区中添加了“常用”选项卡，并显示了“我的组”“字体”“段落”“表格”和“插图”命令组，如图 7-9 所示。

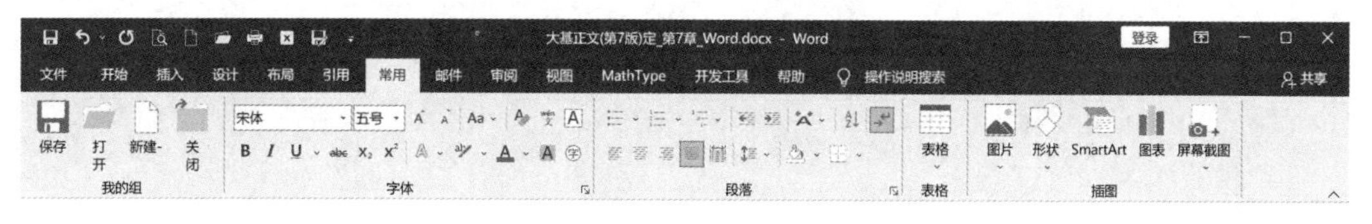

图 7-9　自定义的“常用”选项卡

3. 自定义 Office 窗口外观颜色

在 Office 2016 中可以根据个人的喜好设置操作界面的外观颜色，其方法如下。

（1）执行“文件”选项卡中的“选项”命令，打开如图 7-6 所示的“Word 选项”对话框，“Word 选项”对话框自动选择“常规”选项。

（2）单击“对 Microsoft Office 进行个性化设置”栏下的“Office 主题”下拉列表中的一种颜色，单击“确定”按钮，完成设置。

7.1.7 实时预览和屏幕提示

为了使用户更加容易地按照日常事务处理的流程和方式操作软件，Office 2016 应用程序提供了一套以结果为导向的用户界面，让用户可以用高效的方式完成日常工作。

1. 实时预览

当用户将指针移动到相关选项后，实时预览功能就会将指针所指向的选项应用到当前所编辑的文档中来。例如，当用户在 Excel 2016 文档中更改单元格样式时，只需将鼠标在各个单元格样式集列表上滑过，而无需执行单击操作进行确认即可实时预览到该样式集对当前表格的应用效果，如图 7-10 所示。

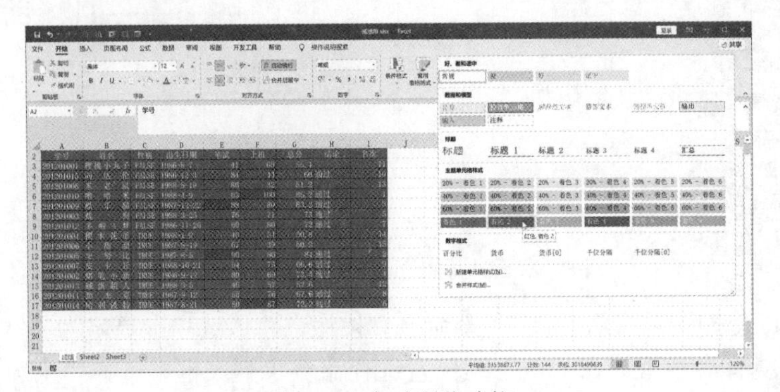

图 7-10 实时预览功能

2. 命令的屏幕提示

在 Office 2016 中，当鼠标指针移动到某个命令时，就会弹出相应的屏幕提示，如图 7-11 所示，它所提供的信息便于用户快速了解其功能。

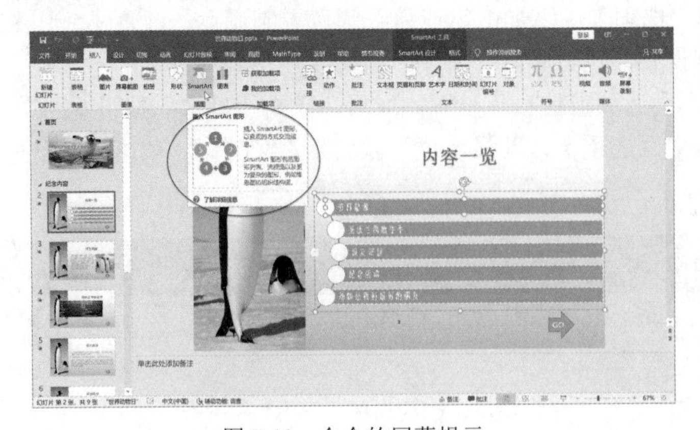

图 7-11 命令的屏幕提示

7.2　Office 2016 的基本操作

下面以 Word 2016 为例，简单介绍 Office 2016 的打开、新建、保存与关闭等基本操作。

7.2.1　打开文档

对保存在磁盘上的文档，要想对其进行编辑、排版和打印等操作，就要将其打开。常用的打开文档有下面两种方法。

（1）在 Windows“资源管理器”窗口中找到并选中要打开的文档，双击文档图标。

（2）单击“文件”选项卡中的“打开”命令（或按下 Ctrl+O 组合键，也可单击“快速访问工具栏”中的“打开”按钮），在打开的“Office 后台视图”中单击“浏览”按钮，弹出“打开”对话框，如图 7-12 所示。

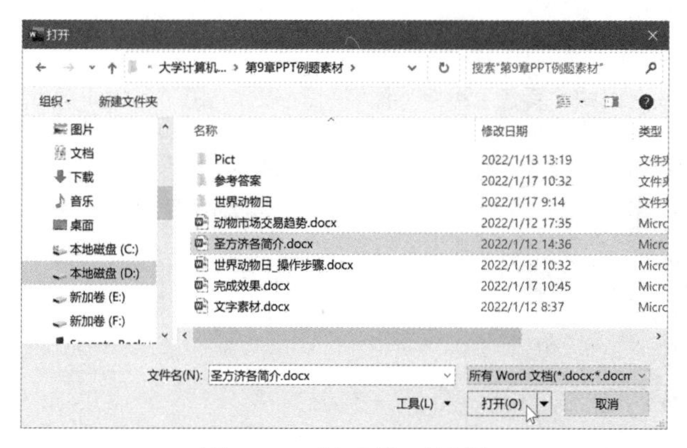

图 7-12　“打开”对话框

在“打开”对话框中选择文档所在的文件夹，从中选择一个或多个文档，单击“打开”按钮即可。

如果要打开的文档是最近使用过的，可在“文件”选项卡中的“开始 | 最近”文件列表中将其打开。

若想只查看而不修改文档时，Word 允许以只读方式或副本方式打开文档，方法是在“打开”对话框中单击“打开”下拉按钮，再选择其中的“以只读方式打开”命令。

7.2.2　新建文档

启动 Word 2016 时，系统会自动创建一个名为“文档 1”的空白文档，标题栏上显示“文档.docx - Word”。还可通过以下方法创建新文档。

1. 新建空白文档

新建空白文档的方法很简单，主要有以下 3 种方法。

（1）按 Ctrl+N 组合键即可创建一个空白文档。

（2）单击“快速访问工具栏”中的“新建”按钮。

（3）单击“文件”选项卡，在弹出的文件“后台视图”中选择“新建”命令，如图 7-13 所示。

在“新建”模板列表中选中“空白文档”选项并双击，即可创建一个空白文档。

2. 新建模板文档

如果要创建具有某种格式的新文档，可在图 7-13 所示的对话框中单击“新建”模板下方列表中的“样本模板”选项，如果没有该模板，可利用“搜索联机模板”框进行搜索下载。例如，单击“蓝灰色简历”模板，系统将出现如图 7-14 所示的“蓝灰色简历”创建对话框，单击“创建”按钮，可下载并创建一个新文档。

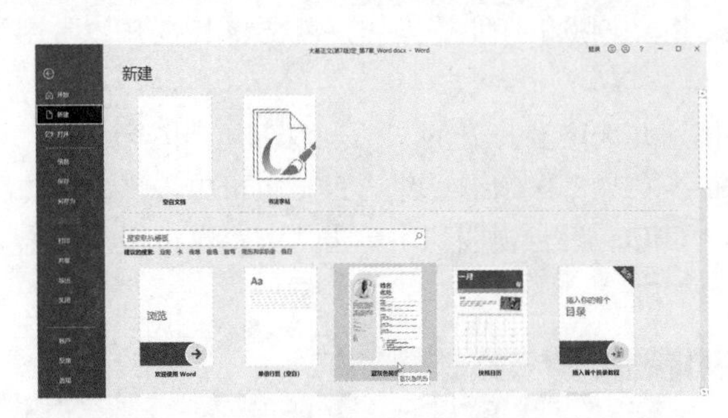

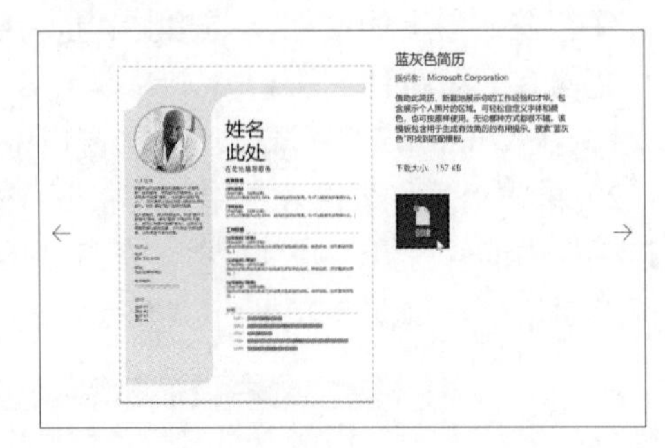

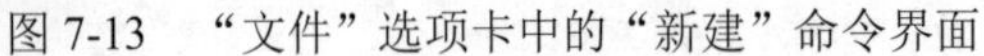

图 7-13 “文件”选项卡中的“新建”命令界面　　图 7-14 下载并创建新文档

利用所选模板样式创建文档，模板文档提供了多项已设置完成的文档效果，用户只需对其中的内容进行修改即可，既简化了工作，也提高了工作效率。

7.2.3 保存文档

为了永久保存所建立和编辑的文档，在退出 Word 前应将它作为磁盘文件保存起来。保存文档的方法可分为保存新建文档和保存已有的文档。

1. 保存新建文档

当文档输入完毕，此文档的内容还驻留在计算机的内存中，如要保存此文档，方法如下。

（1）单击“快速访问工具栏”上的“保存”按钮。

（2）单击“文件”选项卡中的“保存”命令，或直接按 Ctrl+S 或 Ctrl+W 组合键。

当第一次对新建的文档进行“保存”操作时，“保存”命令相当于“另存为”命令，出现如图 7-15 所示的“另存为”对话框。选择文件要保存的文件夹，在“文件名”处输入具体的文件名，在“保存类型”处选择要保存的类型，系统默认为“Word 文档（*.docx）”，然后单击“保存”按钮，执行保存操作。文档保存后，该文档窗口并没有关闭，可以继续输入或编辑该文档。

2. 保存已有的文档

对已有的文件进行编辑和修改后，用上述方法可将修改的文档以原来的文件名、原来的类型，保存在原来的文件夹中，此时不再出现“另存为”对话框。

3. 换名保存文档

可以把已经保存过的且正在编辑的文件以另外的文件名、另外的类型，存在另外的文件夹中，方法是单击“文件”选项卡中的“另存为”命令（或按 F12 键），打开“另存为”对话框，其后的操作与保存新建文档一样。

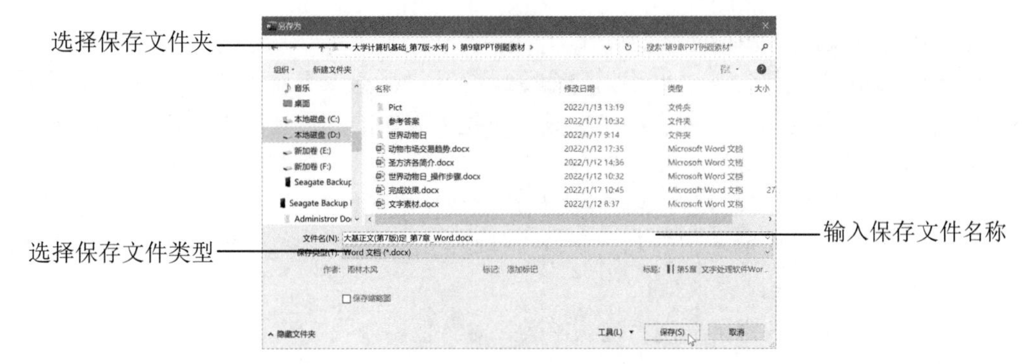

图 7-15　保存新建文档的“另存为”对话框

例如，当前正在编辑的文档名为“广阔的海.doc”，如果想以文件名“大海.doc”存到另一个文件夹中，那么就可以使用“另存为”命令。

4. 自动保存文档

为了防止突然断电等意外事故，Word 提供了在指定时间间隔中为用户自动保存文档的功能。依次单击“文件”→“选项”→“保存”选项卡标签，指定自动保存时间间隔，系统默认为 10 分钟，如图 7-16 所示。

图 7-16　设置自动保存文档的“Word 选项”对话框

如果要保留对文档的备份，可在“高级”选项中的“保存”项勾选“始终创建备份副本”。

7.2.4　文档的保护

可以给文档设置“打开权限密码”和“修改权限密码”以保护文档，并将密码记录下来保存在安全的地方。如果丢失密码，将无法打开或访问受密码保护的文档。密码可以是字母、数字、空格以及符号的任意组合，最长可达 78 个字符。密码区分大小写，如果在设置密码时有大小写，则输入密码时也必须输入同样的大小写。

设置打开和修改权限密码后，必须输入“打开权限密码”和“修改权限密码”才能打开文档和对文档进行修改，否则不能打开或只能以“只读”方式打开该文档。

设置打开和修改权限密码的方法如下。

（1）依次单击“文件”→“另存为”命令，打开“另存为”对话框，如图 7-15 所示。

（2）单击“另存为”对话框中的“工具”下拉列表中的“常规选项”命令，打开“常规选项”对话框，如图 7-17 所示。

注意：设置“修改权限密码”之前该文档应已被保存过。

（3）在“打开文件时的密码”和“修改文件时的密码”文本框处输入密码，密码对应的每一个字符显示一个星号。

（4）单击“确定”按钮会出现“确认密码”对话框，如图 7-18 所示，要求用户再次输入所设置的密码。

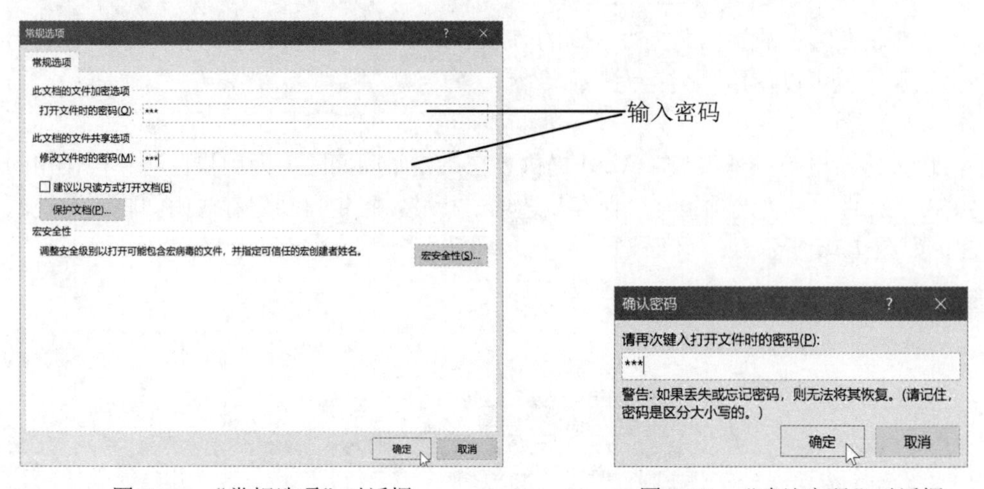

图 7-17 “常规选项”对话框　　图 7-18 “确认密码”对话框

在“确认密码”对话框的文本框中重复输入所设置的密码并单击“确认”按钮，如果密码核对正确，则返回“另存为”对话框。

（5）当返回到“另存为”对话框后，单击“保存”按钮即完成密码的设置。

用户可以取消已设置的密码，这时应删除在“打开文件时的密码”和“修改文件时的密码”文本框中已有的密码星号，再单击“确定”按钮返回“另存为”对话框，再次单击“另存为”对话框中的“保存”按钮即可取消密码。

7.2.5 关闭文档

关闭新创建的文档或保存修改过的文档时，关闭前都要回答是否保存。关闭文档有以下几种方法。

（1）单击“文件”菜单下的“关闭”命令关闭正在编辑的文档。

（2）按 Ctrl+W 组合键。

（3）单击标题栏右上角的“关闭”按钮 ×，或按 Alt+F4 组合键。

其中前两种方法只能关闭文档但不退出 Word 系统，而第 3 种方法则是既关闭文档又关闭 Word 工作窗口。

7.3　Word 文档内容的录入与编辑

文档的基本操作包括确定插入点位置、输入文字、文字的移动、复制与删除、文字的查找与替换等。

7.3.1　插入点位置的确定

在 Word 编辑窗口中，插入点是一个垂直闪烁的竖光标“|”，也称为当前输入位置。在“插入”状态下（这是 Word 的默认设置），按 Insert 键（或单击状态栏左侧的“插入”按钮 插入 ），可将“插入”状态改变为“改写”（或覆盖）状态，在“插入”状态下，每输入一个字符或汉字，插入点后面的所有文字都会右移一个位置。

如果打开的是已有文档，在添加或修改内容前，首先要确定插入点所在位置，因为输入的内容总是出现在插入点之上。

确定插入点的方法是浏览文档内容到要插入的位置单击即可。

在做文字录入前，一定要掌握插入点的移动操作。当指针移动到文本区时，其形状会变成 I 形，但它不是插入点而是鼠标指针。只有当 I 形鼠标指针移动到文本的指定位置并单击，才完成了将插入点移动到指定位置的操作。移动插入点的常用方法如下。

（1）用鼠标移动插入点。对于一篇长文档，可首先使用垂直或水平滚动条，将要编辑的文本显示在文本窗口中，然后移动 I 形鼠标指针到所需的位置并单击，这样插入点就移动到该位置了。

（2）用键盘移动插入点。插入点（光标）可以用键盘移动。表 7-1 列出了键盘移动插入点的几个常用键的功能。

表 7-1　用键盘移动插入点

按键	执行操作
←（→）	左（右）移一个字符
Ctrl+←（→）	左（右）移一个单词
Ctrl+↑（↓）	上（下）移一段
Tab	在表格中右移一个单元格
Shift+Tab 组合键	在表格中左移一个单元格
↑（↓）	上（下）移一行
Home （End）键	移至行首（尾）
Alt+Ctrl+Page Up（Page Down）组合键	移至窗口顶端（结尾）
Page Up（Page Down）键	上（下）移一屏（滚动）
Ctrl+Page Up（Page Down）组合键	移至上（下）页顶端
Ctrl+Home（End）组合键	移至文档开头（结尾）
Shift+F5 组合键	对正在编辑的文档，可将插入点移至前面一处修订位置；对新打开的文件，移至上一次关闭文档时插入点所在位置

（3）使用定位命令定位到特定的页、表格或其他项目。按下 Ctrl+G 组合键，弹出“查找和替换”对话框，如图 7-19 所示。

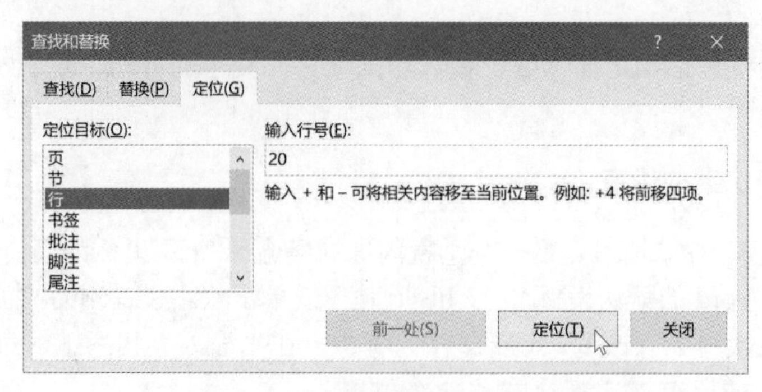

图 7-19 “查找和替换”对话框

在“定位目标”框中单击所需的项目类型，如选择“行”。要定位到特定项目，请在“输入行号”框中输入该项目的名称或编号，然后单击“定位”按钮。

要定位到下一个或前一个同类项目，不需在“输入行号”框中输入内容，直接单击“下一处”或“前一处”按钮即可。

这时可将插入点定位到相应的位置。

7.3.2 文字的录入

新建或打开一个文档后，当插入点移动到所需位置时就可以输入文本了。输入文本时，插入点自左向右移动。如果输入了一个错误的字符或汉字，可以按 Backspace 键删除该错字，按 Del 键将删除插入点右边的字或字符，然后继续输入。

Word 中的“即点即输”功能允许在文档的空白区域通过双击方便地输入文本。

1. 自动换行与人工换行

当输入到每行的末尾时不必按 Enter 键，Word 会自动换行，只在建立另一新段落时才需按 Enter 键。按 Enter 键表示一个段落的结束，新段落的开始。可以按 Shift+Enter 组合键插入一个人工换行符，两行之间行距不增加。

2. 显示或隐藏编辑标记

单击“开始”选项卡“段落”组中的“显示/隐藏编辑标记”按钮，可检查在每段结束时是否有回车符和其他隐藏的格式符号。

3. 插入符号

在文档输入过程中可以插入特殊字符、国际通用字符以及符号，也可用数字键盘输入字符代码插入一个字符或符号。

单击要插入符号的位置，设置插入点。单击“插入”选项卡“符号”组中的“符号”按钮，弹出“符号”列表，如果要插入的符号在此列表中，单击该符号即可将其插入到当前位置上。

执行“符号”列表中的“其他符号”命令，打开“符号”对话框，单击“符号”选项卡，如图 7-20 所示。

单击要插入的符号后再单击“插入”按钮（或双击要插入的符号或字符），则插入的符号出现在插入点上。如果要插入多个符号或字符，可多次双击要插入的符号或字符，插入结果后单击“取消”按钮关闭对话框。

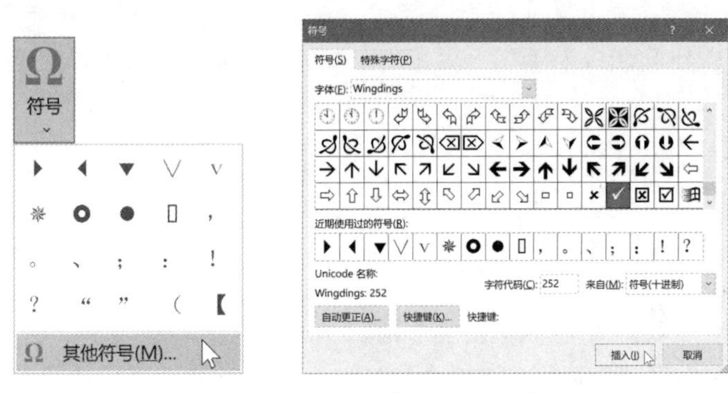

图 7-20 “符号”命令列表和“符号”对话框

【例 7-1】新建一个 Word 空白文档，录入以下内容，并以文件名“Internet 改变世界.docx”保存到指定的文件夹中。

Internet 改变人类活动

Internet 是由各种不同的计算机网络按照某种协议连接起来的大网络，是一个使世界上不同类型的计算机能交换各类数据的通信媒介。

目前，Internet 成为世界上信息资源最丰富的电脑公共网络。Internet 被认为全球信息高速公路。

Internet 起源于 1969 年美国国防部的 DARPA 网络计划，该计划试图将各种不同的网络连接起来，以进行数据传输。1983 年该计划完成的高级研究项目机构网 ARPAnet，即现在 Internet 的雏形。

1986 年，美国国家科学基金会 NSF 使用 TCP/IP 通信协议建立了 NSFnet 网络，其层次性网络结构构成现在著名的 US Internet 网络。以 US Internet 网络为基础再连接全世界各地区网络，便形成世界性的 Internet 网络。

1991 年，CERN（欧洲粒子物理研究所）的科学家提姆•伯纳斯李（Tim Berners-Lee）开发出了万维网（World Wide Web），同时他还开发出了极其简单的浏览器（浏览软件）。1993 年，伊利诺斯大学学生马克•安德里森（Mark Andreesen）等人开发出了真正的浏览器 Netscape Navigator 并推向市场。此后，互联网开始得以爆炸性普及。

一、Internet 对个人而言

✓你可以上网进行探亲访友、寻医问药、求职求学、旅游观光甚至寻一张古老年代地中海的邮票等五花八门、风马牛不相及的活动。

✓你可以在网上建立自己的企业网点，实现营销的全球化，随时和世界各地的用户乃至潜在的用户沟通。

…

二、Internet 对人类而言

☑Internet 给人们带来很多新的生活方式。

☑Internet 给人类带来了一种点对面的交流，并打破人类行为中熟人和陌生人的界限。

…

Internet 的出现改变了人们交往、通信、娱乐、生活的方式；改变了人们的经商、从政、教育，甚至思维的方式。总之，Internet 改变了我们的世界，改变了人类活动的时间和空间。

【操作步骤】

（1）启动 Word，系统自动建立一个空白文档“文档 1”。

（2）录入上面的文字，每输入完一个自然段时，按 Enter（回车）键，另起一行作为新自然段的开始。

注意：每一个自然段的首行不要按空格键。

（3）要输入符号✓和☑，可单击“插入”选项卡“符号”组中的“符号”按钮，查找这两种符号并插入到文档中。

（4）单击“快速访问工具栏”中的“保存”按钮，在弹出“另存为”对话框中将此文件命名为“Internet 改变世界.docx”，单击“保存”按钮进行文件的保存。

4. 插入数学公式

利用 Word 中的公式编辑器，只要选择了公式工具“设计”选项卡中相关的命令并输入数字和变量就可以建立复杂的数学公式。

例如，在 Word 文档中插入下面的数学公式：

$$P=\sqrt{\frac{x-y}{x+y}+\left(\int_{\frac{\pi}{4}}^{\frac{3\pi}{4}}(1+\sin^2 x)\mathrm{d}x+\cos 30^\circ\right)\times\sum_{i=1}^{100}(x_i+y_i)}$$

插入编辑一个数学公式的操作步骤如下。

（1）打开文档，然后将插入点定位于要加入公式的位置，然后单击“插入”选项卡“符号”组中的“公式”按钮 π 公式，弹出“公式”列表，如图 7-21 所示。

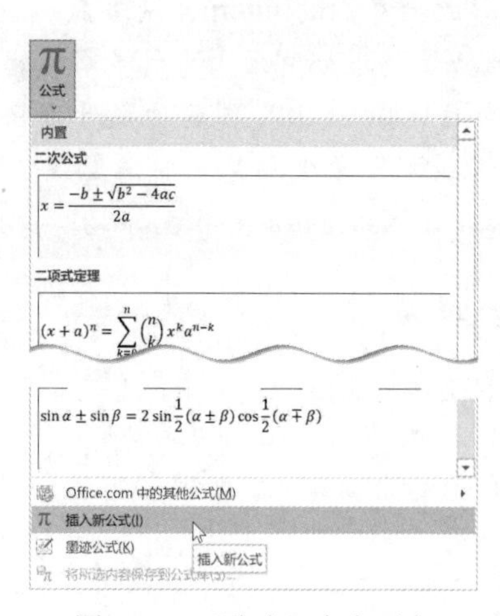

图 7-21 “公式”命令列表

（2）在“公式”列表中，如果公式是一个内置的公式，则可单击将此公式插入到文档中。否则，执行“插入新公式”命令，插入一个公式编辑框并进入公式编辑状态，如图 7-22 所示，此时，系统打开“公式工具 | 公式”选项卡。

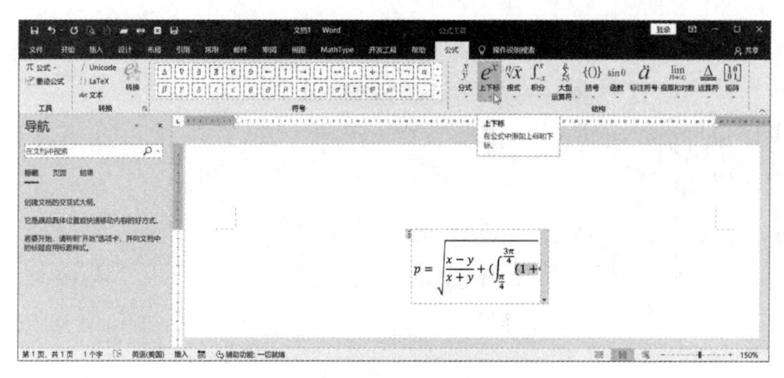

图 7-22　公式编辑区与“公式工具 | 公式”选项卡

“公式工具 | 公式”选项卡分为“工具”“转换”“符号”和“结构”4 组，常用的为“工具”“符号”和“结构”3 组。

- “工具”组：可以插入内置公式或用手写插入公式。
- “符号”组：在公式中可以使用“符号”组的有关符号，如四则运算符号、希腊字母等。
- “结构”组：是公式中的一种样板，样板有一个和多个插槽，可以在其中插入积分、矩阵公式等符号。

（3）根据需要在“公式工具 | 公式”选项卡的“符号”与“样板”组中选择相应的内容。

（4）数学公式建立结束后，在文档窗口中单击即可回到文本编辑状态，建立的数学公式图形被插入到插入点所在的位置。

（5）单击公式编辑窗口的边框，可对公式进行字体、段落和样式的调整，也可以进行移动、缩放等操作。单击该公式，重新进入公式编辑状态，可重新对公式进行修改。

5. 插入日期和时间

在 Word 中可以插入一个所需的日期和时间。

（1）插入当前日期和时间。其操作步骤如下。

1）单击要插入日期或时间的位置。

2）单击“插入”选项卡“文本”组中的“日期和时间”按钮 日期和时间 ，弹出如图 7-23 所示的对话框。

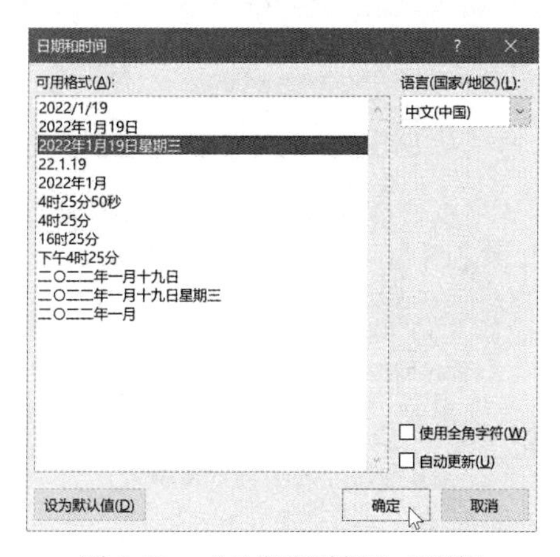

图 7-23　“日期和时间”对话框

3）如果要对插入的日期或时间应用其他语言的格式，可在“语言”框中进行选择。

4）单击选择“可用格式”框中的日期或时间格式。

如果要将日期和时间随系统日期和时间自动更新，可选中“自动更新”复选框，反之则清除“自动更新”复选框。

（2）自动插入当前日期。系统可以在输入日期时使用自动输入功能。

例如，如果当前日期为2022年1月19日，输入“2022年”后，Word会在该文字的上方以灰色显示2022年1月19日星期三（按Enter插入）进行屏幕提示，如果需要，直接按Enter键可插入当前日期。

6. 插入文件

可以将另一篇Word文档插入到打开的文档中，其操作方法如下。

（1）将文本插入点移动到要插入第二篇文档的位置。

（2）单击“插入”选项卡“文本”组中“对象”按钮 对象 右侧的下拉按钮，弹出“对象”命令列表。执行“文件中的文字”命令，打开“插入文件”对话框，找到要插入的文件，单击“插入”按钮，即可将该文件中的所有内容插入到当前文档插入点所在处。

7.3.3 编辑文档

1. 对象的选取

在Word文档中，对象的选定是一项基本的操作。用户经常需要选取某个字符、某一行、某一段或整个文档进行处理，如移动、复制、删除或重排文本等。因此，就要用到选取文本的操作。被选取的文本，称为文本块，通常情况下以蓝灰底的方式显示在屏幕上。选取操作也可以选取一个图形等对象。

（1）使用鼠标选取对象。最简单的选取操作是使用鼠标，如在一个对象上单击即可将其选取。这里主要是指文本块的选取。

- 选定一个文本块。这里采用拖动的方法选取文本，把鼠标指针移到要选择的文本开始位置的文字前，按住左键不放，拖动鼠标使所需内容显示灰色底纹，然后松开鼠标即可，如图7-24所示。

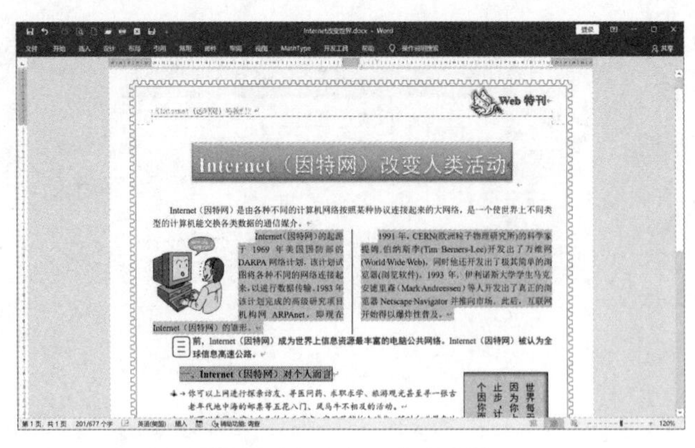

图7-24 选定一个文本块

- 选定一个单词。双击该单词。
- 选定一个句子。按Ctrl键，然后在某句的任何地方单击。

- 选定一个段落。在选定区双击，或者在该段落的任何地方三击。
- 选定一行或多行文字。将鼠标移动到该行的左侧，直到光标指针变成一个指向右上的箭头↗区域，该区域称为“选定区”或“选定栏”，然后单击。在选定区按住左键不放，向上或向下拖动鼠标，可以选定多行。
- 选定多个段落。将鼠标移动到选定区域后双击，并向上或向下拖动鼠标。
- 选定一大块文字。单击所选内容的开始，滚动到所选内容的结束，然后按下 Shift 键，并单击。
- 选定整篇文档。在选定区三击，或按 Ctrl 键后单击（或按 Ctrl+A 组合键）。
- 选定页眉和页脚。单击“插入”选项卡“页眉和页脚”组中的“页眉”或“页脚”按钮，在弹出的命令列表中执行“编辑页眉（页脚）”命令，或在页面视图中双击灰色的页眉或页脚文字，然后将鼠标移动到选定区单击。
- 按住 Alt 键不放，然后拖动鼠标，可选定一个矩形文本块（不包括表格单元格），如图 7-25 所示。

Web 特刊
Internet（因特网）改变人类活动

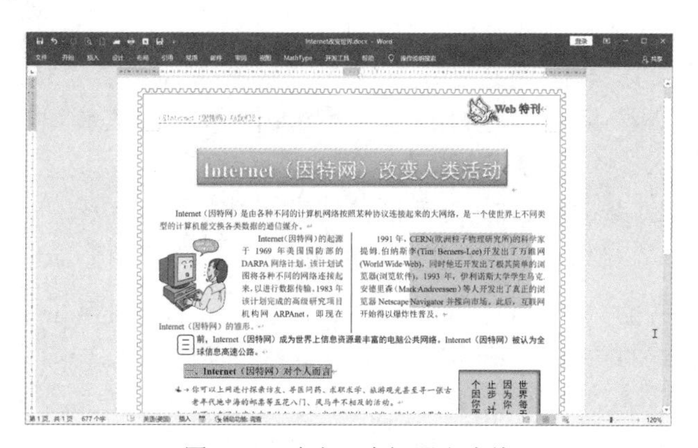

图 7-25　选定一个矩形文本块

（2）使用键盘选取文本。在编辑文档时，可以将光标移到想要选取的文本起始位置，按住 Shift 键不放，再配合使用↑、↓、←、→等可以移动插入点的键（如表 7-1 所示）来选取范围。

（3）使用扩展方式选取文本。在 Word 中，可以使用扩展方式选取文本，当按下 F8 键表示已进入扩展选取方式，状态行出现“扩展式选定”按钮 扩展式选定 ，再次单击此按钮表示“扩展式选定”结束，如图 7-26 所示。

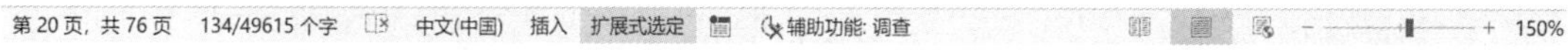

第 20 页，共 76 页
134/49615 个字
中文(中国)
插入
扩展式选定
辅助功能: 调查
150%

图 7-26　“扩展式选定”按钮变黑，表示进入扩展选取状态

注意：如果状态行在按下 F8 键时没有出现“扩展式选定”按钮，可右击状态行，在弹出的快捷菜单中单击“选定模式”项。

在扩展方式下，使用↑、↓、←、→等可以移动插入点的键，可以选取从原插入点到当前插入点之间的所有文本，单击可以选取点到单击点之间的所有文本，按一个字符键则选取从插入点到该字符最近出现的位置之间的所有文本。

此外，Word 还有一个非常快捷的方式，就是将插入点移到要选取文本的起始处，按 F8 键

进入扩展选择方式，再按 F8 键选取插入点的汉字或单词，第 3 次按 F8 键选取插入点所在的句子，第 4 次按 F8 键选取插入点所在的段落，第 5 次按 F8 键则选取整个文档。而其间每按一次 Shift+F8 组合键可以逐步缩小选取范围。

当按下 Ctrl+Shift+F8 组合键，状态栏中的“扩展”框显示为“列方式选定”，此时用↑、↓、←、→等键，可按矩形方式从文档中选取从插入点开始的任意大小的矩形文本块。

（4）多重选定。要选取多重选定（或不连续）区域，可在选定一块区域后，再按住 Ctrl 键，选定其他区域。

2. 删除、移动或复制文本

在选定了操作对象后，可在文档内、文档间或应用程序间移动文本或复制文本，也可以删除文本。

（1）删除文本。删除一个字符最简单的方法是把插入点置于该字符的右边，然后按 Backspace 键删除它，同时后面的字符左移一格填补被删除的位置。

按 Delete 键可以删除插入点后面的字符。要删除插入点左边的单词或词组，可按 Ctrl+Backspace 组合键。要删除插入点右边的单词或词组，可按 Ctrl+Delete 组合键。

当需要删除一大块文本时，可选定该文本块，然后按 Delete 键或 Backspace 键（也可单击“开始”选项卡“剪贴板”组中的“剪切”按钮 剪切，或右击，在弹出的快捷菜单中选择“剪切”命令，或按 Ctrl+X 组合键）。

（2）在窗口内移动或复制文本。选定要移动或复制的文本对象，单击“复制”按钮 复制（或按 Ctrl+C 组合键），确定目的地，单击“粘贴”按钮 粘贴（或按 Ctrl+V 组合键）即可。

选定要移动或复制的文本，要移动选定内容，也可将选定内容拖放至粘贴位置，要复制选定内容，按下 Ctrl 键的同时并将选定内容拖放至粘贴位置即可。

如果拖动选定内容至窗口之外，则文档将向同方向滚动。

在移动或复制文本时，也可用鼠标右键拖动选定内容。在释放右键时，将出现一个菜单，显示移动和复制的有效选项。

（3）远距离移动或复制文本。如果远距离移动或复制文本，或将其移动或复制至其他文档，就要借助于“剪贴板”任务窗格。剪贴板是特殊的存储空间，在 Word 内部系统共提供了 24 个剪贴板。

单击“开始”选项卡“剪贴板”组右下角的“对话框启动器”按钮，打开“剪贴板”任务窗格，如图 7-27 所示。选中要粘贴的一项内容，直接单击即可。

如果要将文本移动或复制到其他文档，先把当前窗口切换到目标文档，单击文本要粘贴的位置，再单击“粘贴”按钮，则会自动将最后一次放入剪贴板的内容粘贴上去。

（4）使用键盘复制文本。使用键盘可以方便地复制文本。选取要复制的文档，按 Shift+F2 组合键，状态栏左侧将显示“复制到何处?”提示信息，将鼠标移动到目标位置处，然后按 Enter 键（如按 Esc 键，可结束此复制模式），完成复制。

3. 撤消与恢复

在输入或编辑文档时，经常要改变文档中的内容，若文本改变后发现不符合要求时，则可使用撤消功能把改变后的文本恢复为原来的形式。

（1）撤消。Word 支持多级撤消，在“快速访问工具栏”上单击“撤消”按钮（或按

Ctrl+Z 组合键），可取消对文档的最后一次操作。多次单击“撤消”按钮，将依次从后向前取消多次操作。单击“撤消”按钮右边的下拉箭头，打开可撤消操作的列表，从最后一次操作的位置上连续选定其中某次操作，可一次性恢复此操作后的所有操作。撤消某操作的同时，也撤消了列表中所有位于它上面的操作。

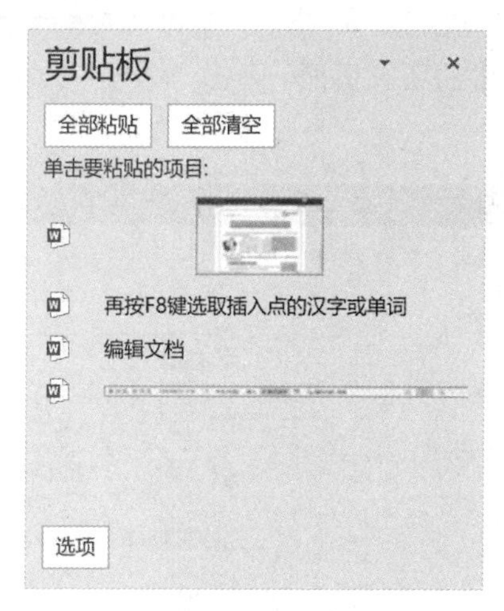

图 7-27　“剪贴板”任务窗格

（2）恢复。在撤消某操作后，在“快速访问工具栏”上单击“恢复”按钮（或按 Ctrl+Y 组合键）可将其恢复。

【例 7-2】在【例 7-1】建立的“Internet 改变世界.docx”文件中进行如下操作。

（1）将原第 3 自然段移动到原第 6 自然段的后面。

（2）删除第 4 自然段。

（3）删除文档中所有的特殊字符✓和☑。

【操作步骤】

（1）启动 Word，按下 Ctrl+O 组合键，在弹出的“打开”对话框中找到“Internet 改变世界.docx”文件，双击将其打开。

（2）将鼠标移动到第 3 自然段的左侧选定区，双击选定该自然段，按下 Ctrl+X 组合键。

（3）将鼠标移动到第 7 自然段的开始处，按下 Ctrl+V 组合键，将原第 3 段移动到此。

（4）将鼠标移动到第 4 自然段，即原文的第 5 自然段，选定该自然段，按下 Ctrl+X 组合键（或按 Delete 键），将此自然段删除。

（5）由于文档内容较短，要删除某些字符可直接将光标定位到该字符的前面，按 Delete 键将其删除。依次将所有✓和☑字符删除。

（6）最后，单击“快速访问工具栏”中的“保存”按钮，将文档原名保存。

4. 查找

如果文本内容很长，用人工的方法找到其中的某个或某些相同字句是非常麻烦的，而且容易遗漏，因此 Word 提供了非常方便的查找和替换功能。

在 Word 中可以使用多种方法进行查找。

（1）使用“导航窗格”进行查找。利用“导航窗格”，用户可以按照文本、图形、表格、公式、脚注/尾注和批注进行查找，具体操作方法如下。

1）在“视图”选项卡的“显示”组中勾选“导航窗格”复选框 导航窗格（或按 Ctrl+F 组合键），即可在 Word 工作区左侧显示“导航”窗格，如图 7-28 所示。

2）在“导航“窗格上方的搜索框中输入要搜索的内容，Word 会自动将搜索到的内容突出显示。单击搜索框右侧的“取消”按钮 ×（或按 Esc 键），可取消查找和突出显示的标记。

3）单击“导航”窗格中的“标题”选项卡，可以查看包含查找文本的标题。单击“页面”选项卡，显示出现包含查找文本的所有页面。单击“结果”选项卡，可以查看包含查找文本的段落。

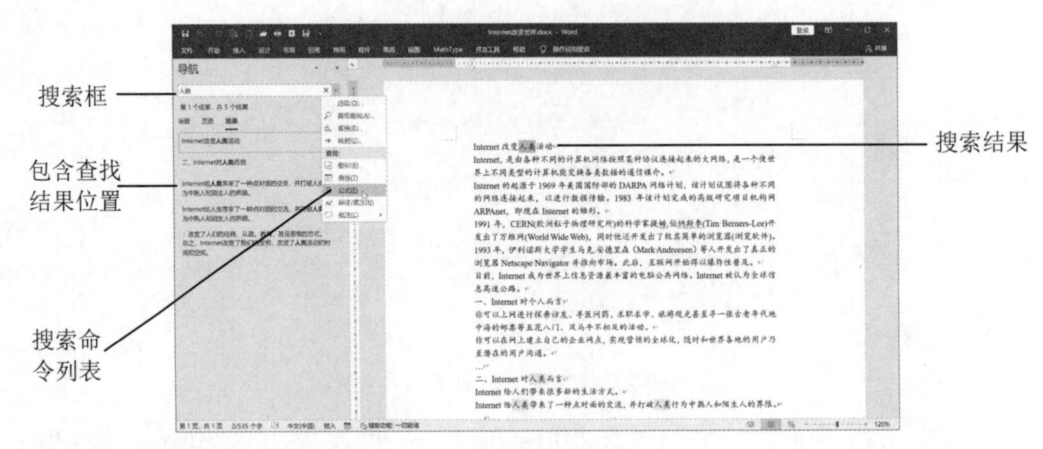

图 7-28　“导航”窗格

如果有更高级的查找要求，可以单击搜索框右侧的“搜索更多内容”下拉按钮，在弹出的搜索命令列表中选择相应的操作命令。

（2）使用“编辑”按钮进行查找。进行查找操作，还可使用“开始”选项卡“编辑”组中的“查找”按钮 查找 来实现，操作过程如下。

1）单击“开始”选项卡“编辑”组中“查找”命令右侧的下拉按钮，在弹出的列表中执行“高级查找”命令。打开“查找和替换”对话框，在“查找内容”文本框中输入要查找的文本，如“人类”，如图 7-29 所示。

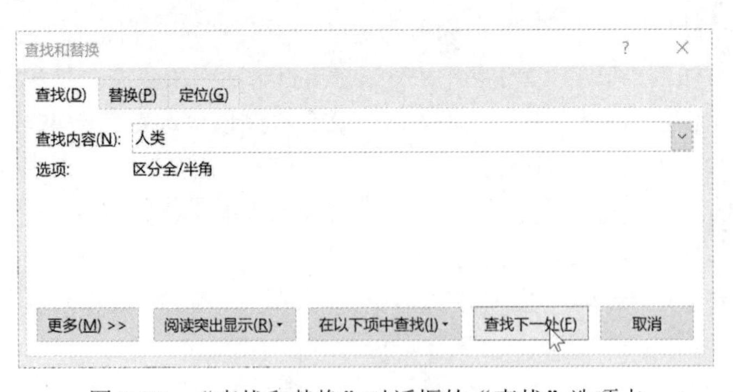

图 7-29　“查找和替换”对话框的“查找”选项卡

2）单击“查找下一处”按钮。在查找过程中，可按 Esc 键取消正在进行的搜索。

3）查找特定格式。在图 7-29 中单击“更多”按钮，此按钮变成“更少”，并打开如图 7-30 所示的对话框，用于查找特定的格式和字符，其中各选项的含义如下。

- “搜索”下拉列表框。设置搜索的方向，有向下、向上或全部。
- “区分大小写”复选框。用于英语字母。

查找和替换

查找(D)　替换(P)　定位(G)

查找内容(N): 人类

选项: 区分全/半角

替换为(I):

<< 更少(L)　替换(R)　全部替换(A)　查找下一处(F)　取消

搜索选项

搜索: 全部

区分大小写(H)　区分前缀(X)

全字匹配(Y)　区分后缀(T)

使用通配符(U)　区分全/半角(M)

同音(英文)(K)　忽略标点符号(S)

查找单词的所有形式(英文)(W)　忽略空格(W)

替换

格式(O)　特殊格式(E)　不限定格式(T)

图 7-30　“更多”选项的“查找”选项卡

- “不限定格式”按钮。取消“查找内容”或“替换为”框下指定的所有格式。
- “格式”按钮。涉及到“查找内容”或“替换为”内容的排版格式，如字体、段落、样式的设置，如图 7-31 左图所示。
- “特殊格式”按钮。查找对象是特殊字符，如通配符、制表符、分栏符、分页符等，如图 7-31 右图所示。

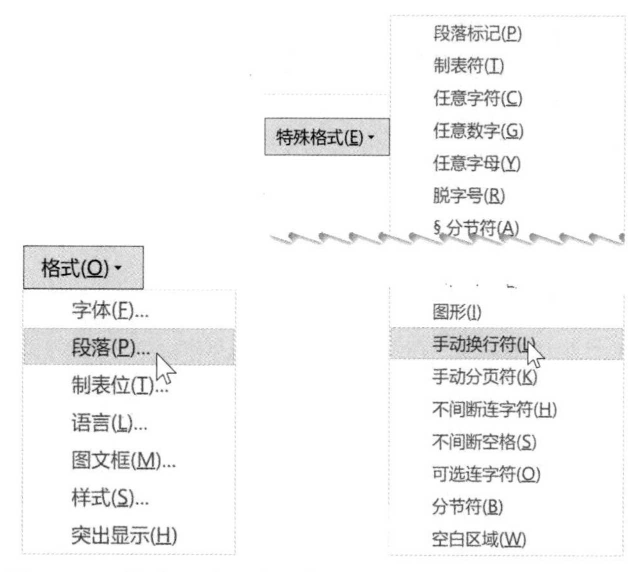

图 7-31　“格式”（左）与“特殊格式”（右）按钮的部分命令

要查找指定格式的文本，可在“查找内容”文本框内输入文本。如果只查找指定的格式，则删除“查找内容”框内的文本。单击“格式”按钮，选择所需格式，然后单击“查找下一处”按钮。

5. 替换

在文档编辑过程中，有时需要对某一内容进行统一替换。对于较长的文档，如果手工操作逐字逐句进行替换，效率会非常低。利用 Word 提供的替换功能，可以方便地完成这个工作。

单击“开始”选项卡“编辑”组中的“替换”按钮 替换（或按 Ctrl+H 组合键），打开如图 7-29 所示的“查找和替换”对话框，在“查找内容”文本框内输入要查找的文本，在“替换为”文本框内输入要替换的文本，单击“查找下一处”“替换”或者“全部替换”按钮即可。

替换操作有以下功能。

（1）利用替换功能可以删除找到的文本。方法是在“替换为”一栏中不输入任何内容，替换时会以空字符（什么都没有）代替找到的文本，等于做了删除操作。

（2）可以替换指定的格式。如果查找替换指定的格式，删除“查找内容”文本框内的文本，单击“格式”按钮，然后选择所需格式，在“替换为”文本框选择所需格式。

（3）可以查找并替换段落标记、分页符和其他项。在“查找和替换”对话框中单击“特殊格式”按钮（或输入该项的字符代码），选择所需项。如果要替换该项，则在“替换为”文本框输入替换内容。

（4）使用通配符简化搜索。可使用通配符简化文本或文档的搜索，如使用通配符“?”查找任意单个字符，例如在查找“RUM”和“RUN”时可搜索“RU?”。

要使用通配符，需在“查找和替换”对话框中选中“使用通配符”复选框。如果使用了通配符，在查找文字时会区分大小写。例如查找“s*t”可找到“sat”，但不会找到“Sat”或“SAT”。这时如果希望查找大写和小写字母的任意组合，应使用方括号通配符。例如输入“[Ss]*[Tt]”可找到“sat”“Sat”或“SAT”。

【例 7-3】在【例 7-2】建立的“Internet 改变世界.docx”文件基础上，将文档中的“Internet”全部替换为“Internet（因特网）”。

【操作步骤】

（1）启动 Word，打开在【例 7-2】所保存的“Internet 改变世界.docx”文件。

（2）按 Ctrl+H 组合键，打开如图 7-29 所示的“查找和替换”对话框。

（3）单击“替换”选项卡，在“查找内容”文本框中输入要查找的文本“Internet”，在“替换为”文本框中输入要替换的文本“Internet（因特网）”。

（4）单击“全部替换”按钮，系统开始从当前文本处向下（默认）进行替换，并出现如图 7-32 所示的“系统提示信息”对话框。

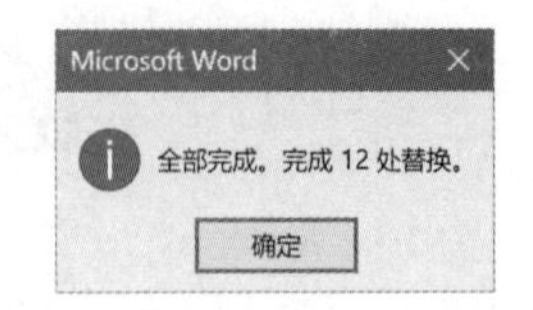

图 7-32 “系统提示信息”对话框

如果手工进行替换，可单击“查找下一处”，当找到下一处要替换的文本（有灰色底纹），单击“替换”按钮可进行替换，同时 Word 自动定位到下一处要替换的文本。

（5）最后，单击“快速访问工具栏”中的“保存”按钮，将文档原名保存。

6. 自动更正

利用 Word 提供的自动更正功能可以帮助用户更正一些常见的输入错误、拼写和语法错误等。打开“文件”选项卡“Word 选项”中的“校对”选项，如图 7-33 所示。

图 7-33　“Word 选项”中的“校对”选项

在其中，系统已经为用户配置了一些自动更正的功能。例如，如果要一次性检查拼写和语法错误，可勾选“随拼写检查语法”复选框。这样，当系统检查到有错误的文本时，一般用红色波浪线标记输入有误码或系统无法识别的中文和单词，用绿色波浪线标记可能的语法错误。

若要添加一些自动更正功能，可单击“自动更正选项”按钮，在“自动更正”选项卡中选中“键入时自动替换”复选框，在“替换”和“替换为”中输入原内容和需要替换的内容，例如在文档中输入“jsj”，将自动替换为“计算机”。

7.3.4　多窗口和多文档的编辑

在 Word 中，为了便于观察和操作，可以同时打开若干个文档窗口，对多个文档进行操作。也可以将文档逻辑上分成多个窗口，对一个文档的不同部分进行操作。

1. 多文档窗口的转换

如果同时打开了多个文档，这时编辑窗口只显示一个文档。要编辑其他文档，就要转换文档窗口，转换文档窗口的方法如下。

（1）单击“视图”选项卡“窗口”组中的“切换窗口”按钮，弹出文件列表，显示所有打开的文档名，文档名前面有 √ 的是当前屏幕显示的文档名。

（2）单击要编辑的文档名，则当前编辑窗口将显示选定的文档。

要切换不同的 Word 文档窗口，也可将鼠标指向任务栏中某文档的 Word 图标，单击该图标即可进行切换。

2. 查看一个文档的不同部分

若需对一个文档的不同部分进行操作，可以通过下面的方法进行。

（1）单击“视图”选项卡“窗口”组中的“新建窗口”按钮，可以将当前窗口文档再建一个窗口。

（2）使用“拆分”命令。如果要在长文档的两部分之间移动或复制文本，可将窗口拆分为两个窗格。在一个窗口中显示所需的文字或图形，在另一个窗格中显示文字或图形目的的位置，然后选定并拖动文字或图形穿过拆分栏。

拆分和调整窗口大小的方法是：单击“视图”选项卡“窗口”组中的“拆分”按钮，文档窗口被自动拆分成两个窗口。将鼠标移动到两个窗口的分隔线上，鼠标指针呈现上下可调状，按住鼠标拖动窗口分隔线可上下调整位置大小。

（3）取消拆分。有以下几种方法可以取消窗口拆分，返回到单个窗口。

- 双击拆分条。
- 将鼠标指向拆分线并按住左键不放，向上拖动到标尺处。
- 单击“视图”选项卡“窗口”组中的“取消拆分”按钮。

3. 多个文档窗口

如果打开多个文档，单击“视图”选项卡“窗口”组中的“全部重排”按钮，可将已打开的多个文档同时显示在 Word 窗口中，如图 7-34 所示。如果希望恢复只显示一个文档，可双击要显示文档的标题栏。某一时刻只有一个活动窗口，只有在活动窗口才能进行输入、编辑等工作，改变活动窗口的方法很简单，只要在需要工作的窗口中单击任一处即可。

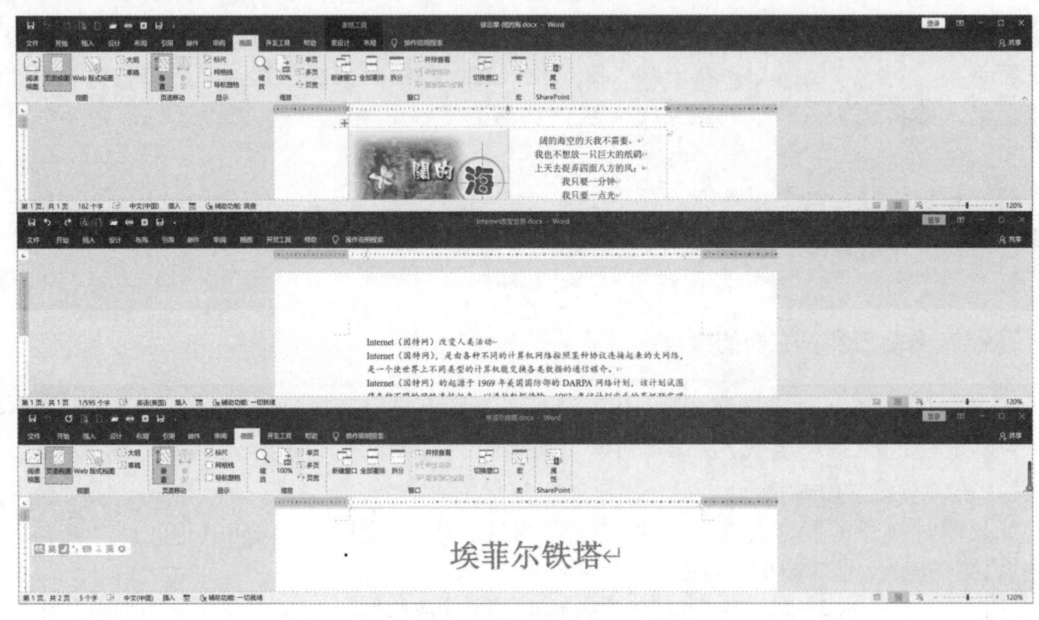

图 7-34　重排已打开的多个文档窗口

7.4　页面设置与文档排版

所谓排版就是将文档中插入的文本、图像、表格等基本元素进行格式化处理，并恰当地安排各元素在页面中的位置或布局，以便打印输出。下面介绍页面设置、文字格式的设置、段落的排版、分栏、首字下沉和文档的打印等主要功能。

7.4.1　页面设置

默认状态下，Word 在创建文档时，使用的是一个以 A4 纸大小为基准的 Normal 模板，内有预置的页面格式，其版面几乎可以适用于大部分文档。Word 文档中的内容以页为单位显示或打印到纸上，如果用户不满意可以对其进行调整，即进行页面设置。在 Word 中，页面的结构如图 7-35 所示。

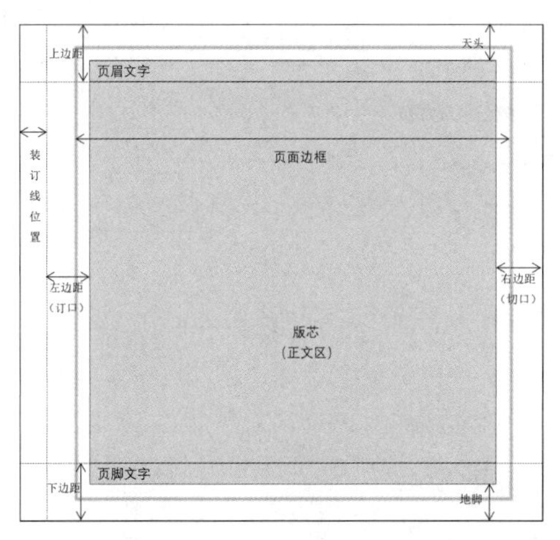

图 7-35　纸张大小、页边距和文本区域示意图

根据需要可以重新对页面进行设置，包括对整个页面、页边距、每页的行数和每行的字数进行调整，还可以给文档加上页眉、页脚、页码等。

要进行页面设置，可使用“布局”选项卡中的相关按钮，或使用“页面设置”对话框，“布局”选项卡如图 7-36 所示。

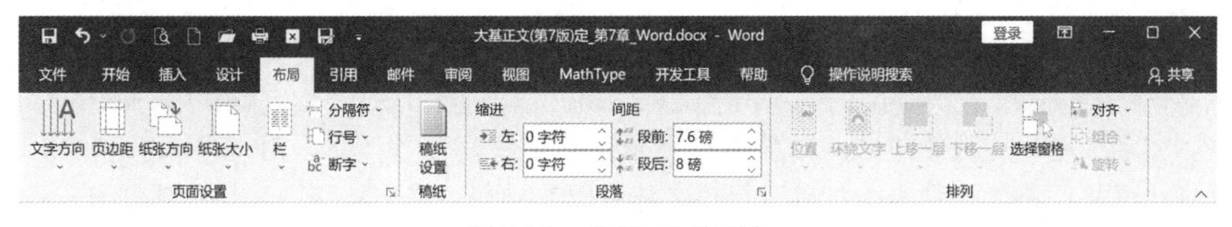

图 7-36　“布局”选项卡

1．选择纸型

单击“布局”选项卡“页面设置”组中的“对话框启动器”按钮，打开“页面设置”对话框。

单击“纸张”选项卡，如图 7-37 所示，其主要作用是选择纸张大小，纸张应用范围等。

如要修改文档中一部分的纸张大小，可在“应用于”下拉列表中选择“所选文字”选项，Word 自动在设置了新纸大小的文本前后插入分节符，如果文档已经分成节，可以单击某节中的任意位置或选定多个节，然后修改纸张大小。

所谓“节”是指由一个或多个自然段组成的页面结构与其他页不同的文本块。

2．页边距的调整

单击“页面设置”对话框中的“页边距”选项卡，如图 7-38 所示，在其中可以设置上、下、左、右的页边距，也可以选择页眉、页脚与边界的距离、装订线位置或对称页边距，还可以设置文档打印的方向等。

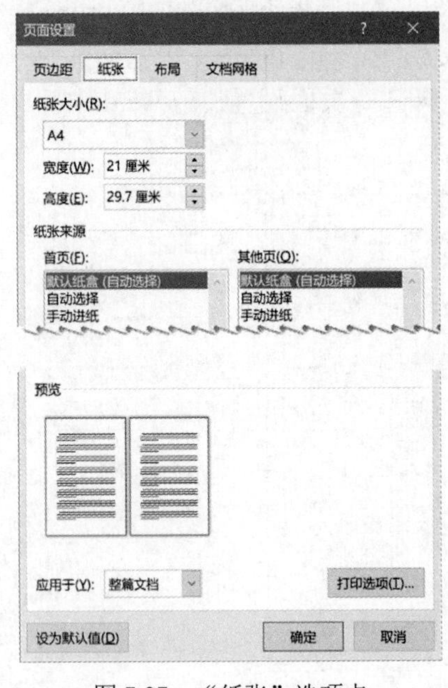

图 7-37 “纸张”选项卡

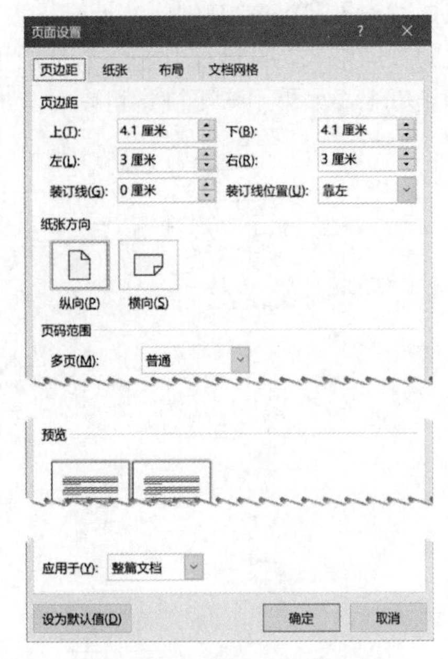

图 7-38 “页边距”选项卡

可以使用水平标尺和垂直标尺来调整页边距，其操作方法是：切换至页面视图，将鼠标指向水平标尺或垂直标尺上的页边距边界，待鼠标箭头变成双向箭头↔或在垂直标尺上鼠标变为↕后拖动即可。

如果希望显示文字区和页边距的精确数值，可在拖动页边距边界的同时按下 Alt 键。

3. 调整行数和字符数

根据纸型的不同，每页中的行数和每行中的字符数都有一个默认值，可以满足用户的特殊需要，在“页面设置”对话框中单击“文档网格”选项卡，选择“指定行和字符网格”单选按钮，然后改变相应数值即可，如图 7-39 所示。

在“文档网格”选项卡中可以进行“字体设置”“栏数”“文字排列”等选项的设置。

如果要把更改后的设置保存为默认值，以便应用于所有基于这种纸型的页面，可单击“默认”按钮。

4. 布局

在“页面设置”对话框中单击“布局”选项卡，如图 7-40 所示。

在“页眉和页脚”栏中选中“奇偶页不同”复选框，则页眉与页脚将在奇偶页中以不同方式显示，勾选“首页不同”，则每节中第 1 页与其他页面可设置不同的页眉和页脚，在“页眉”和“页脚”框中输入一个数字可设置距离页边缘的大小。

单击“边框”按钮，打开“边框和底纹”对话框，用户可对页面进行边框等设置。

如果用 Word 进行程序源代码的编写，可以单击“行号”按钮，在此对程序源代码的每一行进行编号。

图 7-39　“文档网格”选项卡

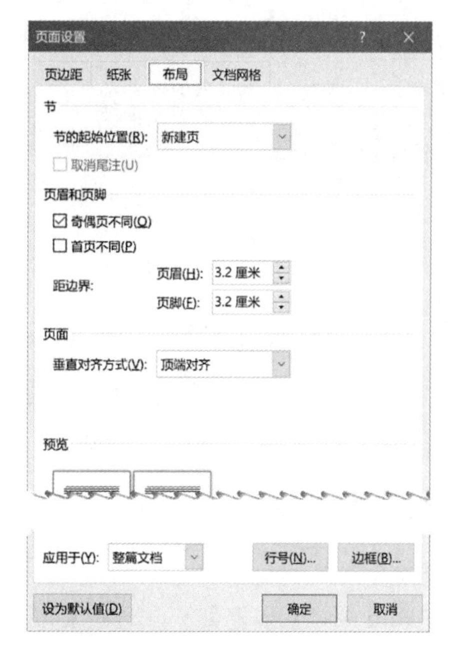

图 7-40　“布局”选项卡

【例 7-4】在【例 7-3】建立的“Internet 改变世界.docx”文件基础上，按以下要求设置页面。

（1）纸张为“Legal”，上、下、左、右的边距分别为 2.8 厘米、1.8 厘米、1.9 厘米和 1.8 厘米。

（2）页眉与页脚距上下边距的距离分别为 2 厘米和 1.2 厘米，为页面添加一个艺术边框，边框样式为。

【操作步骤】

（1）打开【例 7-3】保存的“Internet 改变世界.docx”文件。

（2）单击“布局”选项卡“页面设置”组右下角的“对话框启动器”按钮，打开如图 7-37 所示的对话框。

（3）设置上、下、左、右的边距分别为 2.8 厘米、1.8 厘米、1.9 厘米和 1.8 厘米，并“应用于”整篇文档。

（4）单击“纸张”选项卡，设置宽度为 21.59 厘米、高度为 25.56 厘米的“Legal”纸张。

（5）单击“布局”选项卡，设置页眉与页脚距离纸张边距的距离分别为 2 厘米和 1.2 厘米。单击“边框”按钮，打开如图 7-41 所示的“边框和底纹”对话框，并切换到“页面边框”选项卡。

（6）在“页面边框”选项卡中单击“艺术型”下拉列表按钮，从中选择所需要的边框样式，单击“确定”按钮，页面设置完成。页面样式效果如图 7-42 所示。

此外，还可使用“设计”选项卡“页面背景”组中的“页面边框”按钮修改页面边框，利用“水印”按钮和“页面颜色”按钮，分别为页面设置在页面内容后面的虚影文字和背景图案。

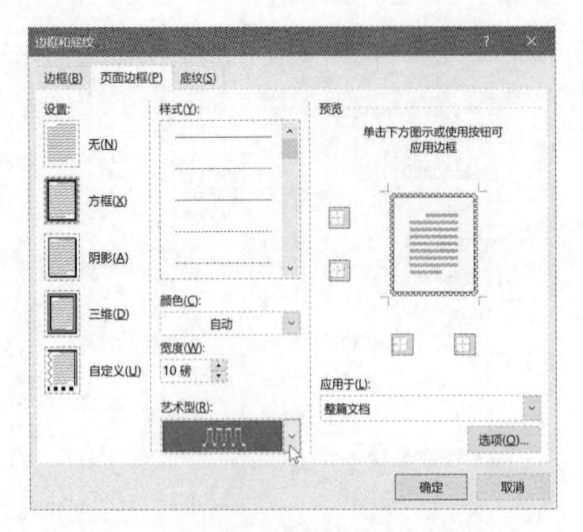

图 7-41 “边框和底纹”对话框

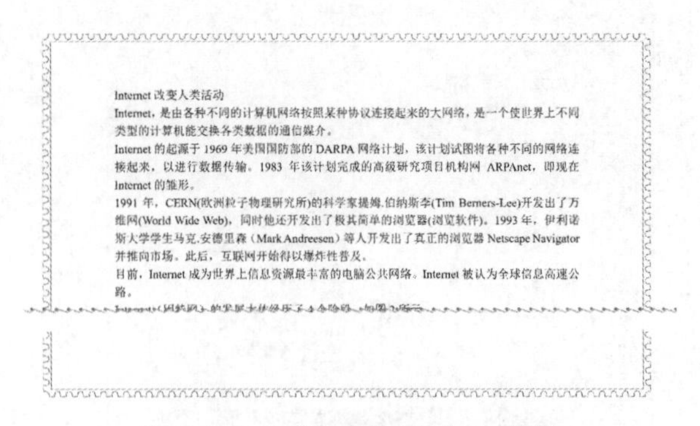

Internet 改变人类活动

Internet，是由各种不同的计算机网络按照某种协议连接起来的大网络，是一个使世界上不同类型的计算机能交换各类数据的通信媒介。

Internet 的起源于 1969 年美国国防部的 DARPA 网络计划，该计划试图将各种不同的网络连接起来，以进行数据传输。1983 年该计划完成的高级研究项目机构网 ARPAnet，即现在 Internet 的雏形。

1991 年，CERN(欧洲粒子物理研究所)的科学家提姆.伯纳斯李(Tim Berners-Lee)开发出了万维网(World Wide Web)，同时他还开发出了极其简单的浏览器(浏览软件)。1993 年，伊利诺斯大学学生马克.安德里森（Mark Andreesen）等人开发出了真正的浏览器 Netscape Navigator 并推向市场。此后，互联网开始得以爆炸性普及。

目前，Internet 成为世界上信息资源最丰富的电脑公共网络。Internet 被认为全球信息高速公路。

图 7-42 完成设置的页面样式效果

7.4.2 分页与分节

1. 设置分页

在 Word 中，系统提供了自动分页和人工分页两种分页方式。

（1）自动分页。Word 可根据文档的字体大小、页面设置等，自动为文档分页。自动设置的分页符在文档中不固定位置，它是可变化的，这种灵活的分页特性使得用户无论对文档进行多少次变动，Word 都会随文档内容的增减而自动变更页数和页码。

（2）人工分页。可以根据用户需要人工插入分页标记，例如，一本书某节的一部分内容可能放在了前一页的后两行，为了内容的统一，可以将前页的最后两行文字强行放在下一页打印输出，这时就需要插入人工分页符。插入人工分页符的操作方法有以下 3 种。

- 将插入点移到需要分页的位置，单击“布局”选项卡“页面设置”组中的“分隔符”按钮 分隔符，从下拉列表中选择“分页符”命令。
- 单击“插入”选项卡“页”组中的“分页”按钮 分页。
- 直接按 Ctrl+Enter 组合键。

在页面视图、打印预览和打印的文档中，分页符后面的文字将出现在新的一页上。在普通视图中，自动分页将显示为一条贯穿页面的虚线，人工分页符显示为标有“分页符”字样的虚线 ……分页符……。

选定人工分页符，按 Delete 键可以删除该分页符。

2. 文档分节

节由一个或多个自然段组成，是 Word 用来划分文档的一种方式，系统默认整篇文档为一节。分节符可以使文档从一个整体划分为多个具有不同页面版式的部分。分节后，用户可以将纵向打印的文档设置成横向打印的文档，也可以分隔文档中的各章，以使每一章的页码编号都从 1 开始，还可以为文档的某节创建不同的页眉或页脚。

Word 提供了“下一页”“连续”“偶数页”和“奇数页”4 种分节符供用户选择，其具体含义如下。

- “下一页”。从插入分节符的位置强行分页，从下一页开始新节。
- “连续”。在同一页开始新节。

- “偶数页”。在下一个偶数页开始新节。
- “奇数页”。在下一个奇数页开始新节。

插入分节符的操作方法如下。

（1）将插入点移到需要分节的最末位置。

（2）单击“布局”选项卡“页面设置”组中的“分隔符”按钮，从下拉列表中选择一种“分节符”命令。

3. *页眉和页脚*

多页文档显示或打印时，经常需要在每页的顶部或底部显示页码以及相关信息，如标题、名称、日期、标志等。这些信息如果出现在文档每页的顶部，就称页眉，若出现在文档和底部，就称页脚。在 Word 文档中可以设置统一的页眉或页脚，也可以在不同节的页中设置不同的页眉和页脚。

添加页眉和页脚的具体操作步骤如下。

（1）设置页眉与页脚。要设置页眉或页脚，单击“插入”选项卡“页眉和页脚”组中的“页眉”按钮或“页脚”按钮，弹出“页眉”或“页脚”命令列表，从中选择一种样式并进入编辑状态，如图 7-43 所示，并同时出现“页眉和页脚工具 | 页眉和页脚”选项卡，如图 7-44 所示。

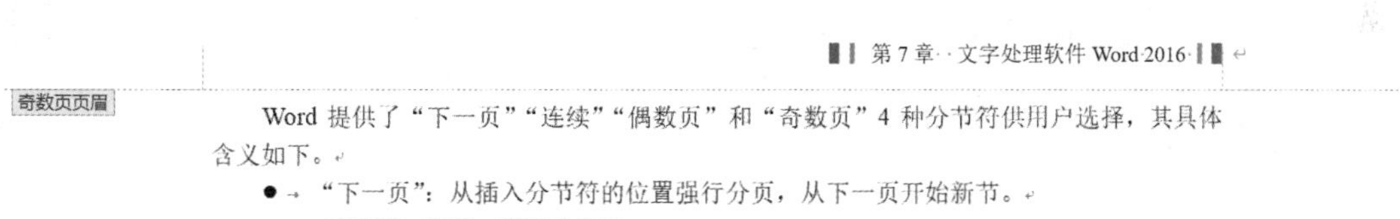

图 7-43　页眉编辑状态

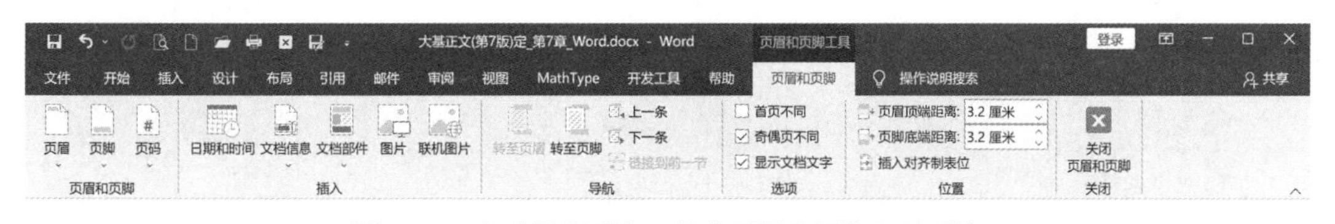

图 7-44　“页眉和页脚工具 | 页眉和页脚”选项卡

（2）在“页眉”或“页脚”的占位符（输入文本的位置方框）中输入内容，或单击“页眉和页脚”选项卡“插入”组中的工具按钮向“页眉”或“页脚”中插入时间等内容。

（3）单击“导航”组中的“转至页脚（页眉）”按钮（），切换到页脚（页眉）输入框时进行输入。

（4）“页眉”或“页脚”编辑完成后，单击“关闭”组中的“关闭页眉和页脚”按钮（或按 Esc 键，也可双击正文任意位置），每页的上下端就显示出页眉和页脚的信息。

如果在页面设置时勾选了“首页不同”和“奇偶页不同”两个选项，则每节的页眉和页脚被划分成 3 种形式：“首页”页眉/页脚、“偶数页”页眉/页脚、“奇数页”页眉/页脚。用户可将本节的首页、奇偶页单独设置成不同的样式，操作方法同上。

- 如果文档进行了分节，则在不同节设置“页眉/页脚”内容时，为了区别不同节的“页眉/页脚”内容，需要单击“导航组”中的“链接到前一节”按钮 链接到前一节，切断上下节的联系。

- 如果不想在页中使用“页眉”或“页脚”，可将页眉和页脚内容清空。

在页面视图中，只需双击变暗的页眉/页脚或变暗的文档文本，就可迅速地在页眉/页脚与文档文本之间进行切换。

4. 插入页码

对于页数较多的文档，在打印之前最好为每页设置页码，以免混淆文档的先后顺序。插入页码的方法如下。

（1）单击“插入”选项卡“页眉和页脚”组中的“页码”按钮（或进入页眉和页脚编辑状态，再单击“页眉和页脚工具｜页眉和页脚”选项卡“页眉和页脚”组中的“页码”按钮），在弹出的菜单列表中选择一种页码位置和样式，如图 7-45 所示。

（2）将页码插入到指定位置后，系统进入页眉和页脚编辑状态。此时，如果要修改页码的格式，可单击“页眉和页脚”组中的“页码”按钮并执行“页码”菜单列表中的“设置页码格式”命令，打开“页码格式”对话框，如图 7-46 所示。

（3）选择页码的“编号格式”，是否包含章节号、起始页码等。

（4）页码设置完成后，单击“确定”按钮，返回到正文编辑状态。

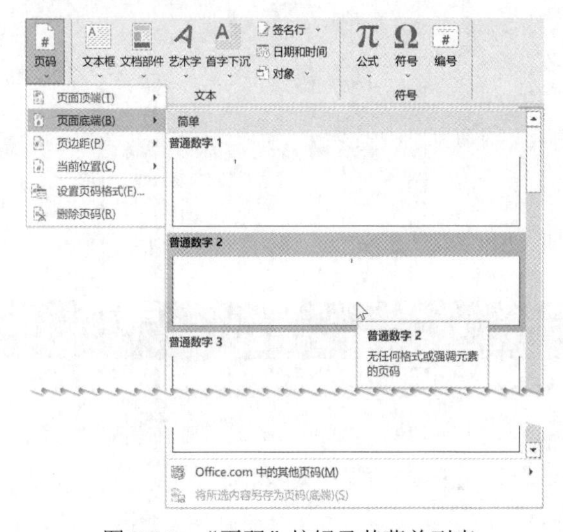

图 7-45 “页码”按钮及其菜单列表

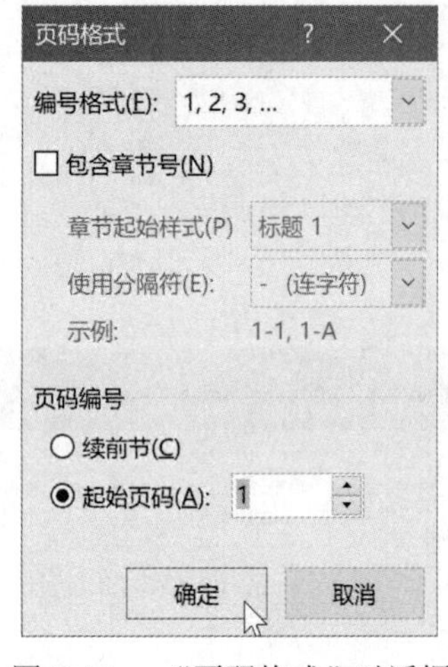

图 7-46 “页码格式”对话框

【例 7-5】在【例 7-4】建立的“Internet 改变世界.docx”文件基础上，按以下要求设置页眉和页脚，并在页面的右侧插入页码，如图 7-47 所示。

【操作步骤】

（1）打开在【例 7-4】保存的“Internet 改变世界.docx”文件。

（2）打开“插入”选项卡，单击“页眉和页脚”组中的“页眉”按钮，在弹出的列表中执行“编辑页眉”命令，进入页眉编辑状态。

（3）在页眉编辑区左侧输入文本“〖Internet（因特网）与我们〗”。

（4）打开“插入”选项卡，单击“页眉和页脚”组中的“页脚”按钮，弹出命令列表。单击“空白（三栏）”样式，在页脚中插入一个有 3 个占位符的页脚。

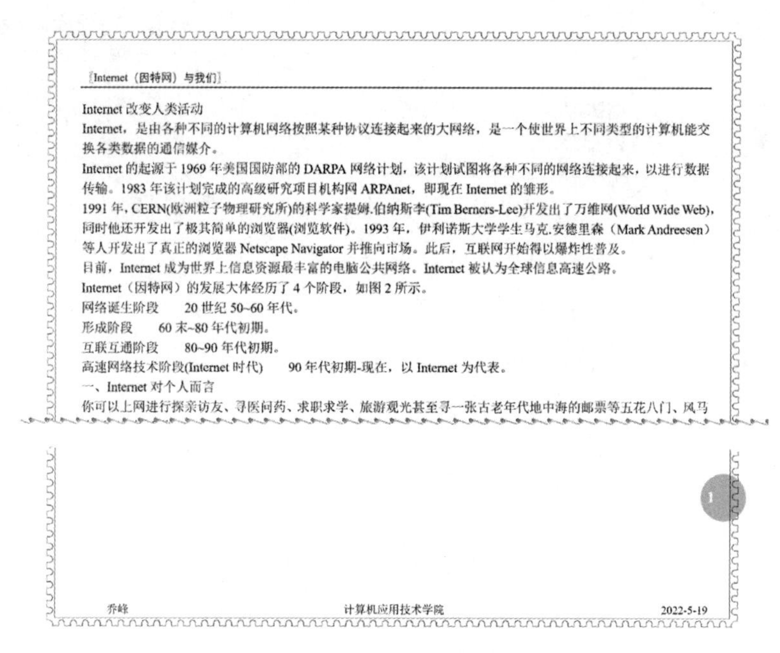

Internet（因特网）与我们

Internet 改变人类活动

Internet，是由各种不同的计算机网络按照某种协议连接起来的大网络，是一个使世界上不同类型的计算机能交换各类数据的通信媒介。

Internet 的起源于 1969 年美国国防部的 DARPA 网络计划，该计划试图将各种不同的网络连接起来，以进行数据传输。1983 年该计划完成的高级研究项目机构网 ARPAnet，即现在 Internet 的雏形。

1991 年，CERN(欧洲粒子物理研究所)的科学家提姆.伯纳斯李(Tim Berners-Lee)开发出了万维网(World Wide Web)，同时他还开发出了极其简单的浏览器(浏览软件)。1993 年，伊利诺斯大学学生马克.安德里森（Mark Andreesen）等人开发出了真正的浏览器 Netscape Navigator 并推向市场。此后，互联网开始得以爆炸性普及。

目前，Internet 成为世界上信息资源最丰富的电脑公共网络。Internet 被认为全球信息高速公路。

Internet（因特网）的发展大体经历了 4 个阶段，如图 2 所示。

网络诞生阶段　　20 世纪 50~60 年代。

形成阶段　　60 末~80 年代初期。

互联互通阶段　　80~90 年代初期。

高速网络技术阶段(Internet 时代)　　90 年代初期-现在，以 Internet 为代表。

一、Internet 对个人而言

你可以上网进行探亲访友、寻医问药、求职求学、旅游观光甚至寻一张古老年代地中海的邮票等五花八门、风马

1

乔峰　　计算机应用技术学院　　2022-5-19

图 7-47　添加页眉、页脚和页码的页面

（5）在页脚处的 3 个占位符中分别输入文本“乔峰”“计算机应用技术学院”“2022-5-19”。

（6）单击“页眉和页脚”组中的“页码”按钮，弹出命令列表，执行“页边距”菜单下的“圆（右侧）”命令，在页面的右侧插入一个带圆圈的页码。

（7）选中上面插入的页码，拖动到页面下方合适的位置。按 Esc 键，页眉、页脚和页码设置完成。

（8）单击“快速访问工具栏”中的“保存”按钮，保存文件。

7.4.3　文档排版

Word 是一个功能强大的桌面排版系统，它提供了多种字体、字形及外观，对文本进行美观合理的排版（格式或修饰），实现“所见即所得”。

1. 字符的格式化

字符的格式化就是对 Word 中允许出现的字符、汉字、字母、数字、符号及各种可见字符，进行字体、字号、字型、颜色等格式修饰。

- 先输入字符设置，其后输入的字符将按设置的格式一直显示下去。
- 先选定文本块，之后再进行设置，则只对该文本块起作用。

设置字符格式可以使用下面的方法。

（1）设置字体、字号、字型、颜色等。进行字符修饰时，常用的方法是使用“开始”选项卡“字体”组中的相关按钮，如图 7-48 左图所示。

（2）单击“字体”组右侧的“对话框启动器”按钮，打开“字体”对话框，如图 7-48 右图所示。使用该对话框可对选定文本的字体、文本效果、字符间距、缩放和位置进行调整与设置。

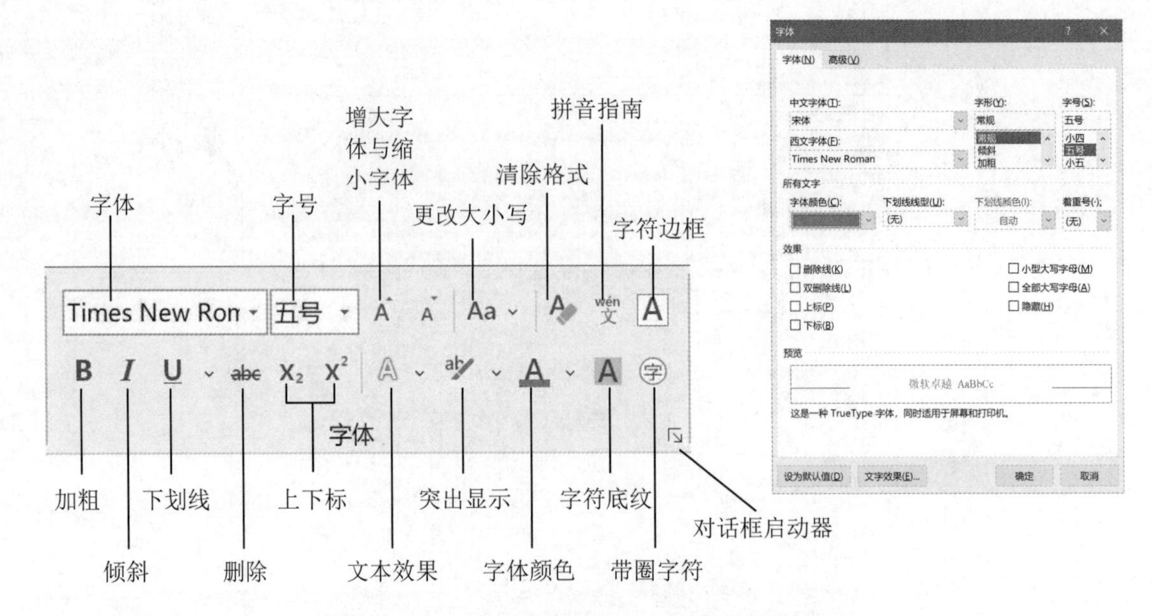

图 7-48 “字体”组（左）与“字体”对话框（右）

【例 7-6】在【例 7-5】保存的“Internet 改变世界.docx”文件基础上，按以下要求设置文本的格式。

（1）第 5 自然段设置为黑体、五号。

（2）最后一个自然段设置为华文新魏、小四号。

【操作步骤】

（1）打开【例 7-5】保存的“Internet 改变世界.docx”文件。

（2）将鼠标移动到第 5 自然段的左侧，双击选中该段，打开“开始”选项卡，分别在“字体”组中选择字体为黑体、字号为五号。

（3）选中最后一个自然段，设置该段字体为华文新魏、字号为小四号。

（4）单击“快速访问工具栏”中的“保存”按钮，保存文件。

2. 段落的格式化

段落格式的设置主要包括段落的对齐方式、相对缩进量、行和段落的间距、底纹与边框、项目符号与编号的设置等，如图 7-49 所示。

在 Word 中，按 Enter 键代表段落的结束，这时在该段的结束位置出现一个结束符↵。段落结束符中含有该段格式信息，复制段落结束符就可以把该段的段落格式应用到其他段落。

（1）设置对齐方式。

- 更改段落文本水平对齐方式。

文本水平对齐方式是指在选定的段落中，水平排列的文字或其他内容相对于缩进标记位置的对齐方式。

设置文本水平对齐方式可以使用“段落”组中的按钮或“段落”对话框。

- 在同一行应用不同的对齐方式。

有时可能需要在某一行内使用不同的对齐方式，例如在页眉标题中需要将标题左对齐、日期居中、页码右对齐，在 Word 中按 Tab 键可实现这一效果。

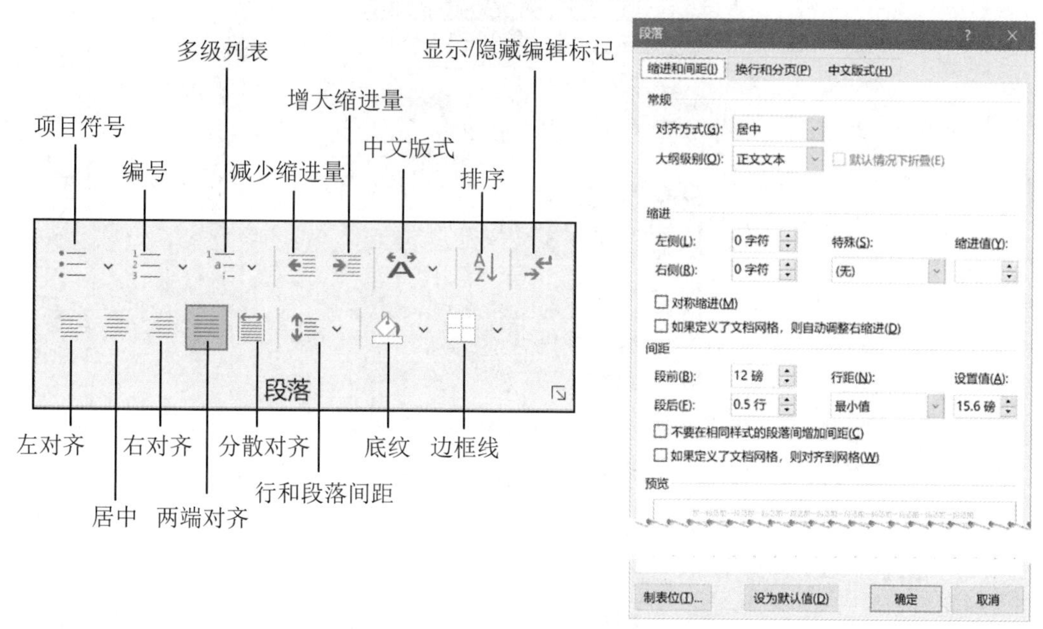

图 7-49　“段落”组（左）与“段落”对话框（右）

（2）利用制表位设置对齐方式。默认情况下，把插入点置于段落的开始处按下 Tab 键，原来顶格的文字自动右移两个字符（0.74 厘米），而无需连续按四个空格进行首行缩进。

制表位是实现文本对齐的一种快捷方式。制表位分为左对齐、居中对齐、右对齐、小数点对齐、竖线对齐 5 种。

制表位的设置方法有以下两种方式。

- 使用标尺设置制表位。将插入点移到要设置制表位的段落中，或者选定多个段落，然后单击垂直标尺上端的“制表位对齐方式”按钮，每次单击该按钮，显示的对齐方式将按左对齐、居中对齐、右对齐、小数点对齐、竖线对齐5 个制表符以及 2 个缩进按钮首行缩进、悬挂缩进的顺序循环改变。当出现了所需的制表符后，在水平标尺上设置制表位的位置单击，水平标尺上将出现相应类型的制表位，如图 7-50 所示。

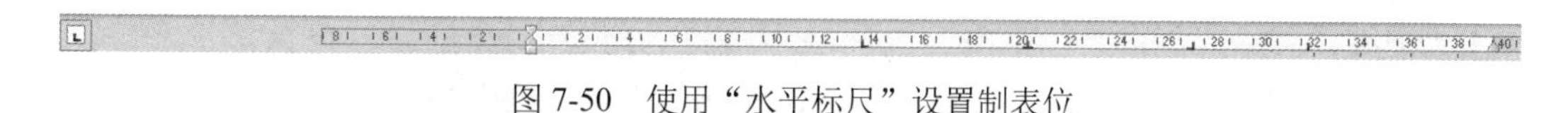

图 7-50　使用“水平标尺”设置制表位

如果要移动制表位，用鼠标按住水平标尺上的该制表符移动即可；如果要删除某个制表位，用鼠标按住在水平标尺上的该制表符向下拖出标尺即可。

- 使用“制表位”对话框设置制表位。如果要精确设置制表位位置或要设置带前导符的制表位，则可在标尺上双击已有的任何一个制表符，弹出如图 7-51 所示的“制表位”对话框，在其中设置相应的选项即可。

【例 7-7】在【例 7-6】建立的“Internet 改变世界.docx”文件的最后添加以下数据。并将数据第 1 列左对齐，其他各列右对齐，第 2～5 列分别设置在每行的第 16、24、30 和 36 字符的位置上。

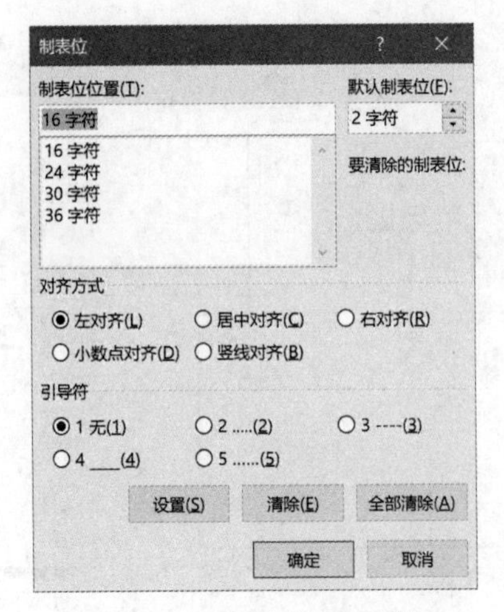

图 7-51 “制表位”对话框

文档开始

2018.12-2021.12 中国互联网基础资源对比

基础数据	2018.12	2019.12	2020.12	2021.12
IPv4（万个）	38584	38750	38923	39249
IPv6（块/32）	43985	50877	57634	63052
域名（万个）	3793	5094	4198	3593
其中.CN 域名（万个）	2124	2243	1897	2041
互联网宽带接入端口数量（亿个）	8.86	9.16	9.46	10.18
移动互联网接入流量（亿 GB）	711.1	1220.0	1656.0	2216.0

文档结束

【操作步骤】

1）打开【例 7-6】保存的文件“Internet 改变世界.docx”，并将插入点定位于文档的最后，按 Enter 键插入一个空行。

2）输入文本“2018.12-2021.12 中国互联网基础资源对比”，并按 Enter 键。

3）在新的一行中单击“开始”选项卡“段落”组右下角的“对话框启动器”按钮，打开如图 7-49 所示的“段落”对话框，单击对话框左下角的“制表位”按钮，打开图 7-51 所示“制表位”对话框。

4）在“制表位”对话框中分别添加 4 个制表位。

5）输入文本“基础数据”后按 Tab 键，输入“2018.12”。类似地，依次按 Tab 键，输入“2019.12”等信息。录完本行的文本内容后，按 Enter 键，录入“IPv4（万个）……39249”等其他 6 条信息。

6）在文档的最后一行，按 Enter 键，再使用图 7-51 所示的“制表位”对话框清除本行所有的制表位。

7）单击“快速访问工具栏”中的“保存”按钮，保存文件。

思考：如何在水平标尺上直接制作制表位，且有不同的对齐方式。

（3）设置行和段落间距。行距表示文本行之间的垂直间距，而段落间距则是指当前段落距离上一个自然段和下一个自然段的距离设置。

更改行距和段落间距的操作方法如下。

1）选定要设置格式的一个或几个段落。

2）单击“开始”选项卡“段落”组中的“行和段落间距”按钮，在弹出的列表中选择合适的行距大小。

若执行“行距选项”命令，则打开图 7-49 所示的“段落”对话框，可进行精确设置。如果设置的是“最小值”“固定值”或“多倍行距”，可在“设置值”框中输入具体数值。

如果某行包含大字符、图形或公式，Word 将自动增加行距。如果使所有的行距相同，单击“行距”框中的“固定值”选项，然后在“设置值”框中输入能容纳最大字体或图形的行距。如果字符或图形只能显示一部分，则应在“设置值”框中选择更大的行距值。

（4）段落缩进。页边距设置确定正文的宽度，也就是行的宽度。而段落缩进是确定文本与页边距之间的距离。在段落缩进时，可以进行左右缩进、首行缩进和悬挂缩进等操作。

段落缩进的设置方法有两种：使用标尺和使用“段落”对话框。

- 用标尺设置左右缩进量。

选定需要从左右页边距缩进或偏移的段落。如果看不到标尺，可勾选“视图”选项卡“显示”组中的“标尺”复选框☑ 标尺。

拖动标尺顶端的“首行缩进”按钮▽，可改变文本第 1 行的左缩进。拖动“左缩进”按钮□，可改变文本第 2 行的缩进，拖动左缩进标记下的方框，可改变该行中所有文本的左缩进。拖动“右缩进”按钮⌂，可改变所有文本的右缩进。

单击“段落”组中的“减少缩进量”按钮或“增加缩进量”按钮，可以减少或增加左缩进量，也可以通过“段落”对话框精确地设置段落缩进量。

- 用 Tab 键设置缩进量。

将插入点移到段落的起始处，反复按 Tab 键即可。要取消缩进，可在移动插入点之前按 Backspace 键。

- 设置悬挂缩进。

悬挂缩进是将第 1 个元素悬挂起来，从这行后的文本的左侧向右偏移。设置悬挂缩进可将鼠标指针指向“左缩进”按钮上方的按钮⌂，拖动到所需位置即可。

图 7-49 所示的“段落”对话框中的“特殊格式”也可设置悬挂缩进。

【例 7-8】在【例 7-7】保存的“Internet 改变世界.docx”文件中，将第 2 至最后一个自然段的首行缩进 2 个字符，设置最后一个自然段的段后距离为 0.5 行、行间距为固定 18 磅。

【操作步骤】

1）打开【例 7-7】保存的文件“Internet 改变世界.docx”，选择第 2 至最后一个自然段。

2）打开图 7-49 所示的“段落”对话框，在“缩进和间距”选项卡中设置“特殊格式”为“首行缩进”，大小为 2 字符。

3）单击最后一个自然段，在“段落”对话框中设置最后一个自然段的段后距离为 0.5 行、行间距为固定 18 磅。

4）单击“快速访问工具栏”中的“保存”按钮，保存文件。

3. 段落字体对齐方式

如果一行中含有大小不等的英文、汉字，该行就有多种字体对齐方式，如按“底端对齐”

“中间对齐”等，使得该行整齐一致。操作方法是：在打开的“段落”对话框中单击“中文版式”选项卡，如图 7-52 所示，单击“文本对齐方式”下拉列表框选择所需的对齐方式即可。

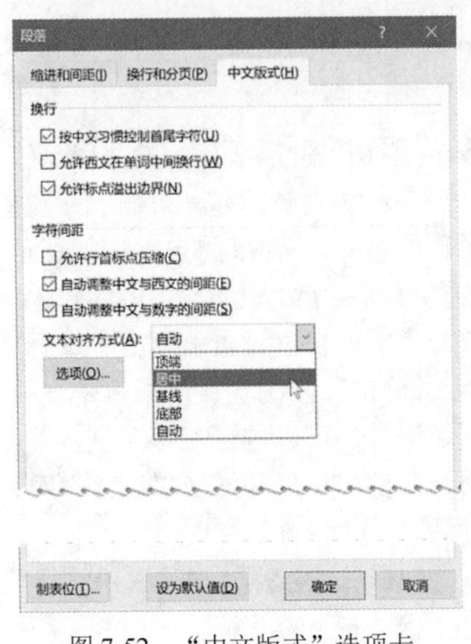

图 7-52 “中文版式”选项卡

4. 使用“格式刷”复制字符和段落格式

如果要使文档中某些字符或段落的格式与该文档中其他字符和段落的格式相同，可以使用“格式刷”按钮。

（1）复制字符格式。字符格式包括字体、字号、字型等。选取要复制格式的文本，但不包括段落结束标记，单击“开始”选项卡“剪贴板”组中的“格式刷”按钮 格式刷，这时鼠标指针变为格式刷状，将鼠标移动到要应用此格式的开始处，按住鼠标拖动即可。

（2）复制段落格式。段落格式包括制表符、项目符号、缩进、行距等。单击要复制格式的段落，使光标定位在该段落内，单击“格式刷”按钮，此时鼠标变为刷子形状，将“刷子”移动到要应用则格式的段落，单击段内任意位置即可。

（3）多次复制格式。要将选定的格式多次应用到其他位置时，可双击“格式刷”按钮，完成后再次单击此按钮，或按 Esc 键取消格式刷的功能。

5. 分栏

分栏类似于报纸、杂志等的排版方式，使文本从一栏的底端连接到下一栏的顶端，从而使文档版面美观、容易阅读。在 Word 中，分栏功能可以将整个文档分栏，也可将部分段落进行分栏。

【例 7-9】将【例 7-8】保存的“Internet 改变世界.docx”文件的第 3、4 自然段分成等宽的三栏，各栏之间有分隔竖线。

【操作步骤】

（1）打开【例 7-8】保存的文件“Internet 改变世界.docx”，并选定第 3、4 自然段。

（2）单击“页面布局”选项卡“页面设置”组中的“栏”按钮，在弹出的列表中执行“更多分栏”命令，打开如图 7-53 所示的“栏”对话框。

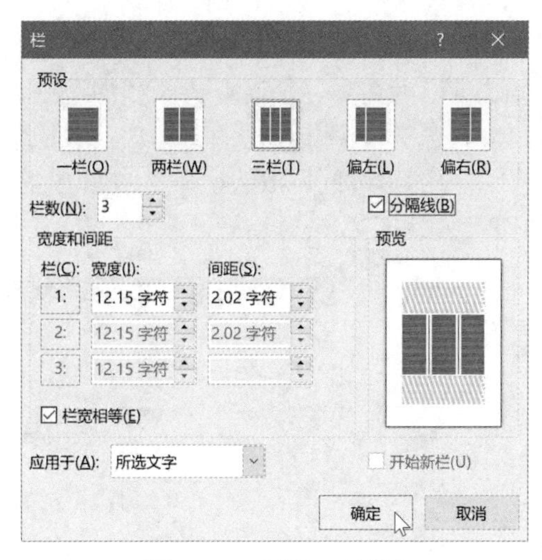

图 7-53　“栏”对话框

（3）在“预设”中选择分栏数，也可在“栏数”文本框中输入分栏数（最大值为 11 栏），指定栏的宽度、间距以及应用范围，如果需要相同的栏宽，可以直接选中“栏宽相等”复选框。

（4）勾选“分隔线”复选框，在“应用于”列表框中选择“所选文字”。

（5）单击“确定”按钮，完成分栏操作。

如果对分栏的外观与内容排列不满意，还可以调整分栏的栏间距与栏内容。调整分栏的栏间距，其操作步骤如下。

（1）将插入点移至已分栏内容的任意处。

（2）将鼠标移到水平标尺上的分栏标记处，按住鼠标拖动分栏标记移至所需位置即可。

一般多栏版式的最后一栏可能文本为空或不满，为了分栏的美观，应建立长度相等的栏。要对其进行调整的操作步骤如下。

（1）将插入点设置在要对齐的栏的末尾。

（2）单击“布局”选项卡“页面设置”组中的“分隔符”按钮，选择“分节符”项下的“连续”选项即可。

6. 首字下沉

在报纸杂志上经常会有首字下沉的样式，即文章开头的第 1 个字或字母被放大数倍并占据 2 行或 3 行（最大值为 10 行）以醒目显示。

【例 7-10】将“Internet 改变世界.docx”文件中的第 5 自然段设置成首字下沉，字体为“华文彩云”，下沉 2 行，其他选项为默认值。

【操作步骤】

（1）打开【例 7-9】保存的文件“Internet 改变世界.docx”，并将插入点移到要设置首字下沉的第 5 自然段中。

（2）单击“插入”选项卡“文本”组中的“首字下沉”按钮，在弹出的列表中执行“首字下沉选项”命令，打开“首字下沉”对话框，如图 7-54 所示。

（3）在“位置”栏中单击“下沉”，在“字体”栏中选择“华文彩云”，在“下沉行数”框中输入下沉的行数“2”，其他设置为默认值。

（4）单击“确定”按钮，完成首字下沉的设置。

7. 增加边框和底纹

为突出版面的效果，Word 可以为文本、段落或页面添加边框、底纹。

（1）文本块的边框和底纹。选定要添加边框的文本块，或把插入点定位到所在段落处，单击“开始”选项卡“段落”组中的“边框”按钮，在弹出的列表中执行“边框和底纹”命令，打开如图 7-55 所示的“边框和底纹”对话框。

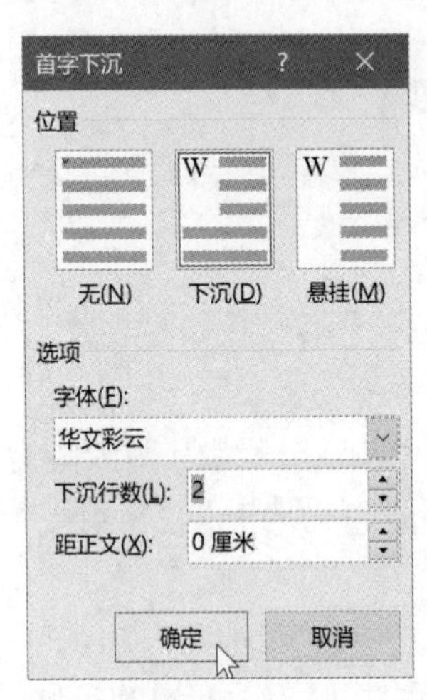

图 7-54 “首字下沉”对话框

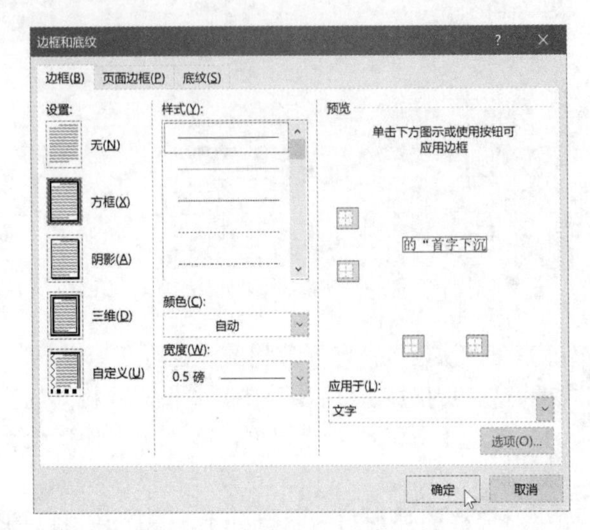

图 7-55 “边框和底纹”对话框

- “设置”栏。预设置的边框形式有无边框、方框、阴影、三维和自定义边框 5 种，如果要取消边框则单击“无”选项。
- “样式”“颜色”和“宽度”列表框。用于设置边框线的外观效果。
- “预览”栏。显示设置后的效果，也可以单击某边改变该边的框线设置。
- “应用于”列表框。设置边框样式的应用范围是文字或段落。

（2）页面边框。在“边框和底纹”对话框中单击“页面边框”选项卡，可进行页面边框的设置。该选项卡和“边框”选项卡基本相同，仅增加了“艺术型”下拉列表框，其应用范围是整篇文档或节。

（3）添加底纹。添加底纹的目的是使内容更加醒目美观。选定要添加的文本块或段落，或把插入点定位于所在段落任意处。单击“边框和底纹”对话框中的“底纹”选项卡，在其中设置合适的填充颜色、图案等即可。

如果单击“段落”组中的“底纹”按钮，则只能为所选定的文本设置底纹。

【例 7-11】如图 7-56 所示，将“Internet 改变世界.docx”文件中的第 14 自然段设置成填充色为“蓝色，个性色 1，淡色 60%”、无图案样式的底纹。

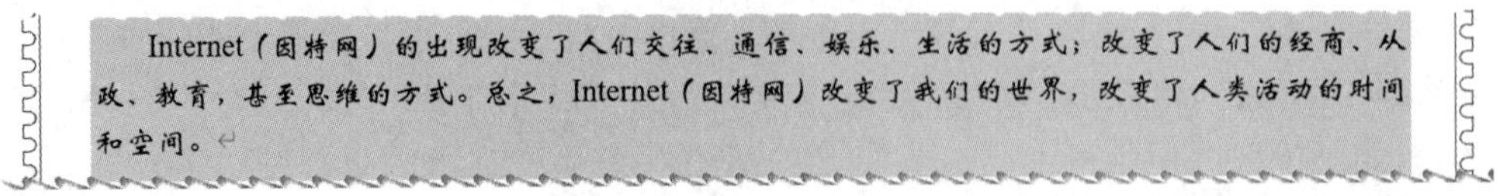

Internet（因特网）的出现改变了人们交往、通信、娱乐、生活的方式；改变了人们的经商、从政、教育，甚至思维的方式。总之，Internet（因特网）改变了我们的世界，改变了人类活动的时间和空间。↵

图 7-56 边框与底纹示例

【操作步骤】

（1）打开【例 7-10】保存的文件“Internet 改变世界.docx”，选中第 14 自然段。

（2）单击“开始”选项卡“段落”组中的“边框”按钮，在弹出的列表中执行“边框和底纹”命令，打开图 7-55 所示的“边框和底纹”对话框。

（3）单击“底纹”选项卡，在“填充”框中选中颜色为“蓝色，个性色 1，淡色 60%”，在“应用于”列表框中选择“段落”，其他设置为默认值。

（4）单击“确定”按钮，完成对第 14 自然段的底纹设置。

（5）单击“快速访问工具栏”中的“保存”按钮，保存文档。

8. 添加水印效果、页面颜色

通过“设计”选项卡“页面背景”组中的“水印”按钮、“页面颜色”按钮，可以设置页面的“水印”效果和页面颜色。由于“水印”效果和“页面颜色”的设置相对简单，本节不再讲述，感兴趣的读者可自行尝试。

9. 项目符号与编号

如同书籍的目录一样，为使结构富于层次感，Word 可以为一些分类阐述的内容添加一个项目符号或编号。在每个项目中还可以有更低的项目层次及文本内容，如此下去，整个文本结构如同阶梯一样，层次分明。

项目的符号或编号也可以用图片替代。

（1）自动创建项目符号和编号。当在段落的开始前输入如“1.”“①”“一”“a”等格式的起始编号时，然后输入文本，当按 Enter 键后，Word 自动将该段转换为列表，同时将下一个编号加入下一段的开始。

在段落的开始前输入如“*”符号，后跟一个空格或制表符，然后输入文本。当按 Enter 键后，Word 自动将该段转换为项目符号列表，“*”号转换为黑色的圆点“●”。

若要设置或取消自动创建项目符号和编号功能，其操作步骤如下。

1）选择“文件”选项卡上的“选项”命令，弹出“Word 选项”对话框，并单击“校对”选项。

2）单击“自动更正选项”栏下的“自动更正选项”按钮，在弹出的对话框中单击“键入时自动套用格式”选项卡，如图 7-57 所示。

3）在“键入时自动应用”栏下勾选“自动项目符号列表”和“自动编号列表”两个复选框。单击“确定”按钮，完成设置。

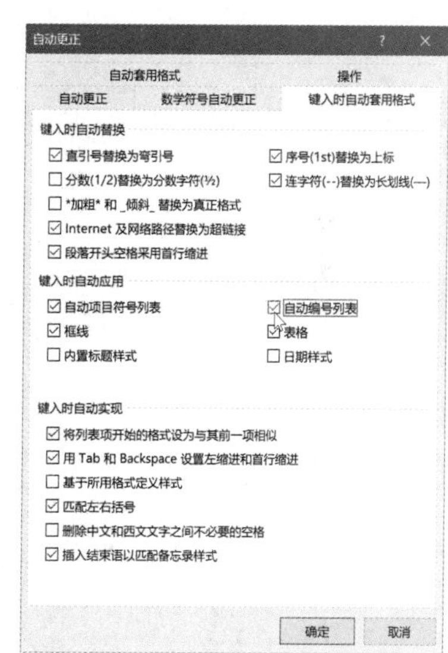

图 7-57　“自动更正”对话框

（2）添加编号或符号。在选定的文本段落中可以设置项目编号或符号，添加项目编号或符号的方法如下。

1）选定一个或几个自然段。

2）单击“开始”选项卡“段落”组中的“编号”按钮 或“项目符号”按钮 ，将自动出现编号“1.”或符号“●”。

3）如果对出现的编号或符号样式不满意，可单击这两个按钮右侧的下拉按钮，在弹出的列表中选择一种编号或符号样式，也可执行“定义新编号格式”或“定义新项目符号”命令，在出现的编号或符号对话框中进行设置。

（3）多级符号。多级符号可以清楚地表明各层次之间的关系。创建多级符号可以通过“段落”组中的“多级列表”按钮，以及“减少缩进量”按钮和“增加缩进量”按钮来确定层次关系。

项目编号、项目符号和多级符号的使用示例如图 7-58 所示。

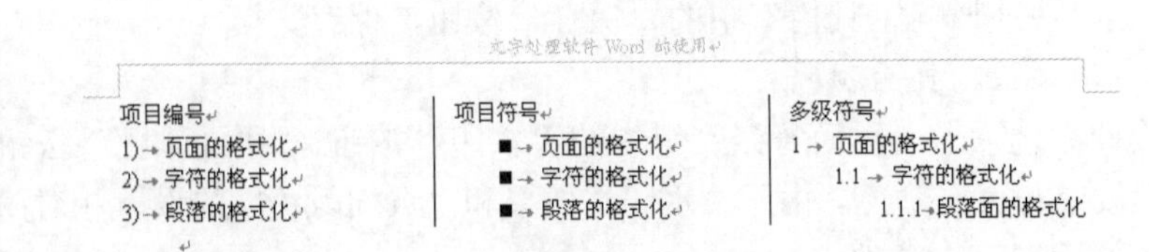

图 7-58　项目编号、项目符号和多级符号的使用示例

【例 7-12】在【例 7-11】保存的“Internet 改变世界.docx”文件中为第 7、8、9 自然段添加项目符号，为第 11、12、13 自然段添加项目编号“1.”。

【操作步骤】

（1）打开【例 7-11】保存的文件“Internet 改变世界.docx”，选中第 7、8 和 9 自然段。

（2）单击“开始”选项卡“段落”组中“项目符号”按钮右侧的下拉列表按钮，执行列表中的“定义新项目符号”命令，弹出如图 7-59 所示的“定义新项目符号”对话框。

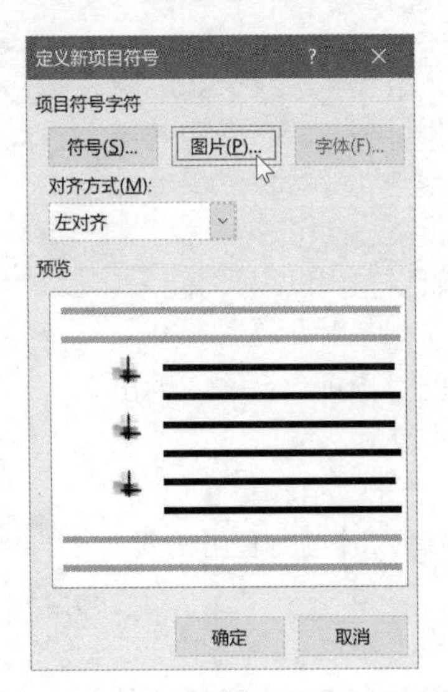

图 7-59　“定义新项目符号”对话框

（3）在“项目符号字符”栏中单击“图片”按钮，在打开的“插入图片”对话框中选择一种图片。单击“确定”按钮，就会在选中的 3 个自然段前添加该项目符号。

（4）选中第 11、12 和 13 自然段，单击“开始”选项卡“段落”组中的“编号”按钮，设置这 3 个自然段的编号为“1.”。

7.5　Word 的图文混排

用 Word 进行文档编辑时，允许在文档中插入多种格式的图形文件，也可在文档中直接绘图。如果需要，用户不仅可以任意放大、缩小图片，改变图片的纵横比例，还可以对图片进行裁剪、控制色彩、与绘制的图或其他图形进行组合等操作。

Word 文档中插入的图片并不是孤立的，可以将图形对象与文字结合在一个版（页）面上，实现图文混排，轻松地设计出图文并茂的文档。

7.5.1　插入图片

将来自文件的图片插入到当前文档中的操作步骤如下。

（1）将插入点定位在要插入图片的位置。

（2）单击“插入”选项卡“插图”组中的“图片”按钮，打开“插入图片”对话框。在该对话框中找到包含所需图片的文件，单击“插入”按钮，完成图片的插入。

也可以把其他应用程序中的图形粘贴到 Word 文档中，方法如下。

（1）在用来创建图形的应用程序中打开包含所需图形的文件，选定所需图形的全部或部分，按 Ctrl+C 组合键，复制图形。

（2）打开 Word 文档窗口，把插入点移到要插入图形的位置，直接按 Ctrl+V 组合键。

7.5.2　图片的格式化

可以在 Word 文档中直接编辑插入其中的图片或图形，默认情况下，插入到文档中的图片对象和文档正文的关系是嵌入式。

单击已插入到文档中的图形，这时该图形边框会出现 8 个空心圆圈的控制点，系统自动打开“图片工具 | 图片格式”选项卡，如图 7-60 所示。这时就可以对该图形进行简单的编辑和修改，如图片大小的处理、明暗度的调整、改变图片颜色、设置艺术效果、图片样式、对齐、组合、旋转裁剪、压缩图片、文字环绕、重设图片、背景等。

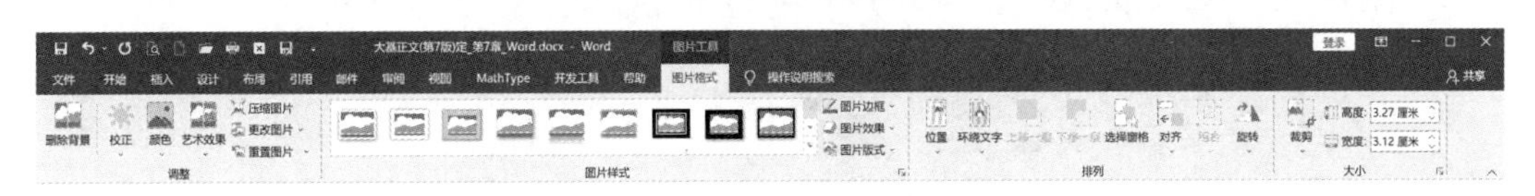

图 7-60　“图片工具 | 图片格式”选项卡

1. 调整图片大小

在 Word 中可以对插入的图片进行缩放，其方法是：单击要调整大小的图片，此时该图片周围出现 8 个空心圆圈的控制点。移动鼠标到控制点上，当鼠标指针显示为双向箭头⇔、⇕、⤢、⤡之一时，拖动鼠标使图片边框移动到合适位置，释放鼠标即可缩放图片的大小。

如果要精确地调整图片的大小，可在“图片工具 | 图片格式”选项卡“大小”组中的“高度”和“宽度”框输入具体数值。或单击“大小”组中的“对话框启动器”按钮，打开“布局”对话框，然后在“大小”选项卡中进行精确设置，如图 7-61 所示。

布局 ? ×
位置 文字环绕 大小
高度
绝对值(E) 1.5 厘米
相对值(L) 相对于(T) 页面
宽度
绝对值(B) 15 厘米
相对值(I) 相对于(E) 页面
旋转
旋转(T): 0°
缩放
高度(H): 36 % 宽度(W): 36 %
锁定纵横比(A)
相对原始图片大小(R)
原始尺寸
高度: 4.19 厘米 宽度: 41.83 厘米
重置(S)
确定 取消

图 7-61 “布局”对话框的“大小”选项卡

2. 裁剪图片

插入到 Word 中的图片，有时可能会包含部分不需要的内容，这时可以利用“图片工具 | 图片格式”选项卡“大小”组中的“裁剪”按钮，裁剪去掉多余的部分，具体方法如下。

（1）选定需要裁剪的图片。

（2）打开“图片工具 | 图片格式”选项卡，单击“大小”组中的“裁剪”按钮。

（3）将鼠标指针移到图片的控制点处，此时鼠标指针变成┣、┫、┻、┳、┛、┓、┏或┗之一，拖动鼠标即可裁剪（实质是将其隐藏，在重设图片仍可再现）图片中不需要的部分。

如果要将图片裁剪成其他形状，可单击“裁剪”下拉按钮，弹出如图 7-62 所示的下拉菜单列表，执行“裁剪为形状”命令，可将图片裁剪成指定形状的图片。

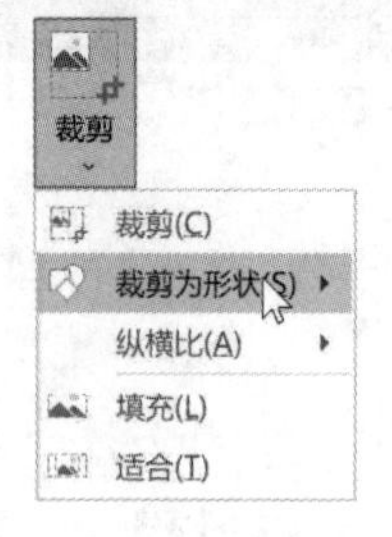

图 7-62 “裁剪”按钮的下拉菜单列表

3. 设置图片样式

可以为插入到 Word 中的图片进行图片样式的设置，以实现快速修饰美化图片，具体操作步骤如下。

（1）选定需要应用样式的图片。

（2）打开“图片工具 | 图片格式”选项卡，单击“图片样式”列表框选择图片样式，即可在 Word 文档中预览该图片的样式效果，应用样式后图片的前后对比如图 7-63 所示。

图 7-63　应用样式后图片的前后对比

4. 调整图片颜色

可以对插入到 Word 中的图片，进行图片颜色和光线的调整，以实现图片对色调（色调指的是一幅画中画面色彩的总体倾向，是大的色彩效果或图像的明暗度）、颜色和饱和度（色彩的纯度，纯度越高，表现越鲜明，纯度较低，表现则较黯淡）的要求。

调整图片颜色的具体操作方法如下。

（1）选定需要调整图片颜色的图片。

（2）打开“图片工具 | 图片格式”选项卡，单击“调整”组中“颜色”命令右侧的下拉按钮，在出现的列表框中执行不同的命令即可调整图片的颜色饱和度、色调、重新着色以及其他效果。

5. 删除图片背景

删除背景是指删除图片主体部分周围的背景，删除图片背景的操作方法如下。

（1）选定需要删除背景的图片。

（2）打开“图片工具 | 图片格式”选项卡，单击“调整”组中的“删除背景”按钮，图片进入背景编辑状态，如图 7-64 左图所示，同时功能区显示“背景消除”选项卡，如图 7-64 中图所示。

（3）拖动图片中的控制点调整删除的背景范围。

（4）单击“标记要保留的区域”和“标记要删除的区域”按钮，修正图片中的标记，提高消除背景的准确度。

（5）设置完成后，单击“保留更改”按钮，完成效果如图 7-64 右图所示。

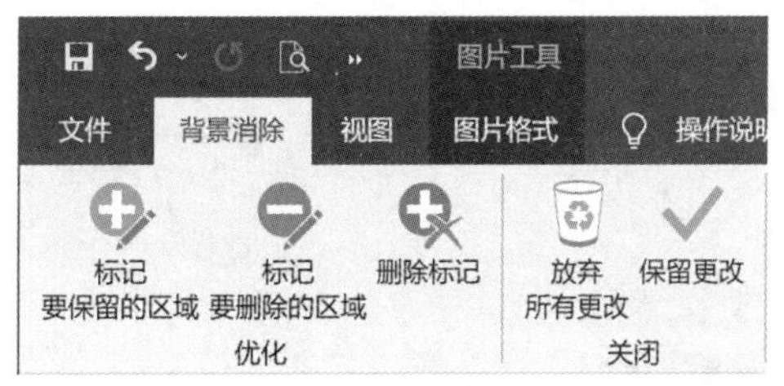

图 7-64　删除背景的编辑状态（左）、“背景消除”选项卡（中）和删除背景的图片（右）

6. 设置图片的艺术效果

可以为插入的图片设置艺术效果，如铅笔素描、画图笔画、发光散射等特殊效果，其实现的操作方法如下。

（1）选定需要应用艺术效果的图片。

（2）打开“图片工具 | 图片格式”选项卡，单击“调整”组中的“艺术效果”按钮，在弹出的列表中选择需要的艺术效果即可。

7. 重设图片

如果对图片设置的格式不满意，可以取消前面所做的设置，使图片恢复到插入时的状态，操作步骤如下。

（1）选定需要重新设置的图片。

（2）打开“图片工具 | 图片格式”选项卡，单击“调整”组中的“重设图片”按钮 重置图片，弹出其命令列表框。如果执行“重设图片”命令，则取消对此图片所做的全部格式更改。如果执行“重设图片和大小”命令，则此图片将恢复为原始的图片和大小。

图片格式化的其他功能，如设置图片边框、图片效果、图片的文字环绕效果、多个图片图形的组合等功能，将在后续章节中予以介绍。

7.5.3 绘制图形

在 Word 中，用户可以通过“形状”命令所提供的绘图按钮，绘制出符合自己需要的图形，绘制方法和 Windows 中的画图程序基本一样，这里不再详细叙述。

（1）绘制自选图形。单击“插图”组中的“形状”按钮，弹出如图 7-65 所示形状列表，选择所需要的一种形状，当前文档插入点处出现一个由淡灰色横线组成的“画布”矩形框，同时鼠标变为十。可以在“画布”方框中，也可在“画布”方框的外面绘制图形，如图 7-66 所示是绘制图形的示例。

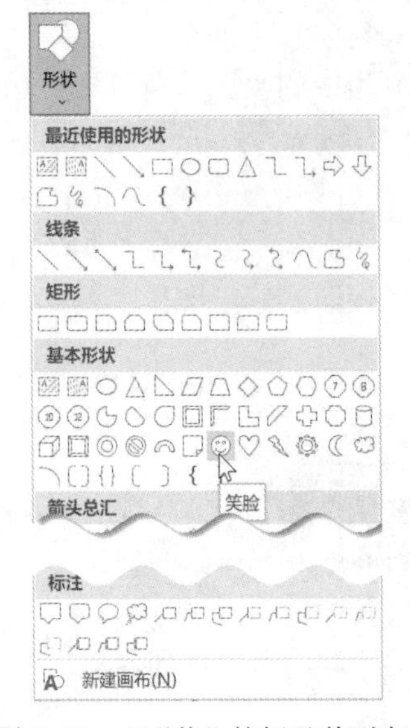

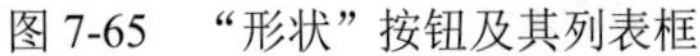

图 7-65 “形状”按钮及其列表框

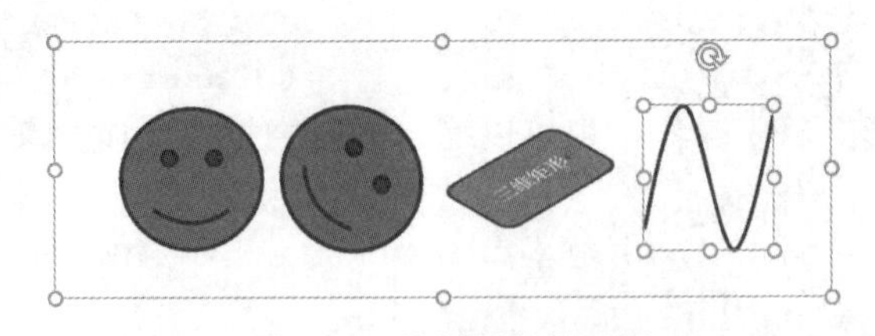

图 7-66 绘制图形的示例

形状绘制完成后，系统同时打开“绘图工具 | 形状格式”选项卡，如图 7-67 所示，可使用选项卡中的各种命令按钮对形状进行处理，如设置形状样式等。

图 7-67　绘图工具 | 形状格式”选项卡

（2）为图形添加文字。大部分形状可以在其中添加文字，方法是：右击该图形，在快捷菜单中单击“添加文字”命令，然后输入要添加的文字，所添加的文字就成为该图形的一部分。直线等图形不能添加文字。

（3）改变图形大小。单击选中图形，将鼠标移动到控制点上，当光标变成双向箭头时，拖动控制点可以改变图形的大小。有许多自选图形还具有形状控制点，拖动黄色的控制点可以改变图形的形状，拖动绿色的控制点可以旋转图形。

（4）调整图形的位置和叠放顺序。单击可选定一个对象（按下 Shift 键，再单击图形对象，可选择多个图形），然后用鼠标拖动（或用箭头移动键），可移动图形对象到其他位置（也可在按 Ctrl 键的同时，使用箭头移动键进行微调）。

如果改变形状的顺序，可单击“绘图工具 | 形状格式”选项卡“排列”组中的“上移一层”按钮或“下移一层”按钮。

（5）修饰图形。可以利用“绘图工具 | 形状格式”选项卡“形状样式”组中的“样式”列表、“形状填充”形状填充、“形状轮廓”形状轮廓、“形状效果”形状效果等功能按钮对插入的形状进行样式的修饰，如填充颜色或图案、设置边线颜色和图案、调整边线粗细和类型，还可以为形状添加映像、三维旋转等效果。如图 7-68 所示，是对图 7-66 所示的形状进行填充、轮廓和效果修饰后的效果。

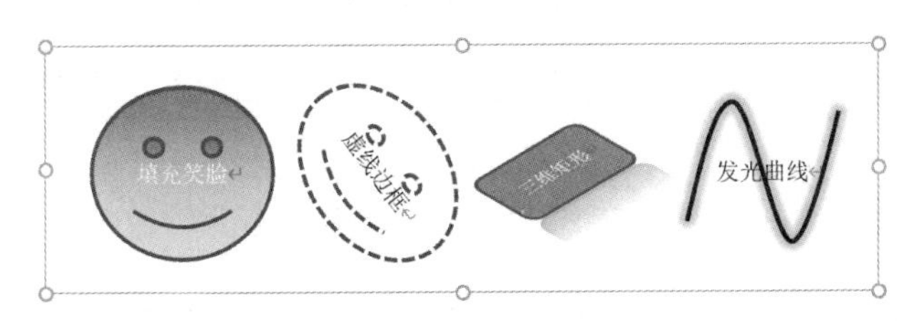

图 7-68　修饰后的形状效果

（6）对齐图形对象。如果在文档中添加了多个图形对象，使用移动的方式很难将多个图形排列整齐。这时单击“绘图工具 | 形状格式”选项卡“排列”组中的“对齐”按钮，执行弹出命令列表框中的相关对齐命令，可以快速将多个选定的图形对齐。

（7）组合图形。利用自选图形功能可以将绘制的所有图形组合在一个图形中，以便进行图形的整体操作，也可以通过“取消组合”命令把组合好的图形拆分成原来的独立图形。

组合的操作方法是：按住 Shift 键，单击各个图形，然后右击鼠标并执行快捷菜单中“组合”菜单项下的“组合”命令（或单击“绘图工具 | 形状格式”选项卡“排列”组中“组合”按钮下拉列表中的“组合”命令）。

取消组合的操作方法是：单击某组合图形，右击鼠标并执行快捷菜单中“组合”菜单项下的“取消组合”命令（或单击“绘图工具 | 形状格式”选项卡“排列”组中“组合”按钮下拉列表中的“取消组合”命令）。

此外，单击“旋转”按钮可对选中的形状进行“向右旋转 90° ”“向左旋转 90° ”“垂直翻转”“水平翻转”以及“其他旋转选项”的设置。

7.5.4 插入 SmarArt 图形

Word 2016 中的 SmartArt 图形（又称智能图形）预设了列表、流程、循环、层次结构、关系、矩阵、棱锥图、图片 8 种类别的图形，每种类型的图形有各自的作用。

单击“插入”选项卡“插图”组中的 SmartArt 按钮，打开如图 7-69 所示的“选择 SmartArt 图形”对话框，可以在此选择某种 SmartArt 图形，单击“确定”按钮即可插入。

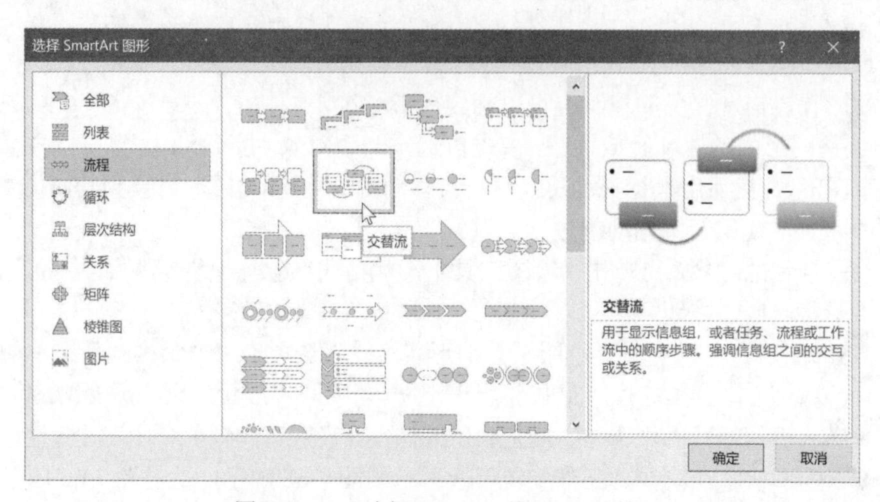

图 7-69 “选择 SmartArt 图形”对话框

【例 7-13】在【例 7-12】保存“Internet 改变世界.docx”文件中完成如下设置。

（1）在第 6 自然段之前插入一行文本，其内容为“Internet（因特网）的发展大体经历了 4 个阶段，如下图所示。”

（2）在新插入的文本内容之后插入一个如图 7-70 所示的“交替流”的 SmartArt 图形，并在其中输入文本内容。

（3）将文档以原名进行保存。

【操作步骤】

（1）启动 Word 并打开“Internet 改变世界.docx”文件。

（2）将插入点定位于第 6 自然段开始处，按 Enter 键插入一行，输入文本内容“Internet（因特网）的发展大体经历了 4 个阶段，如下图所示。”

（3）按 Enter 键插入一行后，单击“插入”选项卡“插图”组中的 SmartArt 按钮，打开如图 7-69 所示的“选择 SmartArt 图形”对话框。

（4）单击对话框左侧的“流程”，在对话框中间的 SmartArt 图形列表中单击选择“交替流”，然后单击“确定”按钮，此时文档中插入一个“交替流”SmartArt 图形，同时显示“SmartArt 工具 | SmartArt 设计”选项卡，如图 7-70 所示。

说明：

- “交替流”每个图形子块都有一个底纹为“蓝色，个性色 1”的文本框，可以在此输入标题文本，一个由●项目符号组成的内容文本，可对标题文本做一些说明。
- 可以通过单击“SmartArt 工具 | SmartArt 设计”选项卡“插入图形”组中的“添加形

状”按钮[添加形状]对“交替流”图形子块的个数进行添加。反之，如果不再需要某个图形块时，可选定此图形子块直接按 Delete 键进行删除，也可以对 SmartArt 图形进行“版式”“颜色”和“样式”的修改，如图 7-71 所示。

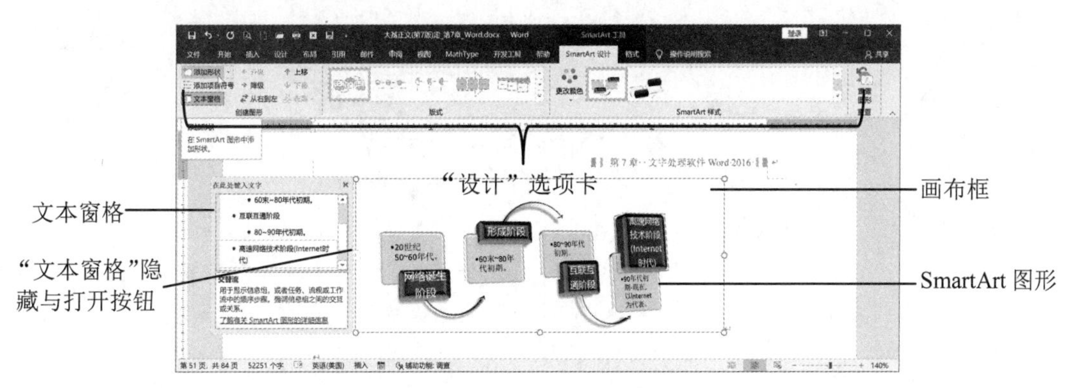

图 7-70　插入一个 SmartArt 图形

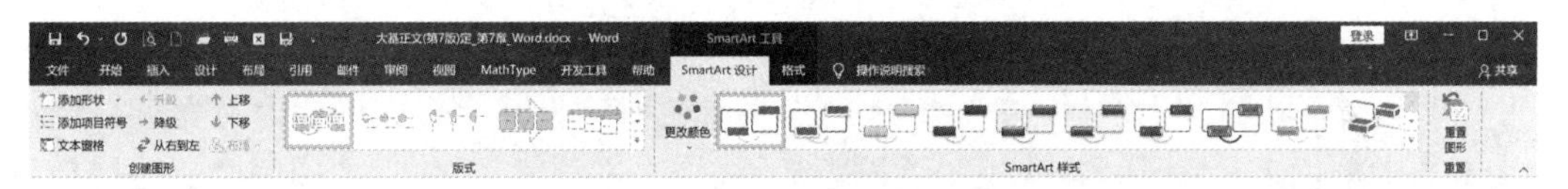

图 7-71　“SmartArt 工具 | SmartArt 设计”选项卡

- 如果对已有的 SmartArt 图形格式不满意的话，可以通过“SmartArt 工具 | 格式”选项卡上的相关命令，对形状样式、艺术字样式、排列等进行调整，如图 7-72 所示。

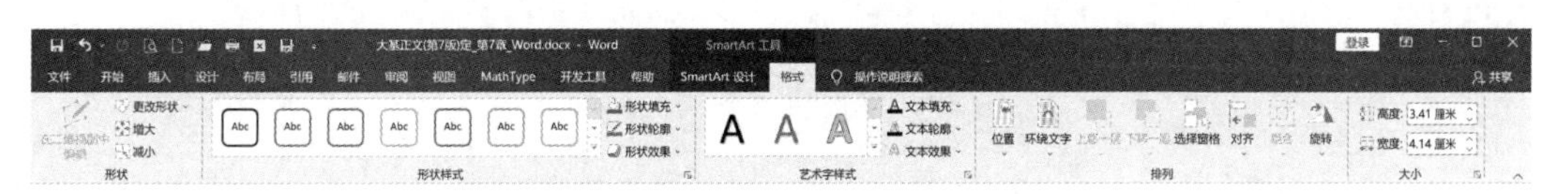

图 7-72　“SmartArt 工具 | 格式”选项卡

（5）单击插入的 SmartArt 图形左侧的[›]按钮，弹出一个文本窗格，在其中输入 SmartArt 图形各图形块中的文字，也可直接在各图形块的文本框中输入内容。

（6）选中整个 SmartArt 图形，单击“SmartArt 工具 | SmartArt 设计”选项卡“SmartArt 样式”组中的“其他”按钮，单击样式列表中的“日落场景”图标。

（7）按 Ctrl+S 组合键，对文档进行保存。

7.5.5　艺术字的使用

Word 提供了为文字建立图形效果的艺术字功能，常用于各种海报、文档的标题，以增加视觉效果。建立艺术字的操作步骤如下。

（1）打开需要插入艺术字的文档，选定插入点的位置。

（2）单击“插入”选项卡“文本”组中的“艺术字”按钮。

（3）在弹出的艺术字样式列表中选择一种样式，插入点处即显示图形框和艺术字占位符。“艺术字”按钮与命令列表如图 7-73 左图所示，艺术字图形框和艺术字占位符如图 7-73（右图）所示。

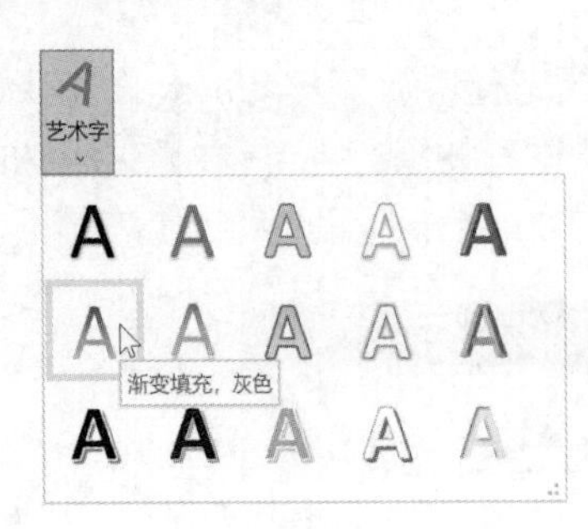

图 7-73 “艺术字”按钮与艺术字占位符

（4）单击占位符输入文本，如输入 Internet。

（5）由于在 Word 中将艺术字视为图形对象，因此它可以像其他图形形状一样，切换到“绘图工具 | 形状格式”选项卡，通过各选项组中的命令按钮进行格式化设置。

【例 7-14】在【例 7-13】保存的“Internet 改变世界.docx”文件中完成以下设置。

（1）将文件中的第 1 段内容剪切删除。

（2）插入一个艺术字，文本内容为“Internet 改变人类活动”，黑体、22 磅，左对齐，首行不缩进。

（3）设置形状样式为“强烈效果-橙色，强调颜色 6”。艺术字样式设置为“填充-白色；边框：红色，主题色 2；清晰阴影：红色，主题色 2，强调文字颜色 2”。文本效果为“硬边缘棱台”。

（4）将艺术字嵌入到第 1 行文本行中，居中显示，设置艺术字对象大小的高和宽分别为 1.4 厘米和 11.8 厘米。

（5）插入一幅“和平鸽”图片，高为 1.36 厘米、宽为 1.54 厘米，图片与文字的环绕效果为四周型。

（6）再插入一个艺术字，文本内容为“Web 特刊”。文本填充：蓝色，个性色 1；文本轮廓：深蓝，文字 2，粗细 0.5 磅；宋体，四号，英文字体为 Times New Roman；艺术字对象大小的高为 1.36 厘米、宽为 2.59 厘米；艺术字的环绕效果为四周型；艺术字和和平鸽图片底边对齐并组合，且放在文档的右上角，相对栏右对齐。

（7）文档效果如图 7-74 所示。

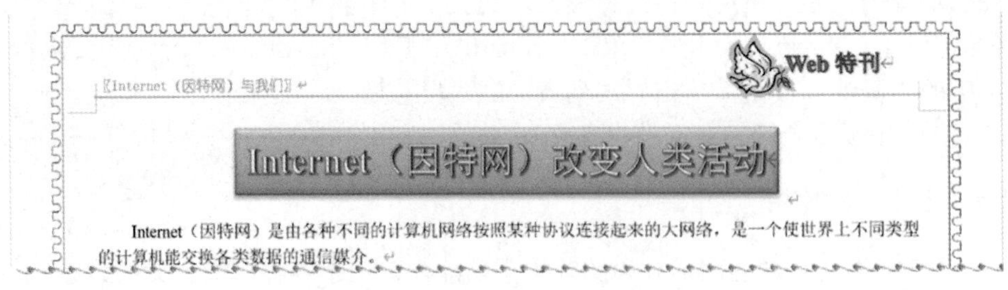

图 7-74 插入“艺术字”的效果

【操作步骤】

（1）打开【例 7-13】保存的文件“Internet（因特网）改变世界.docx”，选中第 1 自然段的所有文本内容，按 Ctrl+X 组合键将其剪切。

（2）单击“插入”选项卡“文本”组中的“艺术字”按钮，在弹出的艺术字样式列表框中单击第 1 个艺术字样式。此时，在文档中插入一个艺术字图形框。

（3）在艺术字图形框占位符中粘贴文本“Internet（因特网）改变人类活动”，然后使用“开始”选项卡“字体”和“段落”组中的相关命令，将艺术字设置为黑体、22 磅，英文字体为 TimesNewRoman，左对齐，首行不缩进。

（4）切换到“绘图工具 | 形状格式”选项卡，在“形状样式”组列表框中选择“强烈效果-橙色，强调颜色 6”的形状样式。在“艺术字样式”组列表框中选择艺术字样式为“填充-白色；边框：红色，主题色 2；清晰阴影：红色，主题色 2，强调文字颜色 2”。文本效果为“硬边缘棱台”。

（5）单击“排列”组中的“位置”按钮，在其命令列表中选择“嵌入文本行中”，将艺术字嵌入到第 1 行文本行中。使用“开始”选项卡“段落”组中的“居中”按钮，将艺术字居中显示。调整艺术字对象的高和宽分别为 1.4 厘米和 11.8 厘米。

（6）单击“插入”选项卡“插图”组中的“图片”按钮，在打开的“插入图片”对话框中查找选择“和平鸽”图片并插入到文档中。利用“图片工具 | 图片格式”选项卡“大小”组中的相关命令，将其设置成高为 1.36 厘米、宽为 1.54 厘米。

（7）单击“排列”组中的“位置”按钮，在其命令列表中选择“文字环绕”栏中的任何一种方式（图标），将其设置与文字的环绕效果为四周型。最后，将该图片拖动到页面右上角附近。

（8）重复步骤（2）和（3），再插入一个艺术字，文本内容为“Web 特刊”，设置其样式效果后，再将艺术字与文字的环绕效果设置为四周型。

（9）选中“和平鸽”图片与“Web 特刊”艺术字，单击“排列”组中的“对齐”按钮，执行下拉列表框中的“底端对齐”命令，单击“组合”按钮，将二者组合在一起。调整位置为相对栏右对齐。

7.5.6　使用文本框

通常，录入的文字、图片或表格等在 Word 中是按先后顺序显示的。有时为了某种效果，例如将表格、图片、公式、自选图形、艺术字或某些文本放在版面的中央，其他正文文本从旁绕过，这时就需要使用文本框。

文本框是一种特殊的独立图形对象，因此可以对文本框进行修饰。

1. 建立文本框

建立文本框有两种方法。

- 插入一个具有内置样式的文本框。打开“插入”选项卡，单击“文本”组中的“文本框”按钮，从弹出的下拉列表框中选择一种文本框样式。
- 插入空文本框。单击“文本”组中的“文本框”按钮，从弹出的下拉列表框中执行“绘制横排文本框”或“绘制竖排文本框”命令。此时，鼠标指针变成十字形+，同时在插入点处出现一个画布方框。在画布方框里（也可将文本框画在画面的外面）按住鼠标左键拖动文本框到所需的大小与形状之后放开，这时插入点已移到空文本框处，在此可输入文本。

2. 编辑文本框

文本框具有图形的属性，所以对它的编辑与图形的格式设置相同，可以通过与处理图形相同的方式对文本框进行设置，包括移动、改变大小、填充颜色、设置边框以及调整位置等。除对文本框内的文本进行一般格式化外，还可以对文本框内的文本设置距离文本框内部的边距大小。

要对文本框进行格式化设置，可以切换到“绘图工具 | 形状格式”选项卡，通过各选项组中的相关命令进行操作，方法和前面介绍的图形格式大致相同。

如果要设置文本框内部的文本与文本框之间的距离，可以右击文本框，执行快捷菜单中的“设置形状格式”命令。在打开的“设置形状格式”任务窗格中进行有关设置。

3. 文本框链接

除内置的文本框外，文本框不能随着其内容的增加而自动扩展，但可通过链接各文本框使文字从文档一个部分排至另一部分。

【例 7-15】在【例 7-14】保存的“Internet 改变世界.docx”文件中完成如图 7-75 所示的效果。

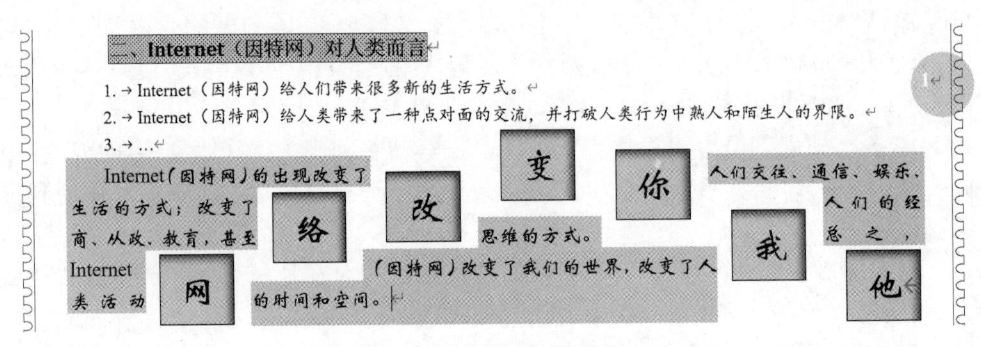

图 7-75 应用文本框效果

（1）在文档的最后一个自然段中插入从左到右 7 个大小相同的文本框，高度和宽度分别为 1.42 厘米和 1.54 厘米。

（2）设置文本框的“形状轮廓”为“黑色，文字 1”，“形状填充”为“橙色”，“形状效果”为“右上阴影”。

（3）在第 1 个文本框输入文本内容“网络改变你我他”，字体为华文新魏，二号。

（4）利用“文本框链接”功能，使 7 个文本框各显示一个字。

【操作步骤】

（1）打开【例 7-14】保存的文件“Internet 改变世界.docx”，单击“插入”选项卡“文本”组中的“文本框”按钮，在弹出的下拉列表框中执行“绘制文本框”命令。此时，鼠标指针变成十字形+，按住鼠标拖出一个文本框。

（2）单击选中文本框，利用“绘图工具 | 形状格式”选项卡“大小”组中的相关命令调整文本框的大小（高度和宽度分别为 1.42 厘米和 1.54 厘米）。通过“绘图工具 | 形状格式”选项卡“形状样式”组中的“形状填充”“形状轮廓”和“形状效果”命令，分别设置文本框的“形状填充”为“橙色”，“形状轮廓”为“黑色，文字 1”，“形状效果”为“右上阴影”。

（3）按住 Ctrl 键，用鼠标拖动向右复制 6 个文本框。将第 1 个和第 7 个文本框的位置拖放到和最后自然段底边对齐，第 7 个文本框和段落的右边对齐。

（4）同时选中 7 个文本框，利用“绘图工具 | 形状格式”选项卡“排列”组中的“对齐”按钮，将 7 个文本框纵向分布和横向分布排列。

（5）在第 1 个文本框中输入文本内容“网络改变你我他”。

（6）选中第 1 个文本框，单击“绘图工具 | 形状格式”选项卡“文本”组中的“创建链接”按钮 创建链接 ，此时鼠标的形状变为“咖啡壶”状“”，然后将鼠标移到第 2 个文本框中，此时鼠标变为倾斜的“咖啡壶”状“”。单击后，两个文本框之间建立了链接，第 2 个文本中有第 1 个文本框未显示的 6 个文字且只显示第 2 个字。依次操作，创建后续多个文本框的链接。按下 Esc 键，可取消文本框链接的功能。

注意：单击“绘图工具 | 形状格式”选项卡“文本”组中的“断开链接”按钮 断开链接 ，可切断文本框和后续文本框的链接。

4. 文本框的删除

在页面视图中选定要删除的文本框，直接按 Delete 键即可。删除文本框时，文本框中的文本、图形等对象也一同被删除。

7.6 Word 的表格制作

利用 Word 的“绘制表格”功能可以方便地制作出复杂的表格，同时它还提供了大量精美、复杂的表格样式，套用这些表格样式，可使表格显示出专业化的效果。

7.6.1 创建和删除表格

要使用表格就要首先创建表格，表格的创建可采用自动制表也可采用人工制表。在 Word 中，一张表格的最大列数为 63，最大行数为 32767。

1. 自动制表

自动制表功能使用方便、快捷，但不能创建不规则、复杂的表格，利用 Word 的自动制表功能制作表格的方法有以下几种。

- 选定要创建表格的位置，单击“插入”选项卡中的“表格”按钮，弹出其命令列表，如图 7-76 所示，在框上拖动指针，选定所需的行列数，文档中出现一个表格，释放鼠标后表格制作完成。

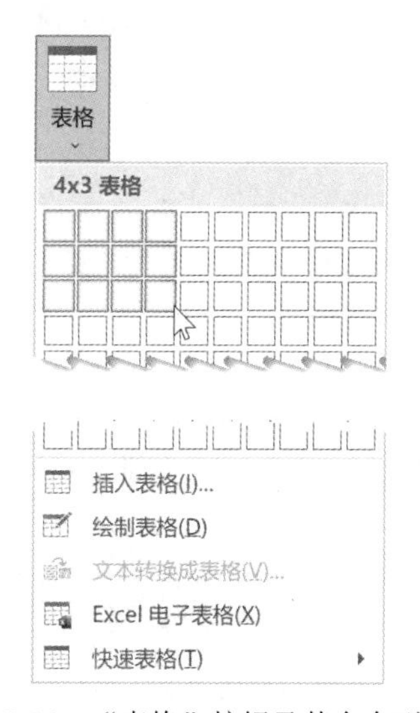

图 7-76 “表格”按钮及其命令列表

- 单击“表格”按钮后，执行弹出命令列表中的“插入表格”命令，打开“插入表格”对话框，如图 7-77 所示。选择需要的“列数”和“行数”，单击“确定”按钮，就可以得到一张空白的表格。

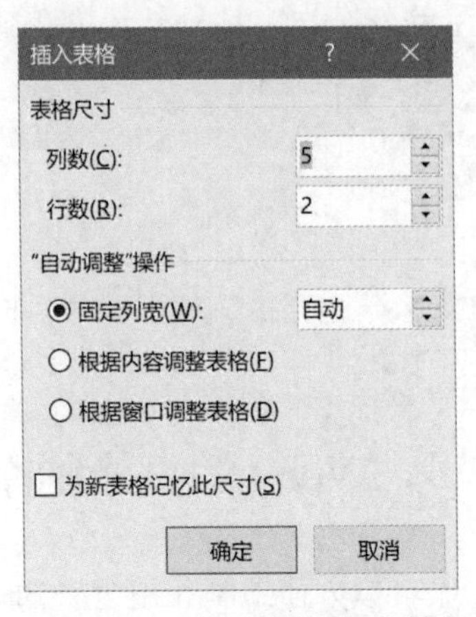

图 7-77 “插入表格”对话框

- 单击“表格”按钮后，执行弹出命令列表中的“快速表格”命令，在显示的下级菜单中浏览并单击某种内置的表格样式，就可以得到一张具有一定样式的表格。

使用上述 3 种方法绘制出表格后，Word 系统均出现“表格工具”的“表设计”和“布局”选项卡，如图 7-78 所示。

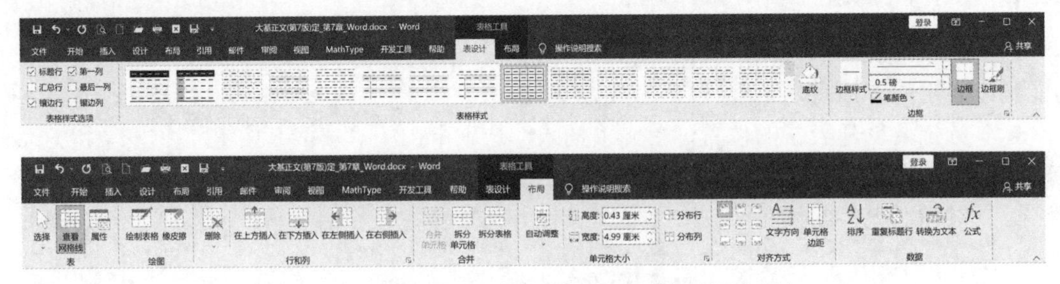

图 7-78 “表格工具”的“设计”和“布局”选项卡

2. 人工制表

使用绘制表格的工具可以方便地制作出各种不规则的表格，其操作步骤如下。

（1）在图 7-76 中，执行“表格”命令列表中的“绘制表格”命令。此时，鼠标箭头会变为笔形，首先从表格的一角向斜方向拖动至其对角，以确定整张表格的大小，然后再绘制各行线和各列线。

（2）如果要擦除框线，单击表格工具“布局”选项卡“绘图”组中的“擦除”按钮，鼠标指针变为，然后在要擦除的框线拖动橡皮擦即可，如图 7-79 所示。

3. 将文本转换成表格

【例 7-16】将“Internet 改变世界.docx”文件中的最后 7 行数据转换成一张表格。

【操作步骤】

（1）打开【例 7-15】保存的文档“Internet 改变世界.docx”，选定文档中的最后 7 行文本。

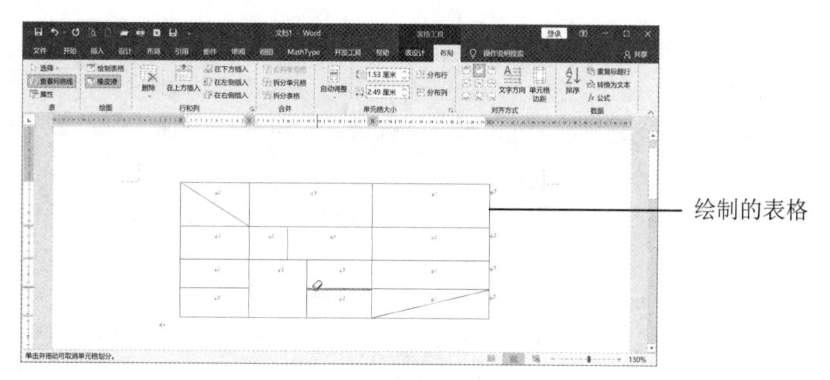

图 7-79　绘制表格

（2）单击“插入”选项卡“表格”组中的“表格”按钮，执行弹出命令列表中的“文本转换成表格”命令，将弹出如图 7-80 所示的“将文字转换成表格”对话框。

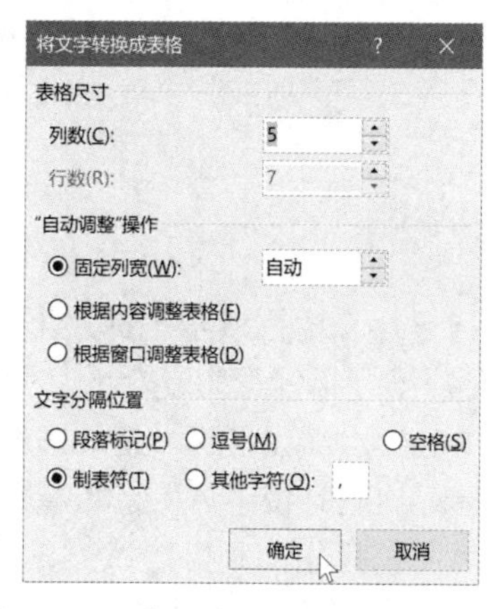

图 7-80　“将文字转换成表格”对话框

（3）设置好各选项后，单击“确定”按钮，此时文档界面出现表格，如图 7-81 所示。

（4）单击“快速访问工具栏”上的“保存”按钮，保存文档。

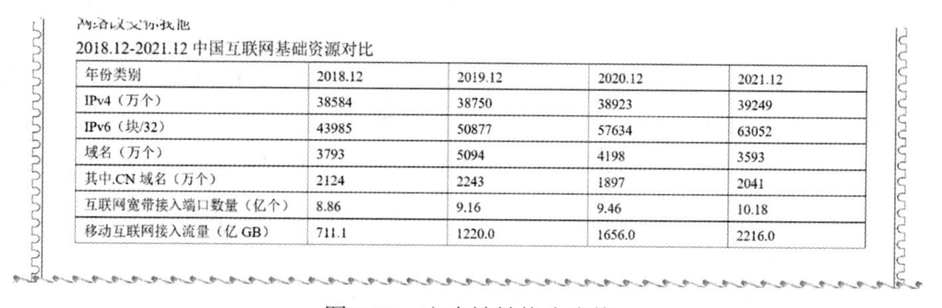

2018.12-2021.12 中国互联网基础资源对比

年份类别	2018.12	2019.12	2020.12	2021.12
IPv4（万个）	38584	38750	38923	39249
IPv6（块/32）	43985	50877	57634	63052
域名（万个）	3793	5094	4198	3593
其中.CN 域名（万个）	2124	2243	1897	2041
互联网宽带接入端口数量（亿个）	8.86	9.16	9.46	10.18
移动互联网接入流量（亿 GB）	711.1	1220.0	1656.0	2216.0

图 7-81　文本被转换为表格

7.6.2　编辑表格

表格建立好后，就可以在表格中输入和编辑表格内容了。在表格输入表文内容同输入其他文本一样，先用光标键或鼠标将插入点移到需要输入表文内容的位置再进行输入。每个单元格输入完成后可以用光标键、鼠标或按 Tab 键，将插入点移到其他单元格。

可以对表格中的文本内容进行编辑，如设置字体、字形、字号、颜色、对齐方式以及为单元格加框线、底线等。

也可以在表格中调整行高与列宽，进行合并、拆分、增加、删除单元格等有关操作。

1. 表格的选取

（1）选择行或列。当把鼠标指针移到表格左边界选取区时，单击会选定一行，垂直拖动鼠标可以选定连续多行。若把鼠标指针移到表格顶部并接触到第 1 条表线，它会变成一个方向向下的黑色箭头⬇，这时单击将选择一列，平行拖动鼠标可以选定连续多列。

（2）选择单元格。在表格中，拖动鼠标可选择连续单元格，按下 Ctrl 键的同时拖动鼠标可选择不连续的行、列或单元格。如果仅选择一个单元格，也可将鼠标指向该格与左侧单元格的分隔线，当鼠标变为⬈时，单击可选择该单元格。

（3）选择表格。将鼠标移动到表格的左上角或右下角，表格出现⊞或□符号，单击该符号将选取整个表格。

单击“表格工具 | 布局”选项卡“表”组中的“选择”按钮 选择，在弹出的命令列表框执行相关的命令，也可以对单元格、行、列或整个表格进行选取操作。

2. 调整列宽或行高

调整列宽或行高有以下几种方法。

（1）粗略调整列宽或行高。

- 把鼠标指针指向表格的列（行）边框或水平标尺上的表格列（行）标记，鼠标指针变为⇔或⇹（指向行时，鼠标指针变为⇕或≑）时按住鼠标左键，列（行）边框线会成一条垂直（水平）虚线，水平（垂直）拖动虚线可以调整本列的列宽（行高）。拖动标尺上的列（行）标记的同时按下 Alt 键，Word 将显示列宽（行高）数值。
- 如果表格已有内容，可以将鼠标指向列分隔线，鼠标指针变成⇹时，双击，可根据左列单元格中的内容多少，自动调整列的宽度。
- 如果选定一个单元格，调整时只对选定的单元格起作用，而不影响同一列中其他单元格的列宽。

（2）精确调整列宽或高。

- 打开“表格工具 | 布局”选项卡，在“单元格大小”组中的“宽度”框 3.25 厘米 和“高度”框 1.35 厘米 中输入一个数值后，即可精确调整单元格的宽度和高度。
- 如果选中某单元格，单击表格工具“布局”选项卡“表”组中的“属性”按钮（或单击“单元格大小”组右下角的“对话框启动器”按钮），打开“表格属性”对话框，然后单击“列（行）”选项卡，在“指定宽度（高度）”框中输入或选定数值，可以精确指定列宽或行高，如图 7-82 所示。
- 选择“单元格大小”组中的“自动调整”按钮，在弹出的列表框中单击“根据内容调整表格”项，则可以根据单元格中的内容自动调整列宽或行高。
- 要使多列（行）或多个单元格具有相同的宽度，可先选定这些列（行）或单元格，再单击“表格工具 | 布局”选项卡“单元格大小”组中的“分布列”按钮 分布列 或“分布行”按钮 分布行，使这些列（行）或单元格的列宽或行高均相同。

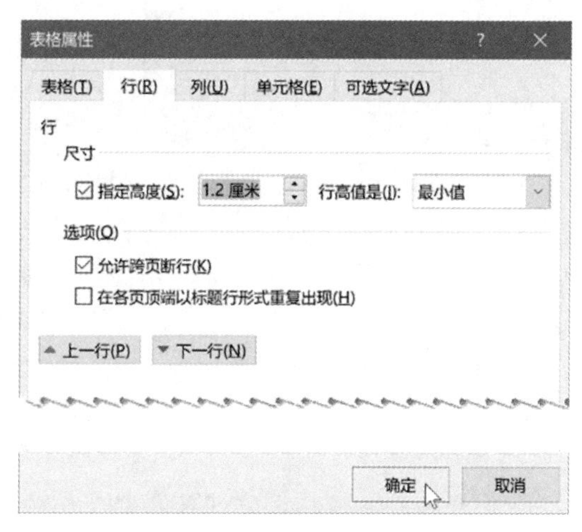

图 7-82　“表格属性”对话框

3. 插入、删除行或列

如果要插入行或列，先选定其行或列，再单击“表格工具 | 布局”选项卡“行和列”组中的“在上方插入”按钮、“在下方插入”按钮、“在左侧插入”按钮、“在右侧插入”按钮，可插入一行或一列。

如果要删除某行、列、单元格或整个表格，先选定某行、列、单元格或整个表格，再单击“表格工具 | 布局”选项卡“行和列”组中的“删除”按钮，在弹出的下拉列表中执行相应的命令即可。

4. 合并、拆分单元格或表格

如果要合并单元格，先选定需要合并的若干相邻单元格，单击“表格工具 | 布局”选项卡“合并”组中的“合并单元格”按钮。

如果要拆分单元格，先选定某单元格，再单击“合并”组中的“拆分单元格”按钮，在打开的“拆分单元格”对话框中输入列数和行数，单击“确定”按钮即可。

如果要拆分表格，先将插入点定位到要拆分表格的下一行单元格，然后单击“合并”组中的“拆分表格”按钮，在打开的“拆分单元格”对话框中输入列数和行数，单击“确定”按钮即可。

注意： 以上操作也可右击鼠标，在弹出的快捷菜单中执行相应的命令即可。

7.6.3　设置表格的格式

可以对已制作好的表格进行修饰格式化。

1. 快速套用表格样式

Word 中预置了很多表格样式，套用这些现成的表格格式可以简化工作，具体操作如下。

（1）将插入点定位于要应用表格样式的表格内。

（2）单击“表格工具 | 表设计”选项卡“表格样式”组中的“其他”按钮，在列表框中选择一种样式即可。

2. 添加边框和底纹

要给指定的单元格或整个表添加边框或底纹，先选定指定的单元格或整张表格，单击“表

格工具 | 表设计”选项卡“表格样式”组中的“边框”按钮或“底纹”按钮，在弹出的命令列表中执行相应命令即可。

3. 单元格内文本的对齐方式、文字方向和边距大小

表格中单元格内的文本默认使用两端对齐方式，若要调整对齐方式，可按以下步骤进行。

（1）选定需要进行对齐操作的单元格或表格。

（2）单击“表格工具 | 布局”选项卡“对齐方式”组中的一种对齐方式即可。

（3）单击“对齐方式”组中的“文字方向”按钮，可横排或竖排单元格的文字。

（4）单击“对齐方式”组中的“单元格边距”按钮，将打开“表格选项”对话框，输入合适的上、下、左、右边距数值，单击“确定”按钮，即可设置单元格中的文本距离边框的边距。

4. 在后续各页中重复表格标题

如果制作的表格较长，需要跨页显示或打印，往往需要在后续各页中重复表格标题。选定要作为表格标题的一行或多行文字，选定内容必须包括表格的第 1 行，单击“表格工具 | 布局”选项卡“数据”组中的“重复标题行”按钮，Word 就能够依据自动分页符，自动在新的一页上重复表格标题。

5. 防止跨页断行

在 Word 默认情况下允许跨页断行，为防止跨页断行，可以选中表格，单击“表格工具 | 布局”选项卡“表”组中的“属性”按钮，打开如图 7-82 所示的“表格属性”对话框，单击“行”选项卡，清除“允许跨页断行”复选框即可。

7.6.4 表格的排序与计算

表格中的内容一般是一些彼此相关的数据，在使用这些数据时，常常需要排序，有时也需要计算等操作。

1. 数据排序

所谓排序就是对表格中的所有行数据（第 1 行除外）按照某种依据（关键字）进行重排。对表格按某种关键字进行排序的操作方法如下。

（1）将插入点置于要排序的表格的任意单元格中。

（2）打开“表格工具 | 布局”选项卡，单击“数据”组中的“排序”按钮，打开“排序”对话框，如图 7-83 所示。

图 7-83 “排序”对话框

（3）在“主要关键字”下拉列表框中选择用于排序的主要关键字。

（4）在“类型”下拉列表框中选择排序类型，可以是笔画、数字、拼音或日期的一种。

（5）选中“升序”或“降序”单选按钮，设置排序方式。

2. 数据计算

可以按需要对表格中的数据进行计算。表格的计算通常是在表格的右侧或底部另加一列或一行，然后利用“表格工具｜布局”选项卡“数据”组中的“公式”按钮，打开如图 7-84 所示的“公式”对话框，在其中进行设置后，计算结果将写到新列或新行中。

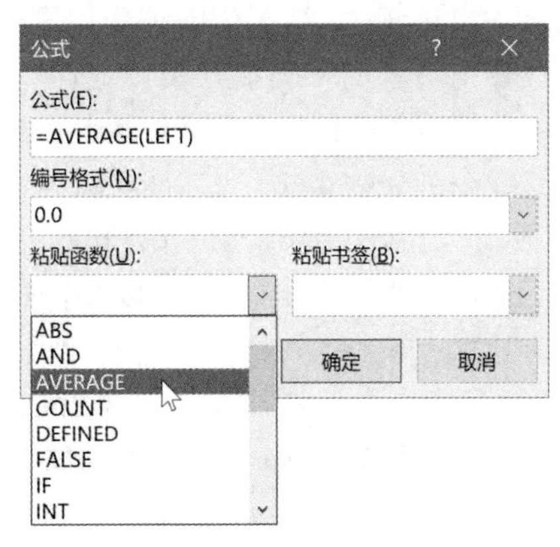

图 7-84　“公式”对话框

【例 7-17】如图 7-85 所示，在【例 7-16】制作的表格基础上，对表格进行如下设置。

2018.12-2021.12 中国互联网基础资源对比

年份 类别	2018.12	2019.12	2020.12	2021.12	平均值
IPv4（万个）	38584	38750	38923	39249	38876.5
IPv6（块/32）	43985	50877	57634	63052	53887.0
域名（万个）	3793	5094	4198	3593	4169.5
其中.CN 域名（万个）	2124	2243	1897	2041	2076.3
互联网宽带接入端口数量（亿个）	8.86	9.16	9.46	10.18	9.4
移动互联网接入流量（亿 GB）	711.1	1220.0	1656.0	2216.0	1450.8

图 7-85　修饰后的表格效果

（1）为表格套用“清单表：彩色底纹-着色 6”样式，居中显示。

（2）在第 5 列的右侧插入一列，标题文字为“平均值”，利用公式计算各行的平均值并填充到该列的第 2～7 行单元格中。

（3）在第 1 列第 1 行的单元格中插入一个“斜下框线”，将单元格分为两部分。单元格右上部分的文本内容为“年份”，左下部分为“类别”。

（4）将倒数第 8 行文本“2018.12-2021.12 中国互联网基础资源对比”居中对齐，第 1 行第 2～6 列的标题文本居中显示，第 1 列数据左对齐，其余各列数据右对齐。

【操作步骤】

（1）打开【例 7-16】保存的文档“Internet 改变世界.docx”。

（2）选定表格或将插入点定位于表格内任意一个单元格中，然后在“表格工具｜表设计”选项卡“表格样式”列表框中单击样式“彩色底纹-着色 6”，单击“开始”选项卡“段落”组中的“居中”按钮，表格居中显示。

（3）单击“开始”选项卡“段落”中的“边框”按钮，在弹出的命令列表中单击执行“所有框线”命令。

（4）将鼠标定位于第5列任意一个单元格中，单击“表格工具｜布局”选项卡“行和列”组中的“在右侧插入”按钮，插入1列。

（5）单击插入列的第1行所在单元格，输入文本“平均值”。将插入点定位于第2行的单元格中，单击“表格工具｜布局”选项卡“数据”组中的“公式”按钮，打开如图7-84所示的“公式”对话框。在“公式”框中输入“=AVERAGE(LEFT)”，在“编号格式”框中输入“0.0”，单击“确定”按钮，计算第1行的平均值，类似地计算出其余各行的平均值。

（6）将插入点定位于第1行左侧的第1个单元格，单击“表格工具｜表设计”选项卡“边框”组中的“边框”按钮，在其命令列表中单击“右下框线”命令，第1个单元格中出现一条斜线。选定单元格中的“基础数据”，输入“年份”，按Enter键后，再输入文本“类别”，选中文本“年份”，单击“开始”选项卡“段落”组中的“右对齐”按钮。

（7）选中表格上方的一行文本，单击“开始”选项卡“段落”组中的“居中”按钮。

（8）选中第1列的第2～7行所有单元格，单击“开始”选项卡“段落”组中的“左对齐”按钮。选中第2~6列的第2～7行所有单元格，单击“开始”选项卡“段落”组中的“右对齐”按钮。

（9）完成上述操作后，表格的效果如图7-85所示。按Ctrl+S组合键，保存文档。

思考：求出表7-2所示的每位职工的月实发工资和当月工资的总计，然后按性别降序，性别相同时再按基本工资的升序排序。

表7-2 某单位部分职工工资发放情况

编号	姓名	性别	基本工资	补贴	扣款	实发工资	发放日期
Z001	文田	男	1400.00	840.00	-240.36		2013/9/12
Z004	赵玲	女	1100.00	660.00	-230.10		2013/9/12
Z002	张丽	女	1300.00	780.00	-250.96		2013/9/12
Z003	王康	男	800.00	480.00	-99.00		2013/9/12
总计							

7.7 样式与引用

7.7.1 样式

样式是一组字符格式与段落格式的组合。一个样式可以包含字体、段落、边框、底纹等多种格式设置。在Word 2016中，用户可以直接使用预设的样式，也可以自定义创建新的样式。

1. 预设样式

Word 2016中预设了标题1、标题2、强调、题注、引用等多种样式。可以单击“开始”选项卡“样式”组的下拉按钮▾，在图7-86所示的样式列表框中选择需要的样式。单击即可将所选的样式应用到文档中。

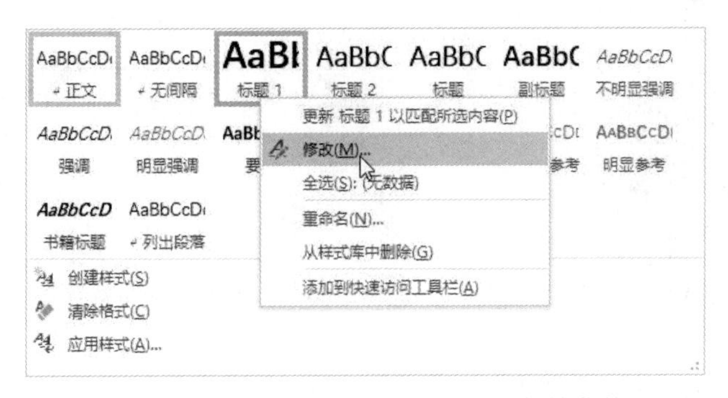

图 7-86　Word 2016 中的预设样式及快捷菜单

如果对预设的样式不满意，可以右击所选的样式，在弹出的快捷菜单中选择“修改”，弹出“修改样式”对话框，如图 7-87 所示。

在“修改样式”对话框中，可以设置当前样式中包含的各类格式。如需设置更多格式，可以单击对话框中的“格式”按钮，弹出如图 7-88 所示的菜单，可以根据需要选择相应的格式进行自定义设置。

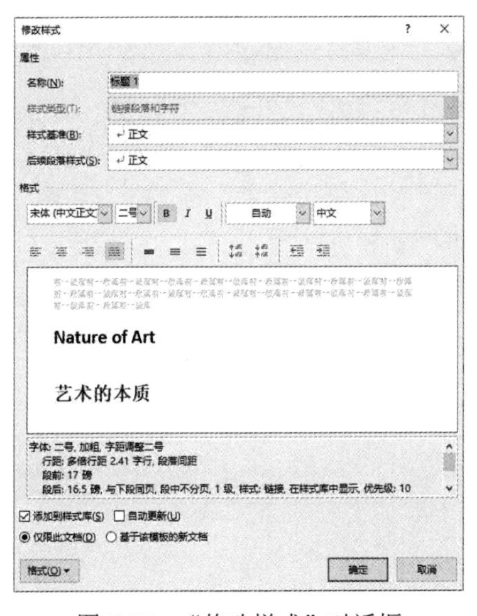

图 7-87　“修改样式”对话框

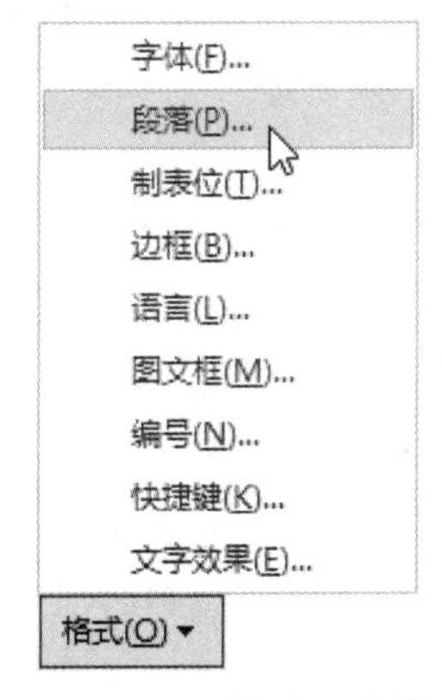

图 7-88　“格式”菜单

设置完毕后，文档中所有已经应用过该样式的文本会自动更新为最新设置的格式。

如果对预设的样式名称不满意，可以右击所选的样式，在弹出的快捷菜单中选择“重命名”命令，弹出“重命名样式”对话框，输入新的样式名称即可。

2. 新建样式

虽然 Word 中预设了大量的样式，但满足不了用户千变万化的需要，因此 Word 还提供了新建样式的功能。单击“开始”选项卡“样式”组右下角的对话框启动器按钮，弹出“样式”任务窗格，如图 7-89 所示。

在该窗格中列出了 Word 中所有预设的样式名称，单击窗格左下角的“新建样式”按钮，弹出“根据格式设置创建新样式”对话框，如图 7-90 所示。输入新样式的名称并设置相应的格式，然后单击“确定”按钮即可新建样式。

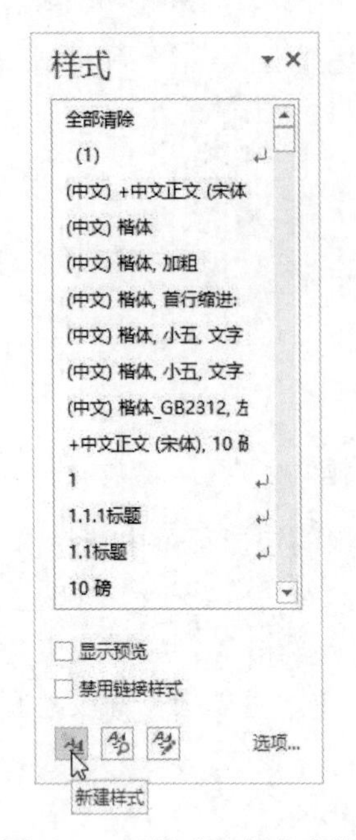

图 7-89 “样式”任务窗格

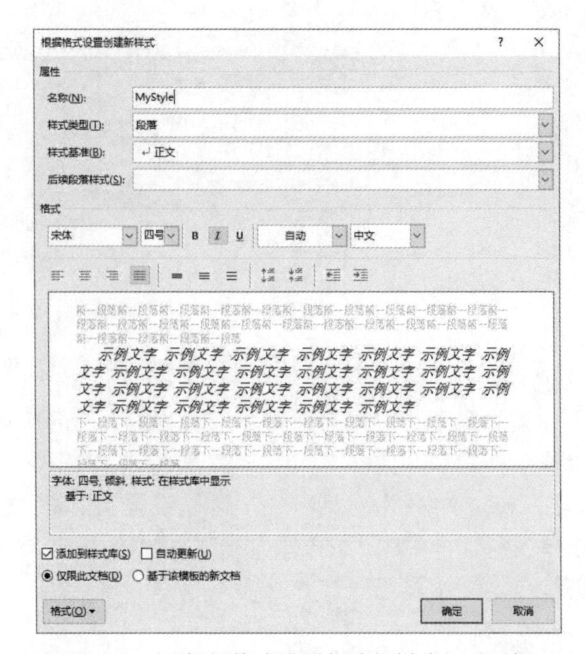

图 7-90 “根据格式设置创建新样式”对话框

如用户已经设置好文档中的一部分文本格式，Word 可以将已经设置的格式转化为新样式，以方便下一次使用。方法是：选中已设置好格式的文本，然后在“开始”选项卡“样式”组的下拉列表中选择“创建样式”命令，弹出“根据格式设置创建新样式”对话框，如图 7-91 所示，输入新样式的名称。然后单击“确定”按钮即可创建新样式。

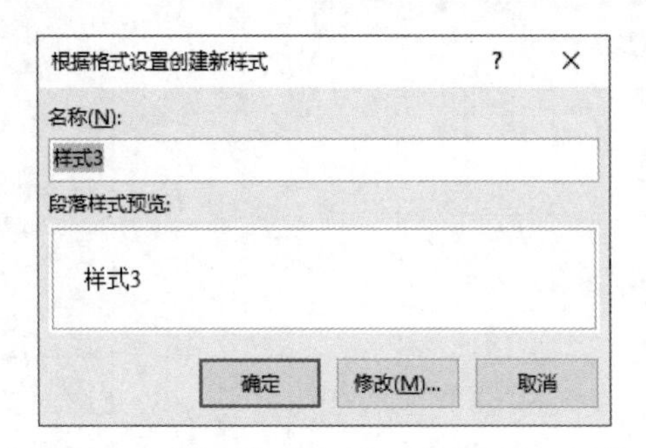

图 7-91 “根据格式设置创建新样式”对话框

3. 导入/导出样式

当用户新建或修改样式后，该样式只能在当前文档中使用，如其他文档也需要使用该样式，可使用样式的“导入/导出”出功能。

单击图 7-89 左下角的“管理样式”按钮，弹出“管理样式”对话框，如图 7-92 所示。单击该对话框左下角的“导入/导出”按钮 导入/导出(X)...，弹出“管理器”对话框，如图 7-93 所示。

在该对话框中，左边列出了当前文档中的所有样式，用户在样式列表中选择需要导出的样式，单击“复制”按钮 复制(C) ->，可将样式复制到右边文档中，即目标文档中。

注意：如对话框中列出的目标文档不是用户所需要的文档，可以通过“关闭文件”/“打开文件”按钮来选择目标文档。

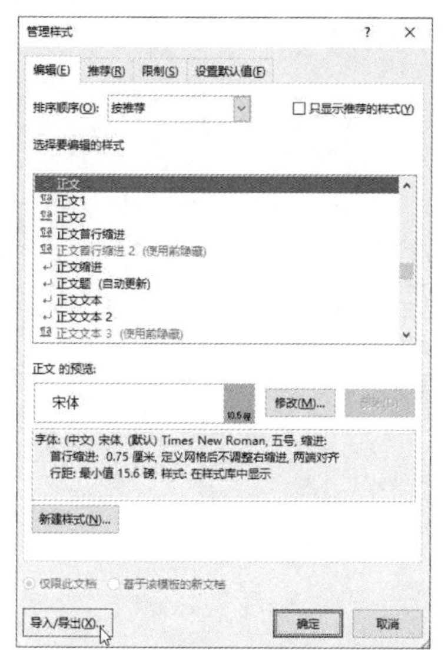

图 7-92 “管理样式”对话框

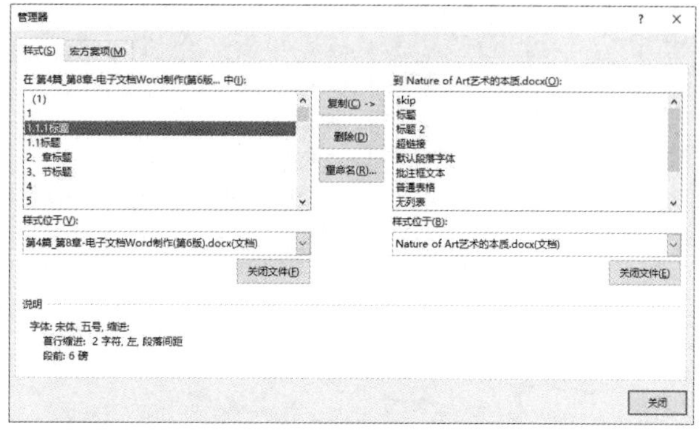

图 7-93 “管理器”对话框

【例 7-18】 对【例 7-17】保存的“Internet 改变世界.docx”文件进行以下的格式设置。

（1）修改“样式”组中的“标题”样式，中文字符字体为“宋体”，英文字符为 Times New Roman，字号为小四号、加粗，段落首行缩进 2 字符，两端对齐。

（2）将修改后的“标题”样式应用于第 6、10 自然段。

（3）将第 6、10 自然段的文字添加默认边框，文字底纹颜色为“橄榄色，个性色 3，淡色 40%”，样式为 12.5%。

【操作步骤】

（1）打开“Internet 改变世界.docx”文件，单击“开始”选项卡“样式”组中的“其他”按钮，在“样式”列表框中找到“标题”样式并右击，执行快捷菜单中的“修改”命令，弹出如图 7-87 所示的“修改样式”对话框。

（2）在“格式”栏处单击“字号”右侧的下拉列表按钮，选择“小四”。

（3）单击“修改样式”对话框左下角的“格式”按钮，执行列表框中的“段落”命令，弹出如图 7-94 所示的“段落”对话框。

（4）单击“常规”栏下的“对齐方式”，选择列表中的“两端对齐”，在“缩进”栏设置“特殊”下的“首行”为 2 字符，在“间距”栏设置“段前”和“段后”为 0 行。

（5）依次单击“确定”按钮，关闭“修改样式”对话框。

（6）按 Ctrl 键，选择第 6、10 自然段，再单击“开始”选项卡“样式”组中的“标题”样式，将前面修改的“标题”样式应用于这两个自然段。

（7）单击“开始”选项卡“段落”组中的“边框”按钮，执行下拉列表中的“边框和底纹”命令，打开“边框和底纹”对话框。

（8）切换到“边框”选项卡，单击左侧“设置”栏下的“方框”按钮，在右侧“应用于”栏下选择“文字”。单击“底纹”选项卡，在“填充”栏下选择颜色为“橄榄色，个性色 3，淡色 40%”，在“图案”栏下的“样式”框中选择“12.5%”，再在下方的“应用于”栏下选择“文字”，单击“确定”按钮，第 6、10 自然段的边框和底纹设置完成。

图 7-94　“段落”对话框

（9）单击“快速访问工具栏”中的“保存”按钮，保存“Internet 改变世界.docx”文档。

7.7.2　脚注与尾注

在编写文档时，有时需要引用其他文档的内容，或者对某些名词进行解释，这时可以使用脚注与尾注。脚注一般用于页面，通常对文档当前页中的某处内容进行注释和说明。尾注一般用于整篇文档的末尾，通常用于列出引文的出处等。

脚注和尾注由两个关联的部分组成，包括注释引用标记和其对应的注释文本。Word 可以自动为其标记编号或创建自定义的标记，在添加、删除或移动自动编号的注释时，Word 将对注释引用标记重新编号。

脚注与尾注都用一条短横线与正文分开。

插入脚注可以单击“引用”选项卡“脚注”组中的“插入脚注”按钮，文档中插入脚注处会出现自动编号“1，2，3……”，格式类似“上标”格式，当前页的最下方会出现一条水平线，在水平线下系统自动编号，用户只需在编号后输入脚注内容即可，如图 7-95 所示。

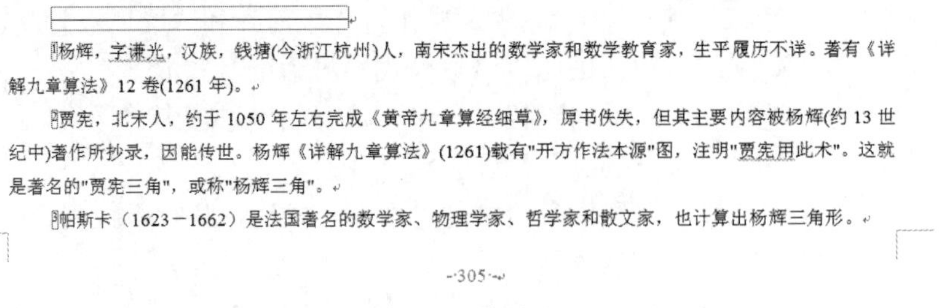

杨辉，字谦光，汉族，钱塘(今浙江杭州)人，南宋杰出的数学家和数学教育家，生平履历不详。著有《详解九章算法》12 卷(1261 年)。

贾宪，北宋人，约于 1050 年左右完成《黄帝九章算经细草》，原书佚失，但其主要内容被杨辉(约 13 世纪中)著作所抄录，因能传世。杨辉《详解九章算法》(1261)载有"开方作法本源"图，注明"贾宪用此术"。这就是著名的"贾宪三角"，或称"杨辉三角"。

帕斯卡（1623－1662）是法国著名的数学家、物理学家、哲学家和散文家，也计算出杨辉三角形。

-305-

图 7-95　脚注

插入脚注后，鼠标指向文档中的脚注编号时，系统会显示脚注内容。

要插入一条尾注，可以单击“引用”选项卡“脚注”组中的“插入尾注”按钮，文档中插入尾注处会出现自动编号“ i ， ii ，iii……”，格式类似“上标”格式。文档末尾处会出现一条水平线，在水平线下系统自动编号，用户只需在编号后输入脚注内容即可，如图 7-96 所示。

如需对脚注和尾注进行更多属性设置，可以单击“引用”选项卡“脚注”组右下角的对话框启动器按钮，弹出“脚注和尾注”对话框，如图 7-97 所示，在其中可以将脚注和尾注相互转换，还可以对编号格式等进行自定义设置等操作。

图 7-96　尾注　　　　图 7-97　“脚注和尾注”对话框

如果要删除文档中的脚注或尾注，可选中脚注或尾注的编号，直接按 Delete 键即可。

7.7.3　题注和交叉引用

当在文档中插入图片、表格等对象时，可以为这些对象添加题注，用于标识对象的编号及含义。题注由标签和编号两部分组成。一般来说，图对象的题注为“图自动编号和题注文字”，在图对象的下方，表对象的题注为“表自动编号和题注文字”，在表对象的上方，用户也可以自定义题注。

题注在标示图对象或表对象时的编号是唯一的，它是一个域代码，后面的题注文本是普通文本，由用户手动输入，说明这是一个什么图，或者是一个什么表。

为图形添加题注的操作步骤如下。

（1）选定要添加题注的图形，然后单击“引用”选项卡“题注”组中的“插入题注”按钮，弹出“题注”对话框，如图 7-98 所示。

（2）在图 7-98 中，可先在“标签”下拉列表框中选择合适的标签，如没有合适的标签，可以单击对话框中的“新建标签”按钮，弹出“新建标签”对话框，如图 7-99 所示。可在该对话框的文本框中输入用户所需要的标签名称，例如“图 7-”“表 7-”等。

（3）题注编号是自动编号，默认情况为“1，2，3……”，可以在“题注”对话框中单击“编号”按钮，弹出“题注编号”对话框，如图 7-100 所示。

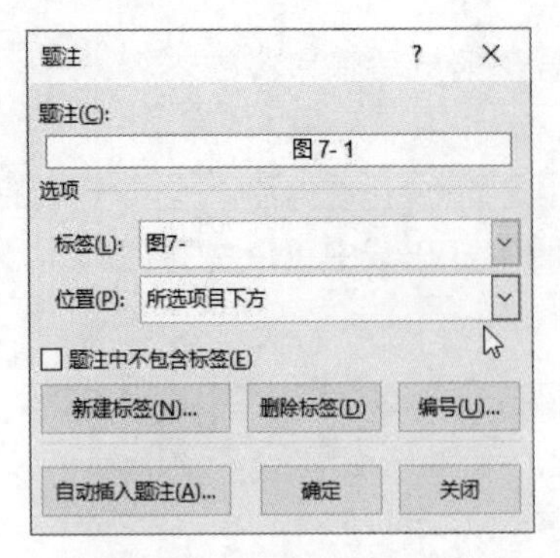

图 7-98 “题注”对话框

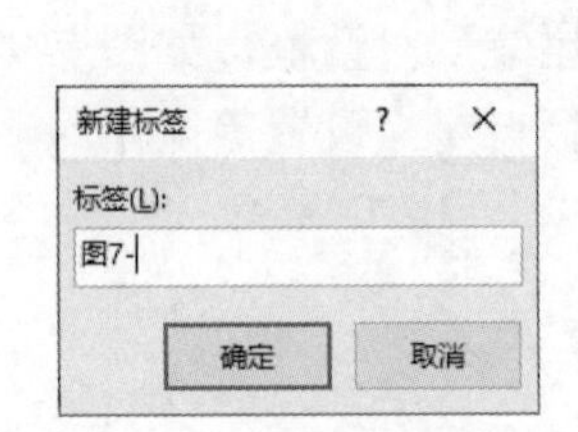

图 7-99 “新建标签”对话框

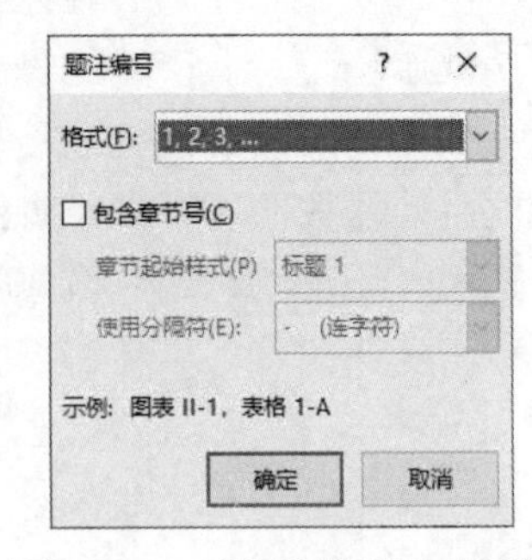

图 7-100 “题注编号”对话框

在该对话框中，可以自定义编号格式，还可以通过勾选“包含章节号”复选框使题注中自动出现当前所在章节号。

（4）在图 7-98 的“位置”栏处可以选择题注放在“所选项目的下方”或“所选项目的上方”。

（5）单击图 7-98 中的“确定”按钮，可在所选项目中添加一个题注。在“题注”添加完毕后，可以根据需要在题注后增加一些说明性的题注文字，如“图 7-98‘题注’对话框”。

题注添加完毕后，用户还须在正文中添加题注的编号，例如插入一幅图时，往往在正文中作了说明“如图 7-98 所示”。

向正文中添加题注编号的操作方法如下。

（1）将插入点移动到要添加题注编号的文本所在处。

（2）单击“引用”选项卡“题注”组中的“交叉引用”按钮 交叉引用，弹出“交叉引用”对话框，如图 7-101 所示。

（3）在“引用类型”下拉列表框中选择“图”，在“引用内容”下拉列表框中选择“只有标签和编号”，同时选中“引用哪一个题注”列表中的题注，如“图 2 网络发展的四个阶段”。

（4）单击“插入”按钮后，在正文中出现“图 2”字样，向正文中添加题注编号完成。

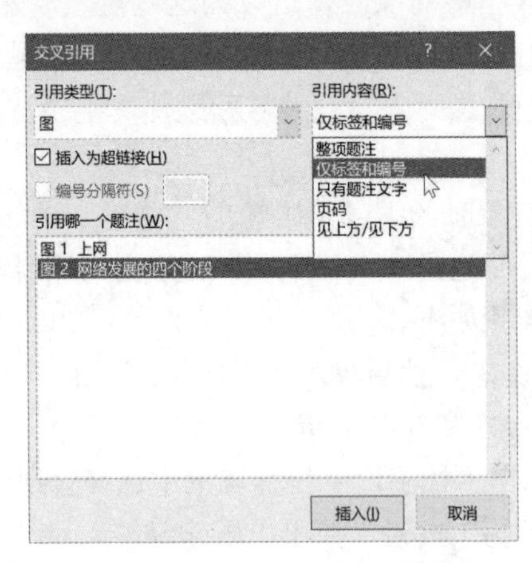

图 7-101 “交叉引用”对话框

【例 7-19】在【例 7-18】保存的“Internet 改变世界.docx”文件的基础上，对文档进行如下设置。

（1）在第 2 段和第 3 段之间插入一幅图片，并为该图片添加一个题注“图 1”，说明文字为“上网”。

（2）为文档中的 SmartArt 图形添加一个题注“图 12”，说明文字为“网络发展的四个阶段”。将图形上方的文本“Internet（因特网）的发展大体经历了 4 个阶段，如下图所示。”修改成“Internet（因特网）的发展大体经历了 4 个阶段，如图 2 所示”。

（3）在表格的上方添加一个表注“表 1”，将表格上方文本放在表注的右侧。

（4）删除题注和表注编号之前的空格。

（5）为表注说明文本添加一个脚注，脚注编号格式为带圈数字①，说明内容为“以上数量均来自：历次 CNNIC《中国互联网络发展状况统计报告》”。

【操作步骤】

（1）打开“Internet 改变世界.docx”文件，将插入点定位于第 2 自然段的结尾处，按 Enter 键插入一个空行，按 Backspace 键删除段落缩进。

（2）单击“插入”选项卡“插图”组中的“图片”按钮，在打开的“插入图片”对话框中选择图片 Computer.jpg，单击“插入”按钮，将图片插入文件。

（3）单击选中插入的图片，单击“开始”选项卡“段落”组中的“居中”按钮，执行“图片工具 | 图片格式”选项卡“大小”组中的相关命令，调整图片大小高为 2.7 厘米。

（4）继续选中图片，单击“引用”选项卡“题注”组中的“插入题注”命令，弹出如图 7-98 所示的“题注”对话框。

（5）单击“新建标签”按钮，弹出如图 7-99 所示的“新建标签”对话框。在“标签”框中输入“图”，依次单击“确定”按钮，此时选中图片下方自动出现题注“图 1”。在题注“表 1”的后面，按 2 个空格后，输入“上网”。

（6）选中下面的 SmartArt 图形，用同样操作添加题注“图 2”。按 2 个空格后输入文本“网络发展的四个阶段”。

（7）选中 SmartArt 图形上方第 5 段文本中的“下图”2 个字符，单击“引用”选项卡“题注”组中的“交叉引用”按钮，弹出如图 7-101 所示的“交叉引用”对话框。在“引用类型”框中选择“图”，在“引用内容”列表框中选择“只有标签和编号”，选中“引用哪一个题注”列表中的题注“图 2　网络发展的四个阶段”。单击“插入”按钮后，在正文中出现“图 2”字样。

（8）选中下面的表格，为表格添加表注“表 1”。将表格上面一段文字剪切并粘贴到表注“表 1”的后面，中间有 2 个空格。

（9）手动删除题注和表注中的空格，如“图 2”，删除空格后变为“图 2”。

（10）将插入点定位于表注文字内容的后面，单击“引用”选项卡“脚注”组中的“对话框启动器”按钮，弹出如图 7-97 所示的“脚注和尾注”对话框。在“格式”栏下的“编号格式”框中选择“①,②,③……”，单击“插入”按钮，插入一个编号为①的脚注，插入点同时定位于脚注处，输入脚注内容“以上数量均来自：历次 CNNIC《中国互联网络发展状况统计报告》”。

（11）按 Ctrl+S 组合键，保存文档。文件“Internet 改变世界.docx”的最终版面效果如图 7-7 所示。

7.8 打印预览与打印文档

打印前一般需要先浏览版面的整体格式，如不满意可以进行调整后再打印。

7.8.1 打印预览

打印预览用于显示文档的打印效果，在打印之前可通过打印预览观看文档全貌，包括文本、图形、多个分栏、图文框、页码、页眉、页脚等。

进入“打印预览”的方法是：单击“快速访问工具栏”上的“打印预览和打印”按钮，或选择“文件”选项卡中的“打印”命令，进入“打印及打印预览”状态。同时系统提供了一组“打印预览”按钮工具。可以选择不同的比例显示文档内容，图 7-102 所示的是一屏显示 3 页的效果。

查看完毕后，再次单击“文件”选项卡或按 Esc 键，退出“打印及打印预览”状态，如果页面设置合适则可以单击“打印”按钮，进行打印输出。

7.8.2 打印

通过“打印预览”对所编辑的文档效果满意后，就可用打印机将文档打印出来了。要打印一篇文档，可使用快速打印和一般打印两种方法。

（1）快速打印。选择直接打印时，单击“快速访问工具栏”上的“打印”按钮，或在“打印及打印预览”窗口中单击“打印”按钮，都可以实现一次打印全部文档。

（2）一般打印。如果需要自行设置打印方式或打印文档的某一部分，则需要对打印进行一些必要的设置。一般打印的操作过程如下。

- 单击“文件”选项卡中的“打印”命令（或按 Ctrl+P 组合键），打开“打印”界面，如图 7-102 所示。

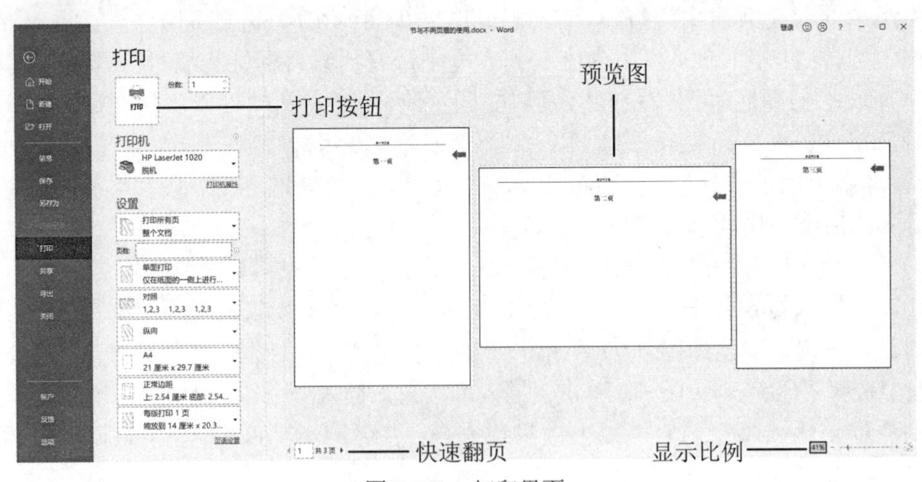

图 7-102 打印界面

- 在“打印”对话框的打印设置窗格中进行相关的设置，如打印的页面范围、需要打印的份数、打印的方式等。

思考：文档中有 3 页内容，其中第 1 页和第 3 页为纵向打印，第 2 页为横向打印，如图 7-102 所示，应如何设置。

7.9　Word 的高级功能

7.9.1　生成目录

所谓目录就是文档中标题的列表，可以将其插入到指定的位置。通过目录可以了解在一篇文档中论述了哪些主题，并快速定位到某个主题。也可以为要打印出来的文档以及要在 Word 中查看的文档编制目录。例如，在页面视图中显示文档时，目录中将包括标题及相应的页号。当切换到 Web 版式视图时或在窗格中，标题将显示为超链接或相当于超链接，这时可以直接跳转到某个标题。

1. 目录的生成

Word 提供了很方便的目录生成功能，但必须按照一定的要求进行操作，例如需要将某文档中的 2 级标题均收录到目录中，其操作方法如下。

（1）将整个文档置于大纲视图下，然后对每个主题的章、节、小节等生成标题并安排好各层次关系。如果要将特定的内容制作成目录，则可使用 TC 域。

（2）单击要插入目录的位置，打开“引用”选项卡，再单击“目录”中的“目录”按钮，弹出的命令列表图 7-103 所示。

（3）用户可在内置的目录列表中选择一种，这里可执行“插入目录”命令，打开如图 7-104 所示的“目录”对话框并自动切换到“目录”选项卡。

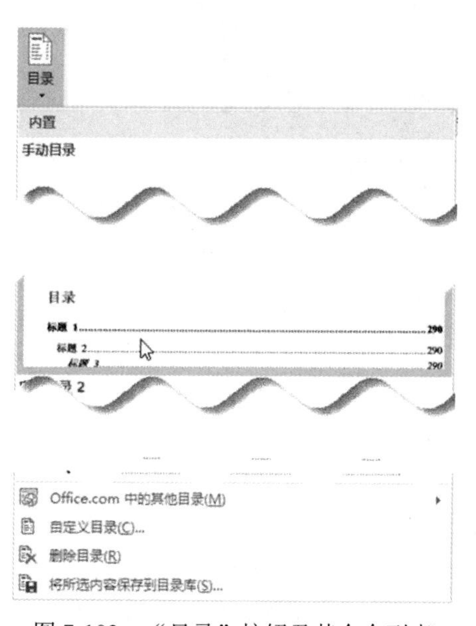

图 7-103　“目录”按钮及其命令列表

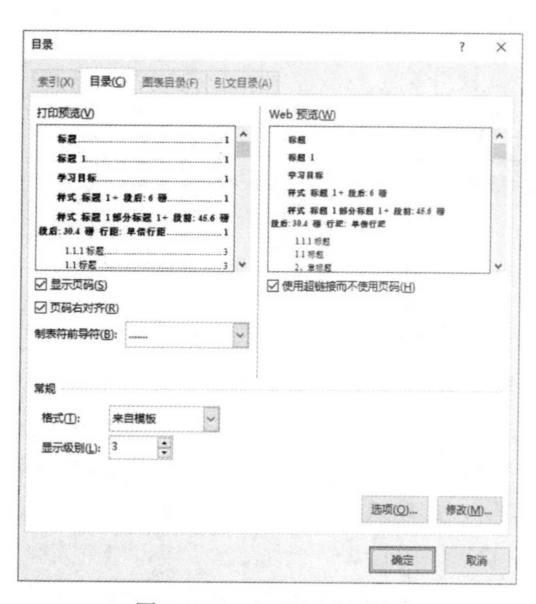

图 7-104　“目录”对话框

（4）在该对话框中设置好各选项，单击“确定”按钮，则在插入点处生成目录。

2. 目录的修改与更新

在添加、删除、移动或编辑了文档中的标题或其他文本之后，就需要手动更新目录。例如，如果编辑了一个标题并将其移动到其他页，就需要保证目录反映出经过修改的标题和页码。目录更新方法如下。

（1）单击要更新的索引、目录或者其他目录的左侧。

（2）按 F9 键，或右击，在弹出的快捷菜单中选择“更新域”命令。

【例 7-20】制作毕业论文并提取目录。

【操作步骤】

（1）页面设置。页面设置为论文提供了一个打印空间和一个整体样式，是纸张大小、边界、页眉与页脚（位置和内容）的总称，其作用范围是在一个节中（也可以选择套用整份文档），一个文档可以有许多个节，每个节的页眉和页脚可以不同。

1）单击“布局”选项卡“页面设置”组右下角的“启动对话框”按钮，打开“页面设置”对话框。

2）在“页边距”选项卡中设置上边距为 2.4cm，下边距为 2.4cm，左边距为 2.8cm，右边距为 2.8cm，装订线为 1.2cm。

3）切换至“纸张”选项卡，在“纸型”下拉列表框中选择“A4”。

4）切换至“版式”选项卡，设置页眉为 1.5cm，页脚为 1.6cm。

（2）利用样式创建纲目结构。因为毕业论文篇幅较长，所以首先应该完成的工作是确定各部分的主要内容，然后创建文档的纲目结构。这里首先创建一个空白 Word 文档，设置文件名为“毕业论文.docx”。

1）定义各级标题样式。在论文中共有 3 级标题，而这些标题的格式与 Word 的内建标题样式不同，所以修改以下 3 个内建标题样式和内建正文样式，如表 7-3 所示。

表 7-3 内建标题样式和内建正文样式

样式名	格式
标题 1	修改为：小三号、黑体、段前段后 0.5 行、行距 2.41
标题 2	修改为：四号、黑体、段前段后 0.5 行、行距 1.73
标题 3	修改为：四号、黑体、段前段后 0.5 行、行距 1.73
正文	修改为：小四号、宋体，标准字间距、1.25 倍行间距、首行缩进 2 个字符

修改表 7-3 中的 3 个内建标题样式和内建正文样式的操作步骤是：单击“开始”选项卡“样式”组右侧的“启动对话框”按钮，弹出“样式”任务窗格，在“样式”列表框处选择“标题 1”并右击鼠标，在弹出的快捷菜单中选择“修改”命令，打开“修改样式”对话框，如图 7-105 所示，利用该对话框修改表 7-3 所示的内建样式。

2）定义多级符号列表。多级符号列表是为文档设置层次结构而创建的列表。文档最多可有 9 个级别。本例题定义 3 级符号列表，操作步骤是：单击“开始”选项卡“段落”组中的“多级符号”按钮，弹出“多级列表”列表框，单击执行“定义新的多级列表”菜单命令，打开如图 7-106 所示的“定义新多级列表”对话框。

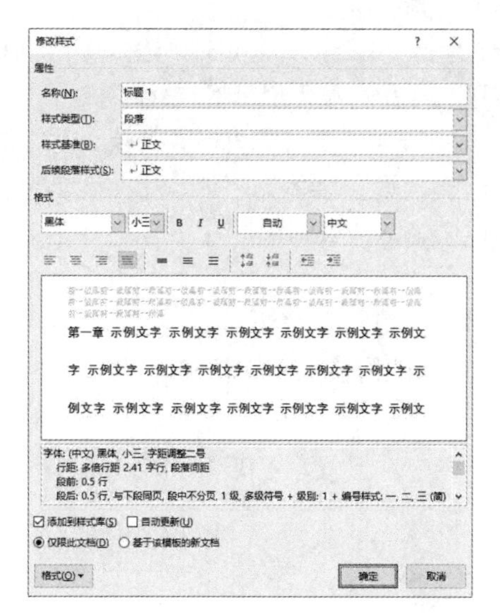

图 7-105　“修改样式”对话框

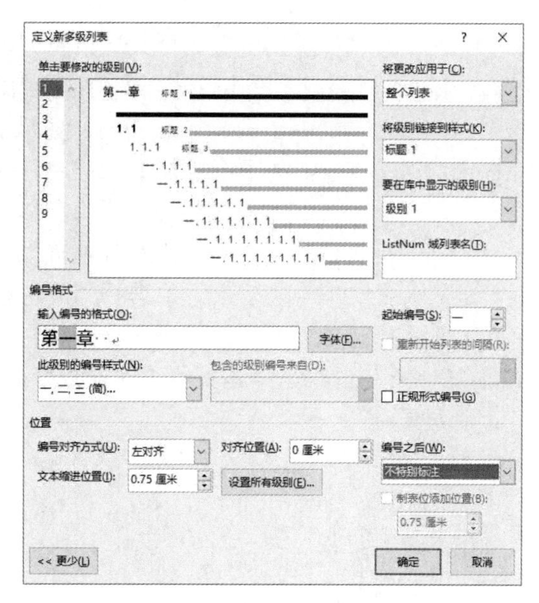

图 7-106　“定义新多级列表”对话框

设置 1、2、3 级别符号的主要方法如下。

- 设置第 1 级别符号。
  - ➢ 在“单击要修改的级别”列表中单击数字“1”。
  - ➢ 单击对话框左下角的“更多/更少”按钮，展开对话框的更多选项。
  - ➢ 在“将级别链接到样式”下拉列表框中选择“标题 1”。
  - ➢ 从“此级别的编号样式”下拉列表框中选择“一,二,三(简)…”，此时“输入编号的格式”文本框中显示域符号和底纹一。
  - ➢ 在“输入编号的格式”文本框中的域“一”前输入“第”，再在域“一”后输入“章␣␣”(符号␣表示空格)。此时，“输入编号的格式”文本框中显示“第一章”。
  - ➢ 单击“字体”按钮，打开“字体”对话框，设置字体为黑体，字号为小三号。
  - ➢ 在“位置”栏中设置“编号对齐方式”为“左对齐”，“对齐位置”为 0。
  - ➢ 在“编号之后”框中选择“不特别标注”。
- 设置第 2 级别符号。
  - ➢ 在“单击要修改的级别”列表中单击数字“2”。
  - ➢ 在“将级别链接到样式”下拉列表框中选择“标题 2”。
  - ➢ 从“此级别的编号样式”下拉列表框中选择“1,2,3…”，此时“输入编号的格式”文本框中显示一.1（带有灰色域底纹）。
  - ➢ 在“编号”栏右侧勾选“正规形式编号”复选框，“输入编号的格式”文本框中显示1.1（带有灰色域底纹），然后输入 2 个空格。
  - ➢ 单击“字体”按钮，打开“字体”对话框，设置字体为黑体，字号为四号并加粗。
  - ➢ 在“位置”栏中的“对齐位置”文本框中输入“0.75 厘米”。
  - ➢ 在“编号之后”框中选择“不特别标注”。
- 设置第 3 级别符号。
  - ➢ 在“单击要修改的级别”列表中单击数字“3”。

- 在“将级别链接到样式”下拉列表框中选择“标题 3”。
- 从“此级别的编号样式”下拉列表框中选择“1,2,3…”，此时“输入编号的格式”文本框中显示**1.1.1**（带有灰色域底纹）。然后输入 2 个空格。

提示：这一步一定要注意观察在“编号”栏的右侧是否勾选了“正规形式编号”复选框。

- 单击“字体”按钮，打开“字体”对话框，设置字体为黑体，字号为四号。
- 在“位置”栏中的“对齐位置”文本框中输入“1.5 厘米”。
- 在“编号之后”框中选择“不特别标注”。
- 完成 1、2、3 级多级符号的设置后，单击“确定”按钮。

3）输入文档的纲目结构。将下面计划好的文档纲目结构输入到文档中。

前言
系统需求分析
用户需求分析
系统数据描述
数据流图
数据结构
系统概要分析
可行性分析
系统功能模块设计
编程环境选择
应用系统详细设计
数据库概念
数据库设计
数据库逻辑设计
判断题基本信息表
单项选择题基本信息表
多项选择题基本信息表
填空题基本信息表
编程题基本信息表
系统用户详细设计
ADO.NET 控件
登录与注册功能设计
主窗体模块设计
试题维护模块设计
查询模块设计
提取模块设计
试题生成模块设计
结论
参考文献
附录

4）调整纲目级别。选中全文，单击“开始”选项卡“段落”组中的“多级列表”按钮，在弹出多级列表中找到已经定义好的多级符号，选择第 1 个级别，文字格式如图 7-107 所示。

选中其他各段落，使用“开始”选项卡“段落”组中的“增加缩进量”按钮（提升级别）和“减少缩进量”按钮（降低级别）调整纲目级别。

设置完毕后的纲目结构如图 7-108 所示。

图 7-107　应用了第 1 级编号的文档

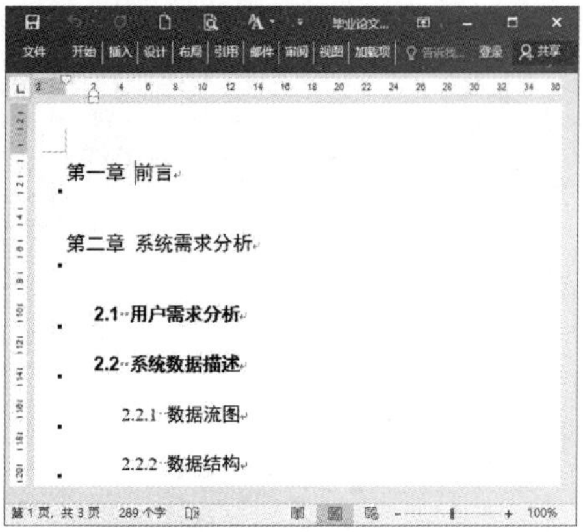

图 7-108　设置完毕后的纲目结构

（3）输入文档内容。

1）输入文档内容并设置文档格式。

2）使用“公式编辑器”输入公式。

3）插入流程图。

以上操作步骤本例题略去。

（4）设置页眉和页脚。论文要求页码由正文起用阿拉伯数字连续编排，五号宋体，页脚居中排列。页眉也由正文起设置，“引言”或“第×章　××”等大标题与“××大学学士学位论文”交替出现，五号宋体，居中排列，页眉下面画一条线。

1）分节。根据论文格式要求，页眉和页脚从第一章开始。中文摘要和英文摘要部分不加页眉和页脚。所以从每章开始将整个文档分成两节。

在“第一章　前言”前单击，单击“布局”选项卡“页面设置”组中的“分隔符”按钮分隔符，在其命令列表中执行“分节符”→“下一页”命令。

此时，全文分成两节，可以设置不同的页眉和页脚。

2）设置奇偶页不同的页眉和页脚。单击“布局”选项卡“页面设置”组右下角的“启动对话框”按钮，打开“页面设置”对话框，并切换到“版式”选项卡，如图 7-109 所示。在其中设置页眉为 1.5 厘米，页脚为 1.6 厘米。选中“奇偶页不同”复选框，并应用于“整篇文档”。单击“确定”按钮。

3）设置页眉与页脚。将光标移至“第一章　前言”后，单击“插入”选项卡“页眉和页脚”组中的“页眉”按钮，在弹出的“页眉”菜单列表框中执行“编辑页眉”命令，进入“页眉”编辑状态。因本节页眉与上一节不同，设置每节的奇数页页眉为“第×章　××”，如“第二章　系统需求分析”。确保每奇数和偶数页页眉内容不同，一定要使“页眉和页脚工具｜设计”选项卡“导航”组的“链接到前一条页眉”按钮链接到前一条页眉处于非激活状态。

- 单击“插入”选项卡“文本”组中的“文档部件”按钮，执行其命令列表中的“域”命令，打开“域”对话框，如图 7-110 所示。

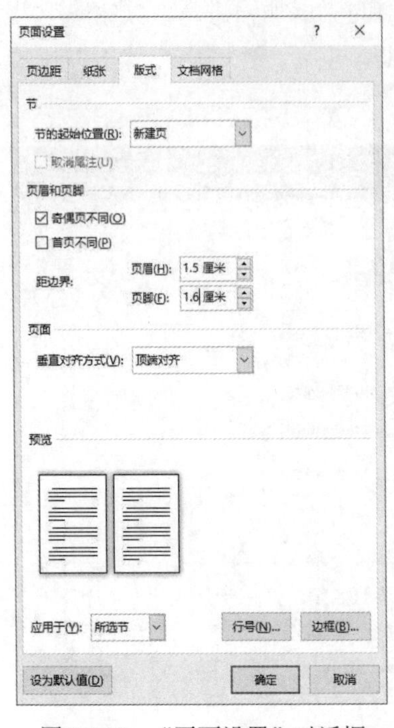

图 7-109 “页面设置”对话框

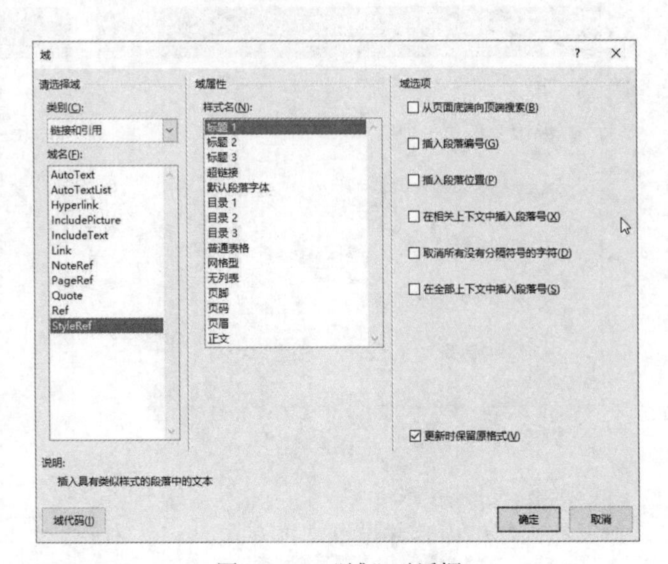

图 7-110 “域”对话框

在该对话框中选择“链接和引用”类别，在“域名”列表中选择 StyleRef，在“域属性”列表中选择“标题 1”，可以插入每章标题内容“第×章 ××”，如图 7-111 所示。

注意：在图 7-110 所示的对话框右侧，如果不勾选“域选项”中的“插入段落编号”复选框，只能显示标题文字；如果勾选此项，则只显示段落编号，即第×章。因此，要显示完整的标题文字和编号，则应插入域 StyleRef 两次。

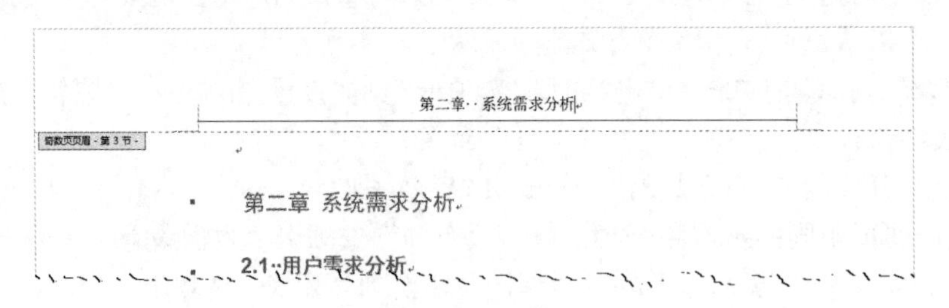

图 7-111 在每节中插入每章标题内容

- 设置页眉的格式为五号宋体，居中对齐。
- 单击“页眉和页脚工具 | 设计”选项卡“导航”组中的“下一节”按钮，显示同一节（如第 3 节）“偶数页页眉”，输入“××大学学士学位论文”，格式为五号宋体，居中对齐，如图 7-112 所示。

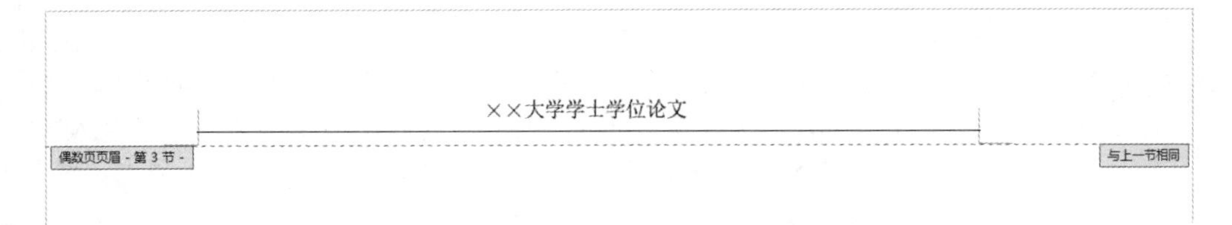

图 7-112　偶数页页眉

- 分别单击“页眉和页脚工具 | 设计”选项卡“导航”组中的“转至页脚”按钮和“页码”按钮，开始编辑页脚和在页脚中插入页码。将页码文本设置为五号宋体，居中对齐。单击“页码”按钮，在弹出的菜单列表中执行“设置页码格式”命令，在其中可以选择页码的样式，如图 7-113 所示。

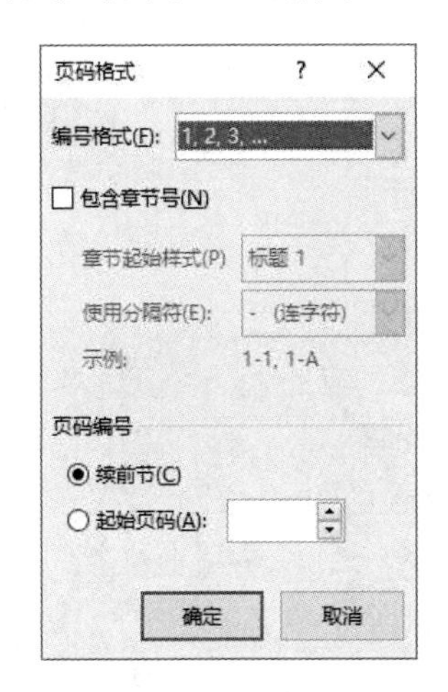

图 7-113　“页码格式”对话框

类似地，将正文每节的页眉和页脚设置完毕。

（5）生成文档目录。

1）设置要在目录中显示的文字。可以显示在目录中的文字包括以下 3 部分。

- 样式：应用了标题 1～标题 9 样式或基于这 9 个样式的自定义样式的文字。
- 大纲级别：被设置为 1～9 级大纲级别的文字。
- 目录项域：使用目录域项（TC 域）标记的文字。

设置目录文字的方法如下。

将文档中的标题段落应用各级标题样式。这一步在建立文档纲目时已经完成了，可以再检查一下有无遗漏或错误。

切换到大纲视图，保证将要显示在目录中的文字设置为正确的大纲级别。已经应用了内建标题样式的段落的大纲级别已自动设置，也可以将没有应用内建标题样式的文字设置为需要的大纲级别，以显示在目录中。

若不能应用内建标题样式，则不能设置大纲级别的文字位置，若需要显示到目录中，可以使用目录项域（TC 域）。

例如，需要在目录中显示“英文文摘”，但文中并无这 4 个汉字，这时可以使用目录项域标记英文文摘的位置，方法如下。

按 Ctrl+Home 组合键，将光标定位到文件的开始处，按 2 次 Enter 键，然后选定第 1 个回车符号，即出现·↵符号。打开“开始”选项卡，单击“样式”组“样式”列表框中的“AaBbCcI 正文”按钮，取消此段落的标题 1 样式，变成正文，接着完成中文文摘和英文文摘的内容录入。

选中“英文文摘”文本，按 Alt+Shift+O 组合键，打开图 7-114 所示的“标记目录项”对话框。在“目录项”文本框中输入“英文文摘”，将“级别”设置为 1，单击“标记”按钮，这样便在光标处插入了一个 TC 域代码，如图 7-115 所示。默认情况下，TC 域代码是隐藏的，在文档中看不到，可以单击“开始”选项卡“段落”组中的“显示/隐藏编辑标记”按钮进行切换。

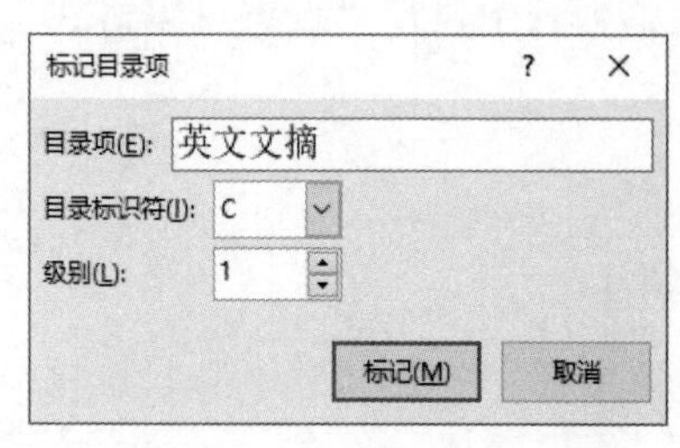

图 7-114 “标记目录项”对话框

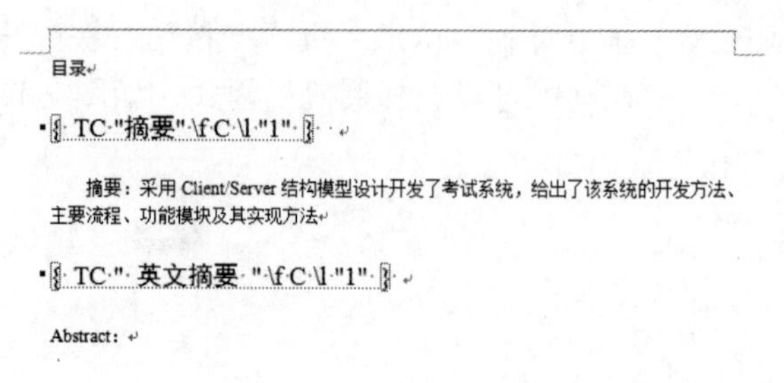

图 7-115 插入的 TC 域代码

同样，也可以在第 1 页的“摘要”前插入一个 TC 域。

对本节设置以罗马数字显示的页码。

2）插入文档目录。插入文档目录的方法如下。

在中文文摘和英文文摘前再插入一节，然后在文档开头单击鼠标，输入“目录”二字，并设置为规定的格式。

按 Enter 键另起一行，单击“引用”选项卡“目录”组中的“目录”按钮，在弹出的“目录”命令列表中执行“自定义目录”命令，打开图 7-104 所示的“目录”对话框。

将“使用超链接而不使用页码”选项取消，选中“显示页码”和“页码右对齐”选项，显示级别设置为 3。

单击“选项”按钮，打开图 7-116 所示的“目录选项”对话框，在其中将“样式”“大纲级别”“目录项域”都选中。若文中没有插入目录项域，则可不选该选项。

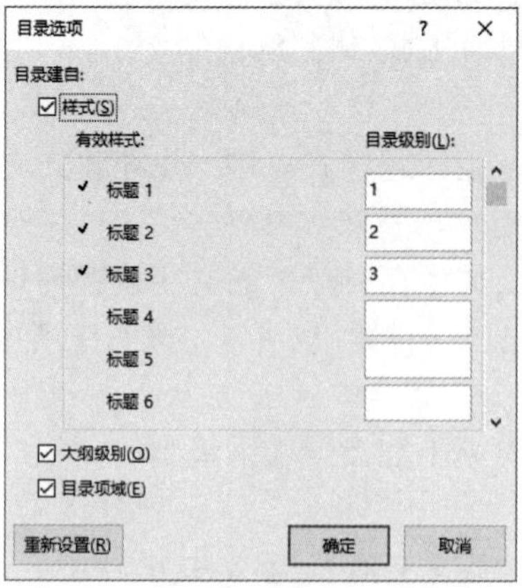

图 7-116 “目录选项”对话框

单击“确定”按钮，返回“目录”对话框。再次单击“确定”按钮，生成的目录如图 7-117 所示。

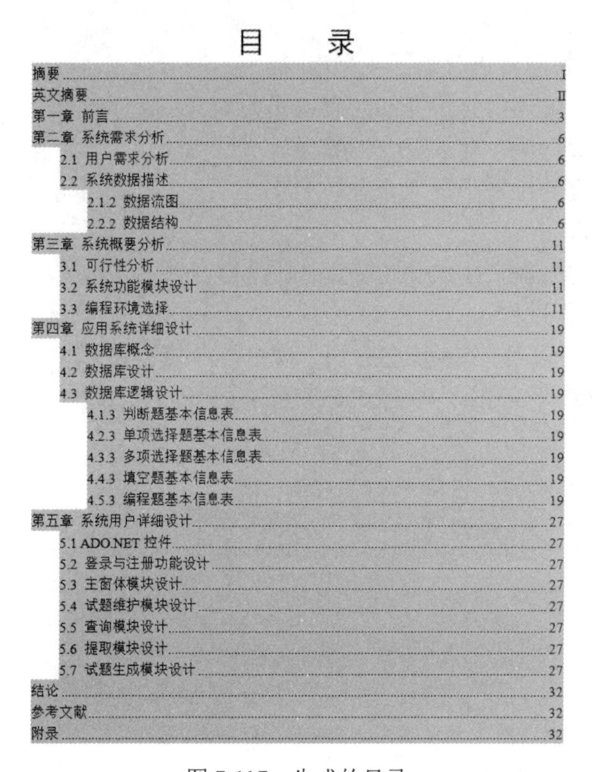

目　录

摘要 I
英文摘要 II
第一章 前言 3
第二章 系统需求分析 6
2.1 用户需求分析 6
2.2 系统数据描述 6
2.1.2 数据流图 6
2.2.2 数据结构 6
第三章 系统概要分析 11
3.1 可行性分析 11
3.2 系统功能模块设计 11
3.3 编程环境选择 11
第四章 应用系统详细设计 19
4.1 数据库概念 19
4.2 数据库设计 19
4.3 数据库逻辑设计 19
4.1.3 判断题基本信息表 19
4.2.3 单项选择题基本信息表 19
4.3.3 多项选择题基本信息表 19
4.4.3 填空题基本信息表 19
4.5.3 编程题基本信息表 19
第五章 系统用户详细设计 27
5.1 ADO.NET 控件 27
5.2 登录与注册功能设计 27
5.3 主窗体模块设计 27
5.4 试题维护模块设计 27
5.5 查询模块设计 27
5.6 提取模块设计 27
5.7 试题生成模块设计 27
结论 32
参考文献 32
附录 32

图 7-117　生成的目录

若更改文档内容，产生页码或目录项的变化，可用右击目录，从弹出的快捷菜单中选择“更新域”命令。

至此，一篇较长的毕业论文就编辑得差不多了。在长文档的编辑中，还有许多需要注意的问题，读者可以在实际使用中继续加以掌握。

7.9.2　邮件合并

在实际工作中，常遇到需要处理大量日常报表和信件的情况。这些报表和信件的主要内容基本相同，只是具体数据不同。为此 Word 提供了“邮件”选项卡，用于邮件合并功能，如图 7-118 所示。

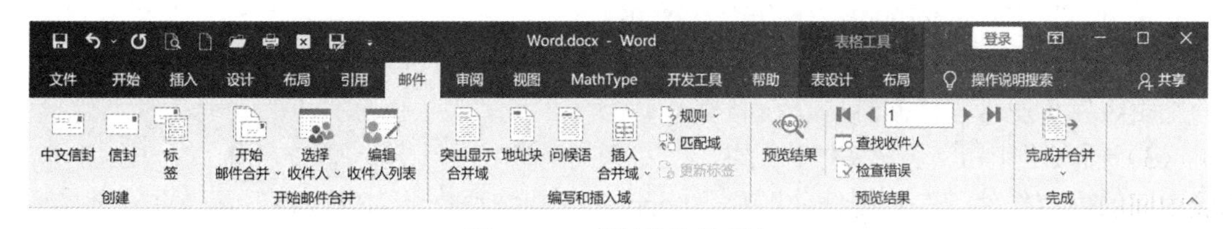

图 7-118　“邮件”选项卡

例如，要打印参加多媒体课程培训人员的通知书，通知书的形式相同，只是其中有些内容不同。在邮件合并中，只要制作一份作为通知书内容的“主文档”（包括通知书上共有的信息），另一份是培训人员的名单，称为“数据源”，里面可存放若干各不相同的培训人员的信息，然后在主文档中加入变化的信息，称为“合并域”的特殊命令，通过邮件合并功能，可以生成若干份培训人员通知书。

由此可见，邮件合并通常包含以下 4 个步骤。

（1）创建主文档，输入内容不变的共有文本内容。

（2）创建或打开数据源，存放可变的数据。

（3）在主文档所需的位置中插入合并域名字。

（4）执行合并操作。

将数据源中的可变数据和主文档的共有文本进行合并，生成一个合并文档或打印输出。下面介绍邮件合并的操作过程。

【例 7-21】某老师需要制作家长会通知，现有相关资料及示例，按照下列要求完成文档“Word 素材.docx”的编辑操作，“Word.docx”的原始界面如图 7-119 所示。

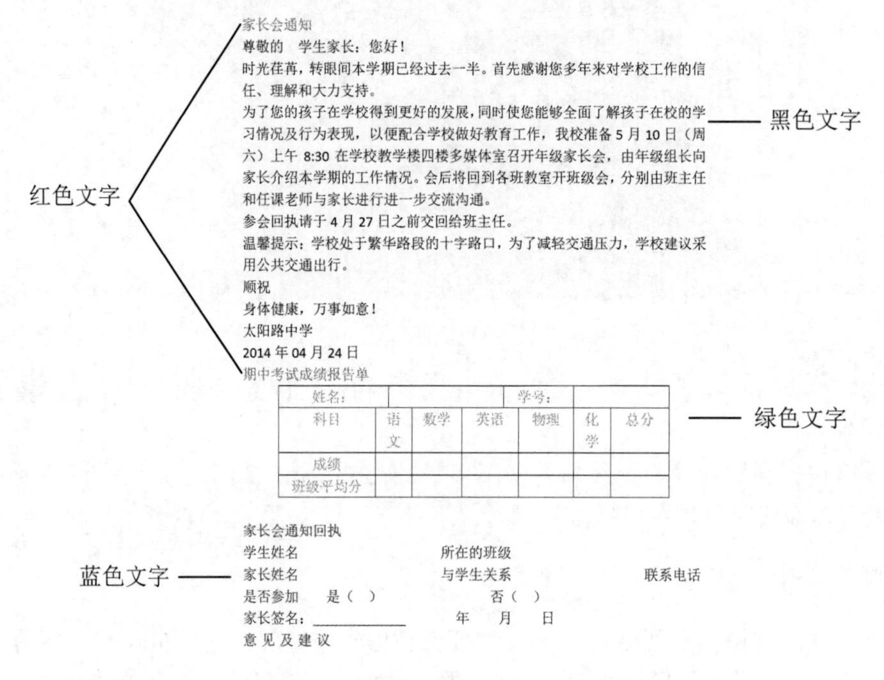

家长会通知

尊敬的　学生家长：您好！

时光荏苒，转眼间本学期已经过去一半。首先感谢您多年来对学校工作的信任、理解和大力支持。

为了您的孩子在学校得到更好的发展，同时使您能够全面了解孩子在校的学习情况及行为表现，以便配合学校做好教育工作，我校准备 5 月 10 日（周六）上午 8:30 在学校教学楼四楼多媒体室召开年级家长会，由年级组长向家长介绍本学期的工作情况。会后将回到各班教室开班级会，分别由班主任和任课老师与家长进行进一步交流沟通。

参会回执请于 4 月 27 日之前交回给班主任。

温馨提示：学校处于繁华路段的十字路口，为了减轻交通压力，学校建议采用公共交通出行。

顺祝

身体健康，万事如意！

太阳路中学

2014 年 04 月 24 日

期中考试成绩报告单

姓名：			学号：			
科目	语文	数学	英语	物理	化学	总分
成绩						
班级平均分						

家长会通知回执

学生姓名　　所在的班级

家长姓名　　与学生关系　　联系电话

是否参加　是（ ）　　否（ ）

家长签名：__________　年　月　日

意 见 及 建 议

图 7-119 “Word 素材.docx”的内容

（1）将“Word 素材.docx”另存为“Word.docx”。

（2）将纸张大小设置为 A4，上、左、右边距均为 2.5 厘米，下边距为 2 厘米，页眉、页脚分别距边界 1 厘米，横向打印。

（3）插入“空白（三栏）”型页眉，在左侧的内容控件中输入学校名称“太阳路中学”，删除中间的内容控件，在右侧插入图片“Logo.gif”代替原来的内容控件，适当剪裁图片的长度，使其与学校名称共占用一行。将页眉下方的分隔线设为标准红色、2.25 磅、上宽下细的双线型。插入“积分型”页脚，删除原作者和页码，输入学校地址“太阳路北大街 55 号邮编：100000”，调整单元格的大小与页宽相一致。

（4）对包含绿色文本的成绩报告单表格进行以下操作：根据窗口大小自动调整表格宽度，且使语文、数学、英语、物理、化学 5 科成绩所在的列等宽。

（5）将通知中最后的蓝色文本转换为一个 6 行 6 列的表格，并参照文档“回执样例.png”进行版式设置，如图 7-120 所示。

家长会通知回执

学生姓名		所在的班级			
家长姓名		与学生关系		联系电话	
是否参加		是（ ）		否（ ）	
意见及建议	家长签名：__________　　年　月　日				

图 7-120　回执样例

（6）将文档分为两栏显示，两栏之间有分隔线，间距 5 字符。

（7）在“尊敬的”和“学生家长”之间插入学生姓名，若学生的性别为 T，则在学生姓名后面加“（男）”，否则加“（女）”。在“期中考试成绩报告单”的相应单元格中分别插入学生姓名、学号、各科成绩、总分，以及各科的班级平均分，要求通知中所有成绩均保留两位小数。学生姓名、学号、成绩等信息存放在 Word 文档“学生成绩表.docx”中（提示：班级各科平均分位于成绩表的下方）。

“学生成绩表.docx”文档中的部分数据如图 7-121 所示。

学号	姓名	性别	语文	数学	英语	物理	化学	总分	总分排名
C122101	宋子丹	T	98.70	87.90	84.50	93.80	76.20	441.10	33
C122102	郑菁华	F	98.30	112.20	88.00	96.60	78.60	473.70	4
C122103	张雄杰	T	90.40	103.60	95.30	93.80	72.30	455.40	10
C122104	江晓勇	T	86.40	94.80	94.70	93.50	84.50	453.90	13
C122105	齐小娟	F	98.70	108.80	87.90	96.70	75.80	467.90	5
C122106	孙如红	F	91.00	105.00	94.00	75.90	77.90	443.80	27
C122107	甄士隐	T	107.90	95.90	90.90	95.60	89.60	479.90	2
C122108	周梦飞	F	80.80	92.00	96.20	73.60	68.90	411.50	42
C122109	杜春兰	F	105.70	81.20	94.50	96.80	63.70	441.90	32
C122142	习志敏	F	92.50	101.80	98.20	90.20	73.00	455.70	9
C122143	张馥郁	F	91.90	86.00	96.80	93.10	63.30	431.10	38
C122144	李北冥	T	78.50	111.40	96.30	78.60	81.60	446.40	23
平均分			92.85	97.75	91.38	88.10	75.60	445.68	

图 7-121　“学生成绩表.docx”文档中的部分数据

（8）按照中文的行文习惯，对家长会通知主文档“Word.docx”中的红色标题及黑色文本内容的字体、字号、颜色、段落间距、缩进、对齐方式等格式进行修改，使其看起来美观且易于阅读。要求整个通知只占用一页。

（9）仅为其中学号为 C122101～C122105、C122116～C122120、C122140～C122144 的

15 位同学生成家长会通知，要求每位学生占 1 项内容。将所有通知页面另外保存在一个名为“正式家长会通知.docx”的文档中（如果有必要，应删除“正式家长会通知.docx”文档中的空白页面）。“Word.docx”文档的实际效果如图 7-122 所示。

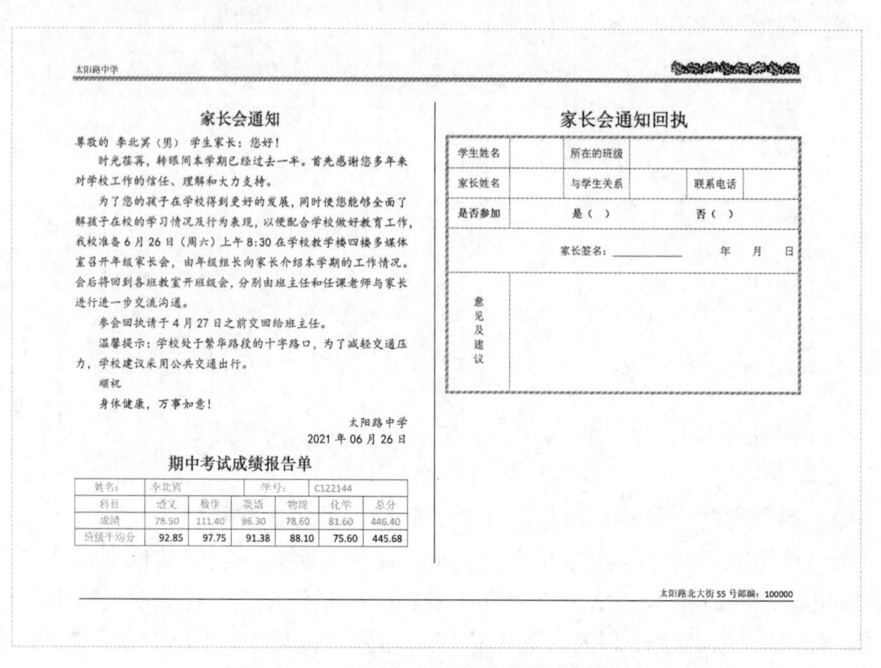

太阳路中学

家长会通知

尊敬的 李北冥（男） 学生家长：您好！

时光荏苒，转眼间本学期已经过去一半。首先感谢您多年来对学校工作的信任、理解和大力支持。

为了您的孩子在学校得到更好的发展，同时使您能够全面了解孩子在校的学习情况及行为表现，以便配合学校做好教育工作，我校准备 6 月 26 日（周六）上午 8:30 在学校教学楼四楼多媒体室召开年级家长会，由年级组长向家长介绍本学期的工作情况。会后将回到各班教室开班级会，分别由班主任和任课老师与家长进行进一步交流沟通。

参会回执请于 4 月 27 日之前交回给班主任。

温馨提示：学校处于繁华路段的十字路口，为了减轻交通压力，学校建议采用公共交通出行。

顺祝

身体健康，万事如意！

太阳路中学

2021 年 06 月 26 日

期中考试成绩报告单

姓名:	李北冥		学号:	C122144		
科目	语文	数学	英语	物理	化学	总分
成绩	78.50	111.40	96.30	78.60	81.60	446.40
班级平均分	92.85	97.75	91.38	88.10	75.60	445.68

家长会通知回执

学生姓名		所在的班级			
家长姓名		与学生关系		联系电话	
是否参加		是（ ）		否（ ）	
		家长签名：__________		年 月 日	
意见及建议					

太阳路北大街 55 号邮编：100000

图 7-122 “Word.docx”文档的实际效果

（10）文档制作完成后，分别保存“Word.docx”和“正式家长会通知.docx”2 个文档。

【操作步骤】

（1）打开“Word 素材.docx”文件。

（2）单击“文件”选项卡下的“另存为”按钮，在右侧列表中单击“浏览”按钮，在弹出的“另存为”对话框中将“文件名”设为“Word.docx”，并将其保存。

（3）单击“布局”选项卡“页面设置”组中右下角的对话框启动器按钮，弹出“页面设置”对话框。

（4）选择“纸张”选项卡，将“纸张大小”设置为“A4”。选择“页边距”选项卡，单击“纸张方向”栏下的“横向”按钮。将“上”“左”“右”微调框中的数值设置为 2.5 厘米，将“下”微调框中的数值设置为 2 厘米。选择“布局”选项卡，将“距边界”对应的“页眉”和“页脚”分别调整为 1 厘米，设置完成后单击“确定”按钮。

（5）单击“插入”选项卡“页眉和页脚”组中的“页眉”下拉列表按钮，在下拉列表中选择“空白（三栏）”。

（6）在页眉左侧内容控件中输入文本“太阳路中学”，选中中间内容控件，按 Delete 键将其删除，选中右侧内容控件，单击“插入”选项卡“插图”组中的“图片”按钮，在弹出的“插入图片”对话框中选择“Logo.gif”图片文件，单击“插入”按钮。

（7）适当调整插入的图片长度，使其与学校名称共占用一行。

（8）将光标置于页眉位置，单击“开始”选项卡“段落”组中的“下框线”下拉列表按钮，在下拉列表中选择“边框和底纹”命令，弹出如图 7-123 所示的“边框和底纹”对话框。

图 7-123　“边框和底纹”对话框

（9）在“边框”选项卡“设置”组中选择“自定义”，在“样式”中选择“上宽下细”双线型线条样式，在“颜色”中选择标准红色，在“宽度”中选择 2.25 磅，在“应用于”中选择“段落”，在中侧的“预览”中单击“下边框”，设置完成后单击“确定”按钮。

（10）单击“插入”选项卡“页眉和页脚”组中的“页脚”下拉列表按钮，在下拉列表中选择“积分型”，删除“作者”控件及页码，输入文本“太阳路北大街 55 号邮编：100000”，适当调整单元格大小，使之宽度和页宽度相当。

（11）单击“页眉和页脚工具 | 设计”选项卡“关闭”组中的“关闭页眉和页脚”按钮。

（12）选中整个表格，单击“表格工具 | 布局”选项卡“单元格大小”组中的“自动调整”下拉列表按钮，在下拉列表中选择“根据窗口自动调整表格”。

（13）选中表格中的语文、数学、英语、物理、化学 5 科成绩所在的列，单击“表格工具 | 布局”选项卡“单元格大小”组中的“分布列”按钮，在“单元格大小”组的“宽度”文本框中设置统一大小（厘米）。

（14）设置表格样式。

1）选择最后的蓝色文本，单击“插入”选项卡“表格”组中的“表格”下拉列表按钮，在下拉列表中选择“文本转换成表格”，在弹出的“将文字转换成表格”对话框中的“文字分隔位置”中选中“制表符”单选按钮，单击“确定”按钮。

2）参考“回执样例.png”文件，选中表格的第 1 行，单击“表格工具 | 布局”选项卡“合并”组中的“合并单元格”按钮，将表格第 1 行所有单元格合并为一个单元格。

3）参考“回执样例.png”文件，合并其他单元格，并适当调整各行的高度及宽度，使其与参考样式文件一致。

4）将光标置于第 6 行第 1 列单元格内，单击“表格工具 | 布局”选项卡“对齐方式”组中的“文字方向”按钮，使文字方向为纵向。

5）选中整个表格，单击“表格工具 | 布局”选项卡“对齐方式”组中的“水平居中”按钮，按同样的方式选中第 5 行，单击“中部对齐”按钮。

（15）设置表格边框颜色及样式。

1）选中表格第 2～6 行的所有单元格，单击“表格工具 | 设计”选项卡“边框”组中的

“边框”下拉列表按钮，从下拉列表框中选择“边框和底纹”命令，弹出“边框和底纹”对话框。

2）选择“边框”选项卡，然后选择“设置”组中的“方框”，选择样例图所示的“样式”，“颜色”设置为标准色的“紫色”，在右侧的“应用于”中选择“单元格”。

说明：*参考样例是一张图片，并未指出边框的具体宽度，操作步骤只是提供了其中一种设置方式。*

3）设置完成后继续单击左侧“设置”组中的“自定义”按钮，将“样式”设置为“单实线”，“颜色”设置为标准色的“紫色”，“宽度”设置为“0.5 磅”，单击右侧“预览”中的“中心位置”，添加内框线，在右侧的“应用于”中选择“单元格”，设置完成后继续单击“确定”按钮。

（16）设置表格标题。

1）选择表格第 1 行，单击“表格工具 | 布局”选项卡“绘图”组中的“橡皮擦”按钮，此时鼠标光标变为“橡皮擦”形状，逐个单击表格第 1 行的“上”“左”“右”3 个边框线，将其擦除，擦除完成后，再次单击“橡皮擦”按钮。

2）选中表格中的标题行文字，单击“开始”选项卡“字体”组中的“字体颜色”下拉列表按钮，将字体颜色设置为“黑色”，将“字号”适当加大，单击“开始”选项卡“字体”组中的“加粗”按钮。

3）设置表格中其余字体颜色为“黑色”，选中表格“是否参加”行中所有单元格，单击“开始”选项卡“字体”组中的“加粗”按钮。

（17）按 Ctrl+A 组合键，选中所有内容，单击“布局”选项卡“页面设置”组中的“栏”按钮，执行下拉列表中的“更多栏”命令，弹出“栏”对话框，如图 7-124 所示。

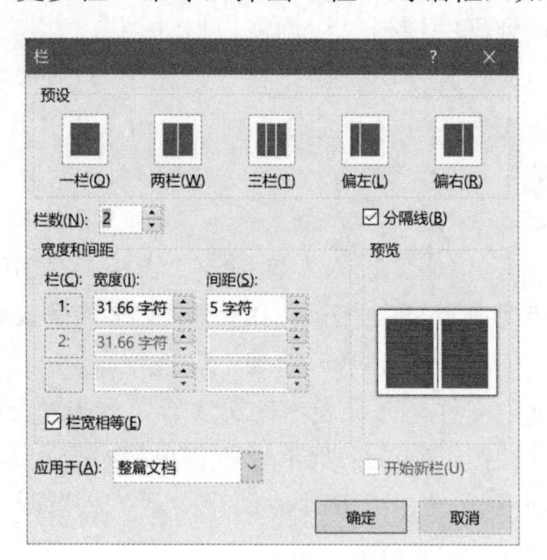

图 7-124 “栏”对话框

（18）单击“预设”栏下的“两栏”图标，勾选“分隔线”复选框，在“间距”框输入“5 字符”，单击“确定”按钮，文档分为两栏显示。

（19）单击“邮件”选项卡“开始邮件合并”组中的“选择收件人”下拉列表按钮，在下拉列表中选择“选取数据源”，打开“选取数据源”对话框，选择“学生成绩表.docx”，单击“打开”按钮。

（20）将光标置于“尊敬的”和“学生家长”之间，在“编写和插入域”功能组中单击“插入合并域”下拉列表按钮，在列表框中选择“姓名”域，单击插入到正文中。单击“规则”按钮规则，执行下拉列表中的“如果…那么…否则”命令，打开如图 7-125 所示的“插入 word 域：如果”对话框。

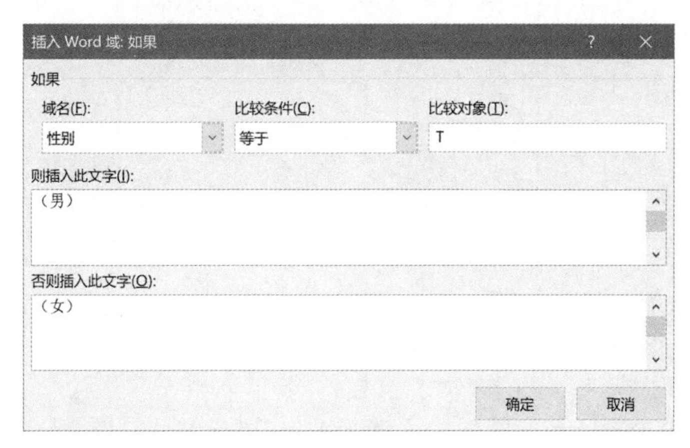

图 7-125　“插入 word 域：如果”对话框

（21）继续将鼠标光标置于“期中考试成绩报告单”表格“姓名”对应的单元格中，单击“插入合并域”下拉列表按钮，在列表框中选择“姓名”。按照同样的方法，将光标置于各个需要插入域的单元格中，插入合并域。

（22）保存并关闭“Word.docx”文档，打开“学生成绩表.docx”复制表格最后一行的平均分信息。重新打开“Word.docx”文档，选中需要设置的平均分列，粘贴平均分，并关闭“学生成绩表.docx”。

（23）设置字体格式。

1）选中红色标题“家长会通知”和“期中考试成绩报告单”，单击“开始”选项卡“字体”组中右下角的对话框启动器按钮，弹出“字体”设置对话框，设置合适的字体、字号及颜色。

2）选中黑色文本，按上述同样的方式设置合适的字体、字号及颜色。

（24）设置段落格式。

1）选中红色标题文字，单击“开始”选项卡“段落”组中的“居中”按钮。

2）选中正文第 2～7 段（“时光荏苒……身体健康，万事如意！”），单击“开始”选项卡“段落”组中右下角的对话框启动器按钮，弹出“段落”对话框，设置合适的段落间距、缩进及对齐方式，确保整个通知只占用一页。如将“特殊格式”设置为“首行”，“磅值”为“2 字符”，将“行距”设置为“1.25 倍行距”，正文最后两段落款文字设置为“右对齐”。

（25）单击“邮件”选项卡“开始邮件合并”组中的“编辑收件人列表”按钮，弹出“邮件合并收件人”对话框，如图 7-126 所示，取消全选复选框，只选择“学号”为 C121401～C121405、C121416～C121420、C121440～C121444 的 15 位同学，单击“确定”按钮。

（26）单击“邮件”选项卡“完成”组中的“完成并合并”下拉按钮，在下拉列表中选择“编辑单个信函”，弹出“合并到新文档”对话框，默认选中“全部”，单击“确定”按钮。

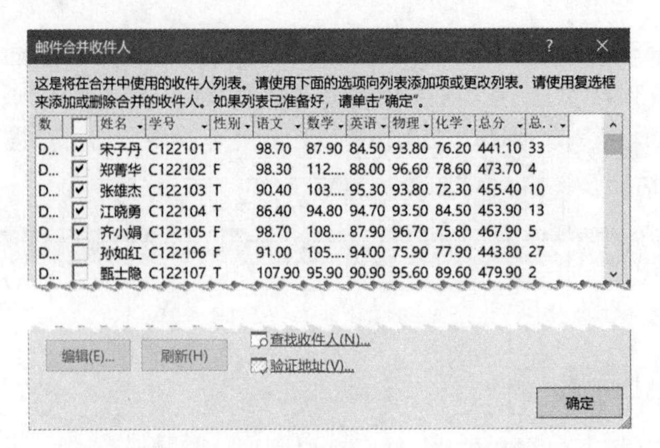

图 7-126 “邮件合并收件人”对话框

（27）在生成的新文档中，单击“文件”选项卡下的“另存为”按钮，在弹出的“另存为”对话框中将“文件名”改为“正式家长会通知.docx”。

（28）关闭“正式家长会通知.docx”文档。

（29）单击“保存”按钮，保存“Word.docx”文件，最后关闭“Word.docx”文件。

习题 7

一、单选题

1．在 Word 中执行“视图”→“新建窗口”命令后，在两个窗口中（　　）。

A．只有原来的窗口中有文档的内容　　B．只有新建的窗口中有文档的内容

C．两个窗口中都有文档的内容　　D．两个窗口中都没有文档的内容

2．以下关于节的描述正确的是（　　）。

A．一节可以包括一页或多页　　B．一页之间不可以分节

C．节是章的下一级标题　　D．一节是一个新的段落

3．在 Word 编辑状态下，若光标位于表格外右侧的行尾处，则按 Enter 键的结果是（　　）。

A．光标移到下一列　　B．光标移到下一行，表格行数不变

C．插入一行，表格行数改变　　D．在本单元格内换行，表格行数不变

4．关于 Word 的多文档窗口操作，以下描述错误的是（　　）。

A．Word 的文档窗口可以拆分为两个文档窗口

B．多个文档编辑工作结束后，只能一个一个地存盘或者关闭文档窗口

C．Word 允许同时打开多个文档进行编辑，每个文档有一个文档窗口

D．多文档窗口间的内容可以进行剪切、粘贴和复制等操作

5．在 Word 中，下述关于分栏操作的说法正确的是（　　）。

A．可以将指定的段落分成指定宽度的两栏

B．在任何视图下均可以看到分栏效果

C．设置的各栏宽度和间距与页面无关

D．栏与栏之间不可以设置分隔线

6．在 Word 编辑状态下，只想复制选定的文字内容而不需要复制选定文字的格式，则应（　　）。

A．直接使用“粘贴”按钮

B．使用“粘贴”列表框中的“选择性粘贴”命令

C．按 Ctrl+V 组合键

D．在指定位置右击

7．在 Word 的文档中插入图片，以下描述错误的是（　　）。

A．在文档中插入图片，可以使版面生动活泼、图文并茂

B．插入的图片可以嵌入文字字符中间

C．插入的图片可以嵌入文字字符上方

D．插入的图片既不可以嵌入文字字符中间，也不可以浮在文字上方

8．关于 Word“快速访问工具栏”中的“打印”按钮和“文件”选项卡中的“打印”命令，以下描述错误的是（　　）。

A．它们都可用于打印文档内容　　B．它们的作用有所不同

C．前者只能打印一份，后者可以打印多份　　D．它们都能打印多份

9．关于编辑 Word 的页眉页脚，下列描述错误的是（　　）。

A．文档内容和页眉页脚可以在同一窗口编辑

B．文档内容和页眉页脚可以一起打印

C．编辑页眉页脚时不能编辑文档内容

D．页眉页脚中也可插入剪贴画

10．下列关于 Word 段落符的描述错误的是（　　）。

A．可以显示但不会打印　　B．一定在屏幕显示

C．删除后则前后两段合并　　D．不按 Enter 键不会产生

11．在 Word 的输入过程中，如果想让插入点快速定位至文档结尾，可以按（　　）组合键。

A．Ctrl+Home　　B．Ctrl+End　　C．Alt+Home　　D．Alt+End

12．在 Word 中，当用户输入“+------+------+”后按 Enter 键会出现（　　）。

A．+------+------+　　B．一个表格

C．一幅图片　　D．自动退出 Word

13．在 Word 中，（　　）的作用是决定在屏幕上显示哪些文本内容。

A．滚动条　　B．控制按钮

C．标尺　　D．最大化按钮

14．在 Word 中，关于表格样式的用法，以下描述正确的是（　　）。

A．不能直接用表格样式生成表格

B．不能在生成新表时使用表格样式或在插入表格的基础上使用样式

C．每种表格样式的格式已经固定，不能对其进行任何形式的更改

D．在套用一种样式后，不能再更改为其他样式

15．首字下沉是指（　　）。

A．将文本的首字母放大下沉　　B．将文本的首单词放大下沉

C．将文本的首字母缩小下沉　　D．将文本的首单词缩小下沉

16．如果文本中有几十处文字都使用同样设置，但是这些文字是不连续的，无法同时选中，这时可以使用（　　）进行设置。

A．模板　　B．样式　　C．格式刷　　D．剪贴板

17．下列关于段落的描述错误的是（　　）。

A．单独一个公式可以是一个段落　　B．单独一个图片可以是一个段落

C．只有超过 10 个字符才能是一个段落　　D．任意数量的公式都可以是段落

18．在复制一个段落时，如果想要保留该段落的格式，就一定要将该段的（　　）复制进去。

A．首字符　　B．末字符　　C．段落标记　　D．字数统计

19．Word 中的水平标尺除了可以作为编辑文档的一种刻度，还可以用来设置（　　）。

A．段落标记　　B．段落缩进　　C．首字下沉　　D．控制字数

20．设定打印纸张大小时，应当使用的命令是（　　）。

A．“文件”选项卡中的“打印”命令

B．“布局”选项卡“页面设置”组中的有关命令

C．按 Ctrl+P 组合键

D．以上都不正确

21．在 Word 的编辑状态按先后顺序依次打开了 d1.doc、d2.doc、d3.doc、d4.doc 4 个文档，则当前的活动窗口是（　　）文档的窗口。

A．d1.doc　　B．d2.doc　　C．d3.doc　　D．d4.doc

22．（　　）可以设置为负值。

A．段落缩进　　B．行间距　　C．段落间距　　D．字体大小

23．Word 编辑状态下，被编辑文档的文字中有“四号”“五号”“16 磅”“18 磅”4 种，下列关于所设定字号大小的比较中，正确的是（　　）。

A．“四号”大于“五号”　　B．“四号”小于“五号”

C．“16 磅”大于“18 磅”　　D．字的大小一样，字体不同

24．在 Word 编辑状态下，不可以进行的操作是（　　）。

A．对选定的段落进行页眉、页脚设置　　B．在选定的段落内进行查找、替换

C．对选定的段落进行拼写和语法检查　　D．对选定的段落进行字数统计

25．若要输入 y 的 x 次方，应（　　）。

A．将 x 改为小号字　　B．将 y 改为大号字

C．选定 x，然后设置其字体格式为上标　　D．以上都不正确

二、填空题

1．在 Word 中打开文档的组合键为________，保存文档的组合键为________。

2．如果要输入符号⊿，则要选择________选项卡中的________按钮。

3．在 Word 的选定栏中双击，可以选取________。

4．Ctrl+PageDown 组合键的作用是________。

5．要选择文字的效果，需要打开________选项卡，单击________组中的相关命令按钮。

6．________格式刷，才能多次使用，不再使用时，则需按________键才能取消。

7．插入分页符，可以单击“插入”选项卡________组中的________按钮。

8．能够显示页眉和页脚的视图方式为________视图，能够编辑页眉和页脚的视图方式为________视图。

9．在 Word 中，修改一篇长文档时不慎将光标移动了位置，若希望返回最近编辑过的位置，最快捷的操作方法是按________组合键。

10．拆分表格的组合键为________。

11．两个单元格合并后，其中的内容会________。

12．图片的插入方式有________和浮动 2 种方式。

13．Word 文档窗口的左边有一列空列，称为选定栏，其作用是选定文本，其典型的操作是当鼠标指针位于选定栏时单击，则________；双击，则________；3 击，则________。

14．在 Word 中浏览文稿时，若要把插入点快速移到文章头，可按________组合键；若要把插入点快速移到文章尾，可按________组合键。

15．可以把用 Word 编辑的文稿按需要进行人工分页，人工分页又叫硬分页，设置硬分页符的方法是把插入点移到需分页的位置，按________组合键。

16．利用 Word 制作表格的一种方法是把选定的正文转换为表格，在选定正文后，应选定________选项卡中的________按钮，在弹出命令列表框中执行“文本转换成表格”命令。

三、判断题

1．Word 中的“格式刷”可用来刷字符和段落格式。（　）
2．“页面视图”方式可以查看 Word 最后编辑的全文的真正效果。（　）
3．“大纲视图”方式主要用于冗长文本的编辑。（　）
4．Word 输入文本时会自动进行分页，所以不能进行人工分页。（　）
5．Word 只能设定已有的纸张大小，不能自定义纸张大小。（　）
6．样式是一系列排版命令的集合，所以排版文档必须使用样式。（　）
7．用鼠标大范围选择文本时，经常使用选择区，它位于文本区的右边。（　）
8．在不同节中可以设置不同的页眉/页脚。（　）
9．段落对齐的默认设置为左对齐。（　）
10．可以通过文本框将文字和图片组合成一个图形对象。（　）
11．在打印预览状态下不能编辑文本。（　）
12．利用分栏命令可以将选中的某一段文本分成若干栏。（　）
13．利用“更改文字方向”按钮可以将选中的某一段文本竖排。（　）
14．Word 在设置首字下沉时只能下沉一个字。（　）
15．无论把文本分成多少栏，在“草稿”视图下只能看见一栏。（　）
16．可以为字符、段落、表格添加边框和底纹。（　）
17．插入到 Word 中的图片可以放在文本下面或浮在文字上方。（　）
18．利用滚动条滚动文本时，插入点“｜”随着文本一起滚动。（　）
19．文本框只能放置文字不能放置图形。图文框只能放置图形不能放置文字。（　）
20．不能在绘制出来的图形中添加文字。（　）

参考答案

一、单选题

1～5 CACBA 6～10 BDDAB 11～15 BBABA
16～20 CCCBB 21～25 DAAAC

二、填空题

1．Ctrl+O、Ctrl+S
2．插入、符号
3．整个段落
4．移到下页顶端
5．格式、字体
6．双击、Esc
7．页面、分页
8．页面、页眉和页脚
9．Shift+F5
10．Ctrl+Shift+Enter
11．在一个单元格中
12．嵌入
13．选定一行、选定一个自然段、全部选定
14．Ctrl+Home、Ctrl+End
15．Ctrl+Enter
16．插入、表格

三、判断题

1．√ 2．√ 3．√ 4．× 5．× 6．× 7．× 8．√ 9．× 10．×
11．× 12．√ 13．× 14．× 15．√ 16．√ 17．√ 18．× 19．× 20．×

第 8 章　电子表格软件 Excel 2016

Excel 2016 中文版（以下简称 Excel）是 Microsoft 公司推出的 Office 2016 办公系列软件的一个重要组成部分。它可以制作出各种表格，具有丰富的数据处理函数，便于用户对表格数据进行综合管理、数据分析、统计计算、规划求解；提供了丰富的绘制图表功能，方便用户创建各种统计图表、图表制作，广泛应用于财务、统计、金融、审计等领域。

8.1　Excel 的基础知识

8.1.1　Excel 的启动与退出

Excel 软件的启动和退出与 Word 相同，这里不再详述。只是在退出 Excel 时，表格文件没有命名或保存，将会有文件存盘的提示信息，只需根据需要确定是否命名或保存即可。

8.1.2　Excel 的窗口组成

启动 Excel 后，进入 Excel 的工作环境并创建一个新的空白工作簿。Excel 工作区主窗口如图 8-1 所示。

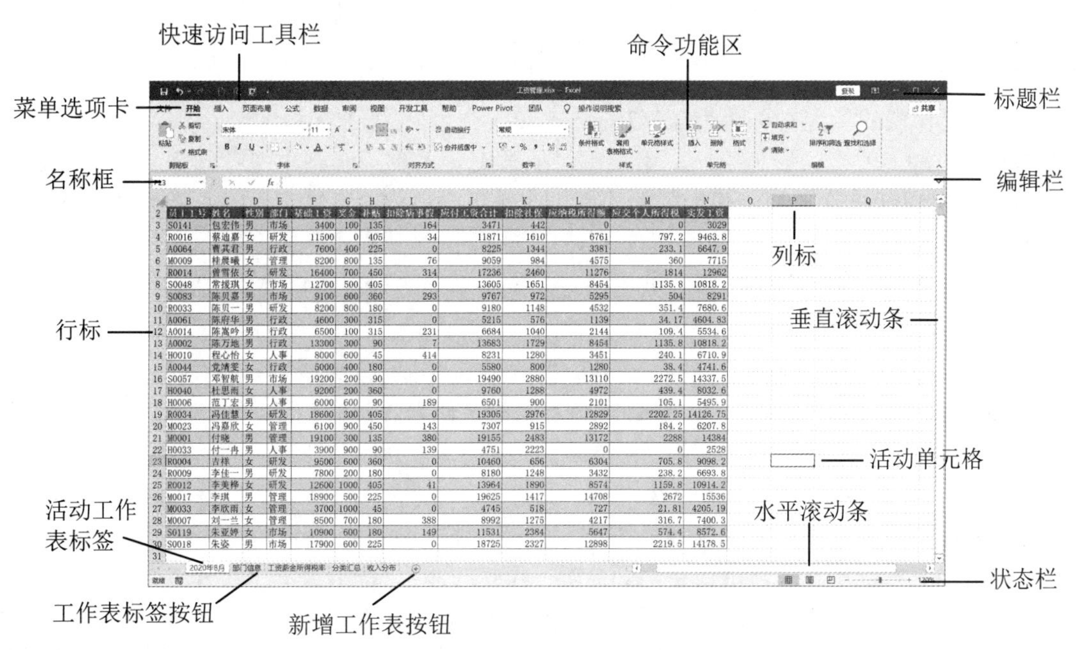

图 8-1　Excel 工作区主窗口

Excel 工作区主窗口中的标题栏、菜单选项卡、命令功能区等与 Word 相似。这里为读者介绍与 Word 不同的内容。

1. 编辑栏

编辑栏由名称框、编辑按钮和编辑框 3 部分组成。

（1）名称框。显示当前单元格地址，如 F19。

（2）编辑按钮。包括“取消”✕、“确认”✔和“函数”fx 3 个按钮。其功能是在编辑框内输入或编辑数据时，单击“取消”按钮会取消刚输入或修改过的字符，恢复原样；单击“确认”按钮表示确认单元格中的数据。当在编辑框处输入“=”“+”，地址框将变为函数列表框 SUMIFS，从中可选取最近使用的函数。单击“函数”按钮fx会打开“函数”对话框，在对话框处选择需要的函数，选中的函数会自动插入到光标位置，同时打开确定函数参数对话框。

（3）编辑框。主要用来显示、编辑单元格的数据和公式，在单元格内输入或编辑数据的同时也会在编辑框中显示其内容。单击下拉按钮⌄，可显示更大面积的编辑框。

2. 全选按钮◢

编辑工作区左上角有一个灰色三角框，称为全选按钮。单击全选按钮会选中当前工作表的所有单元格，将光标移至其他地方单击可取消该项选定。

3. 列标和行标

一张工作表是由一定数量的列和一定数量的行组成，为区别不同的列和行，列和行具有一个标识符号，分别称为列标和行标（或列号和行号）。列标用字母 A～Z、AA～AZ、BA～BZ……XFA～XFD 表示，共 2^{14}（16384）列。行标用数字表示，共 2^{20}（1048576）行。

4. 单元格

列和行相交所形成区域称为单元格，每个单元格需用一个称为“地址”的名称来区别。单元格地址用列号和行号连接在一起来描述。在为单元格命名地址时，先列号后行号，如 A1、B3、C12、D26 等。

每一张工作表的单元格总数为 $2^{14}\times2^{20}$ 个。

单元格是电子表格的最小单元，用户可以把数据输入到单元格中保存起来。如果用鼠标指针✚单击某单元格，它便呈现绿色的边框，这个单元格就是活动单元格。活动单元格也称为当前单元格。

活动单元格是用户输入、编辑数据的地方，每个单元格最多可以容纳 32767 个字符。

5. 工作表

工作表是由行和列构成的一个电子表格，每一个工作表有一个名称，系统默认为 Sheet1、Sheet2、Sheet3 等。所有工作表中，只有一个是当前工作表，其标签显示为白色。用户可以插入、删除或重命名工作表。

6. 工作表标签栏

工作表标签栏主要包括工作表翻页按钮 ◂ ▸ … 和工作表标签按钮 Sheet1。

工作表翻页按钮从左向右依次是“向前翻一个工作表”“向后翻一个工作表”和“显示当前工作表”3 个按钮。如果按住 Ctrl 键单击◂或▸按钮，可显示到第一个或最后一张工作表，右击工作表翻页按钮，弹出“激活”对话框，如图 8-2 所示。在图 8-2 中，用户可查看所有工作表，也可选择一张工作表作为当前工作表。

建立一个工作簿时默认含有一张工作表 Sheet1。Excel 允许用户增加工作表数量，但最多不能超过 255 个。双击工作表标签可对工作表重新命名。单击工作表标签按钮（或按 Ctrl+PgDn/PgUp 组合键）可实现工作表之间的切换，被选中的工作表称为当前工作表，Excel 窗口显示当前工作表。右击工作表标签，弹出如图 8-3 所示的快捷菜单。用户可对工作表进行操作，如重命名、改变标签颜色、移动或复制工作表等。

图 8-2　“激活”对话框

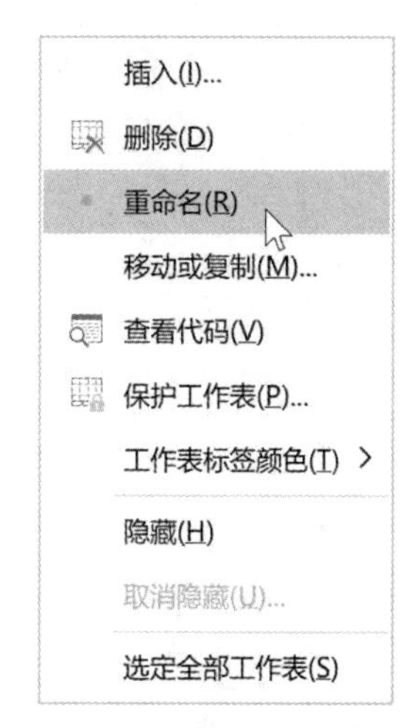

图 8-3　工作表管理的快捷菜单

7. 工作簿

工作簿是由工作表、图表等组成的。Excel 启动后，总是建立一个新的工作簿，而后可以随时建立多个新的工作簿或者打开一个或多个已存在的工作簿。工作簿名显示在 Excel 窗口的标题栏上，默认的文件名是“工作簿 1”，其扩展名为.xlsx。

类似一个账本，工作簿作为存储和处理数据的一个文件，将多个有内在联系的电子表格组成在一起。工作簿的基本操作有新建、打开、保存、保护、关闭等，具体操作与 Word 相似，在此不再重复。

8. 状态栏

Excel 的状态栏显示与当前有关的状态信息，包括帮助信息、键盘以及当前状态等。另外，状态栏中有时还会显示一栏信息“求和:...”，这是 Excel 的自动计算功能。此外，在状态栏的右侧还有一组视图按钮和一个显示比例调整器。

8.1.3 Excel 的工作流程

使用 Excel 进行数据处理，一般需经过下面 5 个步骤。

（1）新建或打开已存在的工作簿。

（2）输入或编辑数据。

（3）数据的统计与计算。

（4）生成图表。

（5）修饰工作表和打印输出。

8.2 数据的输入

8.2.1 光标定位

Excel 在启动之后，光标自动定位在第一个工作表 Sheet1 的 A1 单元格，它的周围呈现绿色边框，该单元格称为活动单元格，也称为当前单元格，即当前可以接受数据输入或编辑的单元格。其他单元格为非活动的单元格。

1. 单元格的光标定位

单击某单元格，光标就会立即移到那个单元格，使其变成活动单元格。

使用键盘也可以激活某单元格使其成为活动单元格，例如使用上、下、左、右方向键，可使相邻的单元格成为活动单元格。在工作表或工作簿中使用键盘移动和滚动活动单元格的按键如表 8-1 所示。

表 8-1 活动单元格的定位按键及其功能

按键	功能说明
↑ ↓ ← →	向上、下、左或右移动单元格
Ctrl+↑/↓/←/→	移动到当前数据区域的边缘
Home	移动到行首
Ctrl+Home/End	移动到工作表的开头（最后一个单元格）
Page Down/Up	向下（上）移动一屏
Alt+Page Down/ Page Up	向右（左）移动一屏
Ctrl+Page Down/ Page Up	移动到工作簿下（上）一个工作表
Ctrl+F6 或 Ctrl+Tab	移动到下一工作簿或窗口
Ctrl+Shift+F6 或 Ctrl+Shift+Tab	移动到前一个工作簿或窗口
F6（Shift+F6）	移动到已拆分工作簿中的下一个（上一个）窗格
F5（Shift+F5）	显示“定位”（“查找”）对话框
Shift+F4	重复上一次“查找”操作（等同于“查找下一个”）
（Shift）+Tab	可移到右（左）边一个单元格
（Shift）+Enter	（上）下移一个单元格

当按下 End 键，称为系统处于 End 模式，这时进行定位时的操作如表 8-2 所示。

表 8-2 按下 End 键时的光标移动模式

按键	完成
End	打开或关闭 End 模式
↑ ↓ ← →	在一行或列内以数据块为单位移动
Home	移动到工作表的最后一个单元格，这个单元格位于数据区的最右列和最底行的交叉处（右下角）
Enter	在当前行中向右移动到最后一个非空白单元格

按下 Scroll Lock 键，光标处于滚动锁定状态时进行定位的操作如表 8-3 所示。

表 8-3　按下 Scroll Lock 键时的光标移动模式

按键	完成
Scroll Lock	打开或关闭滚动锁定
Home/End	移动到窗口左（右）上角处的单元格
← ↑ ↓ →	向左、上、下或向右滚动一行（或列）

2. 单元格内容的光标定位

单击某单元格，使之成为活动单元格，然后按 F2 键（或双击单元格、或按 Backspace 键、或将光标定位在编辑栏），待出现光标“|”后，如果该单元格已有数据，则使用键盘左右方向键将光标进行定位。

8.2.2　输入数据

在输入数据前，首先在单元格内定位光标，出现光标后，即可输入数据。单元格中可以输入字符型、数值型、货币型、日期或日期时间型和逻辑型等多种类型的数据。也可以在单元格输入批注信息及公式。

1. 输入字符

字符型数据是指由首字符为下划线、字母、汉字或其他符号组成的字符串。输入到单元格中，默认对齐方式为左对齐。

如果输入的字符数超过了该单元格宽度仍可继续输入，默认宽度为 8.47（136 像素），可显示 10 个字符，表面上它会覆盖右侧单元格中的数据，而实际上仍属于本单元格内容。显示时，如果右侧单元格为空，当前输入的数据照原样显示，否则只显示其宽度可显示的内容。

确认单元格输入的数据可以按 Enter 键，或单击其他单元格。

有时，需要把一些纯数字组成的数字串当作字符型数据，比如身份证号。为把这些数据当作字符型数据，可在输入的数据前添加单引号“'”或=“数字串”，如：'87654321、=“610075”等。确认输入后，输入项前后添加的符号将会自动取消。

单元格内输入的内容需要分段时，按 Alt+Enter 组合键。如果要在同一单元格中显示多行文本，可单击“开始”选项卡“对齐方式”组中的“自动换行”按钮 自动换行 。

2. 输入数值型数据

例如+34.56、-123、1.23E-3 等有大小意义的数据，称为数值型数据。

输入数值型数据时，正数前面的加号可以省略，负数可以用“-”或以“()”开始，如-110 或(110)（其中，英文或中文括号均可）。纯小数可以省略小数前面的 0，如 0.8 可输入“.8”；也允许加千分符，如 12345 可输入 12,345；数的前面可以加$符号，具有货币含义，计算时大小不受影响；若在数尾加%符号，表示该数除以 100，如 12.34%，在单元格内虽然显示 12.34%，但实际值是 0.1234。

输入科学记数时，如 4.563E-7，字母 E 需使用大写，且字母后不能使用小数。

可以以分数的形式输入数值，输入纯分数或假分数时必须先以零开头，然后按一下空格键，再输入分数，如 0 1/2；输入带分数时，先输入整数，按一下空格键，然后再输入分数，如 3 4/5。

数值类型的数据在单元格中右对齐。

3. 输入日期与时间

输入日期的格式为“年/月/日”或“月/日”，如 2004/3/30 或 3/30，表示为 2004 年 3 月 30 日或 3 月 30 日；输入时间的格式为“时:分:秒”，如 10:35，表示为 10 时 35 分。

按 Ctrl+:组合键或按 Ctrl+Shift+:组合键，则取当前系统日期或时间。

输入的日期与时间在单元格中右对齐。计算日期的起点为 1900 年 1 月 1 日的 0 时 0 分 0 秒；计算时间的起点为当天的 0 时 0 分 0 秒。

4. 输入逻辑值

可以直接输入逻辑值 True（真）或 False（假），一般是在单元格中进行数据之间的比较运算时，Excel 判断后自动产生的结果，居中显示。

5. 插入一个批注信息

选定某个单元格，打开“审阅”选项卡，单击“批注”组中的“新建批注”按钮（或按 Shift+F2 组合键），在系统弹出的“批注”文本框中输入备注信息。单元格一旦输入批注信息，会在其右上角出现一个红色的三角标记◥，当鼠标指针指向该单元格时就会显示这些备注信息。不需要时也可删除批注信息。

6. 取消输入的数据

在输入数据的过程中，如果取消输入，可按 Esc 键，或单击编辑栏左侧的“取消”按钮✕。

【例 8-1】使用 Excel 新建一个工作簿，在工作表 Sheet1 中录入如图 8-4 中的数据，然后将工作簿以“工资管理.xlsx”为文件名进行保存。

	A	B	C	D	E	F	G	H	I	J	K	L	M	N
1	东方公司2020年8月员工工资表													
2	序号	员工工号	姓名	性别	部门	基础工资	奖金	补贴	扣除病事假	应付工资合计	扣除社保	应纳税所得额	应交个人所得税	实发工资
3	1	S0141	包宏伟	男		3400	100	135	164		442			
4	2	R0016	蔡迪嘉	女		11500	0	405	34		1610			
5	3	A0064	曹其君	男		7600	400	225	0		1344			
6	4	M0009	桂晨曦	女		8200	800	135	76		984			
7	5	R0014	曾雪依	女		16400	700	450	314		2460			
8	6	S0048	常援琪	女		12700	500	405	0		1651			
9	7	S0083	陈贝嘉	男		9100	600	360	293		972			
10	8	R0033	陈贝一	男		8200	800	180	0		1148			
11	9	A0061	陈府华	男		4600	300	315	0		576			
12	10	A0014	陈嵩吟	男		6500	100	315	231		1040			
13	11	A0002	陈万地	男		13300	300	90	7		1729			
14	12	H0010	程心怡	女		8000	600	45	414		1280			
15	13	A0044	党靖雯	女		5000	400	180	0		800			
16	14	S0057	邓智航	男		19200	200	90	0		2880			
17	15	H0040	杜思雨	女		9200	200	360	0		1288			
18	16	H0006	范丁宏	男		6000	600	90	189		900			
19	17	R0034	冯佳慧	女		18600	300	405	0		2976			
20	18	M0023	冯嘉欣	女		6100	900	450	143		915			
21	19	M0001	付晓	男		19100	300	135	380		2483			
22	20	H0033	付一冉	男		3900	900	90	139		2223			
23	21	R0004	吉祥	女		9500	600	360	0		656			
24	22	R0009	李佳一	男		7800	200	180	0		1248			
25	23	R0012	李美桦	女		12600	1000	405	41		1890			
26	24	M0017	李琪	男		18900	500	225	0		1417			
27	25	M0033	李欣雨	女		3700	1000	45	0		518			
28	26	M0007	刘一兰	女		8500	700	180	388		1275			
29	27	S0119	朱亚婷	女		10900	600	180	149		2384			
30	28	S0018	朱姿	男		17900	600	225	0		2327			
31														

2020年8月

图 8-4 工作簿“工资管理.xlsx”

【操作步骤】

（1）启动 Excel，系统自动创建一个新工作簿“工作簿 1”。

（2）在单元格 A1 中输入文本“东方公司 2020 年 8 月员工工资表”，按 Enter 键，定位到单元格 A2。输入“序号”，按 Tab 键，定位到单元格 B2，输入文本“员工工号”，依次在单元格 C2～N2 中输入文本“性别”“性别”“部门”“基础工资”“奖金”“补贴”“扣除病事假”

“应付工资合计”“扣除社保”“应纳税所得额”“应交个人所得税”“实发工资”。

（3）单击单元格 A3，输入“1”，按 Enter 键，活动单元格下移到单元格 A4 并输入“2”。用鼠标选中单元格 A3 和 A4，将鼠标指向选中单元格的右下角实心小方块■，鼠标呈实心十字形✚，按住鼠标左键不放，拖动到单元格 A30，此时，序号自动填充到 28。

（4）单击单元格 B2，输入“员工工号”列中的文本内容。用相同方法输入其他各列数据内容。

（5）双击 Sheet1 标签，将工作表命名为“2020 年 8 月”。

（6）单击“快速访问工具栏”中的“保存”按钮，将工作簿以“工资管理.xlsx”为文件名保存在指定的文件夹中。

8.2.3　快速输入数据

向工作表中输入数据，除了前面已经介绍的数据输入方法外，Excel 还提供了以下几种快速输入数据的方法。

1. 在连续区域内输入数据

选中所要输入数据的区域，在所选中的区域内，如果要沿着行（列）输入数据，则在每个单元格输入完后按 Tab（Enter）键。当输入的数据到达区域边界时，光标会自动转到所选区域的下一行或下一列的开始处。

2. 输入相同单元格内容

按 Ctrl 键不放，单击选择所要输入相同内容的单元格，选定后，在最后一个单元格输入数据并按 Ctrl+Enter 组合键，则刚才所选的单元格内都将被填充同样的数据，并且新数据将覆盖单元格中已经有的数据。

3. 自动填充

Excel 设置了自动填充功能，利用鼠标拖动填充柄和定义有序系列，可以使用户很方便地输入一些有规律的序列值，如 1、2、3……。

选定待填充数据的起始单元格，输入序列的初始值，如 10。如果要让序列按给定的步长增长，则再选定下一个单元格，在其中输入序列的第 2 个数值，如 12。两个起始数值之差，决定该序列的步长。然后选定这两个单元格，并移动鼠标指针到选定区域的右下角，这时指针变为实心十字形✚，按往鼠标左键拖动填充柄至所需单元格即可，如图 8-5 所示。

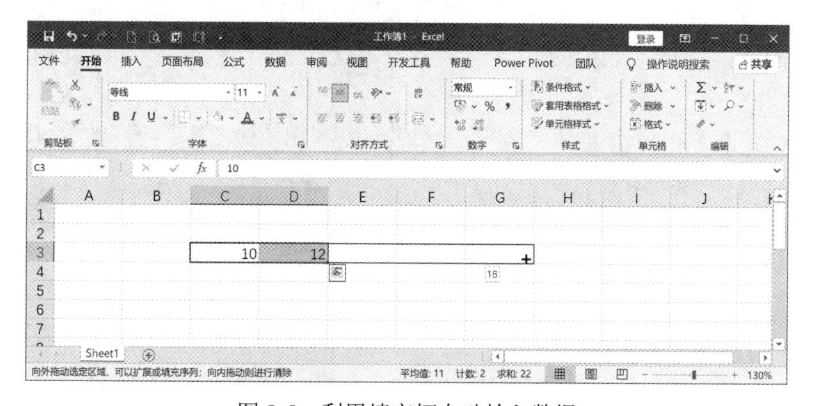

图 8-5　利用填充柄自动输入数据

自动填充完成后，仔细观察工作区界面，会发现在自动填充最后一个单元格的右下角出现一个“自动填充选项”图标。单击该图标，将弹出“自动填充选项”列表框，用户可决定自动填充的选项。

如果升序填充，则从上向下或从左到右拖动；如果降序排列，则从下向上或从右到左拖动。放开鼠标左键，即可完成输入。

在拖动鼠标的同时，按住 Ctrl 键，可将选定的这两个单元格的内容，重复复制填充到后续单元格中。

如果没有第 2 个单元格数据，则在拖动时，将第一个单元格的数据自动增加 1 填充；按住 Ctrl 键进行拖动，将自动减少 1 填充。

也可以用右击拖动填充柄，在出现的快捷菜单中选择“以序列方式填充”选项。

4. 使用填充命令输入数据

可以使用菜单命令进行自动填充，其步骤如下。

（1）在序列中第 1 个单元格输入数据，如输入 10，在后面的一个单元格中输入 12。

（2）选定序列所使用的单元格区域，如(C3:G3)。

（3）单击“开始”选项卡“编辑”组中的“填充”按钮 填充，在弹出的选项列表框中单击“序列”命令，打开“序列”对话框，如图 8-6 所示。

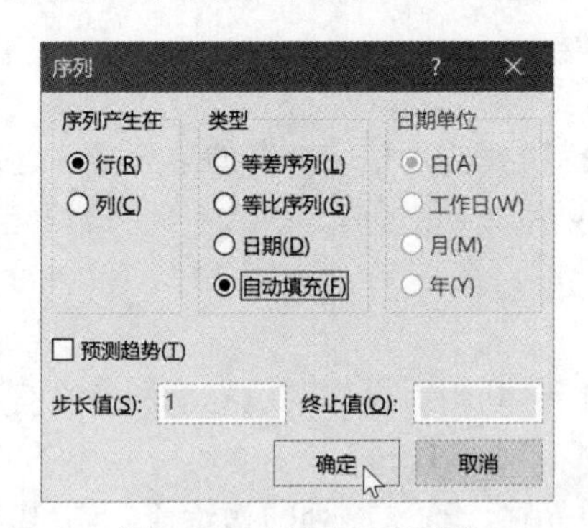

图 8-6 “序列”对话框

（4）在该对话框中选择行、自动填充两个选项。

（5）单击“确定”按钮即可。

在“填充”命令列表框中如果选择了“向上”“向下”“向左”或“向右”，则把选定区域第一个单元格的数据复制到选定的其他单元格中，这样的结果可以当作单元内容的复制。

5. 自定义序列

如果 Excel 提供的序列不能满足需要，这时可以利用 Excel 提供的自定义序列功能来建立所需要的序列，操作步骤如下。

（1）单击“文件”选项卡的“选项”命令，弹出“Excel 选项”对话框。

单击左侧窗格中的“高级”选项，然后在右侧窗格中找到“常规”组，单击“创建用于排序和填充序列的列表”处右侧的“编辑自定义列表”按钮 编辑自定义列表(O)...，打开如图 8-7 所示的“自定义序列”对话框。

（2）在“输入序列”框中分别输入序列的每一项，单击“添加”按钮，将所定义的序列添加到“自定义序列”列表中。

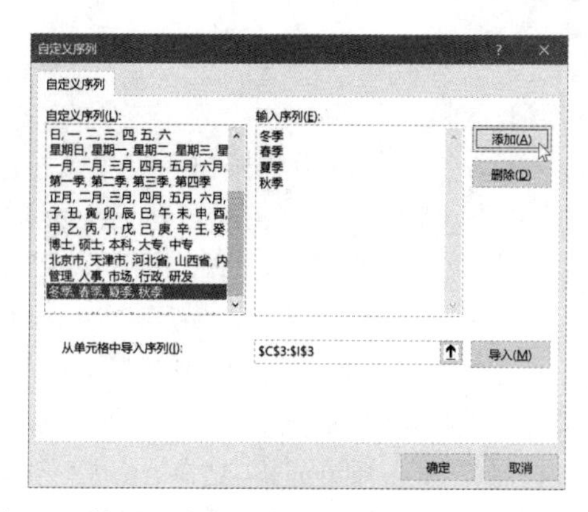

图 8-7　使用“自定义序列”对话框添加数据序列

单击“导入”按钮，可将“从单元格中导入序列”中选定的单元格区域中的数据项，添入到“自定义序列”列表中。

（3）单击“确定”按钮，如果用户在某单元格输入了“春季”后，拖动填充柄，可自动生成序列：春季、夏季、秋季、冬季。

按上述方法定义好自定义序列后，就可以利用填充柄或“填充”命令使用它了。

【例 8-2】打开【例 8-1】所建立的工作簿“工资管理.xlsx”，分别在工作表 Sheet2 和 Sheet3 中录入图 8-8 中的数据并以同名工作簿文件进行保存。

	A	B
1	部门名称	部门代码
2	管理	M
3	行政	A
4	人事	H
5	研发	R
6	市场	S

部门信息

	A	B	C
1	全月应纳税所得额	税率	速算扣除数（元）
2	不超过1500元	3%	0
3	超过1500元至4500元	10%	105
4	超过4500元至9000元	20%	555
5	超过9000元至35000元	25%	1005
6	超过35000元至55000元	30%	2755
7	超过55000元至80000元	35%	5505
8	超过80000元	45%	13505

工资薪金所得税率

图 8-8　工作簿“工资管理.xlsx”中工作表 Sheet2（左）和 Sheet3（右）的数据

【操作步骤】

（1）启动 Excel，打开工作簿“工资管理.xlsx”。

（2）在 Excel 工作区的左下方，单击两次“新工作表”按钮⊕，添加标签名为 Sheet2 和 Sheet3 的两张工作表。分别在工作表 Sheet2 和 Sheet3 中录入图 8-8 中的数据。

（3）将工作表 Sheet2 和 Sheet3 分别重命名为“部门信息”和“工资薪金所得税率”。

（4）单击“快速访问工具栏”中的“保存”按钮，保存“工资管理.xlsx”工作簿。

8.2.4　设置数据验证性输入

在 Excel 中输入数据时，如果进行数据验证性的设置，可以节约很多时间，也可以让用户在制作好的表格中输入数据时提高输入的准确性，提高数据录入的工作效率。

下面通过一个实例来讲解进行 Excel 数据验证性设置的方法。

【例 8-3】打开【例 8-2】所建立的工作簿“工资管理.xlsx”，利用图 8-8 中已录入的“部门名称”，实现图 8-4 中 E 列“部门”内容的快速录入。

【操作步骤】

（1）打开工作簿“工资管理.xlsx”。

（2）在 Excel 工作区的左下方“工作表标签按钮”处单击标签“2020 年 8 月”。

（3）单击单元格 E3，按住鼠标左键拖动到 E30，按 Delete 键，删除原有数据。

（4）在“数据”选项卡的“数据工具”组中单击“数据验证”按钮 数据验证，弹出“数据验证”对话框，如图 8-9 所示。

（5）在“允许”列表框中选择“序列”，单击“来源”框右侧的“对话框折叠”按钮，“数据验证”对话框将被折叠，如图 8-10 所示。

（6）单击工作表“部门信息”并选择单元格 A2～A6，再单击“对话框展开”按钮，回到图 8-9 所示的对话框中（也可以在图 8-9 中的“来源”框中直接输入“管理,行政,人事,研发,市场”，其中“,”使用英文半角逗号）。

图 8-9　“数据验证”对话框

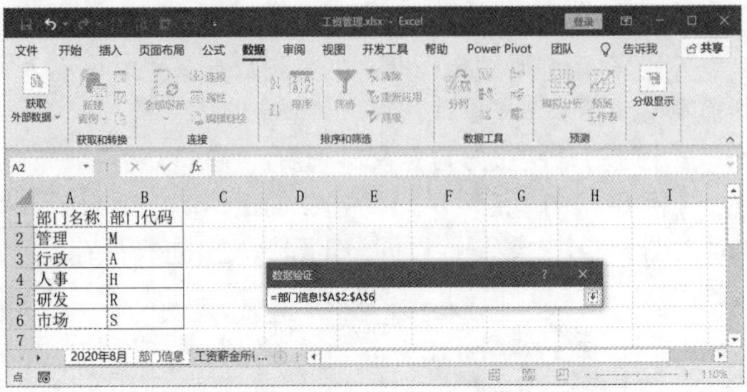

图 8-10　被折叠的“数据验证”对话框

（7）单击“输入信息”选项卡，如图 8-11 所示，在此可以设置输入数据时出现的提示信息。

在“标题”栏中输入“部门名称”，在“输入信息”栏中输入“单击右侧三角箭头，选择部门名称。”。

（8）单击“出错警告”选项卡，如图 8-12 所示，在此可以设置输入数据出错时的提示信息。

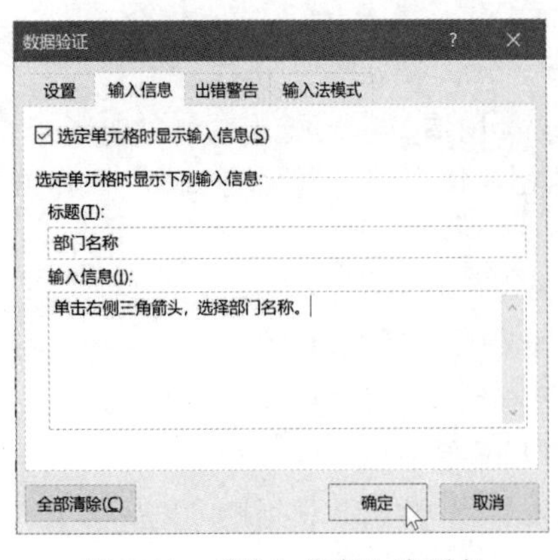

图 8-11　“输入信息”选项卡

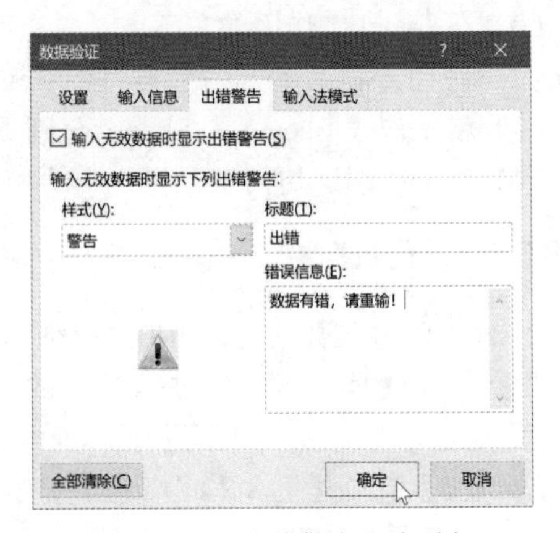

图 8-12　“出错警告”选项卡

在“样式”列表框中选择“警告”，在“标题”栏中输入“出错”，在“错误信息”栏中输入“数据有错，请重输！”。

（9）单击“确定”按钮，回到 Excel 编辑状态。这时可以看到在单元格 E3~E30 中会出现已经设置的数据录入效果，如图 8-13 所示。

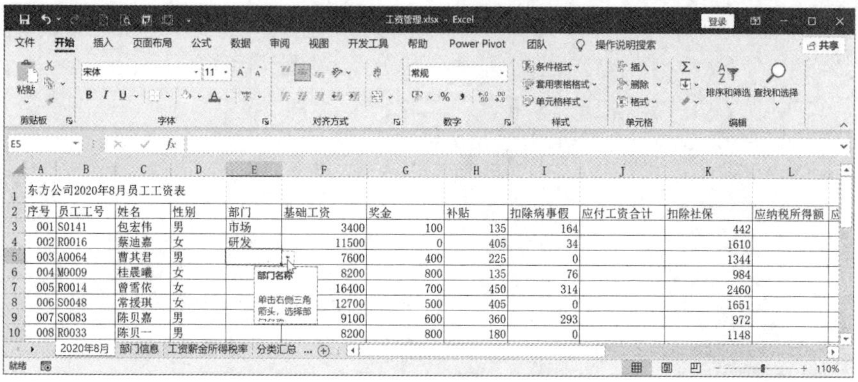

图 8-13　利用“数据验证”录入数据

（10）同样，“性别”列也可以采用数据验证性输入。录入所有的数据后，单击“快速访问工具栏”中的“保存”按钮，保存“工资管理.xlsx”工作簿。

8.3　工作表的编辑

8.3.1　选择单元格区域

单元格区域是输入、编辑 Excel 工作表的基础，选择单元格区域主要是指单元格的选择、单元格内容的选择。

1. 单元格、行和列的选择

（1）单个单元格的选择。就是激活该单元格，其名称为该单元格的名称，如 B2、F6 等。

（2）行和列的选择。对于行、列的选择，只需单击行标头或列标头。如果选择连续的行或列，只需在按住鼠标左键的同时，拖动行标头或列标头。

选择一列，然后在按 Shift 键的同时，单击其他列标头可选择连续的多列，如果按 Ctrl 键可选择不连续的列。

一行或多行的选择与列的选择方法一样。

2. 选择连续单元格

在选定连续单元格时，首先将光标定位在所选连续单元格的左上角，然后将鼠标从所选单元格左上角拖动到右下角即可。或者在按住 Shift 键的同时，单击所选连续单元格的右下角，即可选定连续区域。

在选定区域的第一个单元格为选定区域中的活动单元格，为白色状态，其他选择区域为灰色底纹，名称框中显示活动单元格名。

3. 选择不连续单元格

按 Ctrl 键的同时，单击所选单元格，或在其他区域拖动，就可以选择不连续的单元格区域。选择一行或多行、一列或多列、连续或不连续单元格的各种形式，如图 8-14 所示。

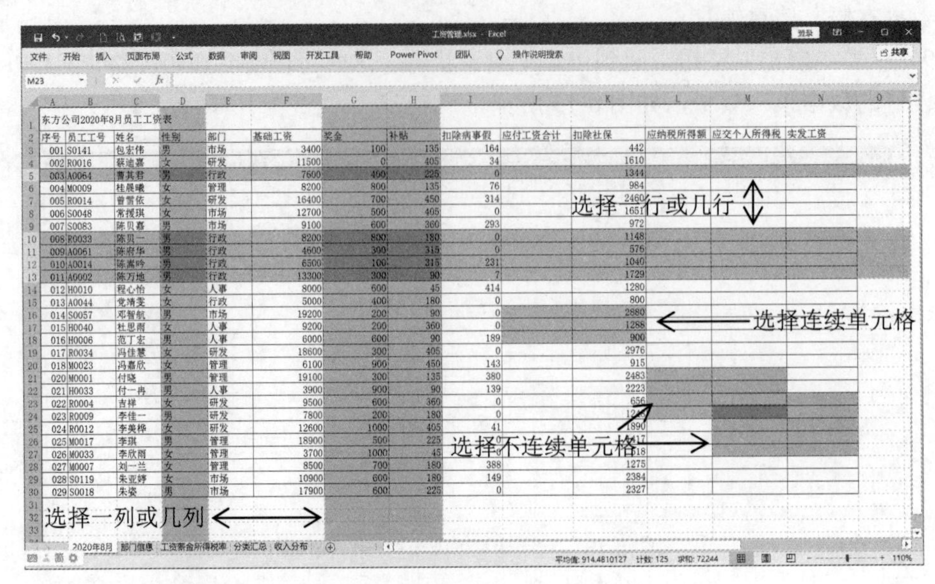

图 8-14　单元格选定时的各种形式

4. 选择当前工作表的全部单元格

单击工作表左上角的“全选”按钮，或者按 Ctrl+A 组合键，可以选择当前工作表的全部单元格。

5. 使用定位命令进行选择

可以使用“开始”选项卡“编辑”组中的“查找和选择”命令按钮，进行一些特殊的选择。

单击该按钮，弹出其命令列表框。执行“转到”命令，弹出“定位”对话框，单击“定位条件”按钮，打开如图 8-15 所示的“定位条件”对话框，在其中选择所需的条件，例如选择“常量”项，其结果将对具有公式项的单元格不予选择。

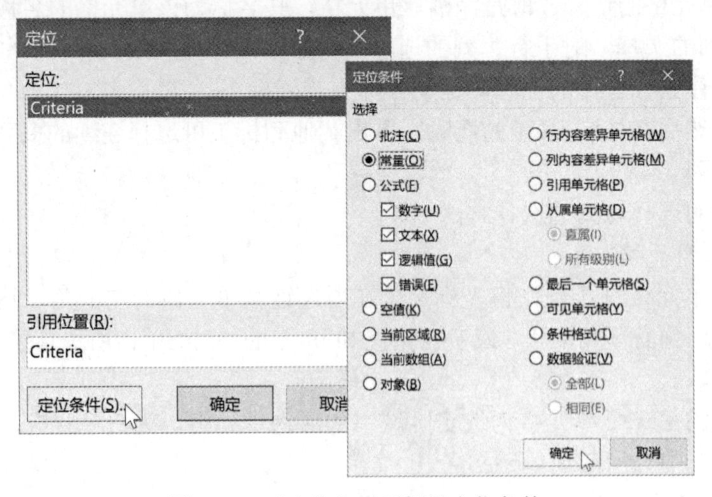

图 8-15　“定位”对话框及定位条件

如果想取消对单元格的选择，只需单击任意单元格即可。

8.3.2　单元格内容的选择

双击某单元格（或将某单元格选定后按 F2 键），这时可以看到单元格内有一条不断闪动的竖线。在所要选取内容的开始处按住鼠标左键不放，然后拖动到所要选择内容的结束处，或按 Shift 键的同时，用左、右方向键将光标移到所要选择内容的结束处即可。

8.3.3　工作表的选择

在 Excel 工作簿的左下角，可以单击工作表翻页按钮，进行工作表翻页，当所需表的名称出现在紧邻右侧（或左侧）的工作表标签时，单击此工作表即可。该工作表被选定，标签变为白色，即成为当前工作表。

按 Shift 键的同时，单击所要连续选择的最后一个工作表标签，此时被选择的工作表标签呈白色状态，如图 8-16 所示。

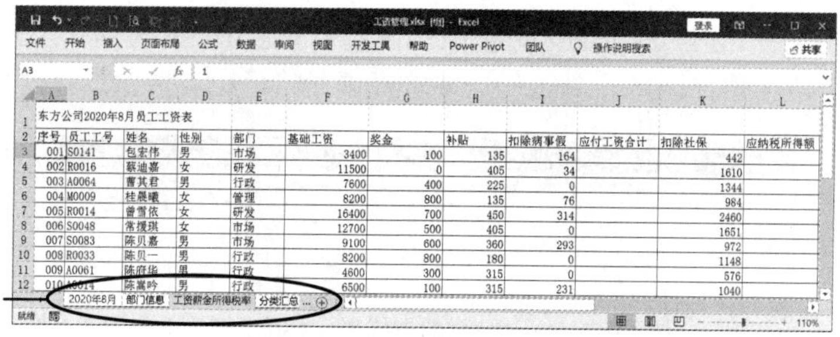

图 8-16　按 Shift 键进行连续工作表的选择

当按 Ctrl 键的同时，分别单击所要选择的工作表标签，此时，被选择的工作表标签也呈白色状态，选择的工作表不连续。

选择多个工作表时，这几个工作表就变成了工作表组。表明以后在其中任一工作表内的操作都将同时在所有所选的工作表中进行。例如，当在“2020 年 8 月”工作表中向单元格 C3 中输入内容时，则其他工作表中的单元格 C3 也会出现相同的内容。

如果想取消对多个工作表的选择，只需单击任意一个未被选择的工作表的标签，或在所选工作表的任一标签上右击，在打开的快捷菜单中选择“取消组合工作表”命令即可。

8.3.4　工作表的编辑

工作表的编辑主要有单元格内容的移动、复制、删除，单元格的插入，行、列的删除、插入，工作表的移动、复制、删除和插入等操作。

编辑过程中，可以随时使用“快速访问工具栏”上的“撤消”按钮和“重复”按钮来撤消误操作。

1. 单元格部分内容的移动、复制与删除

选定要编辑的单元格并进入编辑状态，如果要复制，单击“开始”选项卡“剪贴板”中的“复制”按钮（或按 Ctrl+C 组合键）；如果要移动，单击“剪切”按钮（或按 Ctrl+X 组合键）。然后双击所要粘贴的单元格，并将光标定位到新的位置，单击“开始”选项卡“剪贴板”中的“粘贴”按钮（或按 Ctrl+V 组合键）。

选定单元格中所要删除的部分内容，然后按 Delete 键，即可将其删除。

2. 单元格全部内容的复制与移动

如果要复制单元格，将光标移到单元格边框下侧或右侧，出现箭头状光标时，拖动单元格到新的位置；如要移动单元格，则直接拖动单元格到新位置之后释放。如果目标位置已有数据，则系统弹出询问是否替换目标单元格内容的对话框（按 Ctrl 键的同时，拖动鼠标将不会出现该对话框），如图 8-17 所示。单击“确定”按钮进行替换，否则不替换。

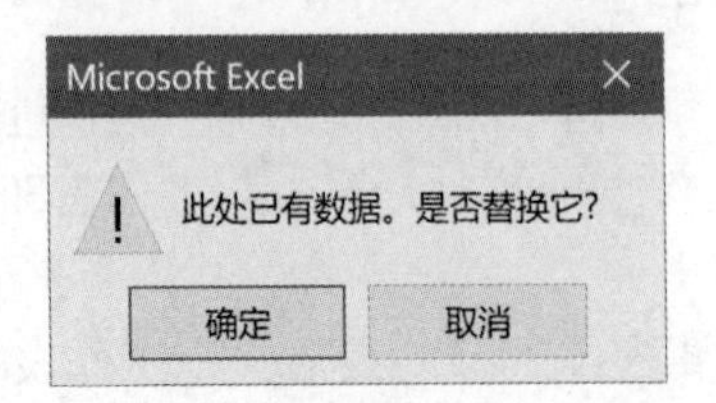

图 8-17　询问是否替换目标单元格内容的对话框

进行复制与剪切操作时，选定的区域被绿色虚线框所包围，称为“活动选定框”，如图 8-18 所示。按 Esc 键可取消选择区域，单击任一非选择单元格，也可取消选择区域。

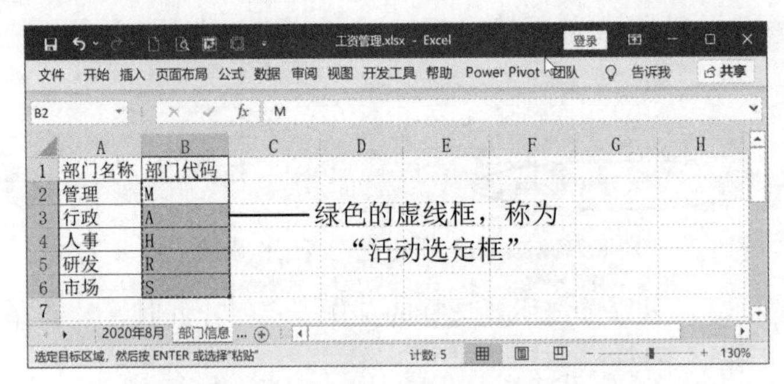

图 8-18　复制或剪切状态下的活动选定框

3. 使用选择性粘贴

“选择性粘贴”命令可以实现某些特殊的复制和移动操作。先选择要复制、移动的源单元格，并执行“复制”或“剪切”命令。再将光标移动到目标单元格处，单击“开始”选项卡“剪贴板”中“粘贴”按钮下方的“下拉列表”按钮，并执行“选择性粘贴”命令，打开“选择性粘贴”对话框，如图 8-19 所示。

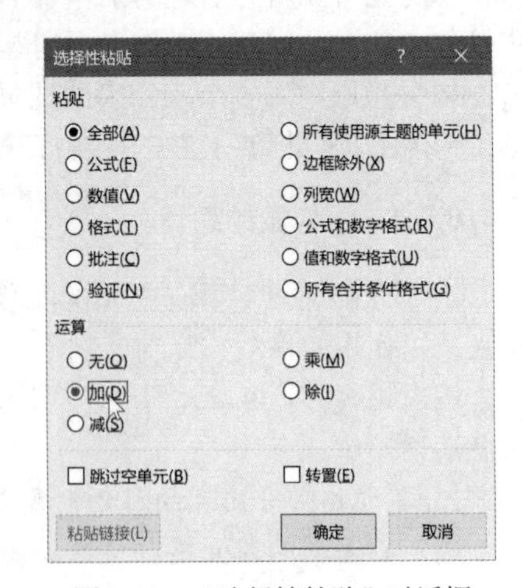

图 8-19　“选择性粘贴”对话框

在该对话框中，如果选择“数值”选项，则将源单元格内的公式计算成结果数值，粘贴到目标单元格内；选择“格式”选项，则将源单元格内的格式粘贴到目标单元格内；选择“转置”选项，则将源单元格的数据沿行方向或列方向进行粘贴。单击“确定”按钮，完成操作。

【例 8-4】为“工资管理.xlsx”中的每位员工增加基础工资 225 元。

【操作步骤】

（1）打开工作簿“工资管理.xlsx”文件，单击工作表“2020 年 8 月”。

（2）在单元格 P3 中输入 225，然后复制单元格 P3，使单元格 P3 处于活动状态。

（3）选中(F3:F30)，单击“开始”选项卡“剪贴板”中“粘贴”按钮下方的“下拉列表”按钮，并执行“选择性粘贴”命令，打开“选择性粘贴”对话框。单击“运算”栏下的“加”选项，如图 8-19 所示，单击“确定”按钮。

（4）再次选中单元格 P3，按 Delete 键将其内容删除。

4. 单元格内容的删除

选择要删除内容的单元格，单击“开始”选项卡“编辑”中的“清除”按钮，在弹出命令列表中根据需要选择“全部清除”“清除格式”“清除内容”“清除批注”“清除超链接”等选项。

按 Delete 键相当于仅删除内容。

5. 单元格的插入与删除

根据需要可以进行插入单元格的操作。选择所要插入的单元格的位置，单击“开始”选项卡“单元格”组中的“插入”按钮，系统默认插入一个单元格，且原来的单元格下移。如果执行“插入”列表框中的“插入单元格”命令，则在出现的“插入”对话框中选择插入之后当前单元格移动的方向。

选择所要删除的单元格，单击“删除”按钮，系统默认删除一个单元格，且下面的单元格上移。如果执行“删除”列表框中的“删除单元格”命令，则在出现的“删除”对话框中选择删除之后其他单元格移动的方向。

插入和删除单元格操作时出现的对话框，如图 8-20 所示。

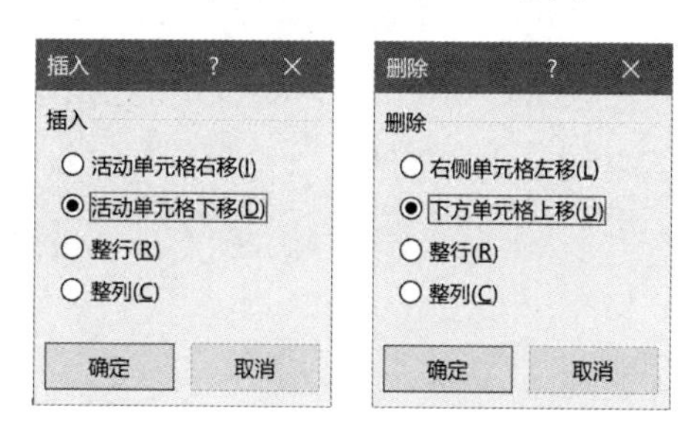

图 8-20　“插入”和“删除”对话框

6. 单元格的合并

选定两个或多个单元格，单击“开始”选项卡“对齐方式”组中的“合并后居中”按钮 合并后居中，可对所选的单元格进行合并。合并单元格时，系统将弹出信息提示对话框，如图 8-21 所示，单击“确定”按钮，第一个单元格以外的单元格数据将被删除。

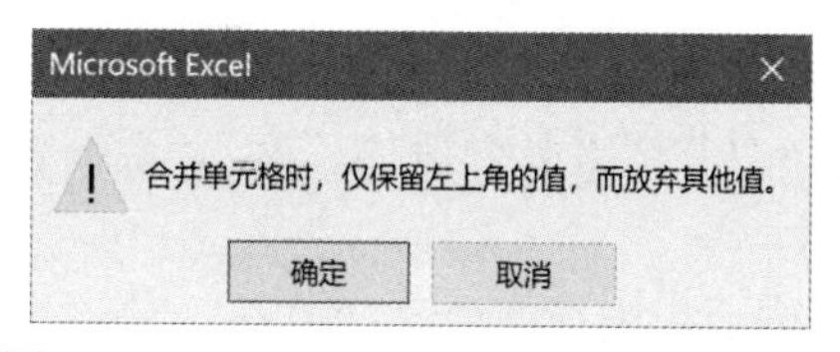

图 8-21　在合并单元格时出现的提示信息

7. 行、列的插入与删除

执行“开始”选项卡“单元格”组中的“插入”或“删除”命令，同样也适合对行和列执行插入与删除操作，这里不再细述。

插入与删除行或列的操作也可在选定行或列时，右击执行快捷菜单中的“插入”或“删除”命令进行操作。

8. 行高与列宽的调整

工作表中的行高与列宽是 Excel 默认设定的，行高自动以本行中最高的字符为准，列宽预设 10 个字符位置。可以根据需要手动进行行高与列宽的调整。

在 Excel 中调整行高与列宽的方法如下。

（1）使用鼠标调整行高与列宽。

把鼠标移动到行与行或列与列的分隔线上，鼠标变成双箭头或时，按住鼠标左键不放，拖动行（列）标的下（右）边界来设置所需的行高（列宽），这时将自动显示高度（宽度）值。调整到合适的高度（宽度）后放开鼠标左键即可。

若要更改多行（列）的高度（宽度），先选定要更改的所有行（列），然后拖动其中一个行（列）标的下（右）边界；如果要更改工作表中所有行（列）的宽度，单击全选按钮，然后拖动任何一列的下（右）边界。

（2）精确设置行高与列宽。

- 可以精确设置行高或列宽。单击“开始”选项卡“单元格”组中的“格式”按钮，如图 8-22 所示，在弹出的命令列表框中单击“行高”或“列宽”，打开“行高”或“列宽”对话框，如图 8-23 所示，在对话框中输入行高或列宽的精确数值即可。

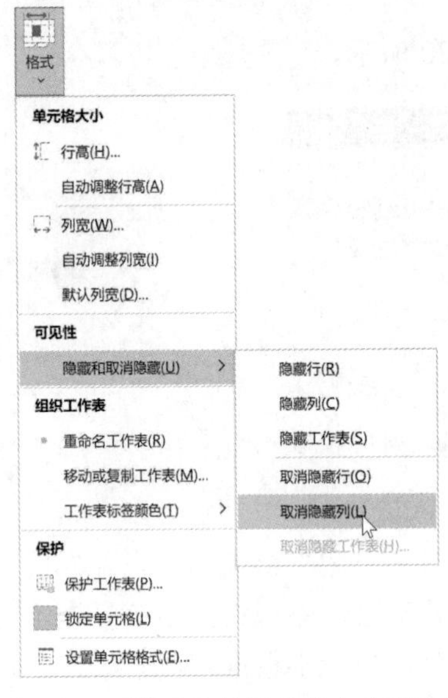

图 8-22 “格式”按钮及其命令列表框

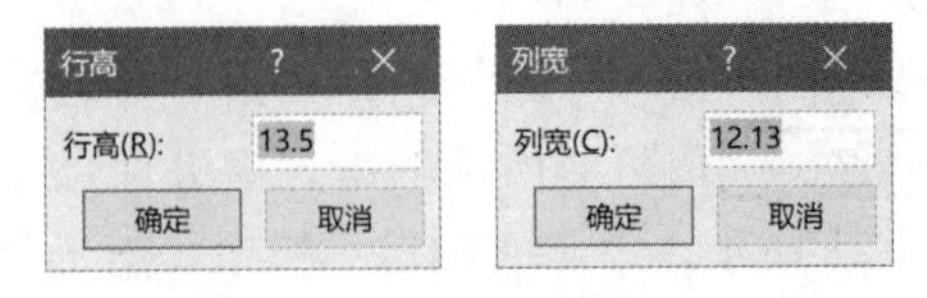

图 8-23 “行高”和“列宽”对话框

- 如果选择“最合适的行高”或“最合适的列宽”，系统将自动调整到最佳行高或列宽。

9. 行或列的隐藏

如图 8-22 所示，选定行或列后，执行“隐藏行（列）”命令，所选的行或列将被隐藏起来。

如果选择“取消隐藏行（列）”，则再现被隐藏的行或列。若在弹出的“行高”或“列宽”对话框中输入数值 0，也可以实现整行或整列的隐藏。

8.3.5　工作表的操作

1. 插入工作表

在编辑工作簿时，可能要增加工作表的个数，插入一张工作表的方法有以下几种。

（1）单击“开始”选项卡“单元格”组中“插入”按钮右侧的“下拉列表”按钮，在弹出的命令列表框中执行“插入工作表”命令。

（2）右击要插入的工作表的后一个工作表标签，在弹出的快捷菜单中选择“插入”命令，在弹出的“插入”对话框中选择所需的“工作表”选项，如图 8-24 所示，单击“确定”按钮，将插入一张新工作表。

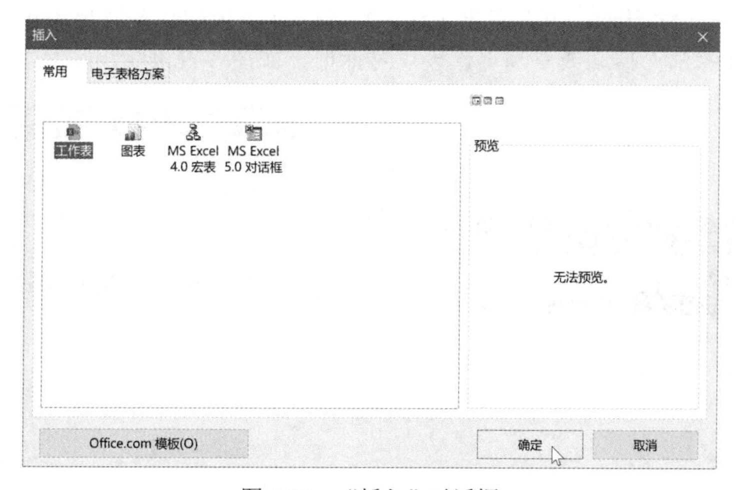

图 8-24　“插入”对话框

（3）单击工作表标签右侧的“插入工作表”按钮⊕（或按 Shift+F11 组合键），可在当前工作表的前面插入一张新工作表。

2. 重命名工作表

一个 Excel 工作簿默认的工作表名称为 Sheet1、Sheet2、Sheet3……。为了使工作表的名字更能反映表中的内容，可以改变工作表的名称。重命名工作表的方法有以下几种。

（1）双击某工作表标签，可直接输入新的工作表名称。

（2）右击某工作表标签，从弹出的快捷菜单中选择“重命名”命令选项。

3. 删除工作表

选择要删除的工作表标签，右击所选标签，在出现的快捷菜单中选择“删除”选项；或单击“开始”选项卡“单元格”组中“删除”按钮右侧的“下拉列表”按钮，在弹出的命令列表框中执行“删除工作表”命令。

4. 隐藏工作表

使用 Excel 的隐藏工作表功能将工作表隐藏起来，以避免别人查看某些工作表。当一个工作表被隐藏时，其所对应的工作表标签也同时隐藏起来。

隐藏工作表的操作步骤是：激活要隐藏的一个或多个工作表，在工作表标签按钮处右击，在弹出的快捷菜单中执行“隐藏”命令（或在“开始”选项卡“单元格”组中单击“格式”按钮，弹出“格式”命令列表框）。单击“隐藏和取消隐藏”菜单下的“隐藏工作表”命令。

取消隐藏工作表的方法有以下几种。

（1）在工作表标签按钮处右击，在弹出的快捷菜单中执行“取消隐藏”命令。

（2）在“开始”选项卡“单元格”组中单击“格式”按钮，弹出的“格式”命令列表框。单击“隐藏和取消隐藏”菜单下的“取消隐藏工作表”命令。

执行以上方法时，系统均弹出“取消隐藏”对话框，选择要解除隐藏的工作表并单击“确定”按钮，如图 8-25 所示。

5. *移动或复制工作表*

Excel 允许将工作表在一个或多个工作簿中移动或复制。若将一个工作表移动或复制到不同的工作簿时，两个工作簿需同时被打开。

要移动或复制工作表时，可以右击工作表标签，在出现的快捷菜单中选择“移动或复制表”命令。Excel 弹出“移动或复制工作表”对话框，如图 8-26 所示。

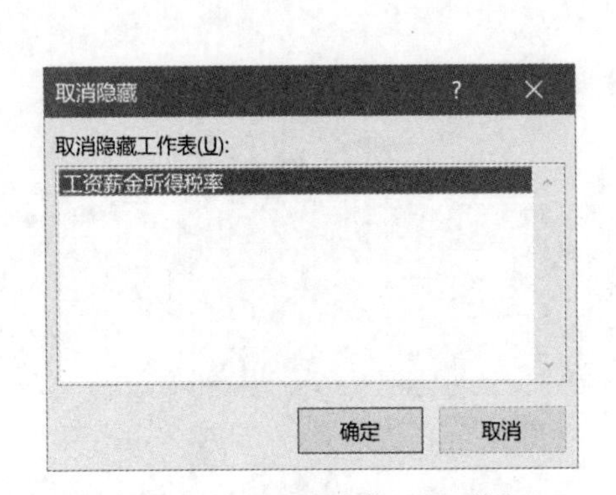

图 8-25 “取消隐藏”对话框

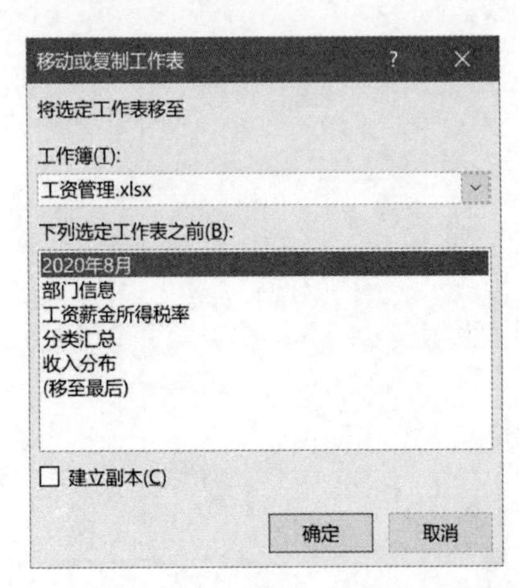

图 8-26 “移动或复制工作表”对话框

在“将选定工作表移至”下拉列表框中选择要移动或复制到的工作簿，可以选择当前工作簿、新工作簿和其他已打开的工作簿。在“下列选定工作表之前”列表框中选择要插入的位置。如果是移动工作表，则不选中“建立副本”复选框；如果复制工作表，则选中“建立副本”复选框，然后单击“确定”按钮可完成移动或复制工作表。

可以使用鼠标移动或复制工作表，方法是：选择所要移动、复制的工作表标签，如果要移动，拖动所选工作表标签到所需的位置；如果要复制，则在按住 Ctrl 键的同时，拖动所选的标签到所需位置。拖动时，光标会出现一个黑三角符号▼表示移动的位置。

8.4 保护数据

Excel 除具有数据编辑和处理功能外，用户还可对工作簿中的数据进行有效保护，如设置密码不允许无关人员访问，也可以保护某些工作表或工作表中的某些单元格的数据，防止无关人员进行修改。

一般情况下，任何人都可以自由访问并修改未经保护的工作簿和工作表。

1. 保护工作簿

（1）保护工作簿。为了保护工作簿，可进行如下操作。

1）打开工作簿，选择“文件”选项卡中的“另存为”命令，打开“另存为”对话框。

2）单击“另存为”对话框右下方“工具”旁边的“下拉列表框”按钮▼，并在出现的下拉列表中单击“常规选项”，出现“常规选项”对话框。

3）在“常规选项”对话框的“打开权限密码”和“修改权限密码”框中输入密码。

4）单击“确定”按钮，回到“另存为”对话框，再单击“保存”按钮，就设置了对工作簿打开和修改的权限密码。只有正确输入了打开和修改的权限密码后，用户才可对工作簿和工作表进行浏览和编辑。

如果要修改或取消设置的工作簿保护密码，可再次打开“常规选项”对话框，在打开或修改权限密码框中输入新的密码或按下 Delete 键，即可对密码进行重新设置或取消。

（2）保护工作簿的结构。如果不允许对工作簿中的工作表进行移动、删除、插入、隐藏、重新命名等操作，可按下面的步骤对工作簿进行设置。

1）打开“审阅”选项卡，单击“保护”组中的“保护工作簿”按钮，出现“保护结构和窗口”对话框，如图 8-27 所示。

2）在“密码”框中输入密码，可以防止他人取消工作簿保护，单击“确定”按钮，完成保护工作簿的操作。取消这种保护，可再次单击“审阅”选项卡“更改”组中的“保护工作簿”按钮，在弹出的对话框中输入之前设置的保护密码即可。

2. 保护工作表

除了可以保护整个工作簿外，用户也可以保护工作簿中指定的工作表，操作步骤如下。

（1）选择要保护的工作表为当前工作表。

（2）打开“审阅”选项卡，单击“保护”组中的“保护工作表”按钮，出现“保护工作表”对话框，如图 8-28 所示。

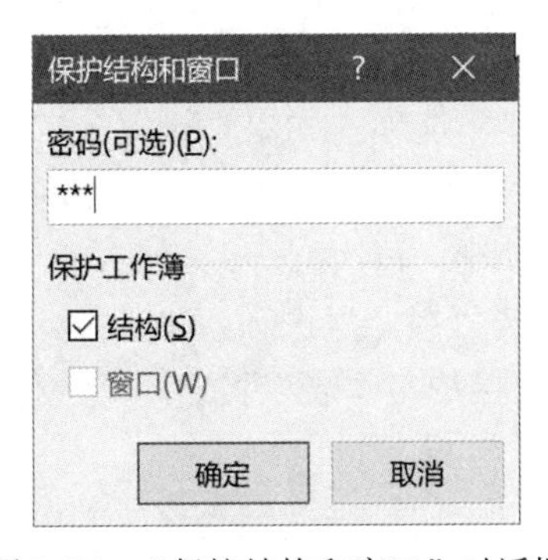

图 8-27　“保护结构和窗口”对话框

图 8-28　“保护工作表”对话框

（3）勾选“保护工作表及锁定的单元格内容”复选框。

（4）在“允许此工作表的所有用户进行”列表框中选择允许用户操作的选项，在“取消工作表保护时使用的密码”框中输入密码，单击“确定”按钮，完成保护工作表的设置。

3. 保护公式

在工作表中，可以将不希望他人看到的单元格中的公式隐藏，选择该单元格时公式不会出现在编辑栏内。设置保护公式的步骤如下。

（1）选择需要隐藏公式的单元格，打开“开始”选项卡，单击“单元格”组中的“格式”按钮，弹出命令列表框，执行“设置单元格格式”命令，出现如图 8-29 所示的“设置单元格格式”对话框。

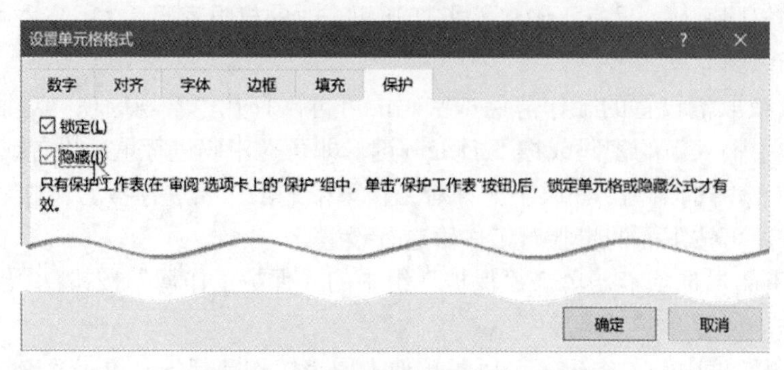

图 8-29 “设置单元格格式”对话框

（2）单击“保护”选项卡，勾选“隐藏”复选框，单击“确定”按钮。

（3）打开“审阅”选项卡，单击“保护”组中的“保护工作表”按钮，完成保护工作表的设置，同时“保护工作表”按钮改变为“撤消保护工作表”按钮。

选中被保护的单元格，单击“审阅”选项卡“保护”组中的“取消保护工作表”按钮，可撤消保护公式。

【例 8-5】打开【例 8-4】所建立的工作簿“工资管理.xlsx”，将工作表“部门代码”中的单元格区域(A1:B6)进行保护，然后隐藏工作表“工资薪金所得税率”。

【操作步骤】

（1）启动 Excel，打开工作簿“工资管理.xlsx”。

（2）单击“部门信息”工作表标签，右击工作表左上角的“全选”按钮，执行快捷菜单中的“设置单元格格式”命令，弹出如图 8-29 所示的“设置单元格格式”对话框。

（3）切换到“保护”选项卡，单击取消勾选“锁定”选项（如果不设置公式“隐藏”，则不要勾选“隐藏”选项），单击“确定”按钮。

（4）选中工作表“部门信息”中的单元格区域(A1:B6)，再次打开图 8-29 所示的“设置单元格格式”对话框。切换到“保护”选项卡，单击勾选“锁定”选项。

（5）打开“审阅”选项卡，单击“保护”组中的“保护工作表”按钮，完成保护工作表（单元格）的设置。

（6）选中工作表“部门信息”中被保护的单元格，如 A2，当试图去修改其中的内容时，系统将会弹出如图 8-30 所示的提示对话框，表示该单元格内容无法修改。但用户可修改单元格(A1:B6)区域之外的单元格内容。

图 8-30　系统提示对话框

（7）右击“工资薪金所得税率”工作表标签，选择快捷菜单中的“隐藏”命令，则该工作表被隐藏。

8.5　页面设置与打印预览

创建工作表后，为了提交或查阅方便，需要将工作表打印出来。打印工作表的操作步骤是：先进行页面设置，再进行打印预览，然后打印输出。

1. 页面设置

单击“页面布局”选项卡“页面设置”组右下角的“对话框”按钮，打开“页面设置”对话框，如图 8-31 所示。

图 8-31　“页面设置”对话框

（1）单击“页面”选项卡，在此设置打印方向、打印比例、纸张大小、起始页码等。

（2）单击“页边距”选项卡，在此输入数据到页边的距离及选择居中方式等。

（3）单击“页眉/页脚”选项卡，在此可给打印页面添加页眉和页脚。

（4）单击“工作表”选项卡，在此可以设置选择打印区域、是否打印网格线、设置打印顶端标题行和从左侧重复的列数等。

单击“页面布局”选项卡“页面设置”组中的“页边距”“纸张方向”“纸张大小”“打印区域”和“打印标题”按钮，可设置相应的打印要求。

2. 人工分页与设置打印区域

如果一张工作表较大，Excel 会自动为工作表分页，如果不满意这种分页，可以根据需要对工作表进行人工分页。

为满足人工分页，用户可手工插入分页符，分页包括水平分页和垂直分页。

水平分页（垂直分页）的操作步骤是：首先单击要另起一页的起始行行（列）号或选择该行（列）最上（左）边的单元格，然后打开“页面布局”选项卡，单击“页面设置”组中的“分隔符”按钮，执行下拉列表中的“插入分页符”命令，这时在起始行（列）上（左）端出现一条水平线表示分页成功。

如果选择的不是最上或最左的单元格，插入的分页符将在该单元格上方和左侧各产生一条分页虚线，如图 8-32 所示。

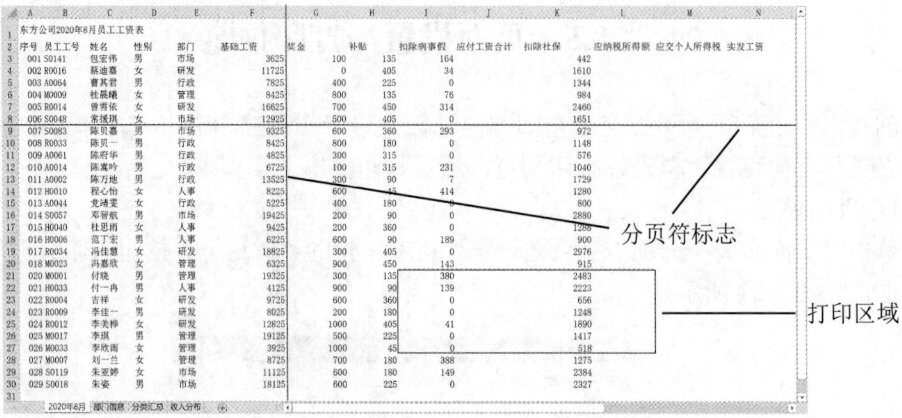

分页符标志

打印区域

图 8-32　水平与垂直分页符及打印区域的设置

如需删除水平分页符或垂直分页符，可选择该分页符下面的一行（列），然后单击“页面设置”组中的“分隔符”按钮，执行列表框中的“删除分页符”命令。

如果只打印工作表中的一部分数据，可将要打印的区域设置为打印区域。打印区域的设置可在页面设置中的“工作表”选项卡进行，也可拖曳鼠标选定单元格区域后再进行设置。操作方法是：先选定单元格区域，再单击“页面设置”组中的“打印区域”按钮，在弹出的命令列表中执行“设置打印区域”命令。

再次单击“打印区域”按钮，在弹出的命令列表中执行“取消打印区域”命令，可取消打印区域的设置。

3. 打印顶端标题和从左侧重复的列数

单击“页面布局”选项卡“页面设置”组中的“打印标题”按钮，弹出如图 8-33 所示的“页面设置”对话框，并同时显示其“工作表”选项卡界面。

打印页面时，要求每张页面都要打印标题行，则单击“打印标题”栏下的“顶端标题行”右侧的“数据折叠”按钮，切换到工作表编辑状态，用鼠标在某行号处单击选中某一行，再单击“顶端标题行”右侧的“数据展开”按钮即可。

如果每页都要打印某一列，则需单击“打印标题”栏下的“从左侧重复的列数”右侧的“数据折叠”按钮，然后用鼠标在某列标处单击选中某一列即可。

4. 打印预览

单击“快速访问工具栏”上的“打印预览和打印”按钮，可以进行打印预览，如果不符合要求可进行修改，直到满意为止。

图 8-33　“页面设置”对话框

5. 分页预览

分页预览可以在窗口中直接查看工作表分页的情况。单击“视图”选项卡“工作簿视图”组中的“分页预览”按钮（或单击 Excel 工作区右下角的“分页预览”按钮 ），可进入分页预览视图，如图 8-34 所示。

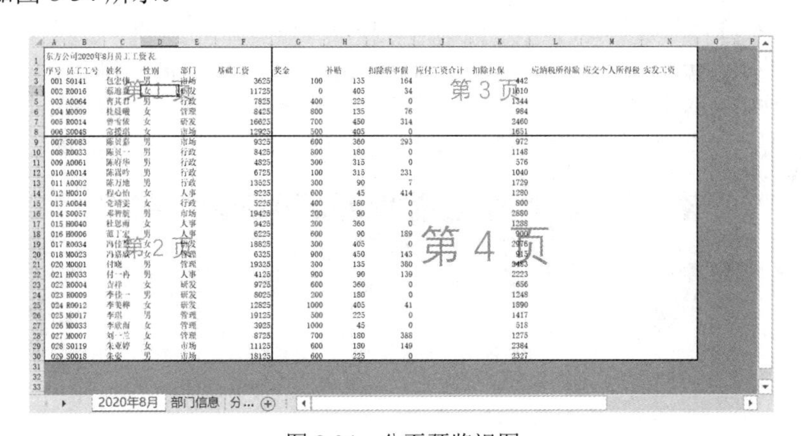

图 8-34　分页预览视图

在分页预览视图中，蓝色粗实线表示了分页情况，每页区域中都有暗淡的页码显示。

如果是在设置的打印区域进行分页，则可以看到没有被蓝色粗线框住的最外层的数据，非打印区域为深色背景，打印区域为浅色背景。

在分页进行预览的同时，可以设置、取消打印区域，插入和删除分页符。

分页预览时，将鼠标移到打印区域的边界上，指针就变为双箭头，这时拖动即可改变打印区域，也可改变分页符的位置。

单击“视图”选项卡“工作簿视图”组中的“普通”按钮（或单击 Excel 工作区右下角的“普通”按钮 ），结束分页预览回到普通视图中。

6. 打印

在设置完打印区域、页面设置、打印预览后，就可打印工作表了。打印工作表的方法与Word方法基本相同，这里不再详述。

8.6 设置单元格的格式

工作表的格式化包括单元格数字的显示方式、文本的对齐方式、字体字号、边框样式与底纹等多种修饰，通过设置单元格的格式，可以使工作表数据排列整齐，重点突出，显示美观。

8.6.1 数字格式

Excel为单元格或所选单元格区域提供了多种数字格式。如可以为数字设置不同小数位数、百分号、货币符号等，屏幕上的单元格显示的是格式化后的数字，而编辑栏中表现的是系统实际存储的数据。

1. 用命令按钮格式化数字

选定某单元格或一个数字区域，例如123.456，打开“开始”选项卡“数字”组中的“数字格式”列表框按钮 常规 ，选择“百分比样式”按钮 % ，或单击其他格式按钮，可以为选定的单元格设置“货币”“百分比”“千位分隔样式”“增加小数位数”“减少小数位数”等数字格式。

2. 用对话框格式化数字

单击“开始”选项卡“数字”组中右下角的对话框按钮（或右击某单元格，执行快捷菜单中的“设置单元格格式”命令），弹出“设置单元格格式”对话框，如图8-35所示。在该对话框中单击“数字”选项卡，并在“分类”列表中选择一种分类格式，在对话框的右侧进一步按要求进行设置，可从“示例”栏中查看效果，然后单击“确定”按钮即可。

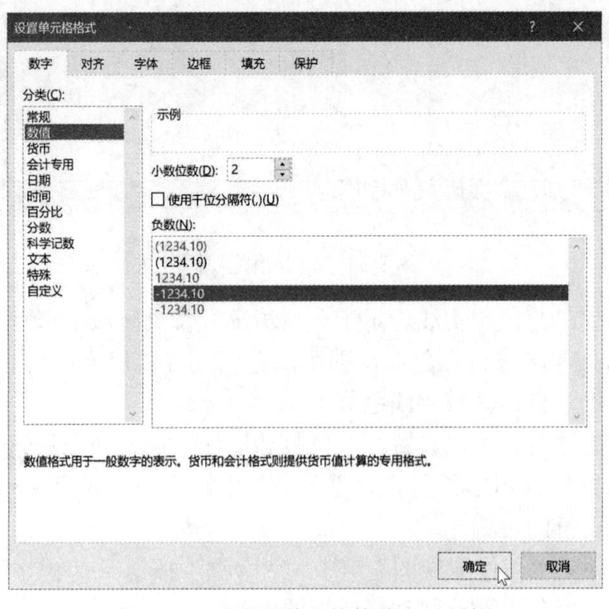

图8-35 “设置单元格格式”对话框

注意：如果要取消数字的格式，可以在“开始”选项卡的“编辑”组中的“清除”命令列表框中选择“清除格式”选项。

8.6.2　设置字体

通常情况下，输入的数据字体为“宋体”，字形为“常规”，字号为“11”（相当于中文字号大小的五号字）。根据实际需要，可以通过“开始”选项卡“字体”组中的有关命令进行设置。字体设置的方法与 Word 基本相同，在此不再细述。

也可使用图 8-35 所示的“设置单元格格式”对话框来为所选单元格区域设置字体。单击图 8-35 中的“字体”选项卡，弹出“字体”对话框。在该对话框中可以对所需的“字体”“字形”“字号”“下划线”“颜色”以及“特殊效果”等进行设置。

8.6.3　对齐方式

默认情况下，输入单元格的数据是按照文字左对齐、数字右对齐、逻辑值居中对齐的方式来进行的。用户可以通过设置对齐方式，以满足实际显示的需要。

要改变单元格的对齐方式，最方便快捷的方式是使用“开始”选项卡“对齐方式”组中的有关命令进行设置。

也可使用图 8-35 所示的“设置单元格格式”对话框中的“对齐”选项卡对单元格进行对齐方式、文字方向、合并单元格等设置。

【例 8-6】打开【例 8-5】所建立的工作簿“工资管理.xlsx”，完成以下任务。

（1）将工作表“2020 年 8 月”中的单元格区域(A1:N1)合并居中，字体为“黑体”，字号为“14”，颜色为“标准色/红色”。

（2）将“序号”列中的数值设置为“001，002……”格式，即不足 3 位用 0 占位。

（3）将 E 列到 M 列中的数值设置为会计专用式。

【操作步骤】

（1）启动并打开工作簿“工资管理.xlsx”，单击工作表“2020 年 8 月”标签。

（2）选中单元格区域(A1:N1)，单击“开始”选项卡。

（3）单击“对齐方式”功能组中的“合并后居中”按钮 合并后居中，弹出系统提示对话框，单击“确定”按钮，如图 8-36 所示。

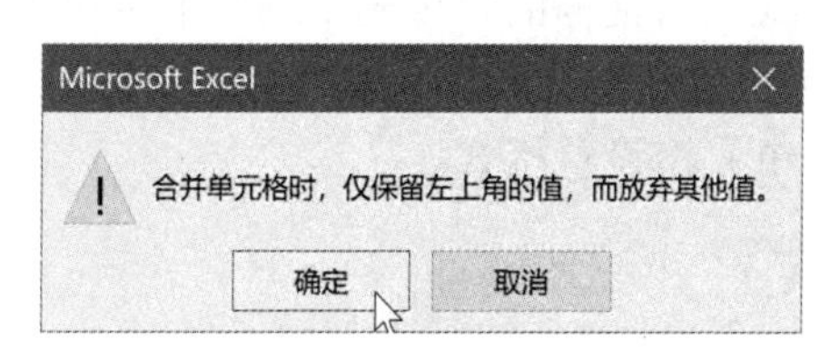

图 8-36　系统提示对话框

（4）分别单击“字体”组中的“字体”“字号”和“字体颜色”按钮，设置字体为“黑体”“14”和“标准色/红色”。

（5）选中单元格区域(A3:A30)，右击鼠标，在弹出的快捷菜单中选择“设置单元格格式”命令，在弹出的“设置单元格格式”对话框的“数字”选项卡中选择“分类”列表框中的“自定义”，在右侧的“类型”文本框中输入“000”，如图 8-37 所示，单击“确定”按钮。

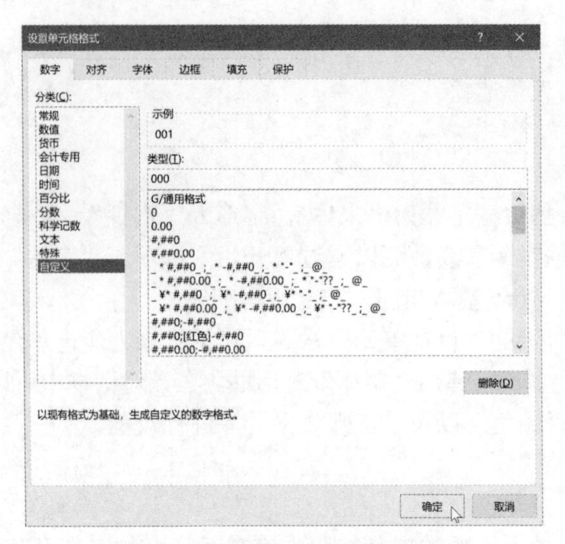

图 8-37 “设置单元格格式”对话框

（6）选中数据区域(F3:N30)，右击鼠标，选择快捷菜单中的命令，打开如图 8-37 所示的“设置单元格格式”对话框，在“数字”选项卡中选择“分类”列表框中的“会计专用”，然后单击“确定”按钮。

8.6.4 边框与底纹

打开 Excel 时，工作表中显示的网格线是为输入、编辑方便而预设置的，在打印或显示时，可以全部使用它作为表格线，也可以全部取消它，但是为了强调工作表的一部分或某一特殊表格部分，则需要用“边框与底纹”命令来设置。

为所选单元格设置边框和底纹的方法如下。

（1）打开“开始”选项卡，单击“字体”组“边框”按钮右侧的“下拉列表”按钮，选择命令列表中的“其他边框”，在弹出的如图 8-35 所示的“设置单元格格式”对话框的“边框”选项卡中，可以很方便地进行单元格的边框设置。

（2）如果只设置单元格的边框，也可单击“边框”按钮右侧的“下拉列表”按钮，在弹出的命令列表框中直接选择一种边框即可。

（3）在“设置单元格格式”对话框的“填充”选项卡中可以设置单元格的底纹与颜色。

（4）也可以使用“开始”选项卡“样式”组中的“条件格式”按钮、“单元格样式”按钮、“套用表格样式”按钮为单元格设置格式。

8.6.5 套用表格格式

当格式化单元格时，某些操作可能是重复的，这时可以使用 Excel 提供的复制格式功能实现快速格式化的设置。

要实现快速格式化的设置，可使用“开始”选项卡“剪贴板”组中的“格式刷”按钮 格式刷，以及通过“复制”与“粘贴”命令，其操作方法与 Word 相同。这里为读者介绍如何使用“套用表格格式”命令来格式化单元格。

在 Excel 中，用户可以根据 Excel 提供的表格预设的格式，将我们制作的报表格式化，生成美观的报表，也就是表格的自动套用。使用自动格式化的功能，可以节省时间，也使报表样式统一美观。

1. “套用表格格式”格式化单元格

使用“套用格式”按钮格式化单元格的步骤如下。

（1）选择要格式化的单元格区域，如工作簿“工资管理.xlsx”中工作表“2020 年 8 月”的单元格区域(A1:N1)，单击“开始”选项卡“样式”组中的“套用表格格式”按钮，出现各种表格样式列表，如图 8-38 所示。

（2）单击选择所需样式，弹出“创建表”对话框，如图 8-39 所示。

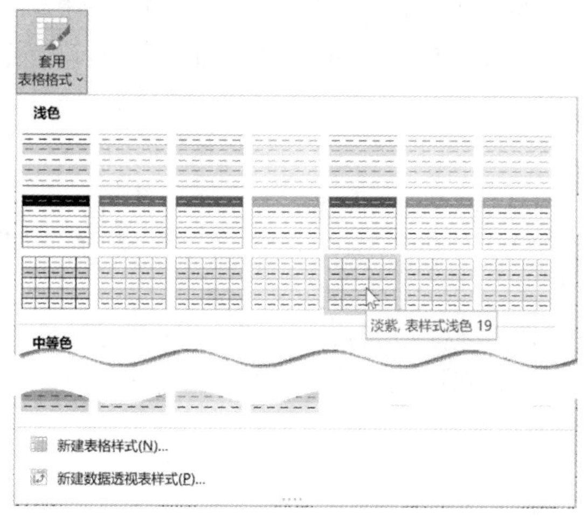

图 8-38　“套用表格格式”按钮及其列表框

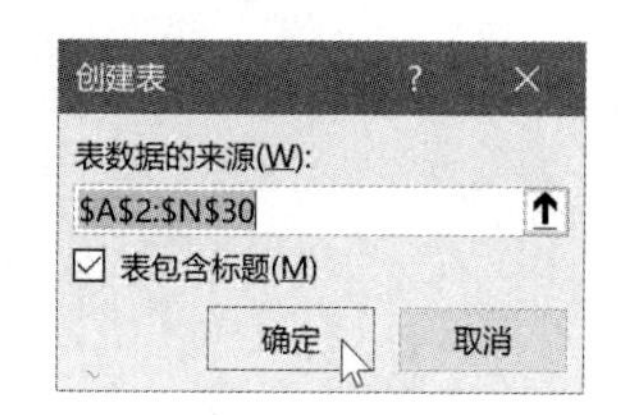

图 8-39　“创建表”对话框

（3）确定表格数据范围是否正确，其中“表包含标题”是指表格的顶端是否为表头项目标题，表头通常需要特殊格式，与数据区分开，默认都是选中状态。

（4）单击“确定”按钮，完成对所选单元格区域的格式化，如图 8-40 所示。

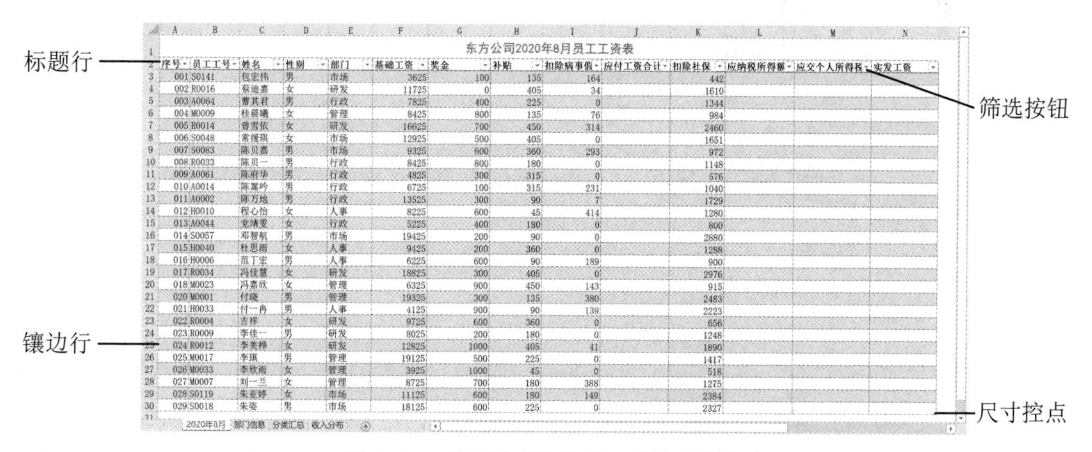

东方公司2020年8月员工工资表

序号	员工工号	姓名	性别	部门	基础工资	奖金	补贴	扣除病事假	应付工资合计	扣除社保	应纳税所得额	应交个人所得税	实发工资
001	S0141	包宏伟	男	市场	3625	100	135	164		442			
002	R0016	蔡迪嘉	女	研发	11725	0	405	34		1610			
003	A0064	曹其君	男	行政	7825	400	225	0		1344			
004	M0009	桂晨曦	女	管理	8425	800	135	76		984			
005	R0014	曾雪依	女	研发	16625	700	450	314		2460			
006	S0048	常援琪	女	市场	12925	500	405	0		1651			
007	S0083	陈贝嘉	男	市场	9325	600	360	293		972			
008	R0033	陈贝一	男	行政	8425	800	180	0		1148			
009	A0061	陈府华	男	行政	4825	300	315	0		576			
010	A0014	陈嵩吟	男	行政	6725	100	315	231		1040			
011	A0002	陈万地	男	行政	13525	300	90	7		1729			
012	H0010	程心怡	女	人事	8225	600	45	414		1280			
013	A0044	党靖雯	女	行政	5225	400	180	0		800			
014	S0057	邓智航	男	市场	19425	200	90	0		2880			
015	H0040	杜思雨	女	人事	9425	200	360	0		1288			
016	H0006	范丁宏	男	人事	6225	600	90	189		900			
017	R0034	冯佳慧	女	研发	18825	300	405	0		2976			
018	M0023	冯嘉欣	女	管理	6325	900	450	143		915			
020	M0001	付晓	男	管理	19325	300	135	380		2483			
021	H0033	付一冉	男	人事	4125	900	90	139		2223			
022	R0004	吉祥	女	研发	9725	600	360	0		656			
023	R0009	李佳一	男	研发	8025	200	180	0		1248			
024	R0012	李美桦	女	研发	12825	1000	405	41		1890			
025	M0017	李琪	男	管理	19125	500	225	0		1417			
026	M0033	李欣雨	女	管理	3925	1000	45	0		518			
027	M0007	刘一兰	女	管理	8725	700	180	388		1275			
028	S0119	朱亚婷	女	市场	11125	600	180	149		2384			
029	S0018	朱姿	男	市场	18125	600	225	0		2327			

图 8-40　“套用表格格式”后的表格样式

“套用表格式”后的数据区域称为“表”或“表格”，同时为该数据区域命名为“表 1”“表 2”……“套用表格式”后的数据区域附加了如添加“汇总行”、应用公式后的快速填充等。“套用表格式”后，系统将在“帮助”功能选项卡后自动出现“表设计”选项卡，供用户对“表”做进一步操作，如图 8-41 所示。

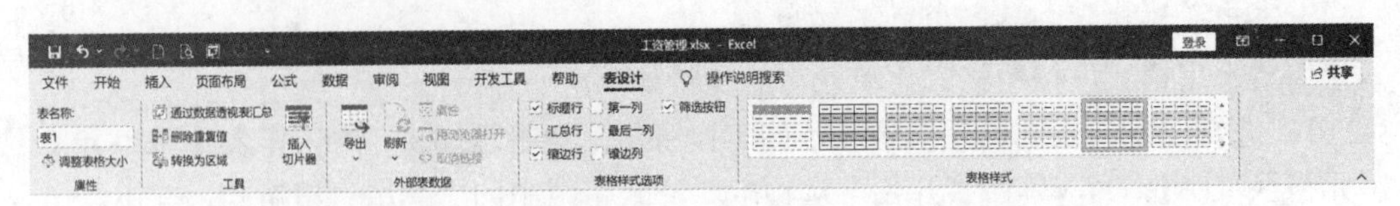

图 8-41　“套用表格式”后出现的“表设计”选项卡

2. 将 Excel 表格转换为数据区域

创建 Excel 表格后，Excel 系统中的某些功能，如合并计算、分类汇总等不可使用。如果要恢复这些功能，也可能只需要表格样式，而不需要表格功能，可以将表格转换为工作表上的常规数据区域，其步骤如下。

（1）单击表格中的任意位置，然后单击“表格设计”选项卡“工具”功能组中的“转换为区域”按钮 转换为区域（或右击并执行快捷菜单中的“表格 | 转换为区域”命令）。

（2）在出现的如图 8-42 所示的提示信息对话框中单击“是”按钮，Excel 将表格转换成普通区域（列表，或数据清单）。

图 8-42　提示信息对话框

注意：将表格转换成区域后，表格功能将不再可用。例如，行标题不再包括排序和筛选箭头，而在公式中使用的结构化引用（使用表格名称的引用）将变成常规单元格引用。

3. 了解 Excel 表的元素

表或表格中可以包含下列元素。

（1）标题行。默认情况下，表格具有标题行。每个表列在标题行中已启用筛选，以便可以快速对表中数据进行筛选或排序。

可以使用“表格工具 | 设计”选项卡“表格样式选项”功能组中的相关选项，关闭表格中的标题行和筛选按钮。

（2）镶边行。可选底纹或行条纹有助于更好地区分奇偶行的数据。

（3）通过在表列中的一个单元格中输入公式，可以创建一个计算列，该公式会将其立即应用于该表列中的所有其他单元格。

说明：“套用表格样式”后，公式里引用单元格时和普通区域引用单元格的样式大为不同，称为表格的单元格结构化引用。如果在公式中不想使用结构化引用方式，可以单击“文件”选项卡“选项”按钮，弹出“选项”对话框。在该对话框左侧导航栏中单击“公式”按钮，在右侧取消勾选“在公式中使用表名”复选框，可恢复单元格地址的显式引用。

（4）勾选“表格工具 | 设计”选项卡“表格样式选项”功能组中的“汇总行”复选框，表格最后一行下方出现汇总行。单击汇总行中的数字列的某个单元格，Excel 将提供一个“自

动求和”下拉列表，以便从“求和”“平均值”等函数中进行选择。当选择其中一个选项时，表将自动将其转换为 SUBTOTAL 函数，如图 8-43 所示。

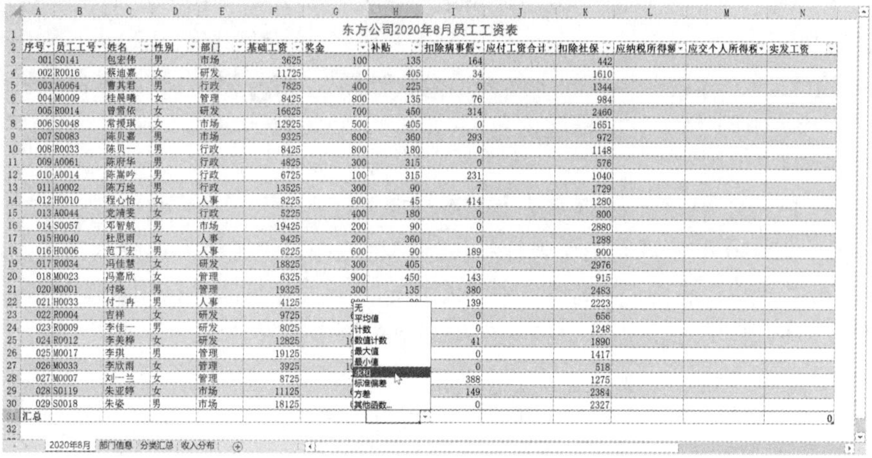

东方公司2020年8月员工工资表

序号	员工工号	姓名	性别	部门	基础工资	奖金	补贴	扣除病事假	应付工资合计	扣除社保	应纳税所得额	应交个人所得税	实发工资
001	S0141	包宏伟	男	市场	3625	100	135	164		442			
002	R0016	蔡迪嘉	女	研发	11725	0	405	34		1610			
003	A0064	曹其君	男	行政	7825	400	225	0		1344			
004	M0009	桂晨曦	女	管理	8425	800	135	76		984			
005	R0014	曾雪依	女	研发	16625	700	450	314		2460			
006	S0048	常援琪	女	市场	12925	500	405	0		1651			
007	S0083	陈贝嘉	男	市场	9325	600	360	293		972			
008	R0033	陈贝一	男	行政	8425	800	180	0		1148			
009	A0061	陈府华	男	行政	4825	300	315	0		576			
010	A0014	陈嵩吟	男	行政	6725	100	315	231		1040			
011	A0002	陈万地	男	行政	13525	300	90	7		1729			
012	H0010	程心怡	女	人事	8225	600	45	414		1280			
013	A0044	党靖雯	女	行政	5225	400	180	0		800			
014	S0057	邓智航	男	市场	19425	200	90	0		2880			
015	H0040	杜思雨	女	人事	9425	200	360	0		1288			
016	H0006	范丁宏	男	人事	6225	600	90	189		900			
017	R0034	冯佳慧	女	研发	18825	300	405	0		2976			
018	M0023	冯嘉欣	女	管理	6325	900	450	143		915			
020	M0001	付晓	男	管理	19325	300	135	380		2483			
021	H0033	付一冉	男	人事	4125	[illegible]	[illegible]	139		2223			
022	R0004	吉祥	女	研发	9725	[illegible]	[illegible]	0		656			
023	R0009	李佳一	男	研发	8025	[illegible]	[illegible]	0		1248			
024	R0012	李美桦	女	研发	12825	[illegible]	[illegible]	41		1890			
025	M0017	李琪	男	管理	19125	[illegible]	[illegible]	0		1417			
026	M0033	李欣雨	女	管理	3925	[illegible]	[illegible]	0		518			
027	M0007	刘一兰	女	管理	8725	[illegible]	[illegible]	388		1275			
028	S0119	朱亚婷	女	市场	11125	[illegible]	[illegible]	149		2384			
029	S0018	朱姿	男	市场	18125	[illegible]	[illegible]	0		2327			
汇总													0

无
平均值
计数
数值计数
最大值
最小值
求和
标准偏差
方差
其他函数...

2020年8月　部门信息　分类汇总　收入分布

图 8-43　汇总行与下拉列表

（5）尺寸控点。表格右下角的尺寸控点◢允许将表格拖动到所需大小。

4. 更改表名称

当创建 Excel 表格时，Excel 会创建默认的表名称（表 1、表 2 等），用户可以更改表名称使其更有意义。

选择表格中的任意单元格，以在功能区上显示“表格工具｜设计”选项卡。

在“属性”功能组的“表名称”框中输入所需的名称，如“期末成绩”，然后按 Enter 键。

【例 8-7】为工作簿“工资管理.xlsx”的“2020 年 8 月”工作表进行表格修饰，具体要求如下。

（1）利用“套用表格格式”中的“淡紫，表样式浅色 19”样式修改工作表。

（2）在表格下方添加一个汇总行，并在“基础工资”和“奖金”栏中添写最大值。

（3）标题行取消筛选按钮▾。

【操作步骤】

（1）启动 Excel，打开工作簿文件“工资管理.xlsx”。

（2）单击“2020 年 8 月”工作表标签按钮，将工作表“工资”选择为当前工作表。

（3）单击单元格 A2，按住鼠标左键拖动到单元格 N30，选定区域为(A2:N30)。

（4）单击“开始”选项卡“样式”组中的“套用表格格式”按钮，在出现的各种表格样式列表中单击“浅色”组中“淡紫，表样式浅色 19”图标。

（5）打开“表设计”选项卡，在“表格样式选项”组中勾选“汇总行”，即在工作表“2020 年 8 月”的下方添加一行汇总行。

（6）分别选中单元格 F3 和 G31，单击该单元格右侧的“下拉列表”按钮▾，选择“最大值”。

（7）在“表格样式选项”组中取消勾选“筛选按钮”，标题行将取消“筛选按钮”。

注意：要取消“套用表格格式”后表中标题右侧的“筛选按钮”，也可单击“数据”选项卡“排序和筛选”组中的“筛选”按钮筛选。

8.6.6 单元格样式

在“开始”选项卡的“样式”组中，利用“单元格样式”按钮下拉列表中的内置样式，可以快速设置单元格的格式。

【例 8-8】修改“标题”样式的字体为“微软雅黑”，字号为“18”，字体颜色为“深蓝，文字 2”，并将其应用于第 1 行的标题内容。

【操作步骤】

（1）启动 Excel，打开工作簿文件“工资管理.xlsx”。

（2）单击“2020 年 8 月”工作表标签按钮，将工作表“工资”选择为当前工作表。

（3）单击“开始”选项卡“样式”功能组中的“单元格样式”按钮，在下拉列表中将鼠标指针指向“标题”样式。右击，在弹出的快捷菜单中选择“修改”，弹出“样式”对话框，如图 8-44 所示。

（4）单击下方的“格式”按钮，弹出“设置单元格格式”对话框，切换到“字体”选项卡，设置“字体”为“微软雅黑”，字号为“18”，字体颜色为“深蓝，文字 2”，如图 8-45 所示。然后依次单击“确定”按钮，关闭全部对话框。

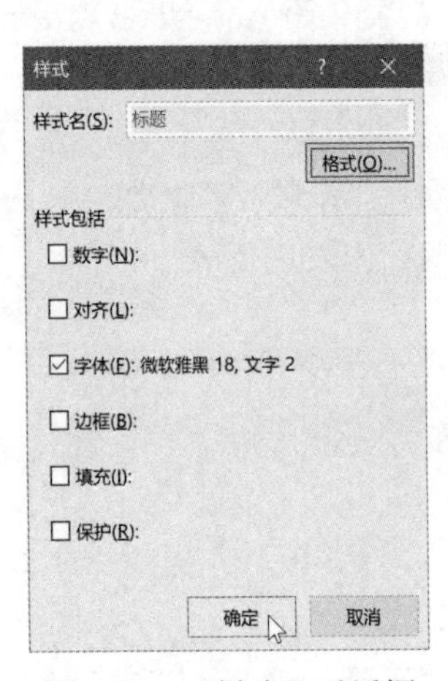

图 8-44 “样式”对话框

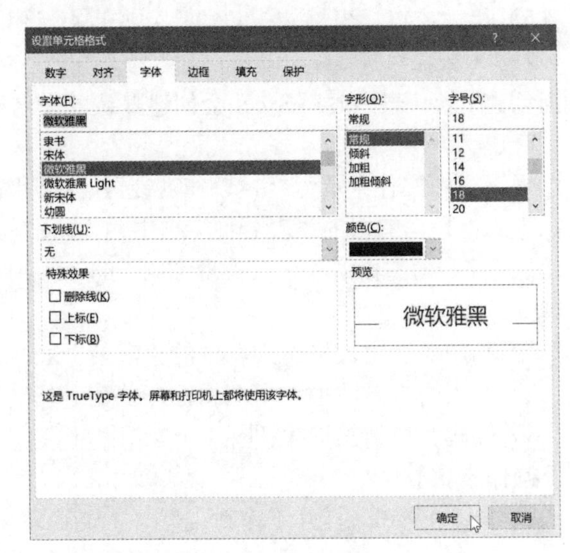

图 8-45 “设置单元格格式”对话框

（5）单击单元格 A1，继续单击“样式”功能组中的“单元格样式”按钮，在下拉列表中选中“标题”样式，第一行即应用了“标题”样式。

8.6.7 条件格式

通过在“开始”选项卡“样式”组中的“条件格式”命令，可以为表格设置不同的条件格式，使数据在满足不同的条件时，显示不同的格式，用以直观地注释数据以供分析和演示。

1. 快速设置条件格式

Excel 为用户提供了常用的条件格式，直接选择所需选项，即可快速进行条件格式的设置。在“开始”选项卡的“样式”组中单击“条件格式”下拉按钮，可以看到“条件格式”

的下拉功能列表。下拉列表可分为 3 个功能区，第 1、2 区为快捷设置功能区，第 3 区为自定义设置功能区，如图 8-46 所示，第 1、2 功能区的具体功能如图 8-47 和图 8-48 所示。

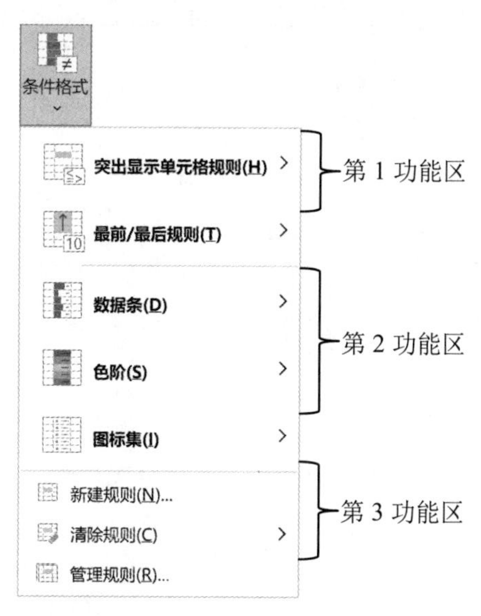

图 8-46　“条件格式”下拉列表的 3 个功能区

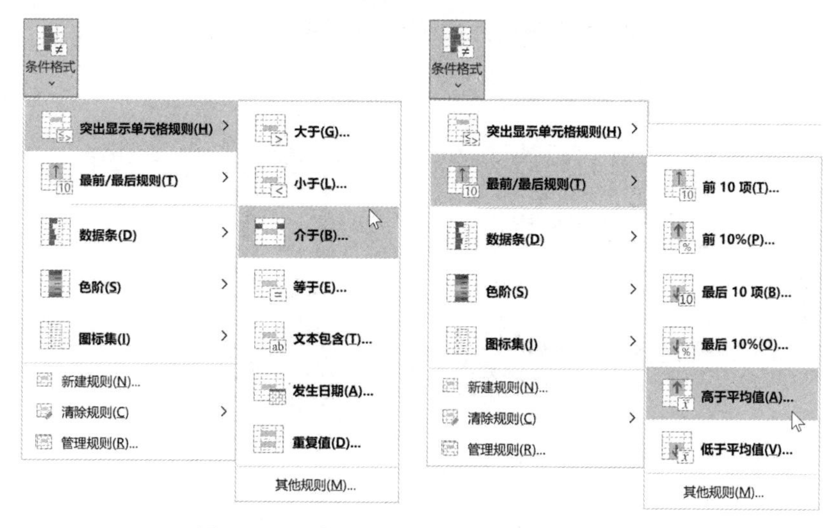

图 8-47　“条件格式”第 1 功能区的各选项

2. 新建条件格式规则

如果 Excel 提供的条件格式选项不能满足实际需要，用户也可以自定义条件格式规则来创建适合需要的条件格式。

选择要设置的单元格区域后，在“开始”选项卡的“样式”组中单击“条件格式”下拉按钮，在打开的下拉列表中选择“新建规则”命令，打开如图 8-49 所示的“新建格式规则”对话框，选择规则类型，并对应用条件格式的单元格格式进行编辑，设置完毕后单击“确定”按钮即可。

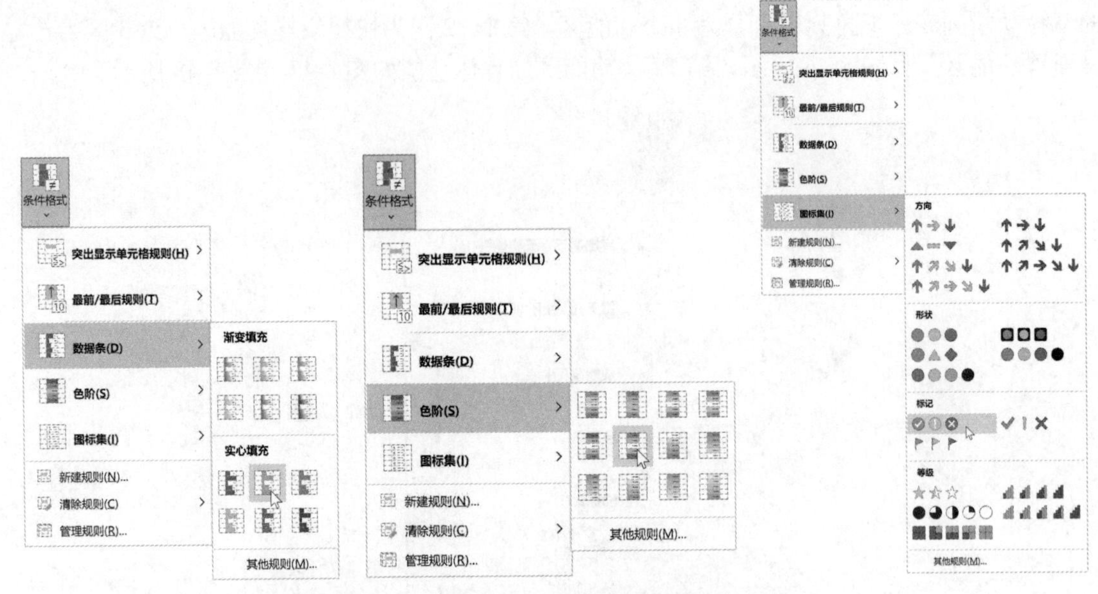

图 8-48 “条件格式”第 2 功能区的各选项

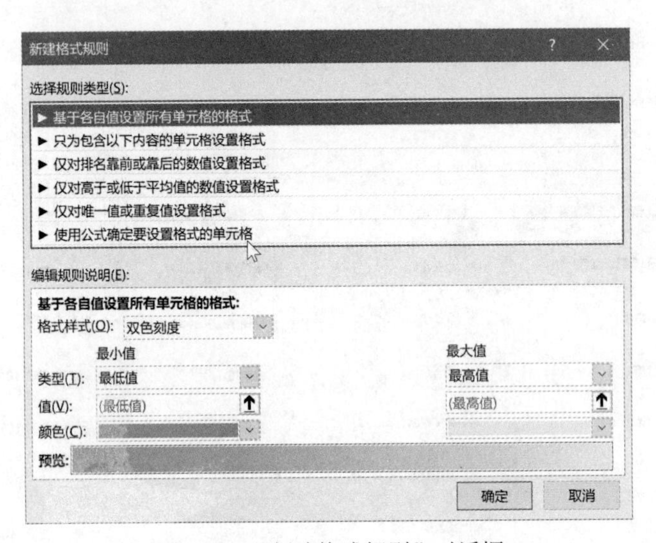

图 8-49 “新建格式规则”对话框

【例 8-9】在工作簿“工资管理.xlsx”中为工作表“2020 年 8 月”进行表格修饰，如图 8-50 所示，具体要求如下。

（1）利用“条件格式”为“补贴”添加一个“红－黄－绿”色阶，为“扣除病事假”添加“浅蓝色数据条”。

（2）在“部门”列中的“人事”和“管理”单元格添加一个条件格式，设置蓝底白字。

【操作步骤】

（1）启动 Excel，打开工作簿文件“工资管理.xlsx”，并将工作表“2020 年 8 月”选择为当前工作表。

（2）打开“表设计”选项卡，单击去掉“表格样式选项”组中的“汇总行”。

东方公司2020年8月员工工资表

序号	员工工号	姓名	性别	部门	基础工资	奖金	补贴	扣除病事假	应付工资合计	扣除社保	应纳税所得额	应交个人所得税	实发工资
001	S0141	包宏伟	男	市场	3625	100	135	164		442			
002	R0016	蔡迪嘉	女	研发	11725	0	405	34		1610			
003	A0064	曹其君	男	行政	7825	400	225	0		1344			
004	M0009	桂晨曦	女	管理	8425	800	135	76		984			
005	R0014	曾晋依	女	研发	16625	700	450	314		2460			
006	S0048	常攸琪	女	市场	12925	500	405	0		1651			
007	S0083	陈贝嘉	男	市场	9325	600	360	293		972			
008	R0033	陈贝一	男	行政	8425	800	180	0		1148			
009	A0061	陈府华	男	行政	4825	300	315	0		576			
010	A0014	陈嵩吟	男	行政	6725	100	315	231		1040			
011	A0002	陈万地	男	行政	13525	300	90	7		1729			
012	H0010	程心怡	女	人事	8225	600	45	414		1280			
013	A0044	党靖雯	女	行政	5225	400	180	0		800			
014	S0057	邓智航	男	市场	19425	200	90	0		2880			
015	H0040	杜思雨	女	人事	9425	200	360	0		1288			
016	H0006	范丁宏	男	人事	6225	600	90	189		900			
017	R0034	冯佳慧	女	研发	18825	300	405	0		2976			
018	M0023	冯嘉欣	女	管理	6325	900	450	143		915			
020	M0001	付晓	男	管理	19325	300	135	380		2483			
021	H0033	付一冉	男	人事	4125	900	90	139		2223			
022	R0004	吉祥	女	研发	9725	600	360	0		656			
023	R0009	李佳一	男	研发	8025	200	180	0		1248			
024	R0012	李美桦	女	研发	12825	1000	405	41		1890			
025	M0017	李琪	男	管理	19125	500	225	0		1417			
026	M0033	李欣雨	女	管理	3925	1000	45	0		518			
027	M0007	刘一兰	女	管理	8725	700	180	388		1275			
028	S0119	朱亚婷	女	市场	11125	600	180	149		2384			
029	S0018	朱姿	男	市场	18125	600	225	0		2327			

2020年8月　部门信息　分类汇总　收入分布

图 8-50　格式化后的工作表

（3）选中单元格区域(H3:H30)，单击“开始”选项卡“样式”组中的“条件格式”按钮。在出现的列表框中选择“色阶”菜单项下的“红－黄－绿”命令。

（4）选定列(I3:I30)，单击“条件格式”按钮。在出现的列表框中选择“数据条”菜单项下的“浅蓝色数据条”命令。

（5）选定单元格区域(E3:E30)，单击“开始”选项卡“样式”组中的“条件格式”按钮。在出现的列表框中选择“新建规则”命令，弹出“新建格式规则”对话框，如图 8-51 所示。

（6）选中“使用公式确定要设置格式的单元格”，在下方的“为符合此公式的值设置格式”文本框中输入“=OR(E3="人事",E3="管理")”，如图 8-51 所示。

（7）单击下方的“格式”按钮，弹出“设置单元格格式”对话框，如图 8-52 所示。在“填充”选项卡下将“颜色”设置为“标准色/蓝色”，切换到“字体”选项卡，设置字体颜色为“白色，背景”，单击“确定”按钮，依次关闭所有对话框。

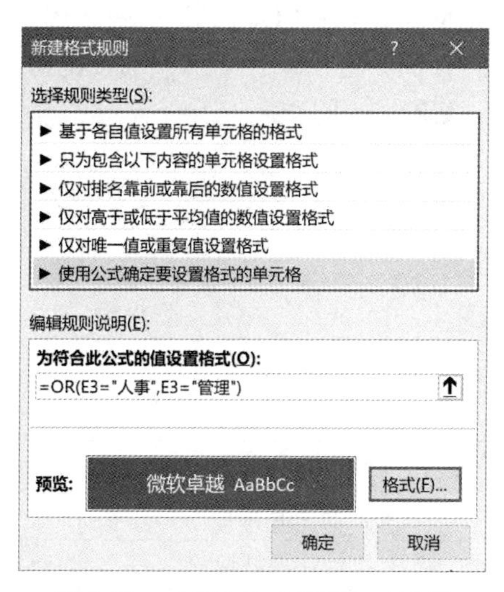

图 8-51　“新建格式规则”对话框

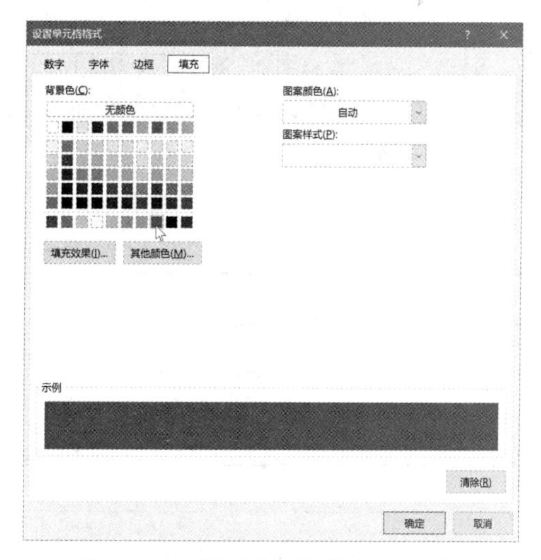

图 8-52　“设置单元格格式”对话框

最后，格式化的工作表“2020 年 8 月”界面如图 8-50 所示。

8.7 公式和函数的使用

在 Excel 中，公式与函数是其重要的组成部分，它提供了强大的计算能力，为分析和处理工作表中的数据提供了极大的便利。

8.7.1 公式

公式由运算符、常量、单元格引用值、名称和工作表函数等元素构成。

1. 运算符

Excel 为数据加工提供了一组运算指令，这些指令以某些特殊符号表示，称为运算符，简称算符。用运算符按一定的规则连接常量、变量和函数所组成的式子称为表达式。运算符可分为数值、文本、比较和引用 4 类运算符。

（1）数值运算符。数值运算符用来完成基本的数学运算，有^（乘方）、±（取正负）、%（百分比）、*（乘）、/（除）、+（加）、-（减），其运算结果为数值型。

（2）文本运算符。文本运算符只有一个&，其作用是将一个或多个文本连接成为一个文本串。如果连接的操作对象是文本常量，则该文本串需用一对“”括起来，例如：“Excel”&“2016 中文版”的结果为“Excel 2016 中文版”。

（3）比较运算符。比较运算符用来对两个数值进行比较，产生的结果为逻辑值 True（真）或逻辑 False（假），有<（小于）、<=（小于等于）、>（大于）、>=（大于等于）、=（等于）、<>（不等于）。

（4）引用运算符。引用运算符用来将单元格区域进行合并运算，引用运算符有 3 个，分别为“:”“,”“空格”。

“:”：表示对两个在区域内的所有单元格进行引用，例如 AVERAGE(A1:D8)。

“,”：表示将多个引用合并为一个引用，例如 SUM(A1,B2,C3,D4,E5)。

“空格”：表示只处理各引用区域间相重叠的部分单元格。例如输入公式=SUM(A1:C3 B2:D4)，即求出这两个区域中重叠的单元格 B2、B3、C2、C3 的和。

2. 运算符的优先级

运算符的优先级如表 8-4 所示。

表 8-4 运算符的优先级

运算符	优先级	说明
： ，空格	①	引用运算符
-	②	负号
%	③	百分号
^	④	指数
* /	⑤	乘、除法
+	⑥	加、减法
&	⑦	字符串连接符
= < > <= >= <>	⑧	比较运算符

如果在分工中同时包含了多个相同优先级的运算符，则 Excel 将按照从左到右的顺序进行计算，若要更改运算的次序，就要使用“()”将需要优先的部分括进来。

3. 公式输入

在选定的单元格中输入公式，应先以“=”或“+”开始，然后再输入公式，如 J2 单元格处输入公式“=F3+G3+H3-I3”。在输入公式内容时，如果公式中用到单元格中的数据，可单击所需引用的单元格（也可直接输入所引用单元格）。如果输入错误，在未输入新的运算符之前，可再单击正确的单元格。

公式输入完后，按 Enter 键或单击“输入”按钮✔，Excel 自动计算并将计算结果显示在单元格中，公式内容显示在编辑栏中。如果希望直接在单元格中显示公式，可以使用 Ctrl+` 组合键，再次按此组合键取消公式显示。公式输入时的样式如图 8-53 所示。

4. 公式填充

当在某个单元格输入公式后，如果相邻的单元格中需要进行同类型的计算，如求学生成绩的平均分等，此时不必一一输入公式，可以利用公式的自动填充功能输入公式，方法如下。

（1）选择公式所在单元格，移动鼠标指针到单元格右下角的黑十字方块处。

（2）当鼠标指针变成黑十字时，按住鼠标左键不放，拖动“填充柄”至目标区域。

（3）松开鼠标左键，公式自动填充完毕。

5. 自动求和

自动求和是一种常用的公式计算，操作方法如下。

（1）选定要求和单元格区域的下方或右侧的空白单元格。

（2）单击“开始”选项卡“编辑”组中的“求和”按钮 Σ 自动求和 ˇ，Excel 将在选定单元格区域的下方或右方空白单元格中自动出现求和函数 SUM 以及求和数据区域，如图 8-54 所示。

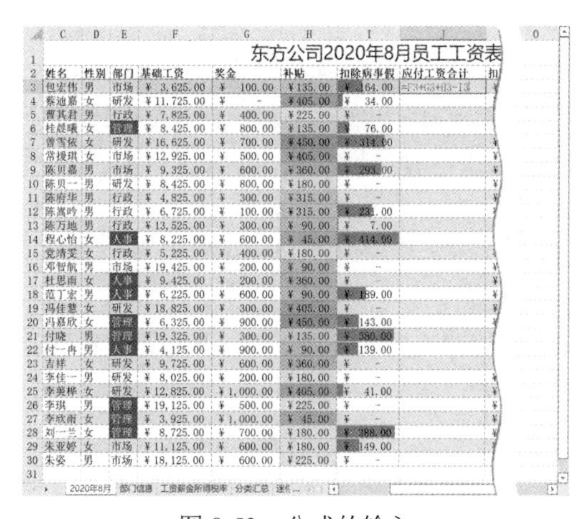

图 8-53　公式的输入

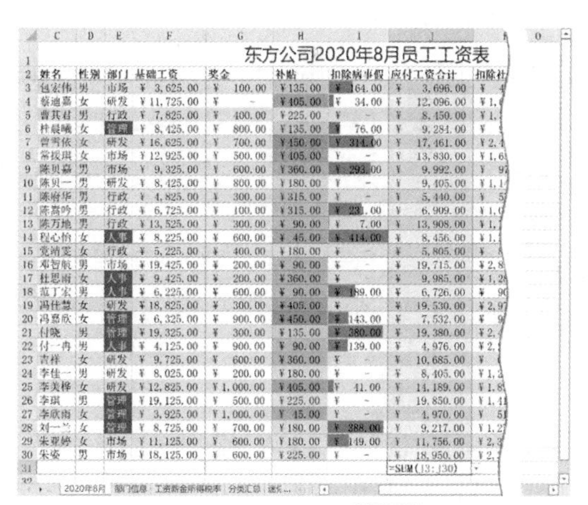

图 8-54　自动求和按钮 Σ ˇ 的使用

（3）按 Enter 键或单击编辑栏上的“输入”按钮✔，确定公式后，当前单元格自动求和并显示出结果。

在操作时，如果单击“求和”按钮 Σ 自动求和 ˇ 右侧的“下拉列表”按钮，可以在弹出的命令列表中选择其他计算，如“平均值”，则计算的数值为单元格区域的数值平均值。

6. 出错信息

Excel 经常会显示一些错误值信息，如#N/A!、#VALUE!、#DIV/O!等。出现这些错误的原因有很多种，最主要是由于公式不能计算正确结果。例如，在需要数字的公式中使用文本、删除了被公式引用的单元格，或者使用了宽度不足以显示结果的单元格。表 8-5 是 8 种常见的错误及其含义。

表 8-5　8 种常见的错误及其含义

编号	错误信息	含义
1	#####!	单元格所含的数字、日期或时间比单元格宽，或者单元格的日期时间公式产生了一个负值
2	#DIV/0!	公式中出现被零除的现象
3	#N/A	在函数或公式中没有可用数值时，将产生该错误
4	#NAME?	在公式中使用了 Excel 不能识别的文本、名称的拼写错误等情况
5	#NULL!	试图为两个不相交的区域指定交叉点，产生此错误，如 SUM(A1:A13 D12:D23)
6	#NUM!	公式或函数中某个数字有问题时将产生此错误
7	#REF!	单元格引用无效
8	#VALUE!	使用错误的参数或运算对象类型时，或者当公式自动更正功能不能更正公式

8.7.2　引用单元格

复制公式可以避免大量重复输入公式的工作，当复制公式时，若公式中使用单元格或区域，则应根据不同的情况使用不同的单元格引用。单元格的引用分 3 种：相对引用、绝对引用和混合引用。

1. 相对引用

Excel 中默认的引用为相对引用。相对引用反映了该单元格地址与引用单元格之间的相对位置关系，当将引用该地址的公式或函数复制到其他单元格时，这种相对位置关系也随之被复制。例如，在为每位学生做评语时，使用的是同一个公式，对每位学生来说，评语公式所引用的成绩数据是随着公式所在的单元格而变化的。

相对引用时，单元格的地址可用列标和行标的组合表示，例如 A5、B6 等。

例如，现在单元格 C7 有公式“=A5+B6”，当将此公式复制到 D7 和 C8 时，单元格 D7 的公式变化为“=B5+C6”，单元格 C8 的公式变化为“=A6+B7”。

2. 绝对引用

绝对地址是指某个单元格在工作表中的绝对位置。绝对引用要在行号和列标前加一个$符号，如$A$1+$B$2 等。

例如，单元格 C7 有公式“=$A$5+$B$6”，当将此公式复制到 D7 和 C8 时，单元格 D7 和 C8 的公式仍为“=$A$5+$B$6”。

3. 混合引用

混合引用是相对地址与绝对地址的混合使用，例如 A$5 表示对 A 列是相对引用，第 5 行是绝对引用。

例如，现在单元格 C7 有公式“=$A5+B$6”，当将此公式复制到 D7 和 C8 时，单元格 D7

的公式变化为“= $A5+C$6”；单元格 C8 的公式变化为“=$A6+B$6”。

在引用单元格时，反复按 F4 键可以在相对引用、绝对引用和混合引用之间进行切换。

4. 表外单元格的引用

在引用单元格时，除可以引用工作表内的单元格，还可以引用工作簿中其他工作表的单元格，也可以引用其他工作簿的工作表单元格，称为表外单元格的引用。表外单元格引用的格式如下。

```
工作表标签名!单元格地址　　或　　'工作表标签名'!单元格地址
```

如：部门信息!A1:C1，或：'部门信息'!A3!A1:C1。

引用其他工作簿中的工作表单元格，其格式如下。

（1）如果要引用的工作簿已经打开，则使用如下引用方式。

```
[工作簿名]工作表标签名!单元格地址　或　[工作簿名.xlsx]工作表标签名!单元格地址
```

（2）如果要引用的工作簿未被打开，则使用如下引用方式。

```
'盘符:\文件夹名\[工资管理_素材.xlsx]部门信息'!单元格地址
```

如：[Book2]Sheet1!$C$1:$D$5。

8.7.3　函数

所谓函数就是应用程序开发者为用户编写好的一些常用数学、财务统计等学科的公式程序，它内置于 Excel 中，用户只要会用即可。当然，在 Excel 中，也允许用户编写自己的公式程序。这些函数包括财务、日期与时间、数学与三角函数、统计、查找与引用、数据库、文本、逻辑等。

函数由函数名和括号括起来的参数组成，其语法格式如下。

```
函数名称(参数 1,参数 2,...)
```

其中，参数可以是常量、单元格、区域、区域名、公式或其他函数，参数最多不超过 255 个。一个函数若无参数，则称为无参函数。

1. 函数的输入

对于比较简单的函数，以“=”或“+”开始，直接在单元格内输入函数及所使用的参数；其他函数的输入，可采用粘贴函数的方法引导用户正确输入。

例如：根据基础工资、奖金、补贴计算应付工资合计的大小。其操作步骤如下。

（1）选取要插入函数的单元格，如 J3。单击“公式”选项卡“函数库”组中的“插入函数”按钮 fx 插入函数，打开“插入函数”对话框，如图 8-55 所示。

（2）在“或选择类别”下拉列表框中选择合适的函数类型，再在“选择函数”列表框中选择所需的函数名。

（3）单击“确定”按钮，弹出所选函数的“函数参数”对话框，如图 8-56 所示。在对话框中显示出该函数的名称、各参数以及对参数的描述，提示用户正确使用该函数。

（4）根据提示在 Number1 文本框输入 F3，或单击参数框右侧的“对话框折叠”按钮 ↑，则只在工作表上方显示参数编辑框，再从工作表上单击相应的单元格，然后再次单击该按钮，则恢复原对话框，如图 8-57 所示。

（5）依次为 Number2、Number3 和 Number4 文本框设置所需单元格参数。

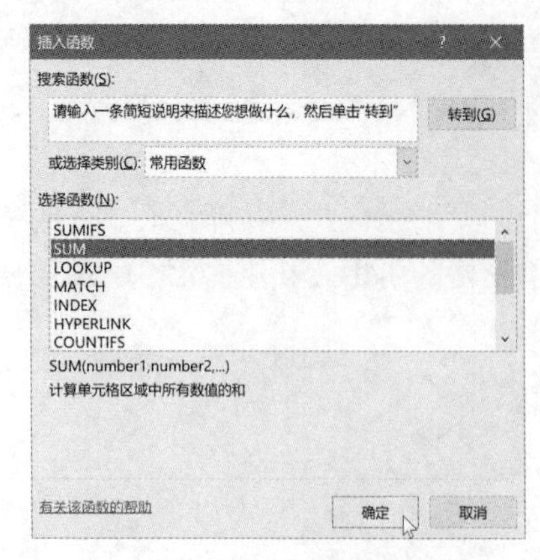

图 8-55 “插入函数”对话框

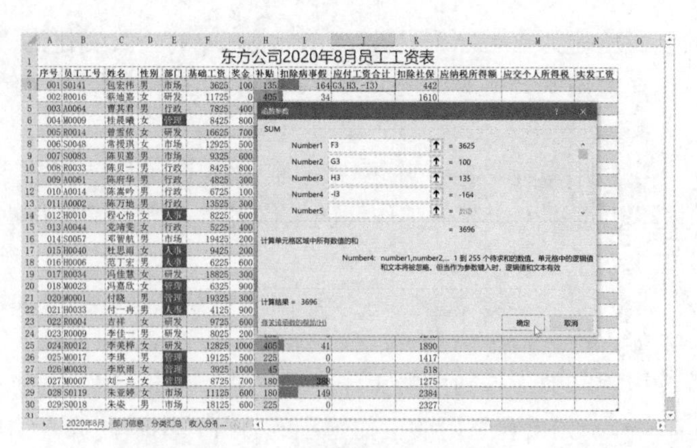

图 8-56 “函数参数”对话框

东方公司2020年8月员工工资表

序号	员工工号	姓名	性别	部门	基础工资	奖金	补贴	扣除病事假	应付工资合计	扣除社保	应纳税所得额	应交个人所得税	实发工资
001	S0141	包宏伟	男	市场	3625	100	135	164	G3, H3, -I3)	442			
002	R0016	蔡迪嘉	女	研发	11725	0	405	34		1610			
003	A0064	曹其君	男	行政	7825	400							
004	M0009	桂晨曦	女	管理	8425	800							
005	R0014	曾雪依	女	研发	16625	700							
006	S0048	常援琪	女	市场	12925	500	405	0		1651			
007	S0083	陈贝嘉	男	市场	9325	600	360	293		972			
008	R0033	陈贝一	男	行政	8425	800	180	0		1148			
009	A0061	陈府华	男	行政	4825	300	315	0		576			
010	A0014	陈嵩吟	男	行政	6725	100	315	231		1040			
011	A0002	陈万地	男	行政	13525	300	90	7		1729			
012	H0010	程心怡	女	人事	8225	600	45	414		1280			
013	A0044	党靖雯	女	行政	5225	400	180	0		800			
014	S0057	邓智航	男	市场	19425	200	90	0		2880			
015	H0040	杜思雨	女	人事	9425	200	360	0		1288			
016	H0006	范丁宏	男	人事	6225	600	90	189		900			
017	R0034	冯佳慧	女	研发	18825	300	405	0		2976			
018	M0023	冯嘉欣	女	管理	6325	900	450	143		915			
020	M0001	付晓	男	管理	19325	300	135	380		2483			
021	H0033	付一冉	男	人事	4125	900	90	139		2223			
022	R0004	吉祥	女	研发	9725	600	360	0		656			
023	R0009	李佳一	男	研发	8025	200	180	0		1248			
024	R0012	李美桦	女	研发	12825	1000	405	41		1890			
025	M0017	李琪	男	管理	19125	500	225	0		1417			
026	M0033	李欣雨	女	管理	3925	1000	45	0		518			
027	M0007	刘一兰	女	管理	8725	700	180	388		1275			
028	S0119	朱亚婷	女	市场	11125	600	180	149		2384			
029	S0018	朱姿	男	市场	18125	600	225	0		2327			

函数参数

F3

2020年8月 部门信息 分类汇总 收入分布…

图 8-57 为参数输入或选定引用区域

（6）单击“确定”按钮，完成函数的使用。最后将公式复制到其他单元格中。

注意：在编辑区内输入“=”或“+”，这时工作表左上角“名称框”内就会出现函数列表，如果用户需要，可以从中选择相应的函数。要是在该函数框中没有所需函数名，则单击“其他函数”（或在编辑区内直接单击“*fx*”按钮）打开如图 8-55 所示的“插入函数”对话框，从中选择所需函数。也可在“公式”选项卡“函数库”组中单击有关插入函数的命令按钮，在弹出的列表框中选择一种函数进行使用即可。

Excel 中的函数分为财务、日期与时间、数学与三角函数、统计、查找与引用、数据库、文本、逻辑、信息、用户定义、工程 13 类。下面介绍几个常用的函数。

2. 常用函数的使用和说明

（1）SUM()函数。返回某一单元格区域中所有数字之和，使用语法为：

```
SUM(number1,number2,…)
```

其中：number1、number2……为 1～255 个需要求和的参数。

说明：直接输入到参数表中的数字、逻辑值及数字的文本表达式将被计算。如果参数为数组或引用，则只有其中的数字将被计算。数组或引用中的空白单元格、逻辑值、文本或错误值将被忽略。如果参数为错误值或不能转换成数字的文本，将会导致错误。

SUM()函数的使用示例如下。

- SUM(3,2)等于 5。
- SUM("3",2,TRUE)等于 6，因文本值被转换成数字，而逻辑值“TRUE”被转换成数字 1，若逻辑值“FALSE”则转换成数字 0。
- 如果 A1 和 B2 所表示的单元格为空白，则 SUM(A1,B1,2)等于 2，因为对非数值型值的引用不能被转换成数值。
- 如果单元格区域(A2:E2)中包含了 5，15，30，40 和 50，则 SUM(A2:C2)等于 50，而 SUM(B2:E2,5)等于 140。

（2）SUMIF()函数。根据指定条件对若干单元格求和，使用语法为：

```
SUMIF(range,criteria, sum_range)
```

其中：range 为用于条件判断的单元格区域；criteria 为确定哪些单元格将被相加求和的条件，其形式可以为数字、表达式或文本。条件可以表示为 32、"32"、">32"、"apples"等；sum_range 为需要求和的实际单元格。

说明：只有当 range 中的相应单元格满足条件时，才对 sum_range 中的单元格求和。如果省略 sum_range，则直接对 range 中的单元格求和。

例如，假设(A1:A4)的内容分别为 100,000、200,000、300,000、400,000，(B1:B4)的内容为 7,000、14,000、21,000、28,000，则 SUMIF(A1:A4,">160,000",B1:B4)等于 63,000。

（3）SUMIFS()函数。SUMIFS 函数是一个数学与三角函数，用于计算其满足多个条件的全部参数的总量。使用语法为：

```
SUMIFS(sum_range, criteria_range1, criteria1, [criteria_range2, criteria2],...)
```

各参数的使用说明如表 8-6 所示。

表 8-6　SUMIFS()函数各参数的使用说明

参数名称	说明
sum_range（必需）	要求和的单元格区域
criteria_range1（必需）	使用 Criteria1 测试的区域。Criteria_range1 和 Criteria1 设置用于搜索某个区域是否符合特定条件的搜索对。一旦在该区域中找到了项，将计算 Sum_range 中的相应值的和
criteria1（必需）	定义将计算 Criteria_range1 中的哪些单元格的和的条件。例如，可以将条件输入为 32、">32"、B4、"苹果"或"32"
criteria_range2, criteria2…	附加的区域及其关联条件。最多可以输入 127 个区域/条件对。在 Criteria1、Criteria2……中可以使用符“*”“?”

例如，某工作表中有以下数据，如图 8-58 所示。

- 在单元格 A11 中，计算以“香”开头并由“卢宁”售出的产品的总量，可使用公式“=SUMIFS(A2:A9, B2:B9, "=香*", C2:C9, "卢宁")”，结果为 37。
- 在单元格 A12 中，计算卢宁售出的非香蕉产品的总量，可使用公式“=SUMIFS(A2:A9, B2:B9, "<>香蕉", C2:C9, "卢宁")”，结果为 30。

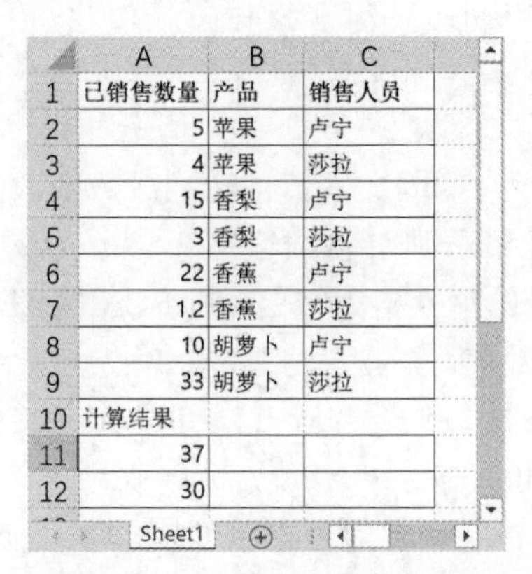

	A	B	C
1	已销售数量	产品	销售人员
2	5	苹果	卢宁
3	4	苹果	莎拉
4	15	香梨	卢宁
5	3	香梨	莎拉
6	22	香蕉	卢宁
7	1.2	香蕉	莎拉
8	10	胡萝卜	卢宁
9	33	胡萝卜	莎拉
10	计算结果		
11	37		
12	30		

图 8-58　工作表中的部分数据

（4）MAX/MIN()函数。返回数据集中的最大（小）数值，使用语法为：

```
MAX(number1, number2,...)
```

其中：number1、number2……为需要找出最大数值的 1～255 个数值。可以将参数指定为数字、空白单元格、逻辑值或数字的文本表达式。如果参数为错误值或不能转换成数字的文本，将产生错误。

说明：如果参数为数组或引用，则只有数组或引用中的数字将被计算。数组或引用中的空白单元格、逻辑值或文本将被忽略。如果逻辑值和文本不能忽略，请使用函数 MAXA 来代替。如果参数不包含数字，函数 MAX 返回 0。

例如，如果(A1:A5)包含数字 10、7、9、27 和 2，则 MAX(A1:A5,30)等于 30。

（5）ROUND()函数。返回某个数字按指定位数舍入后的数字，使用语法为：

```
ROUND(number,num_digits)
```

其中：number 是需要进行舍入的数字；num_digits 是指定的位数，按此位数进行舍入。

说明：如果 num_digits 大于 0，则舍入到指定的小数位；如果 num_digits 等于 0，则舍入到最接近的整数；如果 num_digits 小于 0，则在小数点左侧进行舍入。

例如，ROUND(2.15,1)等于 2.2；ROUND(2.149,1)等于 2.1；ROUND(-1.475,2)等于-1.48；ROUND(21.5,-1)等于 20。

（6）COUNT()函数。返回参数的数字项的个数，使用语法为：

```
COUNT(value1,value2,...)
```

其中：value1、value2……是包含或引用各种类型数据的参数（1～255 个），但只有数字类型的数据才被计数。

说明：函数 COUNT 在计数时，将把数字、日期或以文字代表的数计算进去，但是错误值或其他无法转化成数字的文字则被忽略。

如果参数是一个数组或引用，那么只统计数组或引用中的数字。

例如，如果单元格 A1～A7 的内容分别为“销售”、12/03/2004、␣（空格）、19、22.34、TRUE、#DIV/0!，则 COUNT(A1:A7)等于 3，COUNT(A4:A7)等于 2，COUNT(A1:A7,2)等于 4。

（7）COUNTIF()函数。计算给定区域内满足特定条件的单元格的数目，使用语法为：

```
COUNTIF(range,criteria)
```

其中：range 为需要计算其中满足条件的单元格数目的单元格区域；criteria 为确定哪些单元格将被计算在内的条件，其形式可以为数字、表达式或文本。

说明：条件可以表示为 32、"32"、">32"、"apples"。

例如，假设(A3:A6)中的内容分别为"apples"、"oranges"、"peaches"、"apples"，则 COUNTIF (A3:A6,"apples") 等于 2。

假设(B3:B6)中的内容分别为 32、54、75、86，则 COUNTIF(B3:B6,">55")等于 2。

除了 COUNT()、COUNTIF()函数外，类似地还有 COUNTA()、COUNTBLANK()和 COUNTIFS()等，其含义分别为计算非空单元格的个数、计算空白单元格的个数、计算一组给定条件所指定的单元格个数。

（8）AVERAGE()函数。返回参数平均值（算术平均值），使用语法为：

```
AVERAGE(number1, number2,...)
```

其中：number1、number2……为要计算平均值的 1～255 个参数。参数可以是数字，或者是涉及数字的名称、数组或引用。

说明：如果数组或单元格引用参数中有文字、逻辑值或空单元格，则忽略其值，但如果单元格包含 0 值则计算在内。

例如，如果(A1:A5)命名为 Scores，其中的数值分别为 10、7、9、27 和 2，那么 AVERAGE(A1:A5)等于 11，AVERAGE(Scores)等于 11，AVERAGE(A1:A5, 5)等于 10，AVERAGE(A1:A5)等于 SUM(A1:A5)/COUNT(A1:A5) 等于 11。

如果(C1:C3)命名为 OtherScores，其中的数值为 4、18 和 7，那么 AVERAGE(Scores, OtherScores) 等于 10.5。

此外还有 AVERAGEIF()和 AVERAGEIFS()两个函数，分别统计满足条件的平均值和满足一组条件的平均值。

（9）IF()函数。执行真假值判断，根据逻辑测试的真假值返回不同的结果，使用语法为：

```
IF(logical_test,value_if_true,value_if_false)
```

其中：logical_test 表示计算结果为 TRUE 或 FALSE 的任意值或表达式；value_if_true 是 logical_test 为 TRUE 时返回的值；value_if_false 是 logical_test 为 FALSE 时返回的值。

说明：函数 IF 可以嵌套 64 层，使用 value_if_false 及 value_if_true 参数可以构造复杂的检测条件。

在计算参数 value_if_true 和 value_if_false 后，函数 IF 返回相应语句执行后的返回值。

如果函数 IF 的参数包含数组，则在执行 IF 语句时，数组中的每一个元素都将被计算。

下面是 IF()函数的使用示例。

- 在预算工作表中，单元格 A10 中包含计算当前预算的公式。如果 A10 中的公式结果小于等于 100，则下面的函数将显示“预算内”，否则将显示“超出预算”，IF()使用方法如下。

```
IF(A10<=100,"预算内","超出预算")
```

- 如果单元格 A10 中的数值为 100，则 logical_test 为 TRUE，且区域 B5:B15 中的所有数值将被计算。反之，logical_test 为 FALSE，且包含函数 IF 的单元格显示为空白。

```
IF(A10=100,SUM(B5:B15),"")
```

- 某单元格的名称 AverageScore 表示学生平均分，现依据 AverageScore 给出评语，评语标准是：大于 89 分，评语为 A；80～89 分，评语为 B；70～79 分，评语为 C；60～69 分，评语为 D；小于 60 分，评语为 F。则可以使用下列嵌套 IF 函数。

```
IF(AverageScore>89,"A",IF(AverageScore>79,"B",IF(AverageScore>69,"C",IF(AverageScore>59,"D","F"))))
```

（10）VLOOKUP 函数。在指定单元格区域的第 1 列查找符合条件的数据，并返回指定列对应的行数据，使用语法为：

```
VLOOKUP(lookup_value, table_array, col_index_num, [range_lookup])
```

其中：lookup_value（必需）是要在表格或区域的第 1 列中搜索的值，lookup_value 参数可以是值或引用。

table_array（必需）是包含数据的单元格区域，可以使用对区域（例如(A2:D8)）或区域名称的引用。table_array 第 1 列中的值是由 lookup_value 搜索的值，这些值可以是文本、数字或逻辑值，且文本不区分大小写。

col_index_num（必需）是 table_array 参数中必须返回的匹配值的列号。col_index_num 参数为 1 时，返回 table_array 第 1 列中的值；col_index_num 为 2 时，返回 table_array 第 2 列中的值，依此类推。

range_lookup（可选）是一个逻辑值，指定 VLOOKUP 是精确匹配值查找还是近似匹配值查找。默认为 TRUE，为精确查找；否则为 FALSE，为不精确查找。

例如，在图 8-58 中，单元格区域(A1:C9)中包含已销售数量、产品和销售人员列表，已销售数量存储在该区域的第 1 列，则公式 VLOOKUP(1.2,A1:C9,3,FALSE)将在单元格区域(A1:C9)中的第 1 列查找已销售数量为“1.2”，如果找到则返回第 3 列对应行的数据“莎拉”。

此外，还有 HLOOKUP 函数，其功能可以在指定的单元格区域中对首行查找指定的数值，并返回单元格区域指定行的同一列中的数值。使用语法为：

```
HLOOKUP(lookup_value,table_array, row_index_num, [range_lookup])
```

（11）RANK.AVG 与 RANK.EQ 函数。

1）RANK.AVG 函数。RANK.AVG 将返回一个数字在数字列表中的排位。数字的排位是其大小与列表中其他值的比值，如果多个值具有相同的排位，则将返回平均排位。使用语法为：

```
RANK.AVG(number,ref,[order])
```

其中：Number（必需）是要查找其排位的数字；ref（必需）是数字列表数组或对数字列表的引用，ref 中的非数值型值将被忽略；order（可选）是一个指定数字的排位方式的数字，如果 order 为 0（零）或忽略，对数字的排位就会基于 ref 是按照降序排序的列表，如果 order 不为零，ref 是按照升序排序的列表。

2）RANK.EQ 函数。RANK.EQ 返回一个数字在数字列表中的排位。其大小与列表中的其他值相关。如果多个值具有相同的排位，则返回该组数值的最高排位。使用语法为：

```
RANK.EQ(number,ref,[order])
```

其参数与 RANK.AVG 相同。此外，在 Excel 2016 还支持使用向下兼容的 RANK()函数，其作用大同小异，在排序时相同的数据产生位次与 RANK.EQ 一样。

例如，在单元格 A2～A6 中分别有数据 7、5、5、1、2，则公式“=RANK.AVG(A3,A2:A6,1)”的结果为 3.5，其含义是单元格 A3（数为 5）的排位是第 3 名和第 4 名之间的平均值(3+4)/2=3.5。

公式“=RANK.EQ(A2,A2:A6,1)”，则表示数字 7 在单元格 A2～A6 中排位为 5。

公式“=RANK.EQ(A4,A2:A6,1)”和“=RANK.EQ(A3,A2:A6,1)”，则表示为返回的排位都是 3。

（12）SUBTOTAL 函数。返回列表或数据库中的分类汇总。使用语法为：

```
SUBTOTAL(function_num,ref1,[ref2],...)
```

其中各参数含义如下。

- Function_num（必需）。1～11（包含隐藏值）或 101～111（忽略隐藏值）之间的数字，用于指定使用何种函数在列表中进行分类汇总计算，如表 8-7 所示。

表 8-7　Function_num 的值说明

Function_num（包含隐藏值）	Function_num（忽略隐藏值）	函数	Function_num（包含隐藏值）	Function_num（忽略隐藏值）	函数
1	101	AVERAGE	7	107	STDEV
2	102	COUNT	8	108	STDEVP
3	103	COUNTA	9	109	SUM
4	104	MAX	10	110	VAR
5	105	MIN	11	111	VARP
6	106	PRODUCT			

- Ref1（必需）。要对其进行分类汇总计算的第 1 个命名区域或引用。
- Ref2……（可选）。进行分类汇总计算的第 2～254 个命名区域或引用。

说明：

- 当 function_num 为从 1～11 的常数时，SUBTOTAL 数将包括通过“隐藏行”命令所隐藏的行中的值，该命令位于“开始”选项卡“单元格”组中“格式”命令的“隐藏和取消隐藏”子菜单。
- 如果在 ref1、ref2……中有其他的分类汇总（嵌套分类汇总），将忽略这些嵌套分类汇总，以避免重复计算。
- 当 function_num 为从 101～111 的常数时，SUBTOTAL 函数将忽略通过“隐藏行”命令所隐藏的行中的值。
- SUBTOTAL 函数忽略任何不包括在筛选结果中的行，不论使用什么 function_num 值。
- SUBTOTAL 函数适用于数据列或垂直区域。不适用于数据行或水平区域。例如，当 function_num 大于或等于 101 时需要分类汇总某个水平区域时，例如 SUBTOTAL (109,B2:G2)，则隐藏某列不影响分类汇总。但是隐藏分类汇总的垂直区域中的某行就会对其产生影响。
- 如果所指定的某个引用为三维引用，则函数 SUBTOTAL 将返回错误值#VALUE!。

SUBTOTAL 函数的使用示例如图 8-59 所示。

	A	B
1	数据	
2	120	
3	10	
4	150	
5	23	
6	公式	说明（结果）
7	=SUBTOTAL(9,A2:A5)	对上面列使用 SUM 函数计算出的分类汇总 (303)
8	=SUBTOTAL(1,A2:A5)	使用 AVERAGE 函数对上面列计算出的分类汇总 (75.75)

图 8-59　SUBTOTAL 函数的使用示例

（13）INDEX 函数。INDEX 函数的功能是返回表格或区域中的值或值的引用。该函数有数组和引用两种使用方式。

1）数组形式。INDEX 数组形式可以返回表格或数组中的元素值。使用数组形式时的语法格式为：

```
INDEX(array, row_num, [column_num])
```

其中各参数含义如下。

- array（必需）。可以是单元格区域或数组常量。
- 如果数组只包含一行或一列，则相对应的参数 row_num（行数）或 column_num（列数）为可选参数。如果数组有多行和多列，但只使用 row_num 或 column_num，则函数 INDEX 返回数组中的整行或整列，且返回值也为数组。
- row_num（必需）。选择数组中的某行，函数从该行返回数值。如果省略 row_num，则必须有 column_num。
- column_num（可选）。选择数组中的某列，函数从该列返回数值。如果省略 column_num，则必须有 row_num。

使用 INDEX 函数时，还需注意以下几点。

- 如果同时使用参数 row_num 和 column_num，则函数 INDEX 返回 row_num 和 column_num 交叉处的单元格中的值。
- 如果将 row_num 或 column_num 设置为 0（零），则函数 INDEX 分别返回整个列或行的数组数值。
- row_num 和 column_num 必须指向数组中的一个单元格，否则返回错误值#REF!。

INDEX 函数中使用数组常量和使用单元格区域进行查询，使用示例如图 8-60 所示。

	A	B
1	1	2
2	3	4
3		
4	公式：使用数组常量	说明（结果）
5	=INDEX({1,2;3,4},2,2)	数组常量中第二行、第二列中的数值（4） 也可使用=INDEX(A1:B2,2,2)

图 8-60 Index 函数的使用示例

2）引用形式。INDEX 函数使用引用形式时可以返回指定的行与列交叉处的单元格引用。如果引用由不连续的选定区域组成，可以选择某个选定区域。使用语法为：

```
INDEX(reference, row_num, [column_num], [area_num])
```

其中各参数含义如下。

- reference 必需。对一个或多个单元格区域的引用。如果为引用输入一个不连续的区域，则必须将其用括号“( )”括起来。

如果引用中的每个区域只包含一行或一列，则相应的参数 row_num 或 column_num 分别为可选项。例如，对于单行的引用，可以使用函数 INDEX(reference,,column_num)。

- row_num（必需）。引用中某行的行号，函数从该行返回一个引用。
- column_num（可选）。引用中某列的列标，函数从该列返回一个引用。
- area_num（可选）。选择引用中的一个区域，以从中返回 row_num 和 column_num 的交叉区域。选中或输入的第 1 个区域序号为 1，第 2 个为 2，依此类推。如果省略 area_num，则函数 INDEX 使用区域 1。

例如，如果引用描述的单元格为(A1:B4,D1:E4,G1:H4)，则 area_num1 为区域(A1:B4)，area_num2 为区域(D1:E4)，而 area_num3 为区域(G1:H4)。

INDEX 函数在使用引用方式时，还需注意以下几点。

- reference 和 area_num 选择了特定的区域后，row_num 和 column_num 将进一步选择特定的单元格：row_num1 为区域的首行，column_num1 为首列，以此类推。函数 INDEX 返回的引用即为 row_num 和 column_num 的交叉区域。
- 如果将 row_num 或 column_num 设置为 0，则函数 INDEX 分别返回对整列或整行的引用。
- Row_num、column_num 和 area_num 必须指向 reference 中的单元格，否则函数 INDEX 返回错误值#REF!。如果省略 row_num 和 column_num，则函数 INDEX 返回由 area_num 所指定的引用中的区域。
- 函数 INDEX 的结果为一个引用，且在其他公式中也被解释为引用。根据公式的需要，函数 INDEX 的返回值可以作为引用或是数值。例如，公式 CELL("width",INDEX(A1:B2,1,2))等价于公式 CELL("width",B1)。CELL 函数将函数 INDEX 的返回值作为单元格引用。而在另一方面，公式 2*INDEX(A1:B2,1,2)将函数 INDEX 的返回值解释为单元格 B1 中的数字。

使用引用形式进行 INDEX 函数查询的示例如图 8-61 所示。

	A	B	C
1	水果	价格	计数
2	苹果	0.69	40
3	香蕉	0.34	38
4	柠檬	0.55	15
5	柑橘	0.25	25
6	梨	0.59	40
7			
8	杏	2.8	10
9	腰果	3.55	16
10	花生	1.25	20
11	胡桃	1.75	12
12	公式	说明（结果）	
13	=INDEX(A2:C6, 2, 3)	区域 A2:C6 中第二行和第三列的交叉处，即单元格 C3 的内容。(38)	
14	=INDEX((A1:C6, A8:C11), 2, 2, 2)	第二个区域 A8:C11 中第二行和第二列的交叉处，即单元格 B9 的内容。(3.55)	
15	=SUM(INDEX(A1:C11, 0, 3, 1))	对第一个区域 A1:C11 中的第三列求和，即对 C1:C6 求和。(216)	
16	=SUM(B2:INDEX(A2:C6, 5, 2))	返回以单元格 B2 开始到单元格区域 A2:A6 中第五行和第二列交叉处结束的单元格区域的和，即单元格区域 B2:B6 的和。(2.42)	

图 8-61　使用引用形式进行 INDEX 函数查询的示例

（14）MATCH 函数。MATCH 函数可在单元格区域中搜索指定项，然后返回该项在单元格区域中的相对位置。例如，如果单元格区域(A1:A3)包含值 5、25 和 38，则公式“=MATCH(25,A1:A3,0)”会返回数字 2，因为值 25 是单元格区域中的第 2 项。

MATCH 函数的使用语法为：

```
MATCH(lookup_value, lookup_array, [match_type])
```

各参数含义如下。

- lookup_value（必需）。需要在 lookup_array 中查找的值。例如，如果要在电话簿中查找某人的电话号码，则应该将姓名作为查找值，但实际上需要的是电话号码。

lookup_value 参数可以为值（数字、文本或逻辑值）或对数字、文本或逻辑值的单元格引用。

- lookup_array（必需）。要搜索的单元格区域。
- match_type（可选）。数字-1、0 或 1。match_type 参数指定 Excel 如何在 lookup_array 中查找 lookup_value 的值。此参数的默认值为 1。

表 8-8 中介绍了该函数如何根据 match_type 参数的设置查找值。

表 8-8　match_type 参数的含义

Match_type	行为
1 或省略	MATCH 函数会查找小于或等于 lookup_value 的最大值。lookup_array 参数中的值必须按升序排列，例如：...-2,-1,0,1,2...A-Z,FALSE,TRUE
0	MATCH 函数会查找等于 lookup_value 的第 1 个值。lookup_array 参数中的值可以按任何顺序排列
-1	MATCH 函数会查找大于或等于 lookup_value 的最小值。lookup_array 参数中的值必须按降序排列，例如：TRUE,FALSE,Z-A,...2,1,0,-1,-2...

使用 MATCH 函数时，还需注意以下几点。

- MATCH 函数会返回 lookup_array 中匹配值的位置而不是匹配值本身。例如，MATCH("b",{"a","b","c"},0)会返回 2，即“b”在数组{"a","b","c"}中的相对位置。
- 查找文本值时，MATCH 函数不区分大小写字母。
- 如果 MATCH 函数查找匹配项不成功，则返回错误值#N/A。
- 如果 match_type 为 0 且 lookup_value 为文本字符串，则可以在 lookup_value 参数中使用通配符（问号“?”和星号“*”）。问号匹配任意单个字符，星号匹配任意一串字符。如果要查找实际的问号或星号，则在该字符前输入波形符“~”。

MATCH 函数的使用示例，如图 8-62 所示。

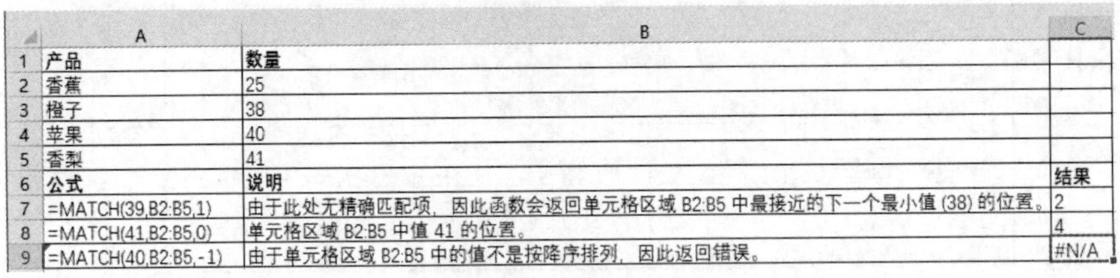

	A	B	C
1	产品	数量	
2	香蕉	25	
3	橙子	38	
4	苹果	40	
5	香梨	41	
6	公式	说明	结果
7	=MATCH(39,B2:B5,1)	由于此处无精确匹配项，因此函数会返回单元格区域 B2:B5 中最接近的下一个最小值 (38) 的位置。	2
8	=MATCH(41,B2:B5,0)	单元格区域 B2:B5 中值 41 的位置。	4
9	=MATCH(40,B2:B5,-1)	由于单元格区域 B2:B5 中的值不是按降序排列，因此返回错误。	#N/A

图 8-62　MATCH 函数的使用示例

下面再给出一个 INDEX 和 MATCH 函数的联合使用示列。如图 8-63 所示的工作表，其中 A、B、C 中有部分员工的有关数据，要求在 F 列根据 E 列中的姓名查找员工编号。

在单元格 F2 中输入公式“=INDEX(A:A,MATCH(E2,B:B,0))”，并将此公式填充到单元格 F6 即可。

【例 8-10】在工作簿“工资管理.xlsx”中为工作表“2020 年 8 月”完成如下任务。

（1）员工工号的首字母为部门代码，根据“员工工号”列的数据，在工作表“部门信息”中查询每位员工所属部门，并填入“部门”列。

F2　=INDEX(A:A,MATCH(E2,B:B,0))

	A	B	C	D	E	F
1	员工编号	姓名	工资		姓名	员工编号
2	BH01	吕布	13900		小乔	=INDEX(A:A,MATCH(E2,B:B,0))
3	BH02	小乔	10500		周喻	
4	BH03	赵云	9800		张飞	
5	BH04	诸葛亮	8600		黄忠	
6	BH05	周喻	13000		赵云	
7	BH06	黄忠	13100			
8	BH07	刘备	11100			
9	BH08	关羽	8800			
10	BH09	张飞	7600			

图 8-63　INDEX 和 MATCH 函数的联合使用示例

（2）在“应纳税所得额”列中填入每位员工的应纳税所得额，计算方法是：应纳税所得额=应付工资合计-扣除社保-3500（如果计算结果小于 0，则应纳税所得额为 0）。

（3）计算每位员工的应交个人所得税，计算方法是：应交个人所得税=应纳税所得额*对应税率-对应速算扣除数（对应税率和对应速算扣除数位于隐藏的工作表“工资薪金所得税率”中）。

（4）在“实发工资”列中计算每位员工的实发工资，计算方法是：实发工资=应付工资合计-扣除社保-应交个人所得税。

【操作步骤】

（1）启动 Excel，打开工作簿文件“工资管理.xlsx”，并将工作表“2020 年 8 月”选择为当前工作表。

（2）选中单元格区域(E3:E30)，单击“开始”选项卡“编辑”组中的“清除”按钮 清除，执行下拉列表中的“清除内容”命令。

（3）选中单元格 E3，输入公式“=INDEX(部门信息!$A$2:$B$6,MATCH(LEFT(B3,1),部门信息!$B$2:$B$6,0),1)”，输入完成后按 Enter 键确认输入。

注意：如果使用 VLOOKUP 函数，则需要将“部门信息”的两列位置交换一下，因为 VLOOKUP 函数只能在首列查找。

（4）选中单元格 J3，输入公式“=F3+G3+H3-I3”，输入完成后按 Enter 键确认输入。

（5）选中单元格 L3，输入公式“=IF(J3-K3-3500<0,0,J3-K3-3500)”，输入完成后按 Enter 键确认输入，然后拖动单元格 L3 右下角的“填充句柄”向下填充至单元格 K30。

（6）单击“审阅”选项卡“保护”功能组中的“保护工作簿”按钮，取消对工作簿的保护，然后右击下方的工作表名“2020 年 8 月”，在弹出的快捷菜单中选择“取消隐藏”，弹出“取消隐藏”对话框，如图 8-64 所示，直接单击“确定”按钮。

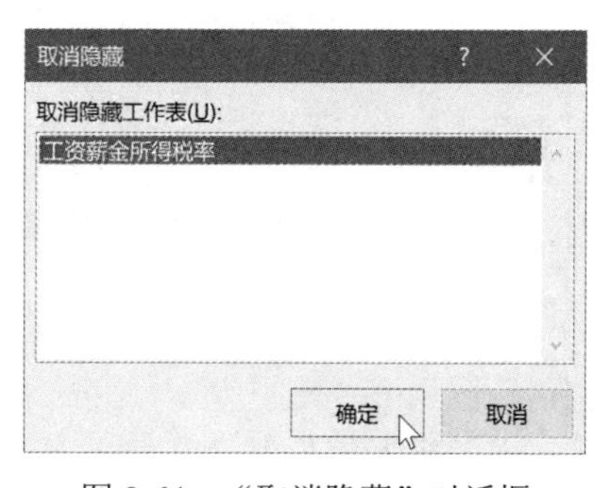

图 8-64　“取消隐藏”对话框

（7）选中单元格 M3，输入公式：“=IF(L3<=1500,L3*3%-0,IF(L3<=4500,L3*10%-105,IF(L3<=9000,L3*20%-555,IF(L3<=35000,L3*25%-1005,IF(L3<=55000,L3*30%-2755,IF(L3<=80000,L3*35%-5505,L3*45%-13505))))))”，输入完成后按 Enter 键确认输入，并将公式填充至单元格 M30。

（8）选中单元格 N3，输入公式“=J3-K3-M3”，输入完成后按 Enter 键确认输入。

8.8 数据清单的管理与分析

Excel 除具有简单数据处理功能外，还具有对数据的排序、筛选、分类汇总、统计和建立数据透视表等操作。数据的管理与分析工作主要使用“数据”选项卡中的各项命令来完成。

8.8.1 建立数据清单

1. 数据清单的概念

数据清单是 Excel 中一个包含列标题的连续数据区域。它由两部分构成，即表结构和纯数据。表结构是数据清单中的第一行，即为列标题，Excel 利用这些标题进行数据的查找、排序以及筛选。每一行为一条记录，每一列为一个数据项（或字段）。纯数据是数据清单中的数据部分，是 Excel 实施管理功能的对象，不允许有非法数据出现。

在 Excel 中，创建数据清单的原则如下。

（1）在同一个数据清单中列标题必须是唯一的。

（2）列标题与纯数据之间不能用空行分开。如果要将数据在外观上分开，可以使用单元格边框线。

（3）同一列数据的类型应相同。

（4）在一个工作表上避免建立多个数据清单，因为数据清单的某些处理功能每次只能在一个数据清单中使用。

（5）在纯数据区中不允许出现空行或空列。

如图 8-65 所示，单元格区域 A1～C5、H3～J7、H11～H16、J11～N16 都是一个数据清单，分别表示工作表中的一个连续数据区域。

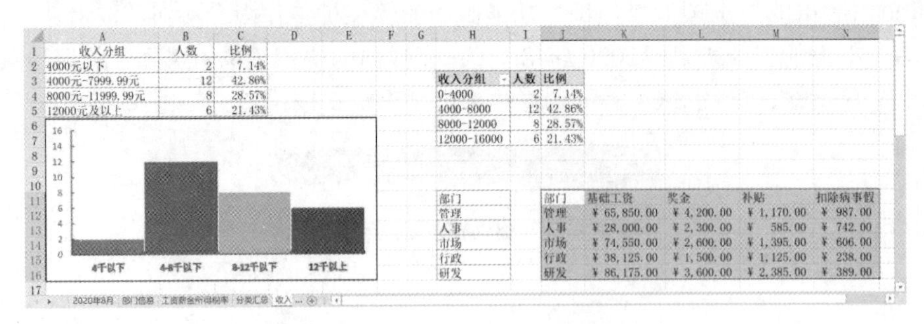

图 8-65 一个工作表中的多个数据清单

2. 使用“记录单”管理数据清单

在 Excel 中创建的数据清单是用来对大量数据进行管理的，它采用一个对话框展示出一个数据记录中所有字段的内容，并提供了增加、修改、删除及检索记录的功能。使用“记录单”

管理数据清单的操作方法如下。

（1）将光标放在数据清单所在工作表中任一单元格内。

（2）单击“快速访问工具栏”中的“记录单”按钮，打开“记录单”对话框，首先显示的是数据库中第一条记录的基本内容，带有公式的字段内容是不可编辑的，如图 8-66 所示。

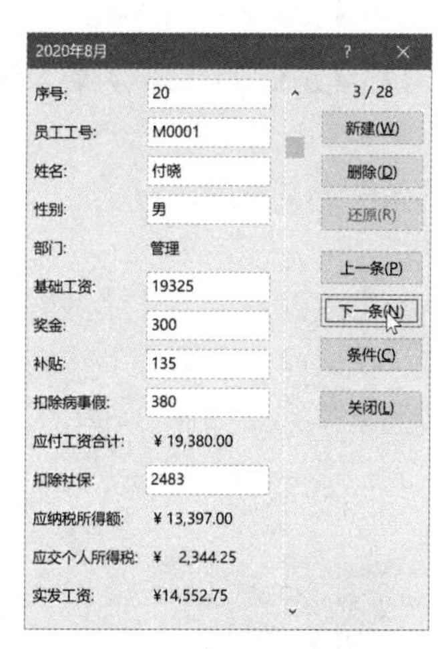

图 8-66　“记录单”对话框

（3）使用“上一条”或“下一条”按钮或按滚动条，可以在每条记录间上下移动。

（4）单击“新建”按钮，屏幕出现一个新记录的数据清单，按 Tab 键（或按 Shift+Tab 组合键）依次输入各项内容。

（5）单击“删除”按钮，Excel 将出现确认删除操作对话框。

（6）单击“条件”按钮，Excel 可进行记录查找定位。

（7）单击“关闭”按钮，关闭“记录单”对话框。

注意：在“快速访问工具栏”中增加“记录单”按钮的方法，可参考第 7 章第 7.1.5 节。使用数据清单增加记录时，数据清单中的公式项不能输入或修改。第一条记录及记录内的公式必须在工作表中输入，在数据清单中新增的记录会自动显示公式计算结果。

【例 8-11】使用“记录单”完成如下操作。

（1）在记录单中查找姓名为“杜思雨”的职工。

（2）为“工资”工作表增加一条记录，数据如下。

30	S0111	牛子睿	男		16800	400	450	290		2016			

（3）删除以上增加的记录。

【操作步骤】

（1）打开工作簿文件“工资管理.xlsx”并选定工作表“2020 年 8 月”。

（2）单击“快速访问工具栏”中的“记录单”按钮，打开如图 8-66 所示的“记录单”对话框。

（3）单击“条件”按钮，在“姓名”栏中输入“杜思雨”，单击“下一条”按钮，记录出现“杜思雨”的信息，如果要修改其中的数据，在此界面直接进行即可。

（4）单击“新建”按钮，屏幕出现一个新记录的数据清单，依次输入各项数据。

（5）单击“关闭”按钮，关闭“记录单”。

（6）找到上面新添加的记录行并删除。

8.8.2 数据的排序

在 Excel 中，可以根据一列或多列的内容按升序或降序对数据清单进行排序。在对数字进行排序时，Excel 是按单元格大小进行排序的，在对文本进行排序时，Excel 按字符逐个自左到右进行排序。当然，用户也可进行自定义排序。

1. 根据单列数据内容进行排序

单击数据清单中任意单元格，如果数据需要“升序”排列，则需单击“数据”选项卡“排序与筛选”组中的“升序”按钮 A↓Z，反之单击“降序”按钮 Z↓A，则数据清单按“降序”排列，这时数据清单中的记录就会按要求重新排列。如图 8-67 所示，图中的数据按“奖金”字段降序排列。

东方公司2020年8月员工工资表

序号	员工工号	姓名	性别	部门	基础工资	奖金	补贴	扣除病事假	应付工资合计	扣除社保	应纳税所得额	应交个人所得税	实发工资
024	R0012	李美桦	女	研发	¥ 12,825.00	¥ 1,000.00	¥ 405.00	¥ 41.00	¥ 14,189.00	¥ 1,890.00	¥ 8,799.00	¥ 1,204.80	¥11,094.20
026	M0033	李欣雨	女	管理	¥ 3,925.00	¥ 1,000.00	¥ 45.00	¥ -	¥ 4,970.00	¥ 518.00	¥ 952.00	¥ 28.56	¥ 4,423.44
018	M0023	冯嘉欣	女	管理	¥ 6,325.00	¥ 900.00	¥ 450.00	¥ 143.00	¥ 7,532.00	¥ 915.00	¥ 3,117.00	¥ 206.70	¥ 6,410.30
021	H0033	付一冉	男	人事	¥ 4,125.00	¥ 900.00	¥ 90.00	¥ 139.00	¥ 4,976.00	¥ 2,223.00	¥ -	¥ -	¥ 2,753.00
004	M0009	桂晨曦	女	管理	¥ 8,425.00	¥ 800.00	¥ 135.00	¥ 76.00	¥ 9,284.00	¥ 984.00	¥ 4,800.00	¥ 405.00	¥ 7,895.00
008	R0033	陈贝一	男	研发	¥ 8,425.00	¥ 800.00	¥ 180.00	¥ -	¥ 9,405.00	¥ 1,148.00	¥ 4,757.00	¥ 396.40	¥ 7,860.60
005	R0014	曾雪依	女	研发	¥ 16,625.00	¥ 700.00	¥ 450.00	¥ 314.00	¥ 17,461.00	¥ 2,460.00	¥ 11,501.00	¥ 1,870.25	¥13,130.75
027	M0007	刘一兰	女	管理	¥ 8,725.00	¥ 700.00	¥ 180.00	¥ 388.00	¥ 9,217.00	¥ 1,275.00	¥ 4,442.00	¥ 339.20	¥ 7,602.80
007	S0083	陈贝嘉	男	市场	¥ 9,325.00	¥ 600.00	¥ 360.00	¥ 293.00	¥ 9,992.00	¥ 972.00	¥ 5,520.00	¥ 549.00	¥ 8,471.00
012	H0010	程心怡	女	人事	¥ 8,225.00	¥ 600.00	¥ 45.00	¥ 414.00	¥ 8,456.00	¥ 1,280.00	¥ 3,676.00	¥ 262.60	¥ 6,913.40
016	H0006	范丁宏	男	人事	¥ 6,225.00	¥ 600.00	¥ 90.00	¥ 189.00	¥ 6,726.00	¥ 900.00	¥ 2,326.00	¥ 127.60	¥ 5,698.40
022	R0004	吉祥	女	研发	¥ 9,725.00	¥ 600.00	¥ 360.00	¥ -	¥ 10,685.00	¥ 656.00	¥ 6,529.00	¥ 750.80	¥ 9,278.20
028	S0119	朱亚婷	女	市场	¥ 11,125.00	¥ 600.00	¥ 180.00	¥ 149.00	¥ 11,756.00	¥ 2,384.00	¥ 5,872.00	¥ 619.40	¥ 8,752.60
029	S0018	朱姿	男	市场	¥ 18,125.00	¥ 600.00	¥ 225.00	¥ -	¥ 18,950.00	¥ 2,327.00	¥ 13,123.00	¥ 2,275.75	¥14,347.25
006	S0048	常援琪	女	市场	¥ 12,925.00	¥ 500.00	¥ 405.00	¥ -	¥ 13,830.00	¥ 1,651.00	¥ 8,679.00	¥ 1,180.80	¥10,998.20
025	M0017	李琪	男	管理	¥ 19,125.00	¥ 500.00	¥ 225.00	¥ -	¥ 19,850.00	¥ 1,417.00	¥ 14,933.00	¥ 2,728.25	¥15,704.75
003	A0064	曹其君	男	行政	¥ 7,825.00	¥ 400.00	¥ 225.00	¥ -	¥ 8,450.00	¥ 1,344.00	¥ 3,606.00	¥ 255.60	¥ 6,850.40
013	A0044	党靖雯	女	行政	¥ 5,225.00	¥ 400.00	¥ 180.00	¥ -	¥ 5,805.00	¥ 800.00	¥ 1,505.00	¥ 45.50	¥ 4,959.50
009	A0061	陈府华	男	行政	¥ 4,825.00	¥ 300.00	¥ 315.00	¥ -	¥ 5,440.00	¥ 576.00	¥ 1,364.00	¥ 40.92	¥ 4,823.08
011	A0002	陈万地	男	行政	¥ 13,525.00	¥ 300.00	¥ 90.00	¥ 7.00	¥ 13,908.00	¥ 1,729.00	¥ 8,679.00	¥ 1,180.80	¥10,998.20
017	R0034	冯佳慧	女	研发	¥ 18,825.00	¥ 300.00	¥ 405.00	¥ -	¥ 19,530.00	¥ 2,976.00	¥ 13,054.00	¥ 2,258.50	¥14,295.50
020	M0001	付晓	男	管理	¥ 19,325.00	¥ 300.00	¥ 135.00	¥ 380.00	¥ 19,380.00	¥ 2,483.00	¥ 13,397.00	¥ 2,344.25	¥14,552.75
014	S0057	邓智航	男	市场	¥ 19,425.00	¥ 200.00	¥ 90.00	¥ -	¥ 19,715.00	¥ 2,880.00	¥ 13,335.00	¥ 2,328.75	¥14,506.25
015	H0040	杜思雨	女	人事	¥ 9,425.00	¥ 200.00	¥ 360.00	¥ -	¥ 9,985.00	¥ 1,288.00	¥ 5,197.00	¥ 484.40	¥ 8,212.60
023	R0009	李佳一	男	研发	¥ 8,025.00	¥ 200.00	¥ 180.00	¥ -	¥ 8,405.00	¥ 1,248.00	¥ 3,657.00	¥ 260.70	¥ 6,896.30
001	S0141	包宏伟	男	市场	¥ 3,625.00	¥ 100.00	¥ 135.00	¥ 164.00	¥ 3,696.00	¥ 442.00	¥ -	¥ -	¥ 3,254.00
010	A0014	陈嵩吟	男	行政	¥ 6,725.00	¥ 100.00	¥ 315.00	¥ 231.00	¥ 6,909.00	¥ 1,040.00	¥ 2,369.00	¥ 131.90	¥ 5,737.10
002	R0016	蔡迪嘉	女	研发	¥ 11,725.00	¥ -	¥ 405.00	¥ 34.00	¥ 12,096.00	¥ 1,610.00	¥ 6,986.00	¥ 842.20	¥ 9,643.80

2020年8月 部门信息 工资薪金所得税率

图 8-67 数据清单按奖金字段“降序”排列

2. 根据多列数据内容进行排序

利用单列数据内容进行排序时，数据清单中的记录可能并不能严格地区分开，例如基础工资都相同的多条记录会集中在一起。如果这时需要区分这些记录，就需要根据多列数据内容对数据清单进行排序。利用多列数据内容进行排序的方法如下。

（1）在数据清单中单击任意单元格，单击“数据”选项卡“排序与筛选”组中的“排序”按钮。

（2）这时 Excel 会自动选择整个数据清单，并打开“排序”对话框，如图 8-68 所示。

（3）在“排序”对话框中，Excel 允许用户一次添加多个关键字（排序依据）进行排序。单击“添加条件”按钮，可增加排序的条件；单击“删除条件”按钮，可减少排序的条件；单击“复制条件”按钮，可将光标所在的条件行复制添加一个排序条件，然后再进行修改。单击“选项”按钮，弹出如图 8-69 所示的“排序选项”对话框，根据需要可设置按列排序（默认）或按行排序，排序方法是按字母排序（默认）还是按笔划排序。

图 8-68　“排序”对话框

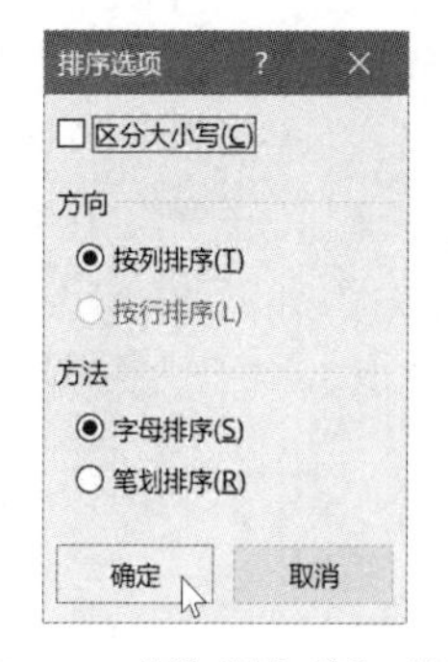

图 8-69　“排序选项”对话框

单击“主要关键字”“次要关键字”及“第三关键字”的下拉列表框箭头，可在弹出的下拉列表框中选择所需字段名，然后设置好“排序依据”和“次序”。

（4）单击“确定”按钮，完成操作。

注意：在排序时，用户也可单击“开始”选项卡“编辑”组中的“排序和筛选”按钮，然后在弹出的命令列表框中执行“升序”“降序”或“自定义排序”命令。

【例 8-12】 对工作表“2020 年 8 月”建立排序依据分别为部门、性别和基础工资的多关键字排序，最后再按照部门进行排序，部门需要按照首字拼音的字母顺序升序排序。

【操作步骤】

（1）启动 Excel，打开工作簿文件“工资管理.xlsx”并选定工作表“2020 年 8 月”。

（2）在单元格区域 A3～N30 中单击任意一个单元格。

（3）单击“数据”选项卡“排序与筛选”组中的“排序”按钮，打开如图 8-68 所示的对话框。在该对话框中添加排序依据关键字，并设置好排序的依据和次序。

（4）单击“确定”按钮，完成排序。

从排序的结果看，工作表“2020 年 8 月”先按“部门”的降序排序，即将职工分成“管理”“行政”“人事”“研发”和“市场”5 类，部门相同的，再按性别分成男性和女性职工 2 大类，“性别”相同者，再按“基础工资”的升序进行排列，排序结果如图 8-70 所示。

东方公司2020年8月员工工资表

序号	员工工号	姓名	性别	部门	基础工资	奖金	补贴	扣除病事假	应付工资合计	扣除社保	应纳税所得额	应交个人所得税	实发工资
023	R0009	李佳一	男	研发	¥ 8,025.00	¥ 200.00	¥ 180.00	¥ -	¥ 8,405.00	¥ 1,248.00	¥ 3,657.00	¥ 260.70	¥ 6,896.30
008	R0033	陈贝一	男	研发	¥ 8,425.00	¥ 800.00	¥ 180.00	¥ -	¥ 9,405.00	¥ 1,148.00	¥ 4,757.00	¥ 396.40	¥ 7,860.60
022	R0004	吉祥	女	研发	¥ 9,725.00	¥ 600.00	¥ 360.00	¥ -	¥ 10,685.00	¥ 656.00	¥ 6,529.00	¥ 750.80	¥ 9,278.20
002	R0016	蔡迪嘉	女	研发	¥ 11,725.00	¥ -	¥ 405.00	¥ 34.00	¥ 12,096.00	¥ 1,610.00	¥ 6,986.00	¥ 842.20	¥ 9,643.80
024	R0012	李美桦	女	研发	¥ 12,825.00	¥ 1,000.00	¥ 405.00	¥ 41.00	¥ 14,189.00	¥ 1,890.00	¥ 8,799.00	¥ 1,204.80	¥11,094.20
005	R0014	曾雪依	女	研发	¥ 16,625.00	¥ 700.00	¥ 450.00	¥ 314.00	¥ 17,461.00	¥ 2,460.00	¥ 11,501.00	¥ 1,870.25	¥13,130.75
017	R0034	冯佳慧	女	研发	¥ 18,825.00	¥ 300.00	¥ 405.00	¥ -	¥ 19,530.00	¥ 2,976.00	¥ 13,054.00	¥ 2,258.50	¥14,295.50
009	A0061	陈府华	男	行政	¥ 4,825.00	¥ 300.00	¥ 315.00	¥ -	¥ 5,440.00	¥ 576.00	¥ 1,364.00	¥ 40.92	¥ 4,823.08
010	A0014	陈嵩吟	男	行政	¥ 6,725.00	¥ 100.00	¥ 315.00	¥ 231.00	¥ 6,909.00	¥ 1,040.00	¥ 2,369.00	¥ 131.90	¥ 5,737.10
003	A0064	曹其君	男	行政	¥ 7,825.00	¥ 400.00	¥ 225.00	¥ -	¥ 8,450.00	¥ 1,344.00	¥ 3,606.00	¥ 255.60	¥ 6,850.40
011	A0002	陈万地	男	行政	¥ 13,525.00	¥ 300.00	¥ 90.00	¥ 7.00	¥ 13,908.00	¥ 1,729.00	¥ 8,679.00	¥ 1,180.80	¥10,998.20
013	A0044	党靖雯	女	行政	¥ 5,225.00	¥ 400.00	¥ 180.00	¥ -	¥ 5,805.00	¥ 800.00	¥ 1,505.00	¥ 45.50	¥ 4,959.50
001	S0141	包宏伟	男	市场	¥ 3,625.00	¥ 100.00	¥ 135.00	¥ 164.00	¥ 3,696.00	¥ 442.00	¥ -	¥ -	¥ 3,254.00
007	S0083	陈贝嘉	男	市场	¥ 9,325.00	¥ 600.00	¥ 360.00	¥ 293.00	¥ 9,992.00	¥ 972.00	¥ 5,520.00	¥ 549.00	¥ 8,471.00
029	S0018	朱姿	男	市场	¥ 18,125.00	¥ 600.00	¥ 225.00	¥ -	¥ 18,950.00	¥ 2,327.00	¥ 13,123.00	¥ 2,275.75	¥14,347.25
014	S0057	邓智航	男	市场	¥ 19,425.00	¥ 200.00	¥ 90.00	¥ -	¥ 19,715.00	¥ 2,880.00	¥ 13,335.00	¥ 2,328.75	¥14,506.25
028	S0119	朱亚婷	女	市场	¥ 11,125.00	¥ 600.00	¥ 180.00	¥ 149.00	¥ 11,756.00	¥ 2,384.00	¥ 5,872.00	¥ 619.40	¥ 8,752.60
006	S0048	常援琪	女	市场	¥ 12,925.00	¥ 500.00	¥ 405.00	¥ -	¥ 13,830.00	¥ 1,651.00	¥ 8,679.00	¥ 1,180.80	¥10,998.20
021	H0033	付一冉	男	人事	¥ 4,125.00	¥ 900.00	¥ 90.00	¥ 139.00	¥ 4,976.00	¥ 2,223.00	¥ -	¥ -	¥ 2,753.00
016	H0006	范丁宏	男	人事	¥ 6,225.00	¥ 600.00	¥ 90.00	¥ 189.00	¥ 6,726.00	¥ 900.00	¥ 2,326.00	¥ 127.60	¥ 5,698.40
012	H0010	程心怡	女	人事	¥ 8,225.00	¥ 600.00	¥ 45.00	¥ 414.00	¥ 8,456.00	¥ 1,280.00	¥ 3,676.00	¥ 262.60	¥ 6,913.40
015	H0040	杜思雨	女	人事	¥ 9,425.00	¥ 200.00	¥ 360.00	¥ -	¥ 9,985.00	¥ 1,288.00	¥ 5,197.00	¥ 484.40	¥ 8,212.60
025	M0017	李琪	男	管理	¥ 19,125.00	¥ 500.00	¥ 225.00	¥ -	¥ 19,850.00	¥ 1,417.00	¥ 14,933.00	¥ 2,728.25	¥15,704.75
020	M0001	付晓	男	管理	¥ 19,325.00	¥ 300.00	¥ 135.00	¥ 380.00	¥ 19,380.00	¥ 2,483.00	¥ 13,397.00	¥ 2,344.25	¥14,552.75
026	M0033	李欣雨	女	管理	¥ 3,925.00	¥ 1,000.00	¥ 45.00	¥ -	¥ 4,970.00	¥ 518.00	¥ 952.00	¥ 28.56	¥ 4,423.44
018	M0023	冯嘉欣	女	管理	¥ 6,325.00	¥ 900.00	¥ 450.00	¥ 143.00	¥ 7,532.00	¥ 915.00	¥ 3,117.00	¥ 206.70	¥ 6,410.30
004	M0009	桂晨曦	女	管理	¥ 8,425.00	¥ 800.00	¥ 135.00	¥ 76.00	¥ 9,284.00	¥ 984.00	¥ 4,800.00	¥ 405.00	¥ 7,895.00
027	M0007	刘一兰	女	管理	¥ 8,725.00	¥ 700.00	¥ 180.00	¥ 388.00	¥ 9,217.00	¥ 1,275.00	¥ 4,442.00	¥ 339.20	¥ 7,602.80

2020年8月　部门信息　工资薪金所得税率

图 8-70　按部门、性别和基础工资 3 个多关键字排序

（5）单击“开始”选项卡“编辑”功能组中的“排序和筛选”按钮，在下拉列表中选择

“自定义排序”，弹出“排序”对话框，如图 8-68 所示。将“主要关键字”设置为“部门”，然后单击“次序”下拉按钮并选择“自定义序列”，弹出“自定义序列”对话框，如图 8-71 所示。在“输入序列”中依次输入“管理”“人事”“市场”“行政”“研发”，单击“添加”按钮，然后选中添加的这个序列再单击“确定”按钮，返回“排序”对话框后再单击“确定”按钮，工作表即按“管理,人事,市场,行政,研发”序列排序。

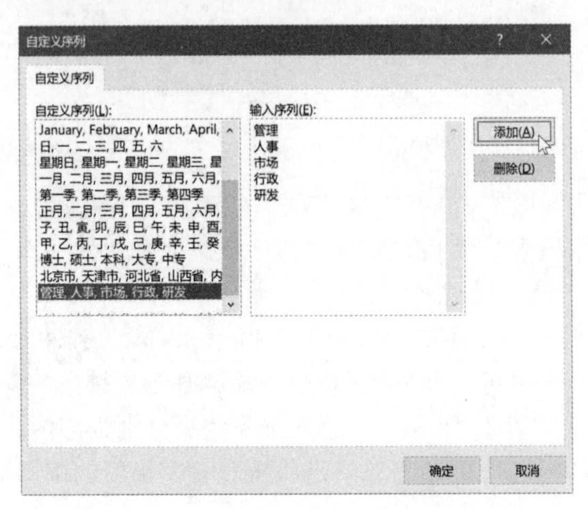

图 8-71 “自定义序列”对话框

8.8.3 数据筛选

Excel 的数据筛选功能就是指从数据清单中找出符合某些条件特征的一条或多条记录。

1. 使用记录单进行筛选

利用“记录单”对话框进行筛选的方法如下。

（1）单击“快速访问工具栏”上的“记录单”按钮，打开“工资”记录单对话框。

（2）单击“条件”按钮，出现空白清单等待输入条件，并且“条件”按钮变为“表单”按钮 表单(F) 。

（3）在一个或几个字段框中输入查询条件，例如查找“奖金”在 800 元以上且“扣除病事假”扣款小于等于 100 元的职工记录，则在“奖金”框中输入“>=800”，在“扣除病事假”框中输入“<=100”，如图 8-72 所示。

（4）单击“表单”按钮，然后单击“上一条”或“下一条”按钮，可以查看筛选后的记录结果。

2. 使用自动筛选命令

使用自动筛选的操作方法如下。

单击数据清单中的任一位置，单击“数据”选项卡“排序和筛选”组中的“筛选”按钮（或按 Ctrl+Shift+L 组合键）。这时在每个字段右侧显示出黑色下拉箭头，此箭头称为筛选器下拉箭头，如图 8-73 所示。

单击每个筛选器箭头，出现筛选器下拉列表框。在筛选列表框中筛选可以“按颜色筛选”，也可按“数字筛选”，或在“搜索”框输入一个数据进行筛选，也可以直接在该字段数据列表中直接勾选进行筛选，当然还可对筛选后数据进行排序。

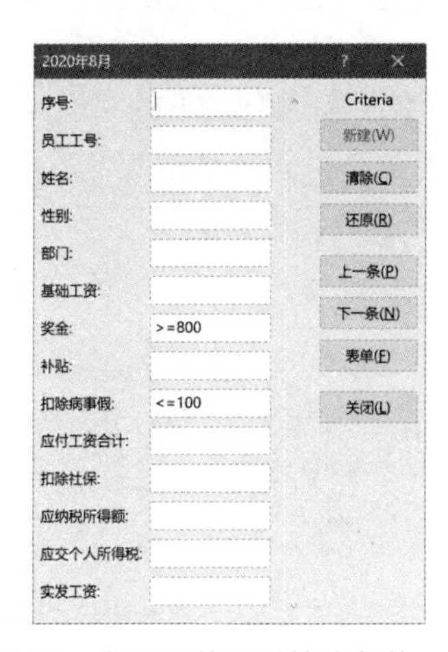

图 8-72　在记录单设置筛选条件

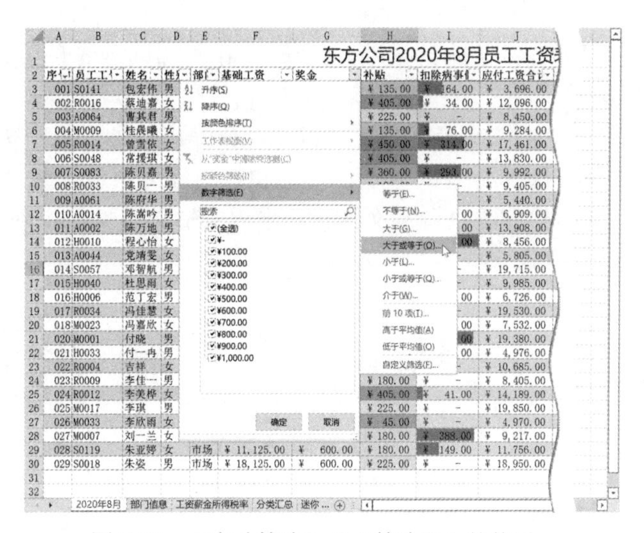

图 8-73　“自动筛选”及“筛选器”的使用

例如，在“奖金”字段筛选列表中直接勾 900，这时系统出现筛选结果。当出现结果后，已筛选的数据颜色变为“蓝色”，筛选的数据行标号也呈现蓝色，同时筛选器中的“下拉列表”按钮▼变成▼。

在“数字筛选”项下选择“自定义筛选”选项，将打开“自定义自动筛选方式”对话框，如图 8-74 所示。在其中输入条件，如筛选出“基础工资”大于 5000 元，且小于或等于 8000 元的职工记录。

图 8-74　“自定义自动筛选方式”对话框

取消自动筛选，恢复原来的数据清单，可在筛选箭头的下拉列表中选择“全部显示”命令，或直接单击“排序和筛选”组中的“清除”按钮 清除 即可。

单击“排序和筛选”组中的“重新应用”按钮 重新应用 ，可对筛选后的数据进行修改后，重新筛选并排列。

如果取消数据清单的筛选箭头，可再次单击“排序和筛选”组中的“筛选”按钮。

【例 8-13】 在工作表“2020 年 8 月”中选择出性别=“女”、奖金<900 和扣除病事假≥300 的所有记录。

【操作步骤】

（1）在工作表“2020 年 8 月”中单击数据清单中的任意一个单元格，如 D5。

（2）单击“数据”选项卡“排序和筛选”组中的“筛选”按钮，这时数据清单标题行上每个字段名称右侧出现一个筛选器按钮。

（3）单击“性别”筛选器按钮，在弹出的列表框中直接勾选性别值“女”，这时数据清单中出现全部为“女”的记录。

（4）单击“奖金”筛选器按钮，在弹出的列表框中执行“数字筛选”项下的“自定义筛选”命令，打开如图 8-74 所示的对话框，输入条件“奖金<900”。

同样在扣款的“自定义筛选”设置中输入条件“扣除病事假≥300”。

（5）筛选完成后，观察数据清单的变化，如图 8-75 所示。

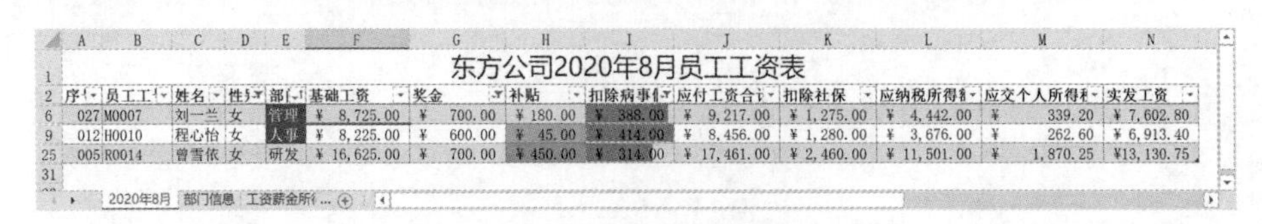

东方公司2020年8月员工工资表													
序	员工工	姓名	性	部	基础工资	奖金	补贴	扣除病事	应付工资合	扣除社保	应纳税所得	应交个人所得	实发工资
027	M0007	刘一兰	女	管理	¥ 8,725.00	¥ 700.00	¥ 180.00	¥ 388.00	¥ 9,217.00	¥ 1,275.00	¥ 4,442.00	¥ 339.20	¥ 7,602.80
012	H0010	程心怡	女	人事	¥ 8,225.00	¥ 600.00	¥ 45.00	¥ 414.00	¥ 8,456.00	¥ 1,280.00	¥ 3,676.00	¥ 262.60	¥ 6,913.40
005	R0014	曾雪依	女	研发	¥ 16,625.00	¥ 700.00	¥ 450.00	¥ 314.00	¥ 17,461.00	¥ 2,460.00	¥ 11,501.00	¥ 1,870.25	¥13,130.75

2020年8月　部门信息　工资薪金所(...

图 8-75　自动筛选后的数据清单

3. 高级筛选

当筛选条件比较复杂时，使用自动筛选功能就会显得不便，这时可以利用筛选中的高级筛选功能。

要使用高级筛选，首先要建立条件区域。一般高级筛选要求至少在数据清单的上方或下方留出 3 个空行作为条件区域。在条件区域的第 1 行输入含有待筛选数据的列的标志，然后在列标志下面输入要进行筛选的条件，条件区域建立后就可以进行高级筛选了。

条件设置的含义如下。

- 并列条件。如选择的条件为

性别	奖金	扣除病事假
女	<900	>=300

，含义为筛选出性别为“女”、奖金小于 900 元且扣款 300 元的所有记录。

- 设置多个或条件。如选择的条件为

性别	奖金
女	<=900
女	>=500

，含义为筛选出性别为“女”、奖金大于等于 500 元或者奖金小于等于 900 元的所有记录。

【例 8-14】使用“高级筛选”功能在工作表“2020 年 8 月”中选择出性别=“女”、奖金<500 或奖金≥800 以及扣除病事假≥50 的所有记录。

【操作步骤】

（1）在数据清单的上面插入 4 行空行，然后再选择数据清单中含有要筛选值的列标，然后单击“复制”按钮。

（2）选择条件区域的第 1 个空行，然后单击“粘贴”按钮。

（3）在条件标志下面的一行中输入所要匹配的条件。应确认在条件值与数据清单之间至少要留一个空白行，如图 8-76 所示。

（4）单击数据清单中的任意单元格。

（5）单击“数据”选项卡“排序和筛选”组中的“高级”按钮 高级，弹出“高级筛选”对话框，如图 8-77 所示。

（6）单击“在原有区域显示筛选结果”选项，Excel 可把不符合筛选条件的数据行在原数据区域暂时隐藏起来，本例使用“将筛选结果复制到其他位置”选项。

（7）在“条件区域”编辑框中输入条件区域的引用，并包括条件标志。单击“对话框折叠”按钮，暂时将“高级筛选”对话框移开，选择条件区域。

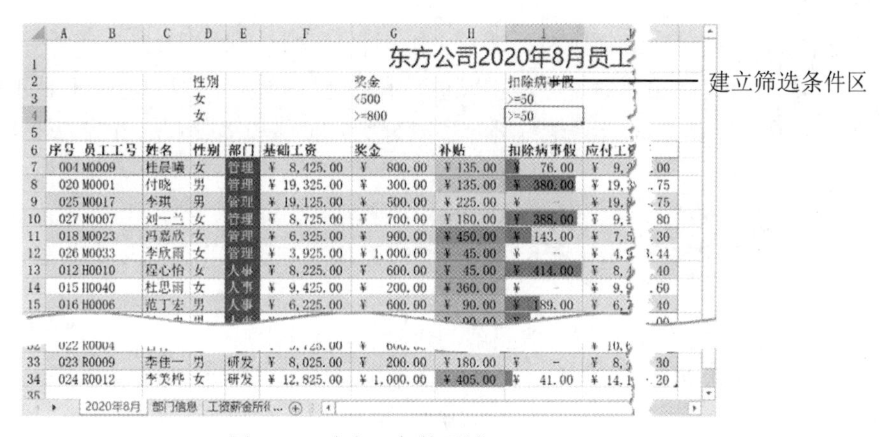

图 8-76　建立“条件区域”

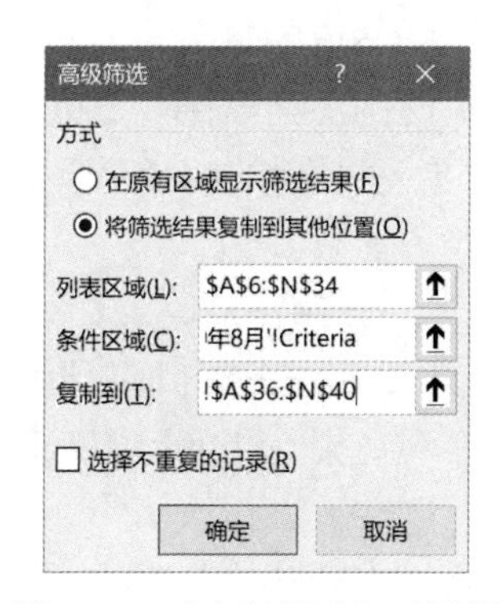

图 8-77　“高级筛选”对话框

（8）在“复制到”编辑框中单击“对话框折叠”按钮，然后选择筛选结果显示的位置，本例为“'2020 年 8 月'!$A$36:$N$40”。

注意：勾选“选择不重复的记录”，将可在筛选结果处不显示重复记录。

（9）单击“确定”按钮，筛选结果如图 8-78 所示。

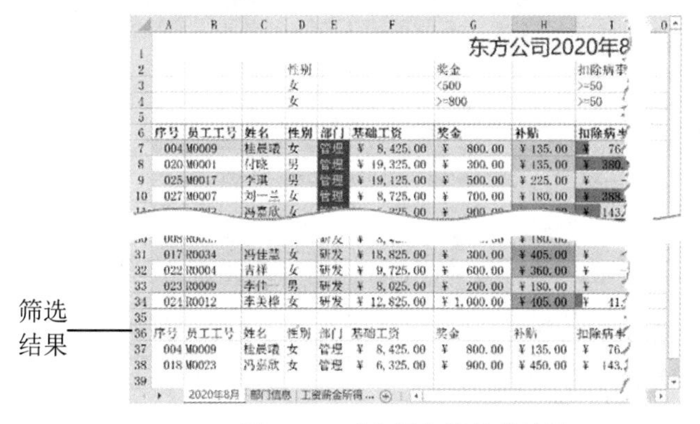

图 8-78　“高级”筛选的结果

8.8.4　分类汇总

分类汇总就是将表格中的数据按某个字段或关键字进行分类，将同一类别的数据放在一起，然后再进行求和、求平均数、计数、求个数、求最大值、求最小值等方法的汇总运算。

在分类汇总前，必须先对分类字段进行有序化（排序），否则将得不到正确的分类汇总结果。其次，在分类汇总时要清楚对哪个字段分类，对哪些字段汇总方式，这些都需要在“分类汇总”对话框进行设置。

【例 8-15】 对工作簿“工资管理.xlsx”进行如下操作。

（1）复制工作表“2020 年 8 月”置于原工作表右侧，修改新复制的工作表名称为“分类汇总”。

（2）使用分类汇总功能，按照部门进行分类，计算各“部门”员工的“基础工资”“奖金”“补贴”“扣除病事假”“应交个人所得税”和“实发工资”的平均值（计算结果保留 2 位小数），部门需要按照首字拼音的字母顺序升序排序，汇总结果显示在数据下方。

（3）在工作表“分类汇总”的右侧创建标签名为“收入分布”的工作表，按照如图 8-79 所示的收入分组标准在单元格区域(A1:C5)创建表格，在“人数”和“比例”列中分别按照“实发工资”计算每组的人数以及占整体比例（结果保留 2 位小数）。

（4）为工作表“收入分布”的单元格区域(A1:C5)添加实线黑色边框线。

【操作步骤】

（1）启动 Excel 并打开工作簿“工资管理.xlsx”文件。

（2）将鼠标指向“2020 年 8 月”工作表名，按住 Ctrl 键，向右拖动鼠标，生成一个新工作表“2020 年 8 月(2)”。右击该工作表名称，在弹出的快捷菜单中选择“重命名”，将工作表名重命名为“分类汇总”。

（3）参照【例 8-12】，创建“部门”按“管理,人事,市场,行政,研发”排序标准。

（4）单击选中数据清单中的任意单元格，单击“数据”选项卡“分级显示”功能组中的“分类汇总”按钮，弹出“分类汇总”对话框，将“分类字段”设置为“部门”，将“汇总方式”设置为“平均值”，在“选定汇总项”列表框中仅勾选“实发工资”复选框，如图 8-80 所示，单击“确定”按钮完成操作。

	A	B	C
1	收入分组	人数	比例
2	4000元以下	2	7.14%
3	4000元-7999.99元	12	42.86%
4	8000元-11999.99元	8	28.57%
5	12000元及以上	6	21.43%

收入分布

图 8-79　收入分组标准

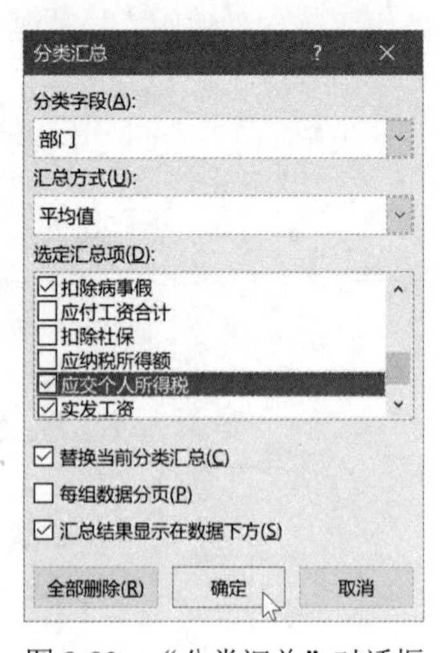

图 8-80　“分类汇总”对话框

然后，利用“设置单元格格式”对话框将分类汇总各数据保留两位小数，结果如图 8-81 所示。

	A	E	F	G	H	I	J	K	L	M	N
1	东方										
2	序号	部门	基础工资	奖金	补贴	扣除病事假	应付工资合计	扣除社保	应纳税所得额	应交个人所得税	实发工资
9		管理 平均	10975.00	700.00	195.00	164.50				1008.66	9431.51
14		人事 平均	7000.00	575.00	146.25	185.50				218.65	5894.35
21		市场 平均	12425.00	433.33	232.50	101.00				1158.95	10054.88
27		行政 平均	7625.00	300.00	225.00	47.60				330.94	6673.66
28		研发	11725.00	0.00	405.00	34.00	12096.00	1610.00	6986.00	842.20	9643.80
29		研发	16625.00	700.00	450.00	314.00	17461.00	2460.00	11501.00	1870.25	13130.75
30		研发	8425.00	800.00	180.00	0.00	9405.00	1148.00	4757.00	396.40	7860.60
31	1	研发	18825.00	300.00	405.00	0.00	19530.00	2976.00	13054.00	2258.50	14295.50
32	2	研发	9725.00	600.00	360.00	0.00	10685.00	656.00	6529.00	750.80	9278.20
33	2	研发	8025.00	200.00	180.00	0.00	8405.00	1248.00	3657.00	260.70	6896.30
34	2	研发	12825.00	1000.00	405.00	41.00	14189.00	1890.00	8799.00	1204.80	11094.20
35		研发 平均	12310.71	514.29	340.71	55.57				1083.38	10314.19
36		总计平均值	10453.57	507.14	237.86	105.79				825.67	8787.98
37											

… 工资薪透视和图表　迷你图

图 8-81　按“部门”进行“分类汇总”的结果

说明：在分类汇总结果中，单击屏幕左边的 - 按钮，可以仅显示平均值而隐藏原始数据库的数据，这时屏幕左边变为 + 按钮，再次单击 + 按钮，将恢复显示隐藏的原始数据。

要显示隐藏分类汇总后的部分记录信息，也可单击汇总工作表左上方的 1 2 3 按钮组。汇总信息共分 3 层，其中 1 表示最高层，单击此按钮汇总表只显示总的汇总；单击 2 按钮，显示分类和总汇总信息，不显示分类后的原始信息；单击 3 按钮，将显示整个汇总和原始数据。

如果要取消分类汇总，重复上述操作，在打开的如图 8-80 所示的“分类汇总”对话框中单击“全部删除”按钮即可。

（5）单击工作簿下方的“新工作表”按钮⊕，在“分类汇总”的右侧新建一个工作表 Sheet1，将该工作表名称修改为“收入分布”。

（6）参考图 8-79 所示的收入分组标准，在工作表“收入分布”中依次输入相关文本内容。

（7）在单元格 B2 中输入公式“=COUNTIF('2020 年 8 月'!N3:N30,"<4000")”，输入完成后按 Enter 键。

在单元格 B3 中输入公式“=COUNTIFS('2020 年 8 月'!N3:N30,">=4000",'2020 年 8 月'!N3:N30,"<=7999.99")”，输入完成后按 Enter 键。

在单元格 B4 中输入公式“=COUNTIFS('2020 年 8 月'!N3:N30,">=8000",'2020 年 8 月'!N3:N30,"<=11999.99")”，输入完成后按 Enter 键。

在单元格 B5 中输入公式“=COUNTIF('2020 年 8 月'!N3:N30,">=12000")”，输入完成后按 Enter 键。

（8）在单元格 C2 中输入公式“=B2/COUNT('2020 年 8 月'!$N$3:$N$30)”，输入完成后按 Enter 键。双击单元格 C2 右下角的填充句柄，向下填充至单元格 C5。

（9）选中单元格区域(C2:C5)，右击鼠标，在弹出的快捷菜单中选择“设置单元格格式”命令，弹出“设置单元格格式”对话框。在“数字”选项卡中选择下方“分类”列表框中的“百分比”，将右侧的“小数位数”设置为“2”，最后单击“确定”按钮。

（10）选中单元格区域(A1:C5)，单击“开始”选项卡“字体”功能组中的“框线”按钮，在下拉列表中选择“所有框线”。

8.8.5　数据的合并

数据合并就是把来自不同源数据区域的数据进行汇总，并进行合并计算。不同源数据区域的数据可以是同一工作表、同一工作簿的不同工作表建立的数据区域、不同工作簿中的数据区域。数据合并通过建立合并表的方式来进行。其中，合并表可以建立在某源数据区域所在的工作表中，也可以建立在同一个工作簿或不同的工作簿中。数据合并可以利用“数据”选项卡“数据工具”组中的“数据合并”按钮来完成。

1. 按类别合并

如图 8-82 所示，有两个结构相同的数据表“表一”和“表二”（即标题相同，记录行可以不同），利用合并计算求出这两个表中各班所拥有的各类电子设备总和。

	A	B	C	D	E	F	G	H	I	J
1	表一						按类别合并			
2	姓名	笔记本电脑	台式计算机	手机				笔记本电脑	台式计算机	手机
3	电子1班	10	20	30			电子1班	23	44	65
4	电子2班	11	21	31			电子2班	23	44	65
5	对外经济	12	22	32			对外经济	26	47	68
6	电子商务	13	23	33			电子商务	13	23	33
7							经济管理	15	26	37
8										
9	表二									
10	姓名	笔记本电脑	台式计算机	手机						
11	电子2班	12	23	34						
12	电子1班	13	24	35						
13	对外经济	14	25	36						
14	经济管理	15	26	37						

图 8-82　源数据表和生成合并计算结果表

按类别合并的操作步骤如下。

（1）选中单元格 G2 作为合并计算后结果的存放起始位置，再单击“数据”选项卡“数据工具”组中的“合并计算”按钮，打开“合并计算”对话框，如图 8-83 所示。

图 8-83　“合并计算”对话框

（2）单击“引用位置”框右侧的“对话框折叠”按钮，选中“表一”的单元格区域(A2:D6)。再次单击“对话框折叠”按钮，回到“合并计算”对话框，单击“添加”按钮，所引用的单元格区域地址会出现在“所有引用位置”列表框中。

（3）用同样方法将“表二”的单元格区域(A10:D14)添加到“所有引用位置”列表框中。

（4）在“函数”列表框选择一种计算方式，本例是“求和”。依次勾选“首行”复选框和“最左列”复选框，然后单击“确定”按钮，即可生成合并计算结果表。

在使用“合并计算”时，要注意以下几点。

- 在使用按类别合并的功能时，数据源列表必须包含行或列标题，并且在“合并计算”对话框的“标签位置”组合框中勾选相应的复选框。
- 合并的结果表中包含行列标题，但在同时选中“首行”和“最左列”复选框时，所生成的合并结果表会缺失某个源表的第一列的列标题。
- 合并后，结果表的数据项排列顺序是按第一个数据源表的数据项顺序排列的，然后再按第二数据源数据项顺序排列。
- 合并计算过程不能复制数据源表的格式。如果要设置结果表的格式，可以使用“格式刷”将数据源表的格式复制到结果表中。

2. 按位置合并

Excel 中的“合并计算”除了可以按类别合并计算外，还可以按数据表的数据位置进行合并计算。沿用图 8-82 所示的表格，如果在执行合并计算功能时，在步骤（4）中取消勾选“标签位置”的“首行”和“最左列”复选框，然后再单击“确定”按钮，则生成合并后的结果表如图 8-84 所示。

	A	B	C	D	G	H	I	J
1	表一				按类别合并			
2	姓名	笔记本电脑	台式计算机	手机		笔记本电脑	台式计算机	手机
3	电子1班	10	20	30	电子1班	23	44	65
4	电子2班	11	21	31	电子2班	23	44	65
5	对外经济	12	22	32	对外经济	26	47	68
6	电子商务	13	23	33	电子商务	13	23	33
7					经济管理	15	26	37
8								
9	表二				按位置合并			
10	姓名	笔记本电脑	台式计算机	手机				
11	电子2班	12	23	34		22	43	64
12	电子1班	13	24	35		24	45	66
13	对外经济	14	25	36		26	47	68
14	经济管理	15	26	37		28	49	70

图 8-84　“按位置合并”时的计算结果表

使用按位置合并的方式，Excel 不会考虑多个数据源表的行列标题内容是否相同，而只是将数据源表格相同位置上的数据进行简单合并计算。这种合并计算多用于数据源表结构完全相同情况下的数据合并。如果数据源表格结构不同，则会产生计算错误。

由以上示例可以简单地总结出合并计算功能的一般性规律。

（1）合并计算的计算方式默认为求和，但也可以选择为计数、平均值等其他方式。

（2）当合并计算执行分类合并操作时，会将不同的行或列的数据根据标题进行分类合并。相同标题的合并成一条记录、不同标题的则形成多条记录。最后形成的结果表中包含了数据源表中所有的行标题或列标题。

（3）当需要根据列标题进行分类合并计算时，则选取“首行”；当需要根据行标题进行分类合并计算时，则选取“最左列”，如果需要同时根据列标题和行标题进行分类合并计算时，应同时选取“首行”和“最左列”。

（4）如果数据源列表中没有列标题或行标题（仅有数据记录），而用户又选择了“首行”和“最左列”，则 Excel 将数据源列表的第一行和第一列分别默认作为列标题和行标题。

（5）如果对“首行”或“最左列”两个选项都不勾选，则 Excel 将按数据源列表中数据的单元格位置进行计算，不会进行分类计算。

【例 8-16】对工作簿“工资管理.xlsx”中的工作表“2020 年 8 月”使用“合并计算”，统计各部门的基础工资、奖金、扣款和实发工资平均值，并将结果放在工作表“分类汇总”的下方，如图 8-85 所示。

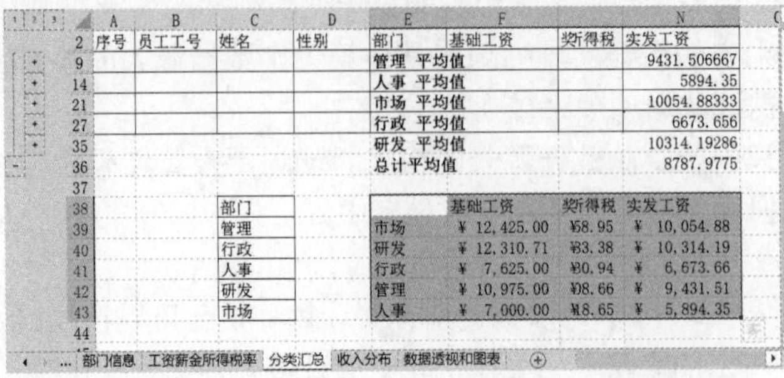

图 8-85 “合并计算”与“分类汇总”结果对照

【操作步骤】

（1）打开工作簿“工资管理.xlsx”，单击选中工作表“分类汇总”。

（2）在单元格区域 C38~C43 中分别输入“部门”“管理”“行政”“人事”“研发”和“市场”。

（3）选中单元格 E38 作为合并计算后结果的存放起始位置。

（4）单击“数据”选项卡“数据工具”组中的“合并计算”按钮，打开“合并计算”对话框。

（5）在“所有引用位置”列表框中将“分类汇总!$C$38:$C$43”和“'2020 年 8 月'!$E$2:$N$30”2 个单元格区域添加到“所有引用位置”列表框中。

（6）依次勾选“首行”复选框和“最左列”复选框，然后单击“确定”按钮，即可生成合并计算结果表。

对照上面的“分类汇总”结果，利用数据“合并计算”所得的计算结果和其一样。

8.8.6 数据透视表

1. 创建数据透视表

数据透视表是一种对大量数据快速汇总和建立交叉列表的交互式表格。利用透视表可以转换行和列查看源数据的不同汇总结果，以不同的页面显示符合某种条件的数据，可以根据需要显示区域中的详细数据。

数据透视表建立后可以重排列表，以便从其他角度查看数据，并可以随时根据数据源的改变来自动更新数据。

【例 8-17】如图 8-86 所示，参照该图，得出和“收入分布”工作表单元格区域(A1:C5)一样的分析结果，并将结果放到工作表“收入分布透视”的单元格区域(A3:C7)中。

收入分组	人数	比例
0-4000	2	7.14%
4000-8000	12	42.86%
8000-12000	8	28.57%
12000-16000	6	21.43%

图 8-86 “数据透视表”参照图

【操作步骤】

（1）在 Excel 中打开工作簿“工资管理.xlsx”，选择工作表“2020 年 8 月”，然后单击选择表中任意一个单元格。

（2）单击“插入”选项卡“表格”组中的“数据透视表”按钮，弹出“来自表格或区域的数据透视表”对话框，如图 8-87 所示。

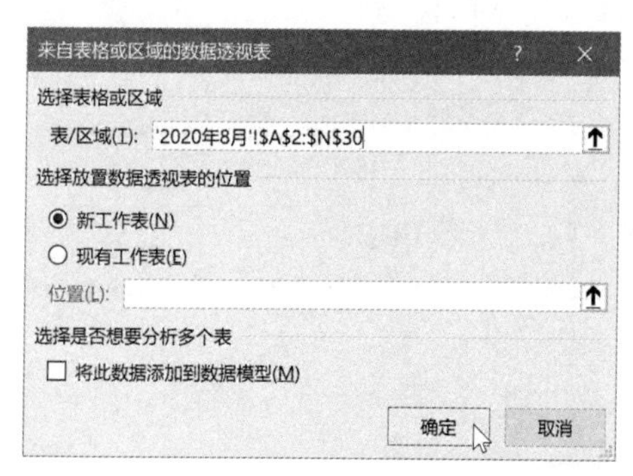

图 8-87　“来自表格或区域的数据透视表”对话框

（3）单击“选择表格或区域”，此时“表/区域”框中自动出现“'2020 年 8 月'!$A$2:$N$30”（如果应用的表格样式，则自动出现表名称，如“表 1”），

（4）在“选择放置数据透视表的位置”下单击“新工作表”。也可选择将数据透视表放在“现有工作表”中，这时在“位置”处输入具体的单元格地址即可。

（5）单击“确定”按钮，如图 8-88 所示。

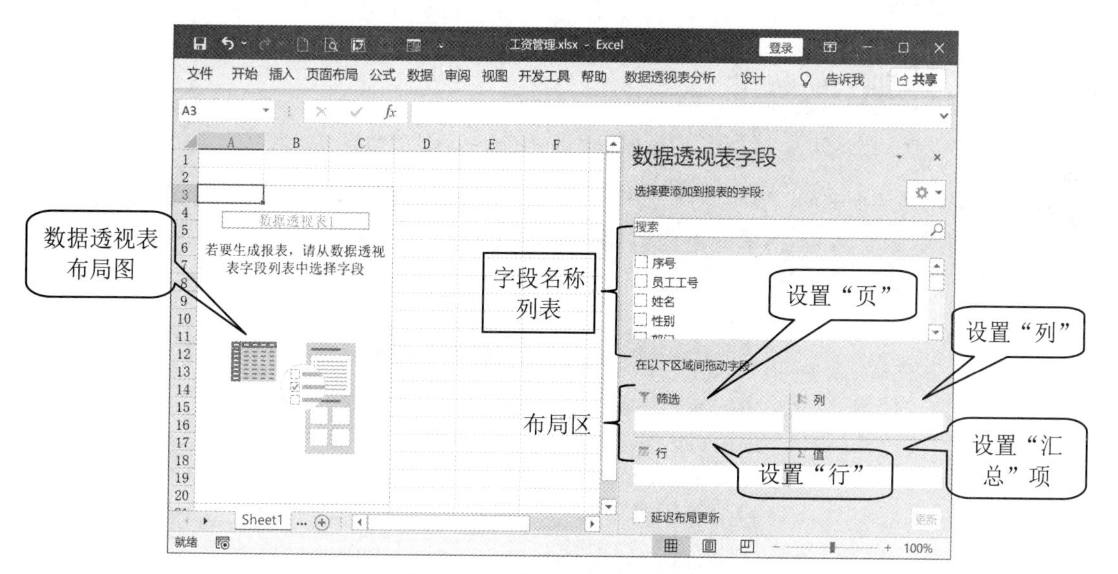

图 8-88　“数据透视表”布局图

（6）在右侧字段列表中拖动“实发工资”到左下方的“行”，拖动两次“员工工号”到“Σ值”，界面如图 8-89 所示。

（7）右击单元格 A4，执行快捷菜单中的“组合”命令，弹出“组合”对话框，如图 8-90 左图所示。在“起始于”框中输入“0”，在“步长”框输入“4000”，单击“确定”按钮，此

时数据透视表行标签将以“步长”为“4000”进行分组，如图 8-90 右图所示。

图 8-89　完成布局后的“数据透视表”

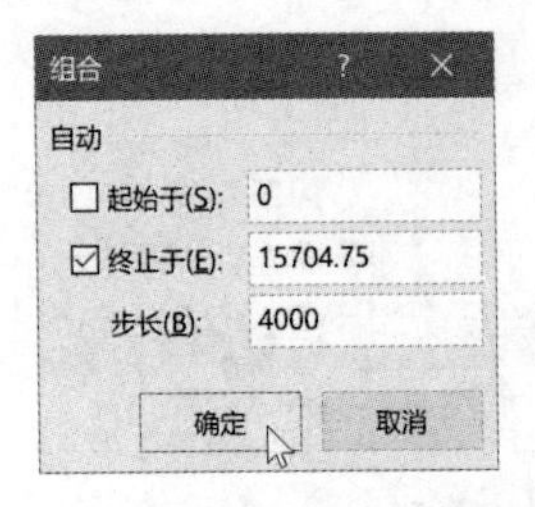

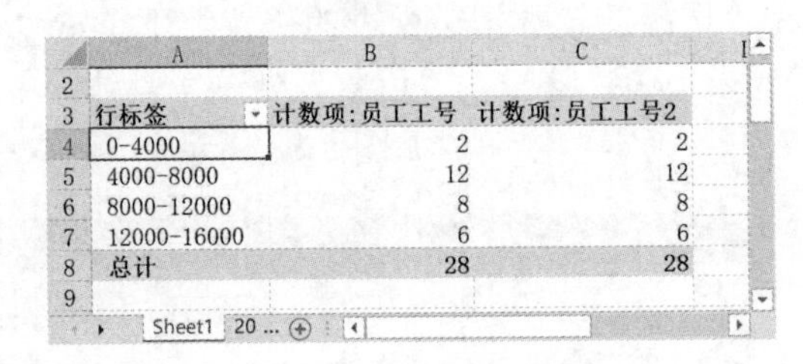

图 8-90　“组合”对话框和设置“组合”后的“数据透视表”

注意：单元格 A4 中的“0-4000”表示小于 4000，但不包含 4000，以下含义相同。

（8）双击单元格 A3，将单元格内容修改为“收入分组”。双击单元格 B3，弹出“值字段设置”对话框，如图 8-91 所示，在“自定义名称”处输入“人数”。

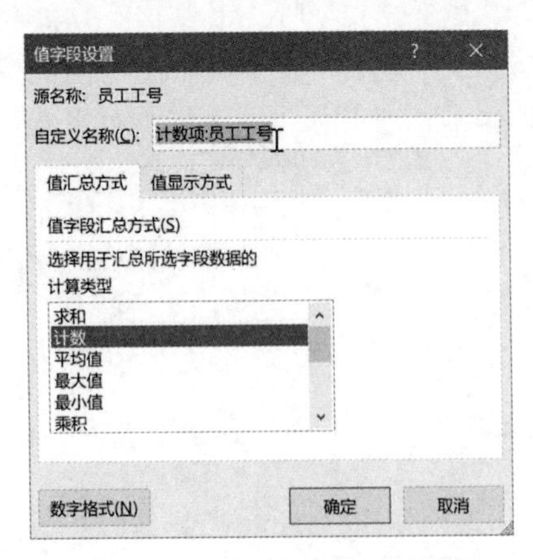

图 8-91　“值字段设置”对话框

（9）双击单元格 C3，弹出“值字段设置”对话框。在“自定义名称”处输入“比例”，单击名称下方的“值显示方式”选项卡，在“值显示方式”列表框中选择“列汇总的百分比”，单击“确定”按钮，此时，“比例”列以百分比的方式显示各“收入分组”人数的百分比。

（10）单击“数据透视表/设计”选项卡“总计”组中的“总计”按钮，在弹出的命令列表中单击“对行和列禁用”按钮。

（11）选中单元格区域(A3:C7)，单击“开始”选项卡“字体”组中的“边框”按钮，在弹出的命令列表中单击“所有框线”。

（12）双击工作表左下方的“Sheet1”，将标签重命名为“收入分布透视”。

（13）将该工作表移动至工作表“收入分布”的右侧，最后显示效果如图 8-92 所示。

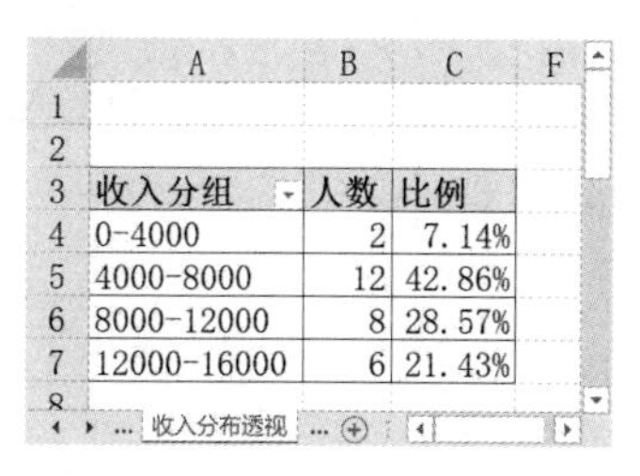

	A	B	C
1			
2			
3	收入分组	人数	比例
4	0-4000	2	7.14%
5	4000-8000	12	42.86%
6	8000-12000	8	28.57%
7	12000-16000	6	21.43%

图 8-92　工作表“收入分布透视”的最终效果

2. 切换器

在数据透视表中，如果要查看同一类别的个体数据，这时可以使用“切片器”，无需打开下拉列表，就可以快速查找需要筛选的项目。

【例 8-18】以【例 8-17】中所创建的数据透视表为例，说明如何使用“切片器”。

【操作步骤】

（1）单击【例 8-17】中所创建的数据透视表的任意位置。

（2）打开“数据透视表分析”选项卡，单击“筛选”组中的“插入切片器”按钮。在弹出下拉列表中选择“插入切片器”选项，弹出“插入切片器”对话框，如图 8-93 左图所示。

（3）在该对话框中选中要为其创建切片器的数据透视表字段的复选框，本例勾选“性别”和“部门”两项。单击“确定”按钮，完成切片器的创建，如图 8-93 右图所示。

图 8-93　“插入切片器”对话框和插入的 2 个“切片器”

（4）单击“部门”切片器中的一个部门，然后再单击“性别”切片器中颜色较深的一个性别值，观察数据透视表中的变化。

（5）如果对“切片器”的格式外形不满意，可以双击某切片器，这时出现切片器工具“选项”选项卡，然后可使用“切片器样式”组中的样式对切片器的外观进行修改。

8.8.7 数据的图表化

将数据以图表化的形式显示，可使数据显得清楚、易于理解、同时也可以帮助用户分析数据，比较不同数据之间的差异。与数据透视表不同的是，当工作表中的数据源发生变化时，图表中对应项的数据也将自动更新变化。

1. 创建数据图表

Excel 中的图表分为两种，一种是嵌入式图表，它和创建工作表上的数据源放置在一张工作表中，打印的时候会同时打印；另一种是独立图表，它是一张独立的图表工作表，打印时将与数据分开打印。

Excel 的图表类型有 15 大类，有二维图表和三维图表，每一类又有若干种子类型，可以使用“插入”选项卡“图表”组中的各类图表命令。

其中常用的图形含义如下。

- 柱形图。柱形图通常用来描述不同时期数据的变化情况或是描述不同类别数据（称作分类项）之间的差异，也可同时描述不同时期、不同类别数据的变化和差异。一般在水平轴标出分类数据或时间，在垂直轴标出数据的大小。
- 折线图。折线图是用直线段将各数据点连接起来而组成的图形，以折线方式显示数据的变化趋势。在折线图中可以清晰地反映出数据递增还是递减、增减的速率、增减的规律（周期性、螺旋性等）、峰值等特征。例如可用来分析某类商品或某几类相关的商品随时间变化的销售情况，从而进一步预测未来的销售情况。
- 饼图。饼图通常只用一组数据系列作为源数据。它将一个圆划分为若干个扇形，每个扇形代表数据系列中的一项数据值，其大小用来表示相应数据项占该数据系列总和的比例值。所以饼图通常用来描述比例、构成等信息。
- 条形图。条形图有些像水平的柱形图，它使用水平横条的长度来表示数据值的大小。条形图主要用来比较不同类别数据之间的差异情况。一般在垂直轴上标出分类项，在水平轴上标出数据的大小。这样可以突出数据之间差异的比较，而淡化时间的变化。例如要分析某公司在不同地区的销售情况，可使用条形图，在垂直轴上标出地区名称，在水平轴上标出销售额数值。
- XY 散点图。XY 散点图与折线图类似，它不仅可以使用线段，还可以使用一系列的点来描述数据。XY 散点图除了可以显示数据的变化趋势以外，更多地用来描述数据之间的关系。例如几组数据之间是否相关，是正相关还是负相关，以及数据之间的集中程度和离散程度等。
- 直方图。直方图是在统计数据时按照某组数据个数频数（多少）分布的一种图形，在平面直角坐标系中，横轴标出每个组的端点，纵轴表示频数，每个矩形的高代表对应的频数。其中“组数”表示在统计数据时，把数据按照不同的范围分成几个组，分成的组的个数称为组数；“组距”表示每一组两个端点的差。其特点是：能够显示各组频数分布的情况，易于显示各组之间频数的差别。

【例 8-19】在工作表“收入分布”的单元格区域(A6:E16)中利用数据区域(A1:B5)创建一个默认的簇状柱形图，用于比较每个收入分组的人数。

【操作步骤】

（1）在 Excel 中打开工作簿“工资管理.xlsx”，选择工作表“收入分布”为当前工作表。

（2）选中数据区域(A1:B5)，单击“插入”选项卡“图表”功能组右下角的“对话框启动器”按钮，弹出“插入图表”对话框，切换到“所有图表”选项卡，选中“柱形图｜簇状柱形图”，如图 8-94 所示。

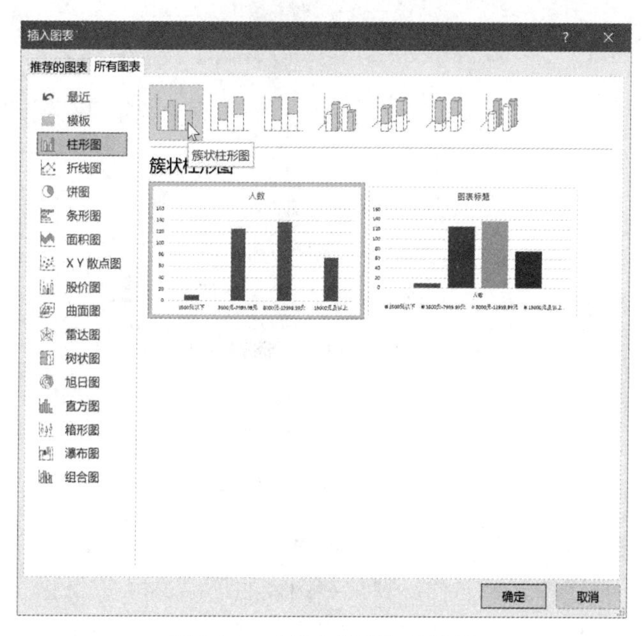

图 8-94　“插入图表”对话框

（3）单击“确定”按钮，出现默认的簇状柱形图。

（4）单击“图表”对象，将图表的左上角移动到 A6 单元格左上角，将图表的右下角移动和扩大到单元格 G16 右下角，效果如图 8-95 所示。

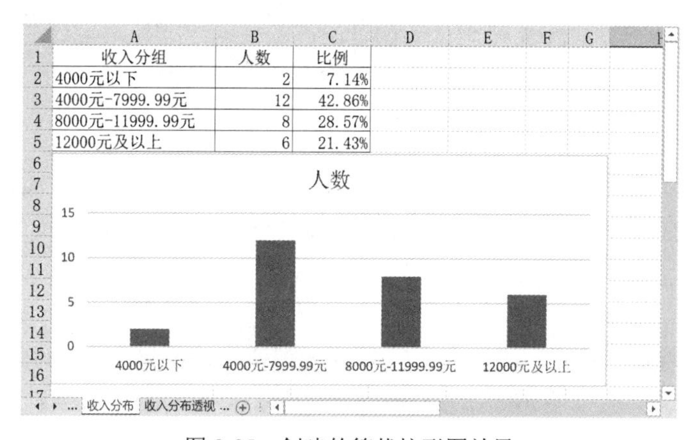

收入分组	人数	比例
4000元以下	2	7.14%
4000元-7999.99元	12	42.86%
8000元-11999.99元	8	28.57%
12000元及以上	6	21.43%

图 8-95　创建的簇状柱形图效果

2. 图表的组成

对于刚建立好的图表，直接用鼠标单击即可选定该图表，单击其他位置，则取消对此图表的选定。图表边框上有 8 个控制点（控制柄），通过鼠标可以将图表移动到其他位置，也可以拖动控制柄调整图表的大小。

一个图表主要由以下几部分组成，如图 8-96 所示。

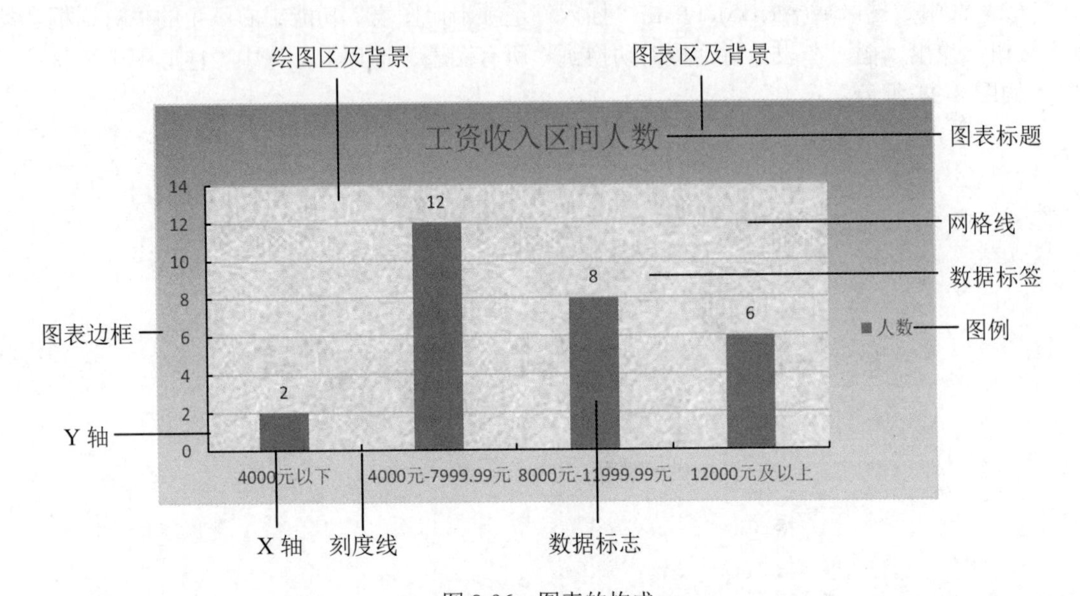

图 8-96 图表的构成

（1）图表区。整个图表及其全部元素的窗口。

（2）图表标题。描述图表的名称，默认在图表的顶端，可有可无。

（3）坐标轴和坐标标题。坐标轴由 X 轴和 Y 轴组成，坐标标题是 X 轴或 Y 轴的名称，可有可无。

（4）图例。包含图表中相应的数据系统的名称和数据系统在图中的颜色。

（5）绘图区。以坐标轴为界的区域。

（6）数据系列。一个数据系列对应工作表中选定区域的一行或一列数据。

（7）网格线。从坐标轴刻度线延伸出来并贯穿整个“绘图区”的线条系列，可有可无。

（8）数据标签。为数据标记提供的附加信息的标签，代表源于数据表单元格的单个数据点或值。

3. 图表的修改与编辑

创建图表主要利用“插入”选项卡上的“图表”命令组完成。当生成图表后单击图表，Excel 功能区会自动出现有关图表工具的“设计”和“格式”两个选项卡，在其中可以完成图表图形颜色、图表位置、图表标题、图例位置、图表背景等的设计和布局以及颜色的填充格式设计。

对于图表中不需要的部分，可选中后按 Delete 键或 Backspace 键将其删除。

（1）更改图表类型。如果所选的图表类型不适合表达当前的数据，可重新选择合适的图表。

选择图表，单击“图表设计”选项卡“类型”组中的“更改图表类型”按钮，在打开的“更改图表类型”对话框中重新选择所需图表类型即可。

（2）移动图表。图表创建时的默认位置是当前工作表，也可根据需要将其移动到新的工作表中。选择图表，单击“图表设计”选项卡的“位置”组中的“移动图表”按钮，打开“移动图表”对话框，单击选中“新工作表”单选按钮，即可将图表移动到新工作表中。

（3）编辑图表数据。如果表格中的数据发生了变化，如增加或修改，Excel 会自动更新图表。如果图表所选的数据区域有误，则需要用户手动进行更改。

单击“图表设计”选项卡“数据”组中的“选择数据”按钮，打开“选择数据源”对话框，在其中可重新选择和设置数据。单击“切换行/列”按钮，可将图表的 X 轴数据和 Y 轴数据进行对调。

（4）设置图表样式。图表创建后，为使其效果更美观，可对图表进行样式设置。Excel 提供了多种预设的布局和样式，可以快速将其应用于图表中。

选择图表，在“图表设计”选项卡“图表样式”组的列表框中选择所需样式即可。

（5）设置图表布局。除了可以为图表应用样式外，还可以根据需要更改图表的布局。

选择图表，单击“图表设计”选项卡“图表布局”组中的“快速布局”下拉按钮，在打开的下拉列表中选择合适的图表布局即可。

（6）编辑图表元素。在选择图表类型或应用图表布局后，图表中各元素的样式都会随之改变。可以根据需要添加或修改图表标题、坐标轴标题、图例、数据标签和趋势线等。

选择图表，单击“图表设计”选项卡“图表布局”组中的“添加图表元素”下拉按钮，在打开的下拉列表中选择需要调整的图表元素，并在子列表中选择相应的选项即可。

4. 格式化图表

图表创建后，为了获得更理想的显示效果，可以对图表的各个对象进行格式化，可以通过“格式”选项卡中的相应命令按钮来完成，如图 8-97 所示。也可以双击要进行格式设置的图表对象，在打开的“格式”选项卡中进行设置。

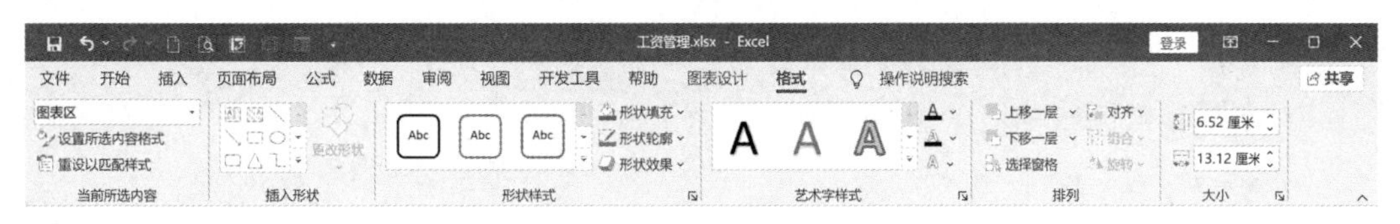

图 8-97　“格式”选项卡

注意：要完成对图表区有关元素的设计和调整，也可以在选中“图表区”后，使用图表区右上角的“添加元素”按钮、“图表样式”按钮和“图表筛选器”按钮。

要完成对图表的修改与编辑，也可以在图表区选择不同对象或区域，右击并执行快捷菜单中的相应命令即可。

【例 8-20】在【例 8-19】的基础上，参照图 8-98 所示的图表样式，对簇状柱形图进行以下设置。

（1）调整柱形填充颜色为标准蓝色，边框为“白色，背景 1”。

（2）分类间距为 0%。

（3）垂直轴和水平轴都显示线条和刻度，垂直轴在 0～16 之间，刻度单位为 2。

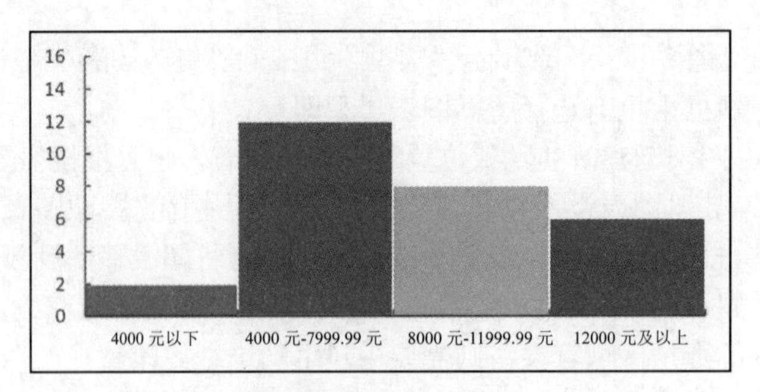

图 8-98　图表样式

（4）修改图表名称为“收入分布图”。

（5）修改图表属性，以便在工作表被保护的情况下，依然可以编辑图表中的元素，但不需要设置保护工作表。

（6）设置图表区边框线为实线。

（7）将工作表“收入分布”的单元格区域(A6:E16)设置为打印区域。

【操作步骤】

（1）选中【例 8-19】中创建的图表。

（2）单击图表区右上角的“添加元素”按钮，展开下拉命令列表，取消勾掉“图例”复选框。再单击图表区右上角的“添加元素”按钮，将“添加元素”命令列表隐藏。

（3）单击“图表设计”选项卡“图表布局”功能组中的“添加图表元素”按钮，在下拉列表中选择“图表标题/无”，取消显示图表标题。

（4）单击“格式”选项卡“当前所选内容”功能组中的“图表元素”下拉按钮图表区，选中“”，单击下方的“设置所选内容格式”命令，在右侧出现“设置数据系列格式”任务窗格，如图 8-99 所示。单击“填充与线条”按钮，展开下方的“填充”，单击选择“依数据点着色”。

（5）展开下方的“边框”，选择“实线”，将“颜色”设置为“白色，背景 1”，如图 8-100 所示。

图 8-99　“设置数据系列格式”任务窗格

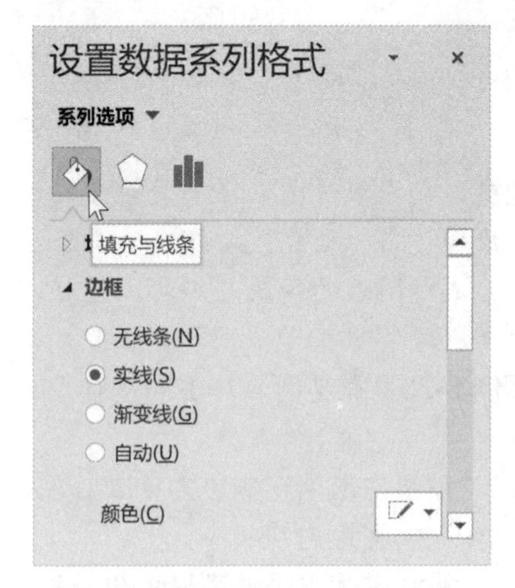

图 8-100　设置数据标志边框颜色

（6）单击“系列选项”按钮，将“间隙宽度”设置为“0%”，如图 8-101 所示。设置完成后关闭任务窗格。

（7）单击“图表设计”选项卡“图表布局”功能组中的“添加图表元素”按钮，在下拉列表中选择“网格线｜主轴主要水平网格线”，取消水平网格线的显示。

（8）单击选中图表中的垂直轴，右击鼠标，在弹出的快捷菜单中选择“设置坐标轴格式”，在右侧出现“设置坐标轴格式”任务窗格，单击“坐标轴选项”按钮，将“边界｜最大值”设置为“16”，将“单位｜大”设置为“2”，如图 8-102 所示。设置完成后关闭任务窗格。

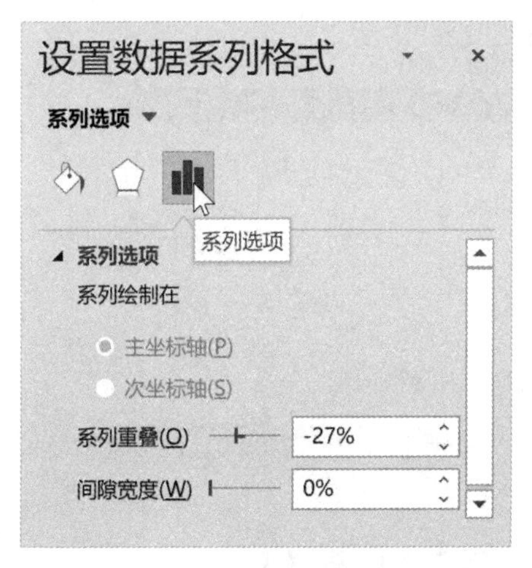

图 8-101　设置“间隙宽度”

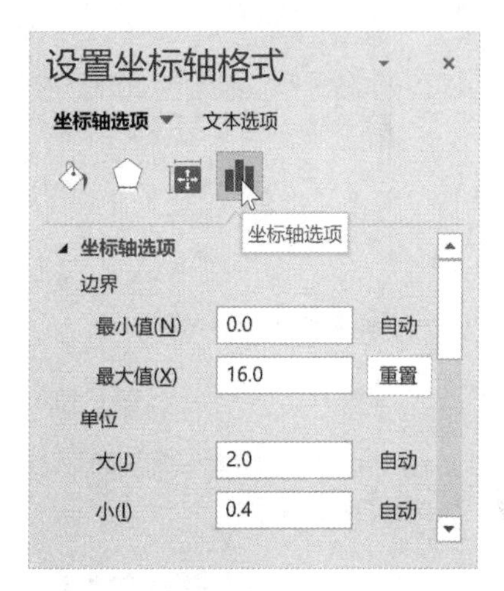

图 8-102　设置垂直坐标轴的边界

（9）单击“填充与线条”按钮，展开下方的“线条”，单击选择“实线”，然后设置“颜色”为“标准色｜红色”，如图 8-103 所示。

（10）继续单击“坐标轴选项”按钮，展开下方的“刻度线”，设置“主刻度线类型”为“内部”，如图 8-104 所示。

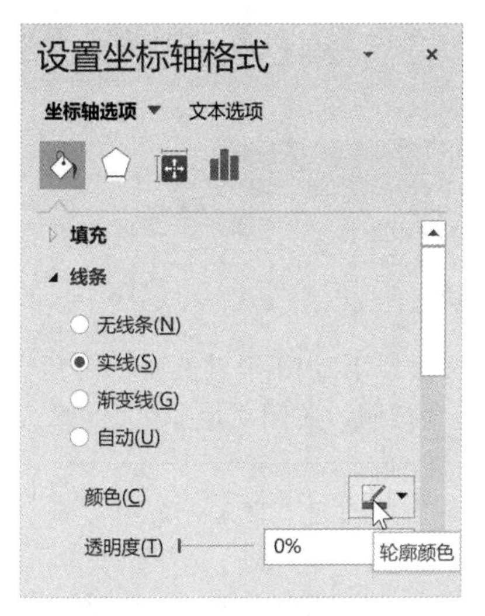

图 8-103　设置坐标轴的颜色

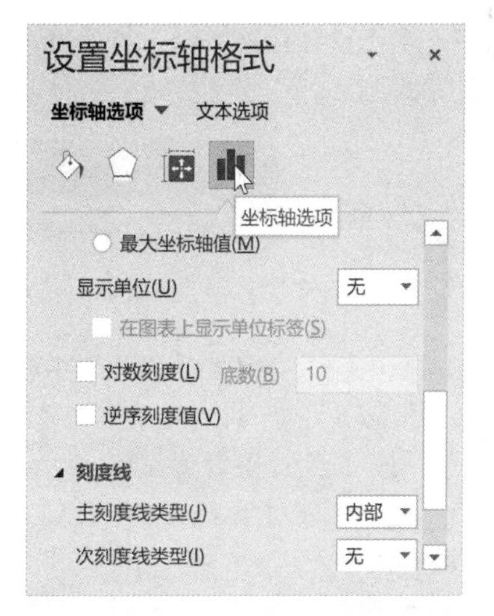

图 8-104　设置坐标轴的刻度线及类型

（11）单击选中图表中的水平（类别）轴，在“设置坐标轴格式”任务窗格中设置“主刻度线类型”为“内部”，设置“线条”为“实线”，设置“颜色”为“标准色｜红色”。

（12）继续选中图表中的水平（类别）轴，单击“图表设计”选项卡“数据”功能组中的“选择数据”按钮，弹出“选择数据源”对话框，如图 8-105 所示。

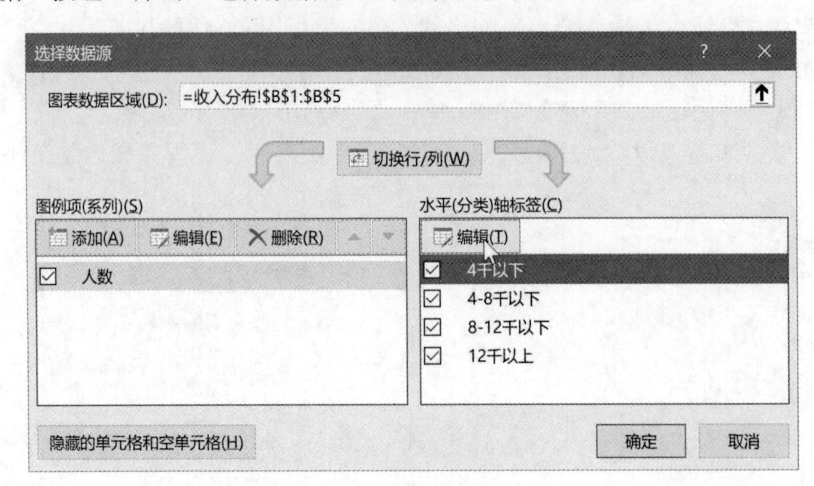

图 8-105 “选择数据源”对话框

（13）在“水平（分类）轴标签”列表中单击“编辑”按钮编辑(T)，弹出“轴标签”对话框，如图 8-106 所示。

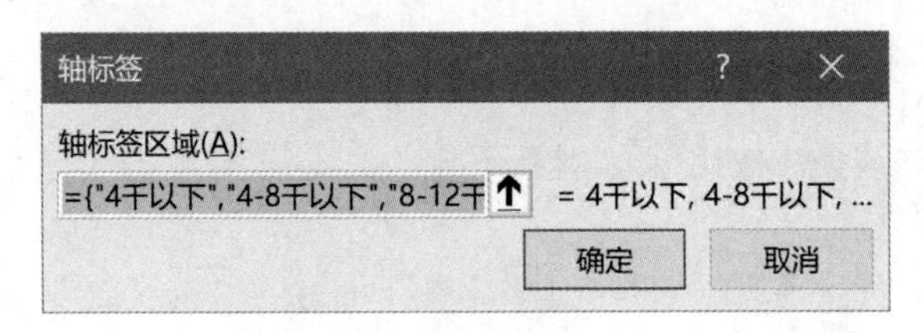

图 8-106 “轴标签”对话框

（14）单击“轴标签区域”框右侧的“数据折叠”按钮，折叠“轴标签”对话框，如图 8-107 所示。

图 8-107 折叠的“轴标签”对话框

在文本框中输入“={"4 千以下","4-8 千以下","8-12 千以下","12 千以上"}”，然后再次单击“数据展开”按钮，回到对话框。依次单击“确定”按钮，关闭“选择数据源”对话框，“水平（类别）轴”标签设置完毕。

（15）选中图表对象，在工作表左上角的“名称框”中输入“收入分布图”，输入完成后按 Enter 键确认输入。

（16）选中图表并右击，在弹出的快捷菜单中选择“设置图表区域格式”命令，在右侧出现“设置图表区格式”任务窗格，如图 8-108 所示。展开“填充与线条”功能组中的“边框”命令列表，单击“实线”，设置“颜色”为“标签色｜黑色”。

（17）继续单击“图表选项”下方的“大小与属性”按钮，展开“属性”功能区，取消勾选“锁定”复选框，如图 8-109 所示。设置完成后关闭任务窗格。

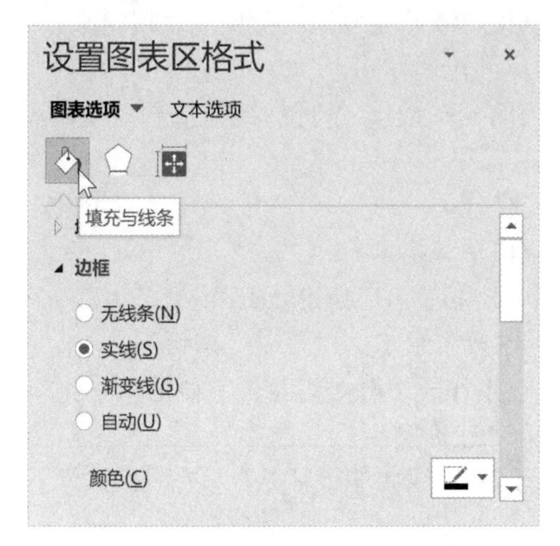

图 8-108　设置图表区边框线

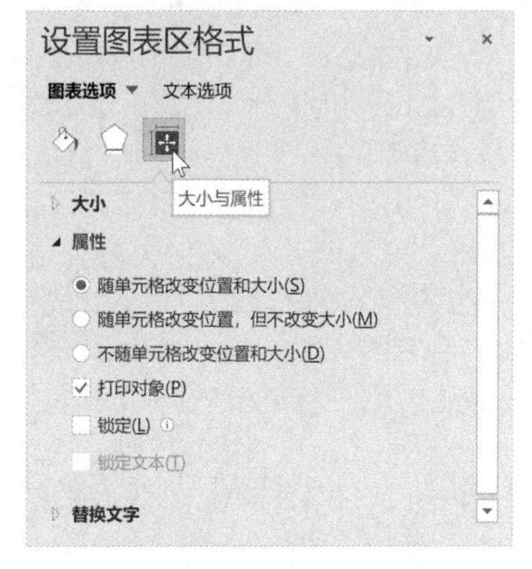

图 8-109　设置图表区的属性

（18）适当调整图表大小与位置，使其位于工作表的 A6:E16 单元格区域。

（19）选中单元格区域(A6:E16)，单击“页面布局”选项卡“页面设置”组中的“打印区域”按钮，执行下拉命令列表中的“设置打印区域”命令。

5. 嵌入式图表与独立图表

“嵌入式图表”与“独立图表”的创建操作基本相同，主要区别在于它们存放的位置不同。

- 嵌入式图表。嵌入图表是指图表作为一个对象与其相关的工作表数据存放在同一个工作表中。
- 独立图表。独立式图表以一个工作表的形式插入在工作簿中，打印时独立图表占一个页面。

嵌入式图表与独立图表可以相互转化，方法是：单击图表工具“设计”选项卡“位置”组中的“移动位置”按钮，打开如图 8-110 所示的“移动图表”对话框，在此对话框中选择图表要移动的位置选项即可。

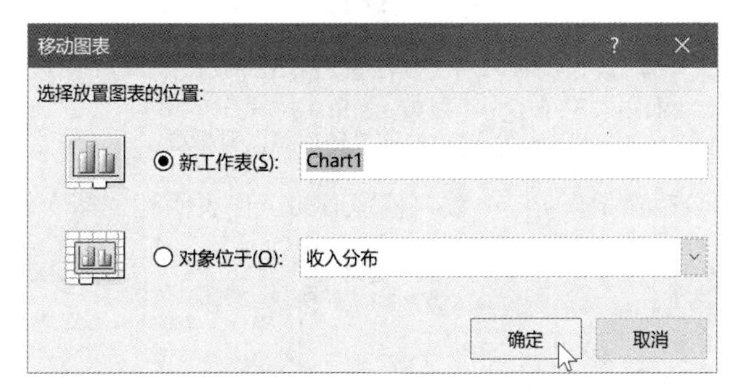

图 8-110　“移动图表”对话框

6. 迷你图

在 Excel 中，迷你图实际上是放入单元格中的微型图表，以可视化方式在数据旁边汇总趋势或突出显示。由于迷你图太小，无法在图中显示数据内容，所以迷你图与表格是不能分离的。

迷你图包括折线图、柱形图和盈亏图 3 种类型，其中折线图用于显示数据的变化情况，柱形图用于表示数据间的对比情况，盈亏图则可以将业绩的盈亏情况形象地表现出来。

（1）创建迷你图。下面以例题的形式介绍如何创建迷你图。

【例 8-21】利用“分类汇总”已汇总的各部门的相关数据，转置后创建一个柱形迷你图。

【操作步骤】

1）打开工作簿“工资管理.xlsx”，单击工作表“分类汇总”，使之成为当前工作表。选择需要插入一个或多个迷你图的空白单元格或一组空白单元格。

2）选中单元格区域(E2:M2)，然后按 Ctrl 键，再依次选中(E9:M9)、(E14:M14)、(E21:M21)、(E27:M27)、(E35:M35)，单击“开始”选项卡“剪贴板”组中的“复制”按钮。

3）单击工作表左下方的“新工作表”按钮，在工作表“分类汇总”右侧插入一张新工作表“Sheet1”。双击工作表标签按钮，将其重命名为“迷你图”。

4）选中单元格 A1，单击“开始”选项卡“剪贴板”组中的“粘贴”按钮，执行下拉列表中的“选择性粘贴”命令，弹出如图 8-111 所示的“选择性粘贴”对话框。

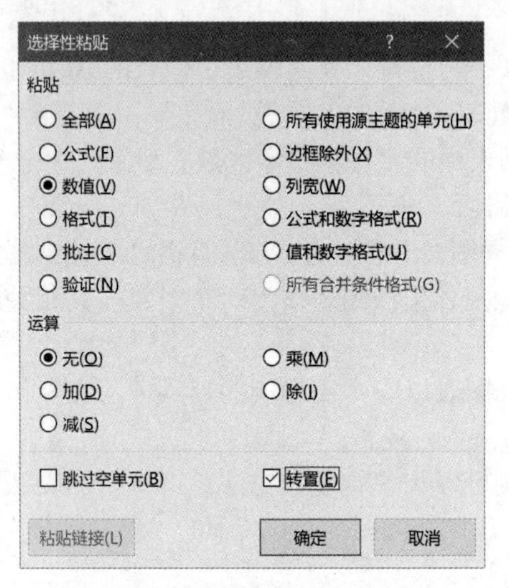

图 8-111 “选择性粘贴”对话框

5）在“粘贴”中单击选择“数值”，勾选下方的“转置”复选框，单击“确定”按钮，将数据粘贴到工作表“迷你图”单元格区域(A1:F6)中。

6）将单元格区域(B1:F1)中的文本修改成“管理”“人事”“市场”“行政”和“研发”，设置(B2:F6)中的数据为数字类型，0 位小数。整理后的工作表“迷你图”如图 8-112 所示。

	A	B	C	D	E	F
1	部门	管理	人事	市场	行政	研发
2	基础工资	10975	7000	12425	7625	12311
3	奖金	700	575	433	300	514
4	补贴	195	146	233	225	341
5	扣除病事假	165	186	101	48	56
6	应交个人所得税	1009	219	1159	331	1083
7						

... 迷你图 收. ...

图 8-112 整理后的工作表“迷你图”

7）在单元格 G1 中输入“迷你图”，再选中单元格 G2，单击“插入”选项卡“迷你图”组中的“柱形”按钮，打开如图 8-113 所示的“创建迷你图”对话框。

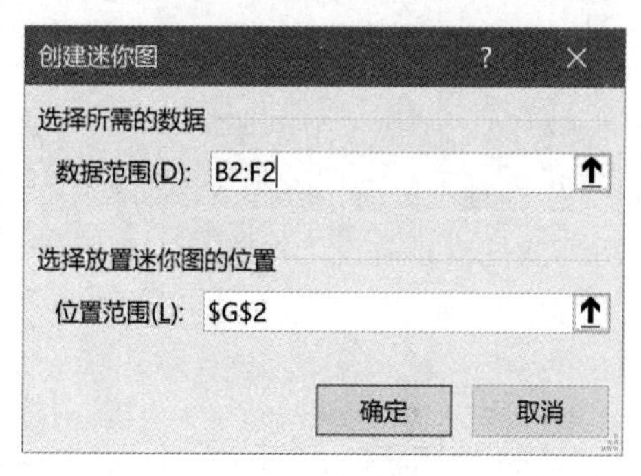

图 8-113　“创建迷你图”对话框

8）在该对话框的“数据范围”框中输入或选择迷你图所基于的数据区域，本例为(B2:F2)，在“位置范围”框中选择迷你图放置的位置，本例为$G$2，单击“确定”按钮即可创建迷你图。拖动单元格 G2 右下角的填充柄，将结果填充到 G6，效果如图 8-114 所示。

	A	B	C	D	E	F	G
1	部门	管理	人事	市场	行政	研发	迷你图
2	基础工资	10975	7000	12425	7625	12311	
3	奖金	700	575	433	300	514	
4	补贴	195	146	233	225	341	
5	扣除病事假	165	186	101	48	56	
6	应交个人所得税	1009	219	1159	331	1083	
7							

迷你图　收入...

图 8-114　创建的“迷你图”

（2）编辑迷你图。迷你图创建完毕后，可根据需要对其进行编辑和格式化。这些编辑和格式化操作可通过“迷你图”选项卡中的相应命令按钮来实现，如图 8-115 所示。

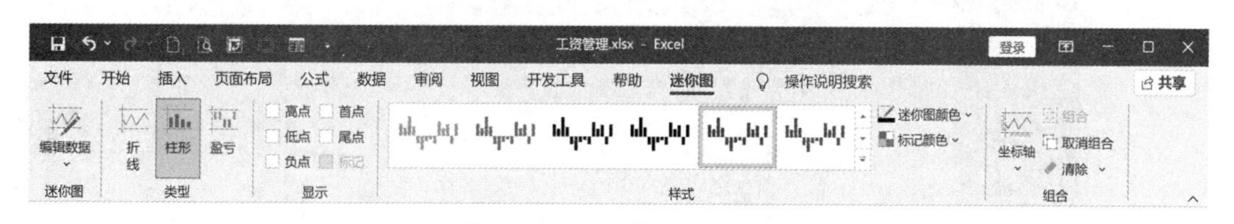

图 8-115　“迷你图”选项卡

- “迷你图”组中的“编辑数据”按钮，可以实现“编辑单个迷你图的数据”“编辑组位置和数据”“隐藏和清空单元格”和“切换行/列”。
- “类型”组中的按钮可以更改迷你图的类型。
- “显示”组中的复选框可以在迷你图中显示对应的数据点。
- “样式”组中可以选择应用所需的迷你图样式，以及更改迷你图和标记的颜色。
- “组合”组中可进行坐标轴的设置和修改，以及迷你图的“组合”与“取消组合”操作。

【例 8-22】在【例 8-21】的基础上，为各迷你折线图标记销量的最高点和最低点，设置坐标轴为“适用于所有迷你图”。为“工资管理.xlsx”添加名称为“工次”，类型为“文本”，取值为“2020 年 8 月工资”的自定义属性。

【操作步骤】

1）选中单元格 G1，在“迷你图”选项卡下勾选“显示”组中的“高点”和“低点”复选框，单击“组合”功能组中的“坐标轴”按钮，执行下拉列表中的“适用于所有迷你图”命令，适当修改 2~6 行的行距，最后形成的“迷你图”如图 8-116 所示。

	A	B	C	D	E	F	G
1	部门	管理	人事	市场	行政	研发	迷你图
2	基础工资	10975	7000	12425	7625	12311	
3	奖金	700	575	433	300	514	
4	补贴	195	146	233	225	341	
5	扣除病事假	165	186	101	48	56	
6	应交个人所得税	1009	219	1159	331	1083	
7							

迷你图 收入 ...

图 8-116 最终的“迷你图”

2）单击“文件”选项卡左侧的“信息”，单击最右侧页面中的“属性”，在下拉列表中选择“高级属性”，弹出“Excel.x1sx 属性”对话框，如图 8-117 所示。

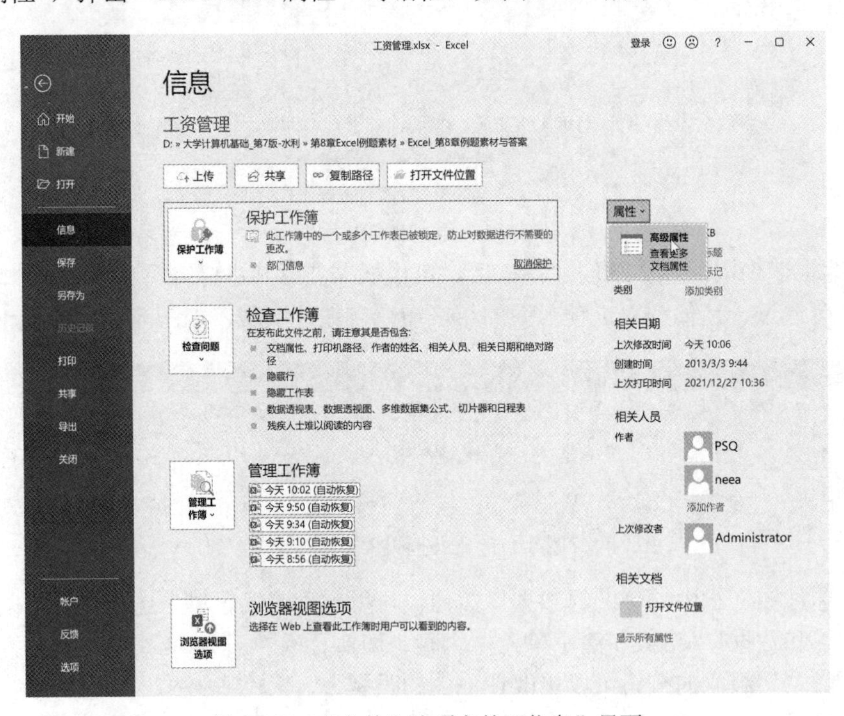

图 8-117 “文件”选项卡的“信息”界面

3）切换到“自定义”选项卡，在“名称”框中输入“工资”，在“类型”框中选择“文本”，在“取值”框中输入“2020 年 8 月工资”，如图 8-118 所示。然后单击“添加”按钮，再单击“确定”按钮关闭对话框。按 Esc 键，返回文档编辑界面。

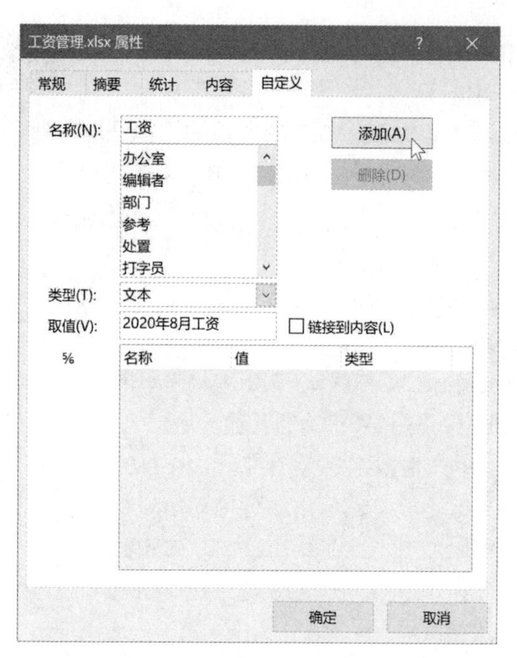

图 8-118　“工资管理.xlsx 属性”对话框

4）单击“快速访问工具栏”中的“保存”按钮，然后关闭工作簿。

习题 8

一、单选题

1．在 Excel 工作表中，要在某单元格中输入电话号码“022-27023456”，则应首先输入（　　）。

A．=　　B．:　　C．!　　D．'

2．在 Excel 中，&运算符的运算结果是（　　）。

A．文字型　　B．数值型　　C．逻辑型　　D．公式型

3．引用运算符“A1:C3　B2:D6”占用单元格的个数为（　　）。

A．2　　B．4　　C．6　　D．0

4．在单元格中如果数据显示宽度不够，则显示（　　）。

A．####　　B．#DIV/0!　　C．#REF!　　D．#VALUE!

5．在 Excel 工作表中，单元格 C4 中有公式“=A3+$C$5”，在第 3 行之前插入一行后，单元格 C5 中的内容是（　　）。

A．=A4+$C$6　　B．A4+$C35　　C．A3+$C$6　　D．=A3+$C35

6．Excel 关于筛选掉的记录的叙述，下面错误的是（　　）。

A．不打印　　B．不显示　　C．永远丢失了　　D．可以恢复

7．在 Excel 中，选中一个单元格后按 Del 键，这是（　　）。

A．删除该单元格中的数据和格式　　B．删除该单元格

C．仅删除该单元格中的数据　　D．仅删除该单元格中的格式

8．Excel 2016 新建立的工作簿通常包含（ ）张工作表。

A．1　　B．3　　C．6　　D．255

9．Excel 的“开始”选项卡“编辑”组中的“清除”按钮 清除，可以（ ）。

A．清除格式　　B．清除内容

C．清除批注　　D．以上均能实现

10．Sheet1:Sheet3!A2:D5 表示（ ）。

A．Sheet1，Sheet2，Sheet3 的(A2:D5)区域

B．Sheet1 的(A2:D5)区域

C．Sheet1 和 Sheet3 的(A2:D5)区域

D．Sheet1 和 Sheet3 中不是(A2:D5)的其他区域

11．如想在(B2:B11)区域中产生数字序号 1，2，3……10，则先在单元格 B2 中输入数字 1，再选中单元格 B2，按住（ ）键不放，然后用鼠标拖动填充柄至 B11。

A．Alt　　B．Ctrl　　C．Shift　　D．Insert

12．在 Excel 工作表单元格 A1 里存放了 18 位二代身份证号码，在单元格 A2 中利用公式计算该人的年龄，正确的操作方法是（ ）。

A．=YEAR(TODAY()-MID(A1,6,8)　　B．=YEAR(TODAYO)-MID(A1,6,4)

C．=YEAR(TODAY()-MID(A1,7,8)　　D．=YEAR(TODAYO)-MID(A1,7,4)

13．以下（ ）是文本运算符。

A．&　　B．%　　C．>　　D．}

14．以下（ ）是比较运算符。

A．<>　　B．&　　C．%　　D．*

15．（ ）公式时，公式中引用的单元格是不会随着目标单元格与原单元格相对位置的不同而发生变化的。

A．移动　　B．复制　　C．修改　　D．删除

16．图表中包含数据系列的区域叫（ ）。

A．绘图区　　B．图表区　　C．标题区　　D．状态区

17．在 Excel 中，设 E 列单元格存放工资总额，F 列用以存放实发工资。其中当工资总额超过 5000 时，实发工资=工资-(工资总额-5000）*税率，当工资总额少于或等于 5000 时，实发工资=工资总额。假设税率为 5%，则 F 列可用公式实现。以下正确的操作方法是（ ）。

A．在 F2 单元格中输入公式=IF(E2>800,E2-(E2-5000)*0.05,E2)。

B．在 F2 单元格中输入公式=IF(E2>800,E2,E2-(E2-5000)*0.05)。

C．在 F2 单元格中输入公式=IF("E2>800",E2-(E2-5000)*0.05,E2)。

D．在 F2 单元格中输入公式-IF("E2>800",E2,E2-(E2-5000)*0.05)。

18．若(C2:C4)命名为 vb，数值分别为 98、88、69，D2:D4 命名为 Java，数值分别为 94、75 和 80，则 AVERAGE(vb,Java)等于（ ）。

A．83　　B．84　　C．85　　D．504

19．在排序时，将工作表的第 1 行设置为标题行，若选取标题行一起参与排序，则排序后标题行在工作表数据清单中将（ ）。

A．总出现在第 1 行　　B．总出现在最后一行

C．依指定的排序顺序确定其出现位置　　D．总不显示

20．在 Excel 数据清单中，按某一字段内容进行归类，并对每一类作出统计的操作是（　　）。

A．排序　　B．分类汇总　　C．筛选　　D．记录处理

21．求工作表单元格区域(H7:H9)中数据的和，不可用（　　）。

A．=H7+H8+H9　　B．=SUM(H7:H9)　　C．=(H7+H8+H9)　　D．=SUM(H7+H9)

22．在 Excel 中，关于区域名字的描述错误的是（　　）。

A．同一个区域可以有多个名字

B．一个区域名只能对应一个区域

C．区域名可以与工作表某一单元格地址相同

D．区域的名字既能在公式中引用，也能作为函数的参数

23．以下对 Excel 高级筛选功能，说法正确的是（　　）。

A．高级筛选通常需要在工作表中设置条件区域

B．利用“数据”选项卡“排序和筛选”组内的“筛选”命令可以进行高级筛选

C．高级筛选之前必须对数据进行排序

D．高级筛选就是自定义筛选

24．在 Excel 输入数据时，可以采用自动填充的操作方法，它是根据初始值决定其后的填充项，若初始值为纯数字，则默认状态下序列填充的类型为（　　）。

A．等差数据序列　　B．等比数据序列

C．初始数据的复制　　D．自定义数据序列

25．在默认方式下，Excel 工作表的行以（　　）标记。

A．数字　　B．字母

C．数字+字母　　D．字母+数字

26．在 Excel 中，关于工作表区域的描述错误的是（　　）。

A．区域名字不能与单元格地址相同

B．区域地址由矩形对角的两个单元格地址之间加“:”组成

C．在编辑栏的名称框中可以快速定位已命名的区域

D．删除区域名，同时也删除了对应区域的内容

27．在 Excel 中，图表中的（　　）会随着工作表中数据的改变而发生相应的变化。

A．图例　　B．系列数据的值　　C．图表类型　　D．数据区域

28．以下说法正确的是（　　）。

A．在公式中输入“=$C3+$D4”表示对 C3 和 D4 的列地址绝对引用

B．在公式中输入“=$C3+$D4”表示对 C3 和 D4 的行地址绝对引用

C．在公式中输入“=$C3+$D4”表示对 C3 和 D4 的行、列地址绝对引用

D．在公式中输入“=$C3+$D4”表示对 C3 和 D4 的行、列地址相对引用

29．在 Excel 中，对数据表进行条件筛选时，下面关于条件区域的描述错误的是（　　）。

A．条件区域必须有字段名行

B．条件区域中不同行之间进行“或”运算

C．条件区域中不同列之间进行“与”运算

D．条件区域中可以包含空行或空列，只要包含的单元格中为“空”

30．Excel 中的嵌入图表是指（　　）。

A．工作簿中只包含图表的工作表　　B．包含在工作表中的工作簿

C．置于工作表中的图表　　D．新创建的工作表

二、填空题

1．Excel 文件的扩展名为________。

2．位于 Excel 工作簿窗口左上角，列标行和行号列交汇处，称为________。

3．在 Excel 中，输入当前时间的组合键是________。

4．在 Excel 单元格中，已知其内容为数值 123，则向下填充的内容为________。

5．在 Excel 工作表中，假设 A2=7，B2=6.3，选择(A2:B2)区域，并将鼠标指针放在该区域右下角填充句柄上，拖动至 E2，则 E2=________。

6．公式中对单元格的引用中，$A5 称为________引用。

7．引用运算符(A1:C3)占用________个单元格。

8．函数是预定义的________公式。

9．在 Excel 中进行分类汇总的前提条件是________。

10．工作簿是用于运算和保存数据的文件，其内最多可保存________个工作表。

11．选中单元格区域内可以自动输入的数据序列有等差数列、等比序列和________。

12．引用区域时，可以用________运算符来定义一个连续的区域，用________来连接两个或两个以上的区域，用________来引用两个或两个以上区域的公共部分。

13．在 Excel 中，对数据列表进行分类汇总以前，必须先对分类依据的字段进行________操作。

14．快速定位到 M895 单元格的方法是________。

15．在 Excel 中创建的图表有两种：一种是________，另一种是________。

16．在 Excel 中，若存在一张二维表，其第 5 列是学生奖学金，第 6 列是学生成绩。已知第 5～20 行为学生数据，现要将奖学金总数填入第 21 行第 5 列，则该单元格应填入________。

17．在 Excel 工作表的单元格中输入“2:00”表示的是________型数据。

18．单元格 C1=$A$1+B1，将公式复制到 C2 时，C2 的公式是________。

19．某单元格执行“="north"&"wind"”的结果是________。

20．在 Sheet1 中引用 Sheet3 中的 B3 单元格，格式是________。

三、判断题

1．选定 Excel 中的 4～6 这 3 行，单击“开始”选项卡“单元格”组中的“插入”按钮，可插入 3 个空行。（　　）

2．在公式中引用单元格地址时，不能同时包含相对引用和绝对引用。（　　）

3．在 Excel 中可以撤消以前的操作，但操作被撤消以后就不能再恢复了。（　　）

4．Excel 提供一种非常好用的快捷菜单，菜单中的命令随右击的对象不同而变化。（　　）

5．在 Excel 打开的工作簿中，只能有一个是活动（当前）工作表。（　　）

6．若想把输入的数字作为文本处理，可在其前面增加一个撇号（’），如’30093。（　　）

7．在 Excel 工作表中，同一列不同单元格的列宽可以不相同。（　　）

8．若 COUNT(B2:B4)=2，则 COUNT(B2:B4,3)=5。（　　）

9．将 D2 中的公式“=a2+a3-c2”复制到单元格 D4，则 D4 中的公式应为 a4+a5-c4。　(　　)
10．执行 SUM(A1:A10)和 SUM(A1,A10)这两个函数的结果是相同的。　(　　)
11．对于数据拷贝操作，可以用拖拽单元格填充柄来实现。　(　　)
12．在 Excel 中，分类汇总数据必须先创建公式。　(　　)
13．一个函数的参数可以为函数。　(　　)
14．“零件 1、零件 2、零件 3、零件 4……”不可以作为自动填充序列。　(　　)
15．SUM(A1:A3,5)的作用是求 A1 与 A3 两个单元格的和，再加上 5。　(　　)
16．Excel 中的日期和时间数据类型，不可以包含到其他运算中，也不可以相加减。　(　　)
17．运算符号具有不同的优先级，并且这些优先级是不可改变的。　(　　)
18．相对地址在公式复制到新的位置时一定保持不变。　(　　)
19．COUNT()函数的参数只可以是单元格、区域，不能是常数。　(　　)
20．Excel 输入一个公式时，允许以等号开头。　(　　)

参考答案

一、单选题

1～5　DABAA　6～10　CCADA　11～15　BDAAA　16～20　AABAB
21～25　DCAAA　26～30　DBADC

二、填空题

1．.xls 或.xlsx　2．全表选择框　3．Ctrl+Shift+;
4．123　5．3.8　6．混合引用
7．3　8．内置　9．排序
10．255　11．日期　12．冒号“:”、逗号“,”、空格
13．排序　14．在名称框中输入 M895　15．独立图表，嵌入式图表
16．=SUM(E5:E20)　17．时间　18．A1+B2
19．Northwind　20．Sheet3!B3

三、判断题

1．√　2．×　3．×　4．√　5．√　6．√　7．×　8．×　9．√　10．×
11．√　12．×　13．√　14．×　15．×　16．×　17．×　18．×　19．×　20．√

第 9 章　演示文稿软件 PowerPoint 2016

PowerPoint 2016 中文版（简称 PowerPoint）用于制作具有多媒体效果的幻灯片，常应用于演讲、教学、产品展示等各方面。利用 PowerPoint 可以轻松制作包含文字、图形、声音以及视频图像等的多媒体演示文稿，在幻灯片中的操作包括方便地输入标题、正文、添加剪贴画、表格和图表等对象，改变幻灯片中各个对象的版面布局，快捷地管理幻灯片的结构，对音视频进行剪辑，随意调整各个图片的放映顺序，删除和复制电子幻灯片等。

通过对幻灯片的动画设计、切换方式设计和放映方式设置可以使演示文稿更加绚丽多彩、赏心悦目。此外，利用 PowerPoint 还可制作出动感十足的动画。

9.1　PowerPoint 基础知识

9.1.1　PowerPoint 窗口的组成

启动 PowerPoint 程序后，其工作区主窗口如图 9-1 所示。

与微软的办公套件 Office 2016 的其他组件窗口类似，PowerPoint 窗口主要由标题栏、快速访问工具栏、选项卡、功能带区、幻灯片缩览/大纲窗格、幻灯片编辑窗口、备注窗格、视图按钮、显示比例按钮以及状态栏等部分组成。

图 9-1　PowerPoint 的主窗口界面

（1）幻灯片缩览/大纲窗格。单击“视图”选项卡“演示文稿视图”组中的“普通”按钮或“大纲视图”按钮可进行切换，幻灯片选项卡可显示幻灯片的缩略图，大纲选项卡可显示幻灯片中的文本大纲。

（2）幻灯片编辑窗口。在该窗口中可对幻灯片进行编辑，在幻灯片编辑窗口下面是备注窗格，可对幻灯片作进一步说明。

（3）视图按钮。单击各个按钮，可以改变幻灯片的查看方式，有“普通视图”、“幻灯片浏览”、“阅读视图”和“幻灯片放映”4 个视图按钮。

（4）显示比例按钮。“显示比例”按钮 - + 125%，由“缩放级别”“缩小”“滑块”“放大”和“使幻灯片适应当前窗口”组成，用于调节幻灯片的显示比例。在显示比例按钮右侧，还有一个“按当前窗口调整幻灯片大小”按钮。

（5）备注和批注按钮：单击状态栏中的“备注”按钮 备注（或单击“视图”选项卡“显示”组中的“备注”按钮），在“幻灯片设计”窗格的下方可显示或隐藏“备注”窗格；单击状态栏中的“批注”按钮 批注（可单击“插入”选项卡“批注”组中的“批注”按钮），可在当前幻灯片左上角插入一个批注标记符号，同时在“幻灯片设计”窗格右侧出现“批注”任务窗格，如图 9-2 所示。

图 9-2　“批注”任务窗格

单击“批注”任务窗格中的“新建”按钮 新建，可在下面的批注栏中输入批注文本，单击“上一条”按钮或“下一条”按钮，可顺序浏览每一条批注。

（6）状态栏。位于应用程序窗口的最下方，状态栏显示 PowerPoint 在不同运行阶段的不同信息。例如在图 9-1 所示的幻灯片视图中，状态栏左侧显示当前的幻灯片编号和总幻灯片数。如果应用了某个主题，状态栏还将显示了当前幻灯片所应用的主题名称。

标题栏与“快速访问工具栏”的介绍与使用，可参阅第 7 章 7.1 节中的有关知识。

9.1.2　PowerPoint 的基本概念

（1）演示文稿与幻灯片。用 PowerPoint 创建的文件就是演示文稿，其扩展名是.pptx。一个演示文稿通常由若干张幻灯片组成，制作一个演示文稿的过程实际上就是制作一张张幻灯片的过程。

（2）幻灯片对象与布局。一张幻灯片由若干对象组成，所谓对象是指插入幻灯片中的文字、图表、组织结构图以及图形、声音、动态视频等元素。制作一张幻灯片的过程实际上就是制作、编排其中每个被插入的对象的过程。

幻灯片布局是指其包含对象的种类以及对象之间相互的位置，PowerPoint 提供了 11 种幻灯片参考布局（又称版式）。一个演示文稿的每张幻灯片都可以根据需要选择不同的版式。PowerPoint 也允许用户自己定义、调整这些对象的布局。

（3）模板。模板是指一个演示文稿整体上的外观设计方案，它包含、版式、主题颜色、主题字体、主题效果、背景样式，甚至可以包含内容。

在“新建”命令中，PowerPoint 提供了多种模板。

一个演示文稿的所有幻灯片同一时刻只能采用一种模板，可以在不同的演讲场合为同一演示文稿选择不同的模板。

（4）母版。幻灯片母版是幻灯片层次结构中的顶层幻灯片，用于存储有关演示文稿的主题和幻灯片版式的信息，包括背景、颜色、字体、效果、占位符大小和位置。

修改和使用幻灯片母版的主要优点是可以对演示文稿中的每张幻灯片（包括以后添加到演示文稿中的幻灯片）进行统一的样式更改。使用幻灯片母版时，由于无须在多张幻灯片上输入相同的信息，因此节省了时间。如果演示文稿非常长，其中包含大量幻灯片，则使用幻灯片母版会特别方便。

母版有幻灯片母版、讲义母版和备注母版 3 种。在 PowerPoint 2016 中，版式有几种，幻灯片母版就有多少种。

（5）主题。一组统一的设计元素，使用颜色、字体和图形设置演示文稿的外观，如果局部效果不满意，还可使用颜色、字体和效果进行修饰。

（6）视图。视图可用于编辑、打印和放映演示文稿的视图，主要有普通视图、幻灯片浏览视图、备注页视图、幻灯片放映视图（包括演示者视图）、阅读视图、母版视图（幻灯片母版、讲义母版和备注母版）等。

1）普通视图。普通视图包含 3 种窗格：幻灯片缩览/大纲窗格、幻灯片窗格和备注窗格。这些窗格使用户可以在同一位置使用文稿的各种特征。

- “大纲视图”窗格。以大纲形式撰写和显示幻灯片纲要文本，并能移动幻灯片和文本。

要在“普通视图”左侧显示大纲视图（窗格），可单击“视图”选项卡“演示文稿视图”组中的“大纲视图”按钮。

- “幻灯片缩览”窗格。以缩略图的图像形式在演示文稿中观看幻灯片。使用缩略图能方便地遍历演示文稿，并观看任何设计更改的效果，在此处还可以轻松地重新排列、添加或删除幻灯片。
- “幻灯片设计”窗格。在 PowerPoint 主窗口的右上方，幻灯片窗格显示当前幻灯片的大视图。在此视图中显示当前幻灯片时，可以添加文本，插入图片、表格、SmartArt 图形、图表、图形对象、文本框、电影、声音、超链接和动画。
- 备注窗格。在备注窗格中可以输入要应用于当前幻灯片的说明和补充，以后可以将备注打印出来并在放映演示文稿时进行参考。

移动窗格边框可调整其大小。

2）幻灯片浏览视图。在幻灯片浏览视图中，所有幻灯片按比例被缩小，并按顺序排列在窗口中。用户可以在此设置幻灯片切换效果、预览幻灯片切换、动画和排练时间的效果，同时可对幻灯片进行移动、复制、删除等操作，如图 9-3 所示。

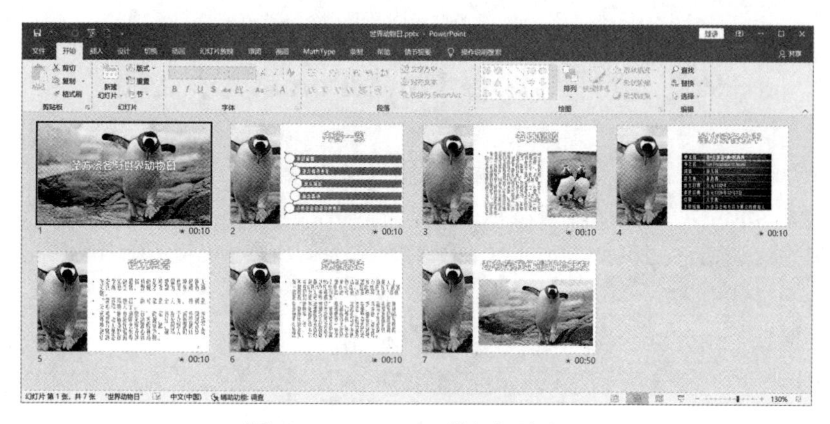

图 9-3　PowerPoint 的幻灯片窗口

3）阅读视图。在阅读视图窗口中，用户可以按“↑”“↓”“←”和“→”4 个光标移动键中的任意一个，以非全屏的幻灯片放映视图查看演示文稿。按下 Esc 键，结束阅读视图回到前一个视图方式中。

4）幻灯片放映视图。在幻灯片放映视图中，幻灯片放映以最大化方式按顺序在全屏幕上显示每张幻灯片，单击或按 Enter 键显示下一张，也可以用上（↑）、下（↓）、左（←）、右（→）光标键来回显示各张幻灯片，或用 PgUp 或 PgDn 键显示各张幻灯片。

右击并选择“结束放映”命令可结束幻灯片的放映，也可按下 Esc 键结束放映。

5）母版视图。母版视图包括幻灯片母版视图、讲义母版视图和备注母版视图。它们是存储有关演示文稿信息的主要幻灯片，其中包括背景、颜色、字体、效果、占位符大小和位置。使用母版视图的一个主要优点在于，在幻灯片母版、备注母版或讲义母版上可以对与演示文稿关联的每个幻灯片、备注页或讲义的样式进行全局更改。

6）演示文稿的打印与打印预览视图。在打印与打印预览视图，PowerPoint 提供了一系列视图和设置，帮助指定要打印的内容（幻灯片、讲义或备注页）以及这些页面的打印方式（彩色打印、灰度打印、黑白打印、带框架等）。

（7）演示文稿中的“节”。演示文稿中的“节”可以将一张或多张幻灯片进行分“节”，可以与他人协作创建演示文稿。例如，每个人可以负责准备单独一节的幻灯片。如图 9-4 所示，它以逻辑节来将大型演示文稿的内容分节管理。

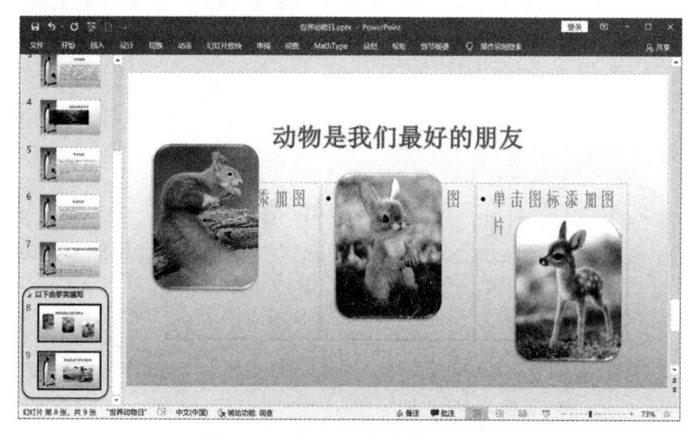

图 9-4　演示文稿中的“节”

9.2 创建与保存 PowerPoint 演示文稿

在 PowerPoint 中，创建一个演示文稿可选用以下方式之一。

- PowerPoint 启动后，系统自动创建一个空演示文稿。
- 单击“快速访问工具栏”上的“新建”按钮，或直接按 Ctrl+N 组合键。
- 单击“文件”选项卡的“新建”命令，系统出现如图 9-5 所示的“新建”窗格，然后根据需要，新建一个空白或具有一定模板或主题的演示文稿。

【例 9-1】使用“空白演示文稿”方式创建演示文稿，然后将幻灯片大小设置为“宽屏（16:9）”。

【操作步骤】

（1）单击“文件”选项卡的“新建”命令，系统出现如图 9-5 所示的“新建”窗格。

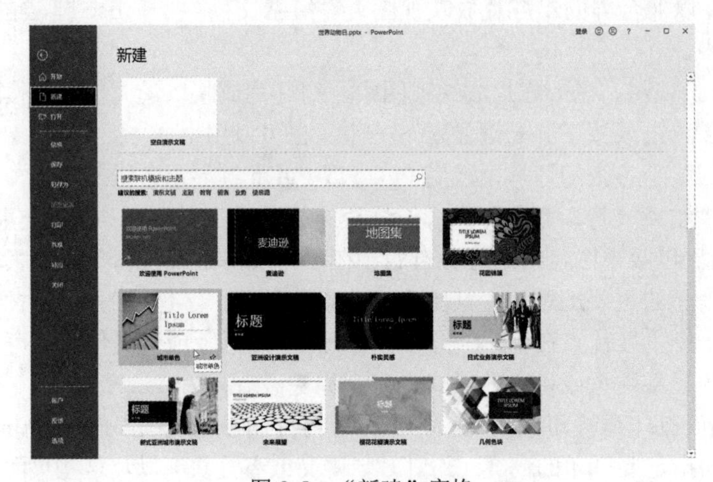

图 9-5 “新建”窗格

（2）在“新建”窗格中双击选择上方的“空白演示文稿”，即可创建一个空白演示文稿，如图 9-6 所示。

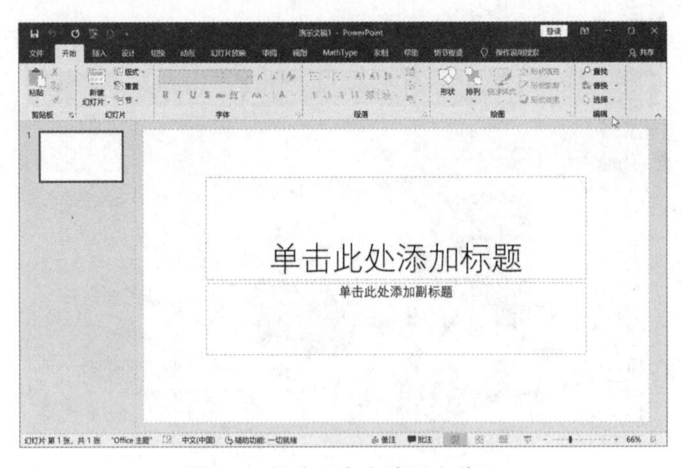

图 9-6 新建“空白演示文稿”

要创建一个空白演示文稿，也可直接按 Ctrl+N 组合键。新建的空白演示文稿中仅含有一个“标题幻灯片”。

（3）单击“设计”选项卡“自定义”组中的“幻灯片大小”按钮，在展开列表中单击“宽屏（16:9）”命令。

【例 9-2】创建一个“冬季假期聚会请柬”为模板，主题为“带状”的演示文稿。

【操作步骤】

（1）单击“文件”选项卡的“新建”命令，系统出现如图 9-5 所示的“新建”窗格。

（2）在模板搜索栏处输入“冬季”（或自定义一个文本），按下 Enter 键（或单击右侧的“搜索”按钮，系统弹出“搜索”结果列表框，如图 9-7 所示。

图 9-7　“搜索”结果列表框

（3）找到“冬季假期聚会请柬”模板，系统弹出“创建”对话框，单击“创建”按钮，可下载该模板并创建一个新的演示文稿，如图 9-8 所示。

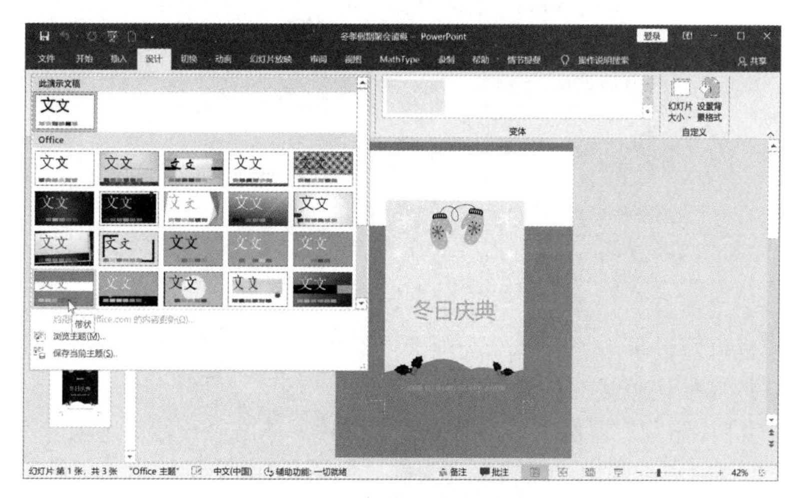

图 9-8　新建一个有模板的演示文稿

（4）单击“设计”选项卡“主题”组右侧的“其他”按钮，在弹出的“主题”列表中找到“带状”，单击即可将该主题应用到所创建演示文稿中。

说明：如果右击该主题图标，执行快捷菜单中的“应用于选定幻灯片”命令，可将该主题样式应用到当前幻灯片。

（5）单击“快速访问工具栏”中的“保存”按钮，以“冬季假期聚会请柬.pptx”为文件名保存到指定的文件夹中。

演示文稿创建、编辑或修改后，可根据需要对该演示文稿进行保存、关闭或再打开。

9.3 制作和编辑幻灯片

9.3.1 插入新幻灯片

演示文稿由一张张幻灯片组成，可以在已建立的演示文稿中插入新的幻灯片。

【例 9-3】创建“世界动物日.pptx”演示文稿，并添加 6 张幻灯片（共 7 张），其中第 5 张幻灯的版式设置为“标题与竖排文本”，然后恢复幻灯片原版式。

【操作步骤】

（1）启动 PowerPoint，创建“世界动物日.pptx”演示文稿。

（2）在“幻灯片缩览”窗格（也可在“幻灯片浏览”视图）窗口中选定要插入新幻灯片的位置。

（3）单击“插入”选项卡“幻灯片”组中的“新建幻灯片”按钮，也可按 Ctrl+M 组合键，插入一张新幻灯片（默认版式），连续插入 6 张幻灯片，效果如图 9-9 所示。

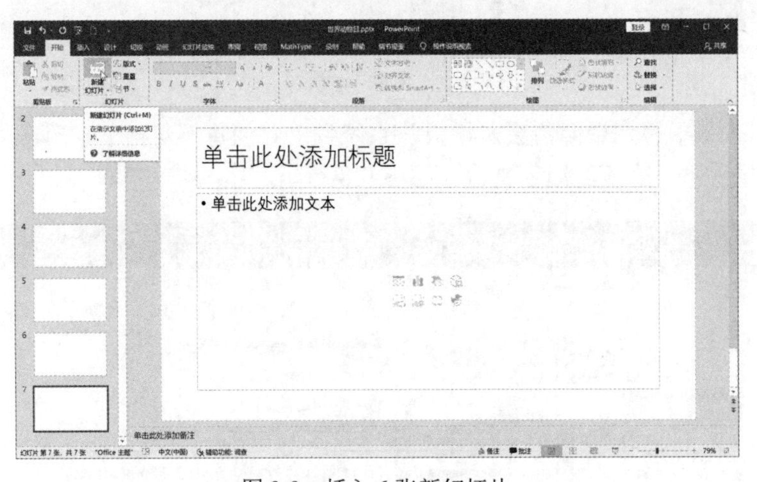

图 9-9 插入 6 张新幻灯片

以上的操作也可通过单击“开始”选项卡“幻灯片”组中的“新建幻灯片”按钮，完成插入一张新幻灯片（默认版式）的操作。

（4）在“幻灯片缩览”窗格中单击第 5 张幻灯片，单击“开始”选项卡“幻灯片”组中的“版式”按钮 版式，弹出“版式”列表框，如图 9-10 所示。

（5）根据需要选择某种版式，如选择“标题和竖排文本”版式，这时插入的新幻灯片的版式如图 9-11 所示。可以通过单击“快速访问工具栏”中的“撤消”按钮恢复幻灯片原版式。

注意：要弹出幻灯片版式列表框，也可单击“新建幻灯片”按钮下的展开按钮 ⌄。

新建的幻灯片中有多个虚线方框，这些方框在幻灯片中称为“占位符”。在虚线方框中会显示提示文字，例如“单击此处添加标题”“单击此处添加文本”，在有些虚线方框中还有“插入表格”等图标。只要单击或双击这些区域（图标），其中的文字提示信息就会消失，用户可在此添加标题、文本、图标、表格、组织结构图和剪贴画等对象。

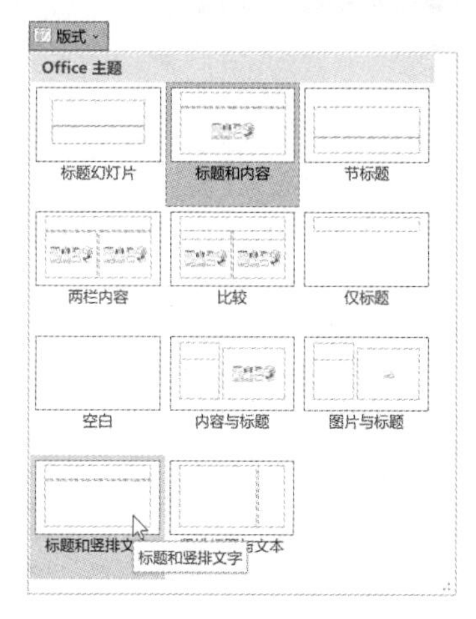

图 9-10　“版式”列表框

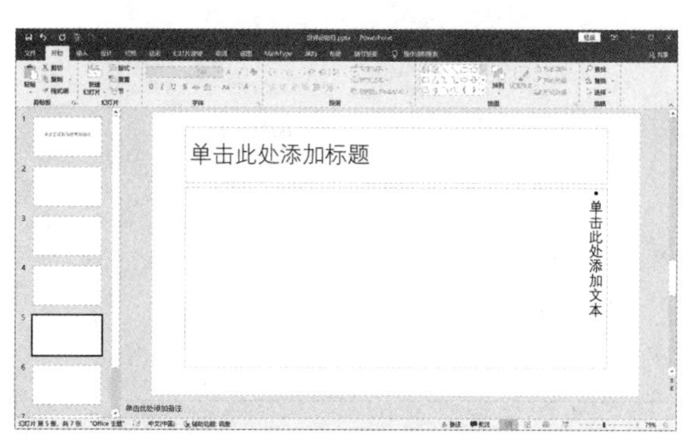

图 9-11　更换版式

1. 在幻灯片中添加文本

可以幻灯片占位符中添加文本，如果要添加额外的文本，也可使用文本框添加文本内容。

【例 9-4】利用【例 9-3】创建的“世界动物日.pptx”演示文稿，将“文字素材.docx”的内容输入到各幻灯片占位符中，其中红色标题文本放在第 1 张幻灯片的标题占位符中。第一个蓝色标题 1 放在第 2 张幻灯的标题占位符中，紫色二级标题文本放在第 2 张幻灯的内容占位符中，依次类推，如图 9-12 所示。

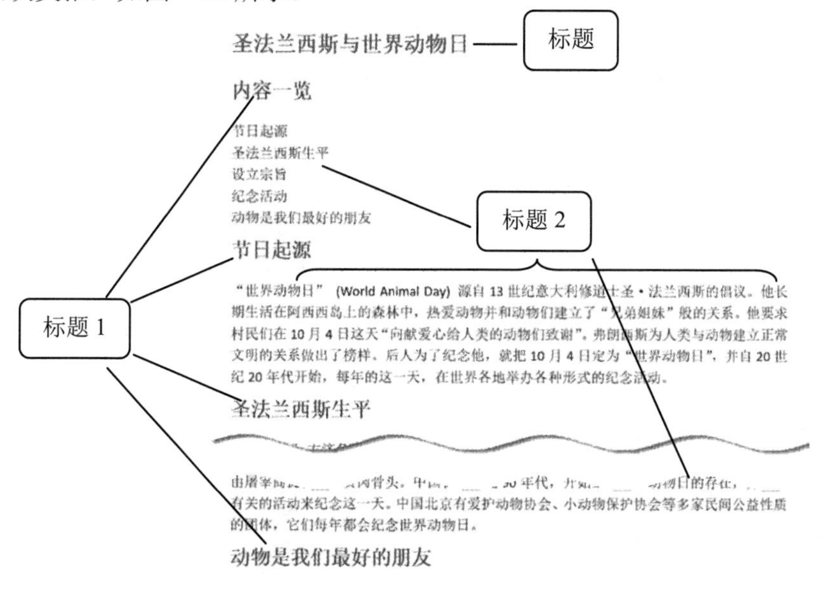

“世界动物日” (World Animal Day) 源自 13 世纪意大利修道士圣·法兰西斯的倡议。他长期生活在阿西西岛上的森林中，热爱动物并和动物们建立了“兄弟姐妹”般的关系。他要求村民们在 10 月 4 日这天“向献爱心给人类的动物们致谢”。弗朗西斯为人类与动物建立正常文明的关系做出了榜样。后人为了纪念他，就把 10 月 4 日定为“世界动物日”，并自 20 世纪 20 年代开始，每年的这一天，在世界各地举办各种形式的纪念活动。

图 9-12　“文字素材.docx”内容与样式

【操作步骤】

（1）启动 PowerPoint，打开“世界动物日.pptx”演示文稿。

（2）将“文字素材.docx”的不同颜色的内容文本，通过复制和粘贴的方法输入到各幻灯片对应的占位符中，效果如图 9-13 所示。

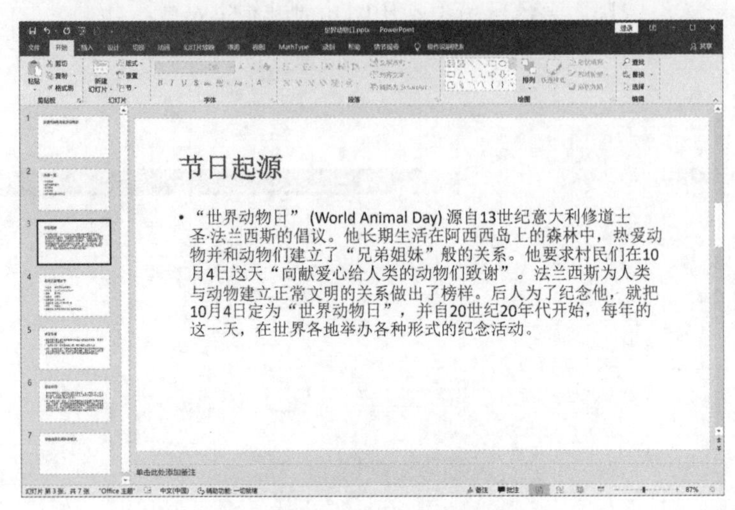

图 9-13　输入内容后的演示文稿

（3）单击“快速访问工具栏”中的“保存”按钮，保存演示文稿

如果要在幻灯片占位符之外插入一段文本，可打开“插入”选项卡，单击“文本”组中的“文本框”按钮，从中选择“横排文本框”或“竖排文本框”命令，这时鼠标箭头变为“↓”，在所需要的位置，单击或按住鼠标左键不放拖出一个虚框，松开后，就会插入一个文本框，接着就可输入文本了。选定占位符和文本框，利用“开始”选项卡“字段”和“段落”组中的相关命令，调整文本的大小和段落位置。

类似地，用户可以在幻灯片中插入所需要的表格、图片、剪贴画、绘图、SmartArt 图形、艺术字、日期和时间、动态链接，插入由其他软件创建的对象、公式、视频和音频等。操作方法与 Word 和 Excel 类似，这里不再细述。

提示：要完成【例 9-4】的操作，也可以使用如下方法和步骤。

（1）打开【例 9-3】创建的“世界动物日.pptx”，然后在“幻灯片缩览窗格”中单击选中第 1 张幻灯片，右击执行快捷菜单中的“删除幻灯片”命令（或直接按 Delete 键）。

（2）单击“开始”选项卡“幻灯片”组中“新建幻灯片”按钮下的展开按钮，执行弹出命令列表中的“幻灯（从大纲）”命令，弹出“插入大纲”对话框，如图 9-14 所示。

（3）选择源文件“文字素材.docx”，单击“插入”按钮，完成操作。

2. 在幻灯片中插入表格或图表

使用表格和图表可以使数据和示例显示地更加清晰、直观。

【例 9-5】在“世界动物日.pptx”演示文稿中完成如下操作。

（1）将第 4 张幻灯片中的文字转换为 8 行 2 列的表格，适当调整表格的行高、列宽以及表格样式。设置文字字体为“方正姚体”，字体颜色为“白色，背景 1”；并应用图片“表格背景.jpg”作为表格的背景。

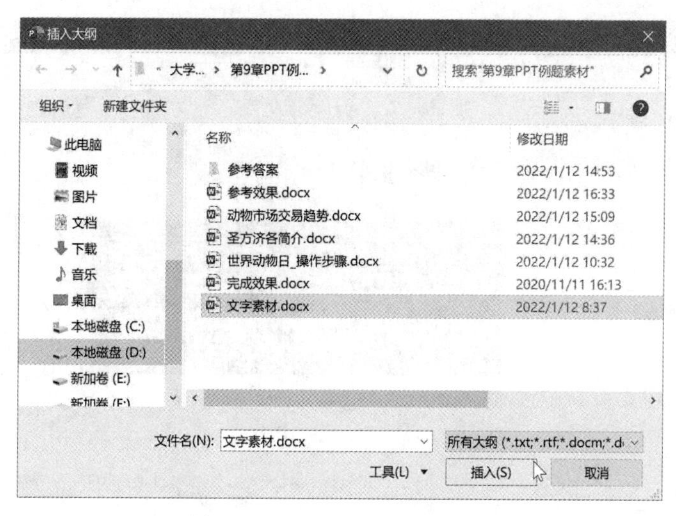

图 9-14　“插入大纲”对话框

（2）在第 7 张幻灯片之前插入一张“标题与内容”幻灯片，然后将素材“动物市场交易趋势.docx”中的表格标题放在标题占位符中，用表格替换内容占位符。

（3）将第 7 张幻灯片标题下的数据转换为图表，具体类型和样式可参考例题文件夹下的“参考效果.docx”文件中的效果。需要设置的内容包括将图例置于图表下方；不显示横轴的刻度和纵轴的刻度；设置水平轴位置坐标轴为“在刻度线上”；修改数据标记为圆圈，填充色为“白色，背景 1”；将每个数据系列 2018 年以后部分的折线线型修改为短划线；设置图表与标题占位符左边缘对齐。

【操作步骤】

（1）选中第 4 张幻灯片，单击“插入”选项卡“表格”组中的“表格”按钮，在下拉列表中选择“插入表格”命令，弹出“插入表格”对话框，将“列数”设置为“2”，将“行数”设置为“8”，单击“确定”按钮，如图 9-15 所示。

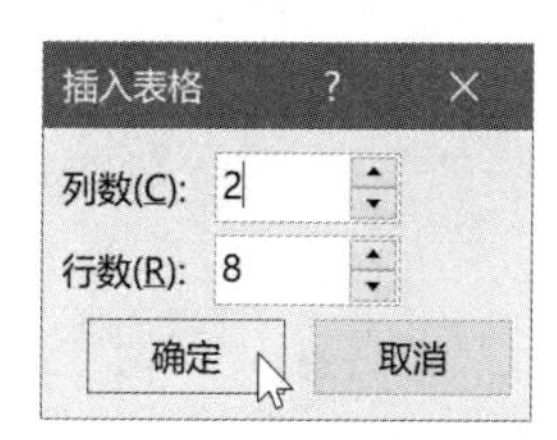

图 9-15　“插入表格”对话框

（2）将文本框中的内容剪切粘贴到表格单元格中，适当调整行高与列宽。选中表格对象，单击“表格工具｜表设计”选项卡“表格样式”组中的“其他”按钮，在下拉列表中选择一种表格样式，如“中度样式 2 - 强调 6”。

（3）选中整个表格对象，在“开始”选项卡“字体”组中将字体设置为“方正姚体”，将字体颜色设置为“白色，背景 1”。

（4）选中表格对象，在“表格工具｜表设计”选项卡下单击“底纹”下拉按钮底纹，在弹出的下拉列表中选择“无填充”命令，然后再执行下拉列表中的“表格背景｜图片”命令，选中“表格背景.jpg”文件，单击“插入”按钮，如图 9-16 所示。

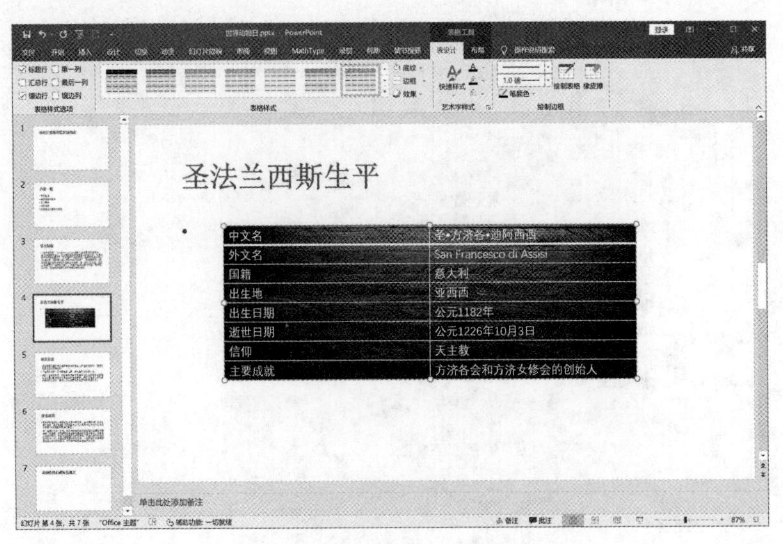

图 9-16　设置第 4 张幻灯片

（5）选中第 6 张幻灯片，单击“开始”选项卡“幻灯片”组中的“新建幻灯片”命令，插入一张“标题与内容”幻灯片，然后将素材“动物市场交易趋势.docx”中的表格标题文本复制粘贴到标题占位符中，用表格替换内容占位符。

（6）选中第 7 张幻灯片，单击“插入”选项卡“插图”功能组中的“图表”按钮，弹出“插入图表”对话框，选择“折线图 | 带数据标记的折线图”，如图 9-17 所示，单击“确定”按钮。

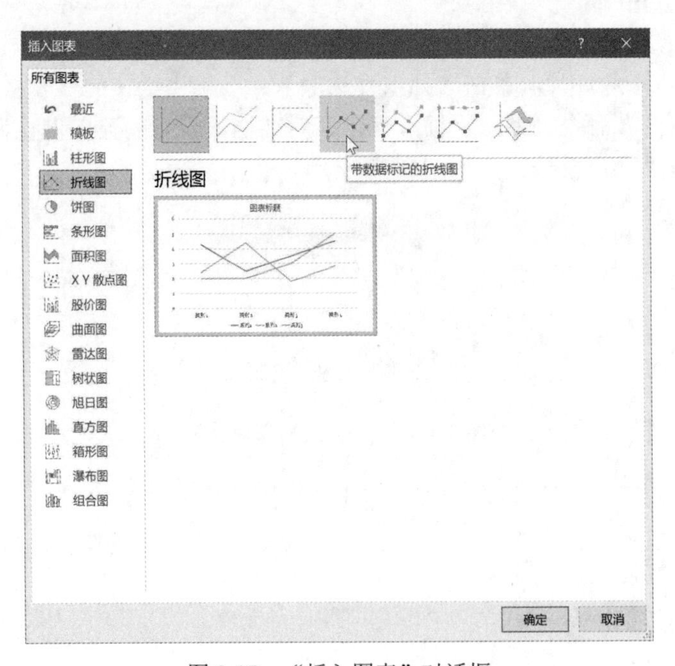

图 9-17　“插入图表”对话框

（7）在弹出的 Excel 工作表中，将幻灯片中的文本内容复制粘贴进去，效果如图 9-18 所示，关闭 Excel 工作簿文件。

年份	单店平均非法动物数	每个城市平均非法店铺数	单店平均非法动物数2
11年	40	43	32
12年	37	26	26
13年	12	42	21
14年	10	34	14
15年	8	21	8
16年	9	25	6
17年	5	20	7

图 9-18　Excel 工作表中的内容

（8）将幻灯片中的内容占位符及其文本内容均删掉。选中图表对象，单击“图表工具 | 图表设计”选项卡“图表布局”功能组中的“添加图表元素”按钮，在下拉列表中选择“图表标题 | 无”，将图表标题取消。继续单击“添加图表元素”按钮，在下拉列表中选择“网格线 | 主轴主要水平网格线”，将横网格线取消。

（9）单击选中图表中的垂直轴，右击，在弹出的快捷菜单中选择“设置坐标轴格式”，在右侧的“设置坐标轴格式”任务窗格中选中“填充与线条”选项卡，单击“线条”，在展开的功能区域中选中“实线”，将“颜色”设置为“白色，背景 1，深色 50%”，如图 9-19 所示。

（10）单击图表中的水平坐标轴，按照上述同样的方法，将“线条”设置为“实线”，将线条“颜色”设置为“白色，背景 1，深色 50%”。切换到“坐标轴选项”选项卡，在“坐标轴选项”功能区将“坐标轴位置”设置为“在刻度线上”，如图 9-20 所示。

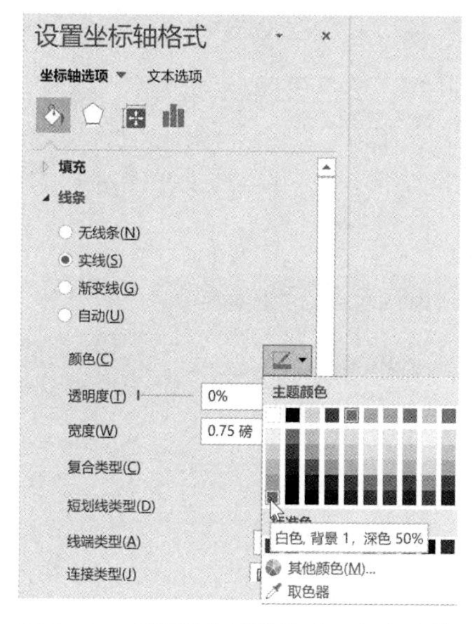

图 9-19　“设置坐标轴格式”任务窗格

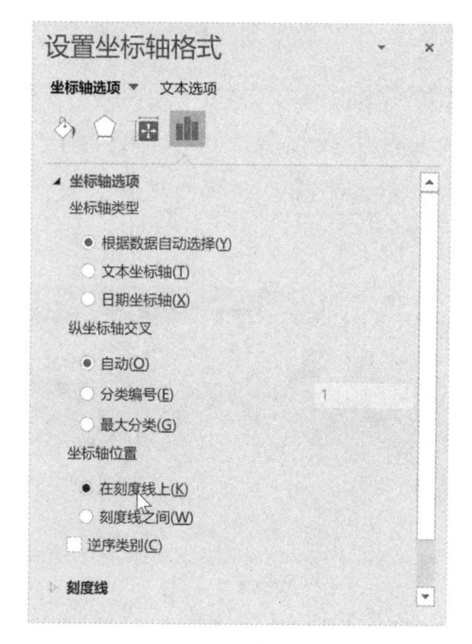

图 9-20　设置坐标轴的刻度线

（11）在图表中单击“每个城市平均非法店铺数”中的圆点，将本系列中的标记项全部选中，在右侧的“设置数据系列格式”任务窗格中单击“填充与线条”选项卡，在该选项卡下单击“标记”，在“数据标记选项”功能区中选中“内置”，将“大小”调整为“7”，在下方“填充”功能区中选中“纯色填充”，将“颜色”设置为“白色，背景 1”，如图 9-21 所示。

（12）按照上述同样的方法，设置图表中其他两个系列的数据标记项。

（13）在图表中单击两次系列“每个城市平均非法店铺数”中 2016 年对应的数据标记（保证仅该数据标记被选中），在右侧“设置数据点格式”任务窗格中单击“填充与线条”选项卡，在“线条”功能区中将“短划线类型”设置为“短划线”，如图 9-22 所示。再单击选中 2020 年对应的数据标记，将“短划线类型”设置为“短划线”。

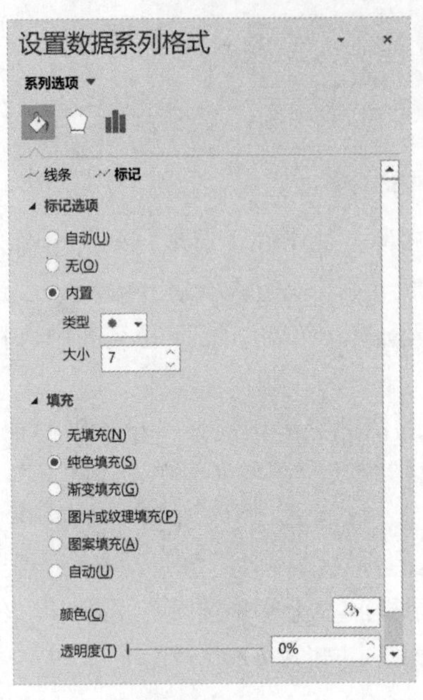

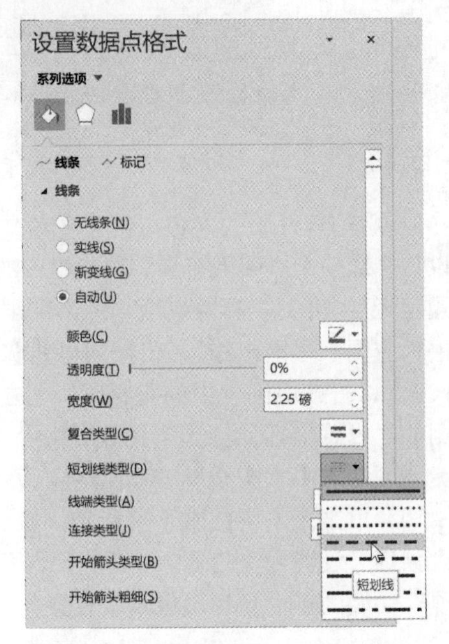

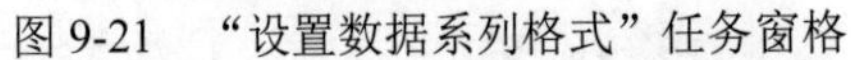

图 9-21　“设置数据系列格式”任务窗格　　图 9-22　“设置数据点格式”任务窗格

按照同样的方法，将其余的折线线型改为“短划线”，然后关闭任务窗格。

（14）选中标题占位符，按住 Ctrl 键，再选中图表对象，单击“绘图工具格式”选项卡“排列”功能组中的“对齐”按钮，在下拉列表中选择“左对齐”，再适当缩小或扩大图表区，效果如图 9-23 所示。

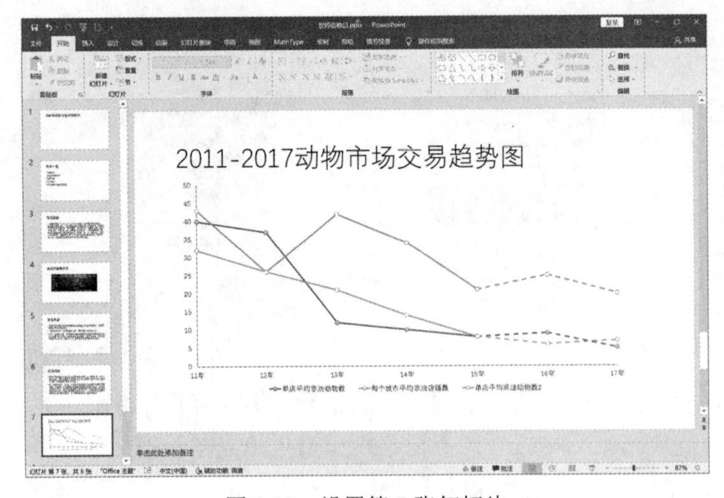

图 9-23　设置第 7 张幻灯片

3. 在幻灯片中插入图片

为了美化文档，可以在幻灯片中插入一幅图片或剪贴画，使幻灯片图文并茂、起到画龙点睛的作用。

【例 9-6】在“世界动物日.pptx”的第 8 张幻灯片中插入“图片 4.jpg”～“图片 6.jpg”，大小均设置为高×宽=8.67 厘米×6.59 厘米，图片样式为“棱台矩形”。如图 9-24 所示。

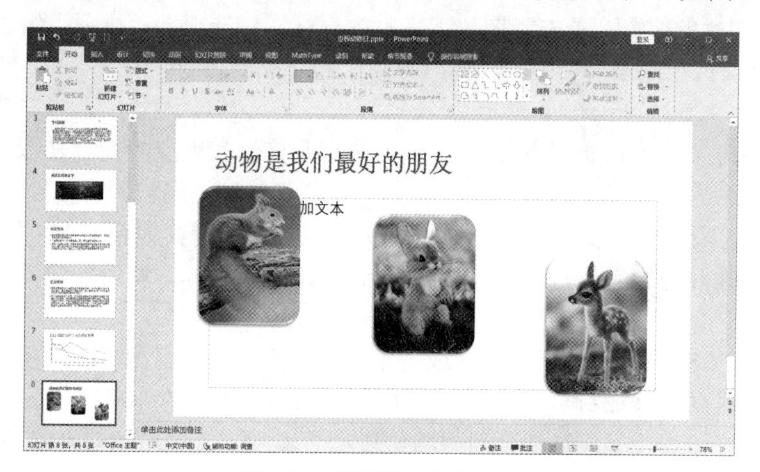

图 9-24　设置第 8 张幻灯片

【操作步骤】

（1）打开“世界动物日.pptx”演示文稿，并选中第 8 张幻灯片为当前幻灯片。

（2）单击“插入”选项卡“图像”组中的“图片”按钮，在弹出的命令列表中选择“此设备”。在随后弹出的“插入图片”对话框中按住 Ctrl 键，选择“图片 4.jpg”～“图片 6.jpg”，单击“插入”按钮，图片被插入到第 8 张幻灯片中。

（3）单击“图片工具丨图片格式”选项卡“大小”组右下角的“启动对话框”按钮，出现“设置图片格式”任务窗格，如图 9-25 所示。

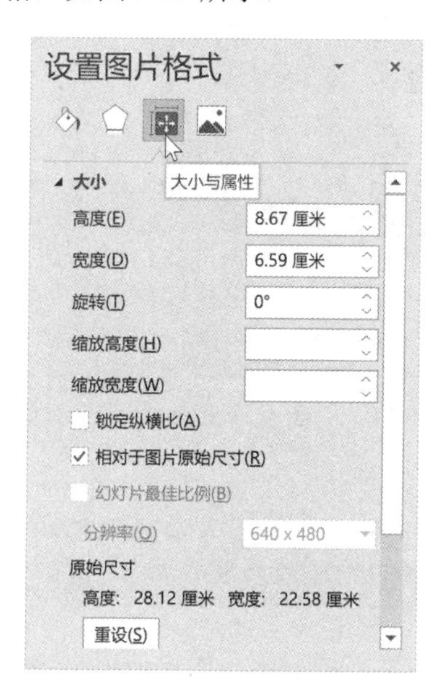

图 9-25　“设置图片格式”任务窗格

（4）在“设置图片格式”任务窗格中单击“大小和属性”按钮，取消勾选“锁定纵横比”，在“高度”和“宽度”框中分别输入 8.67 和 6.59。

（5）单击“图片工具 | 图片格式”选项卡“图片样式”组右侧的“其他”按钮，在弹出的“图片样式”列表中单击选择“棱台矩形”图标。

（6）调整图片的位置，单击“图片工具 | 图片格式”选项卡“排列”组中的“对齐”按钮 对齐，分别执行命令列表中的“横向分布”和“纵向分布”命令。

4. *在幻灯片中插入 SmartArt 图形*

SmartArt 图形又称“智能图表”，SmartArt 图形是信息和观点的视觉表示形式，可以通过从多种不同布局中进行选择来创建 SmartArt 图形，从而快速、轻松、有效地传达信息。

SmartArt 图形是图形和文字的结合，使用 SmartArt 图形和其他新功能，如“主题”（即主题颜色、主题字体和主题效果三者的组合），只需单击几下鼠标，即可创建具有设计师水准的插图。

可以通过更改 SmartArt 图形的形状或文本填充、添加效果（如阴影、反射、发光或柔化边缘）或添加三维效果（如棱台或旋转）来更改 SmartArt 图形的外观。

为了强调或在阶段中显示信息，可以将一段动画添加到 SmartArt 图形或 SmartArt 图形的单个形状里。

要插入一个 SmartArt 图形，可单击“插入”选项卡“插图”组中的“SmartArt”按钮（或选择一个或多个段落文本，单击“开始”选项卡“段落”组中的“转换为 SmartArt”按钮 转换为 SmartArt），可根据需要在打开的“选择 SmartArt 图形”对话框中选择一种 SmartArt 图形，如图 9-26 所示。

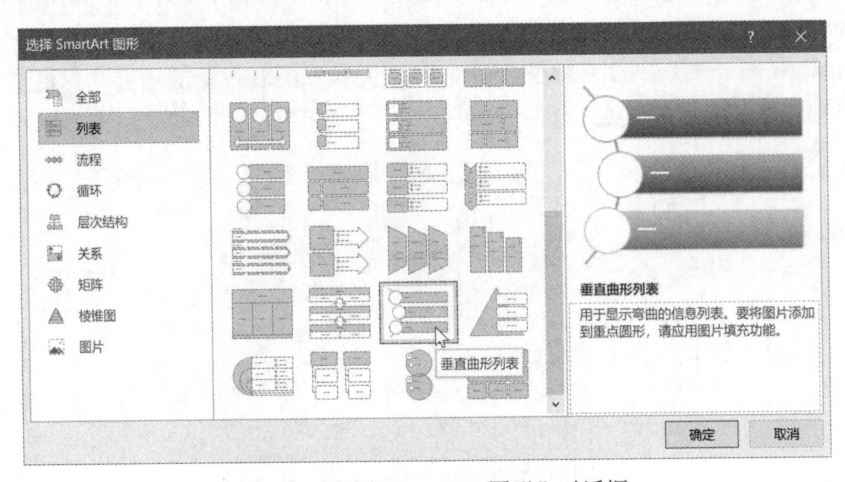

图 9-26 “选择 SmartArt 图形”对话框

SmartArt 图形的分类有以下几种。

- 列表型。将文字信息列表化，主要用于将一些条理清晰的文字内容转换为图示形式。
- 流程型。表示任务流程的顺序或步骤，如“先做……接着做……最后做……”等内容。
- 循环型。将表示循环的文字图示化，如果使用文字难以描述需要展示的某种循环关系时，可以使用循环图形清晰展示。
- 层次结构型。用于显示组织中的分层信息或上下级关系，广泛地应用于组织结构图。
- 关系型。用于表示。关系图形主要用于具有包含、对比、中心与部分、整体与分级等关系的文字，例如表示整体与分级的关系、两个或多个项目之间的关系或者多个信息集合之间的关系。

- 矩阵型。用于以象限的方式显示部分与整体的关系。
- 棱锥图型。用于显示比例关系、互连关系、比例或层次关系，最大的部分置于底部，向上渐窄。
- 图片型。图片图示主要用于表明图片与文字之间的关系，包含以文字为主、图片为辅的图示，以及以图片为主、文字为辅的图示类型。

【例 9-7】将“世界动物日.pptx”演示文稿中的第 2 张幻灯片中的项目符号列表转换为 SmartArt 图形，布局为“垂直曲形列表”，图形中的字体为“方正姚体”。

【操作步骤】

（1）打开“世界动物日.pptx”演示文稿，选中第 2 张幻灯片内容文本框。

（2）单击“开始”选项卡“段落”组中的“转换为 SmartArt”按钮 转换为 SmartArt ，在下拉列表中选择“其他 SmartArt 图形”命令，弹出“选择 SmartArt 图形”对话框，选择“列表｜垂直曲形列表”，如图 9-26 所示，单击“确定”按钮。

（3）选中 SmartArt 对象，在“开始”选项卡“字体”组中将“字体”设置为“方正姚体”，效果如图 9-27 所示。

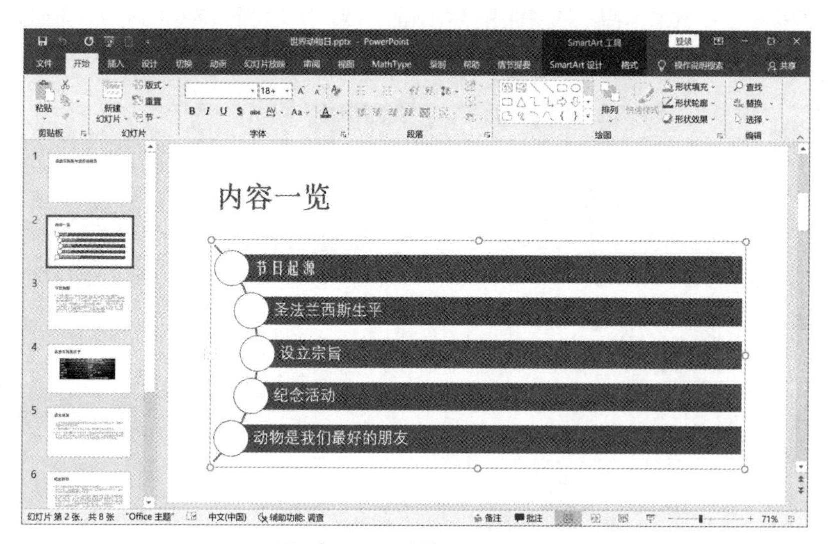

图 9-27　设置第 2 张幻灯片

9.3.2　幻灯片的操作

1. 移动幻灯片

在 PowerPoint 中可非常方便地在不同视图方式下实现幻灯片的移动，主要方法以下几种。

（1）在“幻灯片缩览”窗格中实现移动。例如，要将图 9-28 所示的演示文稿“世界动物日.pptx”中的第 2 张幻灯片移动到第 5 张幻灯片的前面，操作方法如下。

1）在“幻灯片缩览”窗格中单击“幻灯片”选项卡，并选择第 2 张幻灯片图标。

2）将鼠标指向第 2 张幻灯片并按住鼠标左键不放，然后将其拖动到第 5 张幻灯片的前面，释放鼠标，幻灯片 2 就被移到原幻灯片 5 的前面。

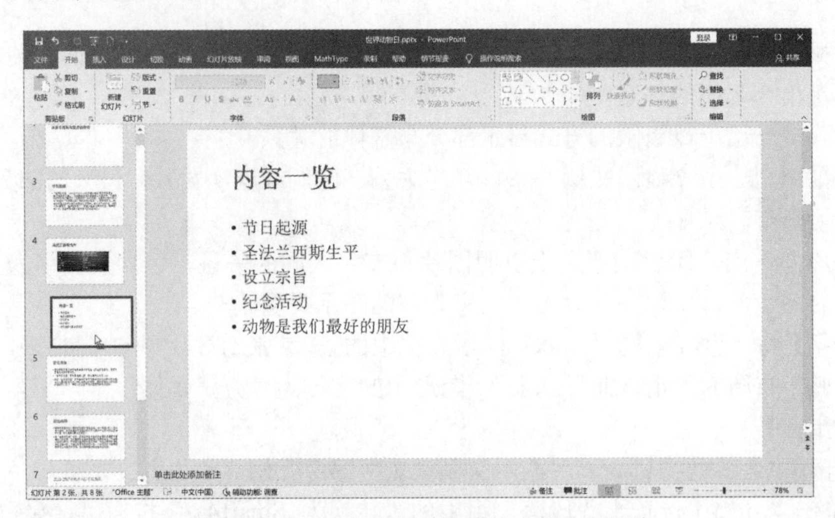

图 9-28　在“幻灯片缩览”窗格中移动幻灯片

（2）在幻灯片浏览方式下实现移动。例如，要将图 9-29 所示的演示文稿“世界动物日.pptx”中的第 2 张幻灯片移动到第 5 张幻灯片的前面，操作方法如下。

1）将演示文稿切换到幻灯片浏览视图方式，并选择第 2 张幻灯片。

2）将鼠标指向第 2 张幻灯片并按住鼠标左键不放，然后将其拖动到第 5 张幻灯片的前面，释放鼠标，幻灯片 2 就被移到原幻灯片 4 的后面。

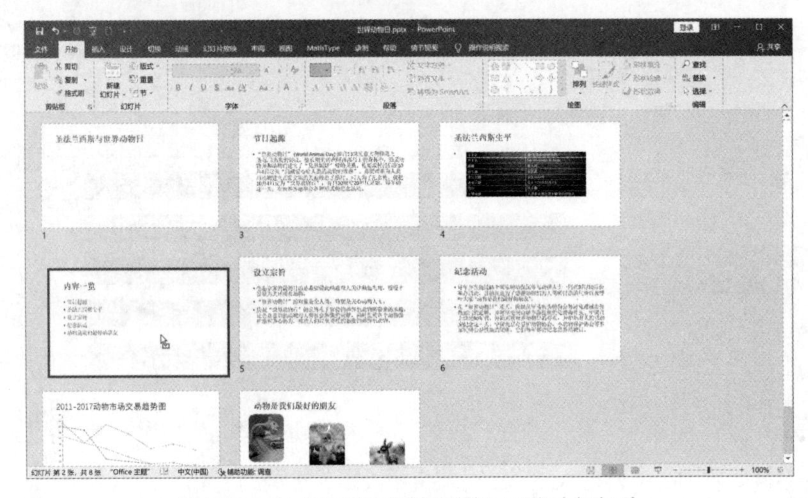

图 9-29　在“幻灯片浏览视图”下移动幻灯片

2. 复制幻灯片

例如，现将图 9-29 中的幻灯片 2 复制到第 5 张幻灯片的位置上，其操作方法如下。

（1）将演示文稿切换至幻灯片浏览视图方式，然后单击第 2 张幻灯片。

（2）按住鼠标左键不放，同时按住 Ctrl 键，将鼠标指针拖动到第 5 张幻灯片的位置上，这时光标旁边出现一条竖线，同时鼠标指针变为![]。

（3）将鼠标指针拖动到指定位置上时，释放鼠标，幻灯片就复制成功了。

单击选定一张幻灯片后，按住 Shift 键，同时再单击其他位置的幻灯片，可一次选择多张幻灯片；按住 Ctrl 键，依次单击其他幻灯片，可选择不连续的幻灯片。

3. 隐藏幻灯片

制作好演示文稿后，由于观众或播放场合的不同，所涉及到的内容也有所不同。因此，在播放演示文稿时可以将暂时不用的幻灯片隐藏起来。在演示文稿中隐藏幻灯片，可以采用以下方法之一。

- 在“幻灯片缩览”窗格，或在“幻灯片浏览”视图中，选择要隐藏的幻灯片，然后右击，在出现的快捷菜单中执行“隐藏幻灯片”命令即可，此时在该幻灯片左上角或右下角的编号出现一个带斜线的方框数字，如8，如图 9-30 所示。

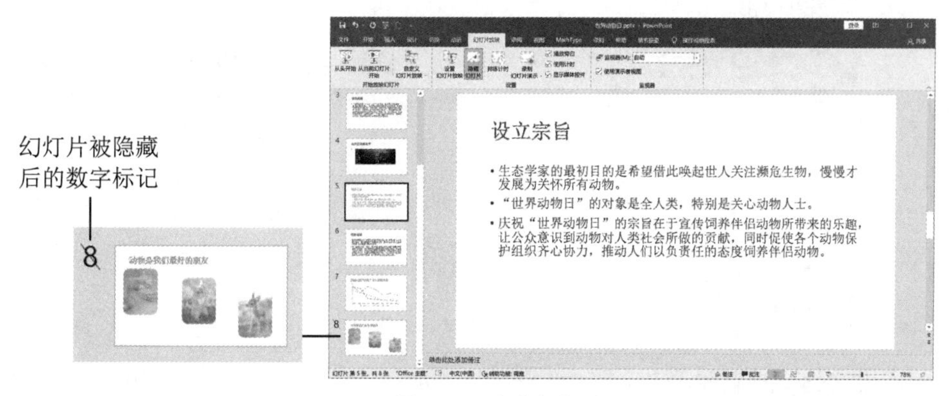

图 9-30　隐藏幻灯片

- 选择要隐藏的幻灯片，在“幻灯片放映”选项卡上单击“设置”组中的“隐藏幻灯片”按钮。

要将隐藏的幻灯片显示出来，重复上述步骤即可。

4. 删除幻灯片

要删除一张幻灯片，可在多种视图方式下进行，下面介绍删除幻灯片的几种方法。

- 在“幻灯片缩览”窗格中单击需要删除的幻灯片，然后按 Delete 键，就可删除该幻灯片。
- 也可在“幻灯片浏览”视图方式下删除幻灯片。其方法是将演示文稿切换到幻灯片浏览视图方式，单击需要删除的幻灯片，然后按 Delete 键，即可删除该幻灯片。

说明：要在幻灯片中删除一个对象，如文本框、图表、SmartArt 图形等，则选中该对象，然后按 Delete 键。

9.4　演示文稿的格式化

制作好的幻灯片可以使用文字格式、段落格式来对文本进行修饰美化，也能通过合理地使用母版和模板在最短的时间内制作出风格统一、画面精美的幻灯片。

在 PowerPoint 中，可以利用母版、主题和设计模板使演示文稿的所有幻灯片具有一致的外观。

9.4.1　更改幻灯片背景样式

为了使幻灯片更美观，可适当改变幻灯片的背景颜色，更改方法如下。

（1）选定要更改背景颜色的幻灯片。

（2）打开“设计”选项卡，单击“背景样式”组中的“其他”按钮，打开“背景样式”列表框，如图 9-31 所示。

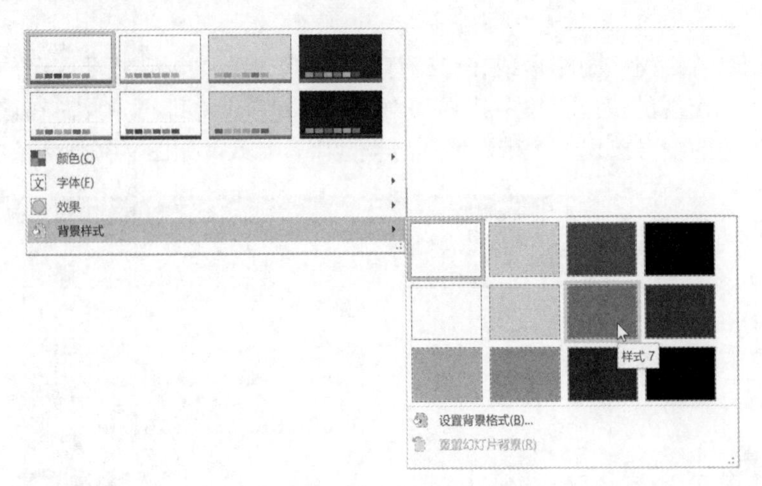

图 9-31 “背景样式”列表框

（3）单击可选择一种背景样式，如“样式 7”，并应用于当前演示文稿中的所有幻灯片（执行右击弹出快捷菜单中的“应用于相应幻灯片”或“应用于所选幻灯片”命令，可将该背景样式应用于当前幻灯片）。

（4）如果需要将背景样式作进一步的背景样式设置，可单击“背景样式”列表框中的“设置背景样式”命令，打开“设置背景格式”任务窗格（或单击“设计”选项卡“自定义”组中的“设置背景格式”按钮），如图 9-32 所示，在其中可对背景样式进行颜色填充、图片校正、图片颜色、艺术效果等比较复杂的设置。

图 9-32 “设置背景格式”任务窗格

单击“关闭”按钮，将设置应用于当前幻灯片，若单击“应用到全部”按钮，可将设置的背景样式应用于当前演示文稿中的全部幻灯片。

勾选“隐藏背景图形”按钮，将不显示所有幻灯片背景图形。

【例 9-8】为“世界动物日.pptx”演示文稿设置背景样式为从“蓝色，个性色 1，淡色 40%”到“绿色，个性色 6，深色 25%”，角度为 45° 的线性“渐变填充”，应用于全部幻灯片，且隐藏背景图形。

【操作步骤】

（1）打开“世界动物日.pptx”演示文稿。

（2）打开“设计”选项卡，单击“自定义”组中的“设置背景格式”按钮，弹出图 9-32 所示的“设置背景格式”任务窗格。

（3）单击“填充”，再单击“渐变填充”，勾选“隐藏背景图形”。

（4）然后在“类型”列表框选择“线性”，单击“渐变光圈”进度条的左（右）滑块，再单击“颜色”按钮，设置起始（结束）颜色为“蓝色，个性色 1，淡色 40%（绿色，个性色 6，深色 25%）”，将“渐变光圈”进度条中间的“渐变光圈”滑块删除。

（5）在“角度”框输入 45，勾选“隐藏背景图形”复选框，单击对话框右下角的“全部到应用”，背景样式设置生效。

9.4.2　应用主题与模板

主题由主题颜色、主题字体和主题效果三者构成。

PowerPoint 提供了多种设计主题，包含协调配色方案、背景、字体样式和占位符位置。使用预先设计的主题，可以轻松快捷地更改演示文稿的整体外观。

一般情况下 PowerPoint 会将主题应用于整个演示文稿，也可将主题应用于所选幻灯片。

1．*应用主题*

在“设计”选项卡的“主题”组中列出了一系列的主题，如图 9-33 所示。单击需要的主题，将其应用到当前演示文稿即可。

图 9-33　“主题”列表框

也可以将主题仅应用到某一张或几张幻灯片中，通过变换不同的主题来使幻灯片的版式和背景发生显著的变化，其方法如下。

（1）选定要更改主题的幻灯片。

（2）在“设计”选项卡的“主题”组中右击所需要的主题，在快捷菜单中选择“应用于选定幻灯片”，即可将该主题应用于所选中的幻灯片。

【例 9-9】将“世界动物日.pptx”演示文稿应用“回顾”主题。

【操作步骤】

（1）打开“世界动物日.pptx”演示文稿。

（2）打开“设计”选项卡，单击“主题”组中“主题”按钮右侧列表框的“其他”按钮，在弹出的图 9-33 所示的界面中单击选择“回顾”主题。

如果对应用主题的局部效果不满意，还可对主题的“颜色”“字体”和“效果”进行更改。

● 主题效果。

每个主题中都包含一个用于生成主题效果的效果矩阵，此效果矩阵包含 3 种样式级别的线条、填充和特殊效果，如阴影效果和三维（3D）效果。选择不同的效果矩阵可以获得不同的外观，如一个主题可能具有磨砂玻璃外观，而另一个主题具有金属外观。

应用主题效果的方法如下。

1）选择对幻灯片应用某一主题。

2）单击“设计”选项卡“变体”组中的“其他”，执行列表中的“效果”命令 效果，弹出效果列表框，选择一种主题效果即可，如图 9-34 所示。

● 主题颜色。

主题颜色对演示文稿的更改效果最为显著（除主题更改之外），应用方法如下。

1）单击“主题”组中的“颜色”按钮 颜色(C)，打开主题“颜色”列表框，如图 9-35 所示。

2）单击某一颜色组，即可更改某一主题下的颜色。

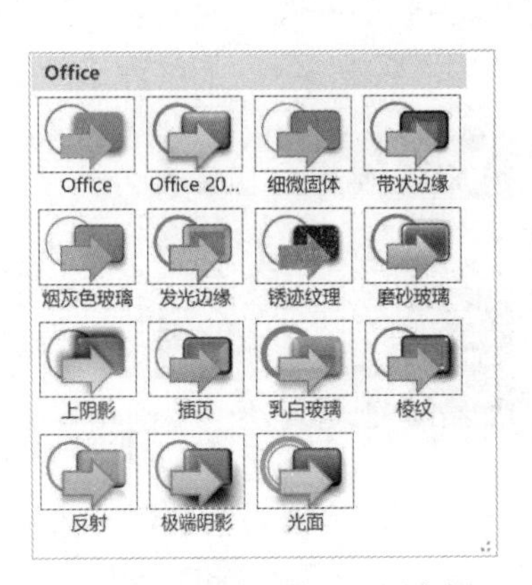

图 9-34 主题“效果”列表框

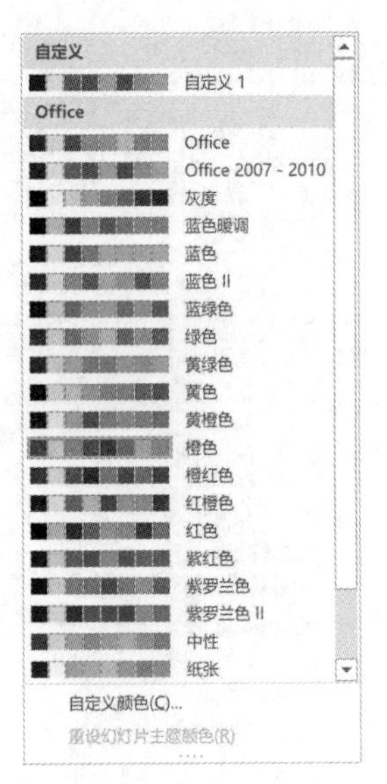

图 9-35 主题“颜色”列表框

3）如果对内置的颜色组不满意，也可执行“颜色”列表框下方的“自定义颜色”命令，弹出“新建主题颜色”对话框，如图 9-36 所示。

4）主题颜色包含 12 种颜色槽。前 4 种水平颜色用于文本和背景，用浅色创建的文本会在深色背景中清晰可见，相对应的是，用深色创建的文本会在浅色背景中清晰可见；后面 6 种颜色为强调文字颜色，它们总是在 4 种潜在的背景色中可见；最后 2 种颜色是超链接和已访问的超链接颜色。

5）单击需要更改的颜色按钮，弹出如图 9-37 所示的“主题颜色”对话框，单击选定颜色进行更改即可。

图 9-36　“新建主题颜色”对话框

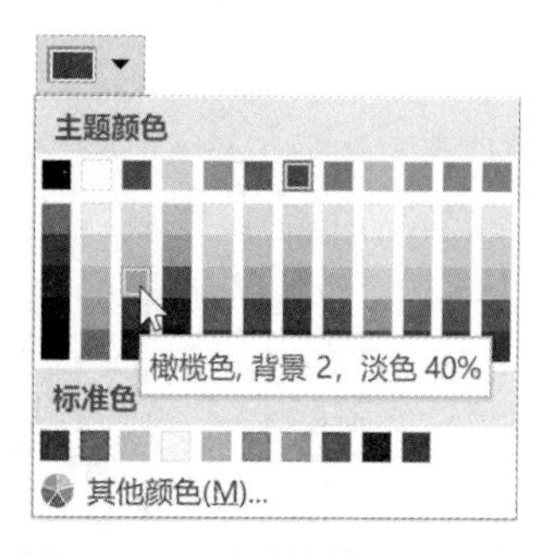

图 9-37　“主题颜色”对话框

- 主题字体。

在 PowerPoint 中，每个主题均定义了两种字体，一种用于标题，另一种用于正文文本。两者可以是相同的字体，也可以是不同的字体。

更改主题字体对演示文稿中的所有标题和项目符号文本进行更新，方法如下。

1）单击“主题”组中的“字体”按钮 文 字体(F) ，打开主题“字体”列表框，如图 9-38 所示，其中用于每种主题字体的标题字体和正文文本字体的名称显示在相应的主题名称下。

2）单击某一字体组，即可更改某一主题下的字体。

3）如果对内置的字体组不满意，也可执行“字体”列表框下方的“自定义字体”命令，弹出“新建主题字体”对话框，如图 9-39 所示，在此对话框中可对主题字体重新设置。

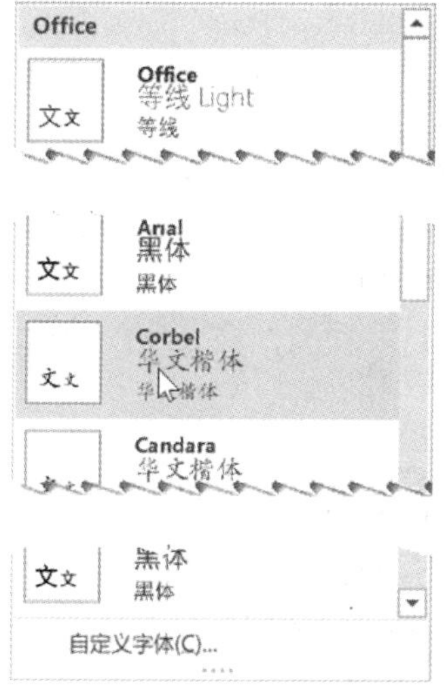

图 9-38　主题“字体”列表框

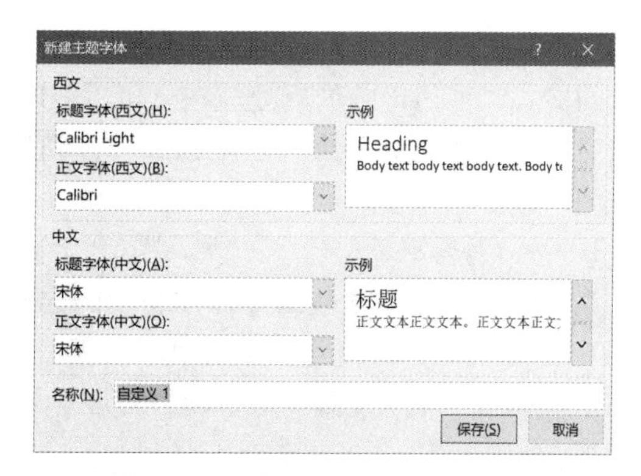

图 9-39　“新建主题字体”对话框

2. 应用模板

将模板应用于演示文稿的方法如下。

（1）打开已存在的演示文稿。

（2）在“设计”选项卡的“主题”组中单击主题右侧下拉列表的“其他”按钮，在弹出的列表中执行“浏览主题”命令，打开如图 9-40 所示的“选择主题或主题文档”对话框。

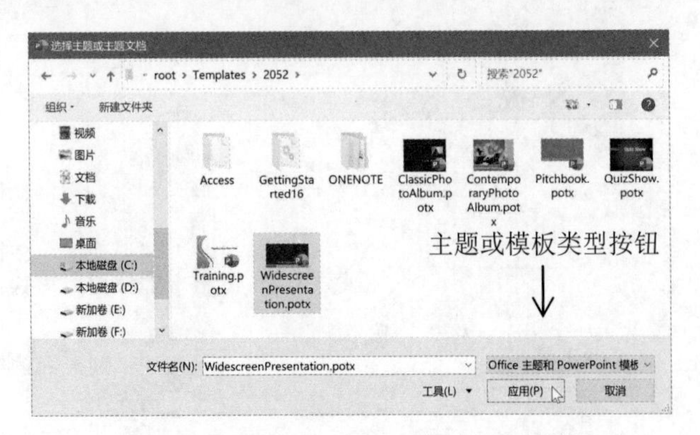

图 9-40 “选择主题或主题文档”对话框

（3）在“导航窗格”中依次单击“本地磁盘(C:)”→Program Files(X86)→Microsoft Office→root→Templates→2052。

（4）单击对话框右下角的“Office 主题和 PowerPoint 主题文档”按钮，在打开的列表框中选择文件类型为“Office 主题和 PowerPoint 模板”，最后在列表区选择所需要的模板。

【例 9-10】将“世界动物日.pptx”演示文稿应用“水滴.thmx”主题。

【操作步骤】

（1）打开“世界动物日.pptx”演示文稿。

（2）打开“设计”选项卡，单击“主题”组中“主题”按钮右侧列表框的“其他”按钮，在弹出的列表中选择“浏览主题”，打开如图 9-40 所示的对话框，找到“水滴.thmx”，单击“应用”按钮。

9.4.3 利用母版设置幻灯片

母版是指在一个具体的幻灯片里，为了使每一张或者某几张幻灯具有同一种格式而使用的包含在具体幻灯片里的一种格式文件，其本身就是一种格式，可以方便地控制和修改特定幻灯片的格式，使用母版的好处就在于可以随时修改多张幻灯片的总体格式。

对于某一张幻灯片来说，主题或模板和母版的作用是一样的，都是控制和修改其格式的一个载体。

1. 幻灯片母版

当演示文稿中的某些幻灯片拥有相同的格式时，可以采用幻灯片母版来定义和修改。在幻灯片视图中按住 Shift 键不放，单击“状态栏”右侧的“普通视图”按钮（或在“视图”选项卡，单击“母版视图”组中的“幻灯片母版”按钮），进入“幻灯片母版”视图，如图 9-41 所示。

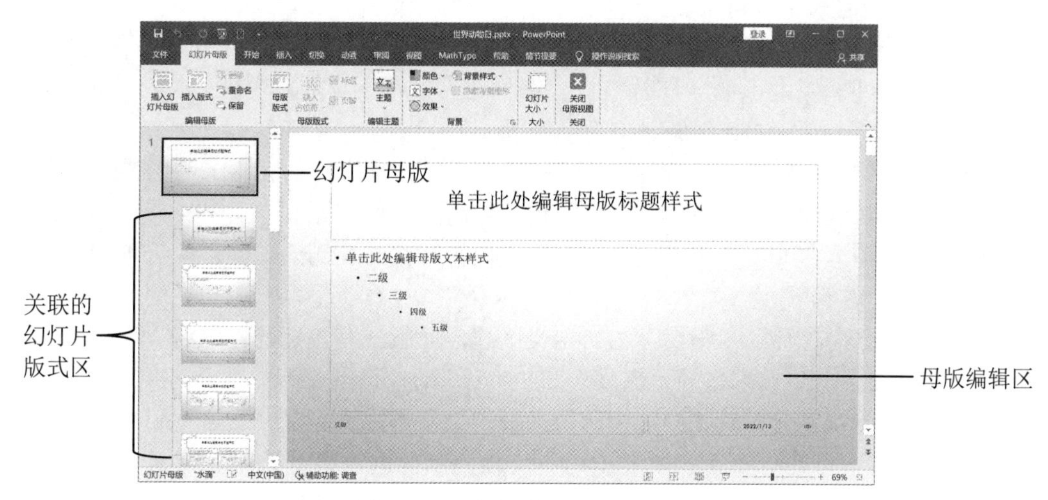

图 9-41　“幻灯片母版”窗口

“幻灯片母版”视图由左右两个窗格组成，其中左侧窗格中的第一个母版缩略图是幻灯片视图，下面的是一组与幻灯母版相关联的幻灯片版式。右侧窗格则是幻灯片母版编辑窗格。

在幻灯片母版中更改的元素包括母版中的模板、主题、背景样式、占位符的字体、字号、字型、形状样式与效果等，其具体的操作步骤如下。

（1）启动幻灯片母版视图。

（2）在“幻灯片母版”选项卡中，使用“编辑主题”与“背景”组中的相关命令按钮，对幻灯片母版设置主题样式与背景样式等。

（3）单击要更改的占位符边框处，按需要改变它的位置、大小或格式对标题进行设置.

（4）在母版设置每张幻灯片都要设置的内容，如日期、页脚等，如果要使用其他幻灯片中没有的元素，可插入一个占位符、表格、图片、剪贴画、形状、SmartArt 图形、图表、文本框、音视频等，并安排好这些元素的布局。

（5）如果还需要新的母版，可以单击“编辑母版”组中的“插入版式”按钮，插入一个用户自定义的版式。还可以单击“插入幻灯片母版”按钮，插入一个新幻灯片母版。

设置好母版后，单击“幻灯片母版”选项卡“关闭”组中的“关闭母版视图”按钮，切换回普通视图，则上面的设置被自动应用到演示文稿的所有幻灯片。

并不是所有的幻灯片在每个细节部分都必须与幻灯片母版相同，如果需要使某张幻灯片的格式与其他幻灯片的格式不同，可以通过更改与幻灯片母版相关联的一张幻灯片版式，这种修改不会影响其他幻灯片或母版。

【例 9-11】打开“世界动物日.pptx”演示文稿，按照如下要求修改幻灯片母版。

（1）将幻灯片母版名称修改为“世界动物日”。母版标题应用“填充：白色；边框：蓝色，主题色 1；发光：蓝色，主题色 1”的艺术字样式，文本轮廓颜色为“蓝色，个性色 1”，字体为“微软雅黑”，并应用加粗效果，字号 44 磅。母版各级文本样式设置为“方正姚体”，文字颜色为“蓝色，个性色 1”。设置第一级文本为 32 磅，第二级文本为 28 磅，第三级文本为 24 磅，其余文本为 20 磅。

（2）使用“图片 1.jpg”作为标题幻灯片版式的背景。

（3）新建名为“世界动物日 1”的自定义版式，在该版式中插入“图片 2.jpg”，并对齐幻灯片左侧边缘，图片大小为高为19.05厘米，宽为9.26厘米。调整标题占位符的宽度为23.81厘米，字号为44磅，将其置于图片右侧。在标题占位符下方插入内容占位符，宽度为23.81厘米，高度为9.5厘米，并与标题占位符左对齐。

（4）依据“世界动物日1”版式创建名为“世界动物日2”的新版式，在“世界动物日2”版式中将内容占位符的宽度调整为13.6厘米（保持与标题占位符左对齐）。在内容占位符右侧插入宽度为10厘米、高度为9.5厘米的图片占位符，并与左侧的内容占位符顶端对齐，与上方的标题占位符右对齐。

（5）新建名为“标题和图片”的自定义版式，此版式有“标题占位符”和3个“图片占位符”。“图片占位符”文本框的“高度”和“宽度”均为9.5厘米。

（6）演示文稿共包含9张幻灯片，所涉及的文字内容保存在“文字素材.docx”文档中，具体对应的幻灯片可参见“完成效果.docx”文档所示样例。其中第1张幻灯片的版式为“标题幻灯片”，第2张幻灯片、第4～7、9张幻灯片的版式为“世界动物日1”，第3张幻灯片的版式为“世界动物日2”，所有幻灯片中的文字字体保持与母版中的设置一致，第8张幻灯片应用“标题和图片”版式。

（7）删除“标题幻灯片”“世界动物日1”和“世界动物日2”之外的其他幻灯片版式。

【操作步骤】

（1）打开“世界动物日.pptx”演示文稿，单击“视图”选项卡“母版视图”组中的“幻灯片母版”按钮，进入幻灯片母版视图设计界面。

（2）选中母版幻灯片，右击鼠标，单击“重命名母版”命令，弹出“重命名版式”对话框，将版式名称修改为“世界动物日”，单击“重命名”按钮，如图9-42所示。

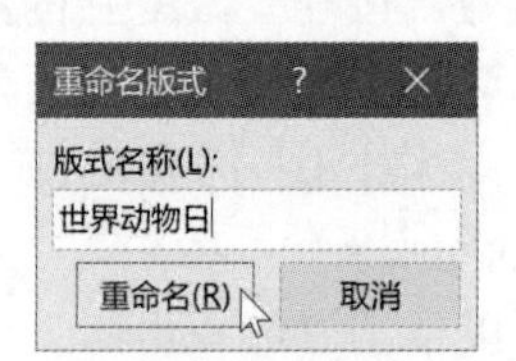

图9-42 “重命名版式”对话框

（3）选中幻灯片母版中的标题文本框，单击“绘图工具 | 形状格式”选项卡“艺术字样式”组中的“其他”按钮，在“艺术字样式”下拉列表中选择“填充：白色；边框：蓝色，主题色1；发光：蓝色，主题色1”样式，在“文本轮廓”下拉列表中选择“蓝色，个性色1”，在“开始”选项卡“字体”组中将“字体”设置为“微软雅黑”，并应用加粗效果，在“字号”框中输入44，并按Enter键。

（4）选中下方的各级母版文本，在“字体”组中将“字体”设置为“方正姚体”，文字颜色设置为“蓝色，个性色1”，第一级文本为32磅，第二级文本为28磅，第三级文本为24磅，其余文本为20磅。

（5）在母版视图中选中下方的“标题幻灯片”版式，右击鼠标，在弹出的快捷菜单中选择“设置背景格式”，弹出“设置背景格式”任务窗格，在“填充”选项中选择“图片或纹理填充”，单击“文件”按钮，弹出“插入图片”对话框，选中“图片1.jpg”，单击“插入”按钮。关闭“设置背景格式”任务窗格。单击“幻灯片母版”选项卡“背景”组中的“隐藏背景图形”按钮。

（6）单击“幻灯片母版”选项卡“编辑母版”组中的“插入版式”按钮，选中新插入的版式，右击鼠标，在弹出的快捷菜单中选择“重命名版式”，弹出“重命名版式”对话框，将“版式名称”修改为“世界动物日 1”，单击“重命名”按钮。

（7）单击“插入”选项卡“图像”组中的“图片”按钮，弹出“插入图片”对话框，选中“图片 2.pg”，单击“插入”按钮。单击“幻灯片母版”选项卡“背景”组中的“隐藏背景图形”按钮。

（8）选中新插入的图片文件，单击“图片工具丨格式”选项卡“排列”组中的“对齐”按钮，在下拉列表中选择“左对齐”，设置图片大小的高为 19.05 厘米，宽为 9.26 厘米。

（9）选中标题占位符，在“绘图工具丨形状格式”选项卡“大小”组中将“宽度”调整为 23.81 厘米，字号为 44 磅，单击“排列”组中的“对齐”按钮，在下拉列表中选择“右对齐”。

（10）单击“幻灯片母版”选项卡“母版版式”组中的“插入占位符”按钮，在下拉列表中选择“内容”，在标题占位符下方使用鼠标绘制出一个矩形框。

（11）选中该内容占位符对象，在“绘图工具丨形状格式”选项卡“大小”组中将“高度”调整为 9.5 厘米，“宽度”调整为 23.81 厘米。

（12）按住 Ctrl 键，同时选中标题占位符文本框和内容占位符文本框，单击“绘图工具丨形状格式”选项卡“排列”组中的“对齐”按钮，在下拉列表中选择“左对齐”，使内容占位符文本框与上方的标题占位符文本框左对齐。

（13）选中“世界动物日 1”版式，右击鼠标，在弹出的快捷菜单中选择“复制版式”，在下方复制出一个“世界动物日 1”版式。单击该版式，在弹出的快捷菜单中选择“重命名版式”，弹出“重命名版式”对话框，将版式名称修改为“世界动物日 2”，单击“重命名”按钮。

（14）选中内容占位符文本框，在“绘图工具丨形状格式”选项卡“大小”组中将“宽度”调整为 13.6 厘米。

（15）单击“幻灯片母版”选项卡“母版版式”组中的“插入占位符”按钮，在下拉列表中选择“图片”，在内容占位符文本框右侧使用鼠标绘制出一个矩形框。

（16）选中该图片占位符文本框，在“绘图工具丨形状格式”选项卡“大小”组中将“高度”调整为 9.5 厘米，将“宽度”调整为 10 厘米。

（17）按住 Ctrl 键，同时选中左侧的“内容占位符文本框”和右侧的“图片占位符文本框”，单击“绘图工具丨形状格式”选项卡“排列”组中的“对齐”按钮，在下拉列表中选择“顶端对齐”，使内容占位符文本框与图片占位符文本框顶端对齐。

（18）按住 Ctrl 键，同时选中下方的“标题占位符文本框”和下方的“图片占位符文本框”，单击“绘图工具丨形状格式”选项卡“排列”组中的“对齐”按钮。在下拉列表中选择“右对齐”，使内容占位符文本框与上方的标题占位符文本框右对齐。

（19）单击“幻灯片母版”选项卡“编辑母版”组中的“插入版式”按钮，选中新插入的版式，右击鼠标，在弹出的快捷菜单中选择“重命名版式”，弹出“重命名版式”对话框，将“版式名称”修改为“标题和图片”，单击“重命名”按钮。单击“幻灯片母版”选项卡“背景”组中的“隐藏背景图形”按钮。

（20）单击“幻灯片母版”选项卡“母版版式”组中的“插入占位符”按钮，在下拉列表中选择“图片”，在内容占位符文本框右侧使用鼠标绘制出一个矩形框。

（21）选中该“图片占位符”文本框，在“绘图工具 | 形状格式”选项卡“大小”组中将“高度”调整为9.5厘米，将“宽度”调整为9.5厘米。

（22）按住Ctrl键，向右复制2个“图片占位符”，设置第1个“图片占位符”和“标题占位符”左对齐，设置第3个“图片占位符”和“标题占位符”右对齐，同时选中3个“图片占位符”，单击“绘图工具 | 形状格式”选项卡“排列”组中的“对齐”按钮，在下拉列表中选择“横向分布”，使3个“图片占位符”文本框间隔相同。

（23）单击“绘图工具 | 格式”选项卡“关闭”组中的“关闭母版视图”按钮。

（24）选中第1张幻灯片，单击“幻灯片”组中的“版式”按钮，在下拉列表中选择“标题幻灯片”。按照同样方法，将第2、4～7张幻灯片的版式设置为“世界动物日1”，将第3张幻灯片版式设置为“世界动物日2”，将第8张幻灯片的版式设置为“标题和图片”。

（25）单击“视图”选项卡“母版视图”组中的“幻灯片母版”按钮，进入“幻灯片母版视图”。

（26）选中除“标题幻灯片”“世界动物日 1”和“世界动物日 2”版式之外的所有幻灯片版式，右击鼠标，选择“删除版式”命令，关闭母版视图。

2. 讲义母版

用于控制幻灯片以讲义形式打印的格式，如增加页码、页眉和页脚等，可利用“讲义母版”工具栏控制在每页纸中打印几张幻灯片，如在每页设置打印2、3、4、6、9张幻灯片。

3. 备注母版

PowerPoint为每张幻灯片设置了一个备注页，供用户添加备注。备注母版用于控制注释的显示内容和格式，使多个注释有统一的外观。

9.4.4 格式化幻灯片中的对象

幻灯片是由标题、正文、表格、图像、剪贴画等对象组成，对这些对象的格式化主要包括大小，在幻灯片中的位置，填充颜色，以及边框线、文本的修饰、段落的修改等。

1. 文本对象格式的复制

在文本处理过程中，有时对某个对象进行了上述格式化后，希望其他对象也有相同的格式，这时并不需要做重复的工作，只要单击“开始”选项卡“剪贴板”组中的“格式刷”按钮就可以复制，鼠标变为，然后单击要应用该格式的对象即可。双击“格式刷”按钮，可进行多次应用，按Esc键（或再次单击“格式刷”按钮），可取消格式刷的功能。

2. 格式化图片

在演示文稿中插入图片、形状和艺术字是美化幻灯片的一种常用手段，可以使幻灯片更加生动、形象。

要插入图片、形状和艺术字，可以使用“插入”选项卡上的“图像”组、“插图”组和“文本”组中的“图片”按钮、“形状”按钮、“艺术字”按钮。

（1）格式化图片。在幻灯片中双击选定要为其设置格式的图片，PowerPoint将自动打开图片工具的“图片格式”选项卡，如图9-43所示。

图片工具的“图片格式”选项卡包含“调整”“图片样式”“排列”和“大小”4 个选项组，使用其中的命令按钮可以对图片进行颜色、透明度、边框效果、阴影效果、排列方式等设置。

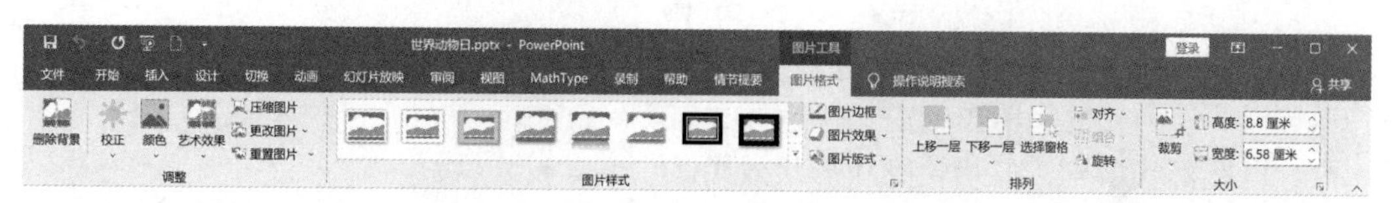

图 9-43　图片工具的“图片格式”选项卡

● 　调整图片。

在“调整”组中可以调整图片的颜色浓度（饱和度）和色调（色温）、对图片重新着色或更改某个颜色的透明度。如果要精确调整图片，可在“更正”“颜色”或“艺术效果”列表框中执行“图片校正选项”“图片颜色选项”或“艺术效果选项”命令，打开如图 9-44 所示的“设置图片格式”任务窗格。

● 　添加或更改图片效果。

通过添加阴影、发光、映像、柔化边缘、凹凸和三维（3D）旋转等效果来增强图片的感染力。也可以对图片添加艺术效果、更改图片的亮度、对比度或模糊度。

例如，对图片添加一个“紧密映像，4 磅 偏移量”映像效果，其操作方法是：在幻灯片中双击要添加效果的图片，在打开的图片工具的“图片格式”选项卡中单击“图片样式”组中的“图片效果”按钮 图片效果 ，如图 9-45 所示，在“图片效果”列表框中单击“映像”下级列表的“紧密映像，4 磅 偏移量”按钮即可。

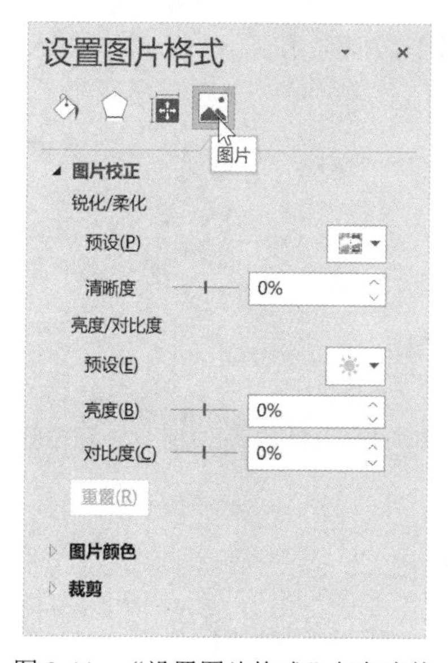

图 9-44　“设置图片格式”任务窗格

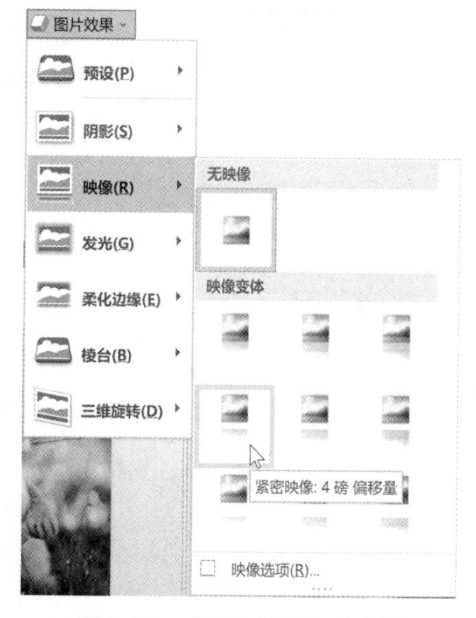

图 9-45　“图片效果”列表框

在图 9-44 所示的“设置图片格式”任务窗格中，也可对图片的效果进行设置。

（2）设置占位符、形状等格式化。用户可以为占位符、形状等对象设置形状样式（形状填充、形状轮廓及形状效果）、排列（对齐、组合和旋转）等效果。

● 　添加快速样式。

占位符、形状等快速样式包括来自演示文稿主题的颜色、阴影、线型、渐变和三维（3D）透视等，利用实时预览，找到喜欢的样式，设置快速样式的操作方法如下。

1）选择要更改的占位符、形状等。

2）在“绘图工具 | 形状格式”选项卡下单击“形状样式”按钮右侧的“其他”按钮，打开“形状样式”列表框，单击所需的快速样式。

- 设置形状填充、形状轮廓和形状效果。

使用“形状样式”组中的“形状填充”按钮形状填充，对占位符、形状等图形设置以主题颜色、渐变色、纹理、图片和图案进行填充。也可以通过“形状轮廓”按钮形状轮廓设置轮廓颜色、轮廓边框的粗细大小、是否虚线、是否带箭头等，还能利用“形状效果”按钮形状效果设置占位符、形状的阴影、映像、发光等效果。

【例 9-12】对“世界动物日.pptx”中的第 1 张幻灯片完成如下操作。

（1）添加一个双波形形状，在双波形形状添加 2 行文字，文字大小为 28 磅，字体为“方正姚体”，形成世界动物保护协会（World Animal Protection）的字样，如图 9-46 所示。

（2）设置双波形形状效果为“发光”，颜色为“橙色，个性色 4，深色 50%”。

（3）为双波形形状设置从蓝色到绿色的水平向右线性渐变。

【操作步骤】

（1）打开“世界动物日.pptx”演示文稿，并选中第 1 张幻灯片。

（2）在幻灯片右下方处插入一个双波形形状，在其中输入 2 行文字“世界动物保护协会”“（World Animal Protection）”。

（3）在“绘图工具 | 形状格式”选项卡单击“形状填充”按钮。在其下拉列表框中依次单击“渐变 | 其他渐变”命令，打开如图 9-47 所示的“设置形状格式”任务窗格。

图 9-46 在幻灯片上添加双波形形状

图 9-47 “设置形状格式”任务窗格

（4）在“填充”选项卡中单击“渐变填充”项，在“类型”中选择“线性”，在“方向”列表中选择“线性向右”，在“渐变光圈”栏中设置渐变起始颜色为“蓝色”，结束颜色为“绿色”。

（5）单击“形状轮廓”按钮，设置双波形形状“无轮廓”，单击“形状效果”按钮，设置双波形形状效果为“发光”，颜色为“橙色，个性色 4，深色 50%”。

（6）单击“开始”选项卡“字体”组的“字体”按钮，选择“方正姚体”，单击“字号”按钮，设置字号为 28 磅。

9.5　制作多媒体幻灯片

为了改善幻灯片在放映时的视听效果，可以在幻灯片中加入多媒体对象，如音乐、电影、动画等，从而获得满意的演示效果，增强演示文稿的感染力。

9.5.1　插入声音

可以在幻灯片中插入并播放音乐，如可插入文件中的音频、剪贴画音频和录制音频等，使得演示文稿在放映时有声有色。

1. 插入文件中的声音

可从网上下载或者自己编辑音频文件，然后通过“PC 上的音频”命令插入一个音频。

【例 9-13】在“世界动物日.pptx”中的第 1 张幻灯片中插入“Animals(Grum Remix).mp3”文件作为全部张幻灯片的背景音乐，放映时隐藏图标。

【操作步骤】

（1）启动 PowerPoint 后，打开“世界动物日.pptx”演示文稿，并选中第 1 张幻灯片。

（2）单击“媒体”组中的“音频”按钮，在弹出下拉列表框中执行“PC 上的音频”命令，出现“插入音频”对话框，如图 9-48 所示。

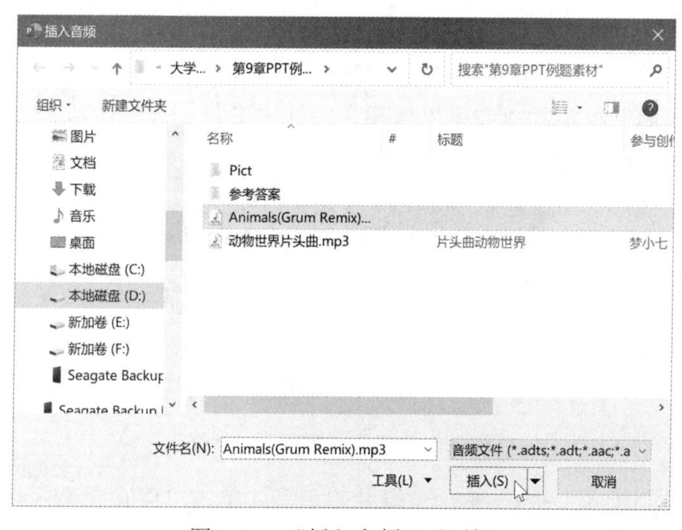

图 9-48　“插入音频”对话框

（3）选中要插入的声音文件，如“Animals(Grum Remix).mp3”。单击“插入”按钮，将此音乐文件插入到第 1 张幻灯片之中，如图 9-49 所示。

（4）打开“音频工具 | 播放”选项卡中的“音频选项”组，在“开始”列表框中选择“自动”，勾选“放映时隐藏”“跨幻灯片拖放”和“循环播放，直到停止”3 个选项。

图 9-49　插入音频后的幻灯片

（5）按 F5 键，幻灯片从头开始播放，试听一下背景音乐的播放效果。

说明：在出现的声音列表框中双击要插入的声音文件图标，将其插入到当前幻灯片，这时在幻灯片中可以看到声音图标，同时出现开始播放声音导航条。

打开“音频工具 | 播放”选项卡，如图 9-50 所示。利用该选项卡中提供的音频处理命令可对音频进行“淡化持续时间”加工，设置“音量”大小，进行“剪辑音频”处理，“开始”播放时间的确定，是否循环播放、幻灯片放映时是否隐藏等设置。

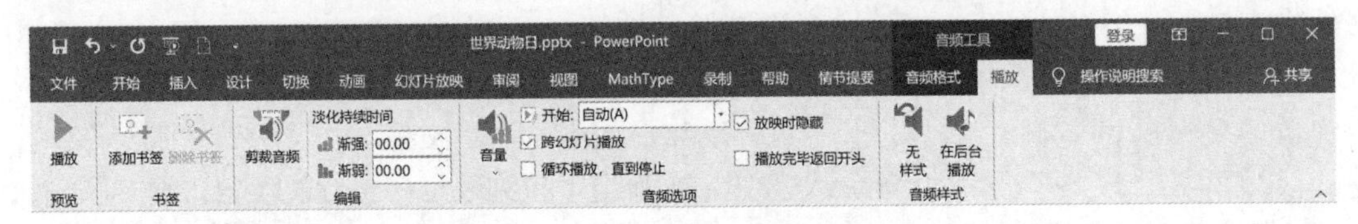

图 9-50　音频工具的“播放”选项卡

2. 录制音频

在幻灯片中也可插入一段用户自己录制的音频，方法如下。

（1）单击“媒体”组中的“音频”按钮，在弹出下拉列表框中执行“录制音频”命令，出现“录制声音”对话框，如图 9-51 所示。

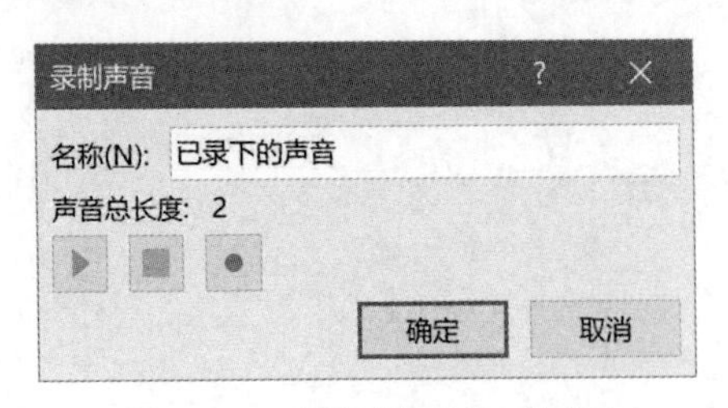

图 9-51　“录制声音”对话框

（2）单击“开始录音”按钮，系统开始录音。单击“停止录音”按钮，停止录音。单击“播放录音”按钮，可以试听。单击“确定”按钮，将录制的音频插入到幻灯片之中。

9.5.2　插入影片

用户不仅可以在幻灯片中添加图片、图表和组织结构图等静止的图像，还可以在幻灯片中添加视频对象，如影片等。视频可以来自于“剪贴画视频”“文件中的视频”和“来自网站的视频”。

其中，插入“剪贴画视频”的方法与插入“剪贴画音频”的方法基本相同，本书不再细述。而插入“来自网站的视频”，则让用户可以从 PowerPoint 演示文稿链接至使用嵌入代码的 YouTube、Hulu 等网站上的视频。尽管大多数包含视频的网站都包括嵌入代码，但是嵌入代码的位置各有不同，具体取决于每个网站，并且某些视频不含嵌入代码，因此用户可能无法进行实际链接。

本节只介绍“文件中的视频”的插入和使用方法。

如果在幻灯片中插入“文件中的视频”，可以按照下面的步骤进行操作。

（1）在普通视图中选定要插入影片的幻灯片。

（2）单击“插入”选项卡“媒体”组中的“视频”按钮，在其展开的命令列表框中执行“文件中的视频”命令，弹出“插入视频文件”对话框，从中选择要插入的视频，并将其插入到当前幻灯片中。

（3）视频插入后，出现视频工具“格式”与“播放”选项卡，其“播放”选项卡与图 9-50 所示的音频工具的“播放”选项卡一样，其使用方法也相同。

【例 9-14】对“世界动物日.pptx”演示文稿完成以下操作。

（1）在演示文稿的最后，复制第 6 张幻灯片，将新幻灯片的文本内容删除。

（2）在第 9 张幻灯片的内容占位符中插入视频“动物相册.wmv”，并使用“图片 1.jpg”作为视频剪辑的预览图像。

（3）为视频画面设置“强烈丨棱台矩形”播放图像框架。

【操作步骤】

（1）启动 PowerPoint 后，打开“世界动物日.pptx”演示文稿，并选中第 6 张幻灯片。

（2）右击第 6 张幻灯片，执行快捷菜单中的“复制幻灯片”命令，然后将插入的第 7 张幻灯片拖动移至演示文稿的最后，成为第 9 张幻灯片。

（3）在“幻灯片缩览”窗格中选中第 8 张幻灯片，并复制第 8 张幻灯片中的“标题占位符”的文本内容，将其粘贴到第 9 张幻灯片“标题占位符”文本框中。

（4）单击第 9 张幻灯片“内容占位符”文本框中的“插入视频文件”按钮，弹出“插入视频文件”对话框，从中选择要插入的视频，本例为“动物相册.wmv”并将其插入到当前幻灯片中。

（5）选择刚才插入的视频对象，打开“视频工具丨视频格式”选项卡。单击“调整”组中的“海报框架”按钮，在弹出的命令列表框中执行“文件中的图像”命令，打开“插入图片”对话框，从中选择“图片 1.jpg”作为向观众提供视频的预览图像。

（6）单击“视频样式”组中的一种样式，如“强烈”组中的“棱台矩形”，为视频画面设置一个播放图像框架，如图 9-52 所示。

（7）打开“视频工具丨播放”选项卡中的“视频选项”组，在“开始”列表框中选择“单击时”。

（8）按 Shift+F5 组合键，单击幻灯片中的视频图像，视频（动画）开始播放，试着观看一下视频（动画）的播放效果。

用户还可以使用“插入”选项卡“媒体”组中的“屏幕录制”按钮，进行屏幕录制，然后将此录屏内容插入到当前幻灯片中，此功能非常适合制作教学中的实际操作过程。

图 9-52　插入视频文件并设置预览图像和框架的幻灯片

9.6　设置动画与超链接

9.6.1　设置动画效果

可以在幻灯片上为文本、插入的图片、表格、图表等对象设置动画效果，这样就可以提高演示的趣味性，达到突出重点，控制信息流程的目的。在设计动画时，有两种不同的动画设计：一是幻灯片内的动画，二是幻灯片间的动画。

1. 幻灯片内的动画设置

幻灯片内的动画设计是指在演示一张幻灯片时，随着演示的进展，逐步显示片内不同层次、对象的内容。比如首先显示的是第一层次的内容标题，然后一条一条显示正文。这时可以用不同的切换方法，如飞入法、展开法、升起法来显示下一层内容，这种方法称为幻灯片内的动画。

设置幻灯片内的动画效果可以在“幻灯片编辑”窗口进行。

可以利用“动画”选项卡中各项命令设置动画效果。在 PowerPoint 2016 中有以下 4 种不同类型的动画效果。

- “进入”效果：可以使对象逐渐淡入焦点、从边缘飞入幻灯片或者跳入视图中，“进入”效果动画的图标为绿色五角星★。
- “强调”效果：强调效果包括使对象缩小或放大、变换颜色或沿着其中心旋转等。“强调”效果动画的图标为黄色五角星★。
- “退出”效果：包括使对象飞出幻灯片、从视图中消失或者从幻灯片中旋出，“退出”效果动画的图标为橙色五角星★。
- “动作路径”效果：使用动作路径效果可以使对象上下移动、左右移动或者沿着星形或圆形或线条、路径移动（与其他效果一起）。“动作路径”效果动画的图标为灰色带红绿 2 点的五角星☆。

可以单独使用任何一种动画，也可以将多种效果组合在一起，例如，可以对某个形状如十字星和一行文字应用“轮子”进入效果及“放大/缩小”强调效果，使文本在出现的同时逐渐放大。

可以利用“动画”命令来定义幻灯片中各对象所呈显的动画，方法有如下两种。

（1）利用“动画”选项卡的“动画”列表框设计动画。

操作步骤如下。

1）在某幻灯片中选择要设置动画的对象。

2）打开“动画”选项卡，如图 9-53 所示。

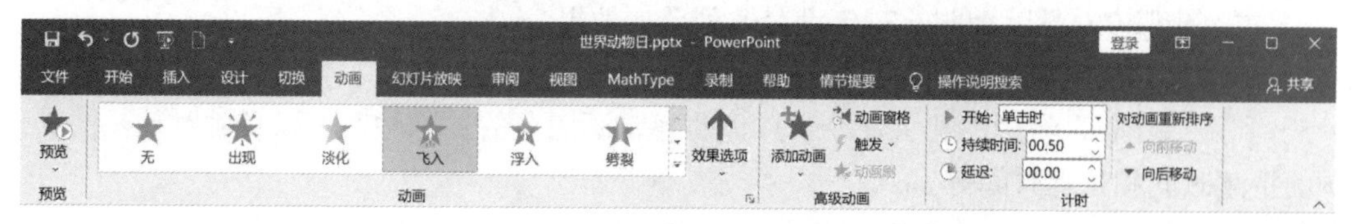

图 9-53　“动画”选项卡

3）在“动画”组中单击动画列表框中的一种动画方案（默认为进入效果）。如果要应用其他动画效果，可单击动画列表框右侧的下拉列表按钮，弹出“动画”列表框，如图 9-54 所示。

注意：这种添加动画的方法只能是单一的，即只能使用一种动画。如果要对同一对象应用多种动画，则需使用“高级动画”组中的“添加动画”按钮，从中可以为同一对象添加多种动画方案，如图 9-55 所示。若需要某类型的更多效果，可执行“更多进入/强调/退出效果”“其他动作路径”命令，在弹出的“效果”对话框中选取某种效果即可。

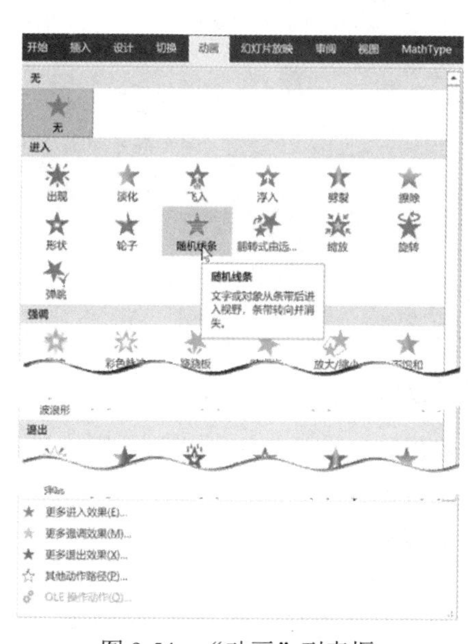

图 9-54　“动画”列表框

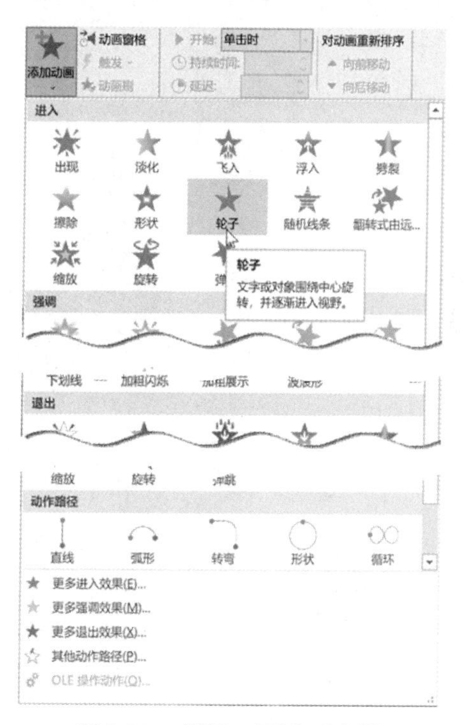

图 9-55　“添加动画”列表框

4）单击“效果选项”按钮，在弹出的列表框中选中一种效果。

5）利用“计时”组中的相关命令可以调整各动画对象的显示顺序，以及触发动画的动作、动画的持续时间和延迟时间等。

（2）利用“高级动画”组的有关命令设置动画。

1）在某幻灯片中选择要设置动画的对象。

2）单击“高级动画”组中的“添加动画”按钮，在弹出的列表框中选择一种效果，如图9-55 所示。

3）重复步骤 2）可以为同一对象设置多种叠加效果。

4）单击“效果选项”按钮，在弹出的列表框中选中一种效果。

5）利用“计时”组中的相关命令可以调整各动画对象的显示顺序，以及触发动画的动作、动画的持续时间和延迟时间等。

使用“动画刷”按钮 动画刷 可以为其他动画对象设置一个相同的动作。

此外，还可为动画对象设置触发器功能。在幻灯片放映期间，使用触发器可以在单击幻灯片上的对象或者播放视频的特定部分时，显示动画效果。

2. 查看幻灯片上的动画列表

当用户将幻灯片中的动画对象设置成功后，单击“高级动画”组中的“动画窗格”按钮 动画窗格，在幻灯片编辑窗格的右侧打开“动画窗格”任务窗格，如图 9-56 所示。

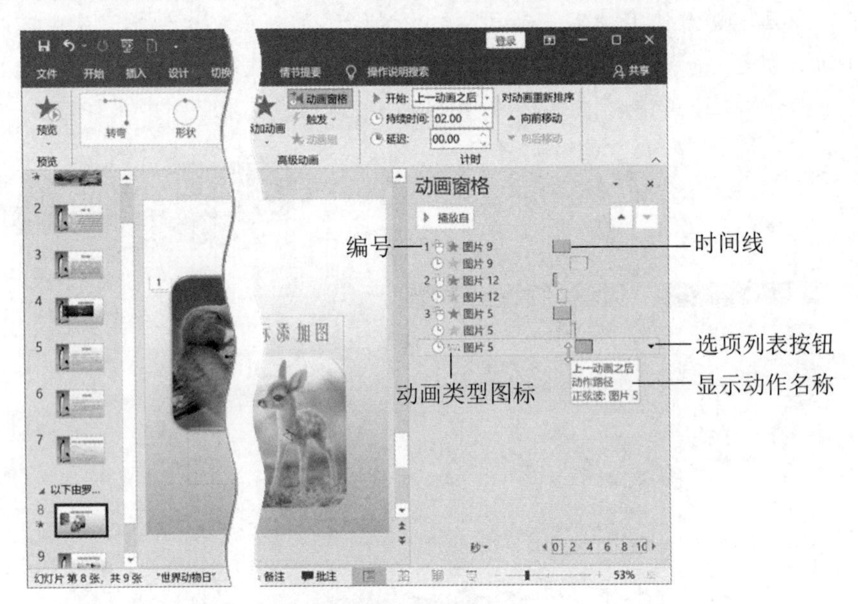

图 9-56 “动画窗格”任务窗格

“动画窗格”任务窗格中显示有关动画效果的重要信息，如效果的类型、多个动画效果之间的相对顺序、受影响对象的名称以及效果的持续时间。

将鼠标指针停留在某个动画上，可显示该动作的名称。

“动画窗格”任务窗格主要由以下几部分组成。

（1）编号。表示动画效果的播放顺序，该编号与幻灯片上显示的不可打印的编号标记相对应。

（2）时间线。代表效果的持续时间，是一个根据不同动画类型显示颜色（如淡黄色）的长方块。

（3）动画类型图标。代表动画效果的类型，如“〜”表示动作路径。

（4）选项列表按钮。在“动画窗格”任务窗格中单击选中的动画项目后，光标置于项目右侧的下拉箭头▾，单击该图标即可显示相应菜单，如图 9-57 所示。

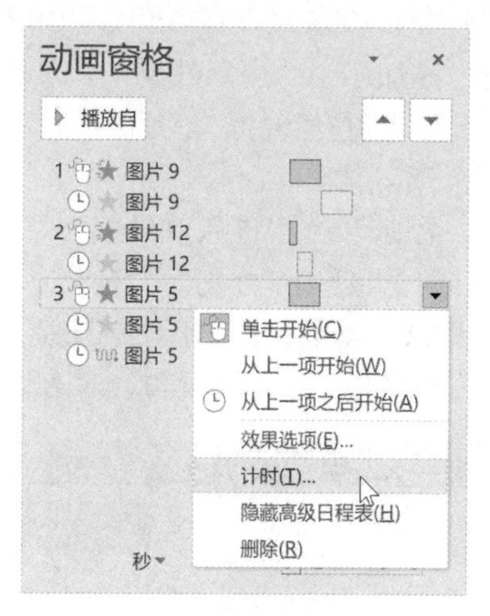

图 9-57　动画效果开始计时选项

（5）动画效果开始计时图标。在图 9-57 中，动画效果开始计时图标有如下 3 种。

- “单击开始（鼠标图标）”：动画效果在用户单击时开始。
- “从上一项开始（无图标）”：动画效果开始播放的时间与列表中上一个效果的时间相同。此设置在同一时间组合多个效果，等效于“计时”组中的“开始”列表中的“与上一动画同时”。
- “从上项之后开始（时钟图标）”：动画效果在列表中上一个效果完成播放后立即开始播放。

【例 9-15】对“世界动物日.pptx”演示文稿完成以下操作。

（1）在第 1 张幻灯片中对【例 9-13】插入的声音进行“淡入”和“淡出”设置，时间分别为“00.75”和“00.25”。

（2）分别对标题添加动画为“上浮”，形状设置为“挥鞭式”动画，标题和形状动画“开始”“持续时间”“延迟”分别为“与上一动画之后”“01.50”和“00.00”。

（3）对第 3 张幻灯片左侧文字内容和右侧的图片添加“淡化”进入动画效果，并设置在放映时左侧文字内容首先自动出现，在该动画播放完毕且延迟 1 秒钟后，右侧图片再自动出现。

（4）对第 7 张幻灯片进行动画设计：适当调整图表的大小和位置，设置图表与标题占位符左边缘对齐；为图表添加擦除动画，方向为自左侧，要求图表背景无动画，第 1 个数据系列在单击时出现，其他两个数据系列在上一动画之后出现。

（5）对第 8 张幻灯片的 3 张图片，分别设置如下动画。

1）第 1 张图片：先以“轮子”的方式进入，随后再以“陀螺旋”的方式进行强调。

2）第 2 张图片：在上一图片动画之后，自动以“随机线条”的方式进入，随后再以“闪烁”的方式进行强调。

3）第 3 张图片：在上一图片动画之后，自动以“弹跳”的方式进入，随后再以“脉冲”的方式进行强调，然后再以“正弦波”的方式进入指定的位置。

【操作步骤】

（1）启动 PowerPoint 后，打开“世界动物日.pptx”演示文稿，并选中第 1 张幻灯片。

（2）单击“声音”图标，打开“音频工具 | 播放”选项卡，在“编辑”组中的“淡化持续时间”栏里分别设置“渐强”为“00.75”，“渐弱”为“00.25”。

（3）选定“标题”占位符，添加一个“进入效果”为“浮入”，效果为“上浮”，在“动画”选项卡的“计时”组设置“开始”“持续时间”“延迟”分别为“与上一动画之后”“01.50”和“00.00”。

（4）选定“双波形”形状，添加一个“进入效果”为“挥鞭式”，在“动画”选项卡的“计时”组设置“开始”“持续时间”“延迟”分别为“与上一动画之后”“01.50”和“00.00”。

在“动画窗格”中右击“挥鞭式”动画行，在弹出的快捷菜单中执行“效果选项”或“计时”命令，弹出如图 9-58 所示的“挥鞭式”的效果与计时对话框。

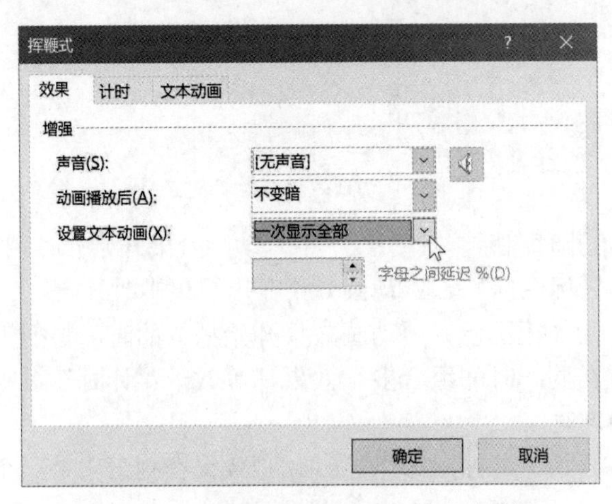

图 9-58　“挥鞭式”的效果与计时对话框

在“效果”选项卡中单击选择“设置文本动画”下拉列表中的“一次显示全部”选项，将形状与文本设置为单一动画。

（5）选中第 3 张幻灯片，在幻灯片右侧的图片占位符文本框中单击“图片”图标，弹出“插入图片”对话框，选择“图片 3.jpg”文件，单击“插入”按钮。

（6）在“大纲缩览”窗格中选中第 3 张幻灯片，然后在“幻灯片设计”窗格中选中左侧的内容本文框，单击“动画”选项卡“动画”组中的“淡化”进入效果，单击右侧的“计时”组，将“开始”设置为“上一动画之后”。再选中右侧的图片对象，单击“动画”组中的“淡化”进入效果，单击右侧的“计时”组，将“开始”设置为“上一动画之后”，将“延迟”设置为“01.00”。

（7）选中标题占位符，按住 Ctrl 键，再选中图表对象，单击“绘图工具格式”选项卡“排列”功能组中的“对齐”按钮，在下拉列表中选择“左对齐”，再适当缩小图表区。

（8）选中图表对象，单击“动画”选项卡“动画”功能组中的“擦除”动画，单击右侧的“效果选项”按钮，在下拉列表中选择“自左侧”，再单击“效果选项”按钮，在下拉列表中选择“按系列”。

单击“高级动画”功能组中的“动画窗格”按钮，在右侧出现“动画窗格”任务窗格，展开列表框中的全部内容，选中第 1 项“背景”，单击右侧的下拉箭头，在下拉列表中选择“删除”命令。

选中“系列 2”，在上方的“计时”功能组中将“开始”设置为“上一动画之后”。

使用同样的方法，将“系列 3”的“开始”设置为“上一动画之后”。

（9）选中第 8 张幻灯片，单击左侧第 1 张图片。单击“动画”选项卡“动画”组中的“其他”按钮，在“动画”列表框中单击“轮子”。单击“高级动画”组中的“添加动画”按钮，在其命令列表框中单击“陀螺旋”，随后在“计时”组中单击“开始”列表中的“上一动画之后”命令。

类似地，设置第 2 张图片自动以“随机线条”的方式进入，随后再以“闪烁”的方式进行强调。

同样地，设置第 3 张图片自动以“弹跳”的方式进入，随后再以“脉冲”的方式进行强调，然后再以“正弦波”的方式进入指定的位置。

（10）打开“幻灯片放映”选项卡，单击“开始放映幻灯片”组中的“从当前幻灯片开始”按钮，幻灯片开始播放，观察幻灯片中的动画效果。

3. 设置幻灯片间动画效果

幻灯片间的动画效果是指幻灯片放映时两张幻灯片之间切换时的动画效果，即切换动画效果。切换动画设置后，还可以控制切换效果的速度、声音，甚至可以对切换效果的属性进行自定义。

要设置幻灯片切换效果，一般在“幻灯片浏览”窗口进行，操作步骤如下。

（1）选择要进行切换效果的连续多张或不连续的幻灯片。

（2）单击打开“切换”选项卡，如图 9-59 所示。

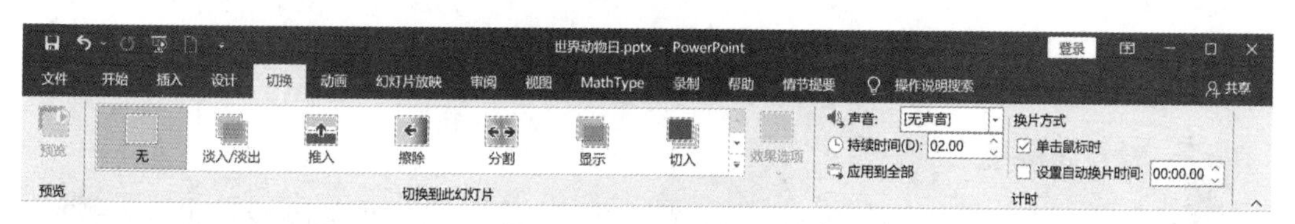

图 9-59　“切换”选项卡

（3）在“切换到此幻灯片”组中单击要应用于该幻灯片的幻灯片切换效果。如要查看更多的切换效果，可单击切换效果列表右侧的下拉列表按钮。

（4）使用“计时”组中的相关命令按钮，可对幻灯片切换效果进行调整。

- “声音”列表框。在此框中可选择幻灯片切换时出现的声音，如“风铃”声。
- “持续时间”框。在此框中可以设置幻灯片切换时所持续的时间（以秒为单位）。
- “换片方式”选项。换片方式有两种，一种是鼠标单击换片，另一种是间隔一定的时间自动换片，可以根据需要选择一种合适当前演示文稿的换片方式。
- “应用到全部”按钮。单击此按钮可将选定的切换效果应用于当前演示文稿中的所有幻灯片。

【例 9-16】 对“世界动物日.pptx”演示文稿进行如下设置。

（1）将整个演示文稿分成 4 节，具体内容如表 9-1 所示。

表 9-1 演示文稿的 4 节内容

节名	包含幻灯片数
首页	第 1 张幻灯片
纪念内容	第 2～6 张幻灯片
保护成果	第 7 张幻灯片
最好的朋友	第 8～9 张幻灯片

（2）第 1 节：幻灯片切换效果为“时钟”，持续时间为“1.50”，单击换片。第 2 节：幻灯片切换效果为“自右侧”的“推入”，持续时间为“1.50”。第 3 节：幻灯片切换效果为“自左侧”的“覆盖”，持续时间为“1.50”。第 4 节：幻灯片切换效果为“向左”的“剥离”，持续时间为“1.50”。

【操作步骤】

（1）启动 PowerPoint 后，打开“世界动物日.pptx”演示文稿。

（2）在“幻灯片缩览”窗格中右击第 1 张幻灯片，执行快捷菜单中的“新增节”命令，在弹出“重命名节”对话框中将节名修改为“首页”。

（3）分别在第 2 张幻灯片、第 7 张幻灯片、第 8 张幻灯片，右击并执行快捷菜单中的“新增节”命令，在弹出“重命名节”对话框中将节名分别命名为“纪念内容”“保护成果”和“最好的朋友”。

（4）单击“首页”节名，再单击“切换”选项卡“切换到此幻灯片”组中的“其他”按钮，弹出下拉列表框。浏览并单击切换效果为“时钟”，在“计时”组中的“持续时间”框中输入或调整为 1.5 秒。

同样按要求设置其他各节的切换效果和持续时间。

（5）按 Shift+F5 组合键，观察幻灯片的切换效果。

9.6.2 设置超链接

在演示文稿中添加超链接，然后利用它跳转到不同的位置。例如跳转到演示文稿的某一张幻灯片，其他演示文稿，Word 文档、Excel 电子表格、公司 Internet 地址等。

如果在幻灯片上已设置了指向一个文件的超链接，幻灯片放映时当鼠标移到下划线显示处，就会出现一个超链接标志（鼠标成小手形状），单击即可跳转到超链接设置的相应位置。

1. 创建超链接

创建超链接起点可以是任何文本或对象，代表超链接起点的文本会添加下划线，并且显示成系统配色方案指定的颜色。

激活超链接最好用单击的方法，单击即可跳转到超链接设置的相应位置。

有两种方法创建超链接，一是使用“超链接”命令，二是使用“动作按钮”。

（1）使用“创建超链接”命令。在幻灯片视图中选择代表超链接起点的文本、图片或图表等对象，使用下面 3 种方法建立超链接。

- 打开“插入”选项卡，单击“链接”组中的“超链接”按钮。
- 右击鼠标，在弹出的快捷菜单中执行“超链接”命令。
- 按 Ctrl+K 组合键。

以上 3 种方法均可打开如图 9-60 所示的“插入超链接”对话框。

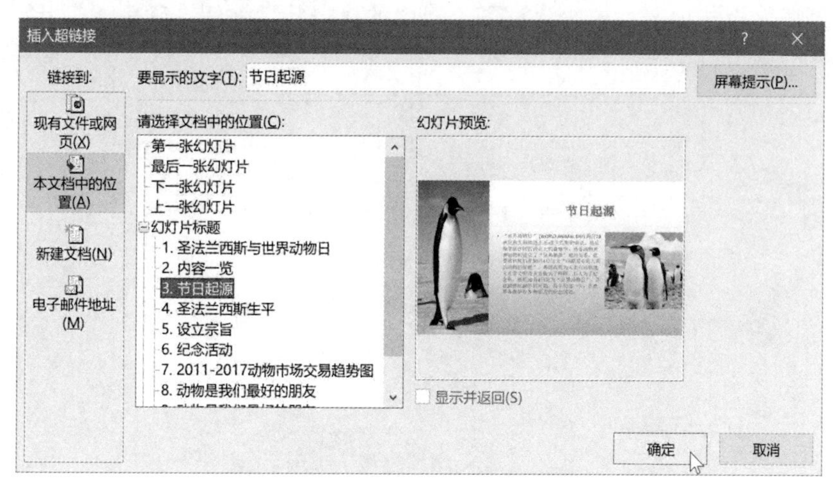

图 9-60 “插入超链接”对话框

在对话框的左侧有 4 个按钮：“现有文件或网页”“本文档中的位置”“新建文档”和“电子邮件地址”可链接到不同位置的对象，右侧在按下不同按钮时会出现不同的内容。

单击“链接到”框中的“现有文件或网页”按钮，然后在“查找范围”栏中可以选择一个子范围，如“当前文件夹”。用户可在文件列表框中选择或直接在“地址”文本框中输入要链接文件的名称，如“动物相册.wmv”；在“要显示的文字”文本框中输入显示的文字，如“动物相册”，则可替代原有的文本；单击“屏幕提示”按钮，可输入在超链接处显示的文本，如“播放动画视频”。最后单击“确定”按钮，超链接设置完毕。

带有超链接的幻灯片在播放时出现的界面如图 9-61 所示。

图 9-61 “插入超链接”的幻灯片

（2）使用“动作”命令或“动作按钮”形状建立超链接。

有以下 2 种方法建立动作超链接。

- 使用“动作”按钮。打开“插入”选项卡，单击“链接”组中的“动作”按钮。

- 使用“动作按钮”形状。利用“动作按钮”形状也可以创建超链接，操作方法是打开“插入”选项卡，单击“插图”组中的“形状”按钮，弹出“形状”列表框，如图 9-62 所示。

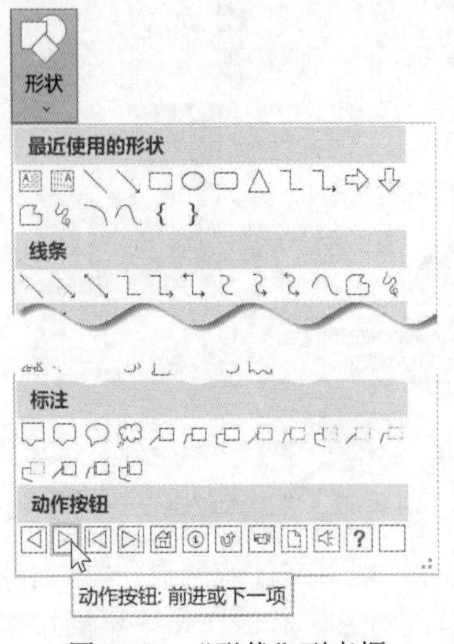

图 9-62 “形状”列表框

在“动作按钮”项目栏中的某个所需要的按钮形状上单击，鼠标变为十。在幻灯片按下鼠标左键不放，拖动鼠标画出一个形状，如▶。使用以上两种方法之一后，系统弹出如图 9-63 所示的“操作设置”对话框。

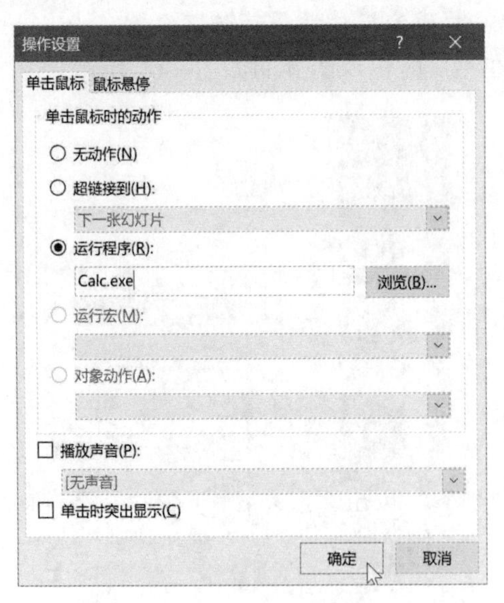

图 9-63 “操作设置”对话框

在图 9-65 中，“单击鼠标”选项卡设置单击鼠标启动转跳，“鼠标悬停”选项卡设置悬停鼠标启动转跳，“超链接到”选项可以在列表框中选择跳转的位置。

2. 编辑和删除超链接或动作

如果要更改超链接或动作的内容，可以对超链接或动作进行编辑与更改。

编辑超链接的方法是：指向或选定需要编辑超链接的对象，按 Ctrl+K 组合键（或右击，执行快捷菜单中的“编辑链接”命令），显示“编辑超链接”对话框或“操作设置”对话框，改变超链接的位置或内容即可。

删除超链接或动作操作方法同上，只需在“编辑超链接”对话框中选择“删除链接”命令按钮或在“操作设置”对话框中选择“无动作”选项即可。要删除超链接，也可以右击，在弹出的快捷菜单中选择“删除链接”命令。

【例 9-17】在“世界动物日.pptx”的第 2 张幻灯片中完成如下操作。

（1）为 SmartArt 图形中包含文字内容的 5 个形状分别建立超链接，链接到后面对应内容的幻灯片，注意最后一个形状链接到第 8 张幻灯片。

（2）删除“世界动物日.pptx”所有幻灯片母版中的“页脚占位符”和“日期占位符”，将“页码占位符”居中。为“世界动物日.pptx”所有母版上添加一个右箭头形状，为右箭头形状添加一个单击切换到下一张幻灯片的动作。

【操作步骤】

（1）启动 PowerPoint 后，打开“世界动物日.pptx”演示文稿。

（2）在第 2 张幻灯片中选中 SmartArt 对象中的第 1 个形状（不是文本）右击鼠标，在弹出的快捷菜单中选择“超链接”，弹出“插入超链接”对话框，选择左侧的“本文档中的位置”，在右侧选中相应的链接目标，单击“确定”按钮。

（3）按照上述方法，为其余 4 个形状（不是文本）添加相应的超链接。

（4）打开“视图”选项卡，在“母版视图”组中单击“幻灯片母版”按钮，打开幻灯片母版视图窗口。

（5）选中最上面的幻灯片母版视图，在右侧幻灯片母版设计窗格中选中“页脚占位符”和“日期占位符”，按 Delete 将其删除，选中“页码占位符”，单击“绘图工具 | 形状格式”选项卡“排列”组中的“对齐”按钮，执行下拉列表中的“居中对齐”命令。

（6）单击“插入”选项卡“插图”组中的“形状”按钮，找到右箭头形状⇨，在幻灯母版的右下角绘制一个箭头形状。

（7）右击箭头形状，执行快捷菜单中的“编辑文字”命令，输入文本“GO”。

（8）适当调整箭头形状的大小和位置，打开“插入”选项卡，单击“链接”组中的“动作”按钮，打开如图 9-63 所示的“操作设置”对话框。

（9）在“单击鼠标”选项卡中选择“超链接到”选项，并在下面的列表框中选择“下一张幻灯片”。单击“确定”按钮，动作设置完成。

（10）将同样的操作应用到幻灯片母版下方的所有幻灯片母版。

（11）单击“关闭母版视图”按钮，按 Shift+F5 组合键，播放演示文稿。单击右箭头图标，观察幻灯片播放的动作。

9.7　演示文稿的放映

演示文稿创建后，用户可以根据使用者的不同，设置不同的放映方式。

9.7.1 设置放映方式

打开“幻灯片放映”选项卡，单击“设置”组中的“设置幻灯片放映”按钮（或在按 Shift 键的同时，单击状态行右侧的“幻灯片放映”按钮），就可以看到“设置放映方式”对话框，如图 9-64 所示。

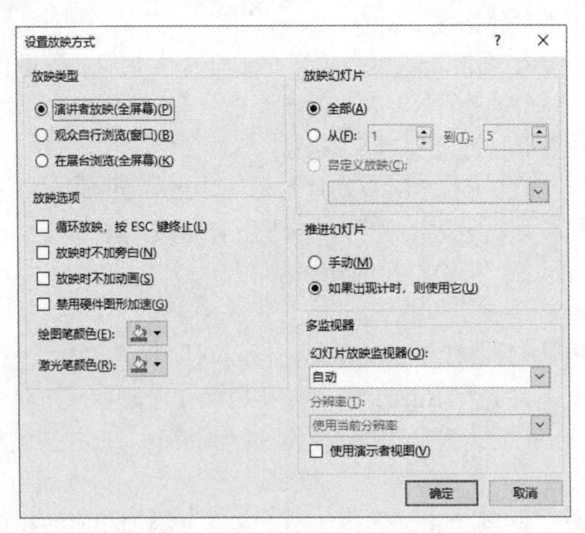

图 9-64 “设置放映方式”对话框

在对话框的“放映类型”栏中有 3 个单选按钮，它决定了放映的方式。

（1）演讲者放映（全屏幕）。以全屏幕形式显示，在幻灯片放映时可单击、按 N 键、Enter 键、PgDn 键或→、↓键顺序播放，要回到上一个画面可按 P 键、PgUp 键或←、↑键。也可在放映时右击或按 F1 键，在弹出的如图 9-65 左图所示的菜单中选择相应的命令，如选择“帮助”，屏幕将显示如图 9-65 右图所示的画面。

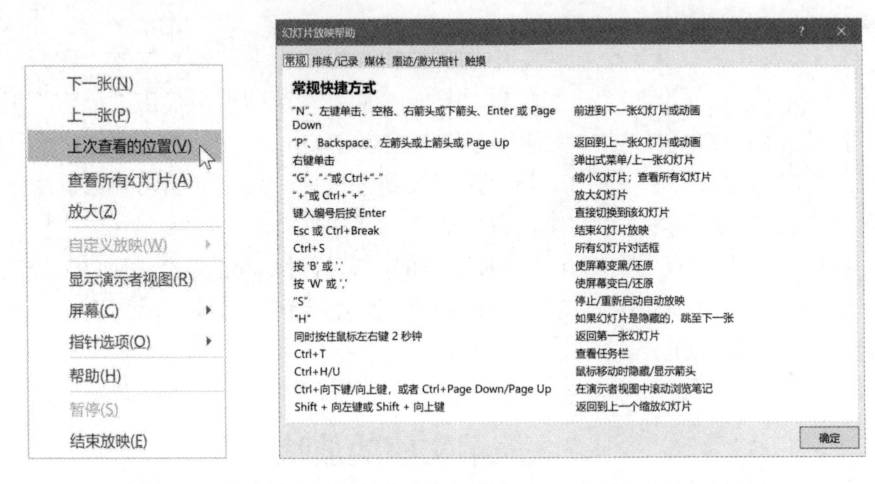

图 9-65 放映时右击鼠标出现的菜单和按 F1 键出现的帮助选项

按 Ctrl+P 组合键和 Ctrl+A 组合键可显示或隐藏绘图笔，供用户用绘图笔进行涂画，按 E 键可清除屏幕上的绘图。

（2）观众自行浏览（窗口）。以窗口形式显示，用户可以利用状态行右侧的“上一张”、“下一张”或“菜单”按钮，显示所需的幻灯片。也可以在屏幕上右击鼠标，利用弹出的快捷菜单中的“复制幻灯片”命令将当前幻灯片图像复制到 Windows 的剪贴板上，或定位于某张幻灯片，也可以通过快捷菜单中的“打印预览和打印”命令打印幻灯片。

（3）在展台浏览（全屏幕）。以全屏形式在展台上做演示用。在放映前，一般先利用“幻灯片放映”选项卡“设置”组中的“排练计时”命令将每张幻灯片放映的时间规定好，在放映过程中，除了保留鼠标指针用于选择屏幕对象外，其余功能全部失效（中止放映时需按 Esc 键）。

在“放映幻灯片”选项框提供了幻灯片放映的范围：全部、部分、自定义幻灯片。其中自定义放映是通过“幻灯片放映”选项卡中的“自定义幻灯片放映”命令，逻辑地组织演示文稿中的某些幻灯片以某种顺序组成，并以一个自定义放映名称命名，然后在“放映幻灯片”选项框中选择自定义放映的名称，即可仅放映该组幻灯片。

“推进幻灯片”选项框供用户选择换片方式是手动还是自动。

若选中“循环放映，按 ESC 键终止”，可使演示文稿自动放映，一般用于在展台上自动重复放映演示文稿。

9.7.2 自定义放映

针对不同场合和不同观众，演示文稿播放的内容也不相同，可通过自定义放映来实现这种播放要求。使用自定义放映不但能够选择性地放映演示文稿的部分幻灯片，还可以根据需要调整幻灯片的播放顺序，而不改变原演示文稿内容和顺序。

创建自定义放映的方法如下。

（1）打开要创建自定义放映的演示文稿。

（2）打开“幻灯片放映”选项卡，单击“开始放映幻灯片”组中的“自定义幻灯片放映”按钮。在弹出的“自定义幻灯片放映”列表框中执行“自定义放映”命令，系统弹出如图 9-66 所示的“自定义放映”对话框。

图 9-66 “自定义放映”对话框

（3）单击对话框中的“新建”按钮，显示如图 9-67 所示的“定义自定义放映”对话框。

（4）在“幻灯片名称”文本框中输入自定义放映的名称，如“放映 1”。

（5）在“在演示文稿中的幻灯片”列表框中勾选要添加到自定义放映幻灯片的一个或一组幻灯片，单击“添加”按钮。

（6）如果要改变自定义放映中幻灯片的顺序，可在“在自定义放映中的幻灯片”列表框中选定要改变顺序的幻灯片，单击“上移”按钮 ↑ 向上(U) 或“下移”按钮 ↓ 向下(D)。也可以单击“删除”按钮，删除在自定义放映中的幻灯片。

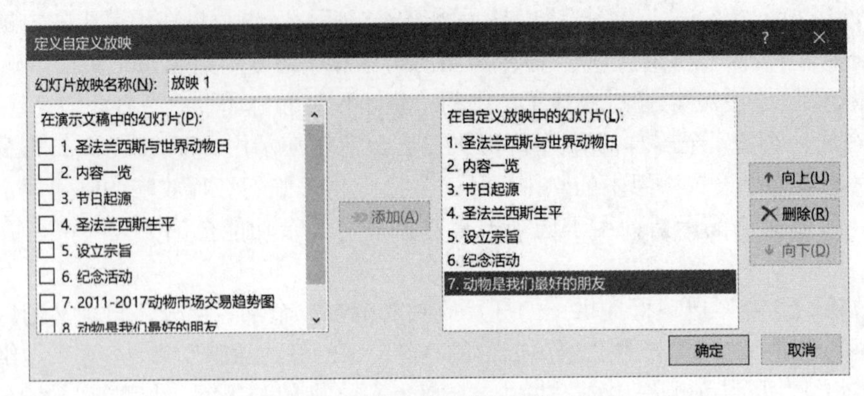

图 9-67 “定义自定义放映”对话框

（7）单击“确定”按钮，自定义放映设置完成。

9.7.3 幻灯片的放映

1. 幻灯片的放映

演示文稿制作完成后，或在制作过程中，PowerPoint 随时都可以进入幻灯片放映视图，用于查看幻灯片的演示效果。进入幻灯片放映的方法有以下几种。

- 按 F5 键，演示文稿总是从第 1 张幻灯片开始播放。
- 打开“幻灯片放映”选项卡，单击“开始放映幻灯片”组中的“开头开始”按钮，演示文稿从第 1 张幻灯片开始播放。此方法与按 F5 键的放映方式相同。
- 单击幻灯片编辑窗口右下角的“幻灯片放映”按钮，从当前幻灯片播放。

按 Shift+F5 组合键，或打开“幻灯片放映”选项卡，单击“开始放映幻灯片”组中的“从当前幻灯片开始”按钮，也可以从当前幻灯片放映。

在放映时，演讲者通过鼠标指针为听众指出幻灯片重点内容，也可通过在屏幕上画线或加入文字的方法增强表达效果，如图 9-68 所示。

图 9-68 在幻灯片放映时添加笔迹

打开演讲者所使用的“笔”的方法是：右击鼠标，在弹出的快捷菜单中执行“指针选项”下拉菜单中的“笔”命令，如果不满意“笔”的颜色，可在“墨迹颜色”菜单中选择一种颜色，如图 9-69 所示。

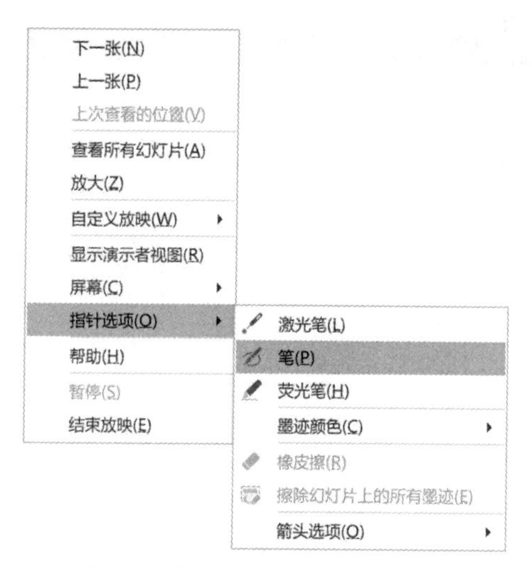

图 9-69　幻灯片放映时的快捷菜单

按 Esc 键，结束放映屏幕，回到原来幻灯片所在状态。

2. 放映自定义放映

创建好自定义放映幻灯片后，就可以对其进行放映了，方法如下。

（1）打开用于创建自定义放映的演示文稿。

（2）打开“幻灯片放映”选项卡，单击“开始放映幻灯片”组中的“自定义幻灯片放映”按钮。在弹出的“自定义幻灯片放映”列表框中选择执行自定义幻灯片放映的名称，即可放映。

【例 9-18】在“世界动物日.pptx”演示文稿中完成如下操作。

（1）在第 1 张幻灯片“备注”窗格中添加文本内容“这是一个介绍‘世界动物日’的演讲稿”。

（2）在第 1 张幻灯片中添加一个批注，内容为“圣方济各又称圣法兰西斯”。

（3）除标题幻灯片外，其他幻灯片的页脚均包含幻灯片编号。

（4）设置演示文稿放映方式为“循环放映，按 ESC 键终止”，换片方式为“手动”。

（5）删除演示文档中每张幻灯片的“备注”和“批注”文字信息。

（6）在该演示文稿中创建一个演示方案，该演示方案包含第 1、2~6、9 页幻灯片，并将该演示方案命名为“放映方案 1”。

【操作步骤】

（1）打开“世界动物日.pptx”演示文稿，在第 1 张幻灯片的“备注”窗格中添加备注内容“这是一个介绍‘世界动物日’的演讲稿”，单击“插入”选项卡“批注”组中的“备注”按钮，再单击“批注任务”窗格中的“新建”按钮 新建 ，输入批注信息内容“圣方济各又称圣法兰西斯”。

（2）单击“快速访问工具栏”中的“保存”按钮，保存演示文稿。

（3）单击“插入”选项卡“文本”组中的“页眉和页脚”按钮，在弹出的“页眉和页脚”对话框中勾选“幻灯片编号”复选框和“标题幻灯片中不显示”复选框，单击“全部应用”按钮，如图 9-70 所示。

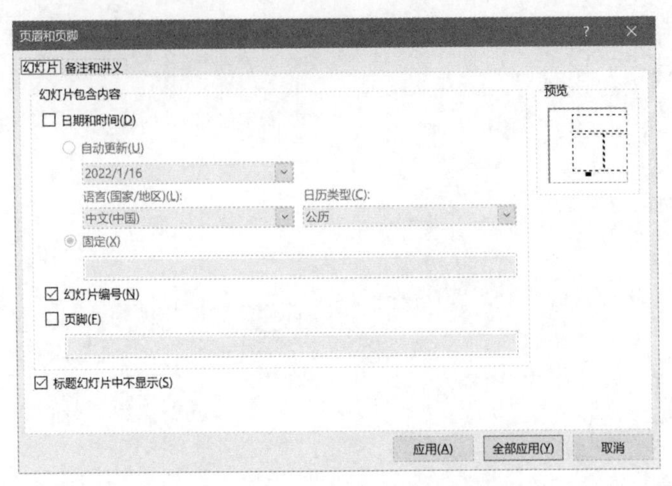

图 9-70　“页眉和页脚”对话框

（4）单击“幻灯片放映”选项“设置”组中的“设置幻灯片放映”按钮，弹出“设置放映方式”对话框，如图 9-64 所示。在“放映选项”组中勾选“循环放映，按 ESC 键终止”复选框，将“推进幻灯片”设置为“手动”，单击“确定”按钮。

（5）单击“文件”选项卡“信息”中的“检查问题”下拉按钮，如图 9-71 所示，在弹出的选项命令列表中选择“检查文档”。在弹出“提示保存”对话框中单击“是”按钮，弹出“文档检查器”对话框，确认勾选“演示文稿备注”复选框，单击“检查”按钮，如图 9-72 所示。

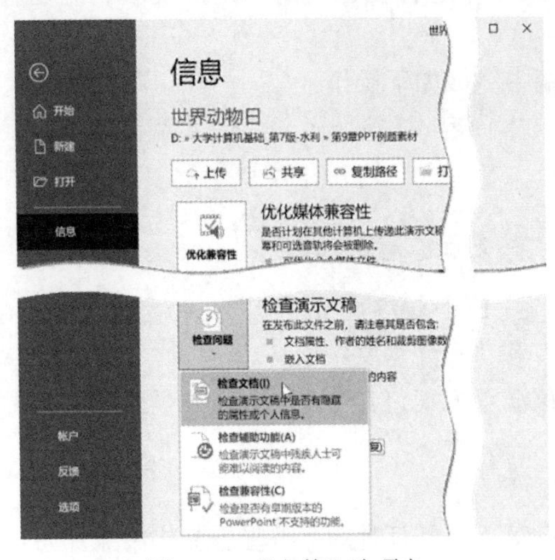

图 9-71　“文件”选项卡

图 9-72　“文档检查器”对话框

（6）稍候，系统再次出现“文档检查器”对话框，如图 9-73 所示。在“审阅检查结果”中单击“批注”和“演示文稿备注”对应的“全部删除”按钮，即可删除全部备注文字信息，单击“关闭”按钮。如自动检查不到备注信息，可手动在幻灯片最下方一页页删除。

图 9-73　检查文档后的“文档检查器”对话框

（7）依据题意，创建一个包含第 1、2～6、9 页幻灯片的演示方案。在“幻灯片放映”选项卡的“开始放映幻灯片”组中单击“自定义幻灯片放映”下三角按钮，选择“自定义放映”命令，弹出如图 9-66 所示的“自定义放映”对话框。

（8）单击“新建”按钮，弹出如图 9-67 所示的“定义自定义放映”对话框。在“在演示文稿中的幻灯片”列表框中选择“1. 圣法兰西斯与世界动物日”，然后单击“添加”命令即可将幻灯片 1 添加到“在自定义放映中的幻灯片”列表框中。

（9）按照同样的方法分别将幻灯片 2～6、9 添加到右侧的列表框中。

（10）在图 9-67 左上角的“幻灯片放映名称”文本框中输入“放映方案 1”，单击“确定”按钮返回到“自定义放映”对话框。单击“关闭”按钮后，单击“自定义幻灯片放映”命令右侧的下三角按钮，在展开的列表框中可以看到最新创建的“放映方案 1”演示方案。

（11）单击“快速访问工具栏”中的“保存”按钮，保存演示文稿。

9.8　演示文稿的打包与发布

9.8.1　演示文稿的打包

演示文稿制作完毕后，有时会在其他计算机中播放幻灯片文件，而所用计算机上未安装 PowerPoint 软件或缺少幻灯片中使用的字体等，这样就无法放映幻灯片或放映效果不佳。解决此问题的办法是将演示文稿文件打包，然后使用 PowerPoint 的播放器 PowerPointView.exe 来播放幻灯片。

演示文稿文件的发布是指广播幻灯片、更改文件类型（如将演示文稿转换为直接放映格式）、创建 PDF/XPS 文档、创建视频等。也可以将演示文稿发布到网站中（非 SharePoint 网站）。

将已经制作完成的演示文稿打包到磁盘中的操作步骤如下。

（1）打开准备打包的演示文稿。

（2）单击“文件”选项卡，在弹出的“后台视图”中依次单击“导出”→“将演示文稿打包成 CD”→“打包成 CD”命令，弹出如图 9-74 所示的“打包成 CD”对话框。

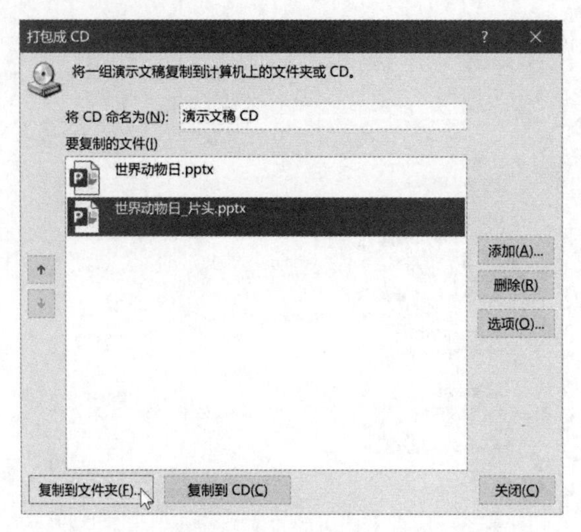

图 9-74 “打包成 CD”对话框

（3）单击“选项”按钮，打开“选项”对话框，如图 9-75 所示。从“选项”对话框中可以选择链接的文件、设置保护文件的密码等。如果选择了“嵌入的 TrueType 字体”，则可在其他计算机上显示幻灯片中使用的未安装字体。当然选择越多，生成的文件包越大。设置完成后，单击“确定”按钮返回原对话框。

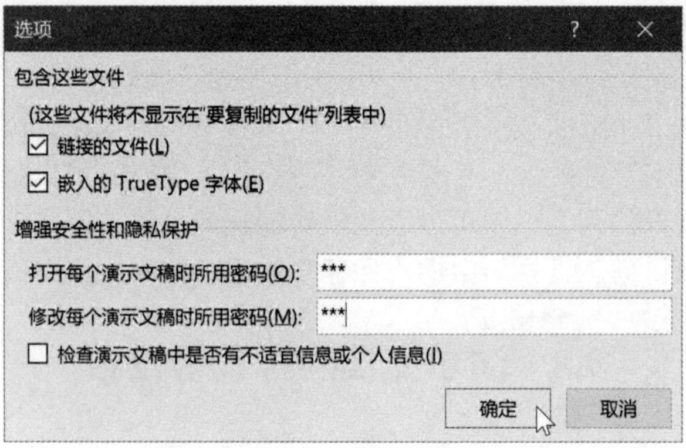

图 9-75 “选项”对话框

PowerPoint 播放器还允许在打包时加入多个演示文稿和其他文件。单击图 9-74 中的“添加”按钮，在弹出的对话框中选择要加入的文件添加即可，还可通过左边的上下箭头改变演示文稿的播放顺序等。

（4）单击“复制到文件夹”按钮，系统弹出“复制到文件夹”对话框，如图 9-76 所示。

图 9-76 “复制到文件夹”对话框

（5）单击“浏览”按钮，在弹出的“选择位置”对话框中选择一个打包文件存放的位置（文件夹），在“文件夹名称”框中输入打包后生成文件夹的名称，如“世界动物日”。

（6）单击“确定”按钮，系统弹出“提示”对话框，如图 9-77 所示。

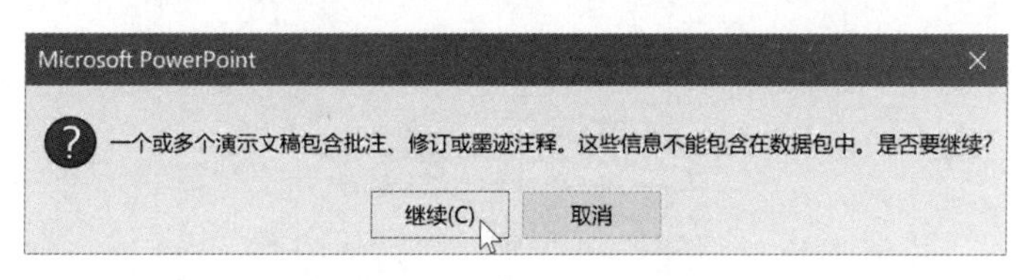

图 9-77　“提示”对话框

（7）单击“继续”按钮，系统打包演示文稿及所需要各类文件。稍候，磁盘上指定位置处将会产生一个以上面“世界动物日”命名的文件夹，里面存放着 PowerPoint 播放时所需要的全部文件，如图 9-78 所示。

图 9-78　打包后的文件夹

如果要将演示文稿复制到 CD，则单击“复制到 CD”按钮。只要将该文件夹复制到优盘或 CD 上，以后无论到哪里，不管计算机上是否安装有 PowerPoint 或需要的字体，均可正常播放幻灯片。

若演示文稿打包到 CD，则将光盘放到光驱中就会自动播放。

9.8.2　转换格式

1．将演示文稿另存为视频文件

在 PowerPoint 2016 中，可以将演示文稿另存为 Windows Media 视频（*.wmv）文件，这样就可以确保演示文稿中的动画、旁白和多媒体内容可以顺畅播放，发布时可更加放心。如果不想使用.wmv 文件格式，保存时可保存为 mp4、gif，也可以使用相关程序将文件转换为其他格式（*.avi、*.mov）等。

将演示文稿另存为视频的方法如下。

（1）启动 PowerPoint 程序，并打开要转换格式的演示文稿，录制旁白和计时并将其添加到幻灯片放映，设置自动换片时间。

（2）保存演示文稿。

（3）展开“文件”选项卡，执行“另存为”命令，打开“另存为”对话框。

（4）在“另存为”对话框中找到保存文件的位置，在“文件名”文本框输入要保存的文件名，在“保存类型”下拉列表框中选择要保存文件的类型（本例为*.wmv），如图 9-79 所示。

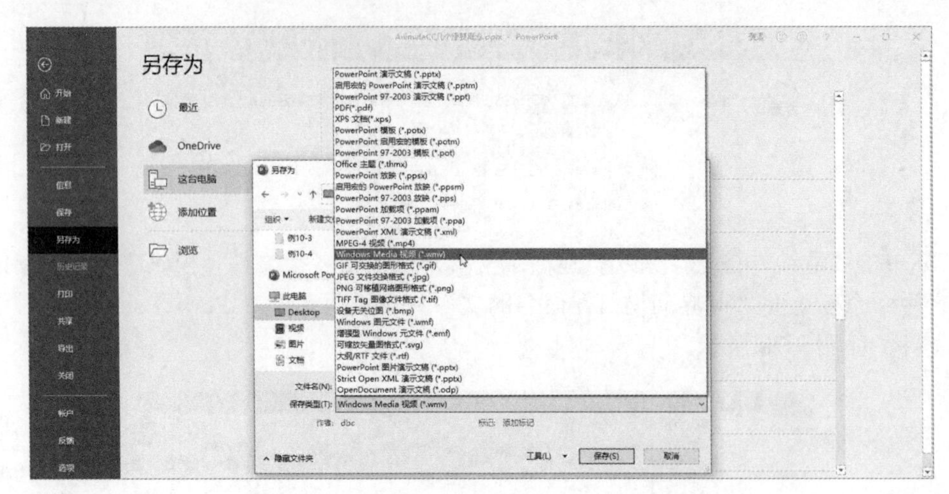

图 9-79 “文件”选项卡的“另存为”菜单

（5）单击“保存”按钮，开始创建视频文件。此时，PowerPoint 状态行中出现创建视频的进度条。

也可使用同样的方法将演示文稿保存为视频或 gif 文件。

2. *将演示文稿转换为直接放映格式*

将演示文稿转换为直接放映格式，可以在没有安装 PowerPoint 的计算机上直接放映，操作方法与保存为视频文件的过程类似，但需要在弹出的“保存类型”列表框中选择“PowerPoint 放映（*.ppsx）”，最后单击“保存”按钮，将演示文稿另存为“PowerPoint 放映（*.ppsx）”格式文件。

9.9 打印演示文稿

可以通过打印设备输出幻灯片、大纲、演讲者备注及观众讲义等多种形式的演示文稿。只是这时的文稿只能以图形和文字的形式展现演示内容。

如果要打印演示文稿中的幻灯片、讲义或大纲，可按下列步骤操作。

（1）打开“设计”选项卡，单击“自定义”组中的“幻灯片大小”按钮，执行其下拉命令列表中的“自定义幻灯片大小”命令，PowerPoint 打开如图 9-80 所示的“幻灯片大小”对话框。在该对话框中可以对幻灯片的大小、宽度、高度、幻灯片编号起始值、方向等参数进行设置。当设置好这些参数后，单击“确定”按钮。

（2）打开“文件”选项卡，并单击“打印”命令，如图 9-81 所示。

（3）打开“打印机”选项，选择用于打印的打印机。

（4）打开“设置”选项，设置被打印的幻灯片的范围。

（5）在“幻灯片”框中输入要打印幻灯片的范围，如打印第 2～4 张幻灯片，则输入 2-4。

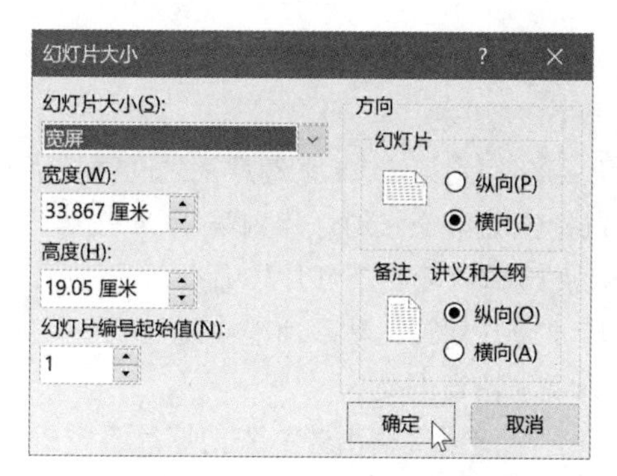

图 9-80　“幻灯片大小”对话框

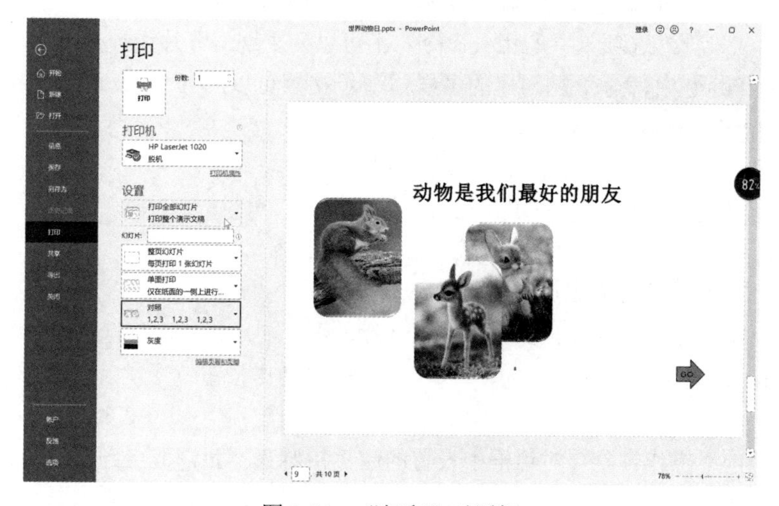

图 9-81　“打印”对话框

（6）在“打印版式”（默认为“整页幻灯片”）处可设置每页打印几张幻灯片。
（7）在“单面打印”栏中设置是单面打印还是双面打印。
（8）在“对照”栏中设置是否逐份打印幻灯片。
（9）在“灰度”栏中设置打印的颜色。
（10）调整打印的“份数”，输入要打印的份数。
（11）单击“打印”按钮，开始打印。

习题 9

一、单选题

1．下列（　　）的方式不能用于放映幻灯片。

A．按 F6 键

B．单击“幻灯片放映”选项卡中的“幻灯片放映”按钮

C．按 F5 键

D．单击幻灯片编辑窗格右下角处的“幻灯片放映”按钮

2. 在 PowerPoint 演示文稿普通视图的“幻灯片缩览”窗格中，需要将第 3 张幻灯片在其后面再复制一张，最快捷的操作方法是（　　）。

A. 用鼠标拖动第 3 张幻灯片到第 3、4 张幻灯片之间时按下 Ctrl 键并放开鼠标

B. 按下 Ctrl 键再用鼠标拖动第 3 张幻灯片到第 3、4 张幻灯片之间

C. 右击第 3 张幻灯片并选择“复制幻灯片”命令

D. 选择第 3 张幻灯片并通过复制、粘贴功能实现复制

3. 对于 PowerPoint，下列说法错误的是（　　）。

A. 在 PowerPoint 中，一个演示文稿由若干张幻灯片组成

B. 当插入一张新幻灯片时，PowerPoint 要为用户提供若干种幻灯片版式参考布局

C. 用 PowerPoint 既能创建、编辑演示文稿，又能播放演示文稿

D. 使用“设计”选项卡中的相关命令，不可以为个别幻灯片设计外观

4. 在 PowerPoint 中，对于已创建的多媒体演示文档可以用（　　）命令转移到其他未安装 PowerPoint 的机器上放映。

A.“文件 | 导出 | 将演示文稿打包成 CD”

B.“文件 | 另保存 | 创建 PDF/XPS 文档”

C. 复制与粘贴

D.“幻灯片放映 | 设置幻灯片放映”

5. 如果要从第 2 张幻灯片跳转到第 7 张幻灯片，不能使用“插入”选项卡中的（　　）。

A. SmartArt 图形　　B.“动作按钮”形状

C. 超链接　　D. 动作

6. 在幻灯片的“操作设置”对话框中设置的超链接对象不允许链接到（　　）。

A. 下一张幻灯片　　B. 一个应用程序

C. 其他演示文稿　　D. 幻灯片中的某一个对象

7. 制作 PowerPoint 幻灯片的对象可以是（　　）。

A. 文字、图形与图表　　B. 声音、动画

C. 视频影像等　　D. 以上均可以

8. 在 PowerPoint 中，“幻灯片版式”是确定幻灯片上的（　　）。

A. 组成对象的种类

B. 对象之间的相互位置关系

C. 组成对象的种类及相互位置的关系

D. 组成对象的种类、相互位置的关系以及背景图案

9. 下列操作中，不能插入新幻灯片的是（　　）。

A. 在“幻灯片缩览”窗格下右击某张幻灯片，并执行“新建幻灯片”命令

B. 单击“开始”选项卡中的“新幻灯片”命令

C. 单击“文件”选项卡中的“新建”命令

D. 按 Ctrl+M 组合键

10. 在 PowerPoint 的“幻灯片浏览”视图中，不能完成的操作是（　　）。

A. 调整个别幻灯片位置　　B. 删除个别幻灯片

C. 编辑个别幻灯片内容　　D. 复制个别幻灯片

11．PowerPoint 中，要全屏演示幻灯片，可将窗口切换到（　）。

A．普通视图　　B．幻灯片缩览窗格

C．幻灯片浏览视图　　D．幻灯片放映视图

12．在 PowerPoint 普通视图下包括“幻灯缩览”窗格、“幻灯片编辑”窗格、（　）。

A．“备注”窗格　　B．“动画”窗格

C．“幻灯片浏览”视图　　D．“幻灯片放映”视图区

13．PowerPoint 中，对文稿的背景，以下说法错误的是（　）。

A．可以对某张幻灯片的背景进行设置

B．可以对整套演示文稿的背景进行统一设置

C．可使用图片作背景

D．添加了模板的幻灯片，不能再使用“背景”命令

14．PowerPoint 中，有时需要显示一些在每页的同一位置上都出现的对象，如页码、日期等，则可以在（　）中插入这些对象。

A．视窗　　B．屏幕　　C．幻灯片　　D．母版

15．在 PowerPoint 中可以通过分节来组织演示文稿中的幻灯片，在幻灯片浏览视图中选中一节中所有幻灯片的最优方法是（　）。

A．单击节名称即可

B．按下 Ctrl 键不放，依次单击节中的幻灯片

C．选择节中的第 1 张幻灯片，按下 Shift 键不放，再单击节中的末张幻灯片

D．直接拖动鼠标选择节中的所有幻灯片

16．在“幻灯片缩览”窗格中，为使某个层次的小标题右移而进入下一个层次，插入点定位后，应单击键盘上的（　）键或者使用快捷菜单中“降级”按钮。

A．Shift+F1　　B．Shift+Tab　　C．Tab　　D．F1

17．如果在幻灯片上所插入的图片盖住了先前输入的文字，则可使用图片快捷菜单中的（　）命令，来调整这些对象的放置顺序。

A．置于底层　　B．置于顶层

C．超链接　　D．设置图片格式

18．幻灯片在放映时，可以使用“指针选项”中的“笔”或”荧光笔”，可以在演示时配合讲解在幻灯片上做记号或书写临时的板书，在键盘上按下（　）键可将这些记号或板书擦除。

A．R　　B．E　　C．C　　D．W

19．在演示文稿中设置了隐藏的幻灯片，那么在打印时这些隐藏了的幻灯片（　）。

A．是否打印将根据用户的设置决定　　B．不会打印

C．将同其他幻灯片一起打印　　D．只能打印出纯黑白效果

20．要从当前幻灯片开始放映，应单击（　）按钮。

A．幻灯片切换　　B．状态栏中的“幻灯片放映”按钮

C．按 F5 键　　D．自定义幻灯片放映

21．PowerPoint 中，可以改变单个幻灯片背景的（　）。

A．颜色和底纹　　B．颜色、灰度和纹理

C．图案和字体　　D．颜色、底纹、图案和纹理

22. PowerPoint 中，不能将一个新幻灯片版式加到（　　）。

A. 一个幻灯片的一部分

B. 在幻灯片视图中的一个新的或已有的幻灯片中

C. 多个幻灯片中

D. 在大纲视图中的一个新的或已有的幻灯片中

23. PowerPoint 中的页眉可以（　　）。

A. 用作标题

B. 将文本放置在讲义打印页的顶端

C. 将文本放置在每张幻灯片的顶端

D. 将图片放置在每张幻灯片的顶端

24. 制作 PowerPoint 演示文稿时，需要将一个被其他图形完全遮盖的图片删除，最好的操作方法是（　　）。

A. 先将上层图形移走，然后选中该图片将其删除

B. 打开“选择”窗格，在对象列表中选择该图片名称后将其删除

C. 通过按 Tab 键，选中该图片后将其删除

D. 直接在幻灯片中单击选择该图片，然后将其删除

25. PowerPoint 中，不能插入幻灯片的视图是（　　）。

A. 放映视图

B. 普通视图

C. 幻灯片浏览视图

D. 幻灯片缩览窗格

26. PowerPoint 中，执行了插入新幻灯片的操作，被插入的幻灯片将出现在（　　）。

A. 当前幻灯片之前

B. 当前幻灯片之后

C. 最前

D. 最后

27. 在 PowerPoint 中，不属于文本占位符的是（　　）。

A. 标题

B. 副标题

C. 普通文本框

D. 图表

28. 演示文稿中的每一张演示的页面称为（　　），它是演示文稿的核心。

A. 版式

B. 模板

C. 母版

D. 幻灯片

29. 在 PowerPoint 演示文稿中绘制了一个包含多个图形的流程图，希望该流程图中的所有图形可以作为一个整体移动，最优的操作方法是（　　）。

A. 选择流程图中的所有图形，通过“剪切”“粘贴”为“图片”功能将其转换为图片后再移动

B. 每次移动流程图时，先选中全部图形，然后再用鼠标拖动即可

C. 选择流程图中的所有图形，通过“绘图工具 | 格式”选项卡上的“组合”功能将其组合为一个整体之后再移动

D. 插入一幅绘图画布，将流程图中所有图形复制到绘图画布中后再整体移动绘图画布

30. 在 PowerPoint 中，下列说法错误的是（　　）。

A. PowerPoint 和 word 文稿一样，也有页眉与页脚

B. 用大纲方式编辑设计幻灯片，可以使文稿层次分明、条理清晰

C. 幻灯片的版式是指视图的预览模式

D. 在幻灯片的播放过程中，可以用 Esc 键停止退出

二、填空题

1. PowerPoint 演示文稿文件的存盘扩展名是________。

2. 一个演示文稿通常由若干张________组成。

3. “动作按钮”形状，可以创建________和________。

4. 为了增强 PowerPoint 幻灯片的放映效果，打开“切换”选项卡，单击选择________组中的一种切换效果，可为每张幻灯片设置切换方式。

5. 使用幻灯片的________功能，可以有选择地放映演示文稿中的某一部分幻灯片。

6. 在放映幻灯片时，若中途要退出播放状态，应按的功能键是________。

7. 设置幻灯片切换效果可针对所选的幻灯片，也可针对________幻灯片。

8. 在“幻灯片缩览”窗格中，单击拖动某张幻灯片，可以将幻灯片从一个位置________到新的位置。

9. 如果有一个具有 8 张幻灯片的演示文稿，需要循环地从第 2 张起播放到第 6 张，应该在“设置放映方式”对话框中的________与________中进行设置。

10. 要隐藏幻灯片，可打开________选项卡，单击“设置”组中的“隐藏幻灯片”按钮。

三、判断题

1. 在 PowerPoint 的幻灯片上可以插入多种对象，除了可以插入图形、图表外，还可以插入公式、声音和视频。（　）

2. 在 PowerPoint 的“幻灯片缩览”窗格中，可以增加、删除、移动幻灯片。（　）

3. 在幻灯片编辑窗格中，单击一个对象后，按住 Ctrl 键，再单击另一个对象，则两个对象均被选中。（　）

4. 幻灯片放映时，用户可以在幻灯片上写字或画画，这些内容将保存在演示文稿中。（　）

5. PowerPoint 在放映幻灯片时，必须从第 1 张幻灯片开始放映。（　）

6. PowerPoint 中，插入到占位符内的文本无法修改。（　）

7. 在 PowerPoint 中，用“文本框”在幻灯片中添加文字时，文本框的大小和位置是确定的，用户不能改变。（　）

8. 用形状图形在幻灯片中添加文本时，插入的图形是无法改变其大小的。（　）

9. 在 PowerPoint 中，可以对普通文字进行三维效果设置（　）

10. 在演示时，希望单击幻灯片中的特定图片时才出现某个动画效果，否则不出现此动画，可在此动画的“计时”中设置“触发器”。（　）

11. 在“幻灯片编辑”窗格中所编辑的文字格式不能在大纲视图区中显示出来。（　）

12. 要进行文本升级与降级的最方便的方式是在“幻灯片缩览”窗格中设置。（　）

13. 在 PowerPoint 中无法直接生成表格，只能借助其他工具软件完成。（　）

14. PowerPoint 文件中可以插入声音。（　）

15. 幻灯片有人工控制放映、用鼠标控制放映、设置自动循环放映等控制方法。（　）

参考答案

一、单选题

1～5　ACDAA　6～10　DDCCC　11～15　DADDA　16～20　CABAB
21～25　DABBA　26～30　BCDCC

二、填空题

1．.ppt 或.pptx
2．幻灯片
3．超链接、跳转
4．切换到此幻灯片
5．自定义放映
6．ESC
7．所有
8．移动
9．放映选项、放映幻灯片
10．幻灯片放映

三、判断题

1．√　2．√　3．√　4．×　5．×　6．×　7．×　8．×　9．√　10．√
11．×　12．×　13．×　14．√　15．√

参考文献

[1] 陈鸣．计算机网络：原理与实践[M]．北京：高等教育出版社，2013．

[2] 陈蔚杰，徐晓琳，谢德体．信息检索与分析利用[M]．3 版．北京：清华大学出版社，2013．

[3] 杨克昌，严权峰．算法设计与分析实用教程[M]．北京：中国水利水电出版社，2013．

[4] 刘春茂，刘宁英，张金伟．Windows10+Office2016 高效办公[M]．北京：清华大学出版社，2018．

[5] 何振林，罗奕．大学计算机基础[M]．6 版．北京：中国水利水电出版社，2021．

[6] 康曦，连慧娟．计算机基础实例教程（Windows 10+Office 2016 版）（微课版）[M]．北京：清华大学出版社，2022．

[7] 宋翔．Word 排版之道[M]．北京：电子工业出版社，2009．

[8] 王珊，萨师煊．数据库系统概论[M]．5 版．北京：高等教育出版社，2014．

[9] 杜茂康，刘友军，武建军．Excel 与数据处理[M]．6 版．北京：电子工业出版社，2021．

[10] 陈雷，陈朔鹰．全国计算机等级考试二级教程——Access 数据库程序设计（2018 年版）[M]．北京：高等教育出版社，2018．

[11] 胡增顺，王玉华．PowerPoint 多媒体课件制作实验与实践（配光盘）[M]．北京：清华大学出版社，2013．

[12] 何振林，胡绿慧．MS Office 与 VBA 高级应用案例教程[M]．北京：中国水利水电出版社，2010．